中 国 科 学 院 年 鉴

（2015）

中国科学院科学传播局　编

科 学 出 版 社
北　京

内 容 简 介

《中国科学院年鉴（2015）》全面、系统反映了中国科学院2014年各方面工作，分综合情况、学部与院士工作和院直属单位情况三部分。综合情况主要记录中国科学院领导、机构变更、规划与战略、科研管理、重大科技成果、队伍建设与人才培养、基础设施与支撑条件、科技成果转移转化与对外合作、国际合作、基本建设、科学传播、2014年大事记等内容；学部与院士工作主要记录学部领导机构、院士名单、院士大会、咨询评议工作、科学道德建设、学术与出版工作、科学普及与教育工作、陈嘉庚科学奖基金会工作等内容；院直属单位情况全面介绍分院机构、科研机构、学校及公共支撑单位、其他机构、院直接投资的全资及控股企业情况。

本年鉴各种资料的截止时间为2014年12月31日。

图书在版编目(CIP)数据

中国科学院年鉴.2015/中国科学院科学传播局编.—北京：科学出版社，2015.12

ISBN 978-7-03-047139-0

Ⅰ.①中… Ⅱ.①中… Ⅲ.①中国科学院-2015-年鉴 Ⅳ.①G322.21-54

中国版本图书馆CIP数据核字（2016）第013560号

责任编辑：王海光 王 好 / 责任校对：郑金红
责任印制：肖 兴 / 封面设计：陈 敬

科学出版社 出版
北京东黄城根北街16号
邮政编码：100717
http://www.sciencep.com

中国科学院印刷厂 印刷

科学出版社发行 各地新华书店经销

*

2015年12月第 一 版 开本：787×1092 1/16
2015年12月第一次印刷 印张：25 1/2
字数：660 000

定价：98.00元

（如有印装质量问题，我社负责调换）

中国科学院年鉴（2015）编辑委员会

目　　录

综合情况

学部与院士工作

院直属单位情况

综 合 情 况

中国科学院领导集体

（2014 年）

院　　　长　白春礼

副　院　长　施尔畏　李静海　詹文龙　丁仲礼　阴和俊　张亚平

党 组 书 记　白春礼

党组副书记　方　新

中纪委驻院纪检组组长　李志刚

党 组 成 员　施尔畏　李静海　詹文龙　阴和俊　张亚平　李志刚　何　岩　邓麦村

秘　书　长　邓麦村

副 秘 书 长　何　岩　曹效业　谭铁牛　潘教峰[①]　邓　勇　吴建国[②]

---

① 潘教峰 2014 年 11 月不再担任

② 吴建国 2014 年 11 月不再担任

中国科学院院设委员会

科学思想库建设委员会
教育委员会
学术委员会
发展咨询委员会

中国科学院院部机关机构

办公厅

主　任　汪克强

副主任　吴立光[①]　吴　钰　黄从利　高春东[②]

院安全保卫保密办公室主任　吴立光（兼）

处　室：综合处、政策研究室（重点工作督查室）、秘书处（院总值班室）、文书处、安全保卫处、保密处、财务处、机关事务管理处

学部工作局

局　长　李　婷

副局长　王敬泽

处　室：综合处（陈嘉庚科学奖基金会办公室）、咨询与科普教育处、学术与文化处、数理化学办公室、生命地学办公室、技术信息办公室

前沿科学与教育局

局　长　许瑞明

副局长　刘桂菊　陈晓峰[③]　黄　敏　王　颖[④]

处　室：综合处（香山科学会议办公室）、教育处、数理化学处、生命科学处、地球科学处、技术科学处、重点实验室处

重大科技任务局

局　长　王越超

副局长　苏荣辉　戴博伟　于英杰

处　室：综合处、综合技术处、光电空天处、信息海洋处、材料能源处、资环生物处

---

① 吴立光 2014 年 2 月退休

② 高春东 2014 年 3 月任职

③ 陈晓峰 2014 年 7 月免职

④ 王　颖 2014 年 12 月任职

科技促进发展局

局　长　严　庆

副局长　冯仁国　段子渊　陈文开

处　室：综合处、农业科技办公室、生物技术处、资源环境处、高技术处、科技合作处（科技副职办公室）、知识产权管理处

发展规划局

局　长　潘教峰

副局长　张　凤

处　室：综合处、规划管理处、评估奖励处、智库建设处、制度法规处

条件保障与财务局

局　长　吴建国

副局长　潘　锋　曹　凝　王　凡[①]　聂常虹　林明炯[②]

处　室：综合处、基建办公室、重大设施处、预算制度处、资产财务处、投资处、科技条件处、信息化工作处、后勤保障处

人事局

局　长　李和风

副局长　苗　鸿　陈　光　董伟锋

处　室：综合处、领导干部处、人才处、机构与岗位管理处、薪酬与社会保障处、继续教育与干部监督处[③]、机关人事处（机关党委办公室）

国际合作局

局　长　谭铁牛（兼）

副局长　曹京华　邱华盛

处　室：综合处、国际组织处（TWAS 中国中心、人与生物圈秘书处）、亚非合作处、美大合作处、欧洲合作处、港澳台办公室

---

① 王凡 2014 年 7 月免职

② 林明炯 2014 年 7 月任职

③ 继续教育与培训处 2014 年 4 月更名为继续教育与干部监督处

科学传播局

局　长　周德进
副局长　赵　彦
处　室：综合处、新闻联络处、政务信息处、科普与出版处

京区党委

书　记　何　岩（兼）
常务副书记　马　扬
副书记　肖建春　王秀琴①
处　室：见北京分院（筹）内设机构

中央纪律检查委员会驻院纪检组

组　长　李志刚
副组长　李　定

监察审计局

局　长　李　定
副局长　郭建军②　孙中和　袁　东
院巡视工作办公室主任　郭建军（兼）③　李　定（兼）④
处　室：综合办公室、巡视室、纪检监察一室、纪检监察二室、审计监察室、党风建设室

离退休干部工作局

局　长　孙建国
副局长　李　杰　曹以玉
处　室：综合处（局值班室）、组织调研处、宣教活动处、机关离休干部处、机关退休干部处

---

① 王秀琴2014年11月免职
② 郭建军2014年7月退休
③ 郭建军2014年6月免职
④ 李定2014年6月任职

京区纪委

书　记　马　扬
副书记　肖建春

机关党委

书　记　李和风（兼）
常务副书记　陈　光（兼）
副书记　郭建军（兼）①

机关纪委

书　记　郭建军（兼）①　孙中和（兼）②

① 郭建军2014年7月退休
② 孙中和2014年6月任职

中国科学院院属机构变更

截至2014年12月31日，中国科学院直属事业单位124个，包括：科学研究机构104个（含3个植物园）；学校及公共支撑机构4个（其中学校2个、技术支撑机构2个）；院与分院管理机构12个；其他机构4个。中国科学院直属事业单位的下属法人单位25个。中国科学院直接投资的控股企业21家。另外，院设非法人单元137个。

综　　述

2014 年是中国科学院实施“率先行动”计划的开局之年。一年来，全院广大干部职工在院党组领导下，按照党中央、国务院提出的要求，凝聚共识，锐意改革，奋发努力，攻坚克难，开启了中国科学院改革创新发展的新征程，各项事业均取得了新成就。

一、规划战略

（一）研究制定并部署实施“率先行动”计划

中国科学院深刻把握国家新要求和科技新态势，在广泛征求院内和国家有关部门意见建议基础上，研究制定了《“率先行动”计划暨全面深化改革纲要》，明确了未来 5 至 15 年改革创新发展的目标任务，确立了着眼国家“两个一百年”战略目标的中国科学院“两步走”发展战略，提出了推进研究所分类改革、调整优化科研布局、建设国家创新人才高地、建设国家高水平科技智库、深入实施开放兴院战略共 5 个方面的 25 项主要改革发展举措。2014 年 7 月 7 日，国家科技体制改革和创新体系建设领导小组第七次会议审议并通过了“率先行动”计划；8 月 8 日，习近平总书记作出重要批示，指出中国科学院“率先行动”计划有目标、有思路、有举措、有部署，要求抓好落实，早日使构想变为现实；此后，李克强总理、张高丽副总理、刘延东副总理也相继作了重要批示。

在此基础上，中国科学院研究制定了“率先行动”计划组织实施方案，明确了近中远期目标、任务、要求和举措；立足可实施、可操作、可执行、可检查，细化了具体目标、工作环节、操作流程、责任部门、路线图、时间表和政策需求。院属各单位也按照院总体部署，结合各自实际，积极研究制定本单位落实“率先行动”计划的重点任务和改革举措。

（二）推进四类机构建设试点

研究所分类改革是“率先行动”计划的突破口和着力点，在集成研究所优势基础上，按照创新研究院、卓越创新中心、大科学研究中心、特色研究所 4 种类型建设新型科研机构。2014 年，中国科学院经过严格论证、科学决策，启动了四类机构建设试点，包括：微小卫星等 5 个创新研究院；脑科学等 5 个卓越创新中心，分子科学等 7 个科教融合卓越创新中心；合肥、上海 2 个大科学研究中心；特色研究所建设试点也在稳步推进中。

（三）加强“一三五”规划实施管理

2014 年，中国科学院加强研究所“一三五”规划实施全过程管理。组织研究所总结规划实施进展，细化年度计划，健全研究所规划管理和动态调整机制。完成了宁波材料技术与工程研究所、动物研究所、西安光学精密机械研究所等15个研究所的“一三五”规划调整。建设研究所“一三五”规划管理平台，促进了研究所间规划交流。

组织开展首批先导专项中期检查。2014年，中国科学院组织国内外200余位专家对首批启动的干细胞与再生医学研究、未来先进核裂变能——ADS嬗变系统、未来先进核裂变能——钍基熔盐堆（TMSR）、空间科学、应对气候变化的碳收支认证及相关问题研究5个A类先导专项和国家数学与交叉科学中心、脑功能连接图谱研究2个B类先导专项进行了中期检查。

开展研究所“一三五”诊断评估。组织近160位国内外高水平专家（国外专家占90%以上），对18个研究所进行“一三五”评估，对重点领域方向进行诊断。

（四）组织开展“十三五”规划前期预研

受科技部委托，中国科学院结合本院战略研究成果，组织200多位专家通过通讯评议、座谈会和路线图专题研讨等方式，对《国家中长期科学和技术发展规划纲要（2006—2020年）》中期实施情况进行评估咨询，研究形成了总体咨询报告，得到科技部的高度认同。

根据国家“十三五”规划编制工作的总体部署，中国科学院组织全院凝练重大科技问题，完成国家有关规划的咨询和征求意见工作，提出了事关国家科技“十三五”发展的若干建议。

在“率先行动”计划及其组织实施方案的基础上，部署全院开展“十三五”规划编制前期研究工作，研究制定了《关于制定“十三五”规划的工作方案》，为“十三五”规划编制奠定了基础。

二、科研工作

（一）承担和设立重大科技任务

2014年，国家批准立项农业、能源、信息、资源环境、健康、材料、制造与工程、综合交叉、重大科学前沿9个领域81个国家重点基础研究发展计划（973计划项目），其中中国科学院作为第一承担单位或第一依托部门的项目18项，占全国的22.22%。国家批准立项蛋白质、量子调控、纳米技术、发育与生殖、全球变化、干细胞6个领域37个国家重大科学研究计划，其中中国科学院承担12项，占全国的32.43%。国家批准青年科学家专题34个项目立项，中国科学院承担7项，占全国的20.59%；批准国家杰出青年基金项目198项，中国科学院获批66项，占全国的33.3%；重大项目23项，中国科学院获6项，总经费8300万元；创新研究群体38项，中国科学院获批10项，总经费12 000万元。2014年3月，中国科学院正式启动“科技服务网络计划”（简称STS计划），截至年底已部署两批项目，其中第一批部署24个项目（群），经费总计3.2亿元，第二批部署23个项目（群），经费总计1.2亿元。

（二）科研工作取得重要进展

1. 前沿科学领域重要进展

（1）数理化学领域

解决了 L^2 解析延拓最优估计问题与 Suita 猜想；量子通信安全传输创世界纪录；铁基超导体中自旋向列相的中子散射研究取得重要进展；拓扑半金属研究取得重要突破；碳氢键官能团化取得新突破；甲烷高效转化相关研究获重大突破；发现河外星系“超脉泽家族”两个新成员；基于 H_2^++He 碰撞反应实现原子物质波干涉实验。

（2）生命科学领域

成功解析了 30nm 染色质纤维的高分辨率三维结构；解析大肠杆菌 CRISPR/Cas 系统中 Cascade 复合物的晶体结构；成功解析血栓形成过程中关键受体的三维结构；成功解析细菌外膜脂多糖转运装配复合体高分辨率晶体结构；揭示出 DNA 甲基化在脊椎动物中的跨代遗传规律；在环形 RNA 产生机制研究上取得重大理论突破；揭示冠状动脉的起源为心内膜；阐明内侧前额叶在“延迟期间”的电活动对工作记忆任务学习的贡献。

（3）地球科学领域

破译最古老的现代人基因组；首次发现二次有机气溶胶（SOA）对重灰霾污染 PM2.5 的定量贡献；揭示出冈底斯山的形成与隆升过程；建立新的哺乳动物支系并重定哺乳动物起源时间；提出光滑洋壳的俯冲较粗糙洋壳的俯冲更易产生毁灭性海底大地震；发现 6 亿年前动物胚胎具有营养细胞和繁殖细胞的分化；揭示 500 万年前罗布泊大湖景象及成因；在汞的甲基化机理方面取得重要突破；发现过去 30 年北半球中高纬度植被生长对温度变化的响应在减弱。

（4）技术科学领域

分子筛膜研究获重大突破；梯度纳米结构材料研究取得一系列开创性工作；滑翔机海上自主观测航程突破 1000 公里；“大型低温制冷设备研制”专项取得重要进展；研究提出液相 3D 打印等功能器件液态金属快速制造技术。

2. 重大任务领域重要进展

成功实施冲绳海槽热液活动区综合探测，实现我国首次海底观测冲绳海槽“黑烟囱”；“嫦娥三号”有效载荷顺利执行月面科学探测任务；ADS 嬗变装置强流质子超导直线加速器能量 2.68MeV 条件下，以 3.4mA（束流功率大于 9kW）连续波模式不间断运行达 3 小时，在连续波质子超导直线加速器领域属国际首次；开发国内首款面向 WEB 生态的可信智能电视系统；建成国际上第一个支持协议无感知转发技术（POF）的广义网络实验床；提出软件定义内容网络（SDCN）技术体系；在国际上首次提出面向工厂高速自动控制应用的无线网络技术规范 WIA-FA。

3. 科技促进发展领域重要进展

“渤海粮仓”科技示范进展顺利，辐射带动作用效果凸显；建立东北现代农业发展模式，集成技术体系显现辐射作用；猕猴桃种质资源产业化向区域扩展，商业化模式建立实现突破；生物酶法明胶生产技术改写传统明胶生产历史；青贮饲料菌剂研制及推广工作取得重要进展；“海云工程”助推国家基层医改；全国生态环境变化长期跟踪遥感调查评估与应用取得重要进展；云南鲁甸地震灾后恢复重建资源环境承载能力评价得到认可；南方土壤重金属污染风险区划与修复技术研发示范进展顺利；西藏生态环境变化评估取得重要成果；新疆油田作业废水处理技术与装备研制取得重要进展；碳化硅电力电子器件研发与产业化取得突出进展；蒸发冷却超级计算机推广应用取得新进展；固体氧化物燃料电池技术推向市场。

4. 获 2014 年度国家科学技术奖励情况

根据《国务院关于 2014 年度国家科学技术奖励的决定》（国发〔2015〕4 号），中国科学院共获 2014 年度国家科学技术奖励 32 项。其中，作为第一完成单位或第一完成人获自然科学奖二等奖 20 项，获技术发明奖一等奖 1 项，获技术发明奖二等奖 4 项，获科学技术进步奖二等奖 7 项（含专用项目 1 项）。大连化学物理研究所牵头完成的“甲醇制取低碳烯烃（DMTO）技术”，是中国科学院时隔 23 年以来再度获得国家技术发明奖一等奖的重要原创性技术成果。

三、人力资源管理

（一）人力资源管理研究

2014 年，中国科学院继续加强人力资源管理研究，开展了“百人计划”20 周年绩效评估工作；根据“率先行动”计划总体要求，开展深化人事制度改革政策研究，重点围绕四类机构的薪酬激励、岗位管理、用人机制和流动机制等提出政策建议，形成专题调研报告。

（二）领导班子与干部队伍建设

严格按照干部选任条件和工作程序，扎实做好院属单位领导班子的考核和干部选任工作。2014 年，开展了 53 个院属单位班子换届（届中）考核，对 25 个院属单位进行了党委换届，对 40 个院属单位领导班子进行了个别调整，组建了 1 个新建研究所理事会。全年新提任所（局）级领导干部 69 人，免职 58 人，交流 31 人。接收地方挂职干部 1 名。完成对第七批援疆干部 4 名成员的考核和第八批援疆干部的推荐工作；完成第 14 批 5 位博士服务团成员的任满考核工作，新遴选 5 位第 15 批博士服务团成员到西部地区、革命老区任职。组织开展 19 个单位的“一报告两评议”，以及 27 个单位的“所长履行干部选拔任用工作职责离任检查”。

（三）科技创新人才培养与引进

2014 年，发展中国家科学院（TWAS）召开第二十五届院士大会，增选院士 46 名，其中，中国科学院 8 名科学家当选。截至 2014 年底，中国科学院共有发展中国家科学院院士 91 名。2014 年，通过第十批“千人计划”共引进海外高层次人才 149 人，其中“千人计划”创新人才 31 人，“青年千人”97 人，“外专千人”5 人，“千人计划”新疆项目16人。2014年，中央组织部第二次公布了“万人计划”第一批入选者名单。第一批入选者中，中国科学院王贻芳、周忠和、卢柯3人入选“万人计划”杰出人才，40人入选科技创新领军人才，23人入选百千万工程领军人才，38人入选青年拔尖人才，1人入选教学名师。2014年，中国科学院新增“百人计划”入选者129人，其中“引进国外杰出人才”112人，国内“百人计划”6人，自筹“百人计划”11人。

2014年，中国科学院继续加大“中国科学院青年创新促进会”建设，新入选会员390人，累计给予约4.8亿元专项经费支持；试行“卓越青年科学家”项目，遴选出50名优秀青年学者给予资助；支持“西部之光”计划各类人才项目259个；支持工程技术、支撑人才41人。2014年，获“中国科学院王宽诚教育基金”资助和奖励的学者共计99人。

（四）教育与培训工作

深入推进科教融合，加强以学科建所、以基础研究为主的研究所与中国科学院大学基础学院的科教深度融合，并予以稳定支持；推动中国科学院大学首批本科生招生工作；与教育部联合实施“科教结合协同育人行动计划”。

2014年，全院共录取研究生18 527人，其中博士生7061人，硕士生11 466人；共授予博士学位5797人，硕士学位6666人。

2014年，修订印发《中国科学院继续教育与培训管理办法》；ARP人力资源继续教育与培训管理系统正式上线；全院共举办各类培训班2200多期，累计培训14.6万人次。

四、对外交流与合作

（一）院地合作工作成效显著

2014年，中国科学院通过科技成果转移转化，使地方企业当年新增销售收入3485.55亿元，比上年增长12.23%；利税470.28亿元，比上年增长10.44%。中国科学院与重庆市、国务院三峡办共建的中国科学院重庆绿色智能技术研究院通过共建三方组织的正式验收，与福建省、福州市共建的中国科学院海西研究院完成共建三方组织的预验收。

2014年，中国科学院对非法人单元布局进行全面调整与优化，将原有的44个转化型非法人单元精简为39个，包括31个产业技术创新与育成中心、7个技术转移中心、1个科技园；年度转化项目660个，实现销售收入超过311亿元，孵化企业197个，为社会培训33 081人次。

2014年，中国科学院与地方科学院互派转、兼职挂职干部42人，为地方科学院培训科技骨干1128人，联合培养、进修116人，联合承担国家项目数12项，联合承担院支持项目数32项，联合承担地方科技项目数75项，获得院外投资金额5063万元，开展交流活动170次，共建转化及研发平台数22个。

（二）稳步实施国际化推进战略

2014 年，中国科学院围绕战略需求，积极稳妥推进海外科教基地建设，中亚药物研发中心、中亚生态环境研究中心、中-非联合研究中心、南美天文研究中心 4 个境外机构的建设继续稳步推进，南美空间天气实验室筹建工作顺利启动，中-非联合研究中心于 12 月 4 日在肯雅塔农业科技大学举行正式的开工仪式；围绕“一带一路”，前瞻部署与周边国家的科教合作，启动了中-斯海上丝绸之路联合科教中心、南亚（加德满都）科教中心、东南亚生物多样性研究中心等的可行性研究项目；与发达国家科研机构战略合作，共建海外联合研究机构，与英国约翰·英纳斯中心（JIC）合作，成立 CAS-JIC 植物与微生物科学联合研究中心；优化整合“爱因斯坦讲席教授计划”等 5 个国际人才交流、培养或引进计划，推出“中国科学院国际人才计划（PIFI）”。

（三）推动与港澳台地区科技合作

大力促进与港澳地区科技和交流，推动与台湾地区开展常态化、制度化交流，启动两岸科技产业项目合作。召开中国科学院与香港中文大学首届合作指导委员会会议；举办中国科学院与香港裘槎基金会合作 30 周年纪念活动，双方签署合作谅解备忘录；举办中国科学院与台湾工业技术研究院第四届产业科技论坛；举办中国科学院与台湾“中研院”第二届生命科学论坛；台湾青年学者项目进展顺利，两岸多学科双边会议如期举办。

（四）院、所投资企业稳步发展

2014 年，全院纳入统计范围的 488 家院所投资企业营业收入 3088 亿元，同比增长 5.2%；利润总额 116 亿元，同比增长 0.8%；资产总额 3 567 亿元，同比增长 17%；院经营性国有资产权益 272 亿元，同比增长 18.9%。其中，国科控股 30 家持股企业实现营业收入 2684 亿元，同比增长 6%；利润总额 86 亿元，同比增长 1%；资产总额 2693 亿元，同比增长 19%；国科控股权益 154 亿元，同比增长 38%。截至 2014 年底，院所投资企业中共有 20 家上市公司（含主板、中小板和创业板及港交所）和 6 家新三板挂牌公司。

五、学部工作

2014 年 6 月 9 日—13 日，中国科学院第十七次院士大会在京召开。中共中央总书记、国家主席、中央军委主席习近平出席开幕会并发表重要讲话；中共中央政治局常委、国务院总理李克强 6 月 10 日下午在两院院士大会上作经济形势报告；6 月 11 日上午，中共中央政治局委员、国务院副总理刘延东就科技工作为两院院士作专题报告。中国科学院院长、学部主席团执行主席白春礼主持开幕会，并在 6 月 11 日代表第七届中国科学院学部主席团作工作报告。

2014 年，中国科学院学部完成国家交办的重大咨询和评议任务，承担中央全面深化改革领导小组经济体制和生态文明体制改革专项小组委托的经济体制和生态文明体制改革有关评估工作；承担国务院交办的“加快重大水利工程建设，今年再解决6000万农村人口饮水安全问题”政策落实情况第三方评估任务；完成中财办部署的《2014年深化经济体制改革进展与建议》评估报告。2014年共设立39项咨询评议课题，完成并呈报国务院21份咨询报告，得到国务院领导的重要批示20余份。接受国家发展和改革委员会（以下简称“国家发改委”）委托，与中国工程院共同完成《“十三五”战略性新兴产业培育与发展规划咨询研究综合报告》。

2015年，中国科学院学部在科学道德建设方面持续开展一系列工作，取得良好效果。完善院士自律制度建设，制定《中国科学院院士行为规范》和《中国科学院学部纪律处分规定》，进一步修改《中国科学院院士增选工作中被推荐人行为守则》和《中国科学院院士增选投诉信处理办法》；持续开展科学道德宣讲，坚持科技伦理研究和研讨，组织出版《如何开展负责任的研究》等科研诚信读本。

围绕国家战略需求和世界科技前沿，重点部署“半导体物理学进展战略研究”等30余项学科发展战略研究项目；组织召开“海洋科技发展战略”等13场学术论坛；持续出版“决策咨询”、“学术引领”、“科学文化”三大系列成果；坚持在学部平台办“两刊”（《科学通报》和《中国科学》）。

继续做好“科学与中国”院士巡讲，举办科普活动150余场。出版“科学与中国”系列丛书两辑、“科学讲坛”光盘20张、院士传记2部。

六、科教基础设施建设

2014年，根据国家批准中国科学院的“十二五”科教基础设施建设规划实施方案，组织项目单位进行可行性研究报告评估工作。全年获批复11个项目（涉及31个研究所）。批复项目总建筑面积81.19万平方米；总投资39.47亿元，其中中央预算内投资26.01亿元，研究所多渠道筹措资金13.46亿元。

截至2014年底，中国科学院建设的14个国家重点实验室全部通过科技部验收。2014年，中国科学院批准30个院重点实验室，全院院重点实验室总数达211个。

2014年12月，科技部公布2014年化学领域国家重点实验室评估结果。中国科学院11个国家重点实验室参评，其中4个获评优秀、5个良好、2个整改。2014年，中国科学院对数理领域和地学领域院重点实验室进行评估。数理领域共有26个院重点实验室参加本次评估，评出A类实验室6个、B类实验室18个、C类实验室1个、末位摘牌实验室1个；地学领域共有39个院重点实验室参加本次评估，评出A类实验室8个、B类实验室28个、C类实验室2个、末位摘牌实验室1个。

截至2014年底，中国科学院在建和运行的重大科技基础设施共获得40余项国家级奖项，其中国家科学技术进步奖特等奖1项、一等奖6项，获得国家自然科学奖一等奖1项、二等奖5项。中国科学院负责运行的设施达14个，在建设施10个。

2014年，中国科学院对《中国科学院“十二五”信息化发展规划》实施“三类云集”六大工程的建设效果进行了全面评估。截至年底，六大工程主要建设任务基本完成，初步建成“科技云”、“管理云”、“教育云”三类云集。

2014 年，中国科学院组织开展科技发展态势监测、分析和研究，正式出版《十年决策——主要国家（地区）宏观科技政策研究》等重要研究报告；与汤森路透合作研究并发布《2014 研究前沿》；76 个研究所建立了学科情报服务机制和团队，产出学科领域态势分析、专利技术分析等报告 306 份，82 个研究所的实验室或课题组建成 488 个个性化知识平台；机构知识库体系覆盖 112 家研究所，数据总量达 62 万条；建成中国科学家在线服务系统，为国内 8500 余名研究人员注册全球通用的个人身份识别码 ORCID，服务范围覆盖全院 100 个研究所和院外 100 多家机构；为 12 个省级科学院提供科研竞争力分析报告，完成《全国省科学院科技竞争力比较分析》报告。

2014 年，中国科学院组织完成《中国科学院野外站科学发展规划（2014—2020 年）》、《中国科学院野外观测网络修购专项工作规划（2016—2020 年）》、《中国生态系统研究网络（CERN）基础设施建设及科技创新率先行动计划（2016—2020 年）》。受科技部委托，完成《国家野外科学观测研究网络“十三五”发展战略规划报告（2016—2020 年）》。“十二五”期间，通过修购专项的实施，重点支持了中国生态系统研究网络、特殊环境与灾害监测网络野外站的部分观测实验仪器更新换代，23 个研究所所属的 56 个野外站/分中心逐步实施水分、土壤、大气和生物监测等实验仪器 965 台（套）的购置，经费总额 22 534 万元。组织完成《中国科学院野外观测网络修购专项工作规划（2016—2020 年）》，获批修购专项经费 2 亿元。在“需求导向，优势互补，合作共赢”思想指导下，野外站联盟工作进展顺利。中国科学院科技服务网络计划的多项任务依托野外站开展工作，并取得重要进展。

2014 年，中国科学院相关植物园新增植物 7407 种（次），定植成活率达到 90%，园内定植乔木数 170 万株，新建专类园 5 个，优化原有专类园 49 个；系列特色科普活动共吸引游客 786 万人次；植物资源交换遍及 60 多个国家和地区，主办和承办重大会议 37 次，与许多国外相关植物园、研究所、大学等签订合作协议，与非洲、亚洲及南美等国际合作逐渐展开，国际合作交流日益频繁。由中国科学院支持的“中国植物园联盟建设”项目全面深入展开，取得明显阶段性进展。

2014 年，中国科学院 18 家生物标本馆（博物馆）组织考察采集活动 370 余次，采集标本共 47 万余号。对其他国家和地区的合作考察逐年增多和常规化。2014 年，各馆共计整理制作标本 27 万余号，鉴定 33 万余号，使现有馆藏量达到近 1824 万号，其中定名标本达 1058 万余号。新增模式标本 372 种 5199 号，使现有模式标本达到 4.5 万种 30 余万号。标本数字化信息录入 27 万余号，总录入数量达到 876 万余号。全年向国内外各单位借阅标本超过 4.2 万份次；交换或赠送标本近 1.5 万份次。中国科学院 11 个生物遗传资源库新增各类生物遗传资源 1625 种、51 123 份/株，总量达到 31 328 种、367 449 份/株；向社会提供或共享生物遗传资源 28 197 份/株。

规划与战略

2014 年，中国科学院围绕落实创新驱动发展战略和习近平总书记“四个率先”要求，研究制定、谋划部署“率先行动”计划，着力推动四类机构建设试点，加强对研究所“一三五”规划的管理，推进“十三五”规划的前期研究。

一、研究制定“率先行动”计划

中国科学院深刻把握国家新要求和科技新态势，前瞻科技战略重点和方向，找准制约跨越发展的深层次问题，广泛征求院内和国家有关部门意见建议，研究制定了《“率先行动”计划暨全面深化改革纲要》（简称《“率先行动”计划》），明确了未来 5 至 15 年改革创新发展的目标任务，确立了着眼国家“两个一百年”战略目标的我院“两步走”发展战略，提出了推进研究所分类改革、调整优化科研布局、建设国家创新人才高地、建设国家高水平科技智库、深入实施开放兴院战略 5 个方面的 25 项主要改革发展举措。7 月 7 日，国家科技体制改革和创新体系建设领导小组第七次会议审议通过了中国科学院《“率先行动”计划》；8 月 8 日，习近平总书记作出重要批示，指出《“率先行动”计划》有目标、有思路、有举措、有部署，要求中国科学院抓好落实，早日使构想变为现实；此后，李克强总理、张高丽副总理、刘延东副总理也相继作了重要批示。国内外对《“率先行动”计划》反响热烈，《自然》以《中国科学迎来重大变革》为题进行了报道，称“率先行动”计划是中国科学院“历史上规模最大的改革”；《人民日报》报道称：“此举是继 1998 年实施知识创新工程之后，‘科技国家队’在科技体制改革方面的又一次‘率先行动’，涉及面之广、调整力度之大、影响之深远，备受各方关注。”

二、谋划部署“率先行动”计划

统筹考虑，顶层设计，全面部署，明确“率先行动”计划组织实施的总体安排、任务分工和分类改革组织实施，研究制定了“率先行动”计划组织实施方案。方案着眼总体推进实施，明确了组织实施的指导思想、思路原则和总体要求，构建任务体系、组织体系、责任体系；着眼分阶段落实，按照 2014—2015 年、2016—2020 年、2021—2030 年三个阶段，明确了近中远期的目标、任务、要求和举措；兼顾科技内涵和改革内涵，既明确到 2020 年重大产出目标，又明确政策举措及其达到的目标；兼顾方向性和探索性，既坚持院党组已做出的决策部署，又鼓励各方发挥主观能动性、在实践中探索好的经验和做法；立足可实施、可操作、可执行、可检查，细化了具体目标、工作环节、操作流程、责任部门、路线图、时间表和政策需求。院属各单位也按照院总体部署，结合各自实际，积极研究制定本单位落实“率先行动”计划的重点任务和改革举措。

三、推进四类机构建设试点

研究所分类改革是“率先行动”计划的突破口和着力点，在集成研究所优势基础上，按照创新研究院、卓越创新中心、大科学研究中心、特色研究所 4 种类型建设新型科研机构。通过分类改革，破除跨所的法人壁障和创新孤岛现象，克服分散封闭、交叉重复的碎片化和同质化现象，确立我院在国家创新体系中不可替代的定位，形成现代科研院所治理体系，为实现“四个率先”提供体制机制保障。

创新研究院侧重经济社会发展和国家安全重大需求，围绕产业链部署创新链，解决关键共性科技问题，提供系统解决方案。卓越创新中心致力于科学和技术原创，促进科教融合，建设世界级研究中心，成为相关领域的领跑者和开拓者。大科学研究中心依托大科学装置，建设一流服务、开放共享的国家大型科技创新公共平台。特色研究所依托特色优势学科领域，有效支撑国家和区域经济社会可持续发展。经过严格论证、科学决策，启动了四类机构建设试点，包括：微小卫星、空间科学、药物等 5 个创新研究院，脑科学、量子信息与量子科技前沿等 5 个卓越创新中心，分子科学等 7 个科教融合卓越创新中心，合肥、上海 2 个大科学研究中心。正在推进特色研究所建设试点。

中国科学院对四类机构实行重大产出导向、重大任务牵引、协同创新管理，给予重点支持。通过四类机构建设，强化院宏观调控能力，抓重大、抓集成、抓综合；统一组织和综合集成相关研究所优势力量，发挥对研究所科研工作的聚焦、提升和促进作用。分类设计四类机构的体制机制和配套政策，采取个性化定制，鼓励多模式探索。中国科学院机关下放或相关研究所“让渡”部分管理权给四类机构，统筹事、人、财、物等管理权责和运行模式，保障其在科技任务实施、人员管理、研究方向设置与经费调控、绩效激励等方面的自主权，探索可复制、可推广的制度模式。

四、加强“一三五”规划实施管理

加强研究所“一三五”规划实施全过程管理 组织研究所总结规划实施进展，细化年度计划，健全研究所规划管理和动态调整机制。完成了宁波材料技术与工程研究所、动物研究所、西安光学精密机械研究所等 15 个研究所“一三五”规划调整。建设研究所“一三五”规划管理平台，促进了研究所间规划交流。

组织开展首批先导专项中期检查 为全面评价先导专项实施进展，推动重大成果产出，2014 年中国科学院组织国内外 200 余位专家对首批启动的干细胞与再生医学研究、未来先进核裂变能——ADS 嬗变系统、未来先进核裂变能——钍基熔盐堆（TMSR）、空间科学、应对气候变化的碳收支认证及相关问题研究 5 个 A 类先导专项和国家数学与交叉科学中心、脑功能连接图谱研究 2 个 B 类先导专项进行了中期检查。检查工作秉承检验成效、查找不足，分析诊断、支撑决策的宗旨，与专项过程管理工作相衔接。遵循科学规范、公正独立、务求实效原则，恪守公开、公平、公正的评价标准，建立了包括函评、会评和经费检查 3 个环节的中期检查机制。函评侧重小同行专家评议，会评侧重大领域同行、行业、用户和管理专家评议，经费检查侧重经费使用合法合规合理性及内控情况。通过对专项总体进度、进展情况、发展态势的诊断分析，更加明确了各专项工作目标和方向，为优化调整及下一个五年规划部署奠定了基础，并宣传展示了先导专项的成果，获得社会公众的认可与支持。

开展研究所“一三五”诊断评估 组织近160位国内外高水平专家（国外专家占90%以上），对18个研究所进行了“一三五”诊断评估，听取研究所学术带头人的汇报，对重点领域方向进行诊断。专家组形成的评估报告将向中国科学院院机关有关部门和被评估研究所反馈，研究所要根据评估结果积极整改。3年来共组织完成了不同类型的37个研究所的“一三五”专家诊断评估试点，占全院研究所35%。通过评估，对参评研究所的优势和特色、重点领域方向的国内外地位和学术带头人水平有了更深刻认识，将为四类机构建设和研究所“一三五”规划调整提供重要参考。

五、组织开展“十三五”规划前期预研

受科技部委托，中国科学院结合本院战略研究成果，组织200多位专家通过通讯评议、座谈会和路线图专题研讨等方式，对《国家中长期科学和技术发展规划纲要(2006—2020年)》中期实施情况进行评估咨询，研究形成了总体咨询报告，得到科技部的高度认同。

根据国家“十三五”规划编制工作的总体部署，中国科学院组织全院凝练重大科技问题，完成国家有关规划的咨询和征求意见工作，提出了事关国家科技“十三五”发展的若干建议。

在“率先行动”计划及其组织实施方案的基础上，部署全院开展“十三五”规划编制前期研究工作，研究制定了《关于制定“十三五”规划的工作方案》，为“十三五”规划编制奠定了基础。

六、院设委员会

发展咨询委员会 2014年3月24日，中国科学院院长白春礼主持召开发展咨询委员会第二次会议。白春礼报告了中国科学院2013年度主要工作进展和“率先行动”计划的主要内容。与会委员围绕研究制定“率先行动”计划等重点工作进行了深入研讨，一致认为中国科学院作为国家战略科技力量，具备了率先实现跨越发展的基础、优势和条件，“率先行动”计划准确把握了国家重大战略需求和世界科技前沿；提出的一系列改革发展举措既具创新性和先导性，也有针对性和可行性。委员们结合各自工作，对完善细化“率先行动”计划，做好组织实施工作，加快推进改革创新发展，提出了许多具有针对性、指导性的意见和建议。一年来，委员们还通过实地调研、专题活动等多种方式，对中科院深化科技体制改革、组织实施重大科技任务、推进院内外合作、加强创新人才队伍建设和科技智库建设等重点工作进行了积极指导和大力支持。

科学思想库建设委员会 2014年4月25日，中国科学院副院长、科学思想库建设

委员会主任李静海主持召开科学思想库建设委员会第二次会议。发挥“三位一体”优势、落实“率先建成国家高水平科技智库”的重要举措，启动筹建中国科学院科技战略咨询研究院。

承担中央部署和委托我院的第三方评估和重大改革问题研究任务，精心策划设计整体方案，缜密组织推动研究工作。在地理所、政策所等单位的大力支持和配合下，组织包括院士在内的近百名专家开展实地调研和研究，圆满完成中央任务。承担中央委托的经济体制和生态文明体制改革相关研究任务，完成 17 项改革任务的内涵、要求等界定研究报告、4 项重大改革问题课题研究报告。承担国务院部署的“加快重大水利工程建设，今年再解决 6000 万农村人口饮水安全问题”政策措施落实情况的第三方评估任务，李克强总理对评估报告给予高度评价。参与国务院关于建立第三方评估长效机制的研究。完成中央部署的《2014 年深化经济体制改革进展与建议》评估报告。

科 研 管 理

一、国家重大科技任务

（一）国家重点基础研究发展计划（973 计划）项目

2014 年国家批准立项农业、能源、信息、资源环境、健康、材料、制造与工程、综合交叉、重大科学前沿 9 个领域 81 个国家重点基础研究发展计划（973 计划项目）。其中，中国科学院作为第一承担单位或第一依托部门的项目 18 项，占全国项目的 22.22%（表 1）。

表 1　中国科学院 2014 年 973 计划项目立项情况

序号	项目名称	项目依托部门	项目第一承担单位	项目首席科学家
1	光合作用分子机制与作物高光效品种选育	中国科学院	中国科学院植物研究所	张立新
2	可控水体中华鲟养殖关键生物学问题研究	湖北省科学技术厅、水利部	水利部中国科学院水工程生态研究所	常剑波
3	人工草地生产力形成机理与调控途径	中国科学院	中国科学院东北地理与农业生态研究所	梁正伟
4	大规模超临界压缩空气储能系统的基础研究	中国科学院	中国科学院工程热物理研究所	秦　伟
5	典型化工冶金过程节能的新理论和新方法	中国科学院	中国科学院过程工程研究所	张锁江
6	超灵敏微纳生物化学传感器集成自治系统基础研究	中国科学院	中国科学院电子学研究所	夏善红
7	典型山地水土要素时空耦合特征、效应及其调控	中国科学院、四川省科学技术厅	中国科学院水利部成都山地灾害与环境研究所	邓　伟
8	人类活动引起的营养物质输入对海湾生态环境影响机理与调控原理	中国科学院	中国科学院南海海洋研究所	黄小平
9	新型持久性有机污染物的区域特征、环境风险与控制原理研究	中国科学院	中国科学院生态环境研究中心	郑明辉

续表

序号	项目名称	项目依托部门	项目第一承担单位	项目首席科学家
10	重要病原细菌关键生物学特性适应性进化机制的研究	中国科学院	中国科学院微生物研究所	朱宝利
11	慢性丙型病毒性肝炎免疫逃逸与免疫病理研究	中国科学院	中国科学院上海巴斯德研究所	钟　劲
12	脑胶质瘤精准诊疗技术的关键科学问题研究	中国科学院	中国科学院深圳先进技术研究院	郑海荣
13	大陆俯冲带壳幔相互作用	中国科学院	中国科学技术大学	郑永飞
14	表观遗传信息建立与解读的分子基础	中国科学院	中国科学院生物物理研究所	朱　冰
15	北京谱仪 IIItau-粲物理实验研究	中国科学院	中国科学院高能物理研究所	沈肖雁
16	非晶体系的热力学、动力学微观特征和时空关联性基本物理问题研究	中国科学院	中国科学院物理研究所	汪卫华
17	110 米大口径全可动射电望远镜关键技术研究	新疆维吾尔自治区科学技术厅、中国科学院	中国科学院新疆天文台	王　娜
18	强震区重大岩石地下工程地震灾变机理与抗震设计理论	中国科学院、湖北省科学技术厅	中国科学院武汉岩土力学研究所	盛　谦

（二）国家重大科学研究计划

2014 年国家批准立项蛋白质、量子调控、纳米技术、发育与生殖、全球变化、干细胞 6 个领域 37 个国家重大科学研究计划。其中，中国科学院承担了 12 项，占全国项目的 32.43%（表2）。2014 年国家批准青年科学家专题 34 个项目立项（表3）。中国科学院承担了 7 项，占全国项目的 20.59%。

表 2　中国科学院 2014 年国家重大科学研究计划项目立项情况

序号	项目名称	项目依托部门	项目第一承担单位	项目首席科学家
1	植物细胞表面受体的功能和作用机理	中国科学院	中国科学院遗传与发育生物学研究所	周俭民
2	流感等重要病毒与宿主动态互作的细胞分子机制	中国科学院	中国科学院微生物研究所	陈吉龙

续表

序号	项目名称	项目依托部门	项目第一承担单位	项目首席科学家
3	强自旋-轨道耦合体系中的关联效应及其量子态调控	中国科学院	中国科学院物理研究所	胡江平
4	垂直磁各向异性铁磁/半导体异质结构中自旋调控	中国科学院	中国科学院半导体研究所	赵建华
5	耐极端条件的有机含氟纳米材料的研究	上海市科学技术委员会、中国科学院	中国科学院上海有机化学研究所	胡金波
6	功能纳米材料在地下水体优控污染物去除中的应用基础研究	中国科学院	中国科学院生态环境研究中心	景传勇
7	面向光信息处理功能的新型纳米等离激元器件研究	中国科学院	中国科学院物理研究所	徐红星
8	植物根干细胞形成与可塑性调控的分子机制	中国科学院	中国科学院遗传与发育生物学研究所	李传友
9	全球陆表能量与水分交换过程及其对全球变化作用的卫星观测与模拟研究	中国科学院	中国科学院遥感与数字地球研究所	施建成
10	小分子药物调控细胞命运及其机理研究	上海市科学技术委员会、中国科学院	中国科学院上海药物研究所	谢　欣
11	干细胞修复动物肝病模型中受损肝组织的方法及机理研究	中国科学院	中国科学院广州生物医药与健康研究院	李尹雄
12	干细胞衰老的细胞分子机理及转化应用研究	中国科学院	中国科学院生物物理研究所	刘光慧

表 3　青年科学家专题

序号	项目名称	项目依托部门	项目第一承担单位	项目首席科学家
1	稻田自然生物膜养分转化功能与调控机制	江苏省科学技术厅、中国科学院	中国科学院南京土壤研究所	吴永红
2	作物-固氮根瘤菌特异与广谱共生的分子机理与设计	中国科学院，上海市科学技术委员会	中国科学院上海生命科学研究院	王二涛
3	致密储层压裂诱发微地震的发震机理与波传播规律	中国科学院	中国科学院地质与地球物理研究所	王一博

续表

序号	项目名称	项目依托部门	项目第一承担单位	项目首席科学家
4	高压大容量碳化硅 IGBT 电力电子器件若干基础科学问题研究	中国科学院	中国科学院半导体研究所	张　峰
5	叶绿体重要生理过程蛋白质的结构与功能解析	上海市科学技术委员会、中国科学院	中国科学院上海生命科学研究院	张　鹏
6	3 型天然淋巴细胞（ILC3）发育的分子调控机制及其与肠道免疫相关疾病的关系	中国科学院、上海市科学技术委员会	中国科学院上海生命科学研究院	邱　菊
7	草地土壤碳氮的迁移、转化过程及其机制研究	中国科学院	中国科学院植物研究所	冯晓娟

（三）自然科学基金项目情况

2014 年批准国家杰出青年基金项目 198 项，中国科学院获批 66 项，占全国项目的 33.3%；重大项目 23 项，中国科学院获 6 项，总经费 8300 万元；创新研究群体 38 项，中国科学院获批 10 项，总经费 12 000 万元。

（四）高技术产业化项目

2014 年，中国科学院牵头组织了国家信息安全专项等高技术产业化项目，获国家补助资金 2000 万元，带动投资共计 800 万元（表 4）。

表 4　中国科学院 2014 年牵头组织的国家高技术产业化项目

项目名称	专项名称	批准文号	承担单位
中科信息安全共性技术国家工程研究中心有限公司面向电子政务内网的涉密信息系统安全保密风险评估软件产品产业化	国家信息安全专项	发改办高技［2015］289	中科信息安全共性技术国家工程研究中心有限公司

（五）国家重大科技专项

2014 年，中国科学院进一步加强重大专项管理工作，一方面充分发挥各专项总体（非法人单元）的作用，统筹院内单位、发挥整体优势；另一方面加强与院外单位战略合作，实现合作共赢。各项在研任务根据专项总体要求有序推进。同时，新落实了一批国家重大任务。

核心电子器件、高端通用芯片及基础软件产品重大专项 为进一步创新科研项目管理机制，推动CPU和操作系统深度融合、协同发展，成立了“中国科学院通用芯片与基础软件研究中心”非法人单元，整合院内基础软硬件的优势研发力量，协同地方和产业相关资源，进行CPU、操作系统等基础软硬件的深度协同设计。

新一代宽带无线移动通信网重大专项 在国际上首次提出面向工厂高速自动控制应用的无线网络技术规范WIA-FA，被国际电工组织IEC作为公共技术规范予以颁布，标志WIA-FA已得到国际自动化领域的普遍认可。中国科学院沈阳自动化研究所形成了工业物联网自主基础技术体系，处于国际领先水平。

高分辨率对地观测系统重大专项 天基系统各重要有效载荷，分别突破了关键技术，通过了立项综合论证，按研制要求完成相关工作。临近空间系统、航空系统、地面系统、应用系统等相关工作进展顺利。在国际上首次采用陶瓷基复合材料结构件，成功应用于空间遥感系统。

载人航天与探月工程重大专项 “天宫一号”“三合一”有效载荷安全可靠稳定运行，各载荷在轨工作状态良好；“天宫二号”应用系统正样产品参加了整器综合测试，进展良好；“天舟一号”于2013年底批准立项，已完成系统方案设计和各项目工程产品的初步设计，正在开展详细设计；载人空间站任务已于2013年完成系统立项综合论证和首批项目立项论证，完成了多功能光学设施技术方案设计和深化论证工作。“嫦娥三号”任务有效载荷共获取科学探测数据1125GB，科学家团队在“月球浅表层结构及月球外逸层羟基（OH）密度上限”等方面取得了系列创新成果；承担的VLBI测轨分系统在“嫦娥五号”再入返回试验中圆满完成任务。

中国第二代卫星导航系统重大专项 中国科学院承担的两颗试验卫星分别进入正样和初样研制状态，计划2015年完成发射。星间链路和星载氢钟的配置将实现全球系统卫星组网和自主导航的目标。地基增强系统启动实施，将实现高精度定位，满足不同用户需求。

大型油气田及煤层气开发重大专项 突破高效撬装式煤层气液化成套装置的低成本化技术，完善MEMS敏感芯片制造工艺，基本实现检波器的系统集成。开展深层烃源岩中残余干酪根生烃潜力研究，建立了在不同排烃效率下固体沥青的生烃动力学，发现在Ro 2.0%至3.5%的生气现象。

水体污染控制与治理重大专项 在流域污染控制方面，研发了产业源-生活源混合型污水强化控氮减碳深度处理集成技术；景观湖泊水生态修复技术方面，针对西湖沉水植物种类少、结构不合理着生藻仍常暴发及小南湖特殊生境沉水植物难以恢复等问题，研发了沉水植物斑块镶嵌技术、生境营造技术、底质改善技术。

转基因生物新品种培育重大专项 在衰突变体*ps1-D*中研究发现脱落酸介导植物衰老信号通路的重要成分OsNAP；在‘中籼3037’自发矮秆突变体*XD1*中研究发现了单个显性矮秆基因对于水稻株高控制的遗传效应；系统研究发现*gma-miR172c*在大豆中表达受到根瘤菌侵染的诱导；克隆并功能鉴定了耐高温的QTL基因*ER*，而且在不同的经济作物上进一步解析了*ER*的生物学功能。

重大新药创制专项 研制出具有我国自主知识产权的新型抗老年性痴呆寡糖类药

物，获13个国家/地区专利授权，有望填补该领域十余年空白，成为第一个糖类治疗复杂疾病的药物，开创糖类药物研究新格局，具有重大科学意义和社会经济效益。

艾滋病和病毒性肝炎等重大传染病防治专项 在2014年埃博拉出血热疫情中，自主研发的通用型核酸测定方法及试剂盒，成功排查广东口岸27例留观和疑似病例。开展了拉萨热病毒的抗原表达及抗体制备等工作。此外，在艾滋病病毒、乙型肝炎病毒、结核病病毒、病原体检验检测、难治性丙肝转归预警预测等方面的研究取得了阶段性进展。

（六）国家重大科研仪器设备研制专项

2014年，组织完成了“液氦到超流氦温区大型低温制冷系统研制”和“新一代高衬度低剂量X射线相位衬度CT装置”实施方案编制及立项评审等工作，并获得财政部支持，项目总经费约3.4亿元。2014年，继续组织国家自然科学基金委员会、科技部重大仪器设备研制专项项目推荐工作，获得支持5个项目，支持经费约3.9亿元。

二、战略性先导科技专项

（一）A类先导专项

为加强A类先导专项的管理，经过“实地调研、专题研讨、深入推进”等步骤，已形成一系列管理举措，主要包括：创新管理模式，明确各方职责；实施专项监理，实现闭环管理；强化法人责任，签署实施责任书；加强过程管理，实行动态调整；引导协同创新，带动体制改革。2014年，各专项贯彻“目标清、可考核、用得上、有影响”的“十二字”要求，积极应对经费削减，按照“保重点、保急需、保关键”原则，进一步梳理聚焦专项产出目标，坚持总目标不变、重大产出成果质量不变，变“被动调整”为“主动健身”，年度工作进展顺利，部分阶段性成果居国际或国内领先地位，一些专项成果应用已获产业界或用户支持，有的专项已实现与国家科技计划项目的有机衔接。积极争取财政支持，2015年先导专项经费预算较2014年有较大幅度增长。

干细胞与再生医学研究 成功研发出可引导子宫壁组织再生和脊髓组织再生的智能生物材料。在小规模临床试验中，有4例重度宫腔粘连不孕患者，经过子宫内膜修复再生后怀孕，3例婴儿已顺利出生。引导骨髓组织再生智能生物材料也已进入小范围临床试验。

未来先进核裂变能（ADS） 成功研制出强流质子超导直线加速器低能段原型样机，实现了目前国际上连续束运行中最高束流功率9.6kW（2.68MeV@3.6mA），也是我国首次实现超导高频腔加速毫安级连续波质子束，标志着我国强流质子超导直线加速器技术改变了以往的跟踪局面，进入国际先进行列。

未来先进核裂变能（TMSR） 掌握了氟盐冷却剂制备与净化、镍基合金生产与加工工艺等系列关键技术，国产合金耐氟盐腐蚀性能满足要求；完成10MW固态燃料实验堆、具有在线干法后处理功能的2MW液态燃料实验堆的概念设计并通过国际咨询评议。

完全自主研制、耐热耐腐蚀抗辐照的低活化马氏体钢。开辟了中美核能科技合作新局面。

空间科学　硬X射线调制望远镜（HXMT）、量子科学实验卫星、暗物质粒子探测卫星和“实践十号”返回式科学实验卫星完成初样阶段全部工作，转入正样研制阶段。建设完成我国首台基于大功率X射线光机和双晶体单色仪的空间X射线探测器地面定标装置；量子卫星完成了星地对准与纠缠分发等三项专项试验；暗物质卫星突破了工程关键技术，在欧洲核子中心进行了束流定标实验；专项地面支撑系统完成了怀柔中心基础环境施工和集成工作。

应对气候变化的碳收支认证及相关问题　建立了自主知识产权的卫星短波红外大气CO_2浓度“净排放”的反演方法和反演系统软件，并利用GOSAT卫星观测进行了反演验证，结果表明反演效果达到国际先进水平。开发的CAS气候模式初步揭示了450 ppm CO_2-e与2℃增温的不确定性。

面向感知中国的新一代信息技术研究　海云安防系列研究成果在重点地区和重要行业应用，取得显著效果。建成国际上第一个支持协议无感知转发技术（POF）的广义网络实验床，并与华为、中国移动等协同构建相关国际标准和技术体系。完成国内首款面向WEB生态的可信智能电视系统，并已完成在长虹等6家企业13款机型的量产验证。

低阶煤清洁高效梯级利用　突破低阶煤分级液化核心技术，建立了煤炭分级转化中试装置并成功运行，使煤制油系统能效由35%提高到45%，可望为占我国煤炭储量55%以上的低阶煤清洁高效利用提供解决方案。突破大型加压灰熔聚气化技术瓶颈，解决“三高煤”（高灰熔点、高硫、高灰煤）气化难题。社会影响初步显现，专项投资5.2亿，吸引社会投资超83亿。

分子模块设计育种创新体系　完成38个分子模块的初步解析，其中水稻分子模块30个，水稻高产模块系统4个、稳产1个、大豆高产系统1个，小麦分子模块2个。培育抗病、高产、耐盐等水稻新品系11个，以及优质、高产、抗旱等小麦新品系11个，分别参加了国家和地域的区试和预试。

变革性纳米产业制造技术聚焦　长续航动力锂电池200Wh/kg正负极材料等关键材料中试成功，锂硫电池电芯能量密度突破420Wh/kg；绿色印刷基本形成完整产业链技术创新体系，成功制备APEC系列门卡，透明导电膜实现批量制备，月产中大尺寸触摸屏50万片；甲烷高效转化研究获重大突破，纳米降凝剂用于百万吨级石油输运。

江门中微子实验　20英寸①新型PMT样管研制成功，新型双碱光阴极量子效率（42%）远超国际同类材料水平，应用于20英寸MCP-PMT的量子效率接近国际最高水平（32%）。中心探测器主方案基本确定；液闪烷基苯实验室纯化方法获成功，衰减长度可达25m；位于江门开平市的实验场址建设工作进展顺利。

热带西太平洋海洋系统物质能量交换及影响　首次成功实施冲绳海槽热液活动区综合探测，获高分辨率海底地形图和海底影像资料，提出了光滑洋壳俯冲易于产生灾难性大地震的颠覆性理论，突破了粗糙板块俯冲引发大地震的传统观念，引起国际科技界高

---

①　1英寸=2.54cm。

度关注。

（二）B 类先导专项

2014 年正式启动了海斗深渊前沿科学问题研究与攻关，拓扑与超导新物态调控，生物超大分子复合物的结构、功能与调控，宇宙结构起源–从银河系的精细刻画到深场宇宙的统计描述，页岩气勘探开发基础理论与关键技术，作物病虫害的导向性防控–生物间信息流与行为操控，功能 pi-体系的分子工程，动物复杂性状的进化解析与调控，土壤–生物系统功能及其调控，典型污染物的环境暴露于健康危害机制 10 个第二批战略性先导科技专项（B 类）。

截至 2014 年底，中国科学院共启动了 16 个 B 类战略性先导科技专项。专项共下设项目 69 个、课题 285 个，有 68 家院属单位和 24 家院外单位承担了专项子课题级以上的科研任务。专项投入固定工作人员 5462 人，其中全时人员 3310 人，占 60.6%；高级专业技术职务人员 2142 人，占 39.2%。

2014 年，为进一步突出顶层设计，加强科学组织管理，确保重大成果产出，各战略性先导科技专项（B 类）着力加强规章制度建设，建立健全学术和管理机制，切实加强动态调整，加强经费使用和知识产权管理，在人员队伍遴选考核、学术交流总结、项目间集成衔接、内部考核评价等方面逐步形成了比较完善的管理架构。各专项进展良好，在相关前沿科学研究领域取得了一批具有重要影响的原创性成果，在事关经济社会发展的关键问题上为国家提供了一批重要咨询报告。

三、中国科学院部署项目

（一）前沿科学方面院部署项目

2014 年，重点以“与研究所‘一三五’规划结合、重点支持跨所跨领域项目、重点支持青年科学家”等为原则，统筹考虑与战略性先导科技专项及 973 计划项目等的关系，新部署脑科学交叉前沿研究（重大交叉）等 14 个项目，总经费 9130 万元，当年拨款 3504 万元。

（二）重大任务方面院部署项目

2014 年，启动了“嫦娥三号”任务探测数据科学应用研究（550 万）、盐湖卤水若干战略性元素提取（1000 万）、燃机高温透平叶片研制与验证（1200 万）、先进生物制造工程菌株的构建与应用（1000 万）4 个重点部署项目。

（三）科技促进发展方面院部署项目

2014 年，中国科学院正式启动 STS 计划。STS 计划以中国科学院已建立的遍布在全国各地的科技合作网络为基础，围绕重大突破，满足我国经济发展中的新兴产业培育、支柱产业升级、现代农业发展、自然资源与生态保育、城镇化与城市环境治理 5 个方面需求，聚焦若干重大主题和区域部署项目。截至 2014 年底，已部署两批项目。第一批部署了 24 个项目（群），经费总计 32 321 万元，参与项目人员 1371. 8 人/年，人均经费当量 23. 56 万元/(人 · 年)，重点集中在生态文明建设、专项科技服务网络、重点省区关键技术集成和产业化推广、有重大影响的成套技术示范 4 个板块。2014 年底部署第二批 23 个 STS 项目（群），经费总计 12 600 万元，参与项目人员 884. 8 人/年，人均经费当量 14. 24 万元/(人 · 年)。

重大科技成果

一、2014 年度获国家科技奖

根据《国务院关于2014年度国家科学技术奖励的决定》（国发〔2015〕4号），中国科学院共获2014年度国家科学技术奖励32项。其中，中国科学院作为第一完成单位或第一完成人获自然科学奖二等奖20项，获技术发明奖一等奖1项，获技术发明奖二等奖4项，获科学技术进步奖二等奖7项（含专用项目1项），其中大连化学物理研究所牵头完成的“甲醇制取低碳烯烃（DMTO）技术”，是中国科学院时隔23年以来再度获得国家技术发明奖一等奖的重要原创性技术成果。

（一）国家自然科学奖二等奖（20项）

项目名称：态-态分子反应动力学研究

主要完成人：张东辉（中国科学院大连化学物理研究所）
杨学明（中国科学院大连化学物理研究所）
戴东旭（中国科学院大连化学物理研究所）
肖春雷（中国科学院大连化学物理研究所）
孙志刚（中国科学院大连化学物理研究所）

推荐单位：中国科学院

该项目属于分子反应动力学研究领域，是物理化学学科的基础前沿课题。利用自行研制的具有世界领先水平的高分辨交叉分子束仪器，理论上发展量子反应动力学新理论方法和构造高精度势能面，并通过实验与理论的密切结合，在态-态反应动力学研究方面取得了系列性的重要研究成果：首次观测到化学反应中的分波共振态；发现玻恩-奥本海默近似在氟加氘反应中完全失效；揭示氯原子与氢分子反应中玻恩-奥本海默近似的适用性；系统研究了水分子光解过程中非绝热效应；发现了 $O+O_2$，$H+O_2$ 反应中的非统计现象等。相关成果发表在 *Science*（3篇）、*PNAS* 和 *JACS* 等杂志上。项目研究不仅提升了对化学反应本质机理的认识，也使我国在该领域处于世界领先的地位。

项目名称：低维光功能材料的控制合成与物化性能

主要完成人：姚建年（中国科学院化学研究所）
赵永生（中国科学院化学研究所）
付红兵（中国科学院化学研究所）
马　颖（中国科学院化学研究所）
翟天佑（中国科学院化学研究所）

推荐单位：中国科学院

光功能材料是构成人类现代文明的基石之一。该项目围绕着“分子结构/微纳结构/

物化过程/光功能”之间的关联机制，在国际上率先开展了相关材料光学奇异性质的研究，阐明了分子间作用力对聚集行为的决定性影响，发现了有机微纳结构中激发态能量的限域和传播，开展了多级组装微纳材料的制备与光电性质研究，在学术研究和产业应用方面取得系列成果。相关工作成功地将量子限域效应从无机体系拓展到了有机体系，受到国际同行的关注，带动了该领域在世界范围内的发展。

项目名称：若干分子基材料的自组装、聚集态结构和性能

主要完成人：李玉良（中国科学院化学研究所）

刘辉彪（中国科学院化学研究所）

李勇军（中国科学院化学研究所）

张德清（中国科学院化学研究所）

朱道本（中国科学院化学研究所）

推荐单位：中国科学院

该项目通过探索分子基材料的合成、自组装、聚集态结构和性能，针对性地提出了解决本领域若干重要基本科学问题的策略，发现和发展了一些新方法、新概念，证明了若干分子聚集态结构和材料的性质和性能与形貌、尺寸和维数的强烈依赖关系，特别是在国际上首先合成了新的碳同素异形体石墨炔并率先开展了研究。发展了多项具有自主知识产权的自组装、自组织和生长新方法学与技术，为推动该研究领域的发展和进步做出了贡献，在国际上产生了重要影响。该研究对化学、物理学、电子学和材料科学等基础科学，以及交叉科学研究具有重要的科学意义，显示了在光学、电学、光电转换、场发射和传感等方面的潜在应用前景。核心论文被他人引用 1402 次。

项目名称：晚新生代风化成壤作用与东亚环境变化

主要完成人：郭正堂（中国科学院地质与地球物理研究所）

郝青振（中国科学院地质与地球物理研究所）

吴海斌（中国科学院地球环境研究所）

推荐单位：中国科学院

通过对我国晚新生代沉积的风化成壤作用研究，把陆地风尘堆积序列从 800 万年拓展到 2200 万年；厘定了亚洲现代季风环境和内陆荒漠的起源时代，重建了二者的早期演化历史，提出青藏高原在 2000 多万年前的隆升已达到重组大气环流的阈值；发现第四纪东亚季风极盛期与大洋碳同位素变化存在耦合关系，揭示冰期–间冰期旋回中两极冰盖具不对称演化行为，丰富并深化对间冰期气候行为和机制的认识，并为气候变化的影响评估等提供了古气候学依据。

项目名称：废水处理系统中微生物聚集体的形成过程、作用机制及调控原理

主要完成人：俞汉青（中国科学技术大学）

李晓岩（香港大学）

盛国平（中国科学技术大学）

推荐单位：教育部

生物处理是水环境保护的主要技术手段，而反应器中微生物通过自我絮凝作用形成的聚集体和微生物颗粒，具有结构密实、沉降快、活性高等优点，是保证系统高效稳定运行的关键。针对国内外在废水处理微生物颗粒方面缺乏基础理论研究的现状，项目组深入系统地研究了微生物聚集体的形成过程、作用机制和调控原理，阐明了废水生物处理反应器中微生物聚集体的形成机制，发明了好氧微生物颗粒培养及其应用的关键技术，为废水的高效生物处理提供了重要的基础理论，推动了环境工程学科的发展。

项目名称：南海与邻近热带区域的海洋联系及动力机制

主要完成人：王东晓（中国科学院南海海洋研究所）
方国洪（国家海洋局第一海洋研究所）
甘剑平（香港科技大学）
刘钦燕（中国科学院南海海洋研究所）
庄　伟（中国科学院南海海洋研究所）

推荐单位：广东省

在南海与邻近热带区域的海洋联系及动力机制研究领域，该项目发现并命名“南海贯穿流”，揭示了南海环流“贯通”特征，确定了南海贯穿流在联系西太平洋和东印度洋中的重要地位，打破了之前印尼贯穿流是两大洋唯一通道的大洋环流理论的局限性；基于地形-斜压联合效应的动力学理论揭示了南海暖流形成的新机制，发现了南海贯穿流-南海西边界流-南海暖流/涡旋动力关联；证明了南海贯穿流的区域气候效应，确定了南海贯穿流在南海与邻近海域热盐再分配的重要地位，为我国区域海气耦合业务预报模型的建立与改进提供了新的理论基础。该成果在南海环流开放性“贯通”特征及其影响方面提出了创新性认识，提升了中国海洋学家在该领域的国际影响和地位。

项目名称：青藏高原冰芯高分辨率气候环境记录研究

主要完成人：姚檀栋（中国科学院青藏高原研究所）
秦大河（中国科学院寒区旱区环境与工程研究所）
田立德（中国科学院青藏高原研究所）
王宁练（中国科学院寒区旱区环境与工程研究所）
康世昌（中国科学院青藏高原研究所）

推荐单位：中国科学院

该项目属于地球科学的自然地理学、气候学。通过研究青藏高原冰芯中多种代用指标与气候环境变化的关系，重建并分析了过去 10 多万年以来不同时间尺度的高分辨率气候环境记录，发现在全球变化影响下，青藏高原比其他地区更敏感、温度变化幅度更大、更具有地区差异性。这一发现也意味着在全球变暖影响下，青藏高原未来气候环境变化的面临严重挑战，因此成为国际上开展 TPE 科学计划的重要科学基础。

该项目在监测青藏高原现代降水气候意义的基础上，开展了包括 12 根冰芯的古气候意义与环境变化重建工作，并研究了末次间冰期以来青藏高原气候环境变化及其与周边地区的关系。该研究建立了降水稳定同位素与气温之间关系的定量模型，发现末次间冰期以来青藏高原气候存在不稳定性，也发现了冰芯微生物变化可以作为过去气候环境变化研究的新指标。该成果提高了对青藏高原过去气候环境变化特征的认知水平；提供了未来气候环境变化情景预测的新依据；促进了稳定同位素指标在其他古气候研究领域的应用。

项目名称：气候预测的若干新理论与新方法研究

主要完成人：王会军（中国科学院大气物理研究所）
范　可（中国科学院大气物理研究所）
孙建奇（中国科学院大气物理研究所）
姜大膀（中国科学院大气物理研究所）
高学杰（国家气候中心）

推荐单位：中国科学院

该项目主要成果包括：在气候变异机理和可预测性研究中取得了若干关键进展；并提出了年际增量、热带相似等一系列气候预测新方法并可显著改进我国和东亚气候预测准确度。该项目的研究成果还表现出重要的实际应用价值，其中，年际增量等预测方法已经被气象行业专项遴选支持在气候预测业务中推广使用，为我国气候预测业务的发展和社会经济建设做出了实质性的贡献。

项目名称：哺乳动物多能性干细胞的建立与调控机制研究

主要完成人：周　琪（中国科学院动物研究所）
王秀杰（中国科学院遗传与发育生物学研究所）
曾凡一（上海交通大学）
高绍荣（北京生命科学研究所）
赵小阳（中国科学院动物研究所）

推荐单位：中国科学院

该研究在诱导性多能干细胞和人类胚胎干细胞的获得与细胞重编程机理研究方面取得了多项突破性成果，证明了诱导性多能干细胞的发育全能性，丰富了多能干细胞的获取途径，建立了干细胞多能性的鉴定标准，从而解决了多个关键的、具有重要基础研究与临床应用价值的科学问题。成果分别发表在 *Nature*、*Cell Stem Cell* 等杂志，其中证明 iPS 细胞发育全能性的成果终结了科学家关于 iPS 细胞是否能够替代胚胎干细胞的争论，2009 年，在美国 *TIME*（《时代周刊》）评选的年度十大医学突破中排名第五，推动了 iPS 技术的飞速发展。

项目名称：高等植物主要捕光复合物的结构与功能研究

主要完成人：常文瑞（中国科学院生物物理研究所）
柳振峰（中国科学院生物物理研究所）
匡廷云（中国科学院植物研究所）

严汉池（中国科学院生物物理研究所）
王可玢（中国科学院植物研究所）
推荐单位：中国科学院

该项目以高等植物光合作用体系中负责光能捕获的主要捕光天线复合物 LHC-II 为研究对象，在国际上率先完成了菠菜 LHC-II 的高分辨率晶体结构解析工作，并对其参与的光能捕获及光保护的分子机理进行了深入探索。首次发现了一种新型的膜蛋白三维结晶方式。研究成果发表后得到了国际同行的高度评价和大量引用，其中代表性论文单篇的他引数已达 655 次，被公认为光合作用和膜蛋白结构生物学研究领域的一个里程碑，极大地推进了我国在光合作用及膜蛋白结构生物学研究领域的发展。

项目名称：基因组多样性与亚洲人群的演化
主要完成人：张亚平（中国科学院昆明动物研究所）
孔庆鹏（中国科学院昆明动物研究所）
吴东东（中国科学院昆明动物研究所）
彭旻晟（中国科学院昆明动物研究所）
孙　昌（中国科学院昆明动物研究所）
推荐单位：云南省

该项目以基因组多样性的分布格局及形成机制为视角，以亚洲人群为对象，紧紧围绕“亚洲人群源流历史和演化”这一核心目标，取得一系列重要研究成果：证明亚洲人群源自“走出非洲”后沿亚洲海岸线的快速迁移扩散事件，证实东亚人群起源于非洲且无当地直立人的母系遗传贡献，揭示早期人群迁移及文化扩散是亚洲民族人群形成的重要原因，并诠释人群对新环境适应的遗传学机制。以第一单位发表高影响 SCI 论文 20 篇，被 *Nature*、*Science* 等国际著名 SCI 刊物正面他引 602 次，国际影响广泛。

项目名称：中国两栖动物系统学研究
主要完成人：费　梁（中国科学院成都生物研究所）
叶昌媛（中国科学院成都生物研究所）
江建平（中国科学院成都生物研究所）
胡淑琴（中国科学院成都生物研究所）
谢　锋（中国科学院成都生物研究所）
推荐单位：中国科学院

该项目历经 50 年，创建和完善了形态鉴别标准和分类体系，揭示了中国两栖动物丰富的物种多样性；深入诠释了专科、专属的系统发育关系、空间格局成因及适应进化机制；首次完成了国家级两栖动物物种编目。成果为发掘我国丰富的两栖动物资源奠定了重要基础，是拓展我国两栖动物学研究的基石，大力推动了全球两栖动物系统与进化生物学研究的深入开展。成果得到国内外学者高度评价，被世界两栖动物系统学数据库大量采纳，同时被 IUCN 和国内相关部门广泛用于两栖动物资源评估、保护管理、教育和生态环境评价。

项目名称：水稻重要生理性状的调控机理与分子育种应用基础

主要完成人：何祖华（中国科学院上海生命科学研究院）
王二涛（中国科学院上海生命科学研究院）
王建军（浙江省农业科学院）
张迎迎（中国科学院上海生命科学研究院）
邓一文（中国科学院上海生命科学研究院）

推荐单位：中国科学院

作物育种和栽培的主要目标在于提高产量和抗病性（稳产），该项目长期以来对水稻抗瘟性、灌浆和株高调控等重要生理性状，开展了系统而深入的研究，并密切结合育种实践，取得了既有重要理论突破又有重大育种应用潜力的原创成果。发表了包括 *Nature Genetics* 在内的文章，被多次引用和正面评价；有关专利技术已经被广泛用于作物分子育种，并培育出了新品种，取得了显著的经济与社会效益。

项目名称：TRPC 通道促进神经突触形成机制的研究

主要完成人：王以政（中国科学院上海生命科学研究院）
袁小兵（中国科学院上海生命科学研究院）
贾怡昌（中国科学院上海生命科学研究院）
周　健（中国科学院上海生命科学研究院）

推荐单位：上海市

突触是大脑发挥功能的基本结构和功能单元，神经元通过突触相互连接形成神经网络，感受、接收、处理和储存信息，进而做出反应，控制从呼吸、心跳到感觉和运动等生理活动。突触形成的异常可导致疾病的发生。因此，探索突触形成是神经科学研究领域的重要问题。突触形成涉及神经元存活、极性建立、轴突导向和树突形成等关键而复杂过程，神经生长因子和 Ca^{2+}内流在突触形成过程非常重要，然而其调控突触形成的机制不十分清楚。该项目系统地探索了上述过程的机制，发现神经生长因子调节一种配体门控，非选择性的阳离子通道，C 型瞬时受体电势通道（transient receptor potential conanical，TRPC），增加 Ca^{2+}内流，调控神经元存活，促进突触形成，进而影响学习和记忆。为理解兴奋性突触形成，学习和记忆机制提供了新的思路。以上系统性工作揭示了神经生长因子、离子通道、胞内 Ca^{2+}稳态和突触形成之间新的关系，并阐明了 TRPC 通道的新功能。在神经科学和其相关领域有一定影响，促进了领域发展。

项目名称：逻辑动态系统控制的代数状态空间方法

主要完成人：程代展（中国科学院数学与系统科学研究院）
齐洪胜（中国科学院数学与系统科学研究院）

推荐单位：中国科学院

逻辑动态系统（如布尔网络）可以用来刻画基因调控网络、信息传播、动态博弈等。与由微分（差分）方程描述的连续状态空间的动态系统不同，逻辑动态系统的研究缺少有效工具。该项目完成人以他们原创的矩阵半张量积为工具，发展了一套逻辑动态系统的代数状态空间方法，研究了逻辑动态系统的控制、优化、辨识等问题，形成了较完整的逻辑动态系统的控制理论。相关工作获国际自动控制联合会（IFAC）颁发的 Automatica 2008—2010 最佳论文奖，引发国内外学者大量的后续研究，相关结果被应用于系统生物学、博弈论、模糊控制、信息传输、编码等众多领域。

项目名称：基于环境约束和多空间分析的机器人操作理论研究

主要完成人：乔 红（中国科学院自动化研究所）
王子栋（东华大学）
刘智勇（中国科学院自动化研究所）
沈 波（东华大学）

推荐单位：中国科学院

该项目属于机器人与控制、模式识别、网络学科的交叉领域。项目从机器人“手”、“眼”、“脑”三个方面互补开展研究，建立了一套模拟人的行为机制和结合多空间及其关系分析的研究框架。首次发现高维状态空间存在“环境吸引域”，扩展了不依赖传感信息实现高精度高可靠的新途径，拓宽了机器人实现稳定且快速操作及自主学习的途径，并为进一步提高机器人的智能化操作水平提供了科学依据。

项目发表 SCI 论文 200 余篇，成果得到多名国内外院士、著名国际期刊主编及 IEEE/IFAC Fellow 的正面引用和评价。项目成果在国内汽车、数控机床和国防方面获得广泛应用，并获得国家科技重大专项支持，为推进国产机器人实现可靠、快速的高精度操作应用做出了贡献。

项目名称：局域态操控的红外探测机理

主要完成人：陆 卫（中国科学院上海技术物理研究所）
陈效双（中国科学院上海技术物理研究所）
李志锋（中国科学院上海技术物理研究所）
王少伟（中国科学院上海技术物理研究所）
沈学础（中国科学院上海技术物理研究所）

推荐单位：上海市

该项目属于信息科学领域的红外物理与技术学科，发现了电子激发态局域化特性及其局域态的量子散射作用新机理，澄清了国际上关于量子跃迁禁戒定则的争议；发现了操控电子和光子局域态的量子限制势函数演变规律及其操控新方法，发展了提升光子局域操控效率的组合芯片新方法，解决了集成分光器光谱串扰问题；揭示了红外探测材料中复合杂质结构诱导奇异量子势形成的激发电子能态局域化机理，提出的暗电流模型表达式被多次拷贝性引用，被评价“为将来的国家空间技术器件的应用提供了基本的依据”。

项目系统性结果的综述论文入选美国 *SPIE Milestone Series* 丛书的 20 世纪全球红外领域代表性论文之一，出版论著 1 部。20 篇核心论文被 SCI 他引 614 次，其中 8 篇代表性论文被 SCI 他引 299 次；授权国家发明专利 27 项。部分成果曾用于获国际红外领域

2006 年度最高成就奖 Kenneth J Button 奖，被评价为“红外凝聚态物理，特别是红外半导体物理和光谱学的杰出贡献”。相关新机理的直接应用形成了国家重大专项“核高基”中的甚长波红外探测器新技术途径、实践卫星载荷立项方案中分光新技术和风云卫星出厂发射技术归零的科学依据。

项目名称：导电聚合物微纳米结构及其多功能化
主要完成人：万梅香（中国科学院化学研究所）
魏志祥（中国科学院化学研究所）
朱　英（中国科学院化学研究所）
江　雷（中国科学院化学研究所）
推荐单位：北京市

该项目首次提出并验证自组装导电聚合物微纳米结构的“无模板”方法及其机理；提出并验证协同效应自组装多尺度、多功能导电聚合物微纳米结构的新概念和新方法；阐明导电聚合物微纳米结构的导电机理，并探索了其在能源、传感等领域的应用。项目的原创性和系统性获得了国内外广泛认可，并推动了导电聚合物纳米结构及其应用的研究。

研究成果发表在 *Advanced Materials* 等权威期刊上，撰写英文专著一部，授权发明专利 6 项。20 篇主要论文著作 SCI 他引 2973 次，其中 8 篇代表论文 SCI 他引 1603 次，单篇最高 SCI 他引用 325 次。

项目名称：直接醇类燃料电池电催化剂材料应用基础研究
主要完成人：孙公权（中国科学院大连化学物理研究所）
辛　勤（中国科学院大连化学物理研究所）
姜鲁华（中国科学院大连化学物理研究所）
王素力（中国科学院大连化学物理研究所）
李焕巧（中国科学院大连化学物理研究所）
推荐单位：中国科学院

该项目属于材料、电化学交叉学科领域。项目围绕醇类燃料电池电催化剂毒化、甲醇渗透等国际难题，建立了高负载、高分散纳米电催化剂粒径、合金度、晶面等的控制制备方法；提出 Pt 与 MeOx（Me = Sn，Ru）协同催化乙醇电氧化机理；发现 Pt 纳米合金电催化剂对阴极氧还原反应的电子效应和耐甲醇行为本质；构筑了以碳纳米管为载体的新型表面功能化电催化材料体系。上述发现点有力促进了醇类燃料电池的应用研究，丰富了纳米材料、电化学、催化化学等学科的理论体系，引领和带动了我国相关行业的发展。该项目 8 篇代表论文共被他引 1766 次，单篇最高他引 631 次。研究成果曾获 2013 年度辽宁省自然科学奖一等奖。

项目名称：纳微系统中表面效应的物理力学研究
主要完成人：赵亚溥（中国科学院力学研究所）

袁泉子（中国科学院力学研究所）
林文惠（中国科学院力学研究所）
张　吟（中国科学院力学研究所）
郭建刚（中国科学院力学研究所）

推荐专家：郑哲敏

该成果属于固体力学研究领域，紧密结合国家在纳微系统领域的重大需求，针对电弹性毛细动力学、分子间力引起的吸合/黏附及控制、表面应力的起源与应用等国际学术前沿问题开展深入研究，取得了一系列原创性成果，得到了中、美、俄科学院院士等国内外同行的重点引用和高度评价。成果发表在国际物理、化学、MEMS 领域顶级期刊，8 篇代表性论文 SCI 他引 448 次，为纳微系统力学设计提供了“基本设计参数”，推动了相关学科的研究和发展，为产业界提供了理论指导。

（二）国家技术发明奖一等奖（1 项）

项目名称：甲醇制取低碳烯烃（DMTO）技术

主要完成人：刘中民（中国科学院大连化学物理研究所）
刘　昱（中石化洛阳工程有限公司）
吕志辉（中国科学院大连化学物理研究所）
陈俊武（中石化洛阳工程有限公司）
袁知中（新兴能源科技有限公司）
齐　越（中国科学院大连化学物理研究所）

推荐单位：中国石油和化学工业联合会，中国科学院

乙烯和丙烯是重要的基本有机化工原料，其传统生产技术强烈依赖于石油资源。我国石油资源不足，煤炭相对丰富，煤制烯烃技术是连接煤化工与石油化工、实施石油替代战略、保障能源安全的重要战略发展方向。

甲醇制烯烃是实现煤制烯烃的关键核心技术，也是世界范围内具有挑战性的课题。不仅涉及第一个碳碳键形成和碳链定向增长控制等科学问题，还具有反应速度快、转化率高、强放热等反应和工艺特征。发展甲醇制烯烃技术必须解决与反应原理、催化剂、反应工艺相关的一系列科学和技术难题。

该项目通过长期开拓性研究，在催化剂、反应工艺、工程化及工业化成套技术等方面取得了一系列技术发明和创新，形成了具有自主知识产权的甲醇制烯烃技术（DMTO）。获授权发明专利 63 件，核心技术也申请了国外专利，并且部分专利已经在一些国家（如美国、日本、澳大利亚、韩国等）获得授权。

该项目突破了小孔磷酸硅铝分子筛 SAPO-34 合成技术，研制成功甲醇制烯烃流化反应专用催化剂，在世界上首次实现了 SAPO-34 分子筛工业放大合成和甲醇制烯烃催化剂工业生产；发明了与催化剂和反应特征相适应的甲醇制烯烃密相循环流化床反应工艺，在世界首套工业性试验装置上验证了该工艺的先进性和可靠性；发明了 DMTO 技术大型反应-再生系统及工艺调控方法，形成了 DMTO 工业化成套技术，实现了世界首次工业化。

DMTO 技术于 2006 年完成了世界首次工业性试验，2010 年 8 月实现了世界首次工业化，工业装置 72 小时标定结果为 2.97 吨甲醇生产 1 吨乙烯和丙烯，技术指标及工业化进程处于国际领先地位。

DMTO 技术已许可建设 19 套工业化装置，合计烯烃规模 1059 万吨/年，增加就业千人以上。

DMTO 技术带动了甲醇制烯烃新兴战略产业的快速形成，为我国石油替代战略的实施、烯烃工业结构调整和原料多元化发展发挥了重要作用。

“甲醇制取低碳烯烃（DMTO）技术”获 2011 年度中国石油和化学工业联合会“技术发明奖特等奖”，获 2008 年度辽宁省“科技进步奖一等奖”；发明专利“由甲醇或/和二甲醚生产低碳烯烃的方法”获 2011 年度“中国专利奖金奖”；“甲醇制烯烃研究集体”获 2011 年度中国科学院“杰出科技成就奖”；“甲醇制取低碳烯烃（DMTO）专用催化剂”2010 年获大连市“技术发明奖一等奖”；“神华包头煤制烯烃示范项目成套工业化技术开发及应用”获 2013 年度中国石油和化学工业联合会“科技进步奖特等奖”。

（三）国家技术发明奖二等奖（4 项）

项目名称：热带海洋微生物新型生物酶高效转化软体动物功能肽的关键技术

主要完成人：张　偲（中国科学院南海海洋研究所）
　　　　　　龙丽娟（中国科学院南海海洋研究所）
　　　　　　齐振雄（广东海大集团股份有限公司）
　　　　　　尹　浩（中国科学院南海海洋研究所）
　　　　　　田新朋（中国科学院南海海洋研究所）
　　　　　　钱雪桥（广东海大集团股份有限公司）

推荐单位：广东省

在温和条件下把蛋白质转化成安全、易于吸收的功能肽，是软体动物资源利用的世界级科技难题。该项目从海洋发掘产酶微生物新属种；创制新型生物酶；发明功能肽的定向酶解技术；研发营养免疫新型功能肽和珍珠角蛋白定向制备及改造技术；创建功能肽评价模型，发掘肽类新功能；实现海洋功能肽定向制备技术的工程化应用，解决了领域内的关键难题。新技术获国内外同行高度评价，达到国际领先水平。在渔用饲料和珍珠加工行业大规模推广，突破了资源短缺对行业发展的制约，推动粮食安全和食品安全，打破了国际技术垄断，推动行业技术升级换代，促使海洋珍珠加工企业达到行业领先，渔用饲料企业销售额达世界第一。

项目名称：新型功能化超顺磁性颗粒的制备及在分离技术中的应用

主要完成人：刘会洲（中国科学院过程工程研究所）
　　　　　　邢建民（中国科学院过程工程研究所）
　　　　　　杨良嵘（中国科学院过程工程研究所）
　　　　　　安震涛（中国科学院过程工程研究所）
　　　　　　陈家镛（中国科学院过程工程研究所）

推荐单位：中国石油和化学工业联合会

该项目属化工分离行业。针对目前国内外磁性颗粒制备工艺复杂、反应条件苛刻、生产成本高等工程难题，该项目通过表界面化学、化学工程与材料科学交叉融合的方法，发明了纳米颗粒界面调控-喷流悬浮聚合制备超顺磁性颗粒新方法，规模化制备了选择性高、吸附容量大的功能化超顺磁性颗粒，并创制了规模化连续分离的磁分离工艺设备。项目已获授权发明专利 18 项，具有系统自主知识产权。在国际上率先实现了超顺磁性颗粒规模制备及工业应用。项目实施过程近三年共产生利润 84 319 万元，创造税收 30 909 万元，并具有显著的产业影响及社会效益。

项目名称：低热阻高光效蓝宝石基 GaN LED 材料外延及芯片技术

主要完成人：李晋闽（中国科学院半导体研究所）
王国宏（扬州中科半导体照明有限公司）
王军喜（中国科学院半导体研究所）
伊晓燕（中国科学院半导体研究所）
刘志强（中国科学院半导体研究所）
戚运东（湘能华磊光电股份有限公司）

推荐单位：中国科学院

该项目属于电子与通信科学技术学科，针对基于蓝宝石衬底的 GaN LED 面临的发光效率低和散热特性差的两大技术瓶颈，发明了国际首创宽光谱、全向复合光学膜结构及制备技术；研制成功国际首创的金属复合衬底；率先提出微纳图形衬底二次成核外延技术，外延材料晶体质量达到国际最好水平；提出了新型极化诱导 3D 空穴气 p 型掺杂技术。该项目主要发明为国际首创，总体技术指标为当前国际领先水平。项目三年累计直接销售收入 11.98 亿元，间接经济效益超过 30 亿元，推动了我国半导体照明战略性新兴产业的快速发展。

项目名称：高光束质量超高斯平顶钕玻璃激光器关键技术及应用

主要完成人：樊仲维（中国科学院光电研究院）
邱基斯（中国科学院光电研究院）
伍浩成（中国电子科技集团公司第三十四研究所）
陈光辉（中国电子科技集团公司第二十三研究所）
张国新（北京国科世纪激光技术有限公司）
张　彬（四川大学）

推荐单位：中国科学院

该项目属固体激光技术领域。首创了液晶空间光调制器 Gamma 曲线线性化光束整形技术，发明了激光参数集成化测量技术、激光器单元器件和系统集成计算机辅助装调技术及分布式网络并发控制方法，实现了大型激光器产业化和国产化，并组建了国家级工程中心。同行专家评价本项目“整体技术达到国际先进水平，部分技术国际领先”。激光器和关键部件形成了 6 种产品，已推广应用到 20 余家单位，近三年直接经济效益超过 4 亿元，促进了前沿科学、航空制造等相关领域的科学技术进步。

（四）国家科学技术进步奖二等奖（7 项，其中专项 1 项略）

项目名称：远古的悸动——生命起源与进化

主要完成人：冯伟民、许汉奎、傅强

推荐单位：中国科学院

《远古的悸动——生命起源与进化》一书由生命起源的地球环境、早期生命进化、无脊椎动物大发展、生物登陆、两栖王国、爬行盛世和哺乳为王 7 个章节组成。内容跨越了地球 40 多亿年历史变迁，吸纳了大量地质学和古生物学的新成果，将深海黑暗生物链、新元古代胚胎化石、寒武纪生命大爆发、生物登陆、生物灭绝和复苏、早期维管植物、鸟的起源、被子植物起源和人类进化等最新科研成果编演成一个个生动有趣的故事，展现了一幅波澜壮阔、跌宕起伏的生命演化史。

项目名称：重型柴油车污染排放控制高效 SCR 技术研发及产业化

主要完成人：贺泓、王树汾、潘吉庆、资新运、刘洋、苏大辉、余运波、郭庆波、刘福东、李腾英

主要完成单位：中国科学院生态环境研究中心、中国重型汽车集团有限公司、北京奥福（临邑）精细陶瓷有限公司、中国人民解放军军事交通学院、无锡威孚力达催化净化器有限责任公司、浙江铁马科技股份有限公司

推荐单位：中国科学院

柴油车排放污染是造成大气灰霾、光化学烟雾的重要原因。该项目针对我国重型柴油车 NO_x 和 PM 排放污染问题，自主设计研发了具有国际先进水平的 SCR 催化剂及制备技术，在我国首次研发并量产了大尺寸 SCR 催化剂载体，自主开发了高精度还原剂供给系统与车载故障诊断技术，打造了具有自主知识产权的国产化“大尺寸催化剂载体–催化剂生产与封装–匹配控制技术与集成”这一完备的技术产业链，打破了国外技术和产品垄断，价格较同类进口产品降低 50% 以上。已在国产重型柴油车上实现了规模化应用，新增产值超过 70 亿元。

项目名称：干旱内陆河流域生态恢复的水调控机理、关键技术及应用

主要完成人：冯起、邓铭江、海米提·依米提、李元红、赵文智、田永祯、司建华、龙爱华、杜虎林、陈仁升

主要完成单位：中国科学院寒区旱区环境与工程研究所、甘肃省水利科学研究院、新疆维吾尔自治区水文水资源局、新疆师范大学、中国水利水电科学研究院、内蒙古自治区阿拉善盟林业治沙研究所

推荐单位：甘肃省

成果集多年的系统观测和分析研究，阐明了干旱内陆河流域水资源形成特征和相互转化规律，揭示了内陆河流域山地–平原–荒漠组成的水文循环过程和与之相联的生态

系统时空特征，奠定了流域水资源调控的理论基础；通过对水、土、气、生等要素的长期观测，系统研究了山区水文、绿洲生态水文、荒漠生态水文，拓展了水文学研究领域，精确量化了不同生态系统的生态需水量，奠定了流域山地-绿洲-荒漠系统的生态水文学理论基础。成果获省部级一等奖2项，发表论著200篇，其中，*Science*论文1篇（影响因子31.51）；总论文引用达1300多次，得到同行较高评价。

该成果创新性提出上游山区最佳水源涵养功能的林地面积不超过15%，该技术使试验区土壤含水量提高到20%以上。首次建立了内陆河流域山地-平原-荒漠系统生态恢复的水调控模式，创新提出了技术性节水、结构性节水、管理性节水为一体的水资源紧缺型绿洲水调控模式。该成果被评为相关领域的最新研究进展和我国内陆河流域生态建设的成功范式。建立了天然绿洲及外围植被风沙防护技术。即“六带一体”模式，该模式成功地在降水小于100mm地区实施，使植物盖度达到10%—20%，为无灌溉条件下风沙危害防治提供了成功范式。在甘肃、内蒙古、新疆等地应用后，经济效益达34.2亿。

项目名称：复杂气候与地质条件下隧道工程灾害及其稳定性控制关键技术及应用

主要完成人：陈卫忠、廖朝华、谭贤君、杨建平、张继锁、程勇、刘继国、祁鹏、杨典森、赵武胜

主要完成单位：中国科学院武汉岩土力学研究所、中交第二公路勘察设计研究院有限公司、安通建设有限公司、中国人民武装警察部队交通第一总队

推荐单位：中国科学院

我国西部地区尤其是青藏高原具有全球最独特、最复杂的气候与地质构造，工程建设与运营过程中面临“冻害、震害、突水、岩爆”等不利灾害环境的严峻挑战。该项目针对复杂气候与地质条件下隧道工程建设中面临的低温相变岩体冻胀机理及防寒保温技术、高烈度地震区隧道工程震害及减震设计、高地应力地区岩爆预测与控制等技术难点，通过深入系统的理论研究、技术攻关和工程应用，揭示了复杂气候与地质条件下隧道工程灾害的形成机理，提出了灾害环境下隧道工程稳定性控制的分析理论、设计标准、建造与处治技术。

项目名称：黄淮地区农田地力提升与大面积均衡增产技术及其应用

主要完成人：张佳宝、黄绍敏、林先贵、曹志洪、孙笑梅、刘建立、谭金芳、张月平、丁维新、马政华

主要完成单位：中国科学院南京土壤研究所、河南省农业科学院、河南省土壤肥料站、河南农业大学、扬州市土壤肥料站、中国地质大学（北京）

推荐单位：中国科学院

该项目针对黄淮地区中低产田治理和高标准粮田建设面临的技术瓶颈开展了研究，①认清了地力本质和中低产田治理靶标；②研发了高分辨率识别地力等级和障碍因子的数字化技术；③发明了土壤障碍因子分类消减及地力快速提升靶向技术；④研制了与地力定向培育协同的水肥高效与作物高产关键技术；⑤创建了地力-产量双跨越技术集成

模式。为大面积中低产田均衡增产提供了核心技术。3 年累计推广面积 2 亿亩①，增粮 60 亿千克。

项目名称：地球系统科学数据共享国家平台构建、关键技术与应用服务

主要完成人：孙九林、诸云强、闾国年、李晓波、杨雅萍、王卷乐、朱建钢、吴立宗、廖顺宝、曹彦荣

主要完成单位：中国科学院地理科学与资源研究所、中国极地研究中心、中国科学院寒区旱区环境与工程研究所、国土资源部信息中心、南京师范大学、天津理工大学、中国科学院水利部水土保持研究所

推荐单位：中国科学院

该项目针对我国地球系统科学数据难以共享的问题，开拓性建成并业务化运行由 1 个总中心、15 个分中心构成的一站式地球系统科学数据共享国家平台；发展了高精度的统计和定位观测数据空间化方法等，建成了涵盖 5 大圈层 18 个学科的我国规模最大、覆盖面最广的地球系统科学数据库；提出了地球系统科学数据共享标准参考模型，研制了可扩展的地球系统科学数据分类编码、描述、集成与服务等关键标准，形成 5 项国家标准；突破了海量地学数据高效存储与优化检索、分布式安全统一访问、网络共享知识产权保护等关键技术，自主研发了全服务化的分布式科学数据共享软件。项目为 84，571 名用户，1753 项重大科研项目、34 项建设工程、32 项民生工程等提供了有效的数据服务，产生了显著的社会经济效益。主持完成了国家科学数据共享工程规划，推动了 973 计划资源环境领域项目数据汇交管理中心等的建立，为 45 个数据共享系统提供了软件技术支撑。领导创建了东北亚合作研究网络，建立了联结美国、俄罗斯、欧洲、南亚等国家和地区的国际数据交换网络，提升了我国地学数据共享的国际影响力。项目实现了我国研究型地球系统科学数据共享从无到有、从国内走向国际的重大跨越。引领和推动了我国及国际科学数据共享事业的发展，促进科学数据共享的研究进展与科技进步。

二、2014 年度重大科技成果

（一）前沿科学方面重大科技成果

1. 数理化学领域

解决了 L^2 解析延拓最优估计问题与 Suita 猜想　中国科学院数学与系统科学研究院周向宇与合作者解决了 L^2 解析延拓最优估计问题和 Suita 猜想。L^2 解析延拓问题是多复变与复几何中一个重要的前沿问题，此前许多数学家如美国国家科学院萧荫堂院士、法国科学院 Demailly 院士、瑞典皇家科学院 Berndtsson 院士、日本数学家 Ohsawa 教授等

① 1 亩≈666.7 平方米。

都研究过并得到一些成果，问题最终被周向宇与合作者解决。作为应用完整解决了1972年提出的著名的Suita猜想及相关猜想；解决了Ohsawa的一个猜想与一个公开问题；发现带最优估计的L^2延拓定理可以直接得到关于Bergman核的对数多次调和性定理。论文在*Annals of Mathematics*发表。

量子通信安全传输创世界纪录 中国科学技术大学潘建伟院士及其团队与上海微系统研究所、清华大学合作，通过发展高速独立激光干涉技术，结合高效率、低噪声超导纳米线单光子探测器，将可以抵御黑客攻击的远程量子密钥分发系统的安全距离扩展至200公里，并将成码率提高了3个数量级，创下新的世界纪录。论文在*Physical Review Letters*发表。

铁基超导体中自旋向列相的中子散射研究取得重要进展 中国科学院物理研究所利用非弹性中子散射实验手段，首次从自旋角度针对电子型掺杂铁基超导体$BaFe_{2-x}Ni_xAs_2$中电子向列相问题开展了相关研究。他们的一系列中子散射研究首次从自旋角度确证了铁基超导体中电子向列相的存在，并为其微观物理起源解释提供了重要实验依据，对理解高温超导体中电子向列相乃至赝能隙的形成有重要参考意义。论文在*Science*发表。

拓扑半金属研究取得重要突破 中国科学院物理研究所首次发现了拓扑半金属态。2012年，物理研究所与金属研究所合作，通过理论计算预言三维Dirac锥形半金属态可以在Na_3Bi中存在，并受到它本身晶格对称性的保护。Na_3Bi的工作立刻引起了实验物理学家的重视，有多个实验小组立即投入到实验验证的工作中。2014年，物理研究所与国外研究人员合作，在Na_3Bi中通过ARPES观测证实了理论预言的三维Dirac锥。论文在*Science*发表。

碳氢键官能团化取得新突破 中国科学院上海有机化学研究所科研人员采用零价钯作为催化剂，通过最为绿色环保的空气为氧化剂，发展出一种全新的催化体系，颠覆了碳氢键活化中传统的选择性规律，成功实现了56个杂环化合物的碳氢键官能团化。这一新方法的实现，将有助于大量新型杂环药物分子的合成，对合成化学和药物化学的发展将起到极大的推动作用。论文在*Nature*发表。

甲烷高效转化相关研究获重大突破 中国科学院大连化学物理研究所包信和院士领衔的团队基于“纳米限域催化”的新概念，创造性地构建了硅化物晶格限域的单中心铁催化剂，成功实现了甲烷在无氧条件下选择活化，一步高效生产乙烯、芳烃和氢气等高值化学品。与天然气转化的传统路线相比，该技术彻底摒弃了高耗能的合成气制备过程，大大缩短了工艺路线，反应过程本身实现了二氧化碳的零排放，碳原子利用效率达到100%。论文在*Science*发表。

发现河外星系“超脉泽家族”两个新成员 中国科学院上海天文台和紫金山天文台研究人员参加的研究团组利用位于西班牙的IRAM 30米毫米波望远镜在近邻的活动星系NGC1068中测到了氧化硅（SiO）和甲醇（CH_3OH）分子的超脉泽发射。分析表明，氧化硅脉泽来自非常靠近星系中心黑洞的高温气体盘，而甲醇脉泽来自喷流区域。该发现不仅使得超脉泽家族的数目由3个变成了5个，而且为利用这些新的脉泽发射研究近邻星系中核区的气体性质、中心黑洞，以及活动星系核对宿主星系的反馈打开了一个新的窗口。论文在*Nature Communications*发表。

基于 H_2^++He 碰撞反应实现原子物质波干涉实验 中国科学院近代物理研究所马新文研究组通过氢分子离子与氦原子碰撞产生的电离解离反应，实现了原子物质波的杨氏双缝干涉实验。他们利用反应显微成像谱仪结合炮弹分子成像技术成功将碰撞时刻干涉物质波（氦原子）与狭缝（氢分子离子）的状态同时记录下来，将爱因斯坦在与波尔论战中设想的“思想”实验转化为现实。实验结果显示，作为狭缝的氢分子离子由对称态跃迁到反对称态导致物质波干涉条纹发生 π 相位变化，直接证实了玻尔对于双缝实验的论断。这种宇称态发生变化的双缝是以往干涉实验无法提供的，为量子纠缠、局域实在性等涉及量子力学核心概念的研究提供了新的思路。论文在 *Physical Review Letters* 发表。

2. 生命科学领域

30nm 染色质纤维高级结构的解析 中国科学院生物物理研究所李国红研究组和朱平研究组通过密切合作，成功解析了 30nm 染色质纤维的高分辨率（11Å）三维结构，国际上首次发现常规 30nm 染色质纤维是以 4 个核小体为结构单元，在 H1-H1 相互作用下相互扭曲形成一个左手双螺旋结构；并首次明确了连接组蛋白 H1 在 30nm 染色质纤维形成过程中的重要作用。该研究成果解决了分子生物学领域一个 30 多年悬而未决的重大科学问题，为预测体内染色质结构建立的分子基础及各种表观遗传因素，包括组蛋白变体、组蛋白化学修饰等对染色质结构调控的可能机理提供了可靠的结构基础。论文在 *Science* 发表。

解析大肠杆菌 CRISPR/Cas 系统中 Cascade 复合物的晶体结构 中国科学院生物物理研究所王艳丽研究组通过深入研究，获得了分辨率为 3.05 Å 的大肠杆菌 Cascade 复合物的 X 射线晶体结构，该结构外观上近似于“海马”，61 个核苷酸的 crRNA 横跨 Cascade 的 11 个亚基。该结构的解析为进一步研究 Cascade 如何抵御外源噬菌体和质粒的入侵提供了重要依据。论文在 *Nature* 发表。

血栓形成过程中关键受体的三维结构解析 中国科学院上海药物研究所赵强研究组与国内外研究组合作，先后解析了 P2Y12R 与激动剂、部分激动剂及拮抗剂的复合物三维结构。这一结果不仅极大地拓展了研究人员对于 G 蛋白偶联受体超家族信号转导机理的认识，同时也解释了不同抗血栓药物的作用机理，为新型抗血栓药物的研发提供了结构基础。论文在 *Nature* 发表。

细菌外膜脂多糖转运装配复合体高分辨率晶体结构解析 中国科学院生物物理研究所黄亿华研究组解析了致病菌福氏志贺菌来源的 LptD-LptE 膜蛋白复合体 2.4Å 的高分辨率晶体结构。该晶体结构揭示了一种前所未有的由两个蛋白所形成的“塞子和桶”模型，发现了脂多糖从桶壁进入外膜的出口，阐明了脂多糖在细菌周质中向外膜输送和进入细菌外膜的机理。该结构为新型抗菌素药物的设计奠定了理论基础，有助于人类解决日益严重的革兰氏阴性细菌耐药性问题。论文在 *Nature* 发表。

DNA 甲基化在脊椎动物中的跨代遗传规律 中国科学院北京基因组研究所刘江课题组与南京大学黄行许课题组的合作进一步揭示了哺乳动物中子代如何继承亲代 DNA 甲基化图谱的规律。该研究发现父源和母源 DNA 上的甲基化都被进一步氧化，无论是父本还是母本来源的 DNA 都会发生主动去甲基化的过程。这项研究改写了长期以来，认为受精之后母源 DNA 甲基化通过被动稀释而去甲基化的传统认识。论文在 *Cell* 发表。

环形 RNA 产生机制的重大理论突破　中国科学院上海生命科学研究院计算生物学研究所杨力研究组和生物化学与细胞生物学研究所陈玲玲研究组利用计算和实验相结合的方法，首次证明了内含子互补序列配对所介导的环形 RNA 产生机制，揭示了一个基因可以产生多个环形 RNA 的“可变环化”现象，阐明了不同内含子间 RNA 互补序列的“竞争性配对”导致的 RNA 可变环化机制。该工作以全新的理论视角揭示了高等动物基因表达在转录/转录后水平调控的复杂性和多样性，极大地推动了环形 RNA 这一国际研究领域前沿的发展，为深入研究环形 RNA 的生成加工、调控机制及其应用奠定了坚实的理论基础。论文在 *Cell* 发表。

揭示冠状动脉的起源——心内膜　中国科学院上海生命科学研究院营养科学研究所周斌课题组采用遗传谱系示踪技术，首次发现大部分冠状动脉直到出生后才形成，由心内膜干细胞分化而来，并从心脏内部向外生长形成。论文在 *Science* 发表。

揭示内侧前额叶在“延迟期间”的电活动对工作记忆任务学习的贡献　中国科学院上海生命科学研究院神经科学研究所李澄宇课题组利用光遗传技术，选择性的干预“延迟期间”小鼠大脑内侧前额叶（mPFC）的电活动，观察到在任务学习中的行为正确率下降，其作用很可能是通过对信息存储的影响，而习得后的行为没变化；另外，利用胞外电生理记录的手段、阐明了该脑区在记忆学习过程中放电模式变化的规律。论文在 *Science* 发表。

3. 地球科学领域

全面分析鸟类起源研究　中国科学院古脊椎动物与古人类研究所研究员徐星、周忠和等对鸟类起源这一热点研究领域近年来取得的重要进展进行了全面总结，指出恐龙向鸟类的转化已成为论证最翔实的主要演化事件之一，并提出整合性方法将是未来研究的发展方向。论文在 *Science* 发表，并入选该杂志评选的“2014 年度十大科学突破”。

破译最古老的现代人基因组　中国科学院古脊椎动物与古人类研究所付巧妹和其他国际团队通过古 DNA 技术，实现了对俄罗斯西伯利亚西部地区一块距今约 4.5 万年人类股骨的高通量测序。多种遗传研究分析表明其所属群体与欧亚大陆的共同祖先同祖。该项研究在一定程度上表明早期现代人走出非洲并非仅仅只有南部大洋洲路线，呈现更复杂的局面。这项研究还推算出该个体所属的群体与尼安德特人大概在距今 5 万—6 万年发生了基因交流，这缩小了之前提出的时间范围（距今 8.6 万—3.7 万年）。该研究结果丰富了人类演化的细节知识。论文在 *Nature* 发表，并入选入选该杂志评选的“2014 年度十大科学事件”。

首次发现二次有机气溶胶（SOA）对重灰霾污染 PM2.5 的定量贡献　中国科学院地球环境研究所曹军骥研究团队通过合作研究，以 2013 年 1 月全国大范围发生的重灰霾污染事件为例，通过对北京、上海、广州和西安 4 个城市大气环境的同步观测，全面分析了 PM2.5 中各种无机和有机化学组分，首次采用新开发的离线高分辨率飞行时间气溶胶质谱（offline HR-TOF-AMS）方法实现空间尺度上 PM2.5 中有机气溶胶质谱指纹的表征。首次采用 ME2（multilinear engine）新方法，并结合 PMF（positive matrix factorization）、CMB（chemical mass balance）等源解析方法，联合标志物、离线气溶胶质谱指纹信息和放射性^{14}C数据，精确解析了重霾期间PM2.5各主要来源的定量贡献。此研究在国内外首次发现我国重霾污染中SOA（二次有机气溶胶）的定量贡献，对正在开展的全国大中城市PM2.5来源解析工作提供新思路与新方法，为未来制定控制政策和治理措施提供依据。论文在*Nature*发表。

揭示冈底斯山的形成与隆升过程 中国科学院青藏高原研究所丁林研究团队对拉萨林周盆地年波组古土壤及湖相灰岩中的介形虫壳体化石的原位氧同位素开展研究，结果表明53MA时冈底斯山古高度已经超过4500米，其隆升开始的时间要大大早于这个时间，为一个安第斯山型的山脉。近一步的研究揭示了冈底斯山形成的详细过程，100—65MA为新特提斯大洋岩石圈俯冲阶段；65—60MA，印度-欧亚大陆开始碰撞，印度大陆开始俯冲到青藏高原之下；冈底斯深部地幔包体分析也显示了明显的印度地壳物质成分的加入。论文在*Nature Scientific Reports*和*Earth and Planetary Science Letters*发表。

命名新物种重定哺乳动物起源时间 中国科学院古脊椎动物与古人类研究所毕顺东、王元青研究团队和美国自然历史博物馆的科学家合作，基于6件完整的侏罗纪化石标本，命名了两个新属的三个新种，建立了一个新的哺乳动物支系——“真贼兽”，全面展示了贼兽类的形态学，以及早期哺乳动物的多样性、生活习性等生物学内容，澄清了贼兽牙齿的同源性、哺乳动物听小骨和横膈膜演化等争议问题。新物种证实哺乳动物起源于晚三叠世（2.08亿年前）。研究还发现哺乳动物可能起源于属于劳亚大陆的陆块，在早-中侏罗世高度分化，并在中生代呈现全球分布。该认识在哺乳动物的演化历史研究等相关领域产生重要影响。论文在*Nature*发表。

光滑洋壳的俯冲较粗糙洋壳的俯冲更易产生毁灭性的海底大地震 中国科学院海洋研究所高翔等系统利用热流实测数据研究俯冲带大断层的强度，首次发现有大地震发生的俯冲断层相对于蠕变滑动（无大地震发生）的俯冲断层生成更少的摩擦热，说明有大地震发生的俯冲断层强度更弱，创新性地提出俯冲洋壳的粗糙程度控制着俯冲断层的强度及地震活动性，光滑的俯冲洋壳导致更弱的断层可产生更大的地震。这项研究为认识大地震发生的地质条件提供了一条崭新的思路，对了解俯冲断层大地震的物理机制，支撑地震和海啸的防灾减灾工作有着重要意义。论文在*Science*发表。

6亿年前动物胚胎具有营养细胞和繁殖细胞的分化 中国科学院南京地质古生物研究所早期生命研究团队，利用磨片技术和生物显微镜观察发现，产自瓮安生物群（约6亿年前）的最早“动物胚胎”化石细胞分裂到数百个之后，很快就出现了营养细胞和繁殖细胞的分化。新发现几乎否定了以前关于这些动物胚胎化石的所有解释，充分证明它们不属于冠群动物（节肢动物、腔肠动物、软体动物等）胚胎、团藻、中生黏菌虫、原生动物或硫细菌，而属于有细胞分化的多细胞真核生物，可能是某种基干类群动物或者某种多细胞真核藻类。研究表明当时多细胞生物体内已经同时具有营养细胞和生殖细胞的分化，以及细胞阶段性死亡的现象，这些特征为多细胞生物进行组织分化、器官分化、形态多样性出现奠定了生物学基础。论文在*Nature*发表。

揭秘500万年前罗布泊大湖景象及成因 中国科学院地球环境研究所刘卫国等对由大陆环境科学钻探在塔里木盆地罗布泊附近获得的1000多米钻孔岩芯进行了精细的磁性地层学和同位素地球化学替代指标的分析，完整地恢复了700万年以来塔里木盆地的水文环境变化的历史。在塔里木盆地及亚洲内陆极端干旱区长期气候变化历史的研究领域取得了重大突破。根据碳酸盐氧同位素和岩芯特征，发现晚中新世间歇性古湖泊群，当时的气候处于相对湿润的状况；塔克拉玛干沙漠最早自490万年开始发育，证实盆地490万年开始的沙漠化过程不可逆的。晚中新世青藏高原西北部的生长可能是导致490万年气候转型的主要因素。这表明西北极端干旱区并不总是干旱的，曾经存在相对湿润的时期。论文在*PNAS*发表。

在汞的甲基化机理方面取得重要突破 中国科学院生态环境研究中心江桂斌研究组通过合作研究发现，天然环境水体中二价汞及低价态的一价汞、零价汞均可被碘甲烷甲基化，该反应依赖于日光照射。而在去离子水中，仅低价态的一价汞、零价汞可被碘甲烷甲基化。基于此，提出了碘甲烷对无机汞的光化学甲基化的两步机制，表明在使用碘甲烷熏蒸剂的水体中，碘甲烷对汞的光化学甲基化是甲基汞的重要来源。该研究不仅突破了经典甲基化机理认知方面的缺陷，发现了新的光化学甲基化途径，而且具有现实环境意义，亟须对碘甲烷新型农药熏蒸剂的使用进行广泛、审慎的安全评估。论文在*Nature Communications*发表。

发现过去30年北半球中高纬度植被生长对温度变化的响应在减弱 中国科学院青藏高原研究所朴世龙研究员等利用过去30年的卫星遥感数据及10种不同的生态系统过程模型，首次发现了过去30年气候变暖对北半球植被生长的促进作用逐渐减弱，并阐明了这一现象与北半球温带地区的干旱趋势和高纬度地区植被生长对气候变暖的适应有关。在地球“第三极”的青藏高原地区，过去30年来，植被生长对温度上升的响应并没有显现出下降趋势，与北半球高纬地区草甸植被响应并不一致。论文在*Nature Communications*发表。

4. 技术科学领域

分子筛膜研究获重大突破 中国科学院大连化学物理研究所杨维慎研究员团队在国际上首次成功地将二维金属有机骨架材料（MOFs）开层获得了单分子层厚度的分子筛纳米片，并通过热组装方法得到厚度<5 nm的超薄分子筛膜。该分子筛膜可以快速而精确地筛分尺寸差异仅为0.04 nm的H_2和CO_2分子，从而实现H_2/CO_2分离。论文在*Chemiscal & engineering News*和*Nature Chemistry*发表。

梯度纳米结构材料研究取得一系列开创性工作 2014年9月19日，*Science*发表了中国科学院金属研究所卢柯院士受邀撰写的题为*Making Strong Nanomaterials Ductile With Gradients*的专题评论，阐述了拉伸过程中产生的局部应变集中是导致纳米材料拉伸脆性的本质原因，通过构筑梯度纳米结构可使纳米晶粒产生大幅度的拉伸塑性。梯度纳米结构既可显著提高材料强度又不明显损失材料拉伸塑性，使材料的强度-塑性匹配和抗疲劳损伤阻力大幅提高，对纳米材料实际应用十分重要。金属研究所在该研究方向做出了一系列开创性工作，并一直在国际上引领着这一新的研究方向。

滑翔机海上自主观测航程突破1000公里 中国科学院沈阳自动化研究所俞建研究团队研制的深海滑翔机海上观测航程突破1000公里，达到1022.5公里，持续观测时间达到30天，创造了我国深海滑翔机海上航程最远、工作时间最长的新纪录。该研究成果把自主移动观测平台海上工作时间从数天提升到数十天，作业范围从数百公里提升到上千公里，实现重大技术跨越，为发展和构建新型深远海自主海洋观测模式奠定了技术基础。

“大型低温制冷设备研制”专项取得重要进展 中国科学院理化技术研究所研制的10kW/20K大型低温制冷系统成功运行，并基于远程控制实现整机自动开关机及连续72小时稳定运行，制冷量达到10kW/20K、透平效率70%。这标志着我国自主设计与制造液氢温度级大型低温制冷设备能力的形成，可以满足未来国家战略高技术发展的需求，对我国打破垄断，自主研发大型低温制冷设备，特别是对液氦温度乃至超流氦温度大型低温氦制冷系统的研制奠定了技术基础和工业基础，对我国高新科学技术的发展具有重要的支撑作用。

研究提出液相3D打印等功能器件液态金属快速制造技术 中国科学院理化技术研究所在多年液态金属研究工作的基础上，在国际上首次提出了一种在室温下快速制造导电金属器件的3D金属打印方法，先后实现了金属器件液相快速冷却、金属非金属混合打印、固态电路直接打印等，成功研发出系列产品级液态金属电子打印机及3D打印设备，在液相3D金属打印及功能电子器件快速制造领域取得一系列重要进展，引领了国际室温液态金属理论与技术科学领域的前沿研究。

（二）重大任务方面重大科技成果

成功实施冲绳海槽热液活动区综合探测 中国科学院A类战略性先导科技专项“热带西太平洋海洋系统物质能量交换及其影响”成功实施冲绳海槽热液活动区综合探测，实现我国首次海底观测冲绳海槽“黑烟囱”，获得高分辨率海底地形图、生物地质化学样品和海底影像资料。提出了光滑洋壳的俯冲较粗糙洋壳的俯冲更易产生毁灭性的海底大地震的颠覆性理论，引发国际关注，入选“2014年度中国海洋十大科技进展”。

“嫦娥三号”有效载荷顺利执行了月面科学探测任务 地面应用系统接收了科学数据1.1TB，经处理后归档各类数据3.9TB，发布数据1.2TB。由中国科学院组建的“嫦娥三号”任务科学数据应用研究核心团队对科学探测数据进行了深入的分析和研究，建立了科学数据与月壤化学成分、矿物含量和浅层结构之间的反演算法，得到了巡视路线上月球次表层结构剖面图和月壤分层结构剖面图，反演得到了月壤介电常数和月表密度值，确认着陆区月壤的铁镁质矿物成分以高钙辉石为主；发现磁暴导致地球等离子体层尺度大幅缩小，再填充过程是非均匀动态过程；获得了一批变星的光变曲线、月球外逸层中OH密度上限等重要观测资料；发表学术论文32篇，其中SCI 25篇。“嫦娥五号”VLBI测轨分系统在再入返回飞行试验任务中加入高精度VLBI数据，提高了快速定轨精度，时延系统测量精度好于2ns，对舱器分离点进行了准确预报，为任务的圆满成功做出了重要贡献。

强流质子超导直线加速器建设取得重要进展 强流质子超导直线加速器是ADS嬗变装置的三大系统之一，也是国际加速器领域极具挑战性的研究课题，目前世界上有多个研究机构都在开展其关键技术研究；强流质子超导直线加速器在能量2.68MeV条件下，以3.4mA（束流功率大于9kW）连续波模式不间断运行达3小时，这在国际上连续波质子超导直线加速器领域尚属首次，是ADS先导专项继RFQ加速器实现10mA连续波质子束加速后取得的又一重大突破，表明我国已掌握低 β 超导腔、功率耦合器、频率调谐、低电平控制、低温恒温器、大型低温回路、束流诊断、功率源等一系列集成技术及强流束加速关键技术，为建造大型高能量强流质子超导直线加速器奠定了基础。

开发了国内首款面向 WEB 生态的可信智能电视系统 实现在长虹、海尔、TCL 等 6 家电视机厂商 13 款机型的量产验证。建成国际上第一个支持协议无感知转发技术（POF）的广义网络实验床，与华为公司协同构建相关国际标准和技术体系；提出了软件定义内容网络（SDCN）技术体系，与中国移动开展了实质性的战略合作。

提出面向工厂高速自动控制应用的无线网络技术规范 WIA-FA 中国科学院沈阳自动化研究所在国际上首次提出面向工厂高速自动控制应用的无线网络技术规范 WIA-FA，处于国际领先水平，被国际电工组织（IEC）作为公共技术规范予以颁布。

（三）科技促进发展方面重大科技成果

“渤海粮仓”科技示范进展顺利，辐射带动作用效果凸显 目前在抗逆优质小麦培育、玉米品种选育与无隔离制种技术、盐碱地改良与中低产田地力提升、咸淡水混合利用技术等方面实现了多项重要技术突破，建立了万亩以上的核心示范区。2014 年 5 月，汪洋副总理视察项目示范区，对渤海粮仓的进展和我院工作，给予了高度肯定。为使集成技术方案在辐射推广中有效传递，中国科学院组织启动了河北南皮县 70 万亩土地的整县域技术集成示范，由中国科学院遗传发育生物学研究农业资源研究中心承担，完成至 2017 年增粮 1.5 亿斤[①]、节水 2000 万立方米的任务。目前，“渤海粮仓”科技示范已在河北、山东、天津、辽宁的 31 个省（市）建立了 57 个核心示范基地，总面积 8 万亩，示范面积 24 万亩，辐射带动面积 600 余万亩，增产 17 亿斤，增收节支 10 亿元。工程形成了由中国科学院提供技术主导与科技支撑，科技部进行行政组织与协调和项目部署，山东和河北等地方省市县予以配套支持示范区建设的互动局面，基本实现了科技资源与社会资源的融合互动，实现了院部省联动，发展态势良好。

建立东北现代农业发展模式，集成技术体系显现辐射作用 积极探索中国科学院与沈阳军区农副业基地和黑龙江农垦的创新合作模式。初步形成了新品种选育与示范技术体系、高光效为核心的种植模式、生物防控体系、精准农业技术体系和配套装置，并进行综合集成组装与示范。技术成果在沈阳军区老莱、双山农副业基地、黑龙江农垦尖山农场等试验示范基地得以规模化应用，并通过合作研究网络向沈阳军区 11 个农场、黑龙江农垦和地方辐射推广，形成从技术研发到示范应用的完整创新价值链。在“科学研究、技术突破、试验示范、推广应用”相结合循环式创新价值链，以及建立规模化、集约化、机械化的现代农业发展模式方面迈出了一大步。2014 年，各核心关键技术累计推广应用超过 620 万亩；2015 年，预计推广 665 万亩。相关技术已开始向毗邻的呼伦贝尔农垦转移推广。

猕猴桃种质资源产业化向区域扩展，商业化模式建立实现突破 基于中国科学院武汉植物园优良种质培育的‘金艳’、‘东红’、‘金桃’等系列化专利新品种，在我国猕

---

① 1 斤=0.5 千克。

猕桃主产区四川、贵州、湖北、湖南、安徽、河南等省，研发集成和推广配套产业化绿色生产技术体系。已在全国形成了3万亩核心示范园，30万亩合作开发园等生产园区，建立了以联想佳沃为核心的收储加工、冷链物流和国内外合作营销商业化模式，建立了柳桃、佳沃和悠然三大品牌，'金艳'果品销售已进入大中城市的各市场和网络。实现了促进坡地利用和集中流转，农民向职业化过渡、农产品向标准化生产发展的初步转变，建立了资源开发利用、果品高附加值开发，农户收入较大幅度提高的产业化途径。

生物酶法明胶生产技术改写传统明胶生产历史　中国科学院理化技术研究所经过十几年自主创新研发的生物酶法高效骨明胶制造技术，2014年11月在宁夏实现千吨级连续生产，工业化取得重大突破。使用新方法生产的明胶产品达到国家药典标准和食品添加剂标准，成功用于食品和胶囊生产，实现了对传统化学工艺的替代。酶法工艺将传统骨明胶碱法制备工艺中的多次浸酸、水洗、浸灰、中和等步骤，简化为酶解一步反应，明胶生产周期从50—60天缩短到2—3天，吨耗水降低50%以上，固废物大幅减少，产品优质率提高，综合成本降低，实现了明胶制备的绿色工艺。经过宁夏回族自治区科技厅组织的成果鉴定，专家一致认为"该工业化技术推动了明胶工业技术进步，经济效益和社会效益显著"。

青贮饲料菌剂研制及推广工作取得重要进展　针对青海高原牧区发展实际及饲草资源特点，中国科学院微生物研究所继2013年成功研制"微青一号"青贮复合菌剂后，与青海省畜牧兽医科学院继续合作，2014年将"微青一号"推广应用于青海的贵南、海北等地，共15 000吨饲草的青贮加工示范，制定相关技术规范，培养农牧民技术骨干200余人。在此基础上，该所陆续研制出适于西藏青饲玉米的"微青二号"、适于内蒙古天然牧草的"微青三号"、适于宁夏甜高粱的"微青四号"及适于河北甜高粱/玉米的"微青五号"等系列青贮复合菌剂，并在各地完成500—2000吨不等规模青贮示范，极大提升青贮饲料加工水平，取得良好社会及经济效益。

"海云工程"助推国家基层医改　中国科学院深圳先进技术研究院自2006年起组织技术攻关和产品化研发，并联合中华医学会开展"海云工程"示范，旨在通过科技成果转化和配套措施实现创新驱动，全面提升基层卫生服务能力，增强公共卫生服务的可及性，提高基础医疗的可扩展性和稳定村医队伍。2014年1月16日，国家卫生计生委下发《关于做好2013年村卫生室医疗设备购置试点项目有关工作的通知》，在山西、安徽、湖北、重庆和四川5省（市）试点配置健康一体机，建议示范省对15%具有执业（助理）医师的村卫生室先行配备。村卫生室通过一体机可实现慢病管理、健康干预、健康教育等公共卫生服务工作，标志着"海云工程"成功支撑了国家基层医改向着良性、科学的方向发展。在福建省宁德市示范区建设中，市政府先后出台了相关配套措施以确保"海云工程"构建的基本公共卫生服务模式的常态化，包括：村医养老保险试点管理办法、村级诊疗收费标准、村级远程辅助检查管理规范、乡村公共卫生绩效评定规范和乡村两级质控管理办法等，解决了医疗网底工程应用的政策配套问题。

全国生态环境变化长期跟踪遥感调查评估与应用取得重要进展　该研究发现我国的生态系统质量总体向好，但生态系统格局局部变化剧烈，生态系统质量和生态服务功能仍然低下，生态环境问题严重，生态安全形势严峻，生态保护与发展的矛盾突出，调查分析了我国生态环境问题发生发展的深层次因素，并提出了改善我国生态环境保护管理方面的政策建议。该突破实现了“摸清家底、发现问题、找出原因、提出对策”的调查评估目标，将为我国生态红线划定、区域生态保护与恢复工程布局以及我国生态文明建设提供科技支撑。

云南鲁甸地震灾后恢复重建资源环境承载能力评价获认可 根据国家发改委《鲁甸地震灾后恢复重建工作方案》的分工安排，在国土资源部、中国地震局和云南省人民政府的大力支持下，中国科学院地理科学与资源研究所樊杰研究员团队等高质量地完成了鲁甸地震灾区资源环境承载能力评价工作，确定了灾区可承载的人口总规模，提出了适宜人口居住和城乡居民点建设的范围及产业发展导向，被国务院《鲁甸地震灾后恢复重建总体规划》采纳，为该规划编制提供了重要的基础性支撑。这是中国科学院继汶川、玉树、芦山地震及甘肃舟曲泥石流灾害后第五次承担灾后恢复重建资源环境承载能力评价任务，标志着中国科学院该项工作得到了国务院及有关部门高度认可。

南方土壤重金属污染风险区划与修复技术研发示范进展顺利 在湖南石门、湘江流域、广西环江、江西贵溪开展砷、镉、铜等重金属污染农田的修复及利用示范，示范面积近3000亩，探索出兼顾生态效益、环境效益及经济效益相结合的完全修复、粮食作物安全利用、非粮作物合理利用等修复模式。中国科学院向国务院提交了《关于建设土壤重金属污染治理国家综合示范区的报告》等3份咨询报告，得到有关国家领导人的批示；全国人大常委副委员长沈跃跃、湖南省书记强卫、全国人大环资委副主任罗清泉、环保部副部长李干杰等领导考察了长沙、石门、贵溪等示范基地，对相关工作给予了高度评价；探索形成了合理的农业种植管理模式，增加了农户收入、解决农民生计问题，得到地方政府、当地群众的充分支持和认可。

西藏生态环境变化评估取得重要成果 针对西藏生态环境建设，编制完成《西藏高原环境变化科学评估》报告，认为目前西藏高原环境总体变暖变湿，生态总体趋好，但灾害风险增加，据此提出了发展环境保护与绿色经济相融合的科学理念等建议。编制完成了《西藏生态安全屏障保护与建设工程建设成效综合评估（2008—2014）》，客观评价了各类工程实施的进展情况，估算了生态安全屏障工程的生态效益，提出了后续工程实施的优化对策。这项工作得到西藏自治区党委政府的充分认可。

新疆油田作业废水处理技术与装备研制取得重要进展 针对新疆油田作业废水处理问题，研制合成了水介质分散型聚丙烯酰胺专用药剂，自主研发了内循环罐式和管式反应器、辐流式气浮机等关键装备，形成了油田作业废水处理的成套装置，最大处理能力达60立方米/小时。与传统的油田采出液污水的絮凝沉降处理工艺相比，成套装置相同处理能力设备体积减小了1/3，加药混合反应时间从常规的3—5分钟提高到15—60秒，处理效率提高1倍以上，处理能力提高50%以上，完全处理成本从25元/立方米降低到12元/立方米。目前，已有3套成套处理装置分别安装在克拉玛依油田采油五厂、克拉玛依博达含油污泥处理厂、吐哈油田三塘湖采油厂，已累计处理各类作业废水50万立方米以上，为企业节约3000多万元。

碳化硅电力电子器件研发与产业化取得突出进展 碳化硅（SiC）电力电子器件是新一代绿色电力电子技术与装备发展的“核心”。面向以高铁和智能电网为牵引的战略性新兴产业对碳化硅电力电子器件的迫切需求，中国科学院微电子研究所积极探索科研平台与产品平台无缝对接的发展模式，与南车株洲所优势互补、合作共建“新型电力电子器件联合研发中心”科研-生产联合体，取得突出进展：在SiC电力电子器件的集成制造技术方面，开发了四寸碳化硅电力电子器件制造流程，为国家电网、中电集团等国内相关单位提供工艺平台技术服务。在SiC器件研制方面，面向电动汽车、光伏发电等应用的需求，研制了1200V/15A、1700V/8A SiC MOSFET器件。在SiC混合功率模块应用验证方面，与南车株洲所合作，成功地将1200V/1700V碳化硅电力电子器件应用于1700V/1600A混合功率模块的机车车载装置研制，将于2016年实现地铁应用验证。

蒸发冷却超级计算机推广应用取得新进展 蒸发冷却技术应用于超级计算机，具有高换热效率、低能耗、低噪声、免维护和绝缘安全性高等优点。中国科学院电工研究所研制的天津滨海新区超级计算机蒸发冷却系统，于2014年12月通过各项测试和验收，并成功投入运行，这是继中国科学院网络中心深腾7000蒸发冷却超级计算机之后，又一台低能耗、全静音的蒸发冷却超级计算机投入运行，其数据中心总设备能耗（PUE_{max}）值小于1.3（极限值为1.0，风冷为2.3—2.5，水冷为1.8—2.0）。同时，与国防科技大学共同研发的高密度蒸发冷却超级计算机系统项目实施顺利，将为我国天河超级计算机的节能降耗，提供更优异的选择方案。

固体氧化物燃料电池技术推向市场 固体氧化物燃料电池（SOFC）是一种以氢、氧为原料在中高温下将化学能高效、绿色转化为电能的全固态化学发电装置，能量转换效率超过60%，且无粉尘和有毒气体排放，是公认的21世纪最有潜力的分布式发电与供能方式。中国科学院宁波材料技术与工程研究所在突破SOFC关键技术基础上，于2014年8月与联想之星创投公司签约，支持SOFC团队“连人带成果”整体离所创业，得到宁波市重点扶持。正在医院、宾馆、政府大楼、热电厂等开展SOFC示范，边演示、边评价、边优化、边销售，推动SOFC发电系统产业化，将把宁波建成全球SOFC分布式发电的引领示范区。

三、中国科学院杰出成就奖

2014年，共评出中国科学院杰出科技成就奖10项（3项个人，7项集体），其中3项为专用项目。

1. 获奖个人：徐星（中国科学院古脊椎动物与古人类研究所）

主要科技贡献：

在中国北方和其他地区开展的野外考察采集到大量中生代陆相脊椎动物化石标本和地质数据，相关研究工作极大丰富了我们对侏罗纪和白垩纪陆相生态系统的认识。在恐龙演化和鸟类起源研究方向，徐星做出了一系列具有世界影响的成果，推动了包括“时间悖论”和“同源矛盾”等重要问题的解决，恢复包括飞行和羽毛在内的鸟类主要特征的演化模式。在SCI刊物上发表文章120余篇，其中35篇在英国*Nature*（《自然》）和美国*Science*（《科学》）上。研究成果两次入选“中国基础科学研究十大新闻”，三次入选“中国十大科技进展新闻”，三次入选美国*Discover*（《发现》）

"年度百项科学新闻"，一次入选美国 *TIME*（《时代周刊》）"世界十大科技发现"，以及多次入选欧美国家生物学教材等出版物。

2. 获奖个人：江雷（中国科学院化学研究所）

主要科技贡献：

长期从事仿生超浸润界面材料的研究工作。向自然学习，基于生命体系内具有超浸润界面性质的一系列原创性研究，揭示了超浸润现象的机理，为设计和制备系列仿生智能超浸润界面材料提供了科学依据；将超浸润性质应用于界面化学的基础研究，开拓了一系列化学反应新途径和材料制备新方法，如基于超双疏表面的微量液体化学反应、有机及有机无机复合光电功能材料的纳米结构制备及图案化、三相界面的化学合成、超浸润电化学反应体系、超浸润催化等。成功实现了包括自清洁材料、油水分离材料等的制备，为实际应用奠定了基础。共发表 SCI 论文 400 余篇，被 SCI 引用 27 000 余次，H 因子为 77。

3. 获奖集体：单分子尺度的量子调控研究集体

研究集体主要科技贡献：

单分子尺度体系具有丰富的功能结构和独特的量子性质，是未来量子信息技术的最佳物质载体之一，也在新能源材料中发挥着极其重要的作用。十余年来，该研究集体坚持对上述体系开展系统的探索，取得了一批重要的创新成果。近五年，他们进一步发展和提升了单分子尺度量子态的探测、表征及调控技术，发展了一批具有重要学术价值的新方法和新理论，率先实现了国际上最高水平的亚纳米分辨的单分子拉曼成像，成功设计并实现具有多重功能集成的单分子器件，揭示出氧化物表面光解水的关键反应过程，提出了红外光分解水的全新原理。该集体的创新成就得到国内外同行的高度赞誉并先后三次入选中国十大科技进展，奠定了该集体在相关科学领域的国际前沿地位。

研究集体突出贡献者及主要科技贡献：

侯建国（中国科学技术大学）

主要科技贡献：集体的组织者和领导者，在单分子尺度的量子调控、单分子操纵与高分辨成像等领域取得了多项开创性的重大研究成果。

杨金龙（中国科学技术大学）

主要科技贡献：集体的理论研究学术带头人，在单分子尺度量子调控的理论设计和计算模拟方面取得了多项重要的创新性成果。

研究集体主要完成者及工作单位：

王　兵（中国科学技术大学）

董振超（中国科学技术大学）

王晓平（中国科学技术大学）

罗　毅（中国科学技术大学）

赵　瑾（中国科学技术大学）

李震宇（中国科学技术大学）

赵爱迪（中国科学技术大学）

李　斌（中国科学技术大学）

4. 获奖集体：全钒液流电池储能技术研究集体

研究集体的主要科技贡献：

大规模储能技术是解决可再生能源发电不连续、不稳定特征的关键瓶颈技术，是国家能源战略和能源安全的重大需求。全钒液流电池储能技术因其使用寿命长、储能规模大、安全可靠、环境友好等特点，成为规模储能的首选技术之一。全钒液流电池储能技术研究集体通过对关键材料、核心部件及系统集成和控制管理技术的创新研究，成为国际上全面掌握高性能全钒液流电池关键材料、大功率电堆、单元储能模块及储能电站产业化技术的团队；实施了包括全球最大规模 5MW/10MWh 和欧洲首套 250kW/1MWh 商业应用在内的 20 多项示范应用及应用工程，率先实现了液流电池的商业化应用。开创了我国液流电池战略新兴产业。在国内外液流电池技术研究开发、产业化及标准化领域发挥了重要的引领作用。

研究集体突出贡献者及主要科技贡献：

张华民（中国科学院大连化学物理研究所）

主要科技贡献：液流电池技术总负责人。负责总体研究方案、技术路线设计。领军液流电池基础研究、工程化放大、产业化应用和标准制定。

李先锋（中国科学院大连化学物理研究所）

主要科技贡献：负责液流电池膜材料基础研究，规模放大和批量化生产技术开发。原创性的将多孔离子传导膜引入到液流电池。

刘宗浩（大连融科储能技术发展有限公司）

主要科技贡献：负责液流电池储能系统工程化和产业化技术的推广以及液流电池储能系统应用示范工程实施。

研究集体主要完成者及工作单位：

马相坤（大连融科储能技术发展有限公司）

高素军（大连融科储能技术发展有限公司）

张洪章（大连化学物理研究所）

刘　涛（大连化学物理研究所）

邢　枫（大连化学物理研究所）

赖勤志（大连化学物理研究所）

王晓丽（大连融科储能技术发展有限公司）

钟和香（大连化学物理研究所）

陈　剑（大连化学物理研究所）

荣　倩（大连化学物理研究所）

王美日（大连化学物理研究所）

刘景开（大连化学物理研究所）

孙佳伟（大连化学物理研究所）

李　杰（大连化学物理研究所）

邱艳玲（大连化学物理研究所）

刘慧颖（大连化学物理研究所）

5. 获奖个人：高福（中国科学院微生物研究所）

主要科技贡献：

在病毒侵入与释放过程中病毒囊膜蛋白与宿主的相互作用研究中，以及免疫细胞与感染细胞（靶细胞）的相互识别机制研究方面进行了系统性和创新性研究，共发表 SCI 论文 300 多篇。其中对于 H7N9 禽流感病毒的溯源和 H5N1 流感病毒跨种间传播机制研究获得重大突破，研究成果入选 2013 年度中国十大科技进展新闻。通过结构生物学等手段揭示了 MERS 冠状病毒、麻疹病毒，疱疹病毒等囊膜蛋白与受体的相互作用模式及膜融合机制，为新型抗病毒药物的研发提供了重要的靶标。由于其卓越贡献相继荣获发展中国家科学院（TWAS）基础医学奖（2012），入选 2013 科技盛典——中央电视台科技创新人物，第 19 届“日经亚洲奖”（2014），谈家桢生命科学创新奖（2008）和成就奖（2014）；2013 年当选中国科学院院士，2014 年当选第三世界科学院院士。他是我国病原微生物与免疫学研究领域有较高造诣，并在国际上有影响力的科学家。

6. 获奖集体：华北克拉通破坏研究集体

研究集体的主要科技贡献：

在开拓新技术方法、建立国际一流实验和观测平台基础上，通过“观测、实验和理论研究”三位一体的多学科研究，厘定了华北克拉通破坏的时空范围，提出并论证了橄榄岩-熔体相互作用在克拉通破坏过程中具有普适性，发现大洋板块俯冲导致地幔流动失稳、岩石圈地幔交代-熔融是克拉通破坏的主要动力机制，揭示了华北中生代大规模成矿与克拉通破坏的内在联系，提出了成矿预测新模型，建立了“克拉通破坏”理论体系。这些原创性成果是对大陆演化理论体系的发展，也为我国深部资源探测提供了科学依据。该集体引领了克拉通破坏研究，使其成为地球科学热点，提升了我国固体地球科学的国际影响力。

研究集体突出贡献者及主要科技贡献：

朱日祥（中国科学院地质与地球物理研究所）

主要科技贡献：提出并论证了大洋板块俯冲引起地幔流动失稳导致克拉通破坏的新观点，推动该研究领域进入固体地球科学前沿。

张宏福（中国科学院地质与地球物理研究所）

主要科技贡献：发现华北岩石圈地幔的时空不均一性，提出并论证了橄榄岩-熔体相互作用在克拉通破坏过程中具有普适性。

杨进辉（中国科学院地质与地球物理研究所）

主要科技贡献：建立热液金矿同位素测年方法，提出“去克拉通化”的术语和内涵，论证了巨量金成矿、岩浆作用与克拉通破坏的内在联系。

研究集体主要完成者及工作单位：

郑天愉（中国科学院地质与地球物理研究所）

范宏瑞（中国科学院地质与地球物理研究所）

艾印双（中国科学院地质与地球物理研究所）

陈　凌（中国科学院地质与地球物理研究所）

姜　能（中国科学院地质与地球物理研究所）

林　伟（中国科学院地质与地球物理研究所）
孟庆任（中国科学院地质与地球物理研究所）
汤艳杰（中国科学院地质与地球物理研究所）
曾庆栋（中国科学院地质与地球物理研究所）
赵　亮（中国科学院地质与地球物理研究所）
杨岳衡（中国科学院地质与地球物理研究所）
英基丰（中国科学院地质与地球物理研究所）
李秋立（中国科学院地质与地球物理研究所）
张晓晖（中国科学院地质与地球物理研究所）
钱　青（中国科学院地质与地球物理研究所）
杨　蔚（中国科学院地质与地球物理研究所）
赵新苗（中国科学院地质与地球物理研究所）

7. 获奖集体：极大规模集成电路关键技术研究集体

研究集体主要科技贡献：

该研究集体在国家科技重大专项支持下，牵头组织全国性产学研用联盟，联合北京大学、清华大学、复旦大学、中芯国际、武汉新芯等产学研用单位，通过5年攻关，实现了22纳米高K介质/金属栅工程、14纳米FinFet器件、新型存储器件、可制造性设计等关键技术的突破，研究水平迈入世界前列；提出了“专利指导下的研发战略”，在关键工艺模块上形成了较为系统的知识产权布局（专利2406项，含国际专利483项），并首次实现了向大型制造企业的许可转让，开始进入产业化开发阶段。这一成果的取得，标志着我国在集成电路这一高度全球化的高科技竞争领域前沿开始拥有一席之地，将为我国纳米级极大规模集成电路产业技术升级提供有力的技术支撑。

研究集体突出贡献者及主要科技贡献：

叶甜春（中国科学院微电子研究所）

主要科技贡献：负责技术路线整体设计与规划、知识产权系统布局和实施，组建“产学研”联合研发团队，推进技术研发与产业化。

陈大鹏（中国科学院微电子研究所）

主要科技贡献：负责组织22和14纳米关键工艺技术研发，重点攻关任务推进，组建集成电路先导工艺公共研发平台。

朱慧珑（中国科学院微电子研究所）

主要科技贡献：负责技术攻关，提出了“专利指导下的研发战略”，领导形成了20-14纳米主要专利组合，在高K/金属栅和FinFET方面个人专利申请数量全球排名分别为第一和第五。

研究集体主要完成者及工作单位：

赵　超（中国科学院微电子研究所）
闫　江（中国科学院微电子研究所）
杨士宁（中国科学院微电子研究所/武汉新芯集成电路有限公司）
徐秋霞（中国科学院微电子研究所）

刘　明（中国科学院微电子研究所）
陈　岚（中国科学院微电子研究所）
殷华湘（中国科学院微电子研究所）
钟汇才（中国科学院微电子研究所）
尹海洲（中国科学院微电子研究所）
李俊峰（中国科学院微电子研究所）
王文武（中国科学院微电子研究所）
霍宗亮（中国科学院微电子研究所）
李春龙（中国科学院微电子研究所）
王红丽（中国科学院微电子研究所）
王大海（中国科学院微电子研究所）
阮文彪（中国科学院微电子研究所）
唐　波（中国科学院微电子研究所）

四、科技论文与著作

（一）科技论文、专利成果情况

科技论文发表质量不断提升。利用 SCI、EI 和 ISTP 国际三大检索工具，于 2014 年对 2013 年度科技论文进行检索，中国科学院科技人员作为第一作者被国际三大检索系统收录的论文 31 600 篇，比 2012 年增加 2.8%。其中，被 SCI（扩展版）收录论文 17 904篇，比 2012 年减少 453 篇；被 EI 收录论文 11 955 篇，比 2012 年增加 1654 篇；被 CPCI-S 收录论文 1741 篇，比 2012 年减少 351 篇。另外，SCI（网络版）被引论文 102 869篇，被引次数达 1 479 546（2003—2012 年 SCI 收录我院论文在 2013 年被引用情况）。

中国科学院科技人员被 1998 种国内科技期刊收录论文 10 734 篇，比 2012 年减少 1430 篇。

专利申请量持续增长。2014 年度，专利申请 13 941 件，较上年增长 4.9%。其中，申请国内专利 13 382 件，较上年增长 5.3%，申请发明专利 12 077 件，较上年增长 6.0%。申请国外专利 559 件。

专利授权 7121 件，较上年增长 11.6%。其中，国内专利授权 6911 件，较上年增长 11.4%，发明专利授权 5507 件，较上年增长 11.4%。国外专利授权 210 件，较上年增长 17.3%。

（二）专著情况

2014 年，科研机构出版科技专著 386 种，达 14 060 万字，其中译成外文 71 种，达 1238 万字。出版大专院校教科书 9 种，达 485 万字。出版科普著作 39 种，达 720 万字。

队伍建设与人才培养

一、人才队伍建设

2014年，中国科学院进一步深入贯彻落实《国家中长期人才发展规划纲要（2010—2020年)》，结合实施“创新2020”人才发展战略，全面落实“十二五”人才队伍建设规划提出的各项任务，加大工作力度，切实推进人事人才工作不断创新与持续发展。

（一）人力资源管理研究

2014年，中国科学院继续加强人力资源管理研究。根据“百人计划”实施20周年纪念活动工作方案，开展了“百人计划”20周年绩效评估工作，为继续完善“百人计划”提供了依据和思路；根据“率先行动”计划总体要求，开展“率先行动”计划深化人事制度改革政策研究，重点围绕“四类机构”的薪酬激励、岗位管理、用人机制和流动机制等，提出政策建议，形成了专题调研报告；开展科技人员有毒有害保健津贴管理的研究，形成了《中国科学院科技人员有毒有害保健津贴的研究报告》。

（二）领导班子与干部队伍建设

认真贯彻执行中央《党政领导干部选拔任用工作条例》，坚持德才兼备、以德为先、群众公认、注重实绩等干部选任原则，严格按照干部选任条件和工作程序，扎实做好院属单位领导班子的考核和干部选任工作。2014年，开展了53个院属单位班子换届（届中）考核，对25个院属单位进行了党委换届，对40个院属单位领导班子进行了个别调整，组建了1个新建研究所理事会。全年新提任所（局）级领导干部69人，免职58人，交流31人。接收地方挂职干部1名。

按照中组部的要求，完成对第七批援疆干部4名成员的考核和第八批援疆干部的推荐工作，共推荐2名干部到新疆生产建设兵团工作；完成了第14批5位博士服务团成员的任满考核工作，新遴选了5位第15批博士服务团成员到西部地区、革命老区任职。

继续贯彻实施干部选拔任用工作“四项监督制度”，组织开展了19个单位的“一报告两评议”，以及27个单位的“所长履行干部选拔任用工作职责离任检查”；严格执行研究所“干部选聘工作有关事项报告”制度，不断规范中层干部选拔任用工作行为。认真贯彻落实“两项法规”等制度规定，强化对干部的日常管理和监督。

（三）机构编制与岗位管理

2014年，按照国家统一部署，中国科学院向中央编办正式报送了《中国科学院关于院属事业单位分类的意见》，提出中国科学院主体划为“公益二类”的建议，基本完成了事业单位划分类别申报工作。按照国家部署和要求，中国科学院组织开展了机构和人员编制核查、控制财政供养人员自查、培训和疗养机构核查、“吃空饷”问题集中治理等专项工作。

经中央编办批复同意：中国科学院资源环境科学信息中心更名为中国科学院兰州文献情报中心；中国互联网络信息中心划转至国家互联网信息办公室管理。

经院长办公会批准：中国科学院成立了中国科学院量子信息与量子科学前沿卓越创新中心、中国科学院青藏高原地球科学卓越创新中心、中国科学院脑科学卓越创新中心、中国科学院粒子物理前沿卓越创新中心4个卓越创新中心；成立了中国科学院微小卫星创新研究院、中国科学院信息工程创新研究院、中国科学院空间科学研究院、中国科学院药物创新研究院、中国科学院海洋信息技术创新研究院、中国科学院先进核能创新研究院6个创新研究院；成立了中国科学院合肥大科学中心、中国科学院上海大科学中心2个大科学中心；成立了中国科学院通用芯片与基础软件研究中心、中国科学院北京纳米能源与系统研究所、中国科学院计算科学应用研究中心、中国科学院流感研究与预警中心4个院设非法人单元。此外，中国科学院微小卫星联合重点实验室更名为中国科学院微小卫星工程中心；中国科学院传统工艺与文物科技研究中心更名为中国科学院文化遗产科技认知研究中心。

根据工作部署，完成各分院机关岗位设置方案的审核批复工作、岗位管理实施细则的审核备案工作。

经人力资源和社会保障部、全国博士后管理委员会批准，中国科学院新增博士后科研流动站9个；入选“香江学者计划”8人，入选“博士后国际交流计划”32人，获得中国博士后科学基金资助618人。

（四）薪酬与福利管理

2014年，中国科学院争取国家有关部门的政策支持，完善宏观调控，使全院职工工资收入保持适度增长。监督检查院属单位职工工资收入发放情况，规范研究所职工工资发放过程，编报全院职工工资收入统计分析报告。规范和完善研究所法定代表人年薪及所领导兼职取薪的管理，核定下达103个研究所法定代表人年薪。

按照国家相关政策和工作要求，对全院28个地区，6.11万正式工作人员2013年津贴补贴发放情况进行了全面的清理核查。对北京、上海和西安等地区30多个研究所职工津贴补贴的归类和水平进行了初步测算，研究拟定了我院绩效工资的相关政策，为实施绩效工资做好准备工作。

稳步推进全院社会保险相关工作。推动各单位做好基本养老、基本医疗、失业、工伤和生育等社会保险工作，推进中国科学院参加机关事业单位养老保险的各项前期工作。截至2014年底，全院各类人员参保情况见表5。

表5　2014年中国科学院社会保险参保情况

险种	养老保险	医疗保险		失业保险	工伤保险	生育保险
		基本医疗保险	补充医疗保险			
数量/人	25 973	52 303	30 906	55 649	54 193	41 345

中国科学院向人社部报送了《关于在京离退休人员补贴有关情况的报告》，反映离退休人员补贴工作面临的困难和问题，提出了意见和建议。按照属地化政策，及时提高中国科学院北京、上海、青岛、青海、安徽、南京、宁波、江西、海南 9 个地区 71 个单位、近 3 万离退休人员补贴。

（五）科技创新人才培养与引进

1. 中国科学院科学家当选发展中国家科学院院士情况

2014 年，发展中国家科学院（TWAS）召开第二十五届院士大会，增选院士 46 名，其中，中国科学院 8 名科学家当选。截至 2014 年底，中国科学院共有发展中国家科学院院士 91 名。

2. 高层次人才培养与引进工作

（1）稳步推进“千人计划”

2014 年，通过第十批“千人计划”共引进海外高层次人才 149 人，其中“千人计划”创新人才 31 人，“青年千人”97 人，“外专千人”5 人，“千人计划”新疆项目 16 人。截至 2014 年底，通过前十批“千人计划”，中国科学院共引进“顶尖千人”3 人；“千人计划”创新人才 223 人，占全国总数的 10.5%；“青年千人”299 人，占全国总数的 26.8%；“外专千人”18 人，占全国总数的 9.2%；“千人计划”新疆项目 23 人，占全国总数的 60.5%。已支持全职到岗的“千人计划”创新人才专项经费共计约 1.8 亿元。

（2）大力实施“万人计划”

2014 年，中央组织部第二次公布了“万人计划”第一批入选者名单。第一批入选者中，中国科学院王贻芳、周忠和、卢柯 3 人入选“万人计划”杰出人才，占全国总数的 50%；40 人入选科技创新领军人才，占全国总数的 14.8%；23 人入选百千万工程领军人才，占全国总数的 24.0%；38 人入选青年拔尖人才，占全国总数的 19.1%，自然科学类的 23.9%；有 1 人入选教学名师。

（3）调整改进“百人计划”

2014 年，根据“率先行动”计划和人才高地建设的新需要，中国科学院对“百人计划”的定位和支持方式进行了调整，提出了实施率先行动“百人计划”的方案，将坚持引进培养杰出人才与青年优秀人才有机结合、引进培养科研人才与工程技术人才有机结合，重点引进学术帅才、技术英才和青年俊才；坚持“德才兼备，以德为先”的选才原则，实行“按需设岗、公开招聘、择优支持、分类管理、动态调整”的管理模式，进一步保持和提升“百人计划”的优良品牌和影响力。2014 年，中国科学院新增“百人计划”入选者 129 人，其中“引进国外杰出人才”112 人，国内“百人计划”6 人，自筹“百人计划”11 人。举办了第十二届“百人计划”入选者国情院情学习研讨班，共有 183 位入选者参加。组织召开了第九届“百人学者论坛”学术年会。

截至 2014 年底，中国科学院“百人计划”入选者共计 2272 人。其中，“引进国外杰出人才”1775 人，国内“百人计划”308 人，项目“百人计划”145 人，自筹“百人计划”44 人。

3. 青年人才培养与支持

（1）加强“中国科学院青年创新促进会”工作

继续加大“中国科学院青年创新促进会”的建设，2014 年新入选会员 390 人，会员总数达 1768 人，累计给予约 4.8 亿元的专项经费支持。召开了 2014 年学术年会暨会员代表大会，会上经投票通过决定成立“青年促进会”学术年会暨会员代表大会执行委员会。

（2）实施“卓越青年科学家”项目

为加强对 35 岁以下青年人才的支持，使一批优秀青年人才快速成长为堪当重任的领军人才，2014 年度中国科学院试行“卓越青年科学家”项目。经单位推荐、专家评审，遴选出 50 名优秀青年学者给予资助，平均年龄 33.3 岁，最小年龄为 29 岁。

（3）“西部之光”人才培养工作

2014 年，中国科学院共支持“西部之光”计划各类人才项目 259 个。其中，联合学者项目 8 项、重点和一般项目 110 项、西部博士资助项目 141 项、资助在职博士研究生 18 人，资助总金额达 4871 万元。此外，还对 2010 年度“西部之光”重点和一般项目终期评估获得优秀的项目给予了后续支持。接收“西部之光”访问学者 19 人，资助经费 57 万元。

（4）“王宽诚教育基金项目”实施情况

2014 年，99 人获“中国科学院王宽诚教育基金”资助和奖励。其中 35 人获国际会议项目资助；64 人获得王宽诚人才奖（10 人获得“西部学者突出贡献奖”，50 人获得“卢嘉锡青年人才奖”，2 人获得“优秀女科学家奖”，2 个团队获得“科技成果转移转化团队突出贡献奖”）。

4. 支撑和管理人才培养与支持

2014 年，经专家评审，共 41 名工程技术、支撑人才获得相应支持，其中，“现有关键技术人才”20 人，“引进杰出技术人才”11 人，“技术能手”10 人。

截至 2014 年底，中国科学院累计支持“现有关键技术人才”104 人，“引进杰出技术人才”55 人，共有 60 人获得“中国科学院技术能手”荣誉称号。

5. 人才国际交流与培养

2014 年，举办中国科学院第四届“人才发展主题日”暨海外人才走进科学院系列活动；继续实施“创新团队国际合作伙伴计划”、“海外评审专家项目”、“国际杰出学者”、“国际访问学者”、“国际博士后”“公派留学计划”等，吸引海外优秀学者，促进国际合作和人才培养。

（六）继续教育与培训

2014 年，修订印发《中国科学院继续教育与培训管理办法》，对继续教育与培训工作的职责分工、组织实施及经费管理等进行了明确和细化；ARP 人力资源继续教育与培训管理系统正式上线，进一步规范了研究所继续教育与培训计划管理。

2014 年，全院共举办各类培训班 2200 多期，累计培训 14.6 万人次。其中，培训急需紧缺和关键岗位的骨干人才 3012 人。全年院资助示范性、跨所公需培训项目 64 期；

首次面向全院开展继续教育与培训优质课程资源征集工作，共遴选了16项优质课程资源予以资助；加强精品项目建设，制定精品培训项目管理办法，支持19个精品培训项目，培训1200余人。

北京分院、中国科学技术大学国家级继续教育基地共举办450多期培训班，培训8000多人。经人力资源与社会保障部批准，新疆分院成为中国科学院第三个国家级专业技术人员继续教育基地。

二、人才教育培养

深入推进科教融合。根据院长办公会要求，加强以学科建所、以基础研究为主的研究所与中国科学院大学基础学院的科教深度融合，并予以稳定支持。中国科学院形成了“科教融合”的基本思路，即由一个京区的研究所牵头，统筹相关研究所的优质科教资源，承办国科大基础学院，提升教育水平，同时以该研究所为主建设科教融合卓越中心，带动研究所追求科学卓越。中国科学院组织数学与系统科学研究院等12个相关研究所制定了相应基础学院的承办方案，明确了教研室布局，完成了课程体系建设，并获院长办公会原则通过。

推动国科大首批本科生招生工作。与教育部交流沟通，落实国科大首届本科招生专业及名额。协调分院和研究所充分发挥地域优势，积极参与招生工作。

与教育部联合实施“科教结合协同育人行动计划”。通过举办大学生暑期学校、大学生夏令营，开展大学生科研实践活动，中国科学院接纳了来自317所高校5800余名大学生参加，其中1000名优秀大学生获中国科学院优秀大学生奖；16个研究所被评为“优秀大学生科研实践基地”；与40所高校联合开展76个联合培养本科生项目，年均直接受益本科生近5000人；与29所高校联合培养400名博士研究生。

学生培养情况。2014年，中国科学院共录取研究生18 527人，其中博士生7061人，硕士生11 466人。在学研究生54 841人，其中博士生24 194人，硕士生30 647人。授予博士学位5797人，硕士学位6666人。2014年，全院共评选出100篇中国科学院优秀博士学位论文，100位优秀研究生指导教师，院长特别奖50人，院长优秀奖300人。2014年，中国科学院通过研究生国际合作培养计划录取研究生76人次。

基础设施与支撑条件

一、实验室、工程中心建设与管理

（一）实验室建设与管理

1. 重点实验室建设

国家重点实验室建设 2011年10月13日，科技部下发《关于批准建设心血管疾病等49个国家重点实验室的通知》（国科发基〔2011〕517号），正式批准中国科学院建设14个国家重点实验室。截至2014年底，14个国家重点实验室全部通过了科技部组织的建设验收（表6）。

表6 2011年新建国家重点实验室验收情况

序号	实验室名称	依托单位	验收时间
1	发光学及应用	长春光学精密机械与物理研究所	2012年
2	复杂系统管理与控制	自动化研究所	2013年
3	计算机体系结构	计算技术研究所	2013年
4	理论物理	理论物理研究所	2013年
5	核探测与核电子学	高能物理研究所、中国科学技术大学	2013年
6	高温气体动力学	力学研究所	2013年
7	真菌学	微生物研究所	2013年
8	分子发育生物学	遗传与发育生物学研究所	2013年
9	细胞生物学	上海生命科学研究院	2013年
10	荒漠与绿洲生态	新疆生态与地理研究所	2013年
11	大地测量与地球动力学	测量与地球物理研究所	2014年
12	森林与土壤生态	沈阳应用生态研究所	2014年
13	热带海洋环境	南海海洋研究所	2014年
14	同位素地球化学	广州地球化学研究所	2014年

院重点实验室建设 为加强我院科研基地建设，促进新建研究所科研工作开展和人才队伍建设，根据院长办公会审议通过的《中国科学院重点实验室“十二五”发展规划》，经过相关评审审批程序，2014年我院批准了30个院重点实验室（表7）。地质与地球物理研究所的中国科学院地球深部研究重点实验室和中国科学院电离层空间环境重点实验室整合为中国科学院地球与行星物理重点实验室。截至2014年底，我院院重点实验室总数达到211个。

表 7　2014 年新建院重点实验室名单

序号	实验室名称	依托单位
1	纳米–生物界面	苏州纳米技术与纳米仿生研究所
2	纳米系统与多级次制造	国家纳米科学中心
3	有机功能分子合成与组装化学	上海有机化学研究所
4	大数据挖掘与知识管理	中国科学院大学
5	计算天体物理	国家天文台
6	粒子加速物理与技术	高能物理研究所
7	强耦合量子材料物理	中国科学技术大学
8	中子输运理论与辐射安全	合肥物质科学研究院
9	城市污染物转化	城市环境研究所、中国科学技术大学
10	地球内部物质高温高压	地球化学研究所
11	高寒生态学与生物多样性	青藏高原研究所
12	陆地表层格局与模拟	地理科学与资源研究所
13	流域地理学	南京地理与湖泊研究所
14	气溶胶化学与物理	地球环境研究所
15	饮用水科学与技术	生态环境研究中心
16	核酸生物学	生物物理研究所
17	华南农业植物分子分析与遗传改良	华南植物园
18	精准基因组医学	北京基因组研究所
19	灵长类神经生物学	上海生命科学研究院
20	天然免疫与慢性疾病	中国科学技术大学
21	新发和烈性传染病病原学与生物安全	武汉病毒研究所
22	行为科学	心理研究所
23	定量遥感信息技术	光电研究院
24	人机智能协同系统	深圳先进技术研究院
25	无线光电通信	中国科学技术大学
26	合成橡胶	长春应用化学研究所
27	核用材料与安全评价	金属研究所
28	空间天文与技术	国家天文台
29	天然气水合物	广州能源研究所
30	盐湖资源综合高效利用	青海盐湖研究所

2. 重点实验室评估

国家重点实验室评估 2014年12月8日，科技部公布了2014年化学领域国家重点实验室评估结果：6个被评为优秀、17个被评为良好、2个整改，1个不再列入国家重点实验室序列。中国科学院11个参评，4个优秀，5个良好，2个整改（表8）。

表8 2014年我院国家重点实验室参加国家评估结果

序号	实验室名称	依托单位	评估结果
1	催化基础国家重点实验室	大连化学物理研究所	优秀
2	分子反应动力学国家重点实验室	大连化学物理研究所	优秀
3	高分子物理与化学国家重点实验室	长春应用化学研究所	优秀
4	金属有机化学国家重点实验室	上海有机化学研究所	优秀
5	电分析化学国家重点实验室	长春应用化学研究所	良好
6	多相复杂系统国家重点实验室	过程工程研究所	良好
7	结构化学国家重点实验室	福建物质结构研究所	良好
8	生命有机化学国家重点实验室	上海有机化学研究所	良好
9	稀土资源利用国家重点实验室	长春应用化学研究所	良好
10	煤转化国家重点实验室	山西煤炭化学研究所	整改
11	羰基合成与选择氧化国家重点实验室	兰州化学物理研究所	整改

院重点实验室评估 2014年是数理领域和地学领域院重点实验室的评估年。数理领域共有26个院重点实验室参加了本次评估，评出A类实验室6个、B类实验室18个、C类实验室1个、末位摘牌实验室1个（表9）。地学领域共有39个院重点实验室参加了本次评估，评出A类实验室8个、B类实验室28个、C类实验室2个、末位摘牌实验室1个（表10）。

表9 2014年数理领域院重点实验室评估结果

序号	实验室名称	依托单位	评估结果
1	光学天文	国家天文台	A
2	材料物理	合肥物质科学研究院	A
3	粒子天体物理	高能物理研究所	A
4	华罗庚数学	数学与系统科学研究院	A
5	暗物质与空间天文	紫金山天文台	A
6	系统控制	数学与系统科学研究院	A
7	星系宇宙学	上海天文台、中国科学技术大学	B
8	数学机械化	数学与系统科学研究院	B

续表

序号	实验室名称	依托单位	评估结果
9	管理、决策与信息系统	数学与系统科学研究院	B
10	射电天文	紫金山天文台	B
11	流固耦合系统力学	力学研究所	B
12	太阳活动	国家天文台	B
13	随机复杂结构与数据科学	数学与系统科学研究院	B
14	重离子束辐射生物医学	近代物理研究所	B
15	吴文俊数学	中国科学技术大学	B
16	天体结构与演化	国家天文台	B
17	清洁能源前沿研究	物理研究所	B
18	天文光学技术	国家天文台	B
19	微重力	力学研究所	B
20	粒子加速物理与技术	高能物理研究所	B
21	材料力学行为和设计	中国科学技术大学	B
22	计算天体物理	国家天文台	B
23	时间频率基准	国家授时中心	B
24	量子光学	上海光学精密机械研究所	B
25	软物质物理	物理研究所	C
26	核辐射与核能技术	高能物理研究所、上海应用物理研究所	摘牌

表 10　2014 年地学领域院重点实验室评估结果

序号	实验室名称	依托单位	评估结果
1	地球与行星物理	地质与地球物理研究所	A
2	热带海洋生物资源与生态	南海海洋研究所	A
3	饮用水科学与工程	生态环境研究中心	A
4	脊椎动物演化与人类起源	古脊椎动物与古人类研究所	A
5	青藏高原环境变化与地表过程	青藏高原研究所	A
6	生态系统网络观测与模拟	地理科学与资源研究所	A
7	矿物学与成矿学	广州地球化学研究所	A
8	近地空间环境	中国科学技术大学	A
9	壳幔物质与环境	中国科学技术大学	B
10	陆地表层格局与模拟	地理科学与资源研究所	B

续表

序号	实验室名称	依托单位	评估结果
11	大陆碰撞与高原隆升	青藏高原研究所	B
12	海洋生态与环境科学	海洋研究所	B
13	新生代地质与环境	地质与地球物理研究所	B
14	山地灾害与地表过程	成都山地灾害与环境研究所	B
15	中层大气和环境探测	大气物理研究所	B
16	城市环境与健康	城市环境研究所	B
17	海洋环流与波动	海洋研究所	B
18	沙漠与沙漠化	寒区旱区环境与工程研究所	B
19	油气资源研究	地质与地球物理研究所	B
20	亚热带农业生态过程	亚热带农业生态研究所	B
21	页岩气与地质工程	地质与地球物理研究所	B
22	湿地生态与环境	东北地理与农业生态研究所	B
23	计算地球动力学	中国科学院大学	B
24	土壤环境与污染修复	南京土壤研究所	B
25	寒旱区陆面过程与气候变化	寒区旱区环境与工程研究所	B
26	干旱区生物地理与生物资源	新疆生态与地理研究所	B
27	矿产资源研究	地质与地球物理研究所	B
28	海岸带环境过程与生态修复	烟台海岸带研究所	B
29	东亚区域气候–环境	大气物理研究所	B
30	环境生物技术	生态环境研究中心	B
31	边缘海地质	广州地球化学研究所、南海海洋研究所	B
32	区域可持续发展分析与模拟	地理科学与资源研究所	B
33	海洋地质与环境	海洋研究所	B
34	陆地水循环及地表过程	地理科学与资源研究所	B
35	气溶胶化学与物理	地球环境研究所	B
36	污染生态与环境工程	沈阳应用生态研究所	B
37	内陆河流域生态水文	寒区旱区环境与工程研究所	C
38	黑土区农业生态	东北地理与农业生态研究所	C
39	盐湖资源与化学	青海盐湖研究所	摘牌

（二）国家工程实验室和国家工程中心建设

1. 国家工程实验室建设

受国家发改委委托，中国科学院 2014 年 4 月组织专家对过程工程研究所承担的湿法冶金清洁生产技术国家工程实验室进行了验收；2014 年 7 月组织专家对微生物研究所承担的工业酶国家工程实验室进行了验收（表 11）。

表 11　中国科学院国家工程实验室名单

工程实验室名称	项目法人单位名称	批准时间
甲醇制烯烃	大连化学物理研究所	2008 年 6 月 6 日
中药标准化技术	上海药物研究所	2008 年 6 月 13 日
工业酶	微生物研究所	2008 年 6 月 13 日
煤炭间接液化	山西煤炭化学研究所	2008 年 7 月 4 日
湿法冶金清洁生产技术	过程工程研究所	2008 年 11 月 28 日
遥感卫星应用	遥感应用研究所	2008 年 11 月 28 日
信息内容安全技术	信息工程研究所	2008 年 11 月 28 日
真空技术装备	沈阳科学仪器研制中心有限公司	2008 年 11 月 29 日
碳纤维制备技术	山西煤炭化学研究所	2009 年 2 月 26 日
土壤养分管理	南京土壤所	2011 年 8 月 17 日
互联网域名管理技术	计算机网络信息中心	2013 年 11 月 4 日

2. 国家工程中心建设

截至 2014 年底，国家发改委已在中国科学院建设了 11 个国家工程研究中心，科技部已在中国科学院建设了 20 个国家工程技术研究中心（表 12）。2014 年，中国科学院手性药物国家工程研究中心通过了国家发改委组织的评估。

表 12　中国科学院国家工程中心名单

序号	工程中心名称	依托单位	批准部门
1	机器人技术国家工程研究中心	沈阳自动化研究所	国家发改委
2	高档数控国家工程研究中心	沈阳计算技术研究所	国家发改委
3	精细石油化工中间体国家工程研究中心	兰州化学物理研究所	国家发改委
4	膜技术国家工程研究中心	大连化学物理研究所	国家发改委
5	工程塑料国家工程研究中心	理化技术研究所	国家发改委
6	基础软件国家工程研究中心	软件研究所	国家发改委
7	信息安全共性技术国家工程研究中心	软件研究所	国家发改委
8	光电子器件国家工程研究中心	半导体研究所	国家发改委
9	高性能均质合金国家工程研究中心	金属研究所	国家发改委

续表

序号	工程中心名称	依托单位	批准部门
10	手性药物国家工程研究中心	成都有机化学有限公司	国家发改委
11	燃料电池及氢源技术国家工程研究中心	大连化学物理研究所	国家发改委
12	国家网络新媒体工程技术研究中心	声学研究所	科技部
13	国家生化工程技术研究中心	过程工程研究所	科技部
14	国家遥感应用工程技术研究中心	遥感应用研究所	科技部
15	国家并行机工程技术研究中心	计算技术研究所	科技部
16	国家高性能计算机工程技术研究中心	计算技术研究所	科技部
17	国家专用集成电路设计工程技术研究中心	自动化研究所	科技部
18	中国岩土工程研究中心	武汉岩土力学研究所	科技部
19	国家卫星定位系统工程技术研究中心	测量与地球物理研究所	科技部
20	国家淡水渔业工程技术研究中心	水生生物研究所	科技部
21	国家金属腐蚀控制工程技术研究中心	金属研究所	科技部
22	国家真空仪器装置工程技术研究中心	沈阳科学仪器中心	科技部
23	国家催化工程技术研究中心	大连化学物理研究所	科技部
24	国家光栅制造与应用工程技术研究中心	长春光学精密机械与物理研究所	科技部
25	国家节水灌溉工程技术研究中心	水土保持与生态环境研究中心	科技部
26	国家天然药物工程技术研究中心	成都生物研究所	科技部
27	国家光电子晶体材料工程研究中心	福建物质结构研究所	科技部
28	国家环境光学监测仪器中心	合肥物质院安光所	科技部
29	国家荒漠-绿洲生态建设工程技术研究中心	新疆生态与地理研究所	科技部
30	国家半导体泵浦激光工程技术研究中心	北京国科世纪激光技术有限公司、光电研究院	科技部
31	国家海洋腐蚀防护工程技术研究中心	海洋研究所	科技部

二、重大科技基础设施建设与管理

中国科学院是我国重大科技基础设施建设和运行的主要力量。按照设施的用途，主要分为三类：第一类是专用研究设施，主要用于支撑科学技术前沿领域或前沿研究方向科学研究；第二类是大型公共实验设施，主要为多学科多领域科学研究提供支撑；第三类是公益科技设施，主要用于支持公益性科学研究。截至 2014 年底，在建和运行的重大科技基础设施共获得 40 余项国家级奖项，其中获得国家科学技术进步奖 1 项特等奖、6 项一等奖，获得国家自然科学奖 1 项一等奖、5 项二等奖。这些重大科技基础设施，大幅提高了我国在能源、生命、地球系统与环境、材料、粒子物理和核物理、空间和天文、工程技术等领域的研究水平，不断增强了我国在以上领域的国际影响力。

（一）重大科技基础设施基本情况

截至2014年底，中国科学院负责运行的设施有14个，在建的有10个（表13）。

表13 中国科学院负责运行和在建的重大科技基础

序号	运行	在建
1	子午工程	强磁场实验装置（试运行）
2	上海光源	海洋科学综合考察船
3	中国西南野生生物种质资源库	航空遥感系统
4	“实验1”科学考察船	500米口径球面射电望远镜
5	北京正负电子对撞机	武汉生物安全实验室
6	大亚湾反应堆中微子实验	中国遥感卫星地面站站网
7	郭守敬望远镜	蛋白质科学研究（上海）设施
8	超导托卡马克核聚变实验装置	超导托卡马克辅助加热系统
9	兰州重离子加速器冷却储存环	散裂中子源
10	合肥同步辐射装置	X射线自由电子激光试验装置
11	神光高功率激光实验装置	
12	中国遥感卫星地面站	
13	遥感飞机	
14	长短波授时系统	

（二）稳步推进“十一五”国家重大科技基础设施建设工作

1. 航空遥感系统

2014年5月8日，国家发改委批复同意航空遥感系统可行性研究调整（发改办高技［2014］992号），完成了航空遥感系统的可行性研究报告调整；原则同意调整版的相关内容，同意飞行平台由2架ARJ-21飞机更换为2架新舟60飞机。2014年6月17日，项目通过了中国科学院组织的“航空遥感系统初步设计报告（调整版）”评审。2014年6月30日，项目建设单位与中航工业西安飞机分公司签订2架新舟60飞机购买及改装合同。

2. X射线自由电子激光试验装置

2014年3月18日，中国科学院和教育部在上海组织了项目初步设计评审；4月，项目初步设计获得中国科学院和教育部共同批复，并将项目投资概算提交国家发改委核定。2014年8月23日，SXFEL初步设计概算获得国家发改委核定（发改投资〔2014〕

1938 号)，核定 X 射线自由电子激光试验装置初步设计概算总投资 22 776 万元。其中软 X 射线自由电子激光装置项目投资 20 923 万元，超导射频加速单元项目投资 1844 万元，项目所需投资全部由国家发改委安排中央预算内投资解决。项目于 2014 年 12 月 30 日正式开工建设，进入建安工程桩基施工阶段，并开展关键技术研发。

3. FAST 望远镜

2014 年是 FAST 工程全面建设年，工艺系统全面进场施工。工程主动反射面系统、馈源支撑系统、测量与控制系统、接收机与终端系统、观测基地等建设内容都取得了显著进展。地锚工程于 2014 年 7 月 23 日通过验收，圈梁制造和安装工程于 2014 年 9 月 11 日完工并通过验收。

4. 散裂中子源

2014 年，项目已基本完成预制研究工作，进入工程设备批量生产和安装阶段。靶站热室、基板、密封桶、裙座等靶站设备已经安装就位；离子源、磁铁、电源等加速器设备已开始测试和老炼。2014 年 10 月 15 日，散裂中子源工程加速器首台设备——负氢离子源进入隧道安装，标志着该项目的建设全面进入设备安装阶段。土建工程方面，建设各方抓紧施工，力赶工期。目前，排风中心、冷冻站、测试实验楼 1 及 2、维修站及仓库、辐射防护楼、综合实验楼和综合服务楼共 8 栋单体已交付使用；直线隧道和直线设备楼内部已基本完成，正在进行最后的防水和回填处理。

5. 稳态强磁场

除混合磁体外，其余磁体和系统已陆续建成并投入先期试运行。混合磁体由于关键部件供应商未能按时供货，导致工期后延。当前正全力推进稳态强磁场实验装置后续工作，外超导磁体 Nb3Sn 超导线圈的绕制工作全部完成，正积极推进外超导磁体 Nb3Sn 超导线圈的整体漏率检查与热处理工作、外超导磁体的真空杜瓦中 80K 冷屏研制和性能测试工作，以及外超导磁体 Nb3Sn 超导线圈外围结构与整体安装工作。另外，混合磁体内水冷磁体压力容器已经安装到位，水冷电缆加工已经完成，6 个线圈中 D、E 线圈已组装完毕，F 线圈正在组装，A、B、C 线圈正在进行冲片。

6. 海洋综合科学考察船

2014 年，海洋科学综合考察船全面进入竣工验收和试运行阶段。项目于 2014 年 2 月 9 日通过工艺测试；2014 年 4 月 3 日通过工艺设备验收；2014 年 6 月 21 通过工艺验收和工艺鉴定；2014 年 9 月 2 日通过档案和财务验收；2014 年 9 月正式向国家发改委提交国家验收申请。2014 年，海洋科学综合考察船执行了 5 个深远海科考任务（科学实验航次)，航程约 3 万海里，在航 212 天，获取了大量极富开创意义和科学价值的数据样品，迅速成为我国深远海综合科考的主力船。

7. 蛋白质科学研究（上海）设施

2014 年，设施完成了批复的建设任务，进入验收阶段。主要完成了城建档案馆和自留工程档案的收集、归档、组卷工作，完成了工程审价结算工作，完成了全部光束线部分设备的安装、调试、通光调束、光束线和实验站联合调试及内部测试工作，并进入试运行阶段。在试运行期间，形成和完善了课题评审和机时分配管理流程，并为来自国内多个研究所和大学用户承担的国家项目提供了优质高效的科研保障和支撑服务。项目于2014年4月11日通过工艺测试，5月9日通过工艺设备验收，6月19日通过工艺验收。

8. 陆地观测卫星数据全国接收站网建设项目

2014年1月，开展了可搬移数据接收设备性能扩充工作，增加了对Ka频段卫星数据获取、技术试验等相关能力，以满足我国新型陆地观测卫星地面接收能力要求。7月完成了实施方案评审，开展系统研制与开发。同时，为做好年底发射的资源一号CBERS-04卫星数据接收工作，10月与卫星资源卫星应用中心协商确定了数据传输和数据接收计划接口，编制完成了卫星地面接收系统工作准备方案和应急方案。2014年，设施还积极为项目验收做好相关准备工作。依据站网项目验收工作方案，各系统进行技术总结编写、凝练项目成果；开展项目经费决算和调概准备工作；完成站网综合和技术档案的整理和归档；启动建设总报告、研制技术报告等项目竣工验收所需相关报告的编写工作。

（三）不断推动运行设施产出重大成果

2014年，北京谱仪III观测到Zc（4020）同位旋三重态，揭示了四夸克物质谱系的存在，对进一步理解强相互作用机制具有重要意义。

中国科学院近代物理研究所实验物理中心重离子核反应研究组与北京大学实验核物理研究组合作，利用兰州重离子加速器放射性束流线研究12Be的集团结构发现反常增强的单极跃迁。

超导托卡马克核聚变实验装置（EAST）发现托卡马克高约束模式等离子体台基区多种相干模式共存，研究结果对于理解托卡马克高约束模式边界台基物理、进一步优化边界台基的约束性能及避免大幅度边界局域模、实现稳态高约束等离子体具有重要的参考意义及科学应用价值。EAST研究团队采用在等离子体边界实时的注入微小颗粒锂粉技术实现了重复的18s长脉冲无边界局域模高约束模等离子体，并抑制了杂质聚心现象。这种稳态长脉冲高约束模等离子体运行为ITER或者DEMO提供一种可能运行方式。

上海光源生物大分子晶体学光束线站（BL17U1）支撑用户开展了人源葡萄糖转运蛋白GLUT1的结构及工作机理、艾滋病病毒感染因子Vif“劫持”CBF-β和CUL5 E3连接酶的结构基础、“组蛋白密码”识别新机制、细菌脂多糖转运组装膜蛋白复合体结构解析等重要研究，成果均发表在国际顶级学术期刊上。

中国遥感卫星地面站积极参与马航MH370客机搜索，对疑似失事海域进行大面积观测，获取了重要遥感卫星影像。不仅保证了数据的接收，而且实施了大量的数据分析和研究工作，为国家各部门提供了有力的数据和信息支持。

郭守敬望远镜于2014年6月5日圆满完成正式巡天第二年的观测任务。包括先导巡天和前两年正式巡天的光谱数据——DR2数据集于12月30日正式发布，供国内用户和国外合作者使用。DR2释放光谱数共计413万，其中还包括220万颗恒星的光谱参数星表，这是目前世界上获取的最大参数星表。

（四）重点推动“十二五”国家重大科技基础设施立项工作取得显著进展

2014 年，重点推动了“十二五”国家重大科技基础设施的立项工作。推动上海光源线站工程、空间环境地面模拟装置、综合极端条件实验装置 3 个项目建议书上报国家发改委；推动高海拔宇宙线观测站、强流重离子加速器、加速器驱动嬗变研究装置 3 个项目与地方政府签署共建协议，完成项目建议书修改。

（五）积极推动大科学研究中心建设

2014 年，为贯彻落实“率先行动”计划，推进科研机构分类改革，在经过多方反复研讨，在认真、广泛听取各研究所对依托设施建设大科学研究中心意见和建议基础上，形成了依托重大科技基础设施建设大科学研究中心规划思路和工作安排方案，并经夏季党组会上审议通过。按照党组会指示精神，研究制定了合肥、上海 2 个大科学中心建设方案，并于 8 月 22 日经院长办公会审议后通过了合肥、上海 2 个综合研究中心筹备建议。11 月 6 日，经院长办公会审议，决定启动合肥、上海 2 个综合研究中心建设，并于 11 月 15 日召开了 2 个中心的成立大会暨第一次理事会。

三、科技基础设施

（一）信息化建设

2014 年，中国科学院积极开展与中共中央网络安全和信息化领导小组办公室的战略合作，按照“十二五”发展规划和 2014 年院信息化工作要点的要求，进一步推进全院信息化建设。从全院 2014 年信息化评估结果看，各单位在信息化建设的各个方面都取得了较大进步，其中在科研信息化典型应用、数字文献资源、协同平台、数据应用环境和教育信息化应用等个性化应用方面进步显著，中国科学院信息化发展整体水平得到进一步提升。

1. 围绕中心工作和改革举措，推进信息化建设深入实施

2014 年，中国科学院从实施与规划吻合度、进展与成效、经费执行效果三个维度，对《中国科学院“十二五”信息化发展规划》（以下简称《规划》）实施“三类云集”六大工程的建设效果进行了全面评估，进一步规范了项目过程管理，提高了院信息化专项资金使用效益，优化了全院信息化资源配置。在信息化专项建设中，加强了信息化资源的整合与集成，进一步改善了信息化服务环境，推进了“三类云集”建设的深入实施。

截至 2014 年底，中国科学院“十二五”信息化专项六大工程主要建设任务基本完成，初步建成“科技云”、“管理云”、“教育云”三类云集。“科技云”建成统一云服务门户，提供一站式“按需分配”的信息化支撑服务，大大方便了科研人员应用中国科学院超级计算、云存储、数据检索等信息化各类资源及服务，服务院重大科研活动，其中超级计算云建设取得显著成效，引领超算服务模式转变，有力支撑重大创新应用；

“管理云”推进 ARP2.3 功能完善，着力增强用户体验，并结合研究所分类改革需求，启动新一代 ARP3.0 系统的试点；“教育云”系统对学生、导师、管理人员等 8 类用户群组提供个性化应用的云服务。8 个“科技领域云”云服务平台陆续上线，面向微生物、高能、空间、天文、地理等科技领域发展需求提供信息化支撑，有力支撑服务“率先行动”计划实施。

2. 发挥国家信息化思想库作用，加强科研信息化发展战略研究

2014 年，中国科学院承担了国家信息化专家咨询委员会《关于推动科研信息化发展的研究》课题，对我国基础性科学和应用性科研的信息化能力进行彻底调查，为我国科研信息化发展提出了建设性的政策建议，以提升科研信息化水平，促进我国科研创新体系的建立。同时，中国科学院学部咨询评议工作委员会设立了《国家科研信息化发展战略研究》项目，由张亚平、谭铁牛等 8 位院士领衔，调研并研究分析国际科研信息化发展动态和趋势，以及我国科研信息化发展现状、存在问题，围绕提升国家创新能力要求，提出重点学科发展、国家重大科技任务、国家重大科技基础设施、人才培养等方面信息化发展要素，形成信息化创新驱动模式和发展目标，提出了我国科研信息化发展体系的战略布局和发展思路，支撑国家科研创新体系的建立，充分发挥中国科学院作为国家思想库的重要作用。

3. 有效支撑科技创新活动，不断提升科研信息化应用水平

进一步推动中国科学院科研信息化应用，推广和扩大科研信息化建设成效，促进“科技云”环境下各学科和技术领域的信息化环境深度融合，以信息化手段有力促进我院的科技创新，支撑“率先行动”计划。2014 年，中国科学院组织了“中国科学院科研信息化十大优秀案例”评选活动，评选出资环、核能、微生物、海洋、高能物理、空间、天文等领域的 10 个优秀案例，全面展现了全院“十二五”科研信息化建设与应用的丰硕成果，体现了信息化对中国科学院科技创新的促进作用，也体现了中国科学院科研信息化在国家层面的引领、示范作用。

（二）野外台站网络

2014 年，开展了中国科学院野外站“十三五”发展战略的研讨。参照美国 NEON 的设计思路，面向学科前沿，针对我国生态文明建设对科技的需求，明确了“十三五”期间重点建设“科研基地型野外站”的发展目标，将野外站建设成为多所联合、多学科交叉的野外研究平台。在战略研究的基础上，组织完成了中国科学院野外站科学发展规划（2014—2020 年）、中国科学院野外观测网络修购专项工作规划（2016—2020 年）、中国生态系统研究网络（CERN）基础设施建设及科技创新率先行动计划（2016—2020 年）。受科技部委托，完成了国家野外科学观测研究网络“十三五”发展战略规划报告（2016—2020 年）。

“十二五”期间，通过修购专项的实施，重点支持了中国生态系统研究网络、特殊环境与灾害监测网络野外站的部分观测实验仪器更新换代。针对野外站单站设备比较分散、单台仪器价格相对较低，但野外站网络涉及野外站多、集中购置金额较大等问题，创新性地提出了“整体规划设计，分散申报采购”模式，实现了野外站观测仪器设备

的更新换代任务。23 个研究所所属的 56 个野外站/分中心逐步实施水分、土壤、大气和生物监测等实验仪器 965 台（套）的购置，经费总额 22 534 万元。2014 年，组织完成了中国科学院野外观测网络修购专项工作规划（2016—2020 年），并获批修购专项经费 2.0 亿元，支持中国生态系统研究网络、高寒区地表过程与环境观测研究网络、日地空间环境观测研究网络 3 个综合性观测研究网络，以及中国陆地生态系统通量观测研究网络、中国物候观测网络、区域大气本底观测研究网络、遥感试验与地面观测网络、陆面过程观测网络 5 个专项观测网络的仪器设备购置。野外观测网络修购专项工作的实施，缓解了中国科学院野外观测网络多年来仪器老化、更新渠道不畅的困境，为野外站科技基础条件建设的改善提供了资金渠道，增强了野外站的科研竞争能力，推动了野外站作为科学试验平台、观测监测平台和人才培养平台对科技活动的支撑能力，使野外站科研装备水平有了较大的提升，为承担国家重大科研任务、促进成果产出奠定了坚实基础。

2014 年，在“需求导向，优势互补，合作共赢”思想指导下，野外站联盟工作进展顺利。积极联系国家林业局、中国农业科学院、教育部、中国气象局等部门，共同研讨联盟发展思路、制定联盟工作章程、统一监测规范标准等问题，推动野外站联盟取得实质性进展。高寒、农田、荒漠-草原、森林、湿地各联盟按照野外站类型、特点等制定联盟章程，在目标和任务、监测标准规范、数据管理、人才培养、重要成果产出等方面进行研讨；为了加强对外开放、对外宣传，各联盟完成了网页设计；各联盟盟长组织研讨中长期发展规划和“十三五”重大项目联合立项建议，提出了面向国家重大需求的项目建议书。例如，新疆垦区水土资源开发的生态-经济效益评估与可持续发展能力提升，北方草地重大生态工程效益监测评估与生产-生态功能综合提升技术示范，丝绸之路经济带荒漠化治理和生态安全保障体系构建；粮食主产区农田地力演变规律及其提升途径，水热梯度带上主要农田生态系统生产潜力与可持续增产模式创建，粮食主产区水分生产率、养分利用效率及其增效途径，粮食产地环境质量监测、污染物溯源与污染地修复；天然林保育与服务功能提升的基础理论与技术，重大林业生态工程体系建设理论与技术；气候变化、生境破碎化、富营养化、酸化、有毒有害物质对湿地系统结构与功能的影响机理与效应，自然湿地维持区域生态系统功能的作用，自然湿地的生态服务功能的监测与评价，受损湿地生态系统的修复机理与技术与示范等。

中国科学院科技服务网络计划（STS）的多项任务依托野外站开展工作，野外站以“科技服务平台、试验示范与推广应用的基地”等得天独厚的条件发挥了重要作用。西藏农牧结合技术体系构建与示范（拉萨站）、青藏高原生态环境变化评估（高寒网）、丝绸之路经济带资源环境承载力研究（安塞站、海北站、临泽站和阿克苏站）、喀斯特区生态服务提升与民生改善研究示范（环江站、普定站）、新疆和田地区嵌入式发展战略研究（策勒站）、川藏铁路山地灾害分布规律、风险分析与防治试验示范（东川站）、“渤海粮仓”县域增粮技术预研与集成（禹城站、南皮站）、三峡水库生态环境演变机制研究（忠县站）等项目在野外站推动下展开了全面工作，并取得了重要进展。

（三）植物园

中国科学院相关植物园根据国家对植物资源的战略需求，结合各自地域特点和园区特色，积极探索植物园发展新模式，在科学研究、物种保育及科普传播等方面取得了进展。新增植物7407种（次），定植成活率达到90%，园内定植乔木数170万株，新建专类园5个，优化原有专类园49个；发表SCI论文805篇，出版专著38部；系列特色科普活动共吸引游客786万人次；植物资源交换遍及60多个国家和地区，主办和承办重大会议37次，与许多国外相关植物园、研究所、大学等签订了合作协议，与非洲、亚洲及南美等国际合作逐渐展开，国际合作交流日益频繁。

由中国科学院支持的“中国植物园联盟建设”项目全面深入展开，取得了明显阶段性进展。一是“本土植物全覆盖保护计划”在全国8个地理区域开展的植物清查与保护工作已全面展开，现已完成物种受威胁状况和目标种濒危等级的系统评估，正在有针对性地采集和保存活体植物、种子和遗传多样性材料等。二是依托版纳植物园、昆明植物园、植物研究所植物园、辰山植物园等举办了专题植物园专业人才培训班，包括环境教育研究、园林园艺与景观建设，以及植物分类与鉴定人才等培训，并选派优秀学员出国进修学习。三是组织联盟专家分别对沈阳树木园辉山新区、庐山植物园、秦岭国家植物园和东莞植物园等建设发展进行战略咨询。四是制定了联盟“公众科普计划”，确定了在40多个植物园中开展珍稀植物保护全国联展、面向30个城市中小学生濒危植物保护知识竞赛等工作，同时“名园名花展”系列科普活动持续开展。五是通过建立的联盟信息交互平台、工作简报和年报等载体，及时发布联盟工作进展及国内外植物园相关信息，以此增进了解、扩大宣传。六是邀请数位国外植物园专家担任联盟咨询委员会委员，并联合承办或组织成员单位参加国际植物园会议，拓展了中外植物园间合作渠道，推动了与国外植物园、国际植物园组织等的交流与合作。

（四）标本馆、生物遗传资源库

2014年，中国科学院18家生物标本馆（博物馆）取得一系列进展。在继续开展国内重要地区生物资源考察的同时，继续对周边国家或地区乃至全球其他地区生物资源的考察与收集，共组织考察采集活动370余次，采集标本共47万余号。对其他国家和地区的合作考察逐年增多和常规化。2014年，各馆共计整理制作标本27万余号，鉴定33万余号，使现有馆藏量达到近1824万号，其中定名标本达1058万余号。新增模式标本372种5199号，使现有模式标本达到4.5万种30余万号。标本数字化信息录入27万余号，总录入数量达到876万余号。全年各馆或依托各馆馆藏资源出版专著18部，发表科学论文460余篇。各标本馆充分发挥科研支撑作用，促进学术交流活动，为国家科研项目的顺利实施贡献力量。全年共向国内外各单位借阅标本超过4.2万份次；交换或赠送标本近1.5万份次。以各标本馆为依托，共举办了与标本共享利用有关的重大会议10次。各馆或依托各馆馆藏资源承担科研项目共计367项。全年各标本馆接待国内外社会各界专业咨询共计1884人次，网站访问量近300万人次。各馆利用丰富而独特的科普资源，全年举办各式各样的专场科普活动240多次。以科普功能为主的各个博物馆以“全国科技周”、“中科院公众科学日”、“国际博物馆日”及各地方组织的科普平台为契机，开展了丰富多彩的科普活动，全年接待社会各界公众参观共计80万余人次，较上年增加40%。由于工作突出、成绩优异，全年各馆获得各种集体或个人奖励近20项，各馆工作也得到了许多新闻媒体的报道。同时，各馆也与媒体进行多种合作如联合举办电视节目、联合拍摄科学考察活动等，发挥各自特长，科普工作开展得有声有色。

2014 年度，中国科学院 11 个生物遗传资源库新增各类生物遗传资源 1625 种，51 123份/株，总量达到 31 328 种，367 449 份/株；向社会提供或共享生物遗传资源28 197份/株。为上千家科研、教育、生产单位或个人提供专业技术和咨询服务 4752 人次，服务内容包括资源种类鉴定、安全评价、性能评价等，涉及食品、药品、农业、环境、材料、健康等诸多领域，同时接待科普参观 8237 人次，数据库访问量达到2 763 690人次，实现了资源库服务国家社会经济发展的目标。

（五）文献情报

2014 年，持续推动院文献情报系统向知识服务转型，推进院所协同服务机制，加强数字资源保障与服务平台建设，不断提高文献情报工作对科技创新的支撑力度。

组织开展科技发展态势监测、分析和研究，正式出版《十年决策——主要国家（地区）宏观科技政策研究》、《国际科学技术前沿报告 2014》、《材料发展报告——新型与前沿材料》、《先进能源发展报告》、《生物安全发展报告：科技保障安全》、《日本科技创新态势分析报告》、《德国科技创新态势分析报告》等重要研究报告。与汤森路透合作研究并发布《2014 研究前沿》。跟踪重要领域战略计划和动态等，编发《科学研究动态监测快报》（13 个专辑）282 期、《国际重要科技信息专报》和特刊共 52 期。

加强科研一线信息用户能力培养，开拓学科情报研究、个性化知识平台、研究所知识资产管理等服务，提升文献情报系统对科技创新一线和科技管理一线的支撑和服务能力。76 个研究所建立了学科情报服务机制和团队，产出学科领域态势分析、专利技术分析等报告 306 份。82 个研究所的实验室或课题组建成 488 个个性化知识平台。机构知识库体系覆盖 112 家研究所，数据总量达 62 万条。

建成中国科学家在线服务系统，为国内 8500 余名研究人员注册全球通用的个人身份识别码 ORCID，服务范围覆盖全院 100 个研究所和院外 100 多家机构。综合开放资源保障体系初步建成，开放课件系统、开放期刊服务系统、开放会议资源采集服务系统、开放社会经济信息集成揭示与服务系统等分别汇聚了 4. 9 万余个开放课件，1765 种高质量开放获取期刊，6. 8 万篇会议论文和 2 万多条能源等领域的政策法规、行业报告等信息。

拓展面向区域、行业和技术转移转化工作的产业技术情报服务。为 12 个省级科学院提供科研竞争力分析报告，完成《全国省科学院科技竞争力比较分析》报告。分别与唐山、江西、银川等地联合组建 3 个“产业技术情报研究中心”，完成 12 份专题性产业技术分析报告。

截至 12 月 31 日，共引进电子资源数据库 155 个，可共享的全文电子资源中，外文期刊 17 620 种（包含集成开放获取期刊 9957 种），外文图书 98 532 卷/册，外文工具书6554 卷/册，外文会议录 38 464 卷/册，外文学位论文 484 838 篇，外文行业报告1 632 361篇；中文图书 352 093 种/378 490 册，中文期刊 16 689 种，中文学位论文2 473 101篇。2014 年全文下载达到 4541 万次，原文传递 12 万篇。

四、科研装备与技术监督

（一）装备建设工作

1. 积极落实修缮购置专项

2014 年，在“十二五”修购专项规划指导下，经院所两级共同努力，精心组织，完成全年修缮购置专项资金的申报及争取工作，落实财政部仪器设备类修购专项项目 283 项，财政支持经费 11.99 亿元。

重视发展规划，加强过程管理，为进一步争取和落实专项资金提供保障。结合研究所分类改革，精心策划、全面部署区域中心、野外台站和生物多样性网络，以及研究所“十三五”仪器设备类修购专项规划；建立修购专项管理体系，完善从项目实施、设备运行到项目验收系列管理流程，为专项顺利实施提供保障；严格执行财政部定期进度报告制度，督促研究所按计划逐步推进专项实施，2014 年修购专项预算完成 96.8%；以装备项目管理办公室为依托，加强项目的验收管理，全年共完成 2011 年度 1 个、2012 年度 95 个和 2013 年度 142 个，共计 238 个项目的验收工作。

2. 深入推进技术支撑系统建设

结合国家大型仪器设备面向社会开放共享的要求，继续推进所级公共技术服务中心和大型仪器设备管理平台的建设工作。2014 年，按照成熟一批启动一批的原则，组织专家对 10 个所级中心进行了现场评估，择优支持了 8 个所级公共技术服务中心，使中国科学院择优支持的所级中心数量达到了 73 个。

持续支持北京机加工服务平台、北京中科科仪仪器研制服务平台和 EDA 中心三个工艺服务型区域中心，为中国科学院仪器设备自主研制、功能开发、技术改造提供重要支撑。

3. 稳步推进科研装备自主研制

加强院级科研装备研制项目的组织工作。继续推进生命科学、资源环境科学领域的科研装备研制工作；鼓励跨研究所实质性的研用联合研制；倾斜支持 35 岁以下青年科研人员承担装备研制工作。2014 年，全院共受理院级研制项目 252 个，项目总经费 9.7 亿元；批准 57 个项目，涉及 42 个院属单位，项目总经费 17 775 万元。

4. 积极参与国家科技基础条件平台建设工作

进一步加强与科技部、财政部等部门的联系，积极参与平台建设工作。院属 115 个单位参加了科技部、财政部组织的以大型科学仪器设备、生物种质资源、科技数据库建设和研究实验基地等为主要内容的国家重大科技基础条件资源调查工作，并按要求全部完成填报和提交工作。

（二）技术监督工作

由中国科学院分管承担的国际、全国专业技术标准化技术委员会（微束分析 ISO/TC202，声学 SAC/TC17、微束分析 SAC/TC38、超导 SAC/TC265、纳米 SAC/TC279、空间科学及其应用 SAC/TC312、遥感技术 SAC/TC327、光电测量 SAC/TC487、土壤质量 SAC/TC404、燃烧节能净化 SAC/TC441）秘书处，根据国家标准化管理委员会的工作部署，继续开展相关领域的标准化工作。

“国家计量认证中国科学院评审组”依据国家认证认可监督管理委员会的年度计划，于2014 年对中国科学院 5 个单一资质认定机构的复查评审、2 个单一资质认定机构的扩项评审、3 个二合一机构的复查评审及 2 个二合一机构的首次评审。

科技成果转移转化与对外合作

一、院地合作工作

中国科学院坚持“创新科技、服务国家、造福人民”院地合作宗旨，坚持“地方政府满意、合作企业满意、老百姓满意”标准，充分发挥研究所主体作用，发挥分院区域统筹协调作用，通过科技成果转移转化、与地方共建研究机构和技术转移平台、实施面向地方科技需求的专项工程、加强人员交流与培养等多种形式，服务国家经济建设和社会发展。

（一）院地合作工作成效显著

按照企业为主体、市场为导向、产学研结合的技术创新体系建设要求，中国科学院与企业开展了多种形式的产学研合作。2014 年，中国科学院通过科技成果转移转化，使地方企业当年新增销售收入 3485.55 亿元，比上年增长 12.23%；利税 470.28 亿元，比上年增长 10.44%。院地合作促进科技成果转移转化的作用越来越显著。

（二）建设创新联盟，促进协同创新

全国科学院联盟建设有效推动了中国科学院与地方科学院的联合合作，在共同承担科学任务，开展合作研究，促进科技成果转化，培养创新创业人才，探索和实践科技与经济结合、协同创新的体制机制等方面取得积极进展。2014 年，与地方科学院互派转、兼职挂职干部 42 人，为地方科学院培训科技骨干 1128 人，联合培养、进修 116 人，联合承担国家项目数 12 项，联合承担院支持项目数 32 项，联合承担地方科技项目数 75 项，获得院外投资金额 5063 万元，开展交流活动 170 次，共建转化及研发平台数 22 个。

（三）夯实工作基础，推进共建机构建设

中国科学院联合地方政府、企业、大学和其他科研机构等国家创新体系各单元，以提升服务经济社会发展能力为核心，完善科技布局、建设创新平台、承担科技任务、集聚优秀人才、创新体制机制、促进转移转化，扎实推进共建机构建设，服务经济发展的能力大幅提升。2014 年，中国科学院与重庆市、国务院三峡办共建的中国科学院重庆绿色智能技术研究院，10 月通过共建三方组织的正式验收；中国科学院与福建省、福州市共建的中国科学院海西研究院，11 月完成共建三方组织的预验收。这两个研究院高质量完成了筹建任务，在人才队伍建设、科研活动开展、科技成果转化等方面均取得了显著成绩，为地方创新能力的提升、经济社会的发展做出了积极贡献。2014 年，中国科学院开展了针对院级非法人单元的统一评测工作，并根据评测结果对非法人单元布局进行了全面调整与优化，将原有的 44 个转化型非法人单元精简为 39 个，包括 31 个

产业技术创新与育成中心、7 个技术转移中心、1 个科技园，以促进成果转移转化为核心，集聚中国科学院技术、成果、项目和人才等创新资源，不断优化体制、壮大队伍、规范管理，有效提升了服务区域经济社会发展的能力，促进了重大成果产出。2014 年，39 个转化型非法人单元年度转化项目 660 个，实现销售收入超过 311 亿元，孵化企业 197 个，为社会培训 33 081 人次。

二、知识产权管理

（一）加强知识产权管理，促进知识产权运用

2014 年，中国科学院加强知识产权运用，调整奖励政策，鼓励院属单位提高知识产权创造质量，并且通过转化运用知识产权为全社会创造更多的经济、社会效益，进一步推动知识产权研发人员、技术转移人员和知识产权管理人员紧密合作，促进知识产权质量不断优化，知识产权资源配置不断完善和知识产权价值实现最大化。2014 年，中国科学院申请专利 13 941 件，较上年增长 4.9%。2014 年，中国科学院专利授权 7121 件，较上年增长 11.6%。截至 2014 年 12 月 31 日，中国科学院有效专利 29 756 件，比上年增长 33.5%，包括发明专利 24 446 件，实用新型 4389 件，外观设计 156 件，国外专利 770 件。2014 年，中国科学院新签知识产权转移转化合同 286 项；合同金额 8.9 亿元，其中转让 1.67 亿元，许可 3.88 亿元，作价入股 3.37 亿元；2014 年到位金额 2.9 亿元，其中转让 0.5 亿元，许可 1.0 亿元，股份权益 1.4 亿元。

（二）搭建知识产权综合管理服务平台，建立“知识产权服务网络”

中国科学院以科技创新成果服务于国民经济和社会发展为已任，启动实施了科技服务网络计划，搭建知识产权综合管理服务平台，重点开展知识产权人员培训、信息分析、运营策划、法律服务，“知识产权服务网络”已初步建立。中国科学院知识产权网站点击量首次超过 100 万人次。完成《知识产权动态》12 期、《中国科学院专利分析报告 2014》、围绕先导科技专项和 STS 计划重点领域开展了 7 个项目的知识产权分析评议工作、对 124 个院属单位知识产权发展状况进行测度分析，形成《中科院院属单位知识产权综合发展指数研究报告》初稿；修订了中国科学院知识产权专员考试大纲。提供知识产权法律咨询 100 余人次，提供书面意见 24 件；在武汉、合肥、成都分别组织了知识产权法律实务培训，全院各类知识产权培训千余人。

三、经营性国有资产管理

2014 年，面对国家经济新常态，中国科学院国有资产经营有限责任公司（简称“国科控股”）新一届领导班子积极贯彻落实“率先行动”计划，主动制定新时期发展的《“联动创新”纲要》，积极探索“两链”嫁接有效途径，扎实推进企业创新发展，进一步优化资本布局和完善国有资产监管体系建设，全年工作取得积极进展。

2014 年，全院纳入统计范围的 488 家院所投资企业营业收入 3088 亿元，同比增长 5.2%；利润总额 116 亿元，同比增长 0.8%；资产总额 3567 亿元，同比增长 17%；院经营性国有资产权益 272 亿元，同比增长 18.9%。其中，国科控股 30 家持股企业实现营业收入 2684 亿元，同比增长 6%；利润总额 86 亿元，同比增长 1%；资产总额 2693 亿元，同比增长 19%；国科控股权益 154 亿元，同比增长 38%。截至 2014 年底，院所投资企业中共有 20 家上市公司（含主板、中小板和创业板及港交所）和 6 家新三板挂牌公司。

四、系统谋划与港澳台地区的科技合作

大力促进与港澳地区科技和交流，推动与台湾地区开展常态化、制度化交流，启动两岸科技产业项目合作。2014 年度“台湾青年学者访问计划”共有 5 名台湾青年学者获得支持。在大陆召开系列性两岸学术会议 11 个。全年因公赴台人数近 800 人次，实施“中国科学院与香港裘槎基金会联合实验室资助计划”，共有 5 项合作项目获得资助及我院匹配经费支持。

国 际 合 作

2014 年，中国科学院国际合作工作紧密围绕“率先行动”计划和全院工作大局，深入实施国际化推进战略，扎实推进“发展中国家科教合作拓展工程”，持续深化拓展双边多边实质合作，努力提升国际合作管理水平，各项工作进展顺利，成效明显。

全年出访 15 727 人次，来访 14 677 人次，举办多边和双边国际学术会议 341 个。新签、续签 23 个院级国际合作协议（表 14），审批通过 57 个重点对外合作项目。

表 14　2014 年新签续签国际合作协议

序号	协议名称	签署时间	签署地点
1	中科院与澳大利亚西澳大学谅解备忘录	2014 年 3 月 13 日	北京
2	中国科学院与日本新能源产业技术综合开发机构节能建筑示范项目合作备忘录	2014 年 3 月 19 日	川崎
3	中科院与荷兰教科文部谅解备忘录	2014 年 3 月 26 日	北京
4	中科院与澳大利亚墨尔本大学谅解备忘录	2014 年 4 月 1 日	墨尔本
5	中国科学院与印度尼西亚科学院科技合作谅解备忘录	2014 年 4 月 4 日	雅加达
6	中国科学院与澳大利亚蒙纳什大学谅解备忘录	2014 年 5 月 6 日	北京
7	中国科学院与丹麦诺和诺德合作协议	2014 年 6 月 16 日	函签
8	中国科学院与科威特科学研究院科技合作谅解备忘录	2014 年 6 月 19 日	科威特
9	中国科学院与英国皇家植物园理事会谅解备忘录	2014 年 6 月 24 日	伦敦
10	中科院与哥伦比亚科学院谅解备忘录	2014 年 7 月 14 日	波哥大
11	中科院与“哈农创新”公司、哈萨克斯坦农业科学院合作备忘录	2014 年 7 月 21 日	北京
12	中国科学院与尼泊尔特里布汶大学谅解备忘录	2014 年 8 月 19 日	北京
13	中国科学院与沙特基础工业公司战略合作协议	2014 年 9 月 12 日	北京
14	中国科学院与塔吉克斯坦科学院合作协议	2014 年 9 月 13 日	杜尚别
15	中科院与哥斯达黎加大学谅解备忘录	2014 年 9 月 16 日	圣何塞
16	中国科学院与斯里兰卡高等教育部合作协议	2014 年 9 月 16 日	科伦坡
17	中科院与厄瓜多尔科教创新部谅解备忘录	2014 年 9 月 17 日	基多
18	中国科学院与斯里兰卡文化艺术部谅解备忘录	2014 年 9 月 17 日	科伦坡
19	中科院与英国皇家学会合作备忘录	2014 年 9 月 19 日	函签
20	中科院–裘槎基金会合作谅解备忘录	2014 年 10 月 31 日	北京

续表

序号	协议名称	签署时间	签署地点
21	中国科学院与丹麦诺和诺德合作修改协议	2014 年 11 月 6 日	函签
22	中国科学院与奥克兰大学学术合作谅解备忘录	2014 年 12 月 15 日	奥克兰
23	中科院与新西兰皇家科学院谅解备忘录	2014 年 12 月 16 日	惠灵顿

一、围绕战略需求，积极稳妥推进海外科教基地建设

建设海外科教合作机构是中国科学院“国际化推进战略”的重要举措，也是“率先行动”计划的重要抓手。2014 年，中国科学院中亚药物研发中心、中亚生态环境研究中心、中-非联合研究中心、南美天文研究中心 4 个境外机构的建设在 2013 年工作基础上继续稳步推进；南美空间天气实验室的筹建工作顺利启动。其中，中-非联合研究中心于 2014 年 12 月 4 日在肯雅塔农业科技大学举行正式的开工仪式。2014 年 5 月，李克强总理访问非洲四国（包括肯尼亚）、出席“非盟”会议时，指出要实施好中-非联合研究中心项目，为促进肯尼亚及非洲国家科技进步做出贡献。外交部将“中-非联合研究中心”建设工作纳入中非全面合作升级版暨“六大合作工程”框架体系，作为李总理访问非洲成果重点督办项目。

二、围绕“一带一路”前瞻部署与周边国家的科教合作

中国科学院紧扣国家“一带一路”区域合作战略和“中-拉美合作新框架”，积极、审慎地在东南亚、南亚等周边国家进行前瞻部署，启动了“中-斯海上丝绸之路联合科教中心”、南亚（加德满都）科教中心、东南亚生物多样性研究中心等的可行性研究项目。

三、与发达国家科研机构战略合作，共建海外联合研究机构

2014 年，中国科学院进一步巩固、深化与美国能源部、德国亥姆霍兹联合会、英国皇家学会及研究理事会、约翰·英纳斯中心、荷兰教科文部、爱尔兰科学基金会、奥地利交通创新技术部、澳大利亚联邦科学与工业研究组织、日本学术振兴会、日本新能源开发机构、加拿大研究理事会、台湾省工研院、中研院、香港裘槎基金会等境外科研（资助）机构的战略合作，积极探索在协同创新、人才培养、成果转化等方面建立长效合作机制。2014 年，中国科学院与英国约翰·英纳斯中心（JIC）合作，成立了“CAS-JIC 植物与微生物科学联合研究中心”。该机构是中国科学院在发达国家设立研发机构的重要一步，将为提升在该领域的科技创新能力和国际影响力提供重要平台。

中国科学院继续以“种子基金”方式，在前沿交叉及战略领域支持与发达国家开展对外合作项目，努力推动并帮助协调中国科学院的研究所与发展中国家开展实质性合

作研究。全年资助对外合作重点项目57项（表15）。

表15 中国科学院2014年资助对外合作重点项目

序号	项目名称	承担单位
1	高性能纳米层壮材料的界面调制	金属研究所
2	低温高容量复合氢化物可逆储氢材料的合成	大连化学物理研究所
3	量子材料超快光谱的先进激光技术	物理研究所
4	南海北部陆坡天然气水合物藏特征及其开采策略研究	广州能源研究所
5	人类诺罗病毒的抗病毒研究	生物物理研究所
6	发展新一代高营养禾谷类粮食	植物研究所
7	基于空间对地观测技术的矿物制图与荒漠化过程监测	遥感与数字地球研究所
8	多功能生物医用纳米材料	化学研究所
9	临床应用材料的生物反应性研究	上海生命科学研究院
10	马普青年科学家小组	上海生命科学研究院
11	金属/合物纳米复合材料及其在功能性微纳结构加工中的应用	理化技术研究所
12	产生中红外超连续谱的超高质量微结构光纤	上海光学精密机械研究所
13	稀土镁合金高温力学性能及抗蠕变性能研究	长春应用化学研究所
14	非精确计算的加速器结构与编程方法研究	计算技术研究所
15	高效催化转化合成气制备二甲醚的分子筛膜催化反应器	宁波材料技术与工程研究所
16	基于过渡金属硫化物单分子层的光子学材料与器件研究	上海光学精密机械研究所
17	智能电子织物及传感研究	苏州纳米技术与纳米仿生研究所
18	微小型无人机载激光雷达系统技术	光电研究院
19	电动汽车车室与电池一体式热管理技术	理化技术研究所
20	面向802.11aj标准的毫米波关键技术研发	微电子研究所
21	超级绝热太阳能调节型贴膜的研制及其在建筑上的应用	广州能源研究所
22	纳米畴铁电-反铁电陶瓷的前沿基础与应用研究	上海硅酸盐研究所
23	大数据环境下多媒体分析的理论与算法研究/大数据智能计算、分析和应用	自动化研究所
24	基于微纳操控的石墨烯多光谱红外探测器制造基础研究	沈阳自动化研究所
25	早期肿瘤检测用双光子内窥镜关键技术的合作研究	苏州生物医学工程技术研究所
26	“未来地球计划”中国实施框架协同设计	大气物理研究所

续表

序号	项目名称	承担单位
27	生态草业特区人工草地建设关键技术中美合作研究	植物研究所
28	中国火山湖泊沉积中火山灰来源及年代学意义	广州地球化学研究所
29	末次间冰期以来亚洲内陆气候变化与北大西洋和东亚气候的动力学联系	地球环境研究所
30	渤海莱州湾和北海德国湾氮和新型有机污染物的源识别和结合特征	烟台海岸带研究所
31	地气间汞交换、汞甲基化、食物链富集及污染环境修复–中国与瑞典典型生态环境的对比研究	地球化学研究所
32	极地生态对气候变化和人类活动的响应	中国科学技术大学
33	中国城镇化模式的国际比较、科学甄选与路径选择	地理科学与资源研究所
34	吴哥遗产地环境遥感	遥感与数字地球研究所
35	气候变暖影响下的第三极地区冰川–湖泊相互作用及其环境效应研究	青藏高原研究所
36	喜马拉雅地区泥炭地在全球变化背景下的碳评估与生态系统管理	成都生物研究所
37	滑坡、泥石流监测预警与风险管理	成都山地灾害与环境研究所
38	植食性昆虫物种分化和多样性演化：以毛蚜类为模型	动物研究所
39	以离子通道为靶点的神经系统疾病药物研发	上海药物研究所
40	CLE 小分子多肽激素在百脉根生物固氮中的功能研究	华南植物园
41	用于逆转耐药性结肠肿瘤的复合载药脂束技术	国家纳米科学中心
42	用于个体化治疗的功能性干细胞自动捕获系统的研究	广州生物医药与健康研究院
43	温带针阔混交林物种、谱系和功能多样性与群落生产力的关系	沈阳生态研究所
44	绵羊基因组主要组织相容性复合体 MHC 的整体精细结构及其进化	遗传与发育生物学研究所
45	碳基复合结构等离激元波导的构建与特性调控研究	国家纳米科学中心
46	基于半导体量子点的量子信息处理	中国科学技术大学
47	专用集成电路在 LHAASO 实验中的应用	高能物理研究所
48	基于纳米建筑的新型碳材料设计、合成与应用	中国科学技术大学
49	氧化物人工低维结构的生长与量子现象调控	物理研究所
50	硅微条阵列探测器关键技术研究	紫金山天文台

续表

序号	项目名称	承担单位
51	天然化合物的高通量纯化分离与活性评价	大连化学物理研究所
52	支持 GRC 开放获取行动计划的世界开放获取行动评价与监测平台	文献情报中心
53	利用合成生物学转化钢厂尾气生产大宗化学品	上海生命科学研究院
54	元基因组技术在利用合成生物学方法生产高附加值化学品中的应用	上海生命科学研究院
55	抗生素的发掘及其合成生物学研究	微生物研究所
56	新型合成生物学工具的联合研发	生物物理研究所
57	微生物创新药物和高附加值精细化工产品的合成生物学研究	微生物研究所

四、成功组织重大国际交流活动，扩大国际影响

成功组织 GRC 北京会议。李克强总理出席开幕式并致辞，院长白春礼当选 GRC 理事会主席，制定了青年人才培养原则声明，推进了 GRC 开放获取行动计划的发展，推动中国科学院与国家自然科学基金委员会开放获取声明的出炉。

高质量组织 CAS-MPG 合作四十周年系列纪念活动。中德两国近 150 名代表参加、进一步巩固了双方机构间的伙伴关系、有效地推动双方全方位共同合作持续深入开展。

组织国际科技智库研讨会。围绕全球性挑战，探索科技智库的责任。对中国科学院在应对全球性挑战的角色定位、如何开展战略调研、出版咨询报告、促进科学普及等方面积累了实践经验。

五、推出中国科学院“国际人才计划”重要品牌

加大对国际一流人才和智力的引进工作力度、提升人才队伍的国际化水平是中国科学院实施国际化推进战略的重要内容。为了提升对国际一流人才的吸引力，打造具有国际竞争力的创新人才高地，2014 年，中国科学院对“爱因斯坦讲席教授计划”、“外国专家特聘研究员计划”、“外国青年科学家计划”、“发展中国家访问学者计划”、“CAS-TWAS 院长奖学金计划”5 个各自独立而又相互交叉的国际人才交流、培养或引进计划进行优化整合，按身份高低分为四类项目（博士生、博士后、访问学者、杰出学者），形成了统一的品牌——中国科学院“国际人才计划”（CAS President's international fellowship initiative，PIFI），从而形成“拳头效应”，提高了吸引力，扩大了影响力。

其中，CAS-TWAS 院长奖学金计划一共为发展中国家培养、资助 336 名博士生，均已来华注册、入学。该计划对发展中国家的影响力和吸引力在迅速提升，申请者越来越多。

基 本 建 设

一、基本建设项目批复情况

2014 年，批复项目建议书 6 项，总建筑面积 5.92 万平方米，总投资 2.43 亿元，由研究所多渠道筹措解决。

2014 年，批复新建项目可行性研究报告 24 项，总建筑面积 17.23 万平方米；总投资 8.01 亿元，由研究所多渠道筹措资金解决。

2014 年，批复改造项目实施方案 7 项，总建筑面积 3.14 万平方米；总投资 0.86 亿元。

根据财政部批复下达的修购专项年度预算，2014 年中国科学院批复修缮项目实施方案 142 项，修缮总建筑面积 12.36 万平方米；总投资 5.48 亿元，其中财政部安排修购专项资金 4.53 亿元，其余由研究所多渠道筹措资金解决。

二、落实“十二五”建设投资及财政部修购专项工作

2014 年，根据国家批准中国科学院的“十二五”科教基础设施建设规划实施方案，组织项目单位进行可行性研究报告评估工作。全年获批复 11 个项目（涉及 31 个研究所）。批复的总建筑面积为 81.19 万平方米；总投资 39.47 亿元，其中中央预算内投资 26.01 亿元，研究所多渠道筹措资金 13.46 亿元。

2014 年，编报完成 2015 年修购项目的申报计划，110 个项目全部得到了财政部专项的支持，财政部安排的预算经费额度为 4.56 亿元。

三、基本建设投资计划

2014 年，编制年度基本建设投资计划 5 批，涉及 39 个建设单位，建设项目 57 项。共计安排资金 24.4 亿元，其中：中央预算内投资（“十二五”项目和大科学工程等）19.23 亿元，其他专项 0.69 亿元，研究所多渠道筹措资金 4.48 亿元。

四、基本建设投资完成情况

2014 年，基本建设完成投资 46.7 亿元，其中，中央预算内资金 20.8 亿元，财政专项资金 8.9 元，研究所多渠道筹措资金 17 亿元。

五、工程建设及竣工情况

2014 年，新开工项目项 158 个，其中，科研及辅助用房建设和改造项目 92 个，园

区基础设施改造项目66个。

新开工项目总建筑面积52.56万平方米，其中，科研及辅助用房建设和改造项目的新建面积40.2万平方米，改造面积12.36万平方米。

2014年，新竣工项目78个，其中，科研及辅助用房改造建设项目45个，园区基础设施改造建设项目33个。

新竣工项目总建筑面积13.94万平方米，其中，科研及辅助用房建设和改造项目新建面积4.51万平方米，改造面积9.43万平方米。

六、工程验收情况

2014年，完成全院13个分院所属建设单位的133个基本建设项目验收工作，其中“十五”遗留建设项目16项，“十一五”建设项目28项，2011年至2013年财政部修缮专项建设项目89项。

科 学 传 播

2014年，科学传播工作注重优化融合现有业务，整合拓展资源渠道，有策划、成体系、多角度、立体式地宣传，努力为“率先行动”计划顺利实施营造良好舆论氛围；体现中国科学院“三位一体”优势和特色的科学传播体系框架日渐清晰、内涵日渐丰富，全院传播队伍能力日渐提升，品牌工作影响力日渐增强，向科学传播“国家队”目标迈出了坚实步伐。

一、“率先行动”计划宣传

在中宣部支持下，中国科学院开展了两轮“率先行动”计划宣传。新华社、《人民日报》、CCTV等数十家知名媒体在重要版面和时段密集发布新闻通稿、评论员文章及专访稿件。其中，新华社播发通稿，《人民日报》在头版头条等重要版位刊发大篇幅报道和专访文章，CCTV《新闻联播》、《焦点访谈》和《新闻直播间》等滚动播出相关报道及专访；网络媒体大量转发相关消息，进一步放大了传播效果。

二、新闻联络工作

重点新闻宣传工作取得突破。积极拓展与电视媒体的深度合作，产生了巨大社会影响，受到广泛关注。联合中央电视台共同策划“‘科学号’科考船探潜冲绳海槽”、500米口径球面射电望远镜工程反射面索网安装实施等大型电视直播活动；与湖南卫视共同策划了年度新闻系列纪实报道《绝对忠诚》（共三部28集），集中展示了中国科学院一线科研工作者的精神风貌。

重大事件新闻宣传工作成效显著。通过与院属各单位前期沟通协调，与新闻媒体单位主动合作策划，及时应对社会热点问题，精心组织一系列重大科研成果、大型会议及活动报道，有力保障了全球研究理事会（GRC）2014年全体大会等重大事件的宣传效果。

品牌活动“走进中国科学院·记者行”得到进一步提升。全年共组织实施4期活动，共有记者90余人次参与报道，足迹遍及4个分院及13家研究所，围绕西部人才、渤海粮仓、A类先导专项、科技援藏等主题累计播发文字稿150余篇、电视报道10条，全方位、多视角展现了中国科学院各项科研成果与贡献。

三、政务信息与网络宣传

政务信息工作稳健提升。积极发挥科技思想库作用，向中办、国办报送《中国科学院专报信息》250期，共被采用87期，获党和国家领导重要批示30期。编发《中国科学院简报》10 期，获党和国家领导重要批示 2 期。

服务科研及科研管理效能提升。着力提升内部深层次信息报送质量，通过《要情》、《领导参阅材料》、《情况通报》发布相关信息，进一步加强对中国科学院改革创新发展中内部情况、深层次问题的反映，以及对院党组决策部署传达的时效性，支撑全局性工作的顺利开展。

网络宣传快速有序发展。加强各类传播平台的建设和管理，通过差异化定位、协同性共建实现集聚效应。一是通过院网主站积极发声，及时报道国家整体部署和科教领域重大事项、院党组重大会议、院领导重要活动、院重要科技成果等。顺应政府网站建设的新趋势及我院改革创新发展的新要求，对院网站群主站进行全面改版，精简频道、突出特色，改进页面设计，更好地满足移动互联时代多屏分享的信息发布需求。二是院“中科院之声”新媒体群广受关注。院官方微博发布信息 4000 余条，粉丝数突破 83 万人；官方微信发布信息 370 期，累计被 3.1 万人关注；院手机报自 2014 年 7 月起拓展信息栏目和内容、提高信息发送频率，全年发布信息 92 期。在中国信息化研究与促进网等单位发布的 2014 年中国优秀政务平台推荐及综合影响力评估结果中，院网主站获评“2014 年度中国管理创新型政务平台”；“中科院之声”微博获评“2014 年度中国优秀政务微博”。

信息公开工作进一步规范化、制度化。启动和规范全院信息公开工作，研究制订《中国科学院信息公开工作管理办法（试行）》及《中国科学院机关信息公开工作实施细则》。

“我心中的中国科学院”院史知识竞赛活动取得良好效果。活动吸引海内外 3 万余人次注册参赛，5000 余位院内离退休同志参加线下答题；线下重要活动均进行网上直播，收看观众逾万人次；院新媒体发布的相关信息，吸引 200 万人次直接阅读，间接吸引近 5000 万人次关注。

四、科普工作体系建设

2014 年，中国科学院科普工作重点加强总体谋划与系统集成，科普资源丰富、人才优势明显、学科设置齐全的特点得以显现，科普工作影响力和实效性不断提升。

一是理清科普工作体系内涵。确定了“高端、引领、有特色、成体系”的定位，明确“服务国家、服务社会、服务中科院”的宗旨和建设“科普工作国家队”的目标，围绕“高端科研资源科普化”计划和“‘科学与中国’科学教育”计划开展工作。“高端科研资源科普化”计划被列入《2014 年全民科学素质行动工作要点》的重点任务，并成为中国科学院“率先行动”计划的重要举措之一。

二是进一步提升科普活动的品牌效益。在全国科技周、全国科普日设立中国科学院专区，不断提升中国科学院科普活动在全国性科普活动中的影响力；举办了“中国科学院科技创新年度巡展”并已在河北、安徽等地科技馆及芜湖科博会巡展；开展“中国科学院第十届公众科学日”，参与单位达 101 个，受众 30 余万，创历史新高；以“小梦想，大变革——纳米科技在中国”为主题，与德国马普学会共同举办“科学隧道 3.0”

在中国的重大展览活动。

三是探索科学教育工作模式。举办高校科学营、特色科学营，与中国科学院大学共同举办中学生科学夏令营等活动；参与主办“明天小小科学家”奖励活动，面向国内高中生选拔和培养青少年科技创新后备人才。

四是加强科普产品研发，尤其是大幅提升科普图书创作质量。推荐的5部科普图书被科技部评为“2014年全国优秀科普作品”，《远古的悸动》科普图书荣获国家科技进步奖二等奖。

五是不断加强战略合作。与科技部、中国科协、地方科协等联合开展科普工作；与中国科学技术馆、浙江出版联合集团、北京科学中心等开展战略合作，联合举行展览、编写图书等。

五、科技出版工作影响力稳步提升

中国科学院期刊国际影响力、国际同学科排名大幅提升。《细胞研究》的影响因子（IF）再创新高，达11.981，新创办的《光：科学与应用》首次IF就达到8.476，显示出国际高起点的发展态势；学科排名位于Q1区期刊全国共有11种，中国科学院占了9种，占全国总数的83%。

积极组织推动知识服务平台建设工作。研究形成了《知识服务平台建设方案》，明确了目标与任务，既瞄准知识服务的前沿趋势，又立足解决期刊编辑部当前数字出版服务面临的困难，为中国科学院正式启动知识服务平台建设奠定了基础。

2014年，中国科学院有4位出版骨干人才入选全国新闻出版行业第四批领军人才；3位期刊出版领域引进优秀人才获得我院择优支持；2种期刊获得了中国科技期刊国际影响力提升计划D类项目支持；3个项目获得2014年度文化产业发展专项资金的支持。

中国科学院2014年大事记

一　月

1.9—10　中国科学院2014年度工作会议在京召开。本次会议的主题是：认真学习贯彻党的十八大和十八届三中全会精神，深入贯彻落实习近平总书记视察中科院重要讲话精神，认真分析国内外科技发展的新形势、新要求，深入研讨贯彻落实“四个率先”的政策举措，扎实推进“创新2020”和“一三五”规划，总结2013年工作，部署2014年重点工作任务。中国科学院院长、党组书记白春礼作了题为《加快改革创新发展，努力实现“四个率先”》的会议报告，前沿科学与教育局、重大科技任务局、科技促进发展局、条件保障与财务局4个部门和国科控股的负责人分别作了专题工作报告。

1.10　在国家科学技术奖励大会上，中国科学院共获2013年度国家科学技术奖励40项（人）。中国科学科院大连化学物理研究所张存浩院士获国家最高科学技术奖；中国科学院作为第一完成人或完成单位，获自然科学奖一等奖1项、自然科学奖二等奖16项、技术发明奖二等奖12项、科技进步奖一等奖2项（含创新团队1项）、二等奖6项，其中中国科学院物理研究所、中国科技大学完成的“40K以上铁基高温超导体的发现及若干基本物理性质研究”，在国家自然科学奖一等奖连续3年空缺后获得该奖；中国科学院推荐的德国马普学会副主席兼生物物理化学研究所所长赫伯特·雅克勒教授、俄罗斯科学院西伯利亚分院日地物理所日列布佐夫教授，获国际科学技术合作奖。

1.15　中国科学院量子信息与量子科技前沿卓越创新中心成立仪式在中国科学技术大学举行，这是中国科学院成立的首个卓越创新中心，中国科学院院长白春礼为中心揭牌。

1.20　中国科学院党组召开中心组学习会，学习传达习近平总书记在中央纪委十八届三次全会上的重要讲话和王岐山同志所作的工作报告精神，研究中科院党风廉政建设和反腐倡廉工作。中国科学院院长、党组书记白春礼主持会议并讲话。

1.20　中国科学院脑科学卓越创新中心挂牌成立，中国科学院副院长张亚平代为中心揭牌。

1.21　中国科学院青藏高原地球科学卓越创新中心在中国科学院青藏高原研究所成立，中国科学院副院长丁仲礼为中心揭牌；中国科学院钍基熔盐堆核能系统卓越创新中心（TMSR 卓越中心）在上海应用物理研究所成立，中国科学院副院长阴和俊、上海分院院长江绵恒为中心揭牌。

1. 21 中国科学院党的群众路线教育实践活动领导小组召开全院总结会议。中国科学院院长、党组书记、院党的群众路线教育实践活动领导小组组长白春礼主持会议并作总结报告，中央第 28 督导组组长王正福出席会议并讲话，督导组副组长徐振寰及全体成员出席会议。会议采取全院视频会的形式，在院机关设主会场，京区及京外共设 125 个分会场，约 4000 人参会。

1. 22 中国科学院粒子物理前沿卓越创新中心在高能物理研究所成立，中科院副院长詹文龙为中心揭牌。

1. 24 中国科学院与中华全国供销合作总社在京进行工作会商。双方就贯彻落实中央一号文件精神，发挥各自优势，利用物联网技术，携手打造新农村流通网络达成了一致意见，并确定了合作要点。中国科学院院长白春礼、副院长施尔畏，以及中华全国供销合作理事会主任王侠，理事会副主任骆琳、顾国新等出席。

1. 25 中共中央政治局常委、中央书记处书记刘云山代表习近平总书记和党中央，登门看望国家最高科技奖获得者谢家麟、郑哲敏、王小谟，向他们致以良好祝愿，向科技工作者致以新春祝福。

1. 28 中共中央政治局常委、国务院总理李克强对《中国科学院关于2013 年度工作进展和 2014 年工作要点的报告》作出重要批示。批示指出：过去一年中科院着力实施科研管理改革，潜心攻关，成果卓著。谨向同志们致以新春问候！创新未有穷期，任务依然艰巨。望以国家重大战略需求为引领，以世界先进科技水平为标杆，继续深化体制机制改革，聚焦重点前沿攻坚克难，为深入实施创新驱动发展战略作出新的贡献。中共中央政治局委员、国务院副总理刘延东在有关批示中指出：2013 年中科院围绕中心、服务大局，以科技体制和科研管理改革为动力，加强资源优化整合共享，加大高层次人才培养力度，产出一批重大创新成果和战略咨询研究成果，各项工作取得显著进展。向同志们表示感谢和慰问。希望中科院在新的一年里，认真贯彻落实党的十八大和十八届二中、三中全会精神，以去年 7 月 17 日习近平总书记视察中科院重要讲话和李克强总理在国家科教领导小组第一次会议上的重要讲话为指引，立足科技国家队战略定位，进一步深化体制机制改革，着力抓好“率先行动”计划的组织实施，加快重大成果产出和高水平科技智库建设，发挥好为经济社会发展提供科技支撑和引领作用，为实施创新驱动发展战略、建设创新型国家、实现中国梦作出新的更大贡献！

二　月

2. 12　在李克强总理与匈牙利总理欧尔班的共同见证下，中国科学院院长白春礼在人民大会堂与匈牙利科学院院长帕林卡斯共同签署了《中国科学院和匈牙利科学院合作谅解备忘录》。

2. 17　中国科学技术大学和山东信息通信技术研究院管理中心在济南签署了量子保密通信“京沪干线”技术验证及应用示范项目合作协议，中国科学院副院长丁仲礼、山东省副省长张超超出席签约仪式并进行了座谈。

2. 24　中央机构编制委员会办公室批复（中央编办复字〔2014〕13 号）同意中国科学院资源环境科学信息中心更名为中国科学院兰州文献情报中心。

2. 26—28　中国科学院院长白春礼先后主持召开座谈会，邀请 30 多位研究所领导、一线科研与管理专家，围绕“率先行动”计划进行研讨，深入听取意见和建议。

2. 28　中国科学院召开新闻通气会宣布：经教育部批准，中国科学院大学 2014 年将在北京、陕西等 10 个省市招收本科生 300 名。中国科学院副院长、院教育委员会主任丁仲礼，中国科学院副秘书长、中国科学院大学党委书记邓勇出席会议。

三　月

3. 12　中国科学院与天津市科技合作座谈会在北京举行。天津市委书记孙春兰，中国科学院院长白春礼，天津市市长黄兴国，中国科学院副院长施尔畏，天津市教育工委书记朱丽萍，天津市副市长何树山，中国科学院副秘书长、北京分院院长何岩参加座谈会。

3. 13　中国科学院与黑龙江省科技合作座谈会在北京举行。中国科学院院长白春礼，黑龙江省省长陆昊，中国科学院副院长施尔畏，黑龙江省委常委、统战部部长赵敏，黑龙江省副省长张建星参加座谈会。

3. 21—23　中国科学院与德国洪堡基金会联合主办的第七届“中德前沿科学研讨会”在昆明召开。来自中德两国研究机构和大学的 60 多名青年学者出席了研讨会。

3. 24　中国科学院发展咨询委员会第二次会议在北京召开。中国科学院院长、发展咨询委员会主任白春礼主持会议，并报告了中科院 2013 年度主要工作进展和“率先行动”计划暨全面深化改革纲要的主要内容；与会委员们围绕中科院 2013 年度工作和“率先行动”计划暨全面深化改革等重点工作进行了热烈深入的研讨。

3. 24—25 中国科学院与天津市人民政府在天津共同举办“中国科学院走进天津”活动。中国科学院院长白春礼率领院属 67 家科研机构和企业有关负责同志 100 余人参加会议。中央政治局委员、天津市委书记孙春兰，天津市委副书记、市长黄兴国会见白春礼一行。中科院副院长施尔畏，副秘书长、北京分院院长何岩参加会议。

四　月

4. 8 中国科学院副院长丁仲礼和江苏省政协副主席徐南平出席纳米真空互联实验站筹建工作领导小组第一次会议并签署共建协议。由中国科学院苏州纳米技术与纳米仿生研究所提出的纳米真空互联实验站将为科研和战略性新兴产业发展提供世界先进的开放平台。纳米真空互联实验站的小型验证装置将由中国科学院和江苏省、苏州市、苏州工业园区四方共同投资建设。

4. 16—17 中国科学院在京召开“率先行动”计划暨全面深化改革纲要有关重大问题战略研讨会。中国科学院院长白春礼主持会议，院领导班子成员出席会议。这次会议的主要任务是，按照“四个率先”和全面深化改革要求，进一步解放思想，强化顶层设计，加大力度前瞻谋划改革发展，研究提出重大改革发展举措，加快推进“率先行动”计划暨全面深化改革纲要的制定和实施工作。

4. 17 中共中国科学院党组关于印发《中国科学院贯彻落实中央〈建立健全惩治和预防腐败体系 2013—2017 年工作规划〉的实施办法》的通知（科发党字〔2014〕12 号）。

4. 18 中国科学院党风廉政建设和反腐败工作会议在京召开。本次会议的主要任务是：深入学习贯彻党的十八大、十八届三中全会精神和习近平总书记系列重要讲话精神，贯彻落实十八届中央纪委三次全会、国务院第二次廉政工作会议部署要求，回顾总结十七大以来中国科学院党风廉政建设和反腐败工作，研究部署 2014 年和今后一个时期的重点工作，扎实推进具有中国科学院特色的惩治和预防腐败体系建设，全面提升反腐倡廉工作水平，为“率先行动”计划的顺利实施提供更加有力的保障。中国科学院院长、党组书记白春礼出席会议并讲话，中央纪委驻中国科学院纪检组组长、院党组成员李志刚代表院党组作题为《系统谋划，改革创新，扎实推进我院反腐倡廉建设》的工作报告。会议对高能物理研究所监察审计办公室等 9 个中国科学院纪检监察审计工作先进集体和严枫等 20

名优秀个人进行了表彰。大连化学物理研究所、上海药物研究所在会上分别作了经验交流发言。

4. 23 明智科普网正式上线运行。该网站是推动全院科普工作信息化的重要平台，主要定位于支撑中国科学院科普工作的部署与组织实施、促进全院科普工作者的业务学习与交流、对外展示中国科学院科普工作态势、水平和科普成果等三个方面，填补了中国科学院官方科普网站的空白。

4. 26 丹麦女王玛格丽特二世访问中国科学院大学雁栖湖校区，出席中国科学院大学中丹科教中心大楼奠基仪式。中国科学院院长白春礼会见丹麦女王一行，中科院副院长、国科大校长丁仲礼主持了奠基仪式。

五 月

5. 5 中国科学院与中国船舶工业集团公司在北京签署战略合作框架协议。中国科学院院长白春礼和中船集团董事长胡问鸣出席签约仪式并讲话。中国科学院副院长阴和俊和中船集团副总经理吴永杰代表双方签署协议。

5. 9 中国科学院大连化学物理研究所包信和院士团队基于“纳米限域催化”的新概念，创造性地构建了硅化物晶格限域的单铁中心催化剂，成功地实现了甲烷在无氧条件下选择活化，一步高效生产乙烯、芳烃和氢气等高值化学品。相关成果发表在5月9日出版的*Nature*杂志上。同时，相关PCT专利申请已进入美国、俄罗斯、日本、欧洲和中东等国家和地区。该项研究是中国科学院A类战略性先导科技专项“纳米专项”的重点任务，得到科技部和国家自然科学基金委的长期支持。

5. 13 中国科学院和德国马普学会在北京举行隆重纪念活动，共同庆祝双方开展科学合作40周年。该纪念活动分别在北京和上海举行，其中包括学术论坛、“科学隧道”展览、前沿探索圆桌会议等学术交流活动。中德两国近150名代表参加了开幕式及随后举行的学术论坛。

5. 14 葡萄牙共和国总统卡瓦科·席尔瓦在上海访问期间参观了中科院上海药物研究所，并见证上海药物所与葡萄牙Minho大学、葡萄牙TechnoPhage生物技术公司签署合作协议。

5. 17—18 “中国科学院第十届公众科学日”在101个院属单位举行。活动期间，中国科学院共有31名院士、4000余名科学家及科普工作者、3000余名科普志愿者参与了活动组织工作，开放了300余个实验室，活动社会反响强烈，许多单位出现社会公众爆满场面。参加活动的社会公众共计超过 30 万人次，创历史之最。

5.21—23　中国科学院创新文化建设专题研讨会暨“两研会”工作年会在南京召开。中国科学院党组副书记方新出席大会并讲话，院党组成员、副秘书长何岩作了题为“凝心聚力建设创新文化，同心协力推进率先行动”的主旨报告。江苏省政协副主席、中国科学院南京分院院长周健民出席会议并致辞。中国科学院科技价值观凝练确定为“追求真理、服务国家、造福人民”。

5.23　中共中央政治局委员、国务院副总理汪洋在山东考察农业科技工作并调研“渤海粮仓”科技示范工程实施情况。他强调，促进农业持续稳定发展，根本出路在科技，要把推动农业科技进步摆到更加突出的位置，有效运用市场“无形之手”和政府“有形之手”，推动农科教结合、产学研协作，真正用科技为农业插上腾飞的翅膀。中国科学院院长白春礼，副院长施尔畏，山东省省长郭树清，科技部、财政部、农业部等国家部委有关领导陪同考察。

5.24　中国科学院在昆明召开成都、昆明、西安、兰州等西部四分院“率先行动”计划暨全面深化改革工作研讨会，中科院院长、党组书记白春礼以“实施‘率先行动’计划、加快改革创新发展”为主题，作了专题报告。成都分院、昆明分院、西安分院、兰州分院及研究所领导班子成员近 90 人参加了会议。研讨会由中国科学院副院长李静海主持。

5.26　中国科学院学部主席团在京发布《追求卓越科学》宣言。

5.29　印发《中国科学院关于印发〈中国科学院研究生国际合作培养计划管理办法〉的通知》（科发前字〔2014〕67 号）。

5.26—28　由中国科学院、中国国家自然科学基金委员会和加拿大自然科学与工程研究理事会共同主办的全球研究理事会（Global Research Council，GRC）2014 年全体大会在京举行。中共中央政治局委员、国务院总理李克强出席开幕式并发表重要讲话。

六　月

6.5　在中国科学院北京分院、京区党委举办的 2014 年度所局级领导干部研究班上，中国科学院院长、党组书记白春礼以“实施‘率先行动’计划、加快改革创新发展”为主题作了重要报告。中国科学院机关各部门、京区研究所有关领导干部和京区企业的高级管理人员共 250 余人参加了研究班，院党组成员、京区党委书记何岩主持研究班。

6.9 中国科学院第十七次院士大会、中国工程院第十二次院士大会在人民大会堂隆重开幕。中共中央总书记、国家主席、中央军委主席习近平出席会议并发表重要讲话。他强调，我国科技发展的方向就是创新、创新、再创新。实施创新驱动发展战略，最根本的是要增强自主创新能力，最紧迫的是要破除体制机制障碍，最大限度解放和激发科技作为第一生产力所蕴藏的巨大潜能。要坚定不移走中国特色自主创新道路，坚持自主创新、重点跨越、支撑发展、引领未来的方针，加快创新型国家建设步伐。中共中央政治局常委、国务院总理李克强，中共中央政治局常委、中央书记处书记刘云山，中共中央政治局常委、国务院副总理张高丽出席会议。中国科学院院长白春礼主持会议。

6.10 中共中央政治局常委、国务院总理李克强在中国科学院第十七次院士大会和中国工程院第十二次院士大会上作经济形势报告。会前，李克强会见了金怡濂、王小谟、王永志、吴孟超、吴良镛、郑哲敏等曾获国家最高科技奖的院士代表。刘延东、杨晶、陈竺、韩启德、万钢和路甬祥、桑国卫、宋健、徐匡迪、王志珍，以及两院院士等共1100多人参加报告会。

6.11 中共中央政治局委员、国务院副总理刘延东在中国科学院第十七次、中国工程院第十二次院士大会上作报告。她强调，要深入学习贯彻以习近平同志为总书记的党中央关于科技创新的重要部署和要求，认真实施创新驱动发展战略，深化科技体制改革，推进科技创新发展，加快创新型国家和科技强国建设，为实现“两个百年”目标和中国梦作出新贡献。

6.11 中国科学院第十七次院士大会表决通过了《中国科学院院士章程》修订稿。这次修订将现行的由院士和归口初选部门推荐改为候选人由院士和有关学术团体推荐，增加了新当选院士由全体院士投票产生的终选机制等，进一步健全了院士退出机制，并对优化院士队伍学科和年龄结构作了制度安排。

6.19 中国科学院在沈阳召开沈阳分院、长春分院“率先行动”计划暨全面深化改革工作研讨会，中国科学院院长、党组书记白春礼作了题为“实施‘率先行动’计划、加快改革创新发展”的重要报告。沈阳分院、长春分院及系统内研究所、转制公司领导班子成员共50余人参加了会议。研讨会由中国科学院党组成员、秘书长邓麦村主持。

6.28 中国科学院在广州召开“率先行动”计划暨全面深化改革工作座谈会。南京分院、武汉分院、广州分院、合肥物质科学研究院、中国科学技术大学及分院系统研究所、转制公司党政领导共70多人参加会议。座谈会由中国科学院副院长詹文龙主持。副院长阴和俊、张亚平，秘书长邓麦村、副秘书长吴建国等出席会议。

6.28　中国科学院与广东省共建国家重大科技基础设施领导小组第一次会议在广州举行。中国科学院院长白春礼、广东省省长朱小丹出席会议，并分别代表中科院和广东省政府签署了相关项目合作协议。中共中央政治局委员、广东省委书记胡春华会见了白春礼一行，并就中科院与广东省加强科技合作工作进行了会谈。在广东期间，白春礼还会见了广州市市长陈建华，就开展科技合作等问题进行了交流和探讨。

七　月

7.8　中国科学院在北京召开国家科技体制改革和创新体系建设领导小组第7次会议精神传达学习会，中国科学院院长白春礼主持会议。

7.14　中央机构编制委员办公室发文（中央编办发〔2014〕66号），将中国互联网络信息中心划转国家互联网信息办公室管理，中国科学院计算机网络中心不再加挂中国互联网络信息中心牌子。

7.18—19　中共中央政治局委员、中央书记处书记、中宣部部长刘奇葆在吉林省考察工作期间到中国科学院长春光学精密机械与物理研究所调研。刘奇葆具体考察了该所大口径实验室、40米平台试验室及产业化大厅，详细了解了该所近期取得的一系列科研成果，包括互补金属氧化物半导体（CMOS）图像传感器、大口径光学材料制造及加工技术、激光融覆技术、民用无人机产业化、星载一体化卫星研制技术等。他鼓励长春光机所进一步探索科技成果产业化，以及与地方经济合作之路。

7.22　“创新驱动发展，科技引领未来——中国科学院科技创新年度巡展2014”在中国科学技术馆开幕。展览于8月31日结束后在京外多地巡展，公众还可以通过登录巡展专题网站、微博、微信等其他途径参观巡展。

7.23—25　中国科学院党组2014年夏季扩大会议在北京召开。会议认真学习党的十八大和十八届三中全会精神，深入学习贯彻习近平总书记2013年7月17日视察中科院重要讲话精神，学习领会党中央、国务院领导在中国科学院第十七次院士大会、中国工程院第十二次院士大会上的重要讲话和近期关于科技创新一系列重要指示和批示精神，深入研究确定了《“率先行动”计划暨全面深化改革纲要》若干重大改革发展举措的启动实施工作部署。会议期间，中央改革办专职副主任穆虹来中科院调研了深化改革工作。会议审议了关于卓越创新中心、创新研究院、大科学研究中心建设规划思路和近期工作方案，四类科研机构的标准、启动程序和要求，中科院党的群众路线教育实践活动整改落实工作，技术创新与产业化联盟建设实施方案等报告。中国科学院院长、党组书记白春礼主持会议，全体院领导和院机关各部门、中国科技大学、中科院国有资产经营有限责任公司主要负责人出席。

7.31 中央第十巡视组专项巡视中国科学院工作动员会召开，中国科学院党组书记、院长白春礼主持会议并作动员讲话，中央第十巡视组组长令狐安就即将开展的巡视工作作了讲话。中央巡视工作领导小组办公室有关负责同志就配合做好巡视工作提出要求。中央第十巡视组副组长胡新元、刘实及巡视组全体成员，中国科学院党组成员和院领导出席会议。

八　月

8.12 中国科学院与山东省人民政府签署了《中国科学院山东省人民政府现代农业科技战略合作协议书》。根据协议，双方将本着“优势互补、平等协商、真诚合作、互惠互利、共同发展”的原则，采取联合研究、技术转移、人才交流、共建机构、科技咨询等多种方式，开展高起点、多层次、全方位的农业科技交流与合作。将重点推进“渤海粮仓”科技示范工程的深入实施，围绕山东农业发展科技需求，开展多方位关键技术攻关。

8.15 中国科学院召开专题党组会议，传达学习习近平总书记、李克强总理、张高丽副总理和刘延东副总理等中央领导同志对《中国科学院“率先行动”计划暨全面深化改革纲要》的重要批示精神，中国科学院院长、党组书记白春礼主持会议。

8.16 中国科学院副院长詹文龙和四川省副省长王宁代表院省双方签署了《高海拔宇宙线观测站项目共建框架协议书》。高海拔宇宙线观测站项目在国务院发布的《国家重大科技基础设施建设中长期规划(2012—2030年)》中被列为16个优先安排的重大项目之一。该项目瞄准世纪难题——宇宙线的起源，将开展高能物理和天文学领域的前沿科学研究。四川省将为项目提供观测基地用地和测控基地用地，以及资金方面的支持。

8.18 中国科学院召开全院领导干部和科研骨干视频大会，传达和学习习近平等中央领导同志关于中科院《“率先行动”计划暨全面深化改革纲要》的重要批示，同时结合传达党组2014年夏季扩大会议精神，就组织实施《“率先行动”计划》进行动员和部署。中国科学院院长、党组书记白春礼出席会议并讲话，党组副书记方新主持会议。

8. 19 中国科学院在北京召开新闻发布会，通报《中国科学院“率先行动”计划暨全面深化改革纲要》具体内容，宣布正式启动实施《“率先行动”计划》。会上，中国科学院院长白春礼、秘书长邓麦村分别介绍了《“率先行动”计划》制定背景、主要战略构想和主要改革发展举措等相关情况。

8. 24—25 中国科学院院长白春礼赴新疆维吾尔自治区开展院区科技合作工作调研。调研期间，中共中央政治局委员、自治区党委书记张春贤会见了白春礼，中国科学院与新疆维吾尔自治区举行了科技合作座谈会。

九　月

9. 3 国际科学理事会（ICSU）第三十一届全体大会于 8 月 31 日至 9 月 4 日在新西兰奥克兰召开。经英国皇家学会、中国科学技术协会联合提名，中国科学院副院长李静海此次参加 ICSU 副主席职位的竞聘。经 ICSU 全体成员单位两轮激烈投票，李静海成功当选 ICSU 副主席，主管科学计划与评估，任期为 2014 年至 2017 年。

9. 5 中国科学院院长、中国科学院大学名誉校长白春礼到中国科学院大学雁栖湖校区，和首批 360 名本科生一起喜迎 2014 开学典礼，为他们讲授入学第一课《科学报国，薪火相传》。

9. 13 在习近平主席和塔吉克斯坦拉赫蒙总统的共同见证下，中国科学院院长白春礼与塔吉克斯坦科学院院长拉希米在塔吉克斯坦首都杜尚别签署两国科学院科学合作协议，标志着两院科技合作步入新的发展阶段。

9. 20 中共中央政治局常委、中央书记处书记刘云山和刘奇葆、李源潮、郭金龙、韩启德等领导同志到中国科技馆，参加全国科普日北京主场活动，中国科学院院长白春礼陪同参加。本年度全国科普日活动主题是“创新发展，全民行动”。中国科学院作为主办单位，组织了 14 个研究院所、2 个学会的 12 个展项参加活动，并设置中国科学院专区，重点展示前沿探索成果、与经济社会关联密切的科技创新成果、事关整体科技创新能力提升的重要基础设施、重大任务及其科研进展等，主要以动画视频、多媒体互动、机电互动展项等形式呈现。

9. 26 中国科学院与中国移动通信集团公司战略合作协议签约仪式在北京举行。根据合作协议，双方将在内容网络、云计算、大数据、信息安全、物联网和智能机器人等领域开展长期、全面的战略合作，包括共同开展技术研发、试验与示范，推动技术创新与应用转化，以及建立联合研究和产业化合作机制等。中国科学院院长白春礼、中国移动董事长奚国华出席签约仪式并讲话，中国科学院副院长阴和俊、中国移动总裁李跃代表双方签署战略合作框架协议，中国移动副总裁李正茂主持签约仪式。

9.28 中国科学院院长白春礼在北京为巴基斯坦科学院院长阿尔塔·拉曼（Attaur · Rahman）教授颁发了2013年度中国科学院国际科技合作奖获奖证书和荣誉奖章。

十　月

10.9 中国科学院重庆绿色智能技术研究院顺利通过正式验收。中国科学院院长白春礼、国务院三峡办主任聂卫国、重庆市市长黄奇帆、国务院三峡办副主任陈飞、重庆市副市长吴刚、中国科学院副院长施尔畏参加验收会议。

10.10 中国科学院党组召开会议传达学习中央党的群众路线教育实践活动总结大会精神。中国科学院党组书记、院长白春礼传达了习近平总书记在党的群众路线教育实践活动总结大会上的重要讲话精神，并对中国科学院的贯彻落实工作提出要求。

10.11 “我心中的中国科学院”院史知识竞赛（http://yszsjs.cas.cn）在京启动。此次活动旨在吸引海内外各界特别是关心中国科学院改革创新发展的科技教育界人士，通过听取专题报告和参与网上答题等活动，从世界、全国和中国科学院的系列维度，全方面、立体式“透视”中科院的发展历程、成就贡献、战略部署，了解中国科技发展历史，推进“率先行动”计划实施，迎接中国科学院建院65周年。

10.16 在中国内部审计协会召开的全国内部审计先进集体和先进工作者表彰大会上，中国科学院北京分院监察审计处、武汉分院刘金海同志分别荣获“全国内部审计先进集体”和“全国内部审计先进工作者”荣誉称号。

10.23 俄罗斯总理梅德韦杰夫在合肥访问时参观了中国科学院合肥物质科学研究院等离子体物理研究所，并在中国科学技术大学发表了演讲。

10.20 中国科学院-苏州市人民政府深化院市科技合作座谈会在北京举行。中国科学院院长白春礼，江苏省委副书记、苏州市委书记石泰峰，苏州市市长周乃翔，中国科学院秘书长邓麦村出席座谈会。邓麦村和周乃翔代表院市双方签署《中国科学院-苏州市人民政府深化院市合作备忘录》。

10. 24 中国科学院党组在北京召开党的十八届四中全会精神传达会。中国科学院党组书记、院长白春礼就全院学习贯彻全会精神提出要求，副院长、党组成员詹文龙传达了中央领导同志在全会上的有关重要讲话精神，传达会由党组副书记方新主持。

10. 24 中国科学院教育委员会召开 2014 年度会议，听取了中国科学院所属 3 所大学的主题发言和院教育委员会办公室工作报告，围绕落实“率先行动”计划，深化中国科学院教育工作综合改革开展了讨论。

10. 24 中国科学院–辽宁省科技合作座谈会在北京举行。中国科学院院长白春礼，辽宁省人民政府省长李希，中国科学院副院长施尔畏、阴和俊，辽宁省人民政府副省长刘强出席座谈会。阴和俊和刘强代表院省双方签署《中国科学院–辽宁省人民政府共建区域性创新平台协议书》。

10. 26 发展中国家科学院第 25 届院士大会在阿曼首都马斯喀特开幕，会议由发展中国家科学院院长、中国科学院院长白春礼主持。来自全球 60 多个国家和地区的 300 多位科学家，10 余个国家的科技部长及联合国教科文组织等国际机构代表参加本次大会。

10. 31 “传承历史、创新未来”中国科学院建院 65 周年座谈会在京举行。中国科学院院长、党组书记白春礼出席座谈会并讲话，党组副书记方新主持座谈会。

十一月

11. 1 庆祝中国科学院建院 65 周年暨“我心中的中国科学院”院史知识竞赛决赛活动在北京中国科学院大学举行。中国科学院院长、党组书记，“我心中的中国科学院”院史知识竞赛指导委员会主任白春礼出席并发表题为《传承历史 创新未来——纪念中国科学院建院 65 周年》的讲话。中国科学院副院长詹文龙，中科院党组原副书记郭传杰，中国科学院副秘书长曹效业，中科院院士李振声、王巍，担任院史知识竞赛指导委员会委员的主流媒体领导中国国际广播电台总编室主任臧具林，《科技日报》社总编辑刘亚东，《中国青年报》社社长、总编辑张坤，《中国新闻》社副总编辑张明新等出席活动。参与院史知识竞赛活动相关工作的专家，以及来自中科院院机关各部门、院属京区各单位的相关负责人和职工、学生代表等 800 余人参加了现场活动。

11. 2—3 根据中央巡视工作领导小组的部署，中央第十巡视组向中国科学院反馈巡视情况。11 月 2 日，中央第十巡视组组长令狐安，副组长胡新元、刘实向中国科学院党组书记、院长白春礼传达了习近平总书记关于巡视工作的重要讲话精神，并反馈了巡视情况。11月3日，令狐安代表巡视组向中国科学院领导班子作反馈，白春礼主持会议并讲话。

11.6　中国科学院党组传达学习中央纪委四次全会精神，认真学习中央纪委书记王岐山在会议上的重要讲话。中国科学院党组书记、院长白春礼主持会议。

11.13—14　中国科学院与法国科研中心在北京联合主办“中法科技合作战略研讨会”。此次会议是“中法建交50周年”系列纪念活动之一。

11.16—21　中国科学院组团参展第十六届深圳中国国际高新技术成果交易会。中国科学院展区受到各级领导，各地企业，各新闻媒体及专业观众的高度关注。中共中央政治局委员、国务院副总理刘延东在广东省委书记胡春华、中国科学院副院长施尔畏陪同下参观了展区，并对展出的项目和成果给予高度评价。中国科学院展区被组委会授予“优秀组织奖”、“优秀展示奖”，碳纤维复合材料电动汽车等21个项目获得了优秀展品奖。

11.25　中国科学院第四届人才发展主题活动日暨“百人计划”20周年交流研讨会议在北京举行。中国科院学院长白春礼出席会议并讲话，副院长、院人才工作领导小组组长詹文龙等出席会议。

11.26　在中央组织部召开的全国离退休干部先进集体和先进个人表彰大会上，中国科学院成都山地所钟祥浩研究员被授予“全国离退休干部先进个人”光荣称号。

11.26　印发《“中国科学院特聘研究员”计划管理办法（试行）》，（人字〔2014〕95号），并按照特聘研究员遴选标准和程序，遴选2014年度“特聘研究员”共218人。

11.28　印发《中共中国科学院党组关于印发〈中国科学院党风廉政建设责任制实施办法（暂行）〉的通知》（科发党字〔2014〕24号）。

十二月

12.1　中国科学院与《中国日报》社在北京签署战略合作框架协议。中国科学院院长白春礼、《中国日报》社社长朱灵出席仪式，中国科学院副秘书长谭铁牛和《中国日报》社副总编辑曲莹璞签署战略合作框架协议。

12.2　中国科学院落实党风廉政建设责任制视频会议在京召开，就逐级签订责任书、深入推进全院党风廉政建设和反腐败工作进行部署。中国科学院党组书记白春礼代表院党组与院党组成员、副院长逐一签订个性化党风廉政或反腐倡廉责任书，并就全院贯彻落实党风廉政建设责任制、深入推进党风廉政建设和反腐败工作提出明确要求。

12.4　中国科学院召开研究所分类改革试点工作座谈会，中国科学院副院长丁仲礼代表中国科学院与首批卓越创新中心主任分别签订了中国科学院卓越创新中心目标任务书。

12.12　中国科学院党组在京召开中央经济工作会议精神传达会，中国科学院党组书记、白春礼主持会议并传达了习近平总书记、李克强总理在会议上的重要讲话精神，并就中国科学院学习贯彻会议精神提出了明确要求。

12.12　由中国科学院、中央电视台共同发起，联合科技部等7部委共同举办的2014年度“科技盛典”在京举行颁奖典礼。本次“科技盛典——CCTV2014年度科技创新人物”推选活动，推选委员会共评选出10位“科技创新人物”和3个“科技创新团队”。其中，中国科学院的曲道奎、戴建武获选“科技创新人物”；海洋研究所“科学”号海洋科学考察团队获选“科技创新团队”。本次“科技盛典”围绕创新驱动发展的主题，向广大公众展示了2014年度中国科技领域的重大成果，弘扬了科教兴国伟大进程中广大科技工作者的创新精神，突出了科技工作者对中国经济社会发展的引领和支撑作用，获得社会各界良好反响。

12.25　中国科学院院长白春礼与中国气象局局长郑国光举行会谈并共同签署了《中国科学院-中国气象局气象重大核心技术科技合作备忘录》，中国科学院与中国气象局将按照“突出重点、优势互补、互惠互利、注重实效、资源共享”的原则，围绕高分辨率资料同化、数值天气模式、青藏高原气象科学、地球系统数值模拟装置建设及人才培养等重点领域开展合作；将建立有效的合作机制，完善科技资源配置、共享和政策保障体制，以保障合作的顺利开展。

12.29—31　中国科学院党组2014年冬季扩大会议在北京召开。会议认真学习了党的十八大和十八届三中、四中全会精神，深入学习了习近平总书记等党和国家领导人一系列重要讲话精神，特别是对中国科学院“率先行动”计划的重要批示精神；白春礼作了题为《以研究所分类改革为突破口，推进我院现代治理体系建设》的报告；国家发展和改革委员会副主任徐宪平应邀作了题为《关于“十三五”规划基本思路和实施创新驱动发展战略的初步考虑》的报告；会议听取了副院长施尔畏关于科技促进发展工作和特色研究所试点工作的报告，重大科技任务局、前沿科学与教育局、条件保障与财务局关于创新研究院、卓越创新中心、大科学研究中心等试点工作进展情况及下一步工作安排的报告，监察审计局关于中央专项巡视整改情况的报告，以及办公厅关于2015年度院工作会议主报告起草情况的说明。

学部与院士工作

中国科学院学部领导机构

第七届中国科学院学部主席团

名誉主席　周光召　路甬祥

第七届中国科学院学部主席团

执行主席　白春礼

成　　员　（以姓氏笔画为序）

丁仲礼　马志明　王占国　叶培建　白春礼　朱作言
朱道本　许智宏　李　未　李衍达　李静海　杨　卫
何鸣元　沈文庆　陈运泰　陈宜瑜　陈　颙　林其谁
周其凤　赵忠贤　秦大河　顾秉林　程津培　詹文龙

第七届中国科学院学部主席团执行委员会

执行主席　白春礼

成　　员　（以姓氏笔画为序）

白春礼　朱道本　许智宏　李　未　李静海　沈文庆
陈宜瑜　陈　颙　周其凤　秦大河　顾秉林　詹文龙

秘 书 长　曹效业

第七届中国科学院学部主席团顾问（以姓氏笔画为序）

万　钢　马建堂　朱之鑫　李　伟　李安东　陈求发
陈宜瑜　陈奎元　周　济　袁贵仁　韩启德　谢伏瞻
谢旭人

中国科学院学部第五届咨询评议工作委员会

主　　任　沈文庆

副 主 任　吴国雄　周孝信　潘云鹤（王玉普）

委　　员　（以姓氏笔画为序）

王恩哥　方精云　安芷生　李家春　杨学军　吴国雄
吴培亨　吴硕贤　沈文庆　沈　岩　沈保根　陈晓亚
周孝信　段　雪　侯建国　高　松　郭华东　褚君浩
潘云鹤（王玉普）

（因工程院咨委会换届，2014 年 7 月 10 日王玉普代替潘云鹤为副主任）

中国科学院学部第五届咨询评议工作委员会顾问（以姓氏笔画为序）

王延觉　王春法　叶玉江　吕　薇　何鸣鸿　赵　路
姜静波　晋保平　谢伏瞻　谢冰玉　綦成元　蔡　润
潘云鹤（2014 年 7 月 10 日，聘请为咨委会顾问）

中国科学院学部第五届科学道德建设委员会

主　任　许智宏
副主任　周　远　欧阳钟灿
委　员　（以姓氏笔画为序）
方荣祥　冯守华　朱作言　江桂斌　许智宏　孙义燧
李启虎　李德仁　怀进鹏　陈木法　林国强　林惠民
周　远　周卫健（女）　祝世宁　翟明国　薛其坤
欧阳钟灿

中国科学院学部第三届学术与出版工作委员会

主　任　秦大河
副主任　郑兰荪　饶子和
委　员　（以姓氏笔画为序）
于起峰　王　曦　朱作言　许宁生　李　林　李树深
杨玉良　郑兰荪　郑厚植　饶子和　洪茂椿　贺福初
秦大河　梅　宏　崔向群（女）　彭实戈　程时杰
傅伯杰　焦念志

中国科学院学部第一届科学普及与教育工作委员会

主　任　周其凤
副主任　石耀霖　何积丰
委　员　（以姓氏笔画为序）
石耀霖　叶培建　戎嘉余　朱　荻　朱邦芬　刘嘉麒
李　灿　吴一戎　何积丰　张　杰　张启发　陈凯先
陈建生　周其凤　南策文　侯凡凡（女）　郭光灿
康　乐

中国科学院数学物理学部第十五届常务委员会

主　任　詹文龙
副主任　李家春　陈建生　彭实戈　欧阳钟灿
委　员　（以姓氏笔画为序）
王恩哥　文　兰　邢定钰　朱邦芬　孙昌璞　李邦河
李家春　张伟平　陈和生　陈建生　欧阳钟灿

郑晓静（女）　洪家兴　徐至展　崔向群（女）
彭实戈　詹文龙

中国科学院化学部第十五届常务委员会

主　任　朱道本

副主任　江桂斌　周其凤　郑兰荪　侯建国

委　员　(以姓氏笔画为序)

万立骏　田中群　包信和　朱道本　江桂斌　李静海
张　希　张玉奎　陈小明　周其凤　周其林　郑兰荪
赵玉芬（女）　侯建国　姚建年　柴之芳　高　松

中国科学院生命科学和医学学部第十五届常务委员会

主　任　陈宜瑜

副主任　朱作言　陈晓亚　侯凡凡（女）　贺福初

委　员　(以姓氏笔画为序)

邓子新　朱作言　许智宏　沈　岩　张启发　陈　竺
陈宜瑜　陈晓亚　武维华　孟安明　赵国屏　侯凡凡（女）
饶子和　贺福初　郭爱克　韩启德　裴　钢

中国科学院地学部第十五届常务委员会

主　任　陈　颙

副主任　石耀霖　戎嘉余　吴国雄　周卫健（女）　傅伯杰

委　员　(以姓氏笔画为序)

石耀霖　戎嘉余　刘丛强　刘嘉麒　杨元喜　吴国雄
张　经　陈　颙　周卫健（女）　郑永飞　姚檀栋
贾承造　郭华东　陶　澍　符淙斌　傅伯杰　焦念志
翟明国　穆　穆

中国科学院信息技术科学部第十五届常务委员会

主　任　李　未

副主任　何积丰　李启虎　李树深　褚君浩

委　员　(以姓氏笔画为序)

王家骐　刘国治　许宁生　李　未　李启虎　李树深
杨学军　怀进鹏　何积丰　吴一戎　徐宗本　梅　宏
黄　维　黄民强　褚君浩

中国科学院技术科学部第十五届常务委员会

主　任　顾秉林

副 主 任　叶培建　吴硕贤　祝世宁　胡海岩　程时杰

委　　员　(以姓氏笔画为序)

于起峰　王　曦　王光谦　叶培建　朱　荻　任露泉
李　天　吴硕贤　沈保根　张　泽　胡海岩　南策文
祝世宁　顾秉林　顾逸东　程时杰　赖远明

中国科学院学部国际合作和外籍院士工作小组

组　　长　李静海

成　　员　(以姓氏笔画为序)

于　渌　戎嘉余　李　未　吴培亨　张　泽　陈运泰
欧阳钟灿　侯建国　饶子和　费维扬　曾益新　薛其坤

中国科学院学部增选工作小组

组　　长　李静海

成　　员　(以姓氏笔画为序)

朱作言　朱道本　李衍达　沈保根　陈建生　欧阳钟灿
周　远　周卫健　郑兰荪　胡海岩

2014 年中国科学院院士名单

（2014 年 12 月 31 日统计，730 人）

数学物理学部（共 139 人）

丁夏畦　于　敏　于　渌　万哲先　马志明　王乃彦　王广厚
王　元　王世绩　王业宁（女）　王　迅　王诗宬　王恩哥
王梓坤　王绶琯　王鼎盛　文　兰　方　成　方守贤　甘子钊
艾国祥　石钟慈　龙以明　叶叔华（女）　叶朝辉　田　刚
白以龙　邝宇平　冯　端　邢定钰　曲钦岳　吕　敏　朱邦芬
向　涛　刘应明　汤定元　孙义燧　孙昌璞　孙　鑫　严加安
苏定强　苏肇冰　李大潜　李方华（女）　李邦河　李安民
李荫远　李家明　李家春　李惕碚　李德平　杨　乐　杨应昌
杨国桢　杨福家　励建书　吴文俊　吴岳良　何祚庥　邹广田
闵乃本　汪承灏　汪景琇　沈文庆　沈学础　张仁和　张伟平
张　杰　张宗烨（女）　张恭庆　张家铝　张焕乔　张淑仪（女）
张涵信　张维岩　张裕恒　张殿琳　张肇西　陆启铿　陈十一
陈木法　陈永川　陈式刚　陈和生　陈佳洱　陈建生　陈恕行
陈难先　陈　彪　武向平　范海福　林　群　欧阳钟灿
欧阳颀　罗　俊　周又元　周光召　周向宇　周　恒　周毓麟
郑厚植　郑晓静（女）　赵光达　赵忠贤　赵政国　郝柏林
胡仁宇　胡和生（女）　俞昌旋　姜伯驹　洪家兴　洪朝生
贺贤土　袁亚湘　夏道行　徐至展　徐叙瑢　高鸿钧　郭尚平
郭柏灵　席南华　唐孝威　陶瑞宝　龚昌德　鄂维南　崔向群（女）
章　综　彭实戈　葛墨林　程开甲　童秉纲　谢家麟　詹文龙
解思深　熊大闰　潘建伟　霍裕平　戴元本　魏宝文

化学部（共 125 人）

丁奎岭　万立骏　万惠霖　王方定　王佛松　王　夔　支志明
方维海　计亮年　卢佩章　申泮文　田中群　田　禾　田昭武
白春礼　包信和　冯小明　冯守华　朱起鹤　朱清时　朱道本
任詠华（女）　刘元方　刘有成　刘若庄　刘忠范　江　龙
江　明　江桂斌　江　雷　麦松威　严东生　严纯华　苏　锵
李永舫　李亚栋　李　灿　李洪钟　李静海　杨玉良　杨秀荣（女）

杨学明　吴云东　吴　奇　吴养洁　吴新涛　何国钟　何鸣元
佟振合　余国琮　闵恩泽　汪尔康　沙国河　沈之荃（女）
沈家骢　宋礼成　张玉奎　张礼和　张存浩　张　希　张俐娜（女）
张洪杰　张　涛　张乾二　陆婉珍（女）　陆熙炎　陈小明
陈庆云　陈凯先　陈俊武　陈洪渊　陈家镛　陈新滋　陈　懿
林国强　卓仁禧　周同惠　周其凤　周其林　郑兰荪　赵玉芬（女）
赵东元　赵进才　胡宏纹　胡　英　查全性　段　雪　侯建国
俞汝勤　洪茂椿　费维扬　姚守拙　姚建年　袁　权　袁承业
柴之芳　钱逸泰　倪嘉缵　徐光宪　徐如人　高　松　郭景坤
唐本忠　唐有祺　涂永强　黄乃正　黄本立　黄志镗　黄春辉（女）
黄维垣　曹　镛　麻生明　梁敬魁　彭少逸　蒋锡夔　韩布兴
程津培　程镕时　游效曾　谢毓元　谢毅（女）　蔡启瑞
黎乐民　颜德岳　戴立信

生命科学和医学学部（共131人）

王大成　王文采　王正敏　王世真　王志珍（女）　王志新
王恩多（女）　毛江森　方荣祥　方精云　尹文英（女）
孔祥复　邓子新　石元春　卢永根　叶玉如（女）　田　波
印象初　匡廷云（女）　朱玉贤　朱兆良　朱作言　庄文颖（女）
庄巧生　刘以训　刘允怡　刘建康　刘新垣　许智宏　孙大业
孙汉董　孙曼霁　孙儒泳　苏国辉　李　林　李季伦　李振声
李家洋　李朝义　杨焕明　杨雄里　杨福愉　吴　旻　吴孟超
吴祖泽　吴常信　汪忠镐　沈允钢　沈自尹　沈　岩　沈善炯
张友尚　张永莲（女）　张亚平　张启发　张明杰　张学敏
张春霆　张树政（女）　张新时　陆士新　陈子元　陈文新（女）
陈可冀　陈　竺　陈宜张　陈宜瑜　陈晓亚　陈润生　陈　霖
武维华　林其谁　林鸿宣　尚永丰　金　力　金国章　周　俊
郑光美　郑守仪（女）　郑儒永（女）　孟安明　赵玉沛
赵尔宓　赵进东　赵国屏　赵继宗　段树民　侯凡凡（女）
饶子和　施一公　施教耐　施蕴渝（女）　洪国藩　洪德元
姚开泰　贺　林　贺福初　桂建芳　高　福　郭爱克　唐守正
唐崇惕（女）　黄路生　曹文宣　戚正武　常文瑞　康　乐
梁栋材　梁智仁　隋森芳　葛均波　蒋有绪　韩启德　韩济生
韩家淮　韩　斌　程和平　舒红兵　童坦君　曾益新　曾　毅
谢华安　谢联辉　强伯勤　赫　捷　裴　钢　翟中和　薛社普
鞠　躬　魏于全　魏江春

地学部（共 122 人）

丁仲礼	丁国瑜	万卫星	马宗晋	马　瑾（女）		王　水
王成善	王会军	王铁冠	王　颖（女）		王德滋	文圣常
丑纪范	邓起东	石广玉	石耀霖	叶大年	叶嘉安	田在艺
冯士筰	戎嘉余	吕达仁	朱日祥	朱显谟	伍荣生	任纪舜
刘丛强	刘光鼎	刘昌明	刘宝珺	刘振兴	刘嘉麒	安芷生
许志琴（女）		许厚泽	孙　枢	孙鸿烈	苏纪兰	李小文
李吉均	李廷栋	李崇银	李德仁	李德生	李曙光	杨元喜
杨文采	肖序常	吴立新	吴国雄	吴新智	邱占祥	汪品先
汪集旸	沈其韩	张本仁	张国伟	张弥曼（女）		张　经
张培震	陆大道	陈　旭	陈运泰	陈俊勇	陈　骏	陈　颙
林学钰（女）		欧阳自远		金之钧	金振民	周卫健（女）
周成虎	周志炎	周秀骥	周忠和	於崇文	郑永飞	郑　度
赵其国	赵柏林	赵鹏大	胡敦欣	钟大赉	姚振兴	姚檀栋
秦大河	秦蕴珊	袁道先	莫宣学	贾承造	徐冠华	殷鸿福
高　山	高　俊	郭正堂	郭令智	郭华东	涂传诒	陶　澍
黄荣辉	龚健雅	常印佛	崔　鹏	符淙斌	巢纪平	彭平安
程国栋	傅伯杰	傅家谟	焦念志	舒德干	童庆禧	曾庆存
曾融生	谢学锦	翟明国	翟裕生	滕吉文	薛禹群	穆　穆
戴金星	魏奉思					

信息技术科学部（共 85 人）

干福熹	王之江	王占国	王立军	王　圩	王守觉	王阳元
王启明	王育竹	王家骐	王　越	王　巍	尹　浩	包为民
匡定波	吕　建	朱中梁	刘永坦	刘国治	刘颂豪	刘盛纲
许宁生	李　未	李启虎	李树深	李衍达	杨芙清（女）	
杨学军	吴一戎	吴宏鑫	吴培亨	吴德馨（女）		何积丰
沈绪榜	怀进鹏	宋　健	张　钹	张效祥	张景中	张　煦
张嗣瀛	陆元九	陆汝钤	陈国良	陈定昌	陈星旦	陈星弼
陈俊亮	陈桂林	陈翰馥	林为干	林惠民	林尊琪	金亚秋
周兴铭	周炳琨	周巢尘	郑有炓	郑建华	郑耀宗	郝　跃
保　铮	侯　洵	侯朝焕	姚建铨	秦国刚	夏建白	徐宗本
郭光灿	郭　雷	黄民强	黄宏嘉	黄　维	黄　琳	梅　宏
龚旗煌	梁思礼	彭堃墀	董韫美	雷啸霖	简水生	褚君浩
谭铁牛	薛永祺	戴汝为				

技术科学部（共128人）

丁　汉　于起峰　王大中　王立鼎　王光谦　王自强　王希季
王补宣　王崇愚　王淀佐　王锡凡　王　曦　方岱宁　卢　柯
卢　强　叶恒强　叶培建　申长雨　邢球痕　过增元　成会明
朱位秋　朱　荻　朱森元　朱　静（女）　伍小平（女）
任新民　任露泉　庄逢辰　刘广均　刘竹生　刘宝镛　刘维民
齐　康　许学彦　孙　钧　孙家栋　严陆光　李　天　李应红
李述汤　李依依（女）　李济生　杨　卫　杨叔子　杨　槱
吴良镛　吴承康　吴硕贤　邱大洪　邱　勇　何满潮　余梦伦
邹世昌　闵桂荣　汪　耕　沈志云　沈保根　宋玉泉　宋振骐
宋家树　张兴钤　张佑启　张　泽　张统一　张楚汉　陈　达
陈创天　陈学俊　陈祖煜　陈能宽　范守善　林　皋　欧阳予
金红光　金展鹏　周尧和　周　远　周孝信　周国治　郑　平
郑时龄　郑哲敏　赵淳生　胡文瑞　胡聿贤　胡海岩　南策文
柯　俊　柳百新　钟万勰　钟香崇　俞鸿儒　闻邦椿　姜中宏
祝世宁　姚　熹　都有为　顾秉林　顾诵芬　顾逸东　徐采栋
徐性初　徐建中　徐祖耀　高镇同　高德利　唐叔贤　陶文铨
黄克智　曹春晓　曹楚南　彭一刚　葛昌纯　韩祯祥　程时杰
程耿东　温诗铸　谢光选　赖远明　路甬祥　蔡其巩　雒建斌
翟婉明　熊有伦　潘际銮　薛其坤　魏炳波

2014 年中国科学院外籍院士名单

（2014 年 12 月 31 日统计，70 人）

中文姓名	英文姓名	当选年份	国籍
丘成桐	Shing-Tung Yau	1994	美国
冯元桢	Y. C. Fung	1994	美国
杨振宁	Chen Ning Yang	1994	美国
李政道	Tsung-D Lee	1994	美国
丁肇中	Samuel C. C. Ting	1994	美国
雷文	Peter H. Raven	1994	美国
朱经武	C. W. Chu	1996	美国
沈元壤	Y. R. Shen	1996	美国
简悦威	Yuet Wai Kan	1996	美国
毛河光	H. K. Mao（David）	1996	美国
彼得・威利	P. J. Wyllie	1996	英国
卓以和	A. Y. Cho	1996	美国
高锟	Char les K. Kao	1996	美国
朱棣文	Chu Steven	1998	美国
黎念之	N. N. Li	1998	美国
马库斯	Rudolph A. Marcus	1998	美国
莫里茨	Helmut Moritz	1998	奥地利
伯奇费尔	B. C. Burchfiel	1998	美国
葛守仁	Ernest S. Kuh	1998	美国
米歇尔	Hartmut Michiel	2000	德国
崔琦	Daniel Chee Tsui	2000	美国
霍克费尔特	Tomas Hokfelt	2000	瑞典
何毓琦	Y. C. Ho	2000	美国
萨支唐	Chihtang Sah	2000	美国
库什	Gurdev S. KHUSH	2002	印度
傅睿思	FRIIS，Else Marie	2002	丹麦

续表

中文姓名	英文姓名	当选年份	国籍
霍西金斯	HOSKING，Brian John	2002	英国
黄煦涛	Thomas S. Huang	2002	美国
吴耀祖	Theodore Yao-Tsu Wu	2002	美国
杰马里·莱恩	Jean-Marie Lehn	2004	法国
肖荫堂	Yum-Tong SIU	2004	美国
托斯登·威塞尔	Torsten N. Wiesel	2004	美国
姚期智	Andrew Chi-Chih Yao	2004	美国
理查德·杰尔	Richard N. Zare	2004	美国
萨姆韦尔·格里戈良	Samvel S. Grigorian	2006	俄罗斯
克劳斯·冯·克利钦	Klaus Von Klitzing	2006	德国
彼得·史唐	Peter J. Stang	2006	美国
若列斯·阿尔费罗夫	Zhores. I. Alferov	2006	俄罗斯
钱煦	Shu Chien	2006	美国
蔡南海	Nam-Hai Chua	2006	新加坡
罗伯特·迪金森	Robert E. Dickinson	2006	美国
艾伦·黑格	Alan J. Heeger	2007	美国
法捷耶夫	Ludwig D. Faddeev	2007	俄罗斯
胡正明	Chenming Hu	2007	美国
费里德·穆拉德	Ferid Murad	2007	美国
万森·库尔提欧	Vincent Courtillot	2007	法国
哈迈德·泽维尔	Ahmed H. Zewail	2007	美国
郎尼·汤姆森	Lonnie Thompson	2007	美国
菲立普·希阿雷	Philippe G. Ciarle	2009	法国
王中林	Zhong Lin Wang	2009	美国
徐立之	Lap-Chee Tsui	2009	加拿大
马佐平	Tso-Ping Ma	2009	美国
蒲慕明	Muming Poo	2011	美国
罗格欧文	D. Roger J. Owen	2011	英国
弗朗斯瓦马蒂	Francois Mathey	2011	法国
罗伯塔·鲁德尼克	Roberta L . Rudnick	2011	美国
戴维·格罗斯	David Gross	2011	美国

续表

中文姓名	英文姓名	当选年份	国籍
刘必治	Bede Liu	2011	美国
阿夫拉姆赫什科	Avram Hershko	2011	以色列
野依良治	Ryoji Noyori	2011	日本
饭岛澄男	Sumio IIJIMA	2011	日本
克里斯汀・阿芒托	Christian Amatore	2013	法国
弗莱明・贝森巴赫	FlemmingBesenbacher	2013	丹麦
阿龙・切哈诺沃	AharonCiechanover	2013	以色列
雅各布・帕里斯	Jacob Palis	2013	巴西
拉奥	C. N. R. Rao	2013	印度
苏布拉・苏雷什	Subra Suresh	2013	美国
王晓东	Xiaodong Wang	2013	美国
迈克・沃特曼	Michael S. Waterman	2013	美国
张首晟	Shou-Cheng Zhang	2013	美国

2014 年逝世的中国科学院院士名单

姓名	学部	去世时间
林秉南	技术科学部	2014 年 1 月 3 日
江元生	化学部	2014 年 1 月 10 日
张宗祜	地学部	2014 年 2 月 19 日
周干峙	技术科学部	2014 年 3 月 14 日
徐晓白	化学部	2014 年 3 月 27 日
冼鼎昌	数学物理学部	2014 年 4 月 7 日
肖纪美	技术科学部	2014 年 4 月 23 日
魏寿昆	技术科学部	2014 年 6 月 30 日
张彭熹	地学部	2014 年 7 月 12 日
王守武	信息技术科学部	2014 年 7 月 30 日
夏培肃	信息技术科学部	2014 年 8 月 27 日
黄祖洽	数学物理学部	2014 年 9 月 7 日
蔡睿贤	技术科学部	2014 年 10 月 4 日
师昌绪	技术科学部	2014 年 11 月 10 日
丁伟岳	数学物理学部	2014 年 11 月 11 日
陆埮	数学物理学部	2014 年 12 月 3 日
林励吾	化学部	2014 年 12 月 10 日
阙端麟	信息技术科学部	2014 年 12 月 17 日
颜鸣皋	技术科学部	2014 年 12 月 24 日
龚岳亭	生命科学和医学学部	2014 年 12 月 27 日

2014 年逝世的中国科学院外籍院士名单

英文姓名	中文姓名	国籍	去世时间
盖伊·德泰	Guy Blaudin de Thé	法国	2014 年 8 月 8 日
井口洋夫	Hiroo Inokuchi	日本	2014 年 3 月 20 日

中国科学院第十七次院士大会情况

中国科学院第十七次院士大会于2014年6月9日—13日在京召开。大会的主题是：全面贯彻党的十八大和十八届二中、三中全会精神，高举中国特色社会主义伟大旗帜，以邓小平理论、“三个代表”重要思想和科学发展观为指导，深入贯彻落实习近平总书记重要讲话精神，加强国家高水平科技智库建设，改进完善院士制度，团结广大院士和全国科学家，为实施创新驱动发展战略作出新贡献。

6月9日上午，中国科学院第十七次院士大会、中国工程院第十二次院士大会在人民大会堂隆重开幕。开幕会由中国科学院院长白春礼主持，中国工程院周济院长致开幕词。中共中央总书记、国家主席、中央军委主席习近平出席会议并发表重要讲话。他强调，我国科技发展的方向就是创新、创新、再创新。实施创新驱动发展战略，最根本的是要增强自主创新能力，最紧迫的是要破除体制机制障碍，最大限度解放和激发科技作为第一生产力所蕴藏的巨大潜能。要坚定不移走中国特色自主创新道路，坚持自主创新、重点跨越、支撑发展、引领未来的方针，加快创新型国家建设步伐。中共中央政治局常委、国务院总理李克强，中共中央政治局常委、中央书记处书记刘云山，中共中央政治局常委、国务院副总理张高丽出席会议。部分在京中共中央政治局委员、中央书记处书记，部分全国人大常委会、国务院、全国政协和中央军委的领导同志出席会议。1300多位两院院士，中央和国家机关有关部门负责人，在京有关科研机构的科技人员和高等院校师生代表出席大会。

在6月9日下午召开的全体院士大会上，中国科学院院长、学部主席团执行主席白春礼代表第七届中国科学院学部主席团作了工作报告。他指出两年来学部主席团认真落实第十六次院士大会决定的各项任务，紧紧依靠广大院士，采取了一系列卓有成效的举措，积极务实推进学部建设，各项工作取得了新的进展。

6月10日下午，中共中央政治局常委、国务院总理李克强在中国科学院第十七次院士大会和中国工程院第十二次院士大会上作经济形势报告。他全面分析了我国当前的经济发展形势，对未来中长期经济发展有关问题作了深刻的阐述，也对我国科技工作提出了明确的任务和要求，总理的报告对正确认识国家发展的战略需求、找准创新驱动发展的着力点，具有非常重要的指导意义。

6月11日上午，刘延东副总理就科技工作为两院院士作了专题报告。她在报告中强调，要坚持走中国特色自主创新道路，把社会主义制度集中力量办大事的优势与市场高效配置资源作用紧密结合，打通科技与经济之间转移转化通道，强化产业链、创新链、资金链融合；要着力构建协同创新机制，完善科技人员培养、使用和激励机制，提高项目、经费管理科学化水平；要瞄准科学前沿，加强基础研究和战略高技术研究；要坚持完善中国特色院士制度，更好地发挥两院国家高端思想库和院士引领推动创新、明德楷模的作用。

在大会期间，广大院士还认真学习了中央领导同志的重要讲话和报告精神，对我国科技、中国科学院及学部发展提出了一系列有建设性的意见和建议。本次院士大会表决通过了《中国科学院院士章程》（修订稿），这是章程的第 8 次修订。大会还成功举办了以“应对全球性挑战——科技智库的责任”为主题的国际报告会，各学部也别举办了高水平的学术年会；会议期间颁发了 2014 年度陈嘉庚科学奖和陈嘉庚青年科学奖。

咨询评议工作

2014 年，中国科学院学部完成国家交办的重大咨询和评议任务。承担中央全面深化改革领导小组经济体制和生态文明体制改革专项小组委托的经济体制和生态文明体制改革有关评估工作，对重大改革问题进行研究，对重大改革方案和重要试点方案进行论证，对重大改革举措的落实及实际效果进行评估，22 项改革任务的内涵、要求等界定研究和 4 项重大改革问题课题研究等报告已分批报送专项小组。承担国务院交办的“加快重大水利工程建设，今年再解决 6000 万农村人口饮水安全问题”政策落实情况的第三方评估任务，李克强总理对评估报告给予高度评价。完成了中财办部署的《2014 年深化经济体制改革进展与建议》评估报告。

根据我国经济社会发展的战略需求和面临的重点问题，围绕丝绸之路经济带建设、水安全保障、医疗卫生改革、粮食安全种子种业问题、京津冀协同发展、资源高效利用、生态环境保护等相关重大问题，设立了 39 项咨询评议课题，完成并呈报国务院 21 份咨询报告，得到国务院领导的重要批示 20 余份。2014 年，以《中国科学院专报信息》方式报送院士建议 5 份。学部还接受国家发改委委托，与中国工程院共同承担了“‘十三五’战略性新兴产业培育与发展规划咨询研究”，完成《“十三五”战略性新兴产业培育与发展规划咨询研究综合报告》并已呈报国务院。

科学道德建设

2014 年，学部在科学道德建设方面持续开展一系列工作，取得了良好效果。一是完善院士自律制度建设。根据改进完善院士制度的总体要求，制定了《中国科学院院士行为规范》和《中国科学院学部纪律处分规定》，进一步修改了《中国科学院院士增选工作中被推荐人行为守则》和《中国科学院院士增选投诉信处理办法》。二是持续开展科学道德宣讲。围绕科研道德和青年科技工作者的责任，分别在深圳、济南、长沙、乌鲁木齐等地组织完成多次“科学道德和学风建设”主题宣讲报告会。三是坚持科技伦理研究和研讨。组织开展干细胞技术、互联网技术等伦理问题的研究，取得初步成果，组织召开了“生态环境伦理与可持续发展”科技伦理研讨会。四是组织出版科研诚信读本。以诚信教育为先导，组织编写和出版了科研诚信规范读本《如何开展负责任的研究》。

学术与出版工作

2014 年，中国科学院学部在学术和出版工作方面取得如下进展，有效发挥了学术引领作用。一是持续开展学科发展战略研究。围绕国家战略需求和世界科技前沿，重点部署了“半导体物理学进展战略研究”等 30 余项学科发展战略研究项目。二是组织召开学术论坛。共召开“海洋科技发展战略”等 13 场学术论坛，论坛报告在《中国科学》和《科学通报》上陆续刊登，发挥了交流学术、激发创新、引领前沿、促进学科交叉和培养人才的作用。三是持续出版“决策咨询”、“学术引领”、“科学文化”三大系列成果。共出版《太阳电池发展现状及性能提升研究》等 3 本咨询报告、《流体动力学》等 4 本科学发展战略丛书、《林兰英传》2 本院士传记、1 辑“科学与中国”院士专家巡讲团报告集、3 辑“科学讲坛”音像出版物及《与猫共舞：科研管理的智慧》等图书。四是坚持在学部平台办“两刊”。促进《科学通报》英文版上海分编辑部的成立、《中国科学：材料科学》英文版的创办、《中国科学：生命科学》与“华人生物家协会”的合作等。

科学普及与教育工作

2014 年，中国科学院学部在“科学与中国”院士巡讲中，继续组织“生态文明建设”和“创新驱动发展”主题巡讲，举办科学讲坛、科学思维与决策课程讲座、“院士专家视频讲座”、院士与中小学生面对面等多种形式的科普活动 150 余场。出版“科学与中国”系列丛书两辑、“科学讲坛”光盘 20 张、院士传记 2 部，制作播出生命科学科普片“揭秘艾滋病”。

陈嘉庚科学奖基金会工作

2014 年，在理事会的领导下，陈嘉庚科学奖基金会（以下简称“基金会”）根据民政部相关政策和法规的要求，不断提高管理水平，各项工作取得新进展，顺利完成了陈嘉庚科学奖第六届评奖委员会的换届工作。加强制度建设，制定《人事管理办法》等 9 个规章制度，进一步规范了基金会内部管理工作。为支持基金会的持续发展，中国科学院和中国银行决定从 2014 年起每年各自为基金会捐赠 150 万元，用于提高陈嘉庚科学奖奖金。

陈嘉庚科学奖与陈嘉庚青年科学奖 2014 年度颁奖仪式于 6 月 11 日在中国科学院第十七次院士大会上举行，中共中央政治局委员、国务院副总理刘延东出席颁奖仪式，并与中国科学院院长白春礼和中国工程院院长周济为获奖人颁奖。两院院士、中国科学院、中国银行、中国工程院、科技部、国家自然科学基金委员会、中国科学技术协会、国家科学技术奖励工作办公室和厦门市委统战部等相关部门领导和嘉宾共 1200 多人出席了颁奖仪式。

为进一步宣传陈嘉庚科学奖，弘扬嘉庚精神，由基金会投资制作的 5 集电视纪录片《科学家——陈嘉庚科学奖获得者的故事》（介绍了冯端、赵忠贤、张存浩、刘盛纲和吴良镛）分别在上海电视台、北京卫视、辽宁卫视和东南卫视等电视台播出。邀请陈嘉庚科学奖和陈嘉庚青年科学奖获得者做科普报告，在上海大学和集美大学分别举行陈嘉庚科学奖报告会和“嘉庚讲坛”，向全社会普及科学知识，倡导科学方法，传播科学思想。

院直属单位情况

分　院　机　构

北京分院（筹）

院　　长：何　岩（兼）
地　　址：北京市海淀区中关村南四街18号紫金数码园1号楼
邮政编码：100190
电　　话：010-62661266
传　　真：010-62661245
电子信箱：bjb@cashq. ac. cn
网　　址：http://www. bjb. cas. cn

中国科学院北京分院筹建于2005年3月1日成立，与中国科学院京区党委采用“同一机构、两块牌子”的形式合署办公。

北京分院是中国科学院机关的派出机构，负责联系和管理中国科学院在北京、天津、山西的42个研究机构，1个教育机构，2个公共支撑单位，1个新闻单位，1个其他单位。

截至2014年底，北京分院系统共有在职职工2.47万余人。其中专业技术人员2.06万余人，包括中国科学院院士163人，中国工程院院士21人。

一、领导班子和后备干部队伍建设

2014年，根据院人事局的安排，北京分院先后完成对高能物理研究所等10个单位的领导班子换届考核，计算技术研究所等12个单位的领导班子届中考核，并组织了对上述单位的考核反馈工作。按照院党组的要求将7个单位的届中考核和巡视工作结合；并根据京区党委工作安排结合届中考核对9个单位的党委进行了考评。

组织了地理资源所副所长竞争上岗工作。对20位同志进行了个别提任考核，对4位同志进行了转正考核。完成了微电子所等11个单位的后备干部推荐考察工作，批复9个单位的所长助理任职。配合人事局参与了企业党组、全国名词委事务中心的换届考核工作。配合企业党组参与中科科仪等5个公司的考核工作。

完成所级领导干部及中层干部个人有关事项报告的收集整理工作（所级领导干部235份，中层干部705份）。审批46人次领导干部因私出国（境）事宜。对14名所局级领导干部进行“无党派代表人士”身份认证。

二、不断提升党建工作科学化水平

（一）加强宣传思想工作

加强领导班子思想建设，统一思想，积极宣贯“率先行动”计划。组织召开学习习近平总书记重要批示精神座谈会、夏季党组扩大会议精神研讨会，邀请中国科学院院长、党组书记白春礼以“实施‘率先行动’计划、加快改革创新发展”为题做报告，将京区党员干部思想和行动统一到院党组实施“率先行动”计划上来。

积极开展纪念建国建院65周年系列群众文化活动。分院网站开设“贯彻落实‘率先行动’计划”专题模块。精心组织举办“求是论坛”3场。

（二）扎实推动基层党建工作

深入推进“聚焦献力”主题实践活动。7月1日，召开纪念建党93周年暨推进“聚焦献力”主题实践活动经验交流会，遴选1个党委和3个党支部作大会发言。举办中国科学院京区服务型党组织建设暨“聚焦献力”主题实践活动党支部交流会，以“聚焦献力”为主题，举办京区党建工作交流会暨“党建工作创新奖”评选会，14个单位获奖。

加强党务干部和入党积极分子培训。举办全院科研一线党支部书记、党办主任培训班和京区入党积极分子培训班。制定2014年京区发展党员计划。

（三）继续履行中国科学院党的群众路线教育实践活动领导小组办公室职能

扎实推进党的群众路线教育实践活动整改落

实工作，汇总完成全院《关于“四风”突出问题专项整治工作进展情况的报告》。完成《中国科学院党组及时学习部署习近平总书记在实践活动总结大会上的讲话精神》并报送中央。汇总全院实践活动单位整改落实情况，积极完成中央实践办交办的各项任务。

（四）履行党建工作领导小组办公室的职能

印发《中科院2014年党建工作要点》，起草《中科院党的建设工作规则》。继续抓好基层党建规范化建设。对《中国共产党党和国家机关基层党组织工作条例》落实进行自查，对院机关和部分研究所使用《基层党支部工作手册》的情况进行抽查和指导。面向全院50个研究所的977名中青年科技骨干党员开展了党建工作问卷调查，形成了《中科院党的建设工作2014年调查报告》，在此基础上，完成了《科研院所加强服务型党组织建设的实践与探索》课题研究，获中央国家机关党建研究会优秀课题成果一等奖。

（五）履行院精神文明办公室的职能

积极组织京区11个单位完成院京区中央国家机关文明单位复查工作，接受了中央国家机关精神文明建设协调领导小组检查组检查，并顺利通过检查。积极组织院京区符合条件的6家单位申报首都文明单位，并有3家单位入选中央国家机关推荐的2012—2014年度首都精神文明创建工作先进单位。

（六）履行院创新文化办公室的职能

召开院创新文化建设专题研讨会，提出创新文化建设要以“追求真理、服务国家、造福人民”为价值追求，以实现“四个率先”为目标牵引，构建和完善“充满活力、包容兼蓄、和谐有序、开放互动”的创新生态系统，凝练全院共同遵循的核心价值观。完成4期《科苑人》编辑。

“创新文化广场”共组织和承接各类科学文化传播活动和专题展览活动220余场次，专题巡展观众达35万人次。

（七）做好全国党建研究会科研院所专委会秘书处工作

召开科研院所专委会2014年度课题成果交流暨换届会议，全国党建研究会会长虞云耀、中国科学院院长白春礼出席并讲话；表彰23个优秀党建研究成果；完成换届工作。完成全国党建研究会重点课题子报告《以整风精神开展批评和自我批评常态化机制研究》，获全国党建研究会优秀课题成果一等奖。出版《春风细雨润芳华——科研院所党建研究成果选编》一书，对科研院所专委会5年来取得的成果进行集中展示。

（八）充分发挥群团组织作用

院工会、院团委、院妇工委、院体协等群团组织围绕“率先行动”计划等中心任务，突出维护服务保障职能，不断提升服务基层、服务创新、服务科研能力。举办纪念建国、建院65周年系列群众文化活动，进一步在京区统一思想、凝心聚力；京区95%以上基层单位按期召开了职代会，为广大科研人员参政议政搭建了良好平台；扎实推进“职工小家”建设，切实提高工会组织的凝聚力和创造力；继续组织科研管理骨干休养、体检、重大疾病筛查及互助保障计划、野外台站慰问和子女入学等工作，为广大职工做实事办好事；举办中国科学院第二届（京区）青年技术能手大赛，引导动员广大青年职工立足岗位、潜心致研。

三、院地合作

（一）聚焦“京津冀一体化”，优势互补，协同创新

结合北京需求，推动重点项目落地。针对“北京技术创新行动计划”，向北京市推荐了10个科研团队承担“首都蓝天行动”、“首都生态环境建设与环保产业发展”等4个方向的13个项目，并完成了项目落实方案。完成了对2013年度科技成果转化奖的评选和奖励，7支科研团队和15支管理团队获奖。

推动创新平台在天津布局。4月，院长白春礼率百余名院属单位负责人赴天津进行调研考察，并与天津市领导交流座谈，就落实京津冀协同发展战略，实现院市合作新突破达成共识。2014年自动化研究所等单位分别与东丽区等地区签署了合作协议，合作共建一批工程技术中心、转移转化分中心、研发基地等。

以平台为依托，与河北协力共进。中国科学

院唐山高新技术研究与转化中心积极组织科研团队开展技术对接，组织14家单位在唐山市实施转化项目28个，带动企业投入1.15亿元，新增产值12.2亿元，实现利税2.36亿元。秦皇岛技术创新成果转化基地稳定发展，2014年完成了对已入驻12个项目的年度考核，并引进了纳米石墨烯片产业化等3个新项目的入驻。合作共建河北省科学院工作有序开展，自2014年起省政府设立每年1000万元“省院专项资金”，对共建工作进行支持。2014年度获批项目20项，新建“新能源材料及应用实验室”等4个联合实验室。

（二）立足“晋蒙”，因地制宜，谋划合作新增量

与内蒙古开创合作新模式。包头稀土研发中心共建方案于12月31日在院长办公会上原则通过。阿拉善沙生资源植物研发中心取得积极进展，已有9个科研团队参与中心建设，其中研究员（博士生导师）20名、博士32名、硕士18名，帮助地方培养技术人员数十人。已建立梭梭、肉苁蓉、沙葱等沙生植物资源基地。

与山西谋划合作新蓝图。院省多次会谈，就加强合作，建立长期有效合作机制达成共识，商定于2015年重新签订全面战略合作协议。院省双方针对290多项技术需求，开展了科研团队与企业的对接，已有41个合作项目已经签约或即将签约。

（三）深入开展与重点城市及区域外的合作

积极协同南京分院、长春分院等兄弟分院开展区域外合作，争取地方支持，并与天津滨海新区、石家庄、保定、太原、鄂尔多斯等责任区域内重点城市和地区开展合作，通过召开专场对接会、人才交流、专项经费支持等多种形式，推动了一批项目的落地实施，取得了良好效果。

四、纪检、监察和审计

（一）深入贯彻落实党风廉政建设工作

根据中央《惩治和预防腐败体系2013—2017年工作规划》及院惩防体系“实施办法”精神，印发《北京分院贯彻落实〈惩治和预防腐败体系2013—2017年工作规划〉实施细则》。开展落实主体责任专题培训，强化责任意识和落实“一岗双责”意识。

深入开展作风建设专项监督检查对分院各单位贯彻落实中央“八项规定”和院“12项要求”情况进行全面检查。对检查中发现的不足均要求予以整改落实。

（二）认真开展信访及案件查办工作

2013年10月至2014年9月，全分院共受理信访举报累计79件。经初步核实，全年共立案8项，均对责任人给予党纪政纪处分。

（三）精心组织开展反腐倡廉量化评价工作

完成分院系统46个单位的量化评价工作。各单位能够认真开展作风建设监督检查，逐步规范三公经费支出及相关工作制度。

（四）积极推进廉洁从业风险防控工作

扎实开展分院机关风险防控工作。全年审议通过11项工作流程。推动研究所2014年风险防控工作。一是利用量化考核工作，查看流程和制度是否切实履行，执行有效。二是充分利用审计对各单位的风险防控流程进行检查。三是明确要求各单位遵循实施进度安排。

（五）扎实推进内部审计工作

全年共实施经济责任审计20项，完成审计公告20项，审计总金额175.36亿元，提出管理建议71条。加大对科研项目经费使用情况的审计检查力度，在科研经济业务中涉及真实性合法性的审计过程中，发现违规金额391.38万元。2014年，京区各单位共完成各类审计项目281项，审计类型涉及经济责任、财务收支、内部控制、基本建设等方面，审计总金额54.83亿元，问题金额4549.66万元，提出管理建议333条。有效推进所级内审工作的开展。

五、发挥综合管理职能，服务基层科技创新

1. 认真履行院党组赋予分院的新职能，加强对系统内研究所“一三五”规划实施督查和指导。完成10家单位的调研和督导工作，形成调研进展专报。

2. 做好基层人才服务和继续教育工作。积极做好人事人才特派员工作，扎实做好“启明星”优秀人才培养和选拔；办理毕业生落户等手续近2160人次。

3. 大力推进后勤支撑体系建设，做好京区单位行政协调工作。组织编制《北京分院后勤支撑体系规划实施方案》并形成初步方案；完成7个研究所11个修缮项目的验收工作。成立后勤北京分会和京区食堂专业协会，切实做好“3H工程”中的住房相关工作，解决京区单位人防建设中的难点问题。

（撰稿：侯兴宇　韩　博　审稿：房自正）

沈阳分院

院　　长： 韩恩厚
地　　址： 辽宁省沈阳市和平区三好街24号
邮政编码： 110004
电　　话： 024-23983356；024-23983359
传　　真： 024-23983343
电子信箱： syb@mail. syb. ac. cn
网　　址： http://www. syb. cas. cn

一、基本情况介绍

沈阳分院的前身是1951年成立的中国科学院东北分院，负责管理中国科学院驻东北的工业化学研究所等8个科研单位。1954年8月东北分院撤销，所属研究所归中国科学院直接领导。1958年12月，成立中国科学院辽宁分院，负责管理中国科学院在辽宁地区和地方的科研机构。1961年8月辽宁分院撤销，所属科研机构划归辽宁省科委领导。1962年10月恢复中国科学院东北分院，负责管理中国科学院在东北的科研单位。1970年8月东北分院撤销，所属单位归地方领导。1978年5月中央批准恢复成立中国科学院沈阳分院。

沈阳分院是中国科学院的派出机构，负责联络和协调中国科学院在辽宁的大连化学物理研究所、金属研究所、沈阳应用生态研究所、沈阳自动化研究所，驻山东的海洋研究所、青岛生物能源与过程研究所、烟台海岸带研究所。此外，还负责联系中国科学院国有资产经营有限责任公司所属的沈阳计算技术研究所有限公司和沈阳科学仪器股份有限公司。

截至2014年底，沈阳分院系统共有在职职工5098人。其中高级研究人员2158人，包括中国科学院院士18人，中国工程院院士8人。

二、领导班子和后备干部队伍建设

2014年，沈阳分院组织完成了烟台海岸带研究所、青岛生物能源与过程研究所领导班子换届考核；组织完成了沈阳自动化研究所、海洋研究所、大连化学物理研究所领导班子届中考核，并对大连化学物理研究所领导班子做个别调整。在院人事局安排下，沈阳分院领导班子于3月27日进行了换届考核。配合中国科学院国有资产经营有限责任公司对沈阳科学仪器股份有限公司领导班子进行了换届考核工作。

举办了沈阳分院第28期所级领导干部暑期学习班。组织系统党委书记学习日活动。完成34位所局级领导干部个人事项报告和14位党政正职年度工作报告。举办系统中青年干部培训班。

三、党建、党群与创新文化建设

加强基层党组织建设，开展多种形式学习贯彻习近平系列讲话精神活动；组织开展沈阳分院直属单位党委和沈阳分院机关党委“一先两优”评选表彰。

加强统战工作领导，成立分院系统（辽宁地区）党外知识分子联谊会。

大力倡导和营造“讲诚信、懂规矩、守纪律、勤学习、多帮忙、做实事”的沈阳分院机关文化，机关建设取得良好的成效。院政研会重点课题论文《和合文化创新生态系统助推和谐研究所建设研究》被院政研会推荐申报全国优秀论文；组织参加辽宁省纪念建国65周年征文活动获优秀组织奖；组队参加院首届职工“五人制”足球赛，获第3名；机关工会开展了丰富多彩的文体活动，采取多项关爱职工的举措。

四、院地合作工作

推动建成“辽宁省先进材料产业共性技术

平台”和“辽宁省装备智能化产业共性技术平台”2个省级平台，正在积极推动“辽宁省能源与化工产业共性技术平台”和“辽宁省绿色食品检测与质量控制共性技术平台”建设。推动研究所与企业共建29个企业技术研发平台，推动东北特钢和金属研究所合作成立“东特金研特钢研究院”。

辽鲁两省院地合作“一三五”规划实施取得重要进展，推动先进钢铁加工技术在辽鲁两省示范和应用。重点推进金属研究所李依依院士团队研发的先进钢铁加工技术示范和应用。在山东，沈阳分院联合省科技厅面向山东30余家大中型钢铁企业召开了“先进钢铁材料加工技术转移推介会”，筹建山东高端装备制造用钢铁产业战略联盟。在辽宁，报送“蓝天冶金行”院士建议，得到省委书记王珉重要批示，省科技厅、环保厅分别立项支持100万元和300万元用于该项技术的成果推广。该项技术已在东北特钢、西王特钢等辽鲁4家重点企业开展示范应用。

丹东产业技术创新与育成中心建设取得成效。已经有12个项目入驻丹东育成中心，总投资12445.15万元，申请专利63项，授权29项，对外争取资金4950万元，已有173名科研人员在育成中心长期开展科研活动，已经形成销售收入4700万元，并成功孵化2家企业。

推动黄河三角洲现代高效生态农业示范项目顺利实施。沈阳分院与院科发局、山东省科技厅等单位积极推动“渤海粮仓”等相关任务的开展与实施，取得的成效得到汪洋副总理充分肯定。协助组织中国科学院STS农业项目在山东实施。

加强与山东省科学院的合作。继续加强推进与山东省科学院在项目、人才、平台和文化等方面的合作。双方共同申报并获批项目10余项，山东省科学院派2人到中国科学院挂职锻炼，中国科学院与山东省科学院新共建平台2个。

继续推进“人才+平台”院地合作网络体系的建设，2014年完成8位科技副职的派遣、9位科技副职的离任考核，目前在辽宁和山东现任科技副职7人，选派、续派沈阳市工业企业科技特派员2批84人次。

继续做好科学普及促进科技资源向社会开放，举办科技周活动，增强科普资源集成效益，不断提升中国科学院科普活动的影响力和品牌。

五、纪检、监察和审计工作

组织推动分院系统各研究所制订惩防体系建设五年规划实施细则工作；推进分院各研究所以加强制度建设为核心推进廉洁从业风险防控工作；结合对研究所经济责任审计开展作风建设监督检查、科研业务真实性合法性审计工作，取得良好效果；采取廉政报告、参观反腐倡廉展览、网上送学等多种形式认真组织开展反腐倡廉宣传教育活动，分院主要领导和纪检组长为分院系统各层次人员作了多场次廉政教育报告；组织完成研究所党风廉政建设量化评价工作，沈阳分院在量化评分中取得了69.5分（满分70分）的好成绩；全年组织5次分院系统纪监审工作交流活动，促进相关工作的开展；认真组织做好案件查办和信访举报核查工作。

六、院士联系工作

推动院士为区域经济社会发展发挥作用，组织院士开展咨询、学术交流和科学文化传播工作。院士咨询报告“关于我省建设大科学工程咨询建议”得到辽宁省副省长刘强批示。全年共组织院士专家报告会17场。

七、公共事务管理和协调

协助金属研究所和沈阳自动化研究所争取建设用地指标1149亩，为研究所长远发展奠定坚实基础；积极协助青岛生物能源与过程研究所争取青岛市二期建设土地和资金支持；继续协调推动金生园区实现社会化供热移交的后续工作；组织沈阳地区各单位向地方政府移交住宅小区房屋维修和推动“三供一业”社会化，并取得积极进展。积极推进分院系统档案二期进馆数字化试点、安全保卫保密、信息化建设等工作。

（撰稿：高　辉　曲文生　审稿：徐　岩）

长春分院

院　　长：王利祥
地　　址：吉林省长春市人民大街 7520 号
邮政编码：130022
电　　话：0431－85380224
传　　真：0431－85384068
电子信箱：ccb@ms. ccb. ac. cn
网　　址：http://www. ccb. ac. cn

长春分院是中国科学院的派出机构，恢复成立于 1978 年 5 月。长春分院的定位与任务是：配合院有关部门做好所在地区院属单位的领导班子建设和后备干部队伍建设，并组织指导党建和创新文化建设工作；组织开展中国科学院与吉黑两省的院地合作；配合院有关部门负责所在地区院属单位的纪检、监察、审计工作，并指导和监督财务管理工作；联系和服务所在地区的中国科学院院士；承担院赋予的其他公共事务管理和协调工作，为相关单位提供必要的公共服务。分院系统现有 4 个院属单位：长春光学精密机械与物理研究所、长春应用化学研究所、东北地理与农业生态研究所及国家天文台长春人造卫星观测站。

长春分院系统现有在职职工 3423 人，其中科技人员 2676 人；现有中国科学院院士 9 人，中国工程院院士 1 人，发展中国家科学院院士 3 人，设有博士点 17 个，硕士点 24 个，博士后流动站 7 个，现有在学研究生 1880 人。

2014 年，长春分院牢固树立服务理念，组织分院各单位深入学习“率先行动”计划，征求对“率先行动”计划的意见建议，研讨“率先行动”计划实施方案，参与对分院各所“一三五”规划实施情况的诊断评估并对规划实施情况进行推动和督促。

一、领导班子和后备干部队伍建设

协助完成长春光学精密机械与物理研究所领导班子届中考核、长春人造卫星观测站领导班子换届考核和东北地理所领导班子个别调整工作。完成长春应用化学研究所、长春人造卫星观测站党委、纪委换届分工及长春应用化学研究所后备干部调整工作。完成长春光学精密机械与物理研究所、长春应用化学研究所、东北地理与农业生态研究所班子成员提任考察。

围绕学习贯彻习近平总书记系列重要讲话精神、实施“率先行动”计划，组织开展党组理论中心组学习，对处级以上领导干部进行集中轮训。

严格执行中央和院党组关于廉洁从政的各项规定，认真落实中央“八项规定”和院“12 项要求”，积极落实群众路线教育实践活动整改方案，健全作风建设长效机制。组织开展领导干部个人事项报告和述职述廉工作。

二、党建、党群与创新文化建设

组织广大党员学习习近平总书记系列重要讲话精神及中国科学院“率先行动”计划实施方案。举办党务干部培训班、入党积极分子培训班。承办院党建暨思想政治工作四片区研讨会，召开分院党建暨思想政治工作研究会年会。

确定 19 个党支部开展“示范型标准化党支部建设”工作，组织示范党支部建设观摩会。举办分院迎接建党 93 周年表彰大会。举办党员发展培训班，抓好在科技骨干和管理骨干中发展党员工作。

巩固群众路线教育实践活动成果，切实改进工作作风。认真实施整改方案，开展专项整治，制定会议费、出国和业务招待费审批制度和审批流程，对公务用车管理和文件简报印发进行规范。完成 13 名领导干部在企业兼职清理工作。

发挥党群组织作用，深化创新文化建设。组织先进人物评选推荐。举办分院第四届职工田径运动会，组织参加院首届职工“五人制”足球比赛。

三、院地合作

推动吉黑两省与中国科学院高层领导会商。中国科学院与长春市举行科技合作座谈会，就 STS 科技服务网络工程建设达成共识；与黑龙江省政府在京会谈，就深化中国科学院哈尔滨育成中心和中国科学院北方粳稻中心建设达成共识。

打造平台，彰显服务区域产业技术创新能力。中国科学院长春技术转移中心获批成为“国家级技术转移示范机构”，开展科技成果转移转化、科技企业孵化和产业技术创新联盟组建。中国科学院哈尔滨育成中心获批成为“国家级技术转移示范机构”，已推动19个项目进驻，孵化成立企业23家。长春中俄科技园新增“长春吉湾微电子有限公司”等8家企业入驻，组建“中白引种试种经济植物联合研究实验室”。

在汽车电子领域，推动微电子研究所等与一汽集团合作。在生物化工领域，引导过程所等与企业合作，实现“4万吨秸秆制丁醇产业化”等4条万吨级生产线连续生产和经济运行。在高性能纤维领域，引导宁波材料所等在长春、吉林分别建立聚酰亚胺纤维、树脂中试线。在现代农业领域，引导遗传发育所、东北地理所与有关单位成立“吉林省华榜天和玉米研究院”和玉米育种基地。

加强院省合作资金引导，征集2014年度吉林省与中国科学院专项资金项目65项，立项28项，总经费1500万元。吉林市设立与中国科学院合作专项资金，支持与中国科学院合作项目8项。黑龙江省省院合作资金支持与中国科学院合作项目9项。哈尔滨市科技成果转化资金支持与中国科学院合作项目2项。

吸引地方科技力量，推动全国科学院联盟发展。黑龙江省科学院相关研究所与长春应化所等开展“低温固化高温使用聚酰亚胺胶粘材料”等项目合作。黑龙江省自然与生态研究所与遥感所合作，建立“联合国教科文组织国际自然与文化遗产空间技术中心哈尔滨分中心”。

组织科技培训，为地方培养科技人才，举办玉米育种高级研修班、科技与金融结合培训班。

四、纪检、监察和审计

发挥中坚作用，深入推进反腐倡廉建设。贯彻落实中央纪委和院党组会议精神，明确“两个责任”。指导分院各单位制定《惩防体系2013—2017年工作规划》实施细则。深入开展廉洁从业风险防控工作，确定14项重点工作，梳理优化51项工作流程。完成对长春光学精密机械与物理研究所、长春应用化学研究所、长春人造卫星观测站的科研经费审计任务。完成长春光学精密机械与物理研究所所长任期届中和长春人卫站站长任期届满经济责任审计。

开展分院机关廉洁从业风险防控工作，修订会议管理办法等6项制度。分院党政主要负责人与分院副院长、各部门负责人签订党风廉政建设责任书。

五、院士联系工作

组织院士参加“院士龙江行暨绿色食品产业发展咨询会”。联系市委组织部，推荐典型代表，积极宣传在长中国科学院院士。积极开展节日院士慰问活动。

六、公共事务管理和协调

积极组织接待地方政府、企业到研究所考察、调研和项目洽谈，持续提升中国科学院的影响力，2014年吉林省政府工作报告中多处提到长春分院的工作。

开展“安全风险评估”试点工作取得较好成效。承担院“科研生产安全信息化管理平台”项目研究。组织分院各单位制定后勤支撑体系规划。院地合作用房改造工程顺利通过基建验收。区域信息化工作取得新进展。

举办分院中层干部培训班、课题组长培训班、外事工作和外事新政策解读管理培训班、财务培训班等专题培训班。举办院人力资源管理研究会东北分会活动。举办中国科学院办公室业务协作组东北片会议。承办院“十三五”继续教育规划制定研讨会、院档案馆档案工作调研座谈会。受院人事局委派，完成对5个所的继续教育与培训评估交流工作，完成5个所人事人才特派员监督工作。

加强国际合作与交流，与俄罗斯科学院西伯利亚分院、远东分院开展工作交流，参加东北部地区国际科技合作活动周活动并做主题报告，在哈尔滨育成中心成立俄罗斯院士工作站。

（撰稿：赵　军　李佰慧　审稿：甘建国）

上海分院

院　　长：朱志远
地　　址：上海市徐汇区岳阳路 319 号
邮政编码：200031
电　　话：021-64310242
传　　真：021-64374915
电子信箱：zhousg@shb. ac. cn
网　　址：http://www. shb. ac. cn

一、基本情况介绍

中国科学院上海分院的前身是 1950 年 3 月经政务院批准成立的中国科学院华东办事处。1958 年 11 月，华东办事处在接管并改造原中央研究院和北平研究院在上海、南京的研究机构的基础上，正式成立了中国科学院上海分院。1961 年，上海分院改为华东分院。1970 年，中国科学院撤销分院建制。1977 年 11 月，恢复成立中国科学院上海分院。

上海分院是中国科学院机关的派出机构，负责联系和管理中国科学院驻上海、浙江、福建地区的研究院所（所）。上海分院现有 14 个法人研究机构，包括上海微系统与信息技术研究所、上海硅酸盐研究所、上海光学精密机械研究所、上海应用物理研究所、上海技术物理研究所、上海有机化学研究所、上海生命科学研究院、上海天文台、上海药物研究所、上海巴斯德研究所、福建物质结构研究所、宁波材料技术与工程研究所、城市环境研究所、上海高等研究院。

2014 年上海分院根据院党组的部署，认真履职，通过组织学习、深入研讨、开展调研等形式，扎实推进“率先行动”计划。上海分院举办领导干部学习班，邀请院长白春礼就“率先行动”计划作深入解读；组织参加院“率先行动”计划启动动员会，更大范围做好宣贯工作；多次召开党组会，就如何发挥分院作用，推进“率先行动”计划进行研讨；围绕“率先行动”计划，组织两次四场座谈会，各研究所党政负责人就实施过程中的热点、难点和重点问题深入交流；分院组织开展调研，切实掌握研究所“率先行动”计划推进情况和推进过程中存在的困难，帮助研究所理清思路，将研究所发展与实施“率先行动”计划相结合，与地方创新驱动发展战略相结合。上海分院系统 4 家研究所入选首批试点单位，建设微小卫星创新研究院、药物创新研究院、先进核能系统创新研究院、脑科学卓越中心、上海大科学研究中心。

截至 2014 年底，上海分院（含各研究所）共有在职职工 11 119 人。

二、领导班子和后备干部队伍建设

注重领导班子思想建设。组织开展“领导干部学习班”、“党委书记班”，推动研究所领导班子准确定位，前瞻部署，进一步理清发展思路，不断凝聚共识，促进研究所将“一三五”规划任务实施与“率先行动”计划的落实相结合。

做好领导班子换届工作。完成和启动 4 个研究所的领导班子换届考核，2 个研究所领导班子成员增补；4 家研究院所两委换届，充实和优化领导班子结构。

加强后备干部队伍建设。完成 5 家研究所后备干部调整工作，共确定所级正、副职后备干部 30 名；搭建青年干部锻炼成长平台，统筹平衡所长助理配备，共调整、提任 7 名干部到所（台）长助理岗位上进行锻炼，为研究所可持续发展奠定基础。

搭建青年人才成长平台 组织开展第四届中国科学院上海分院青年科技创新人才评选，评选出 10 名人才奖和 5 名提名奖；承办“中欧青年科研人员经验分享交流会”，拓展了青年科技人员的国际视野。

三、党建、党群与创新文化建设

围绕推进实施“率先行动”计划，积极谋划、推动沪区党委各项工作，发挥好党委政治核心和监督保障作用。

持续推进服务型党组织建设。组织专题学习中央和院重要会议精神，抓好思想宣传。制定《上海分院系统党务干部教育培训三年行动计划（2014—2016 年）》，抓好党支部书记、工会干部、青年干部三支队伍。制定实施《党费资助党员教育活动管理办法（试行）》，抓好党员教育活动。开展“庆七一·话创新·肩使命”中青年科研骨干座谈会、中青年骨干培训班，全年18位科研骨干加入党组织。

推进群众路线整改落实。完善制度体系，废止3个，修订完善24个，新建4个，并明确了分院党组成员点对点联系研究所制度。采取压缩、合并和视频会议等方式，改进工作作风，提高会议效率。形成《上海分院系统党委领导队伍情况调研报告》等4个调研报告。

营造创新文化生态系统。出版发行《活力之源——上海分院党支部建设特色案例集》，成为中组部第二届全国党员教育优秀教材。细化具有中国科学院特色的考核指标，加强文明单位创建。打造“送学上门”、“高雅艺术进院所”等文化生活品牌。

强化统一战线。加强党外骨干培育，巩固思想政治基础。配合做好人才调研推进，举荐党外优秀人才进入中名单169人，小名单14人，推荐安排1人浦东新区挂职锻炼。发挥党外人士作用，支持民主党派开展工作。

四、院地合作

抓战略研究。围绕上海“十三五”规划开展战略研究，形成《未来十年上海科技创新发展的若干战略选择研究》报告，有力助推上海具有全球影响力的科技创新中心建设。围绕沪浙闽创新驱动发展战略目标，全面推进新一轮战略合作。

抓重大项目。在上海，围绕建设全球科技创新中心，策划组织上海浦东国家科学中心、上海大丰新能源产业链示范专项，落实上海临床中心与上海联影临床平台项目的张江重大专项。在浙江，围绕“五水共治”战略合作目标，以嘉兴中心为平台，实施养殖及生活水域生态修复治理示范，推进院STS“控污减排”项目群实施。在福建，以中国科学院海西研究院验收为契机，加快推进科技成果的转移转化。

抓重点平台。围绕沪浙闽三地的发展战略目标，深化平台内涵、优化平台结构，推进集群建设，构建科技服务网络，强化科技辐射。以入驻机构考核、引进退出机制，规范平台管理；以整合机构资源、承担STS项目，明确平台定位；以专项资金牵引、争取更多资源，提升平台能力；圆满完成第16届中国国际工业博览会中国科学院展区工作，组织40家院所157项项目参展，获得特别荣誉奖等10个奖项，创历史新高。着力于强化对接会的专业性与成效性，全年组织15场次科技成果对接会。

五、纪检、监察和审计

切实推进惩防体系建设。完成分院《2013—2017年惩防规划实施细则》，进一步明确惩防体系和党风廉政建设工作的目标任务及相关分解责任。切实监督和协助研究所制定好所级实施细则，强化研究所党委的主体责任和纪委的监督责任。

深入推进风险防控工作。加强与研究所新任领导班子的沟通，达成共识，明确防控工作是纪监审工作的有效抓手。主抓应物所等4个院重点联系单位，扩大微系统所、技物所2个分院试点单位，形成不同重点领域的典型案例。通过走访调研、典型引路等方式，有序推进系统各单位风险防控工作。

强化内部审计功效。组织实施5家研究所领导任期与任中经济责任审计以及科研项目经费真实性合法性审计，提出整改建议57条。关注审计结果的有效利用。制定并实施了至2017年实现“双覆盖”的审计工作实施方案。积极推动研究所开展自主审计。

深化廉政教育建设。完善廉政宣传教育格局，进一步提高“送学上门”活动的质量，呈现出小而精的“系列化”、“精品化”课程；不断提升廉政宣传月的品牌度，通过“四个一”系列活动特别是廉政微电影使廉政宣传更生动翔实；编撰7期《浦江清风》，以个性化服务进一步提高电子期刊的质量。

六、院士联系工作

通过组织参观蛟龙号等院士考察活动，“工博会院士圆桌会议”等咨询报告活动，以及“科学-艺术-激情碰撞”等文艺活动，丰富院士生活，提升院士群体的科技支持能力与咨询服务能力。

七、公共事务管理和协调

完成上海分院系统后勤支撑体系“十三五”规划方案编制工作，“十三五”新建项目42项、修缮项目78项。继续推进嘉定人才公寓建设，预计2015年1月9幢楼全部结构封顶。推进22号楼纠偏改造。努力做好资产清理清查工作，做到理清家底，夯实资产。努力做好院创新三期两个院重大项目验收工作。

构建长效管理机制，确保全年没有发生重大安全事故和失泄密事件，保持系统“平安单位”光荣称号。与研究所领导签订《安全稳定工作责任书》，督促推进落实三级签约。组织安全隐患排查和实地检查，杜绝安全隐患。组织平安单位检查，及时反馈，限时整改。8家单位通过军工武器装备保密资格认证复审。全年度答复网上信访7次，接待上访26人次，来信答复5次。

全年报送各类信息89条，采用78条，其中有10条被《要情》等政务信息采用，特别是《中科院上海浦东科技园建设成效显著》获得中央领导批示。抓好信息宣传员队伍建设；探索《浦江科苑》办刊机制。

深化国际合作，继续推进与美国能源部、德国马普学会、日本理化学研究所和NEDO的项目合作。

做好研究所退休延长审批、提高退休比例、提前退休审批、干部医疗等人事服务。

完成新技术基地项目档案验收的组织协调工作；完成对5家研究所基建项目档案的验收工作；整理接收档案832卷，接待档案利用查阅51人次。

八、研究生教育基地建设

密切与上海科技大学的融合。协调上海分院各研究所，协助做好上海科技大学研究生招生工作，加强课程交流，实现部分公共课程和专业课程共享。

组织学生社会实践、“名师讲坛”等一系列活动，为研究生创造健康活泼有序的校园环境；继续提高《科浦青春》的质量和影响力。

（撰稿：周四根　朱泰来　审稿：王建宇）

南京分院

院　　长：周健民
地　　址：江苏省南京市北京东路39号
邮政编码：210008
电　　话：025-83367159
传　　真：025-83362239
电子信箱：ffzhu@njbas. ac. cn
网　　址：http://www. njb. cas. cn

中国科学院南京分院的前身是中国科学院华东办事处。1950年，中国科学院接管原中央研究院在南京的科研单位，成立了中国科学院华东办事处。1969年，华东办事处撤销，全部业务交由江苏省科技主管部门管理。1978年11月，经国务院批准恢复成立中国科学院南京分院。

南京分院是中国科学院的派出机构，负责联络和协调中国科学院在江苏地区的研究所工作，以及江苏省和江西省的院地合作工作。分院现设办公室、人事教育组织处、科技合作处和财务审计处4个处室。分院系统现有9个法人研究机构，包括紫金山天文台、南京地质古生物研究所、南京土壤研究所、南京地理与湖泊研究所、南京天文仪器有限公司、国家天文台南京天文光学技术研究所、苏州纳米技术与纳米仿生研究所、苏州生物医学工程技术研究所和江苏省中国科学院植物研究所（双重领导）等单位。截至2014年底，南京分院共有在职职工2279人。其中科技人员1588人，包括中国科学院院士8人，研究员及正高级工程技术人员334人，副研究员及高级工程技术人员439人。

一、领导班子建设

（一）组织建设

加强所级领导班子选拔、管理和监督工作，在院党组领导下，完成了南京分院、苏州纳米技术与纳米仿生研究所和国家天文天文台南京天文光学技术研究所领导班子换届考核，对南京土壤研究所和南京地质古生物研究所领导进行了调整。完成南京天仪公司、南京地理与湖泊研究所和紫金山天文台党委纪委换届选举工作。各所领导班子的平稳交接，为分院系统改革创新提供了可靠保障。

（二）思想建设

增强学习意识，在强化思想认识上下功夫。认真领会习近平总书记系列重要讲话精神和党的有关文件精神，通过参加省部级领导集中学习培训、省委党校举办的集中学习培训及召开民主生活会等，领导班子成员的思想认识不断提高，为改革发展奠定了良好的思想基础。

（三）作风建设

结合党的群众路线教育实践活动，进一步改进工作作风和工作方法，针对教育实践活动中提出的领导班子建设问题开展专项整治工作，狠抓干部作风建设，切实解决群众关心的实际问题，取得显著成效。

二、积极贯彻落实“率先行动”计划

中科院“‘率先行动’计划和全面深化改革工作”会议后，南京分院积极行动，组织在苏各院属单位召开所级领导研讨会，认真学习白院长在广州会议上的讲话精神，围绕研究所如何更好地贯彻落实“率先行动”计划和全面深化改革进行研讨，听取各单位对研究所分类改革工作的思路和意见建议。会后，各单位分别召开会议，认真梳理本单位定位和科研方向，针对四类要求提出初步应对设想。

南京分院还积极与江苏省科技厅联系，多次共同研讨中科院的“率先行动”计划方案，争取获得江苏省对南京分院系统各单位未来改革的支持。

三、院地合作

（一）大胆创新，推进中科院STS网络江苏中心试点工作

积极响应中科院科技服务网络建设工作，主动争取STS网络江苏分中心的试点，经与院科发局和江苏省科技厅多次讨论、沟通，已做好前期准备工作，即将启动运行；协助推动中科院签订“江苏省人民政府-中国科学院合作建设江苏省产业技术研究院协议”，为全院院地合作迈上新台阶探路。

（二）稳步推进共建平台建设，有力带动科技成果转化

中国科学院在苏院地共建中心发展势头良好，已集聚2278人；本年度承担各级各类科技项目244项，获经费约4亿元；转化项目99项，累计转化项目数达206项，为企业创造效益120多亿元；孵化企业43家，累计孵化企业达167家；公共技术服务平台服务企业近1000家。协调推动新建所地、所企创新载体20余家。协助院属研究所获批江苏省级科技计划163项，获资助近2亿元，推动近30家研究所200多个项目落户江苏。

（三）搭建院地交流平台，促进人才交流

参与主办或组团参加20多场科技对接活动，推动所企交流互访20余次；选派中国科学院40名专家入选江苏省第七批科技镇长团，21名科技人员成为第二批江苏“企业创新岗”特聘专家，两年在任总数达到61名；推荐就任科技副职8人，在任科技副职达到18人，累计为地方引进项目60余项，项目资金突破10亿元，组织对接活动近80场次，为政府建言献策30余篇。

（四）努力作为，江西省院省合作取得重要突破

以科学院联盟为纽带，积极推进江西省的院地合作工作。围绕稀土产业和鄱阳湖经济区建设两个院省合作重点，组织专家完成产业和区域发展科技需求调研，撰写调研报告2篇，凝练重大合作项目建议6项；选派7名专家到江西省科学院挂职，推动共建了“产业情报研究中心”、“激光3D金属修复中心”等一批新载体。

四、党建及纪监审工作

注重实效，做好党的群众路线教育实践活动第三阶段总结，抓好整改落实，制定修订多项制度，开展了清理整治奢华浪费、规范社会化培训、整治四风等后续工作和回头看工作，在群众满意度测评中，评价很高。

高度重视党风廉政建设和反腐倡廉工作，多次深入研究所调研，督促指导廉洁从业风险防控体系建设；制定完成分院系统惩防体系建设五年规划和《实施办法》；成立反腐倡廉量化考评工

作组，完成对系统7个单位的反腐倡廉量化评价。

五、公共事务管理和协调

做好为系统内研究所服务工作，发挥分院组织和协调作用，推动新园区建设；认真开展分院系统安全保卫保密大检查，没有出现责任事故，系统内两家单位被南京市公安局评为安全保卫工作先进单位，多人荣获先进个人；牵头完成《南京分院基本建设管理暂行办法》并实施，为系统内各单位开展相关工作起到了示范作用；完成分院系统2013年修缮共7个项目的验收。

与中国科技大学开展科教融合合作，探索共建专业学院和联合培养研究生机制；完成分院系统2013年度修购项目验收及2014年度修缮项目前期工作；加强创新文化建设，承办“中科院创新文化建设专题研讨会暨两研会工作年会”等重大活动；推动系统全民健身活动开展，组织系列群众性文体活动。

六、院士联系工作

紧密结合国家和地方战略需求，推进院士决策咨询，组织院士考察调研，为省、市地方政府提供决策咨询建议。院士提出的关于建设栖霞山国家地质公园及南京世界地质公园建议，获南京市主要领导批示并采纳。

全年组织各种院士会议30多场，开展咨询考察活动6次，举办多场院士学术沙龙活动，接待多批企业来访。在宁院士向社会做科普报告200多场，听众约5万人次。

（撰稿：朱飞飞　审稿：杨桂山）

武汉分院

院　　长：袁志明
地　　址：湖北省武汉市武昌区小洪山
邮政编码：430071
电　　话：027-87197170
传　　真：027-87199480
电子信箱：whb@ms. whb. ac. cn
网　　址：http://www. whb. ac. cn

中国科学院武汉分院于1956年开始筹建，1958年7月正式成立。1961年与广州分院合并成立中国科学院中南分院，武汉分院调整为中国科学院中南分院武汉办事处。1969年中南分院撤销，1970年中南分院武汉办事处撤销。1978年经国务院批准恢复中国科学院武汉分院建制。

武汉分院是中国科学院机关的派出机构，负责联络和协调中国科学院在武汉地区的武汉岩土力学研究所、武汉物理与数学研究所、武汉病毒研究所、测量与地球物理研究所、水生生物研究所、武汉植物园和武汉文献情报中心。

2014年，武汉分院按照“四个率先”的要求，围绕“创新2020”和“一三五”发展规划目标，坚持问题导向，引领领导干部深刻认识“率先行动”计划的重要意义和积极推动研究所分类改革，促进党的工作与科研工作有效融合，提升服务研究所的能力和水平。

截至2014年底，武汉分院系统共有在职职工1819人。其中科技人员1410人，包括中国科学院院士8人、中国工程院院士1人。

一、以加强领导班子建设为抓手，组织实施“率先行动”计划

（一）抓好干部思想发动

一是坚持中心组（扩大）学习制度，组织分院各单位处以上领导干部参加多种形式的学习、交流和研讨，邀请多位院领导来分院解读“率先行动”计划，引导干部不断获取思想动力、开拓战略视野，帮助领导干部深刻理解“率先行动”计划，增强全面深化改革的责任感和紧迫感。二是从规范干部工作流程入手，从完善领导干部建设工作格局着眼，以“管理干部能力提升高级研修班”为平台，做好干部的选拔、教育、培养、考核和监督。三是做好研究所分类改革的发动、组织、引领、协调、保障等工作，将武汉分院各单位的思想和行动统一到院党组的决策和部署上来。

（二）开展专题调研和诊断分析

分院领导班子成员深入研究所开展专题调研，逐个与研究所领导班子讨论“一三五”进

展，分析优势、诊断问题，形成调研分析报告，强化分院在推动“一三五”中的督促、检查和指导作用。

（三）推进研究所启动“率先行动”实施方案

一是推动武汉物数所面向世界精密测量科学技术前沿领域和国民经济发展、国家安全对相关技术的迫切需求，联合华中科技大学的优势学科，认真贯彻落实白春礼院长关于加快筹建研究院的重要批示，积极推进精密测量科学技术创新研究院筹建工作。二是推动武汉病毒所整合集成院内外优势力量和创新要素，形成大科学研究中心建设的可行性分析报告，启动研究中心筹建方案的编制工作。三是继续以“小洪山交叉学科论坛”为平台，推动在汉研究所和区域其他科技创新单元的学科交叉和合作交流。四是加强与地方政府和有关部门沟通协调，推动解决院属在汉各单位建设中需要地方解决的问题，为实施率先行动计划提供必要的支撑条件。

二、以持续改进作风为要求，努力营造风清气正的科研环境

（一）促进党建与科研融合

着力加强服务型党组织建设，组织开展“走进基层党支部、总结支部工作法”活动，总结凝练了一批可行、可学、可鉴的支部工作方法和典型案例，提高了基层党组织在保障科研、推动发展方面的凝聚力和影响力，被湖北省委授予“党建工作先进单位”称号。

（二）巩固和发展党的群众路线教育实践活动成果

认真执行中央八项规定和院党组十二项要求，研究制定了《厉行节约反对浪费实施细则》和差旅费、公务接待费、公务出国费、公务用车、会议管理、“三重一大”等管理办法和控制流程，重点开展“三公”经费等管理监督。将加强作风建设专题自查与核查有机结合，及时督促整改，会风文风明显改进，“三公”经费支出大幅压缩。

（三）强化“两个责任”落实

一是构建党委主体责任和纪委监督责任体系，细化2014—2015年工作任务，明确了4类49项具体任务和责任部门。二是通过编发《廉政手册》、创办廉政学习专栏、强化重点领域宣教、主要领导讲廉政党课和领导干部上岗谈话、廉政谈话、诫勉谈话等多种方式，提高各类工作人员廉洁从业的意识。三是组织开展反腐倡廉量化考核工作，促进各单位做到责任落实到位、制度执行到位、问题整改到位。武汉分院党风廉政建设量化评价在全院排名第二。

（四）完善内审机制提高风险防范能力

发挥分院在内审工作中的组织协调作用，采取集中审计方式，以揭示管理风险和薄弱环节为重点，分院统一下达审计报告，提升内审工作的权威性，促进审计发现问题的整改。推动各单位完善内部控制制度、保障廉洁科研活动和及时防范管理风险。

三、以服务经济社会可持续发展为导向，加强科技服务体系和能力建设

（一）夯实鄂湘两省科技服务网络

湖北地区在与武汉、襄阳、宜昌等地建立战略科技合作关系的基础上，与黄石、黄冈签订战略科技合作协议，形成了与湖北发展规划相衔接的科技服务网络体系；湖南地区与长沙、衡阳、郴州、永州、怀化、岳阳建立了广泛的科技联络和信息交流渠道，完善了开展成果对接、项目合作的平台。

（二）完善转移转化平台运行机制

探索建立成果转移转化的市场化机制，注册成立中科产业育成（湖北）有限公司，促进湖北育成中心从依赖财政运行向自我运行发展。明确湖南中心的定位和工作重点，引导中心加强制度体系和产研平台建设，推动成果转移转化和区域科技发展。

（三）促进科技成果在鄂湘两省有效转化

2014年，促成鄂湘两省院企科技合作项目60余项落地实施，带动地方企业投入逾2.7亿元。与武船重工共建的湖北中心高技术船舶工程研制中心为企业解决关键技术难题20余项，提升造船能力超过40万载重吨，降低生产成本超过1亿元，实现产值4亿元。促成亚热带所与湖南厚霖生态环保有限公司开展“绿狐尾藻生态治污综合技术研究与示范”项目的合作，已建

立推广示范基地4个，湖南省委书记徐守盛、省长杜家豪等领导作出“加快推广应用”的重要批示。

（四）推进创新科技园与生物技术研究院建设

启动实施武汉分院创新科技园一期230亩用地规划和5个重点产业化项目。完成武汉生物技术研究院生物环境中心筹建工作，23个创新团队完成了入驻计划，14个团队入驻运行。通过推进一园一院建设，为研究所深度融入区域科技创新体系、提升科技成果产业化能力搭建良好平台。

（五）构建科普工作新机制

一是成立武汉分院科普部，加强组织实施，实现分院各单位科普工作协同共进。二是联合武汉市科协、市教育局共同成立“武汉科学家科普研究会”，吸纳武汉地区科研单位、高等院校、地方部门200余位科技工作者为会员，形成了院内外协作，多部门联动的科普工作新机制。全年组织科普报告249场，科普活动76次，受众达80余万人次。武汉分院科普工作得到社会广泛关注，相关媒体报道35篇，各类网站转载达千余次，获省市科普奖项36项。被评为全院科普先进集体。

四、以建设创新生态系统为目标，做好区域发展服务与保障

（一）解决科技人员“所需、所忧”

与地方政府和有关部门协调，争取国家、省、市重大人才计划和奖励计划。协调解决33位科技骨干、引进人才子女的入学问题，办好分院幼儿园，解决科技人员后顾之忧。

（二）做好院士联络工作

一是继续做好“科学思维与决策”课程组织工作，邀请5位院士专家到省委党校作专题报告，培训公务员学员1000余人次。做好院士生日节日慰问、生病看望，组织院士休假、体检，落实专家医疗待遇，为院士专家做好服务。

（三）发挥武汉教育基地的牵引作用

积极督促、引导在汉各培养单位推进研究生教育综合改革；办好精品课程，探索拔尖创新人才培养新模式；加强与湖北省内各科研院所在研究生教育领域的交流和合作，发挥了示范、引领作用。依托“小洪山讲坛”等载体，举办一系列知识讲座、学术交流、社会实践、志愿服务以及各种文体活动，全面提高研究生的综合素质，建设特色鲜明的校园文化体系。

（四）改善科研园区公共环境

2万平方米的人才周转房项目顺利开工；完成了配电房、安防监控设备、停车管理设备、围栏和道路等公共设施的改造和修复；改造扩建了职工食堂，较好解决职工吃饭难的问题。

（五）推动后勤支撑体系建设

探讨基地型分院后勤资源的共建共享机制，构建“大后勤”模式，完成“后勤支撑体系建设实施方案”。以小洪山园区管委会为依托，在园区后勤保障工作中发挥分院的组织、管理和服务作用，形成了园区管理协调机制。

（六）营造和谐文化氛围

一是围绕庆祝建国建院65周年，举办大型文艺汇演。将全民健身融入职工生活中，开展八段锦、健步行、渡湖比赛等多彩活动。二是组织小洪山地区5家单位150余名在职党员到社区报到，定点帮扶困难群体，增强党组织对社区的辐射功能，促进社区和谐稳定。三是完善离退休工作沟通协调机制，在系统各单位离退休人员津补贴落实等方面，发挥分院的牵头引领和组织协调作用。

（撰稿：洪成浩　肖海金　审稿：陈平平）

广州分院

院　　长：秦　伟
地　　址：广东省广州市先烈中路100号
邮政编码：510070
电　　话：020-37656223
传　　真：020-87685791
电子信箱：zwxx@gzb.ac.cn
网　　址：http://www.gzb.ac.cn

中国科学院广州分院于1958年成立。1961年广州分院与武汉分院合并成立中南分院。1969

年中南分院撤销。1978 年 5 月恢复成立广州分院。

广州分院是中国科学院机关的派出机构，联系南海海洋研究所、华南植物园、广州能源研究所、广州地球化学研究所、亚热带农业生态研究所、广州生物医药与健康研究院、深圳先进技术研究院、三亚深海科学与工程研究所（筹）、广州化学有限公司、广州电子技术有限公司共 10 个单位。

广州分院的定位是：开展所在地区院属单位领导班子建设；组织指导党建和创新文化建设工作；开展院地合作，推进中科院“率先行动”计划和研究所“一三五”规划实施；负责纪检、监察、审计工作；承担研究生教育基地建设。

截至 2014 年底，广州分院职工总数 3940 人。其中科技人员 3465 人，包括中国科学院院士 2 人、中国工程院院士 3 人、俄罗斯科学院外籍院士 1 人、国际欧亚科学院院士 4 人。

2014 年，广州分院高度重视中国科学院“率先行动”计划暨全面深化改革工作，及时部署，明确院长分工负责、副院长协管。两次组织学习贯彻和讨论“率先行动”计划各项内容。协助研究所开展四类研究机构的申报工作，督促指导研究所“一三五”规划的实施。积极沟通，促成广东省政府对接中国科学院“率先行动”计划，推进在相关领域共建四类研究机构和共建“珠三角国家科学中心”的工作。

一、领导班子和后备干部队伍建设

完成领导班子换届及考核工作。完成深圳先进技术研究院、广州电子技术有限公司行政班子换届考核，南海海洋研究所行政班子届中考核，广州生物医药与健康研究院党委换届工作。完成三亚深海科学与工程研究所筹建组组长人选调整和南海海洋研究所全球招聘科技副所长工作。建立了 6 个单位 29 名后备干部信息库。

加强领导干部培训学习。组团赴德国开展为期 20 天的领导干部科技创新管理培训班，13 名所级领导干部和后备干部参加培训，取得良好效果。选派所属单位干部参加中科院党校特训班 4 人、党委书记高级研讨 5 人、领导上岗培训班 4、中青年管理骨干进修班 3 人，出国（境）培训班 3 人。

二、院地合作工作

推进国家重大科技基础设施建设。5 月，白春礼院长在北京主持召开了中科院与广东省共建国家重大科技基础设施专题协调会。6 月，在广州成立了中国科学院与广东省共建国家重大科技基础设施领导小组，并召开了第一次领导小组会议，签署了院省共建江门中微子实验、加速器驱动的嬗变研究装置、强流重离子加速器 3 个重大项目的合作协议。

组织实施 STS 计划在广东的实施。积极推进 STS 广东中心建设。在广州、深圳、佛山等地部署了 8 个以“制造过程中的自动化技术”为主题的重大项目，支持项目经费 1600 万元，合作企业 21 家。

新一轮院省合作成效显著。进一步完善广州、佛山、东莞产业技术创新与育成中心的体制机制，夯实以“一廊一园一体系一网络”为骨架的国家创新新高地建设。加强与广西、海南的合作。2014 年院省合作项目 995 项、新增 27 项，合作企业新增产值 505 亿元、新增利税 53 亿元。

三、党建、党群与创新文化建设

全面加强党的建设工作。举办学习贯彻习近平总书记系列讲话精神、党的十八届四中全会精神集中轮训报告会 3 场。发展新党员 73 人，并对依托广州分院的非法人单元，以及中国散裂中子源工程等新建单元党组织的建设情况进行调研，扩大党组织的覆盖面和影响力。

开展党的群众路线教育实践活动整改落实工作。制定了教育实践活动整改落实方案、“四风”问题专项整治方案。整改任务 42 项已完成 41 项，完成率 98%。对机关及所属 8 个研究所有关会议费、招待费等开展了作风建设专项监督检查。

深入推进党风廉政建设。制定健全惩治和预防腐败体系工作规划（2013—2017）实施细则、廉洁从业风险防控工作方案（2013—2017），落实重点领域科研经费的监督管理和预防违规使用等工作。确定防控重点 45 个，查找风险点 224 个，优化流程 116 项，修订制定制度 49 项。

开展创新文化建设。举办了以“科学健身、你我同行”为主题的广州分院群众性越野跑暨第二十二届职工运动会。3个单位获“中科院全民健身日活动先进单位”、1人获得“广东省五一劳动奖章”、1人获“广东青年五四奖章”、4人获第六届“全国优秀科技工作者”荣誉称号。

四、纪检、监察和审计

强化落实监督。制定2014年纪监审工作要点，细化为落实责任制、宣传教育、制度建设、监督检查、机制建设5类、47项具体任务。完成分院机关党风廉政和惩防体系建设任务分解，制订《广州分院机关贯彻落实党政机关厉行节约反对浪费条例实施细则》，以及会议费、公务接待费、差旅费等管理办法，加强因公出国（境）、劳务费审批程序。

扎实开展审计工作。完善院所两级审计联动机制，充分运用“1+N”审计平台。完成南海海洋研究所届中、深圳先进技术研究院届满任期经济责任审计，审计资产50.95亿元。完成研究所科研经济业务真实性合法性审计，抽查课题数839个，经费额5.58亿元。对4个先导项目开展审计，涉及经费9990万元。审计意见整改率达到95%，制定完善管理制度30项。

五、院士联络工作

2月，胡春华、朱小丹等省领导接见了新当选的中国科学院院士彭平安、中国工程院院士陈勇、张偲。协助中国科学院学部工作局在广东省委党校举办两期“科学思维与决策”中国科学院院士专家团系列课程。组织部分在粤工作院士到湛江市休养考察，并为湛江市的经济社会发展建言献策。协助举办在粤工作院士迎春茶话会、中秋联谊会等。

六、公共事务管理和协调

做好重大科技任务的组织实施。2014年，分院各单位新立项科研项目1464项、合同经费16.38亿元。其中，主持国家973计划项目2项、国家重大科学研究计划项目1项，经费7050万元。承担中国科学院战略性先导科技专项2项、重点部署项目1项，经费总额3.34亿元。

促进重大科研成果的培育和产出。2014年分院各单位共取得科技成果23项。获2014年中国专利优秀奖1项；获省级以上科技成果奖励16项，其中，国家自然科学奖二等奖和国家技术发明奖二等奖各1项、省级科学技术奖一等奖6项。

加强创新人才引进和培育。2014年，入选中组部第十批“千人计划”5人、院“百人计划”8人、广东省第三批“百名南粤杰出人才培养工程”4人。新增国家973计划项目首席科学家2人、国家杰青5人、国家优青6人、广东省杰青6人。

抓好各项保障性工作。加强对基建项目的业务指导和监督管理，完成广州分院“十三五”后勤支撑体系规划方案。积极推进广州分院“3H工程”专项工作。重视离退休干部工作。加强机关建设，引入量化考核机制，强化岗位人员管理。做好安全、维稳、保密、统战、计生、团工委、宣传、科普、信息化、档案、统计等基础性工作。

七、研究生教育基地建设

2014年，广州教育基地8个研究生培养单位总招收研究生606人，其中博士生263人、硕士生343人；毕业研究生482人，授予学位475人，初次就业率达到93.21%。44人获评国家奖学金，2篇博士论文获中科院优秀奖，2人获中国科学院院长奖学金特别奖。全年发表论文1679篇，被SCI收录792篇，EI收录385篇。与广州医科大学合作开发研究生心理综合素质测评系统，参与测评人数达500多人次，为研究生招生环节提供了翔实、科学的数据。

（撰稿：苗碧芸　郭　震　审稿：秦　伟）

成都分院

院　　长：张雨东
地　　址：四川省成都市人民南路四段9号
邮政编码：610041
电　　话：028-85223696

传　　真：028-85223719
电子信箱：bgs@cdb. ac. cn
网　　址：http://www. cdb. cas. cn

中国科学院成都分院前身是1958年3月成立的中国科学院四川分院，1962年机构调整更名为西南分院，1970年隶属四川省管理，1978年1月恢复重建后使用现名。

成都分院按照“科学化、制度化、规范化”要求，通过“学习型”组织建设，不断加强机关自身建设，积极推进研究所“一三五”规划实施及“率先行动”计划工作，努力服务院属成都、重庆地区8家单位及川渝藏区域经济、社会发展。负责组织协调的院属单位有：光电技术研究所、成都生物研究所、成都山地灾害与环境研究所、重庆绿色智能技术研究院、成都有机化学有限公司、成都信息技术有限公司、成都中科唯实仪器有限责任公司、成都文献情报中心。

截至2014年底，成都分院系统共有在职职工3000多人。其中科技人员2300余人，包括中国科学院院士3人、中国工程院院士2人，研究员200余人、副研究员400余人。

一、领导班子和后备干部队伍建设

（一）领导班子建设

完成成都山地灾害与环境研究所和成都中科唯实仪器有限责任公司党委、纪委的换届工作；配合完成分院机关、成都山地灾害与环境研究所、重庆绿色智能技术研究院领导班子调整、换届及组建工作；协助完成重庆院验收前的准备工作，10月9日，重庆绿色智能技术研究院顺利通过中国科学院、三峡办、重庆市三方正式验收，分院工作获得院表彰。

（二）后备干部队伍建设

坚持与领导班子建设的整体规划相结合，坚持与青年科技人才培养相结合，坚持近期使用与中长期培养相结合，基本完成了各单位后备干部集中调整工作。

（三）人才队伍建设

向四川、重庆举荐各类高端人才，生物所赵海获得全国五一劳动奖章，光电技术研究所周向东获得中国青年五四奖章，成都生物研究所谭红获得四川省五一巾帼标兵，光电技术研究所“精密机械制造中心”获得四川省工人先锋号。光电技术研究所刘博、成都生物研究所陈槐新入选四川“千人计划”；22个团队、37名博士获得“西部之光”计划支持。

二、党建、党群与创新文化建设

认真总结群众路线教育实践活动，分院领导班子总体评价、班子成员评议获得职工群众的好评；巩固教育实践活动成果，形成践行党的群众路线、反对“四风”的自觉行动和长效机制。参与西安等分院共同组织的党务干部培训班，听取何岩副秘书长“关于科研院所党的建设”的报告；组织开展分院系统党支部书记培训；加强干部监督和专项轮训。本年度3人获四川省职工委优秀党员，1人获优秀党务工作者，1个集体获先进基层党组织。完成分院系统工会换届；承办全院职工“五人制”足球赛并获得全院第四名。抓好离退休党支部建设，落实好离退休职工的两项待遇，为老科技工作者发挥作用搭建平台。组织分院800余人向西部山区儿童捐献各类物品等近万件；在开江、盐亭县科技扶贫取得新成效。

三、院地合作

2014年，60多个中国科学院属研究机构及企业的近700个项目在川渝藏进行转化，为企业实现新增销售收入约160亿元。

（一）共建协同创新平台

积极配合高能所高海拔宇宙线观测站项目落户四川稻城，詹文龙副院长与四川省王宁副省长已签署协议，项目总投资13.8亿元。中国科学院四川转化医学研究医院进展顺利，积极参与中科大等单位申报的“X射线相位衬度CT的研制示范”，项目获得财政专项支持1.66亿元，作为三家临床试验单位之一，拟在四川转化医院开展前期研究工作。STS计划启动了“三峡水库生态环境演变机制研究”、“西藏生态恢复评估与农牧民增收技术示范”两个项目群。成功举办十一届重庆高交会、第二届绵阳科博会。中国科学院成都技术转移中心晋级为国家级示范机构。

（二）促成重大成果落地

成都山地灾害与环境研究所牵头的“西藏樟木滑坡勘查评估与综合防治方案”通过验收，国家计划投入38.87亿元治理樟木滑坡；推动工程热物理研究所“中小型航空发动机”项目落地成都双流；中科集团在绵阳循环经济产业园建设垃圾焚烧发电项目已开工；兰州化学物理研究所与绵阳建诚化工公司合作的年产15万吨“聚甲氧基二甲醚项目”已完成环评和场平；广州能源研究所在都江堰实施的“太阳能光热蓝膜材料产业化”已实现销售收入2000余万元；山西煤炭化学研究所和四川创越集团在阆中合作实施的“通用级沥青碳纤维产业化”正在进行设备调试和工艺优化，预计2015年初投产。

四、纪检、监察和审计

制定和落实《中科院成都分院建立健全惩治和预防腐败体系2013—2017年实施细则》。积极开展各单位2012—2013年度反腐倡廉量化考核工作；完成贯彻落实中央“八项规定”精神和院党组“12项要求”加强作风建设专项监督检查。完成各单位资产清理复核。联合昆明分院参与科研项目和资金管理知识大赛西南片区赛。以内部审计为抓手，进一步加强科研经费监管。组织全体职工观看警示教育片和参观法制教育基地，开展警示教育。

五、院士联系工作

邀请院士专家为地方重大需求提供决策咨询，促进区域经济社会发展。顾国彪、印遇龙等院士正在与德阳、乐山等地共建院士工作站；熊有伦院士与东方电气集团中央研究院共同合作申报承担国家重大项目；发挥院士在科学传播中的杰出作用，丁仲礼、秦大河4位院士先后走进四川中学，传播科学思想。组织队伍，开展以企业为主体的技术创新体系建设研究与实践，共有16名科技副职活跃在川渝藏地区。

六、公共事务管理和协调

加强信息化工作的组织协调，本年度信息化在11个分院中名列第一。邀请中央和在川主流媒体集中开展“科技援藏”、“创新典型”等重点报道80余次。积极改善园区环境条件，完成华西坝园区变电站改造；编制完成“成都分院后勤体系规划实施方案”，完成专家公寓升级改造。全年安全供水约50万吨，供电约640万度；完成绿化养护面积约4.24万平方米，道路保洁5.36万平方米，无重大安全事故。深入实施“3H工程”，青年人才流动公寓已进入招标程序；协助各单位落实省医院提供的各项医疗保健工作，本年度减免费用达6万元；为各单位青年骨干子女入学提供服务，幼儿园入学减免费用达10万元。

七、研究生教育基地建设

成都教育基地配合国科大在川首次面向本科招生取得优异成绩，通过“综合评价”选拔方式录取25名学生，平均高考成绩为642分，高出一本线102分；通过“奋飞计划”录取边远贫困地区品学兼优学生5名。与川属12所重点中学建立了“推优生”合作机制。在研究生工作方面，共有9个研究所220人参加博士班学习；继续办好特色品牌“天地人”大讲堂，抓好研究生社会实践工作。

（撰稿：江晓波　彭　丽　审稿：王学定）

昆明分院

院　　长：李德铢
地　　址：云南省昆明市茨坝青松路19号
邮政编码：650204
电　　话：0871-65223106
传　　真：0871-65223217
电子信箱：office@mail.kmb.ac.cn
网　　址：http://www.kmb.ac.cn

中国科学院昆明分院的前身是1957年成立的中国科学院昆明办事处，1958年扩建为中国科学院云南分院。1962年，中国科学院云南分院与四川分院、贵州分院合并，共同在成都成立中国科学院西南分院。1978年10月，经国务院批准，西南分院撤销，成立中国科学院昆明分院。

昆明分院是中国科学院机关派出机构，负责联络和协调中国科学院驻云南、贵州地区的科研机构，包括昆明植物研究所、昆明动物研究所、西双版纳热带植物园、地球化学研究所和云南天文台共5个科研机构。

截至2014年底，昆明分院系统共有在职职工2097人。其中科技人员1641人，包括中国科学院院士5人，第三世界科学院院士2人，研究员233人，副研究员336人。

2014年，昆明分院按照院党组统一部署，深入推进“一三五”规划实施，全面深化改革，着力推动“率先行动”计划组织落实，各项工作取得了显著进展。

一、领导班子和后备干部队伍建设

1. 完成昆明植物研究所、昆明动物研究所的换届考核、拟提任副所级领导干部的提任考察；地球化学研究所领导班子个别调整、换届考核、拟提任副所级领导干部的提任考察；西双版纳热带植物园换届考核；云南天文台届中考核，并结合届中考核推荐台长人选，在院内首次开展民主推荐环节引入竞选机制的试点工作。

2. 进一步清理领导干部个人有关事项报告、企业兼职、配偶移居国（境）外情况等工作，落实“四项监督”工作，促进领导干部廉洁从政。

二、党建、党群与创新文化建设

（一）强化理论武装，凝集实现“四个率先”的精神力量

通过多种形式组织学习十八届三中、四中全会精神。发挥分院党组中心组的作用，着力解决在“率先行动”计划推进过程中的思想认识问题。

（二）加强作风建设，巩固党的群众路线教育实践活动成果

党组成员深入一线解决实际问题，开展调研工作，提高分院各项工作的执行力；认真组织实施党的群众路线教育实践活动“回头看”工作；修订“四风”整改的相关规章制度。

（三）加强组织建设，积极推进党建工作规范化

成立昆明分院机关党委，召开昆明分院机关委员会成立暨第一届委员会选举大会。新成立党办，通过了年度党建工作责任制考核。

（四）强化机关创新文化和能力建设

大力加强继续教育与培训，举办6次培训活动，受训500余人次。组织开展“全民健身日健步走”活动，召开分院系统民主管理与工会工作研讨会；多次走访慰问院士、离退休老同志及困难职工。

三、院地合作

（一）加强宏观战略部署，切实做好发展规划

完成《中国科学院与云南省院地合作135规划》、《中国科学院与云南省院地合作“十三五”规划纲要》和《中国科学院与贵州省院地合作135规划》、《中国科学院与贵州省院地合作“十三五”规划纲要》的编制。

（二）贯彻院党组精神，推进“率先行动”计划

1. 为协调和推进研究所“率先行动”计划的各项工作，多次组织召开“率先行动、深化改革”研讨会，并成立了“昆明分院率先行动计划推进小组”。

2. 为有效推动与云南省的科技合作，计划成立“中国科学院昆明分院科技合作咨询委员会”。

（三）落实“三个面向”，扎实推进院地合作

1. 积极组织协调中科院与贵州省高层领导会商，就与贵州的科技合作进行对接。

2. 推进中科院贵州创新平台建设，筛选出“贵州中心”4个分中心拟合作项目51项。磷系阻燃剂项目签约，“特种磷系阻燃剂产业化”项目取得重大进展。

3. 联合贵州科学院推进全国科学院联盟建设，推动贵州省分析测试研究院与昆明动物所合作协议签署。与贵州科学院共同资助80万元，启动“基于云计算的贵州省智能生态云工程建设预研与初步实施”及“DNA条形码技术在肉制品鉴别中的应用”2个项目，并切实推动“生态云”项目等项目培训。

4. 以建设“新型农业社会化服务体系综合

示范区”为抓手，在澜沧和福贡开展示范项目，实现了“实施一个项目、传授一批技术、构建一种模式、培养一批人才、致富一方百姓”的“五结合”目标。

5. 继续推进中国科学院与贵州毕节区域科技合作，在全院征集项目的基础上，评审筛选4个项目作为省市院科技合作专项资金支持项目，并给予引导资金支持。协调深圳先进技术研究院对毕节发展重点需求的国家新能源汽车高新技术产业进行实地考察和对接。

6. 深入云南8个地州市40多所重点中学进行宣讲和咨询，密切省教育厅、省招考院，积极与省委宣传部和地方媒体合作，实现国科大在云南首次本科招生工作开门红。

四、纪检、监察和审计

（一）制定惩防体系实施细则，分解反腐倡廉年度工作任务，签订个性化党风廉政建设责任书。

（二）加强廉政教育，改进工作作风

开展多形式的廉政警示教育，举行4场次廉政报告。制订“昆明分院贯彻落实中央八项规定及院党组12项要求实施细则”，认真处理信访案件，做到件件有回复。

（三）注重内审，加强防控

对3个换届研究所、1个届中考核研究所实施了经济责任审查，发现问题41项；完成9个科研团队，360个课题的审计，发现问题15项；提出整改建议49条。

（四）开展反腐倡廉量化评价

通过院量化评分阶段的考核，并对各研究所进行反腐倡廉量化评价和民主测评。

（五）专门设立了监察审计处。

五、院士联系工作

做好院士的服务与协调工作；做好云南省、昆明市相关领导春节期间看望慰问院士的联系协调工作；有效结合院士联络处和中国科学院大学本科招生工作，充分发挥院士作用，传播科学知识，弘扬科学精神。

六、公共事务管理和协调

（一）园区建设与后勤工作

积极组织和协调各单位争取和实施园区建设项目。“西南生物多样性实验室”投入使用；地球化学研究所“金阳新区”已基本完成搬迁并投入使用；昆明植物研究所、昆明动物研究所、云南天文台“十二五”国家发改委项目开工建设；系统各单位实施财政部修缮项目和院“3H”人才周转房项目顺利进行。完成《昆明分院后勤支撑体系规划实施方案》。

（二）资产与财务管理服务

1. 修订完善了资产财务、差旅费、会议费等管理办法。

2. 加强预算编制，建立财务科研多部门配合的预算执行工作机制，提前编制预算计划，指导全年的预算执行工作。

3. 开展资产清理与复核，成立资产清理工作小组，完成资产清理工作。采取中介机构和分院复核相结合的方式，顺利开展了资产清理复核工作。

（三）信息宣传和安全保密工作

1. 组织全系统安全隐患检查工作、对检查发现的隐患进行督查整改，协助组织各单位全院跨区域安全隐患排查工作。召开系统安全工作会议，签订《安全保卫保密责任书》。组织机关职工认真开展消防演练活动。通过了地方保密工作和计算机及存储载体的检查。

2. 完成了机关网站信息发布与维护，并针对8月3日云南鲁甸发生6.5级地震，设立网站专题，密切跟踪科技救援一线情况。

（四）信息化建设

系统各单位信息化建设成效显著，昆明植物研究所获得“2014年中国科学院信息化工作优秀奖”，西双版纳热带植物园获得“2014年中国科学院信息化工作进步奖”，昆明分院也在各分院系统中排名第四。昆明分院广域网、地区网运行良好，可用率达99.99%；完成ARP系统的各项工作；双机运行机关DNS服务，提高了可靠性；完成机关网站的维护与信息发布；完成分院内网的建设与运行。

（撰稿：魏　艺　黄璐璐　审稿：甘烦远）

西安分院

院　　长：赵　卫
地　　址：陕西省西安市新城区咸宁中路125号
邮政编码：710043
电　　话：029-82160921
传　　真：029-82160911
电子信箱：fsy@ms.xab.ac.cn
网　　址：http://www.xab.ac.cn

一、基本情况介绍

中国科学院西安分院前身是1954年7月成立的中国科学院西北分院。1956年4月，中国科学院西北分院迁到兰州，同时在西安建立了中国科学院西北分院西安办事处。1958年4月，中国科学院西北分院西安办事处更名为中国科学院陕西分院。1962年9月，在中国科学院兰州分院和陕西分院的基础上，建立中国科学院西北分院，负责管理中国科学院在西北地区的研究单位。1970年，中国科学院西北分院撤销，所属科研机构划归陕西省政府科技局领导。1978年11月，经国务院批准，中国科学院西安分院恢复成立。

西安分院是中国科学院机关在陕西省的派出机构，与陕西省科学院合署办公。西安分院负责联络和协调中国科学院驻陕西地区的西安光学精密机械研究所、国家授时中心、地球环境研究所、中国科学院与教育部水土保持与生态环境研究中心、秦岭国家植物园。截至2014年底，分院共有在职人员数1644，其中专业技术人员1221人，副高以上506人，包括中国科学院院士4人，中国工程院院士1人。

二、领导班子和后备干部队伍建设

协助院人事局完成分省院机关领导班子换届考核及副院长招聘，完成地球环境研究所领导班子换届考核、水土保持与生态环境研究中心副主任增设。加强分院机关中层干部队伍建设。针对中层干部队伍相对老化的现状，按照“公开、公平、择优”的原则，在系统内开展了中层干部招聘工作。通过招聘，使机关中层干部队伍的年龄、学历结构等有了明显改变，工作效率有了较大提升。进一步规范了在岗职工职称职务晋升工作，通过规范职级晋升，为年青同志的未来发展及进步提供了明确的方向及空间。

向院人教局及省委组织部干部监督处填报了分省两院处级以上领导干部有关事项报告表，并相继完成了汇总、抽查核实、总结等相关工作。

2014年新入选享受国务院政府津贴1人，三秦学者岗位设置1个，省“百人计划”5人（待通知），重点领域顶尖人才4人。

西部之光新支持项目联合学者2项，重点2项，一般10项，地方项目17项（其中宁夏12项），总经费978万元（其中宁夏支持60万）；2014年结题项目13项（联合学者2项、重点2项、一般5项、地方4项）。

举办学习贯彻习近平总书记系统讲话精神集中轮训；协助新疆分院申报国家级继续教育培训基地，已获批。

三、党建与创新文化建设

深入学习习近平总书记系列重要讲话精神。对分省院中层以上干部开展了学习习近平总书记系列讲话集中轮训，并与兰州、成都分院互动交流。先后邀请方新、李志刚、何岩等院领导及陕西省委党校的专家学者，从理论和实践的角度全面详细解读习近平系列讲话精神，提升学习效果。党组成员分别参加了中国科学院党组和陕西省委组织的集中轮训，中层干部参加了陕西省直属机关工委举办的集中轮训。

加强中国特色社会主义核心价值观的学习教育。深入开展中国梦宣讲教育活动，把体现国家、社会、公民不同层面的“三个倡导”融入到基层党的建设和研究所文化建设之中。多次组织党员、干部、职工赴延安、照金、富平等红色教育基地参观学习，接受教育，以加强“延安精神”教育，弘扬中科院精神，引导党员、干部树立正确的价值观。要求和指导分院团委组织分省院各所青年科技与管理人员开展“演讲比赛”、“创新竞赛”等活动，弘扬核心价值观。

加强对各级干部的教育培训和理论武装。组织开展党的十八届三中全会、四中全会精神学习培训，认真抓好以党政领导干部、中层干部和青年干部为重点对象的培训。举办了三中全会、四中全会精神辅导报告会、召开学习交流会，逐步把学习教育活动引向深入。购置三中全会、四中全会决定、习近平论治国理政、系列讲话读本等学习教材供党员干部自学。

落实作风建设要求，巩固和扩大教育实践活动成果。《中科院西安分院党的群众路线教育实践活动整改方案》得到全面落实。《中科院西安分院党的群众路线教育实践活动专项整治方案》有序进行。《中科院西安分院党的群众路线教育实践活动制度建设计划》全部完成。

积极探索符合科研院所特点、适应科技创新需求的服务型基层党组织建设新模式。组织召开院“两研会”第二片区研讨会，开展基层党建工作研讨交流。完成院党建研究会两项研究课题，其中《研究所党支部工作考核评价体系实践与探索》提出的考核评价标准将在分院基层党组织中实施。

四、院地合作

加强共建平台建设，协同推进地方发展。“中科院银川育成中心”和“中科院西北生物农业中心（宁夏）”的正式挂牌运行，标志着西安分院的院地合作体系建设又见新成效。银川中心以平台聚资源，打造“金属材料纳米加工及再制造”和“3D先进技术教育培训”等关键技术攻关和公共服务平台，完成投入约600万元；宁夏生物农业中心引入中国科学院19项成果，并列入“2014宁夏农业综合开发科技推广计划”，获得支持经费1580万元。“中科院西安分院科技创新产业示范园”围绕新能源电动汽车、智能工业设计服务等，积极推进所企合作平台建设和项目部署，完成项目投入300万元，示范园的筹建工作稳步推进。

整合资源实施专项，助推西部产业优化。组织在陕西和宁夏的“院地合作专项”、“战略性新兴产业科技行动计划”、“中宁县枸杞产业科技合作专项”、“中科院银川中心院地合作专项”、“宁夏农业综合开发科技推广计划”等院地合作专项46项，总经费约3000万元（地方经费约2800万元），涉及中国科学院研究所30余所，有力提升了企业自主创新能力和竞争力。

探索科技转化新机制，构建产学研用新业态。西安光机所的“光电子创新园”被批准为陕西建设创新型省份示范点；与西安高新区共建的“光电孵化协同创新工程示范基地”被市工信委认定为首批小型微型企业创新基地；创办的“中科创新孵化器”获得国家级科技企业孵化器，也是西部第一个中国科学院科技企业孵化器；西安分院集聚中科院银川育成中心、银川永力源科技投资发展公司、西安关天西咸投资管理公司等，正在策划发起宁夏第一支天使基金——“银川科技孵化天使投资基金”，计划首期募集1.2亿元，支持具有成长潜力、拥有自主创新能力的早期科技型小微企业，推动地方创新发展和升级转型。

为地方提高战略咨询服务，发挥中国科学院科技智库作用。西安分院组织生态环境研究中心完成了《中宁县枸杞产地质量状况调查及应对措施研究报告》，为中宁枸杞产业发展的环境影响做出了科学结论；银川育成中心编写了《智慧城市发展研究报告》、《农药残留检测技术研究报告》；西北生物农业中心开展了“国家生物农业发展战略研究”，与陕西省科学院联合开展“陕西省生物农业战略规划”制定，与陕西省国土资源厅合作开展“渭北卤泊滩地区盐碱地治理”等战略咨询研究，为地方经济社会及产业的持续发展提供了科学依据。

五、纪检监察和审计

加强惩防体系建设，制定《分省院惩防体系2013—2017年工作规划实施细则》，进一步明确反腐倡廉建设的总体思路和具体举措。在做好制订分省院“实施细则”的同时，按照院监审局的安排对分院各所制定“实施细则”工作及时督促，逐个审核，提出修改意见，共同研究细化和落实责任。

深化反腐倡廉教育，廉洁从业意识不断增强。组织了《忠诚与背叛》、《贪路无归》等宣传教育片和学习材料分发系统各单位和机关领导干部。

认真开展反腐倡廉量化评价工作。按照院监审局的要求，组成以分院党组书记、纪检组组长杨星科为组长的量化评价小组前往西安光学精密机械研究所和地球环境研究所开展反腐倡廉量化评价。

加强督促检查开展贯彻落实“八项规定”、改进工作作风督促检查。办公室、财资处与监审处等部门共同组成检查组，对各单位开展贯彻落实“八项规定”、改进工作作风开展专项核查。根据陕西省纪委《关于印发〈国庆节前后“五个一批”落实情况明察暗访实施方案〉的通知》要求，对国庆节期间执纪监督检查工作做出安排，认真组织开展检查。

认真组织经济责任审计和科研课题使用与管理的审计，加强内部监督。组织实施完成了对地球环境研究所的领导干部经济责任审计。通过审计发现存在问题3项，提出整改意见与建议3条；形成了审计报告。完成了对研究所科研经费使用真实性、合法性审计4项（其中光机所2项，地环所2项）。完成了陕西省科学院重点课题审计5项（其中陕西省动物所承担2项，陕西省微生物所承担1项，酶工程所2项）。提出审计意见建议18条。

认真对待检控类来信来访，组织调查落实审慎处理。共收到信访件21件（重复10件，退回1件），接待来访人员16人次。

注重提高人员素质，组织交流与培训、加强研讨与课题研究。西安分院与新疆、兰州分院共同组织召开了“中科院西北片区纪检监察审计工作研讨会”。监审处与财资处、科技处共同举办了“2014年度分省院科研项目和资金管理培训班”。按照院监审局的布置，积极组织申报与开展“反腐倡廉重点课题研究”。组织协调参研人员，建立了以分院牵头，光机所为承担单位的课题研究团队。确定了《科研院所反腐倡廉重点领域预防和监督机制研究——科研经费使用控制措施研究》为院重点课题。

六、公共事务管理和协调

积极组织协调地区各研究所以实施“率先行动”计划为主线，扎实推进“创新2020”和研究所“一三五”规划。成立西安分院“率先行动”计划领导小组，召开实施《“率先行动”计划暨全面深化改革纲要》动员大会，赵卫院长与杨星科书记做了学习动员报告，各研究所领导也分别汇报了研究所率先行动计划初步方案，与研究所中层以上干部共同学习、交流、分享了《“率先行动”计划暨全面深化改革纲要》的主要精神内涵，增进了广大党员干部与科研人员对实施率先行动计划必要性、重要性和紧迫性的认识，为率先行动计划实施奠定了坚实的思想基础。

2014年7月11日，西安分院赵卫院长应邀在陕西省委常委中心组集体学习会上，就“研究所在科技体制改革与成果转移转化方面的探索与体会”作了专题报告。得到了省委省政府主要领导的高度肯定与赞赏，赵正永书记当场要求省政府各部门将西安光学精密机械研究所作为产学研工作示范单位，予以重点支持。

支持西安光学精密机械研究所申请“3H工程”“科技人员周转房”108套，已获中科院批复，基本具备开工条件；支持国家授时中心申请“3H工程”“科技人员公寓租房”130套，已获西安市批复，其中临潼园区的人才公租房108套基本通过院条财局的立项评审。

稳步推进与盐湖所联合共建的“中国科学院西安西影路人才周转公寓”项目，计划建设300套。

发挥分院的协调联络作用，积极配合院管理信息化系统建设的各项工作，稳步推进ARP系统平台的持续发展，部署ARP2.3版本平台并参与ARP3.0版本需求调研。进一步推进信息资源开发利用 和网站建设；继续面向分省两院提供中文期刊全文数据库服务和科研信息化公共平台服务，持续加强分省两院的网站群管理工作，及时向主站推送消息和更新网站内容。强化网络信息安全，加强防范措施；建立日常的安全检查制度，及时发现问题，采购正版软件和网络防火墙等软硬件排除安全隐患，确保网络安全。中科院信息化工作评估结果表明，近几年西安分院的信息化整体水平稳步提高。

七、院士联络工作

组织部分院士进企业开展科技创新咨询活

动。应陕西省科技咨询服务中心邀请，魏炳波院士到西安煤矿机械有限公司与企业科研技术人员进行主题为“自主研发低碳微合金化壳体铸件的制造方法”的专题技术交流。

召开了2014年西安分院院士联络工作座谈会，邀请了在陕常驻院士单位联络人、院士秘书参加会议，就如何做好院士工作进行了座谈交流。

（撰稿：张行勇　常鸿飞　审稿：陈改学）

兰州分院

院　　长：王　涛
地　　址：甘肃省兰州市城关区天水中路6号
邮政编码：730000
电　　话：0931-2198877
传　　真：0931-8279855
电子信箱：lzb@lzb.ac.cn
网　　址：http://www.lzb.cas.cn

一、基本情况

中国科学院兰州分院的前身是1954年经政务院批准成立的中国科学院西北分院筹委会，1958年经中国科学院决定撤销西北分院筹委会，成立中国科学院兰州分院。1962年，中共中央西北局与中国科学院商定撤销陕、甘、宁、青四省（区）分院，成立中国科学院西北分院。1970年，中国科学院西北分院撤销。1978年恢复中国科学院兰州分院。

兰州分院是中国科学院机关派出机构，其主要职能是，配合做好所在地区院属7个单位的领导班子和后备干部队伍建设；组织指导所在地区院属单位的党建和创新文化建设工作；组织开展院地合作，汇集全院力量为区域经济社会发展服务；负责甘青两省院属单位的纪检、监察、审计工作，并指导和监督财务管理；联系和服务所在地区的中国科学院院士；承担院赋予的其他公共事务管理和协调工作，为所在地区院属单位提供必要的公共服务；承担研究生教育基地建设和研究生管理等8项职能。兰州分院负责联络和协调中国科学院驻甘肃、青海两省的研究所有：近代物理研究所、兰州化学物理研究所、寒区旱区环境与工程研究所、青海盐湖研究所、西北高原生物研究所、兰州油气资源研究中心和兰州文献情报中心7个研究机构。兰州分院以实施“率先行动”计划相关工作为主线，以协助推进研究所分类改革为深化改革为突破口，推动落实“一三五”规划，努力为落实“四个率先”要求和实施创新驱动发展战略做出贡献。

截至2014年底，兰州分院系统共有在职职工2969人，包括中国科学院院士7人，中国工程院院士2人。

二、领导班子和后备干部队伍建设

分院领导班子接受届中考核和巡视，调整班子成员与分工，增聘2名院长特别助理，通过落实整改进一步增强整体协调履职能力；协助完成西北高原生物所党委、纪委换届及公开招聘一名副所长；协助完成兰州油气中心班子届中考核。2014年遴选确定后备干部4人。

三、党群工作与创新文化建设

（一）学习贯彻十八届三中、四中全会精神

学习贯彻习近平总书记系列讲话精神，尤其是关于科技创新与深化改革的论述和对中科院重要批示精神，结合实际围绕指导、支撑和服务于研究所“创新2020”和落实“一三五”规划，着力加强作风建设，扎实落实对分院班子届中考核和巡视反馈意见以及群众路线教育实践活动整改工作。在分院系统，一方面带头贯彻中央“八项规定”和院“12项要求”，另一方面督导检查推动研究所相关工作，得到了研究所和广大职工的支持与认可。

（二）推进“率先行动”相关工作

分院以支撑创新为第一责任，以服务研究所为第一要务，通过“两个结合”（与领导班子建设结合；与组织跨单位研讨交流结合）、“两个会议”（所长书记联席会和战略规划研讨会）和“一项举措”（深入科研一线调查研究），加强组织协调，深化战略研讨，促进增强研究所班子的使命感和骨干队伍的紧迫感。目前，各所（中心）正按照《中国科学院“率先行动”计划暨全面深化改革纲要》和《中国科学院“率先行动”计划组织实施方案》加紧推进相关工作并取得阶段性进展。

（三）加强基层党组织建设和学习培训

举办了“中国科学院兰州分院处级以上干部学习贯彻习近平总书记系列讲话精神培训班”；第九期《兰州分院系统入党积极分子培训班》，兰州地区院属各单位学员25人参加了学习并圆满结业；选派4人参加了中科院京区党委和中科院党校举办的2014年科研一线党支部书记培训班。

（四）加强创新文化建设

弘扬与践行科技价值观，倡导科学精神，树立优良学风。关于创新生态系统建设理论研究成果获全国思想政治研究二等奖、中科院特等奖。开展了“全民健身日”活动、健步走活动、组织职工参加了兰州国际马拉松比赛等活动。

四、院地合作

（一）协调促进与金川集团等大型国企的合作

协助金川集团与院属单位新启动6项合作，项目技术合同金额875万元；与兰州化学物理所合作的“活性硫化镍法用于镍电解阳极液净化除铜中试实验研究”项目取得重要突破，金川集团投资千万元改造年产6万吨电解镍生产线工艺已接近完成，该项目获甘肃省2014年重大专项经费支持。

（二）深化与甘肃省科学院联盟建设

双方建立联合资金支持机制，省科学院设立300万元、中科院设立75万元专项资金；新设立8个项目；促成深圳先进院与省科学院共建“数字博物馆技术联合实验室”；支持省科学院首次实现全院信息交流数字化平台建设，《甘肃科学学报》进入中科院LoRES集群化数字发行平台；继续互派挂职干部等。协调促进寒旱所和省科学院共同承担的“舟曲县自然灾害监测预警与决策指挥系统集成设计研究”在地质灾害预警和减灾防灾方面发挥了重要作用。甘肃省政府对科学院联盟建设给予充分肯定和赞誉。

（三）为祁连山生态保护发挥重要咨询作用

组织专家对祁连山东大河上游水源涵养地生态环境进行考察并形成调研报告，得到国家相关部门高度重视。习近平总书记在新华社《动态清样》上就此作出重要批示，全国人大常委会办公厅专题督办《关于尽快制止在祁连山自然保护区采矿、探矿活动，遏制生态环境恶化》的代表闭会建议。此项工作深受金昌市好评，市委市政府人大致函高度评价，并特赠匾：“保护祁连生态，滋育金昌未来，感谢中科院兰州分院对东大河水流地考察调研”。

（四）把积极推进科技副职工作与面向区域创新驱动发展深化院地合作紧密结合

应甘肃省建议，分院协调通过中科院从各地院属单位选派13名科技人才到甘肃挂职。新选派博士服务团成员1人，期满续任1人。目前在甘青两省在任科技副职达19人。

（五）继续推进“联村联户，为民富民”活动

突出科技扶贫、智力扶贫优势。通过举办“文明卫生户”评选等主题活动和帮助争取基础设施建设资金，村民收入显著提高、条件得到改善，得到地方好评。

五、纪检、监察和审计

（一）加强惩防体系建设

以宣传教育和监督为基础，以务实制定《实施细则》作为全年工作主线，通过“三上三下”，院所恳谈，强调“一二三四五”工作规范，突出“两个责任”，强化“五点总体要求”，把握关键，突出重点，落实举措，分院充分发挥了督促、协调和指导作用，各单位落实了务实个性化特色要求。

（二）抓实内部审计监督

完成院布置的3个审计项目，审计经费总收支3.57亿元，发现审计问题20条，提出整改意见建议25条。加大责任追究和督促整改力度，起到了教育警示和完善管理的作用。实行了分院主要领导当面反馈审计结果，报告由研究所主要领导签收，对整改情况督查通报。督促各研究所加强科研经费审计监督，按照“双覆盖”计划扎实推进。

（三）廉洁从业风险防控

各单位新确定和试行13个风险防控重点。分院机关“三重一大”、经营性国资管理和基本建设等20项风险防控试运行顺利推进。开展了廉洁从业风险防控“回头看”，促进建章立制和流程管理在试运行中进一步落实到位。

六、联系服务院士工作

建议并获批实行甘肃省委常委“一对一”联系服务院士制度有效促进了相关工作。协同院士工作局举办“中科院院士兰州新区行”活动，4位院士和4位研究员被聘为新区智库专家。与张掖市政府联合举办了第五届“绿洲论坛”。举办分院系统部分两院院士事迹展、“科学与中国”报告会等科学传播活动。

七、公共事务管理和服务

（一）加强自身建设

建立健全各项规章制度，规范议事决策程序。修订印发分院《岗位设置与聘用管理办法》，据此设岗聘用专业技术职务7人、职员职级8人获聘高一级岗位。提任中层干部1人。新聘职工1人。后勤服务中心8人获聘高一级职员岗位，2人高一级专业技术职务。新聘任技师6人。调整机关职工绩效奖励管理办法，突出奖励与绩效挂钩，保持职工收入持续增长。通过调研及评估促进继续教育与培训，举办多期培训，大力提升职工综合素质与专业技能。

（二）推进棚户区改造建设与后勤保障

分院牵头联合研究所实施棚户区改造一期工程已开工建设，计划2016年底竣工。组织8个单位共同完成“兰州分院后勤支撑体系规划实施方案（2013—2020）”，为积极推进“3H工程”、“大后勤”支撑体系建设及“十三五”基础设施建设奠定了基础。完成2个修缮项目、新项目申报和研究所6个项目的验收。对各单位公共水、暖、电及物业支撑保障能力进一步提升。

（三）优化“西部之光”项目管理

创新“西部之光”人才培养计划项目管理方式，通过加强实地检查、实行开放式汇报等促进学术交流和经验共享。完成22名入选者终期评估、23个项目阶段性检查和新立25个项目，资助经费1088万元。参与完成《“西部之光”计划作用和效益的优化对策研究》；启动《西部之光——辉耀甘青蒙》系列图书资料编纂，出版了第一册《“西部之光”入选者风采》。

（四）提升条件保障与资产管理水平

强化制度建设，合理配置资源，规范财资管理，保障事业发展和职工增收。协助3个研究所办理房屋过户及职工房屋所有权证等。

（五）离退休服务与管理

协调各单位统一执行政策；提倡各单位个性化创新服务。主办院离研会6组片区会议和分院系统离退休工作研讨会。完成《主动适应转型发展，积极探索社会养老——兰州分院组织离退休人员集体参加虚拟养老院探索社会养老启示》课题等。

（六）深入开展科学传播

结合回顾总结分院60年历程，组织开展征文活动；编撰了征文集萃、各单位简史、科技成果、大事记；整理印制了《媒体眼中的中国科学院兰州分院》新闻集纳（1980—2013）。丛书成为继承优良传统，弘扬科学精神，完善历史资料，展现院所风貌的宝贵资料。

八、研究生教育基地建设

精心开设博士公共课，组织系列专题讲座；创造条件举办活动营造校园文化氛围；为研究生招生和毕业与研究所协同工作；探索区域内研究生特色教育管理模式。管好用好公寓和食堂为研究生培养提供支撑服务保障。

（撰稿：宋华龙 王　晶　审稿：谢　铭）

新疆分院

院　　长：张小雷

地　　址：新疆维吾尔自治区乌鲁木齐市新市区北京南路科学一街341号

邮政编码：830011

联系电话：0991-3835430

传　　真：0991-3835229

电子信箱：zhangxl@ms.xjb.ac.cn

网　　址：http://www. xjb. cas. cn

一、基本情况

新疆分院成立于1957年7月30日。设水土生物土壤资源综合所、物理所、化学所、地质地理所、民族历史研究所。文革期间下放地方，后与自治区科委、科协合署办公。1977年11月27日，经党中央、国务院批准恢复中国科学院新疆分院。

新疆分院负责联系新疆生态与地理研究所、新疆理化技术研究所、新疆天文台。

根据新疆经济社会发展的需要，新疆分院在新疆高层次科技人才队伍建设方面，通过国家“千人计划”、中科院“百人计划”、“西部之光”人才培养计划等人才计划，加大培养和引进区域发展急需的高水平科技与管理人才、创新团队等支持力度；在科技惠民工程方面建立双语教育云，构建双语教学技术支撑体系，实现规模化应用；在荒漠环境保育与生态修复方面，采用绿洲生态安全与生产力提升、生态环境污染与修复等技术，建立特色新品种规模化繁育、高产高效栽培种植等试验示范区等；在维吾尔医药和干旱区可食植物的现代化方面，重点开展特色植物成分的分析及质量标准化，维吾尔药制剂二次开发，可食植物功能食品开发等工作。

按照“率先行动”计划指导思想与总体思路，立足当前，着眼未来，既面向自治区重大需求，积极推进研究所（台）分类改革工作。积极协助新疆生态与地理研究所和新疆理化技术研究所，依托具有鲜明特色的优势学科，建设具有核心竞争力的特色研究所。积极协助新疆天文台依托国家重大科技基础设施，建设具有国际一流水平、面向国内外开放的大科学研究中心。

截至2014年底，新疆分院系统共有在职职工961人。

二、领导班子和干部队伍建设

协助院党组完成新疆分院领导班子换届考核工作；完成新疆天文台领导班子换届，完成新疆生态所领导班子届中考核工作；通过检查、监督和审计等多种措施强化分院系统党的作风建设；加强入党积极分子的培训和教育、加强所长助理的推荐和遴选，完善后备干部队伍建设及后备干部管理制度。

举办处级以上领导干部学习贯彻习近平总书记系列讲话精神集中培训班，完成集中轮训工作。按期召开分院民主生活会；组织分院党组中心组学习和分院机关党委中心组学习；积极组织相关的职工再教育培训学习活动。

三、党建与创新文化建设

紧密结合新疆分院实际，以反腐倡廉为重点，建立健全惩治和预防腐败体系，开展廉政文化教育；以内审和监察纪检为监督手段，全面推动廉洁从业风险防控工作进展，建设风清气正的科研工作环境；以制度建设为保障，不断加强纪监审队伍建设，加强教育、引导和文化宣传，构筑拒腐防变的思想道德防线。为深入实施“率先行动”发展战略保驾护航。

新疆分院始终关注广大职工的业余文化生活，积极开展各种知识讲座，组织丰富多彩的文体活动。根据分院和各基层工会的实际，继续坚持了从广大职工对精神文化生活的需求出发，活动以组织群众性综合运动会和分散的单项活动相结合，开展了篮球、乒乓球、足球、羽毛球、游泳、徒步、广播操等丰富多彩，健康向上的文化体育活动。活动开展地有声有色，各具特色，极大地丰富了广大职工的文化生活。

四、贯彻《“率先行动”计划》，加强和深化院地合作

1. 成功举办中科院与新疆维吾尔自治区2014年科技合作座谈会，明确后期院区科技合作方向。重点围绕维护新疆稳定、科技扶贫、大科学装置建设等一批院区合作项目开展工作；继续创新高层次人才培养模式，依托新疆本土人才培养一支高水平的科技和管理创新人才队伍；全力推进中科院在新疆的科技专项工程和成果转移转化，服务新疆社会和经济新发展；充分发挥中科院院士资源优势，推动科技智库建设，积极开展调研和决策咨询研究；进一步推动新疆建成丝绸之路经济带核心区规划和建设；加强中科院科研院所与自治区科研院所、

高校、企业等创新单元的全面合作，建设院区协同创新体系。

2. 完成“西部之光”人才培养计划项目的年度申请、中期评估和结题验收工作，加强项目的立项和过程管理，设立“西部之光”伊犁、和田地区专项，集中优势解决区域关键难题，推动出成果、出人才；圆满完成中组部和科学院援疆干部、博士服务团和科技副职的选派；完成新一届新疆博士班招生等工作。

3. 完成对“科技支新工程”34 个项目（包括兵团项目 10 个）结题验收。组织申报了新一批“科技支新工程”项目，30 个项目获得立项支持，资助经费共计 1320 万元。

4. 开展了“访民情惠民生聚民心”活动。新疆分院安排 14 名机关干部，由所级领导带队，前往南疆和田地区墨玉县加汗巴格乡巴什恰瓦格村开展群众工作；分别派驻 4 名同志参加墨玉县喀尔赛乡集中整治工作。

5. 开展科普宣传工作。围绕“携手建设创新型新疆，创新驱动经济社会发展”科技活动周主线，结合“访民情惠民生聚民心”活动，面向基层、走进田间，讲解农业高产栽培技术，宣传科学的自然观和价值观，抵制愚昧的极端宗教思想。在新疆分院主页设立专栏，精选相关科普内容（双语），宣传科学思想，传播科学知识。

2014 年，新疆分院被评为自治区全民科学素质工作优秀组织单位、中国科学院科普工作先进集体。

6. 荣获自治区 2014 年度科技进步奖 7 项奖励，其中突出贡献奖 1 项，其他 6 项成果分别荣获一、二、三等奖。

7. 进一步强化与新疆农垦科学院交流合作，推荐进入科学院联盟；举办了 2014 年知识产权培训班。

五、纪检、监察和审计

研究制定具有本单位特色的《惩防体系实施细则》。对各研究所、台开展廉洁从业风险防控工作进行了调研。通过了院监审局对分院反腐倡廉量化评价的检查。新疆分院纪检组对新疆生地所和新疆天文台的反腐倡廉量化评价工作进行了检查。分别对新疆生态所、新疆理化所、新疆天文台科研业务真实性合法性进行了审计。举办了“中科院西北片区纪检监察审计工作研讨会”。成立了作风建设专项核查工作小组。

六、公共事务管理和协调

为解决研究生体育活动场所问题，新建羽毛球场、篮球场共计 1270 平方米；为新疆分院幼儿园重新安装了室内铝扣板吊顶、新购置天然气灶具和安装了消防设施等；结合后勤体系建设规划《实施方案》，提出实现物业管理、解决民生问题、推进“3H 工程”等工作方案和完成时间节点，整体规范和提高大后勤服务水平；制订修改和完善相关制度 40 余项。

（撰稿：红　霞　金华亮　审稿：张小雷）

科 研 机 构

数学与系统科学研究院

执行院长：王跃飞
学术院长：席南华
党委书记：汪寿阳
地　　址：北京市海淀区中关村东路 55 号
邮政编码：100190
电　　话：010-82541777
传　　真：010-82541972
电子信箱：contact@amss.ac.cn
网　　址：http://www.amss.cas.cn

中国科学院数学与系统科学研究院（以下简称“数学院”）成立于 1998 年 12 月 28 日，由中国科学院所属的数学研究所、应用数学研究所、系统科学研究所、计算数学与科学工程计算研究所整合而成。

数学院是综合性国立学术研究机构，覆盖了数学与系统科学的主要研究方向。数学院的办院方针是：在数学与系统科学领域，面向国际发展前沿，面向国家战略需求，做出原创性、突破性和关键性的重大理论成果与应用成果，造就具有国际重要影响的学术带头人和一批杰出人才。数学院的发展目标是：在数学与系统科学领域内，成为国际上有重要影响的研究中心、培养和造就高级研究人才的著名中心、国民经济和国防建设有关问题研究和咨询的重要中心。数学院的优势研究领域有：分析数学与数学物理，数论、代数、几何与拓扑，运筹与管理科学，系统与控制科学，概率统计，科学计算，计算机数学。新兴交叉学科有：金融数学，生物信息学，复杂系统科学，不确定性决策，复杂网络理论，计算材料科学，知识科学理论等。应用研究领域有：工程技术，经济金融，生命科学，生态与环境等。

2014 年，数学院抓住中科院“率先行动”计划历史机遇，数学科教融合卓越中心顺利进入实施阶段。此外数学院在机制体制、科研创新、开放交流、人才培养等方面采取了系列有效措施，取得了显著成效。

数学院共有 4 个研究所。

数学研究所成立于 1952 年 7 月，著名数学家华罗庚为首任所长。数学研究所主要从事核心数学及理论计算机科学方面的研究。

应用数学研究所成立于 1979 年 10 月，著名数学家华罗庚为首任所长。应用数学研究所以具有实际背景的应用数学基础理论研究为主，发展和创造在自然科学、高新技术、经济金融和管理决策等领域中有普遍意义的数学分支和方法，为国民经济建设服务。

系统科学研究所成立于 1979 年 10 月，主要创始人包括关肇直、吴文俊、许国志等著名科学家。系统科学研究所是以多学科交叉为特点的基础型研究所，主要从事系统科学和与之有关的数学及交叉学科的研究。

计算数学与科学工程计算研究所成立于 1995 年 3 月，其前身是冯康院士于 1978 年创立的中国科学院计算中心。该所的主要任务和发展定位是面向科学与工程中的重大应用问题，着眼于代表国际水准的基础性和关键性计算方法的理论创新和技术创新；伴随计算机技术的进步，进行反映国际科学计算最新研究成果的高性能计算程序和软件的研究与开发；同时培养和造就大批适应当代需求的科学与工程计算的高素质人才。

此外，中国科学院数学科学卓越创新中心、中国科学院国家数学与交叉科学中心、晨兴数学中心、预测科学研究中心以数学院为依托单位；数学院还设有科学与工程计算国家重点实验室，中国科学院管理决策与信息系统重点实验室、系统控制重点实验室、数学机械化重点实验室、华罗庚数学重点实验室、随机复杂结构与数据科学重点实验室。数学院拥有全国馆藏最为丰富的数学专业图书馆，订有大量国外期刊，藏书逾 21 万册。数学院有先进的计算机及网络系统，包括

24万亿次机群和多个超级计算服务器，并拥有多种大型数学软件包。

截至2014年底，数学院共有在职职工339人。其中科技人员248人、科技支撑人员53人，包括中国科学院院士17人、中国工程院院士1人、发展中国家科学院院士6人、研究员及正高级工程技术人员120人、副研究员及高级工程技术人员61人；进入创新岗位293人。共有国家海外高层次人才引进计划（“千人计划”）入选者4人（“千人计划”A类1人，B类3人），“青年千人计划”入选者3人；中国科学院“百人计划”入选者22人。

数学院是1981年国务院学位委员会批准的首批具有博士学位授予权的单位之一。现设有数学、系统科学、统计学、计算机科学与技术、管理科学与工程5个专业一级学科博士研究生培养点，基础数学、计算数学、概率论与数理统计、应用数学、运筹学与控制论、系统理论、统计学、计算机软件与理论、计算机应用技术、管理科学与工程、管理运筹学、企业管理、数量经济学、应用统计、经济计算与模拟15个专业二级学科博士或硕士研究生培养点。并设有数学、系统科学、管理科学与工程、计算机科学与技术、统计学5个专业一级学科博士后流动站，共有在学研究生553人（其中硕士生243人、博士生310人），在站博士后82人。

2014年，主持国家重点基础研究发展计划（973计划）4项，承担课题13项（新增2项），参加课题5项，承担国家高技术研究发展计划（863计划）课题2项，参加国家科技支撑计划课题1项。主持和参加国家基金委项目176项。其中主持重大项目1项，主持重大项目课题2项（新增1项），创新研究群体3项，重点项目10项（新增4项），重大研究计划重点支持项目3项（新增1项），重大国际合作项目1项，国家杰出青年科学基金项目9项（新增2项），优秀青年科学基金3项（新增1项），海外及港澳学者合作研究基金项目2项（新增1项），面上项目64项（新增23项），青年科学基金60项（新增18项）；主持中国科学院战略性先导科技专项1项，课题1项；院地合作项目19项（新增13项）。

2014年，数学院取得了一批原创性、突破性和关键性重大理论与应用成果。例如，Theta对应守恒律、同余数问题与BSD猜想、基于语义网技术的古代建筑动画自动生成技术及系统、Levy过程驱动的随机Navier-Stokes方程的遍历性、投资组合选择与资产定价、Zeilberger算法的终止性，效率及其推广、酶动力学中的拟稳态定律及参数估计、宏观经济预测预警理论、实证与决策支持系统、信号处理中的一些数学问题研究、变压器模拟的可计算建模和快速算法。2014年，数学院科研人员共发表期刊论文680余篇，其中530余篇发表在国际学术刊物上，出版专著26本，专利申请9项，授权3项。累计获得各类重要科研成果奖励20余项，其中，程代展和齐洪胜获得2014年度国家自然科学奖二等奖、陆汝钤获2014年中国计算机学会奖终身成就奖、汪寿阳和田野获得全国优秀科技工作者荣誉称号、巩馥洲入选“万人计划”第一批科技创新领军人才、卢本卓、张林波等获得2014年度北京市科学技术奖三等奖、孙斌勇获得2014年度陈嘉庚青年科学奖、吕金虎获得2014年度中国科学院青年科学家奖等。此外多人获得重要荣誉，如袁亚湘在第27届国际数学家大会作邀请报告、郭雷在第19届IFAC世界大会上作大会报告、汪寿阳获得国际信息技术与定量管理学会Jr. WalterScott奖、陈翰馥当选国际系统与控制科学院院士、郭雷获瑞典皇家理工学院荣誉博士学位、袁亚湘获得发展中国家科学院奖、袁亚湘当选巴西科学院通讯院士、张纪峰当选美国电气与电子工程师学会（IEEE）Fellow等。数学院发挥学科优势，依托国家数学与交叉科学中心这一平台，积极推进横向科技工作发展。在优化运筹、先进制造等方向上有很成熟的成果，在武器装备、纳米材料、石油勘探等多个科研项目中都有参与，合作单位包括中国航天集团、北京卫星环境工程研究所、北京理工大学等。为中央和相关部门提供政策建议和评估报告，这是数学院多年以来比较有特色的院地合作工作，预测科学研究中心与国家发改委、商务部、人民银行等政府决策部门建立长期战略合作关系。2014年在全国粮食产量预测、经济预测预警、全球价值链与国际贸易利益等研究方向上向中央各部门提交了约40余篇政策报告，部分报告获得国家领导人的重要批示。

2014年，数学院参与的多项国际合作项目研究工作进展顺利。2014年，获得2项中国科学院国际人才交流计划资助；数学院共主办了9个国际会议；出国（境）项目189项共231人次，来访项目280项共368人次。2014年，数学院与韩国高等研究院签署合作谅解备忘录，与法国国家科学研究中心及五所大学签署协议，成立中法应用数学联合实验室，中法基础数学联合实验室（筹）。

约120人次在国际重要学术会议和组织担任领导职务，包括国际知识与系统科学学会理事长和副理事长、国际工业与应用数学世界大会主席和程序委员会主席、国际运筹学联合会副主席、国际自动控制联合会青年作者奖评审委员会主席、国际自动控制联合会执委、国际知识与系统科学学会副主席、亚太工业工程与工程管理协会理事、亚太应急管理协会执行理事、世界银行顾问、国际符号和代数计算ISSAC指导委员会委员、国际投入产出协会理事和委员等。

中国数学会（CMS）、中国运筹学会（ORSC）和中国系统工程学会（SESC）三个国家一级学会挂靠在数学院。数学院主办的学术刊物有：《数学学报》（中、英文版）、《应用数学学报》（中、英文版）、《系统科学与数学》、《系统科学与复杂性学报》（英）、《计算数学》（中、英文版）、《数学译林》、《代数集刊》（英）、《系统工程理论与实践》、《数学的实践与认识》、《数值计算与计算机应用》等15种，其中5种英文刊物均被SCIE收录。

（撰稿：王　玲　审稿：汪寿阳）

物理研究所

所　　长：王玉鹏
地　　址：北京市海淀区中关村南三街8号
邮政编码：100190
电　　话：010-82649004
传　　真：010-82649533
电子信箱：zhc@iphy.ac.cn
网　　址：http://www.iop.cas.cn

中国科学院物理研究所（以下简称“物理所”）成立于1950年8月15日，其前身是成立于1928年的国立中央研究院物理研究所和成立于1929年的北平研究院物理研究所，1950年在两所合并的基础上成立了中国科学院应用物理研究所，1958年10月8日启用现名。

物理所是以物理学基础研究与应用基础研究为主的多学科、综合性研究机构，研究方向以凝聚态物理为主，包括凝聚态物理、光学物理、原子分子物理、等离子体物理、软物质物理、凝聚态理论和计算物理等。战略定位是“面向国家战略需求，面向世界科技前沿”，发展目标是“建成国际一流物质科学研究基地”。2014年物理所“一三五”规划各项实施工作进展顺利，在基础研究和应用基础研究方面取得重要进展，积极参与和组织申请院战略性先导科技专项，参与“物理所–北京大学–清华大学协同创新中心”建设，继续推动国家重大科技基础设施——北京综合极端条件实验装置立项。

物理所是北京凝聚态物理国家实验室（筹）的依托单位，北京物质科学与纳米技术大型仪器区域中心筹建的牵头单位。现有超导、磁学、表面物理3个国家重点实验室，光学物理、先进材料与结构分析、纳米物理与器件、极端条件物理、软物质物理、清洁能源前沿研究、凝聚态理论与计算7个院重点实验室，固态量子信息与计算、微加工实验室2个所级实验室，它们与国际量子结构中心、量子模拟科学中心、北京散裂中子源靶站谱仪工程中心、清洁能源中心、超导技术应用中心、功能晶体研究与应用中心6个研究中心共同构成物理所的研究体系；技术部及各实验室、各研究组的公共技术岗位共同构成全所的技术支撑体系。

截至2014年底，物理研究所共有在职职工494人。其中科技人员264人、科技支撑人员102人，包括中国科学院院士14人、中国工程院院士1人、发展中国家科学院院士7人、研究员及正高级工程技术人员136人、副研究员及高级工程技术人员195人。

共有国家海外高层次人才引进计划（“千人计划”）入选者7人，“青年千人计划”入选者10人（新增2人）；中国科学院“百人计划”入选者54人（新增5人），国家杰出青年科学基金获得者35人（新增2人）。

物理所是1998年国务院学位委员会批准的首批物理学博士、硕士学位授予单位之一，现设有物理学、材料科学与工程等两个专业一级学科博士研究生培养点，材料工程、光学工程、集成电路工程等三个专业学位硕士研究生培养点，并设有物理学专业一级学科博士后流动站，共有在学研究生810人（其中硕士生306人、博士生504人），在站博士后46人。

2014年，物理所共有在研项目568项（新增项目158项）。其中，主持国家重点基础研究发展计划（973计划）和重大科学研究计划项目15项（新增3项）、承担课题54项（新增6项），主持国家高技术研究发展计划（863）项目3项（新增2项），主持国家自然科学基金重点项目11项（新增4项）、杰出青年基金7项（新增3项）、创新研究群体1项、重大研究计划重点项目11项（新增3项），主持国家科研装备研制/开发项目10项、院仪器研制专项5项（新增2项）、B类先导专项1项、A类先导专项项目1项、院重点部署项目3项、在研重点国际合作项目11项，国际合作团队2个。

2014年，物理所基础研究取得重大突破。首次观测到了CrAs的超导电性，实现了Cr基化合物的第一个超导体，现有多个实验证据表明CrAs具有非常规超导电性，对高温超导研究具有重要意义。针对石墨烯/氮化硼异质结构系统研究了氮化硼基底调制下的摩尔超晶格及相关物理现象，为石墨烯能带及电子学性质调控提供了新思路，加深了对石墨烯赝自旋结构的认识，并指出了一个通过超晶格来调控石墨烯赝自旋的途径。与国外合作，首次实验发现了2012年与兄弟单位合作理论预言的拓扑半金属态，该项工作发表于*Science*，并被*Physics World*进行报导。

2014年，赵忠贤院士荣获何梁何利科技成就奖；方忠、戴希荣获第七届周光召基金会基础科学奖；“超快超强激光技术及应用”团队（魏志义、王兆华、滕浩、韩海年、李德华、贺新奎、刘成、叶蓬、张伟、沈忠伟）荣获中国科学院科技促进发展奖；陈佳宁、王刚荣获中国科学院“卢嘉锡青年人才奖”；李志远、胡勇胜、陈根富、戴希、丁洪、方忠、雒建林、王楠林荣获汤森路透“高被引科学家奖”；陈根富、方忠、雒建林、王楠林荣获汤森路透“最具国际引文影响力奖”；陈根富、戴希、丁洪、方忠、雒建林、王楠林荣获汤森路透“科研团队奖”。

根据中国科学技术信息研究所关于中国科技论文统计结果，2013年度，物理所发表的SCI收录论文数514篇，其中有261篇入选中国科学技术信息研究所公布的“表现不俗”论文，占论文总数的50.78%，在全国的研究机构中名列第三，其中四篇论文入选“2013中国百篇最具影响国际学术论文”；2004—2013年，物理所SCI收录论文累计被引用篇数4496篇，名列全国科研机构第三位，被引用次数74 450次。2014年物理所共申请专利180项，获得专利授权70项。

同时，物理所积极推进科技成果转移转化工作。2014年，物理所以专利技术“载波相位自稳定的中红外飞秒激光脉冲产生方法及装置”（专利授权号：ZL200810222628.0）无形资产出资成立“盐城物科光电技术有限公司”，推进飞秒激光设备的国产化开发和应用，有效地促进了我国高技术产业的发展。

在应用基础研究与高技术研究方面，苏州星恒生产的锰酸锂动力电池产品继续占据电动自行车领域市场份额第一的位置，动力电池系统应用扩展至插电式混合动力客车电动汽车、专用车和国防等应用领域，研制的高能量型电池比能量达到180W·h/kg。高比容量硅碳复合负极材料和高电压尖晶石负极材料技术取得突破，与企业合作形成了10kg/批次的制备能力，与兄弟单位共建锂离子动力电池工艺技术服务平台（筹），一期工程实验室已部分建成并开始为行业提供服务。与天科合达蓝光半导体有限公司合作，成功研制出了6英寸SiC单晶衬底，不仅标志着物理所SiC单晶生长研发工作已达到国际先进水平，更为高性能SiC基电子器件的国产化提供了材料基础。

物理所现有控股、参股公司9个，其中以知识产权入股的5个。技术转移与成果辐射的省、市地区有北京、天津、新疆、江苏、浙江等。

2014 年，物理所在研重点国际合作项目 11 项，在研国际合作团队 2 个。来访人数约为 307 人次，其中约 144 人次来物理所进行合作研究，占总来访人数得 47%。出访人数达到 414 人次，参加国际会议 219 人次，其中 154 人次应邀作学术报告。2014 年主持召开国际学术会议 12 次，举办所级讲座“崔琦讲座”1 次。

物理所是中国物理学会的挂靠单位；承办的科技期刊有《物理学报》、*Chinese Physics Letters*、*Chinese Physics B* 和《物理》。

（撰稿：魏红祥　王　玉　审稿：孙　牧）

理论物理研究所

副 所 长：邹冰松（主持工作）
党委书记：牟克雄
地　　址：北京市海淀区中关村东路 55 号
邮政编码：100190
电　　话：010-62554447
传　　真：010-62562587
电子信箱：anhm@itp.ac.cn
网　　址：http://www.itp.ac.cn

中国科学院理论物理研究所（以下简称“理论物理所”）成立于 1978 年 6 月 9 日，是在理论物理学领域各主要方向上从事基础研究的专业研究所。1985 年，理论物理所成为中国科学院向国内外首批开放的研究所，1993 年被第三世界科学院选为首批参加协联计划的优秀中心，1998 年 8 月被列为中国科学院知识创新工程首批试点单位之一，2002 年 2 月成立中国科学院交叉学科理论研究中心，2004 年 12 月被批准为中国科学院与第三世界科学院奖学金学者培训基地，2006 年成立中国科学院卡弗里理论物理研究所，2008 年成立中国科学院理论物理前沿院重点实验室，2011 年 11 月经科技部批准开始筹建理论物理国家重点实验室，2013 年 9 月该实验室顺利通过科技部组织的建设验收正式运行。

理论物理所面向国家战略需求、面向世界科技前沿，以在探索自然界物质结构以及基本运动规律方面做出具有国际影响的重大创新成果为目标，联合国内理论物理学工作者，把理论物理所办成从事理论物理基本核心问题研究，不断为国家输送优秀人才、注重交叉学科理论发展的“基础研究中心、人才培养基地、学术交流平台”，努力使理论物理研究所成为全国的理论物理研究所和国际一流水平的国家理论物理中心，在我国理论物理学界发挥引领作用，并做出真正原创性工作。

根据中国科学院“创新 2020”的工作部署，全面推进实施研究所制定的“一三五”发展规划，在暗物质和暗能量本质及新物理理论的研究方面，密切关注目前国际上重要实验，如 LHC、暗物质 Xenon100，宇宙学 BICEP2、WMAP 及 Planck 等实验的进展，紧密与实验相结合，在实验的基础上构造超出标准模型的新模型；生命过程启发的信息处理和能量转换的物理问题研究方面，利用分子生物、系统生物、生物信息等各层次的实际生物体系，运用和发展统计物理理论，揭示生命过程中生物物理现象和规律背后的普适的物理机制；新奇物态相关的量子场论问题研究方面，秉承学科发展规律，加强不同研究方向的交叉融合，特别加强所内相关方向的研究力量的合作，关注最新发展，加强学术交流。在粒子天体宇宙学与早期宇宙演化、统计物理及其交叉学科、强相互作用物理及其交叉应用、量子信息、冷原子物理及其量子模拟 5 个培育方向方面，积极开展了系列交流活动，并取得系列进展，有望进一步形成学科引领。

理论物理所设有两个研究室，以及以理论物理所为依托单位的“中国科学院卡弗里理论物理研究所”非法人研究单元、和科技部依托理论物理所的“理论物理国家重点实验室”。

截至 2014 年底，理论物理所共有在职职工 59 人。其中科研人员 32 人、科技支撑人员 11 人，包括中国科学院院士 6 人、第三世界科学院院士 3 人；研究员 27 人、副研究员及高级工程技术人员 7 人。

共有“青年千人计划”入选者 3 人，中国科学院“百人计划”入选者 18 人，国家杰出青年科学基金获得者 10 人。

理论物理所是国务院学位委员会批准的首批博士学位授予单位之一。现有理论物理专业硕士、博士研究生培养点。并设有理论物理专业博士后流动站，共有在学研究生 121 人（其中硕士生 43 人、博士生 78 人），在站博士后 22 人。

2014 年，中国科学院卡弗里理论物理研究所（KITPC）作为理论物理所开放所的进一步拓展和重要组成部分，KITPC 运行了 6 个各具特色的交流项目。理论物理国家重点实验室以“问题驱动”模式运行，自主部署了 10 大专题，积极开展前沿交叉问题研究。

2014 年，理论物理研究所共有在研项目 70 项（包括新增项目 14 项）。其中，主持（或承担）国家重点基础研究发展计划（973 计划）项目 1 项、主持课题 5 项；主持国家自然科学基金创新群体项目 2 项，主持国家自然科学基金国际（地区）合作与交流项目 1 项、主持（或参加）国家自然科学基金重点项目 4 项（新增 1 项）、面上项目 22 项（新增 3 项）、国家杰出青年科学基金项目 2 项、国家自然科学基金重大研究计划重点项目 2 项、主持国家自然科学基金优秀青年科学基金 1 项（新增 1 项），其他基金项目 9 项（新增 4 项）；主持（或参加）院重点部署项目 1 项、战略性先导科技专项 B 类项目 1 项（新增 1 项）、修缮购置专项 1 项（新增 1 项）、中国科学院重要方向性项目 2 项，百人（或青年千人）计划项目 3 项，中科院其他项目 11 项（新增 3 项）；承担其他项目 2 项。

2014 年，理论物理所科研人员共发表 SCI 论文 243 篇，其中影响因子 4 以上的 112 篇，国际国内邀请报告共约 44 人次。

2014 年，理论物理所开展了系列的国际合作与交流。中国科学院卡弗里理论物理研究所运用“项目驱动”模式运行，吸引了 419 名活跃在前沿领域的研究学者和国内约 150 名研究生参与到这些研究项目中，为促进世界范围内前沿交叉及新兴学科的基础研究、加强人才培养做出了重要贡献。另外，各课题组接待日常来访学者 345 人次（不含国际会议的参会外宾），其中境外 52 人次，超过一个月的访问有 90 人次。全所 2014 年度的因公出访 31 人次。

2014 年，理论物理所共举办了 3 次国际会议和 2 次海峡两岸会议，另有国内各类学术交流会约 20 次，前沿、交叉论坛/Colloquium 16 次，专题学术报告 137 次，这些活动为营造活跃的研究所氛围发挥了重要作用。

2014 年，理论物理所完成 322 会议室升级改造项目，升级改造了研究所新楼无线网络，升级、更换了研究所应用服务器，对邮件、ARP 过期用户进行清理，完成“计算模拟和数值实验及其应用平台”三期建设新增 GPU 计算节点 36 个，讨论并制订了《制定研究所小额物资采购制度》，以所级中心名义加入中国科学院超级计算环境，与中科院计算机网络中心签订合作协议。完成中科院计算机网络与信息安全专项检查，完成研究所信息化评估。完成图书馆资产清查，具体清查情况如下：在馆书刊共 23 782 册合 24 296 994. 77 元，其中图书 6 266 册合 1 794 401. 64 元，在馆期刊 17 516 册合 22 502 593. 13 元。完成 2015 年度修购专项项目申报，完成“2016—2020 年修购专项规划书”申报，申报并获批《研究所情报分析可持续服务能力建设》项目和《研究所科技文献资源保障分析与规划建设子项目二期》。

由理论物理所主办和承办的英文版学术期刊《理论物理通讯》（*Communications in Theoretical Physics*）的国际影响力继续提升，2014 年公布的 SCI 影响因子再创该刊历史最好水平，达到 1. 049，是本刊历史上首次超过 1 的影响因子。2014 年度再次获得了中国科协等部委联合发布的“中国科技期刊国际影响力提升计划”的 B 类支持项目，并继续获得“2014 中国最具国际影响力学术期刊”称号。

（撰稿：安慧敏　审稿：邹冰松）

高能物理研究所

所　　长：王贻芳
党委书记：潘卫民
地　　址：北京市石景山区玉泉路 19 号乙院
邮政编码：100049

电　　话：010-88233092
传　　真：010-88233105
电子信箱：ihep@ihep.ac.cn
网　　址：http://www.ihep.cas.cn

高能物理研究所（以下简称“高能所”）成立于1973年，其前身是1950年成立的中国科学院近代物理研究所，1953年改称物理所，1958年改称原子能研究所。1973年2月，根据周恩来总理的指示，在原子能研究所一部的基础上组建了高能所。

高能所是以基础研究和应用基础研究为主的多学科综合性研究所。主要学科方向是粒子物理研究、加速器物理及技术研究和射线技术及应用研究，并兼顾核分析技术及多学科交叉研究；优势研究领域包括粒子物理、粒子天体物理、同步辐射技术及其应用、加速器物理及技术、核分析技术。

高能所建有北京正负电子对撞机国家实验室、核探测与核电子学国家重点实验室（与中国科学技术大学共建），1个院级卓越创新中心：中国科学院粒子物理前沿卓越创新中心，3个院级重点实验室：粒子天体物理重点实验室、纳米生物效应与安全性重点实验室（与国家纳米中心共建）、粒子加速物理与技术院重点实验室，2个北京市重点实验室：北京市射线成像技术与装备工程中心、网络安全防护技术北京市重点实验室，1个非法人研究单位：中国科学院大科学装置理论物理研究中心（挂靠高能所），1个国际联合研究中心：高能物理国际研发中心，1个北京市国际科技合作基地：直线加速器技术及射线应用国际科技合作基地，1个所级实验室：X射线光学与技术实验室。高能所下设东莞分部、实验物理中心、粒子天体物理中心、理论物理室、计算中心、加速器中心、多学科研究中心、核技术应用研究中心8个研究单位；拥有北京正负电子对撞机、北京谱仪、北京同步辐射装置、西藏羊八井国际宇宙线观测站、中国散裂中子源（在建）、大亚湾中微子实验装置、硬X射线调制望远镜卫星（在建）、江门中微子实验装置（在建）等大型科研装置。

截至2014年底，高能所共有在职职工1440人。其中科技人员1211人、科技支撑人员295人，包括中国科学院院士6人、中国工程院院士2人、研究员及正高级工程技术人员169人、副研究员及高级工程技术人员425人。

共有国家“万人计划”入选者2人（新增1人），国家“千人计划”入选者3人，“青年千人计划”入选者3人（新增1人）；中国科学院“百人计划”入选者50人（新增4人）；国家杰出青年科学基金获得者19人（新增2人）。

高能所是1981年国务院学位委员会批准的首批博士、硕士学位授予权单位之一。现设有理论物理、粒子物理与原子核物理、凝聚态物理、光学、无机化学、生物无机化学6个理学博士、硕士培养点，设有核技术及应用、计算机应用技术2个工学博士、硕士培养点，设有材料工程、动力工程、机械工程、电子与通讯工程、核能与核技术工程、计算机技术、化学工程7个全日制工程硕士培养点，并设有物理学、核科学与技术2个博士后流动站，共有在学研究生480人［其中博士生271人（其中外籍留学生5人）、硕士生151人、全日制工程硕士生58人］，在站博士后74人（其中外籍9人）。

2014年，高能所主持（或承担）在研项目312项（包括新增项目109项）。其中，承担（或参加）国家重大科技专项课题2项，主持国家重点基础研究发展计划（973计划）2项、承担（或参加）课题29项，承担国家高技术研究发展计划（863计划）项目1项、承担（或参加）课题3项，承担国家自然科学基金重大项目4项（新增1项）、国家自然科学基金重点项目14项（新增2项）、国家杰出青年科学基金项目2项、国家自然科学基金联合基金10项（新增4项）面上项目210项（新增78项），承担（或参加）课题248项，主持中国科学院战略性先导科技专项2项，主持（或承担）中国科学院战略性先导科技专项项目4项（新增1项），承担中国科学院战略性先导科技专项课题42项，科技部重大仪器研制项目1项、承担课题12项，承担国际合作项目5项；承担科学院各项目38项（新增11项），承担地方自然科学基金4项（新增1项）。

2014年，高能所全面深入推进“一三五”

战略规划，积极贯彻落实中科院“率先行动”计划，进一步凝练发展目标，粒子物理研究、大科学装置建造与运行、应用研究与成果转化三项重大突破成果显著，5 个重点培育方向进展顺利，科技创新能力进一步提升。北京谱仪 III 发现新的共振结构 Zc（4020）和 Zc（4025），对丰富人类对物质基本结构的理解具有重要科学意义。散裂中子源建设进入设备安装阶段，直线隧道等基建工程基本交付使用。加速器驱动的次临界系统连续波质子 RFQ 加速器的束流功率位于世界前茅，低β超导加速腔性能指标达到国际领先水平及系统成功集成等关键技术的突破，标志着我国在 ADS 加速器关键技术的攻关和系统集成上取得了重要进展。成功合成国际上首个锕系元素金属聚轮烷，有望为核废料处理与处置提供一个新的思路和方法。BEPCII/BESIII/BSRF 圆满完成高能物理取数运行和同步辐射专、兼用光运行，大亚湾中微子实验稳定运行，JUNO 研制完成第一支 20 英寸微通道板光电倍增管，成立国际合作组，LHAASO 完成选址并签署院省共建协议，HXMT 正样产品开始电装，HEPS、CEPC 等项目有序推进，开展了大型空间项目 HERD、XTP 预研。

2014 年，高能所发表论文 1314 篇，比 2013 年同期增长 8.8%；作为第一机构发文 509 篇，占发文总数的 39.7%。科学引文索引（SCI）数据库收录论文 914 篇，其中 66% 的论文发表在影响因子大于 2 的期刊上，影响因子大于 10 的高影响力期刊发文为 19 篇；37.3% 的论文发表当年即被引用；41.5% 的论文是与国外的研究机构或大学合作完成，涉及 62 个国家 600 余家机构。EI 数据库收录 462 篇，ISTP 数据库收录 27 篇，MEDLINE 数据库收录 8 篇。根据 ISI-ESI 数据库中全球论文影响力百分比基线，被引用次数进入同类学科千分之一但不足万分之一的论文 9 篇，进入百分之一但不足千分之一的论文 33 篇。

2014 年，高能所申请中国专利 65 件，其中发明 60 件、实用新型 5 件；通过 PCT 申请专利 1 件。获得中国专利授权 23 件，其中发明 15 件、实用新型 8 件；获得计算机软件著作权 16 件。

2014 年，高能所获省部级奖项 3 项，其中：“同步辐射纳米分辨三维成像平台和实验方法”获北京市科学技术奖一等奖，“Belle 实验新粒子的发现和研究”获北京市科学技术奖二等奖，“化石 X 射线成像装置研制及应用”获北京市科学技术奖三等奖。

2014 年，高能所积极推进科技成果转移转化工作。在电子辐照加速器方面，主要与企业合作开拓辐照加速器市场，结合所内优势，重点推进整体解决方案式营销；乳腺 PET 已经完成了获取三类医疗器械注册许可证的所有准备工作，材料已提交国家食品药品监督管理局，进入最后的审核阶段；在核检测设备的产业化方面，目前已有 5 款定型产品，实现了项目产品及衍生产品等多款定型产品的小批量生产及销售，已在 20 多家涉核现场应用；建立怀柔高能产业基地，项目公司在怀柔区工商登记，注册资金 5000 万；超导磁体方面，在原有合作之上进一步明细和深化开发项目的内容，针对两个系列 4 种型号产品签订了具体的技术开发合同，总金额 560 万元。以奥龙院士工作站为平台，与奥龙射线集团合作的“X 射线探测器研发”项目入住丹东育成中心。

2014 年高能所共签署 6 项科技合作协议，包括高能所与国际互联合作组织就全球粒子物理信息宣传的备忘录，高能所与日本放射线医学综合研究所合作备忘录（延期），高能所与日本高能加速器研究机构更新学术交流协议的备忘录，中美高能物理合作项目协议，高能所与 DEPFET 合作组的补充备忘录，高能所与泰国苏兰拉里理工大学学术和科研合作谅解备忘录等。承办高能物理领域国际研讨会 19 次。接待国外（境外）来访学者约 800 人次，组织所内科研人员出国（境）进行学术交流 600 余人次。参加欧洲核子研究中心的大型强子对撞机 LHC 上的 ATLAS 和 CMS 实验、丁肇中教授领导的 AMS 实验、国际直线对撞机（ILC）、BELLE & BELLE II、PANDA 等国际合作项目。

高能所是中国物理学会高能物理分会、粒子加速器分会，同步辐射专业委员会，核电子学与核探测技术学会，中国毒理学会纳米毒理学专业委员会，中国物理学会中子散射专业委员会的挂靠单位。主办的刊物有《中国物理 C》（月刊）、

《现代物理知识》（科普双月刊）。

（撰稿：蒙　巍　王晨芳　审稿：王贻芳）

力学研究所

所　　长：樊　菁
地　　址：北京市海淀区北四环西路15号
邮政编码：100190
电　　话：010-62560914
传　　真：010-62561284
电子信箱：imech@imech. ac. cn
网　　址：http://www. imech. cas. cn

中国科学院力学研究所（以下简称“力学所”）成立于1956年，是以工程科学思想建所的综合性国家级力学研究基地，在国际力学界享有盛誉。钱学森、钱伟长为第一任正、副所长；郭永怀副所长曾长期主持工作；继任所长为郑哲敏、薛明伦、洪友士，现任所长樊菁。

力学所加强空天、海洋、环境、能源与交通等重要领域的科学创新和高新技术集成，以微尺度力学与跨尺度关联，高温气体动力学与跨大气层飞行，微重力科学与应用，海洋与环境、能源与交通中的重大力学问题，先进制造工艺力学，生物力学与生物工程等为主攻方向。

2014年，力学所根据国家战略需求和世界科学前沿，结合《国家中长期科学和技术发展纲要》、中国科学院“创新2020”规划、中国科学院《“率先行动”计划暨全面深化改革纲要》，进一步凝练科技目标，理清发展思路，积极推进研究所“一三五”科研规划的顺利实施。同时，不断提高战略思维能力，不断提升把握全局能力，适时、自主地调整科技布局，促进力学相关基础研究的发展，力争在国家重大战略任务中发挥关键性的科学支撑作用。

力学所现设有5个实验室：非线性力学国家重点实验室、高温气体动力学国家重点实验室、国家微重力实验室、中国科学院流固耦合系统力学重点实验室、先进制造工艺力学重点实验室。

中国科学院依托力学所成立了中国科学院高超声速科技中心、中国科学院先进轨道交通力学研究中心、中国科学院海洋工程中心等非法人单元，以充分发挥力学学科在相关领域的总体和牵头作用；此外，为加强研究所与地方和产业部门的合作与发展，力学所建立了工程化构建与力学生物学北京市重点实验室，与企业联合成立了冲击动力学工程研究中心、发动机科学与工程联合实验室等。2010年9月，IUTAM正式批准设立在力学所的北京国际力学中心为其关联所属组织，是该组织在亚太地区唯一的“国际力学中心”。

力学所还建设了高超声速高温气体动力学实验技术系统、微/跨尺度力学公共实验研究系统、微重力科技实验技术系统、海洋工程与环境力学综合实验技术系统以及计算力学平台等，建成所级信息与网络共享平台，构建了较为完备的技术支撑体系。

截至2014年底，力学所共有在职职工468人。其中科技人员278人、科技支撑人员150人，包括中国科学院院士7人、中国工程院院士1人、研究员及正高级工程技术人员69人、副研究员及高级工程技术人员146人；全所进入事业编制岗位412人。共有国家海外高层次人才引进计划（“千人计划”）入选者1人，中国科学院“百人计划”入选者18人，国家杰出青年科学基金获得者11人。

力学研究所是国务院学位委员会批准的博士、硕士学位授予权单位之一，现设有力学一级学科博士研究生培养点，力学一级学科、材料学二级学科硕士研究生培养点，并设有力学一级学科博士后流动站，共有在学研究生346人（其中硕士生216人、博士生130人），在站博士后16人。

2014年，力学研究所在研项目466项（包括新增项目242项）。其中，承担国家重大科技专项课题8项，主持（或承担）国家重点基础研究发展计划（973计划）和国家重大科学研究计划项目4项、承担（或参加）课题1项；主持科技支撑计划课题项目1项；主持（或承担）国家自然科学基金杰出青年基金项目3项（新增1项）、优青项目2项（新增1项）、重点项目9项（新增2项）、面上项目72项（新增17项）、青年基金项目 57 项（新增 14 项）、国家自然科学基金重大研究计划重点项目 2 项；主持（或承担）中国科学院战略性先导科技专项子课题 20 项，主持院重点部署项目 1 项、（科技部、国家自然科学基金委、财政部和院）重大仪器研制项目 1 项；承担重点国际合作项目 1 项；承担院地合作项目 110 项（新增 100 项）。承担国防基础科研项目 1 项、总装预研基金项目 6 项、承担总装背景型号项目 4 项（新增 4 项），国防 863 项目 10 项（新增 5 项）、承担国防固定资产投资项目 1 项，承担横向军工项目 2 项（新增 2 项）。院国防创新基金项目 1 项（新增 1 项）、国防横向项目 150 余项。

2014 年，力学所发表国际期刊论文 257 篇，其中被 SCIE 收录 239 篇，国内期刊论文 131 篇，国际会议论文 43 篇，国内会议论文 19 篇，出版专（编、译）著 3 本，提交科技报告 69 篇；力学所共申请专利 61 项，其中发明专利 61 项；授权专利 32 项，其中发明专利 31 项，实用新型 1 项；软件登记共 26 项。

2014 年力学所共有 140 人次出访到 22 个国家和地区进行各种形式的交流与合作（国际会议 115 人次，合作研究 22 人次，科学访问与技术考察 2 人次，院公派出国留学 1 人）；共有 200 多名境外学者来力学所进行学术访问；举办、协办国际会议 3 个；签署 2 个国际合作协议；在研国际合作项目有 4 项（国家基金委 1 项，科技部 2 项，科学院 1 项）；有 34 位科学家在 70 多个国际学术组织及学术期刊编委会任职。

力学所是中国力学学会办公室的挂靠单位。主办或联合主办的学术期刊有《力学学报》（SCI 收录）、*Acta Mechanica Sinica*（SCI 收录）、《力学进展》、《力学与实践》和 *Theoretical & Applied Mechanics Letters*。

（撰稿：王宇星　武佳丽　审稿：乔均录）

声学研究所

所　　长：王小民
党委书记：张春华

地　　址：北京市海淀区北四环西路 21 号
邮政编码：100190
电　　话：010-82547850
传　　真：010-82547890
电子信箱：lwh@mail. ioa. ac. cn
网　　址：http://www. ioa. cas. cn

中国科学院声学研究所（以下简称声学所）成立于 1964 年，其前身是中国科学院电子学研究所的水声学研究室、空气声学研究室、超声学研究室和位于海南、上海、青岛的 3 个研究站。声学所是从事声学和信息处理技术研究的综合性研究所，总部位于北京市海淀区中关村。

2014 年 7 月 26 日，中科院院长办公会决定“海洋信息技术创新研究院”试点建设启动立项。声学所积极谋划布局，12 月 31 日，由声学所牵头，沈阳自动化所、三亚深海所、南海海洋所等共同参与论证编制的《中科院海洋信息技术创新研究院实施方案》通过院长办公会审议。声学所抓住创新研究院筹建机遇，持续优化科研布局，整合优势资源，避免同质化竞争，统筹资源配置，以重大产出为目标，完成声学所科研机构改革，制订《声学所机构改革方案》，先后通过所学术委员会、职代会、党政联席会议和所务会议审议，现已将北京所本部原有 18 个实验室整合为 9 个研究单元。

目前，声学所在北京设有声场声信息国家重点实验室、国家网络新媒体工程技术研究中心、中国科学院噪声与振动重点实验室、中国科学院水声环境特性重点实验室、中国科学院语言声学与内容理解重点实验室等研究单元；在青岛建有北海研究站，在上海建有东海研究站，在海南建有南海研究站，在嘉兴市与地方政府共建了声学技术转移中心。声学所特色研究方向包括：水声物理与水声探测技术、环境声学与噪声控制技术、超声学与声学微机电技术、通信声学和语言语音信息处理技术、声学与数字系统集成技术、高性能网络与网络新媒体技术。声学所拥有包括 4 位中国科学院院士在内的优秀科技和管理人才队伍，其中多人在国际组织和国家级专家委员会任职。声学所是国务院学位委员会批准的首批博士、硕士学位授予单位。

声学研究所定位是：主要致力于声学和信息处理技术学科的应用基础和高技术发展研究，围绕未来5到10年我国在海洋、安全、能源、生命健康和信息网络等领域的战略急需，着力破解与声学和信息处理技术相关的前瞻性重大科技难题与系统集成瓶颈，着力提升自主创新与竞争能力，取得创新性重大成果，引领学科发展方向，保持特色鲜明和不可替代研究所的地位，把声学所打造成声学和信息处理技术领域国内外一流的国立专业研究机构。

截至2014年底，声学所共有在职职工809人。其中专业技术人员732人，包括中国科学院院士4人、研究员及正高级工程技术人员112人、副研究员及副高级工程技术人员257人。共有1人入选“万人计划”，15人入选中国科学院“百人计划”。

声学所现设有物理学、信息与通信工程2个专业一级学科博士研究生培养点，声学、信号与信息处理、地球探测与信息技术等5个专业一级学科硕士研究生培养点，电子与通信工程、地质工程2个领域的工程硕士培养点。并设有物理学、信息与通信工程2个专业一级学科博士后流动站，共有在学研究生430人（其中硕士生223人、博士生207人），在站博士后31人。

2014年，声学研究所共有在研项目977项（包括新增项目190项）。其中，承担或参加国家重大科技专项课题18项，主持（或承担）国家重点基础研究发展计划（973）2项、承担（或参加）课题9项（新增2项），主持（或承担）国家高技术研究发展计划（863）项目2项、承担（或参加）课题27项（新增1项）；主持（或承担）国家自然科学基金重点项目4项（新增3项）、面上项目44项（新增13项）、国家杰出青年科学基金项目1项、国家自然科学基金重大研究计划重点项目1项；主持（或承担）中国科学院战略性先导科技专项课题13项（新增6项），主持（或承担）院重点部署项目5项、（科技部、国家自然科学基金委、财政部和院）重大仪器研制项目13项（新增1项）；承担国际合作项目14项（新增11项）；承担院地合作项目9项（新增1项）。

国家863计划信息技术领域重大项目课题“融合网络业务体系的开发”以网络实时业务服务器、面向电视终端的嵌入式操作系统为核心，研究开发具有实时服务能力提供、云服务特征、可管可控可信的开放业务体系，形成自主知识产权，促进三网融合业务的持续创新。面向业务融合、网络融合发展趋势和需求，该课题在国内率先研制了面向WEB应用的电视操作系统（TVOS），具备开放的开发与运行环境，可屏蔽终端硬件的差异，支持WEB应用的下载、安装、运行、卸载，为智能电视提供WEB应用生态的支撑；该课题创新性地研制了网络实时业务服务器（RSPE）设备，可提供DVB数据实时适配封装、高密度实时转码、可伸缩编解码、海量并行文件存储等高效服务能力；采用虚拟化组网技术按照用户规模或业务需求汇聚、动态分配服务资源，支持高可靠、高效能的广域存储，健壮的分布式通信和会话控制；开发了开放业务平台，可提供云化的资源共享、语义化的业务生成和开放的应用开发调用接口。

研发成功了“深部钻测多极阵列声波成像测井仪（LQ-01声波成像测井仪器）”。LQ-01型深部钻测多极阵列声波成像测井仪研发成功，标志着我国相关高技术研究从过去“正交偶极换能器”单一部件的技术突破已发展到“多极阵列声波成像测井仪”的系列技术突破，是科学院“一三五”规划重要培育方向“深部钻测核心技术与系统集成”项目所取得的突破性进展。精度提高30%以上，在与放射性测井资料联合解释渗透率中发挥了重要作用。该仪器总体性能已经达到了国外同类仪器的水平，部分功能优于国外仪器，打破了国际高端石油声波测井仪器的长期技术垄断，推动了我国深部固体地球钻探测量的仪器装备研发技术的快速发展，为我国高端石油钻测仪器参与国际竞争奠定了良好的基础，并提供了有利条件，具有重要的社会意义和良好的经济意义。

声学所是中科院大科学装置“实验1”号科学考察船的法人单位，该科考船在2014年度完成了6个科学考察航次任务，在航155天，安全航行18 961海里。

2014年，声学所承担的修购专项“新安江湖上试验平台”建设完成并顺利通过项目验收，该项目新建的“实验叁号”无动力双体实验船总长48米、宽度22米、吃水1.45米，排水量约1100吨。该船是声学所新安江实验场新一代湖上试验主力船舶，为水声装备研究与试验提供基础平台。

2014年，共获国家科技进步奖二等奖1项，获中科院杰出成就奖1项，获国防科学技术进步奖一等奖1项（第二完成单位）、二等奖1项、三等奖1项（第二完成单位），获北京市科学技术奖1项（第二完成单位）；全年共发表科技论文538篇，其中SCI收录66篇，EI及CPCI收录89篇；出版专著2部，译著2部；共申请专利232项，其中发明专利212项，通过PCT申请国际发明专利17项；专利授权143项，其中发明专利117项，日本发明专利1项，欧亚发明专利1项；软件著作权登记78项，集成电路布图设计20项；参与制订国家标准9项，行业标准4项。

声学所高度重视科研成果的转移转化，积极加强与地方政府及国家大型企业的联合与合作，通过共建工程中心、联合实验室、组建新企业、技术联盟等多种形式，并积极参加各类展会和成果对接会，加快技术转移和科技成果转化。2014年，各类院地合作共建工作有序开展，并取得了显著成绩。嘉兴工程中心和嘉善电声研发中心立足当地电声产业，在扬声器数值仿真分析技术方面取得新突破，开发了扬声器异常音在线检测仪，该设备期望以机器换人方式，取代目前的人工听音，解决这一长期困扰电声企业的共性技术难题。其进一步推广使用，将促进电声行业的转型升级，切实帮助当地企业提升新产品设计水平和效率。

2014年，在国家主席习近平访问斯里兰卡期间，签订两国政府间各个领域多项协议，与斯里兰卡文化部郑和沉船水下考古合作项目纳入其中。并得到院重点国际合作项目批复，2014年年底项目正式启动实施。并计划2015年3月西南季风来临之前开展第一季海上考察。

组织筹备中以联合基金项目申请并纳入科技部中以合作项目，同时申请基金委中以重点国际合作项目。基金委中日韩A3国际合作项目“面向下一代互联网的超临场感声通信应用研究”进展良好2014年应结题，后续得到基金委连续支持2年经费160万。

国际人才引进及交流情况：2014年国际人才2项外籍特聘研究员计划项目得到批复，以色列海法大学的Boris GrogoryevichKatsnelson教授和波兰科学院海洋研究所的ZygmuntKlusek教授。2014年接待来访特聘国际人才俄罗斯科学院远东分院太平洋海洋研究所O. E. GULIN教授和俄科学院大气物理研究所IGOR教授来华开展国际合作与交流

2014年，签署签订了2项重要国际合作协议，即与斯里兰卡中央文化基金会签订合作项目协议及与俄罗斯大气物理所签订合作协议。

2014年7月，在北京国家会议中心成功举办国际声与振动会议，参会人员841人。2014年12月，在北京友谊宾馆成功举办国际压电晶体超声大会并取得圆满成功。

2014年，声学所组团赴国外参加的国际会议有：UDT、2014年度视觉通信与图像处理年会、第九届ACM国际水下通信网络会议（WUWNet’14）、第43届国际噪声控制工程会议、2014年度国际通信学术会议、168届美国声学学会会议、Oceans 2014国际会议、2014年第19届数字信号处理国际会议、水声与测量国际会议等，其中出访人136次，来访65人次。

截至2014年底，声学所共有公司13家，其中研究所直接投资公司7家，声学所管理公司投资6家。

声学所是中国声学学会、全国声学标准化技术委员会、中国科学院声学计量测试站、中国环境科学学会环境物理分会等学术机构或组织的挂靠单位。主办的专业学术期刊有《声学学报》（中、英文版）、《应用声学》、《网络新媒体技术》、《声学技术》、《中国医学影像技术》和《中国介入影像与治疗学》等。

（撰稿：刘卫华　张　涵　审稿：张春华）

理化技术研究所

所　　长：张丽萍

党委书记：黄　勇
地　　址：北京市海淀区中关村东路 29 号
邮政编码：100190
电　　话：010-82543770
传　　真：010-62554670
电子信箱：zhc@mail. ipc. ac. cn
网　　址：thhp://www. ipc. cas. cn

中国科学院理化技术研究所（以下简称“理化所”）组建于 1999 年 6 月，是以原中国科学院感光化学研究所、低温技术实验中心为主体，联合北京人工晶体研究发展中心和工程塑料国家工程研究中心及中国科学院化学研究所的相关部分整合而成。

理化所是以物理、化学和工程技术为学科背景，以高科技创新和成果转移转化研究为职责使命的研究机构。重点开展光化学转换和光电功能材料应用基础研究及成果转移转化，为我国新一代信息技术、新能源及新材料等战略性新兴产业发展持续提供源头创新；着力突破非线性光学晶体和全固态激光器件核心关键技术，保持和扩大非线性光学晶体及其应用的国际领先地位，推动全固态激光技术的发展，持续提供保证国家需求的战略性手段；致力推进低温工程与技术的发展和应用，提升我国在制冷领域的核心竞争力，为我国大科学工程等重要领域的跨越性发展提供战略性支撑。致力于将理化所建设成在国际上有重要影响的高水平研究机构。理化所主要研究领域为光化学/功能材料与技术、功能晶体与激光技术、低温科学（工程）与技术、国家安全相关技术、生物基材料与医用技术装备。

理化所现有工程塑料国家工程研究中心，航天低温推进剂国家重点实验室，光化学转换与功能材料、功能晶体与激光技术、低温工程学 3 个中科院重点实验室，低温生物医学工程学、热力过程节能技术 2 个北京市重点实验室，空间功热转换技术所级重点实验室等科研机构。技术支撑机构有国家级的低温计量站和抗菌检测中心、院级的机加工中心、所级的公共技术服务中心和信息中心等。

截至 2014 年底，理化所共有在职职工 510 人。其中科技人员 447 人，包括中国科学院院士 4 人、中国工程院院士 2 人、发展中国家科学院院士 1 人、研究员及正高级工程技术人员 79 人、副研究员及高级工程技术人员 146 人。共有中国科学院“百人计划”入选者 22 人，国家杰出青年科学基金获得者 6 人（新增 1 人），优秀青年科学基金获得者 3 人（新增 1 人）。

理化所现设有物理学、化学、动力工程及工程热物理 3 个一级学科博士、硕士研究生培养点，化学工程与技术一级学科硕士研究生培养点，材料学二级学科博士、硕士研究生培养点，动力工程、化学工程、光学工程、材料工程 4 个专业学位硕士研究生培养点，化学、物理学、动力工程及工程热物理 3 个一级学科博士后流动站。共有在学研究生 453 人（其中硕士生 237 人、博士生 216 人），在站博士后 42 人。

2014 年，理化所共有在研项目 630 项（包括新增项目 429 项）。其中，财政部国家重大科研装备研制专项 2 项，修购专项 6 项（新增 3 项）；科技部重大科技专项 2 项（新增 1 项），重大仪器设备开发专项 1 项（新增 1 项），国家重点基础研究发展计划（973）项目 21 项（新增 1 项），高技术研究发展计划（863）项目 9 项（新增 3 项），科技支撑计划 2 项（新增 2 项），ITER 项目 3 项（新增 2 项）；国家自然科学基金重大项目 7 项（新增 1 项），重点项目 2 项（新增 2 项），面上项目 68 项（新增 19 项），国家杰出青年科学基金项目 1 项（新增 1 项），优秀青年科学基金 2 项（新增 1 项），青年基金 31 项（新增 19 项），国家重大科研仪器设备研制项目 5 项（新增 3 项）。承担中国科学院战略性先导科技专项课题 4 项（新增 4 项），院重点部署项目 11 项（新增 10 项）；北京市科委项目 16 项（新增 9 项）；承担院地合作项目 225 项。

2014 年，理化所认真贯彻落实“率先行动”计划，围绕“创新 2020”任务和“一三五”规划目标，扎实开展工作，取得了一系列重要成果。突破一“先进激光技术的创新与应用”围绕国家重大战略需求开展系统攻关任务，采用原创的“时序合成方案”，实现“世界最高功率与最高亮度固体激光”，从材料、器件到光源系统实现国产化，具备自主知识产权，使我国自主掌握国际领先的高能固体激光源技术，为系统研制奠定重要基础；钠信标激光功率达 102.1W，持续保持国际领先。突破二“大型氢氦低温制冷技术与系统应用”按期完成国家重大科研装备研制项目“大型低温制冷设备研制”，实现 10kW@20K 制冷机连续平稳运行 72 小时，透平绝热膨胀效率≥76%，通过技术验收；搭建完成 16 个专业型大型低温制冷系统关键部件研制与测试平台；突破高速氦透平膨胀机、低漏率铝板翅式换热器等五大核心关键技术，为实现国产化打下坚实基础。突破三“深紫外晶体器件、激光光源及应用”在我国独有的 KBBF 晶体及器件的基础上，以前沿装备创新为方向，通过财政部国家重大科研装备研制项目和科技部国家重大科学仪器设备开发专项的实施，打造“晶体-光源-装备-科研-产业化”自主创新链，全年共生产 19 套 KBBF 晶体器件；实现高精准 DUV-DPL 基频激光 ns 级和 ms 级两种运转方式 W 级 1336.6nm 种子光输出；实现 ps 级 167nm 更短波长 DUV-DPL 50W 激光输出和 ns 级 330nm 基频源激光输出；开展 4 台 177.3 nm 深紫外全固态激光源整体研发，已突破工程化、高稳定性等核心技术，交付光源工程化样机。

全年共发表科技论文 592 篇，其中被 SCI 核心刊物收录 427 篇，EI 收录 39 篇。新申请专利 190 项，其中发明专利 177 项（包括 PCT 2 项，美国 2 项、日本 1 项、欧洲 1 项），实用新型专利 11 项，外观设计 2 项；获授权专利 133 项，其中发明专利 119 项，实用新型 12 项，外观设计 2 项。

理化所某项目获军队科技进步奖二等奖。“提高耐温抗盐性能的部分水解聚丙烯酰胺的制备方法”获第十六届中国专利优秀奖。刘静研究员获国际传热界最高奖项之一威廉·伯格奖。彭钦军研究员获第三届“中央国家机关青年五四奖章标兵”。理化所获中国产学研合作创新奖、中国技术市场金桥奖等。理化所产业策划部获 2014 年中国科学院科技促进发展奖管理贡献奖。

2014 年，理化所科技成果转化和产业化工作取得新进展。以理化所相关技术为核心，培育出国内 VD3 产能最大的高新技术企业花园生物高科股份有限公司，于 2014 年成功挂牌上市。生物酶解法明胶制备新工艺突破产业化关键技术，宁夏 1000 吨/年骨粉酶法明胶生产线投产，产品已进入市场销售；包头 600 吨/年骨素酶法明胶中试取得圆满成功。以分散能源气体液化分离技术研制的日处理量 1 万方和 3 万方煤层气液化装置各一套已在中石化华北局大牛地气田进行现场工艺试验验证及应用示范。由理化所、清华大学等共同完成的国家电网“500KW 压缩空气储能发电示范项目”进入正式发电试验，是国内首个实现负载连续发电的压缩空气储能发电系统。一批重要创新成果实现转移转化，热泵干燥技术、低密度陶瓷颗粒、肿瘤冷热疗设备、煤综合原料气低温液化、能源材料等产业化项目进展良好。

2014 年，理化所积极推进国际合作与交流，争取科技部国际合作专项 1 项，院国际合作重点项目 1 项，院国际人才计划资助 3 项，国际合作组织任职人员参加国际会议资助 2 项，俄乌白专项 1 项。主办“2014 纳米光子学暨纳米材料国际研讨会”和“第三届国际能源环境纳米技术会议”，协办“2014 中日韩光催化国际会议暨国际标准研讨会”。全年学术交流出访 104 人次，接待来访 72 人次。

理化所是中国感光学会、中国化学会光化学委员会、中国制冷学会低温专业委员会和中国感光学会光催化专业委员会的挂靠单位。负责编辑出版《影像科学与光化学》学术期刊。

（撰稿：刘世雄　朱世慧　审稿：张丽萍）

化学研究所

所　　长： 张德清
党委书记： 王笃金
地　　址： 北京市海淀区中关村北一街 2 号
邮政编码： 100190
电　　话： 010-62554626
传　　真： 010-62569564
电子信箱： huaxs@iccas.ac.cn
网　　址： http://www.ic.cas.cn

中国科学院化学研究所（以下简称“化学所”）始建于1956年。多年来，中国科学院以化学所一些学科方向为主先后组建了青海盐湖研究所（1958年）、感光化学研究所（1975年）和生态环境研究中心（1975年）；成都有机化学研究所成立时吸纳了化学所的十几位业务骨干；化学所有机氟工作于1963年并入上海有机化学研究所；1999年工程塑料国家工程中心并入新成立的理化技术研究所。化学所1994年成为国家科技部和中国科学院基础性研究改革试点单位，1998年首批进入中国科学院知识创新工程试点，1999年3月成立中国科学院分子科学中心，2003年11月科技部批准化学所与北京大学共同筹建北京分子科学国家实验室。

化学所是以基础研究为主，有重点地开展国家急需的、有重大战略目标的高新技术创新研究，并与高新技术应用和转化工作相协调发展的多学科、综合性研究所。主要学科方向为高分子科学、物理化学、有机化学、分析化学、无机化学。化学所坚持科学技术的原始创新，不断加强高技术创新和集成，重视化学与生命、材料、环境、能源等领域的交叉，在分子与纳米科学前沿、有机/高分子材料、能源与绿色化学领域以及化学与生命科学交叉领域取得系列创新成果，并建设和逐步完善面向国家重大战略需求的先进高分子材料基地。2014年，化学所贯彻落实“率先行动”计划，进一步深入实施“一三五”规划，顺利启动先导B专项，积极建议和筹建分子科学科教融合卓越中心，进一步加强人才队伍建设，大力推进分子科学前沿交叉研究平台建设项目及旧楼和园区基础设施修购项目的实施，基本完成天津武清基地建设任务。化学所党委坚持以围绕创新、促进创新、服务创新为工作落脚点，为深入推进研究所“一三五”规划的落实提供有力支撑，获2014年度中国科学院（京区）党建工作创新一等奖。

化学所现有3个国家重点实验室、8个院重点实验室、1个所级实验室（院工程中心）、1个分析测试中心，与北京大学共同筹建北京分子科学国家实验室。国家重点实验室包括分子反应动力学国家重点实验室、分子动态与稳态结构国家重点实验室、高分子物理与化学国家重点实验室；院重点实验室包括有机固体院重点实验室、光化学院重点实验室、分子纳米结构与纳米技术院重点实验室、胶体、界面与化学热力学院重点实验室、工程塑料重点实验室，分子识别与功能院重点实验室、活体分析化学院重点实验室、绿色印刷院重点实验室；所级实验室为高技术材料实验室（中科院先进高分子材料国防科技创新工程中心）。

2014年，化学所继续实施“卓越人才战略”，人才队伍建设成绩显著。截至2014年底，化学所共有在职职工616人。其中科技人员464人、科技支撑人员83人，包括中国科学院院士12人、发展中国家科学院院士5人（新增1人）、研究员102人、副研究员及高级工程技术人员231人；全所进入创新岗位546人。共有国家自然科学基金委创新群体9个（新增1个），国家杰出青年科学基金获得者62人（新增3人），国家“千人计划”入选者1人，国家“青年千人计划”入选者4人（新增2人），中国科学院“百人计划”入选者57人，接收“西部之光”访问学者25人（新增2人）。新增1个创新人才培养示范基地，“国家特支计划”科技创新领军人才计划入选者3人、重点领域创新团队2个（新增1个）、科技创新创业人才1人。“国家特支计划”青年拔尖人才计划入选者2人。

化学所是1996年国务院学位委员会批准的博士、硕士学位授予权单位之一，现设有化学一级学科硕士、博士研究生培养点，材料学二级学科硕士、博士研究生培养点，并设有化学一级学科博士后科研流动站，共有在学研究生968人，其中博士生648人、硕士生320人，有在站博士后69人。

2014年，化学所共承担各类科研项目、课题700余项（包括新增项目257项）。其中，承担国家重点基础研究发展计划和重大科学研究计划项目11项（新增1项）、课题31项（新增4项），承担国家重大科技专项课题/子课题2项，主持国家高技术研究发展计划（863）项目6项（新增3项），承担科技支撑计划项目课题3项（新增1项）；主持国家自然科学基金391项：重大项目10项、重点项目21项（新增5项）、面上项目107项（新增39项）、国家自然科学基金重大研究计划重点项目7项（新增2项）、国家杰出青年科学基金项目8项（新增3项）、创新研究群体5项（滚动支持1项）；主持中国科学院战略性先导科技专项B1项、院重点部署项目4项、中科院“百人计划”项目30项、“青年千人计划”4项（新增2项）；主持科技部、国家自然科学基金委、财政部和中科院重大仪器研制项目16项（新增6项）；承担科技部、国家自然科学基金委、科学院重大国际合作项目10项（新增2项）；承担院地合作项目200余项（新增96项）。

根据科技部科技信息中心发布的全国科研机构发表科技论文情况统计：化学所2004—2013年发表的SCI收录论文累计被引用5797篇，被引用146 289次，居全国研究机构第1名。2014年化学所共发表第一单位SCI收录论文761篇，非第一单位SCI收录论文364篇，其中在有重要影响的学术期刊上发表论文111篇，在化学的各个分支学科如高分子科学、物理化学、有机化学、分析化学和无机化学领域的高水平杂志（影响因子大于3.0）上发表论文809篇（包括合作发表261篇）。

2014年，化学所承担完成的“导电聚合物微纳米结构及其多功能化”、“若干分子基材料的自组装、聚集态结构和性能”、“低维光功能材料的控制合成与物化性能”项目获得国家自然科学奖二等奖，“新型光学探针的设计及其在疾病诊断与治疗中的应用基础研究”、“功能无机纳米颗粒的设计合成与肿瘤体内外检测应用”项目获得北京市科学技术奖一等奖、“纳米杂化材料设计与制备技术研究及在含蜡原油输运中的应用”项目获得北京市科学技术奖二等奖、“体外诊断用化学探针的创新设计、规模化制备及临床应用”项目获得北京市科学技术奖三等奖。

2014年，化学所申请专利315项，获专利授权184项。“高性能聚烯烃材料制备及应用技术研究”项目获得首届“中国科学院科技促进发展奖”优秀成果奖二等奖，“高速重载电梯用纳米凹凸棒石改性MC尼龙传动轮关键技术研发及产业化”项目荣获江苏省科学技术奖二等奖，“氢调法高流动聚丙烯催化体系、聚合工艺开发机工业化应用”项目被授予2014年中国产学研合作创新成果奖，科技成果转化管理团队再次获得“中国科学院科技成果在北京转化先进团队”技术转移工作组织奖一等奖。

2014年，化学所共办理外事出访231人次，接待外事来访322人次；推荐并获得中国科学院国际科技合作奖1项；推荐中国政府“友谊奖”1项；新立项中国科学院“国际杰出学者”1项；“国际访问学者”9项；“国际博士后”5项；举办分子科学论坛报告14次，分子科学前沿报告12次；主办国际会议7项；与国外科研机构和国际跨国企业签署合作协议2项。

由科技部、中科院、教育部共建的“北京质谱中心”和与中科院共建的核磁共振实验室均设在化学所，拥有系列先进的质谱仪和核磁共振仪。化学所拥有X射线单晶面探仪、X射线粉末衍射仪、高分辨透射电镜、场发射扫描电镜、600兆、500兆核磁共振谱仪和400兆固体核磁共振波谱仪、X射线光电子能谱仪、傅立叶变换离子回旋共振质谱等高性能大型仪器。

化学所是中国化学会的依托单位，并与中国化学会共同主办《化学通报》、《高分子学报》、《高分子通报》、*Chinese Journal of Polymer Science* 等学术期刊。

（撰稿：李　丹　石永军　审核：张德清）

国家纳米科学中心

主　　任：刘鸣华
地　　址：北京市海淀区中关村北一条11号
邮政编码：100190
电　　话：010-62652116
传　　真：010-62656765
电子信箱：webmaster@nanoctr.cn
网　　址：http://www.nanoctr.cn

国家纳米科学中心（以下简称“纳米中心”）是中国科学院与教育部共同建设，于2003年12月正式成立的具有独立事业法人资格的全额拨款直属事业单位。纳米中心实行理事会领导下的主任负责制，理事会由国家发展和改革委员会、教育部、科学技术部、财政部、卫生部、中国科学院、中国工程院、国家自然科学基金委员会和北京市人民政府等单位选派代表组成。

国家纳米科学中心定位于纳米科学的基础和应用基础研究，目标是要建成具有国际先进水平的研究基地、面向国内外开放的纳米科学研究公共技术平台、中国纳米科技领域国际交流的窗口和人才培养基地。在努力为中国纳米科技发展提供支撑的同时，纳米中心还致力于促进国家纳米科技产业的标准化和规范化发展，以期为中国纳米科技的健康、有序发展做出贡献。

纳米中心现有3个中国科学院重点实验室，分别是中国科学院纳米生物效应与安全性重点实验室、中国科学院纳米标准与检测重点实验室和中国科学院纳米系统与多级次制造实验室；有纳米器件、纳米材料、纳米生物效应与安全性、纳米表征、纳米标准、纳米制造与应用基础6个研究室，设有纳米技术发展部，包括纳米检测、纳米加工和纳米生物检测3个技术室。纳米中心与北京大学、清华大学、中科院福建物构所等单位共建协作实验室19个。

纳米生物效应与安全性院重点实验室主要研究纳米结构和生物体之间相互作用、揭示纳米材料的生物效应并对其安全性进行评价。纳米标准与表征院重点实验室包括纳米标准和纳米表征两个方向。纳米标准研究主要从事纳米技术标准化研究，如纳米检测技术标准化、纳米标准物质研制等工作；纳米表征研究主要发展对纳米尺度结构和性能的表征方法和研究设备，开发纳米表征新技术。纳米系统与多级次制造院重点实验室包括3个研究室。纳米器件研究室主要从事功能纳米结构的制备和集成技术；纳米材料研究室主要从事新型纳米材料的制备和组装，以及纳米材料在环境科学和新能源应用的相关研究；纳米制造与应用基础研究室主要开展集纳米材料和结构的宏量制备及体现“纳米效应”的产品和系统的应用基础研究。纳米技术发展部致力于公共开放平台建设，为我国纳米科技研究提供支撑。纳米检测室主要从事纳米检测技术服务，开展与纳米检测技术相关的培训和研发工作；纳米加工技术实验室主要从事纳米结构加工、器件制备及系统技术研究；纳米生物检测室利用先进的设备检测纳米材料与生物体的相互作用。

截至2014年底，纳米中心共有在职职工241人。其中科技人员178人、支撑人员26人，包括研究员及正高级工程技术人员42人、副研究员及高级工程技术人员58人；国家“青年千人计划”入选者1人，中国科学院“百人计划”入选者20人（新增2人），国家杰出青年科学基金获得者12人（新增3人）。全所进入创新岗位217人。

纳米中心是2005年国务院学位委员会批准的博士、硕士学位授予权单位之一，现设有凝聚态物理、物理化学、材料学、生物物理学和纳米科学与技术5个专业学科博士研究生培养点，凝聚态物理、物理化学、材料学、生物物理学、纳米科学与技术、生物工程、化学工程7个专业学科硕士研究生培养点，并设有博士后流动站，共有在学研究生238人（其中硕士生114人、博士生124人），在站博士后38人。

2014年，纳米中心共承担科研项目171项。其中，主持中国科学院战略性先导科技A类专项1项，承担课题5项；主持国家重大科学研究计划项目3项（新增1项）、承担课题13项（新增2项）；承担国家高技术研究发展计划（863）项目1项；主持国家自然科学基金重点项目1项（新增1项）、面上项目63项（新增18项）、国家杰出青年科学基金项目9项（新增3项）、国家自然科学基金重大研究计划重点项目1项；承担院重点部署项目4项（新增4项）、国家自然科学基金委重大仪器研制项目3项，承担北京市科委项目19项（新增13项），国际合作项目18项（新增10项），院地合作项目29项（新增22项）。

2014年，按照院里的重要部署，中心积极组织开展了研究所的“一三五”国际诊断评估工作，国际专家组对中心在原子力显微成像，纳米标准以及纳米生物方面的工作特色与进展给予高度肯定，对中心以后的发展提出了建议。

2014年，纳米中心科研工作取得了一系列重要进展。在纳米生物方面，重点进行纳米材料的生物效应、微纳米结构的生物化学检测和纳米材料抗肿瘤作用研究。发展了功能性多肽聚合物高通量合成及筛选方法；利用微流控芯片技术研究细胞与微环境间作用指导细胞内药物输运载体的设计；研究了水溶性富勒烯衍生物调控免疫细胞炎症应答的机制；开发了基于双亲性树形分子的载药纳米胶束，用于耐药性肿瘤治疗；利用纳米颗粒的局域场增强效应进行肿瘤光动力治疗；实现了肿瘤靶向多肽纳米探针活体成像等。在纳米材料和器件方面，重点开展纳米功能材料在环境和能源领域应用、有机光电材料自组装与柔性器件的研究。制备了结构可控的单一手性结构，并实现了对小分子的手性传感；发展了纳米结构可控的有机功能材料制备方法，并应用于柔性储能器件；全碳纳米电子器件的化学合成及其柔性神经电极阵列也取得新进展。在纳米表征与检测方面，重点在高分辨表征，研究表面限域下的超硬二维分子晶体，通过扫描隧道显微术研究主客体超分子化学及其表面反应等；纳米技术标准制定和标准物质研制取得重要进展。在应用技术方面，开发表面等离激元共振成像（SPRi）生物传感器及应用，研究多功能纳米材料和纳米器件及应用等。相关工作已产出一批高水平论文，形成一批国内国际专利，并获得一批纳米标准。此外，纳米中心还继续推进成果转移转化工作，积极组织科研人员参加地区项目对接会，推动我国纳米科技产业的可持续发展。

2014 年，纳米中心共发表 SCI 论文 417 篇，比 2013 年增长 7%，其中，中心作为第一作者单位论文 268 篇；主编专著 7 部，参编 3 部。申请专利 164 件，其中，PCT 专利 4 件；授权专利 49 件，其中，日本专利 2 件，美国专利 1 件。颁布国家标准 4 项，研制标准物质 4 项。

2014 年，纳米中心在国际交流与合作方面取得了重要进展。全年接待国外来访团组 27 个，共计 47 人；办理中心人员出访团组 82 个，共计 109 人。组织召开中德双边研讨会、海峡两岸纳米科学与技术研讨会等多个国际会议，在国内外取得广泛的影响。

纳米中心是全国纳米技术标准化技术委员会（SAC/TC279）、中国合格评定国家认可委员会（CNAS）实验室技术委员会纳米专业委员会、中国微米纳米技术学会纳米科学技术分会的挂靠单位。纳米中心与英国皇家化学会联合主办的英文期刊 *Nanoscale* 受到国内外学界的广泛关注。

（撰稿：吴树仙　刘卫卫　审稿：刘鸣华）

生态环境研究中心

主　　任：江桂斌
党委书记：欧阳志云
地　　址：北京市海淀区双清路 18 号
邮政编码：100085
电　　话：010-62923549
传　　真：010-62923549
电子信箱：zhb@rcees. ac. cn
网　　址：http://www. rcees. ac. cn

中国科学院生态环境研究中心（以下简称“生态环境中心”）始建于 1975 年，时为经国务院批准成立的中国科学院环境化学研究所，1986 年与中国科学院生态学研究中心（筹）合并，改为现名。

生态环境中心以“国家生态环境安全与可持续发展”为战略主题，充分发挥环境科学、环境工程和生态学三大学科的综合优势，将国际环境科学与生态学研究前沿与国家环境保护与生态建设的重大需求紧密结合，不断突破关系到国家生态安全、环境健康和可持续发展的重大科学理论和关键技术，为我国生态文明建设、实现人与自然的协调发展做出基础性、战略性、前瞻性科技创新贡献，将生态环境中心建设成为我国生态环境科学应用基础研究和技术创新基地、高级专门人才培养基地，成为国内一流、国际上有重要影响的生态环境科学与技术综合性研究机构。

2014 年，生态环境中心成立了“率先行动”全面深化改革领导小组和工作小组，并就实施创新驱动发展战略、落实“率先行动”计划、加强研究所定位和“十三五”规划等方面开展研究，正式启动实施“率先行动”计划。生态环境中心组织申请建设中科院生态环境科学科教融合卓越中心，该卓越中心实施方案通过了院组织的咨询论证会论证，专家组认为生态环境科学科教融合卓越中心战略定位准确，主要研究方向的布局和组织体现了中科院生态环境研究中心在该领域的优势和竞争力，方案设计符合我院对科教融合卓越中心的要求，成熟度高，可行性强。2014 年，生态环境中心“一三五”规划推进实施进展顺利，科技创新取得了新的成绩；结合重大国际性和地区性的生态环境问题，组织研究力量，参与国内外相关研究活动，加强支撑能力建设，全面提升主导一个方向的重大区域性生态环境方向的能力，主要研究领域都有所突破，自主创新能力逐步增强，人才队伍建设与研究生教育再上新台阶，创新管理工作扎实有效。

生态环境中心共有 11 个实验室，其中有环境化学与生态毒理学国家重点实验室、环境水质学国家重点实验室（环境模拟与污染控制国家重点联合实验室）、城市与区域生态国家重点实验室 3 个国家重点实验室；中国科学院环境生物技术重点实验室和中国科学院饮用水科学与技术重点实验室 2 个中科院重点实验室；大气环境科学实验室、水污染控制实验室、土壤环境科学实验室、环境纳米材料实验室、固体废弃物处理与资源化实验室和大气污染控制中心 6 个实验室。设有文献信息中心、大型分析仪器实验室、二恶英实验室、水质分析实验室、环境评价部和北京城市生态系统研究站。组建有“持久性有毒污染物形态、环境过程与毒理效应”、“环境微界面过程与污染控制”、“土地利用与生态过程”、“持久性有毒污染物的环境过程与毒理效应” 4 个国家基金委创新研究群体和“持久性有毒化学污染物”、“生态系统过程与服务”、“饮用水安全” 3 个中国科学院创新研究团队。二恶英实验室通过了国家实验室认可和计量认证、水质分析实验室通过计量认证；联合国环境规划署持久性有机污染物分析示范实验室落户生态环境中心、住房和城乡建设部农村污水处理技术北方研究中心依托生态环境中心。生态环境中心与南澳大利亚水务公司共建国际水科学技术中心、与挪威共建中——挪环境综合研究中心、与横滨国立大学联合共建亚洲国际生态环境安全管理中国联合研究中心、与中国节能投资公司共建中环水务——生态环境中心联合研发基地。生态环境中心是农业部批准的农药登记残留试验认证单位之一。

截至 2014 年底，生态环境中心共有在职职工 432 人。其中科技人员 407 人（含科技支撑人员 84 人），包括中国科学院院士 2 人、中国工程院院士 3 人、发展中国家科学院院士 3 人、研究员及正高级人员 90 人、副研究员及高工 116 人；共有中国科学院“百人计划”入选者 27 人、国家杰出青年科学基金获得者 19 人，入选国家“百千万人才工程” 5 人。1 人入选中组部“万人计划”第一批青年拔尖人才。

生态环境中心是国务院学位委员会批准的硕士学位（1980 年）、博士学位（1986 年）授予权单位之一，是中国科学院博士生重点培养基地。具有环境科学、环境工程、生态学、分析化学、有机化学、环境经济与环境管理 6 个专业博士学位点，环境科学、环境工程、生态学、分析化学、有机化学、环境经济与环境管理 6 个硕士学位点，环境工程、生物工程等工程硕士学位点。设有环境科学与工程、生物学、生态学博士后流动站。“环境科学与工程”流动站为全国优秀博士后流动站。截至 2014 年底，共有在学研究生 711 人，其中硕士生 262 人、博士生 449 人，在站博士后 143 人。

2014 年，生态环境中心共有在研项目（课题）518 项（新增 179 项），主持国家重点基础研究发展计划（973）项目 2 项（新增 1 项），承担课题 17 项（新增 4 项），承担高技术研究发展计划（863）项目（课题）15 项，国家重大科技专项课题 21 项（新增 9 项），国家科技支撑计划项目（课题）26 项（新增 1 项），行业公益性专项课题 16 项（新增 4 项）；承担国家自然科学基金重大项目 2 项（新增 1 项）、课题 11 项（新增 5 项）、重点项目 22 项（新增 5 项）、杰出青年基金项目 17 项（新增 2 项）、创新研究群体 4 项（新增 1 项）、优秀青年科学基金项目 11 项（新增 6 项）、面上项目 154 项（新增 34 项）；承担中国科学院战略性先导科技 B 类专项 2 项（新增 1 项），院 STS 项目 3 项（新增 3 项），院择优支持项目 3 项（新增 3 项），院重点部署项目 1 项（新增 1 项）；承担国际合作项目 3 项，院地合作项目 3 项，与地方政府合作项目 8 项，并参加了中国北极黄河站 2014 年度科学考察和中国第 31 次南极科学考察。

2014 年，生态环境中心“重型柴油车污染排放控制高效 SCR 技术研发及产业化”获国家科学技术进步奖二等奖；“水中 As（III）和 As（V）一步法去除技术及应用”获环境保护科学技术奖一等奖；“食品中热点污染物监测控制标准与配套检验方法”获中国分析测试协会特等奖；“北运河下游河灌区水污染控制与河道水质保持技术研究与示范”获天津市科学技术进步奖二等奖；吕永龙获国际环境问题科学委员会（SCOPE）杰出成就奖。

2014 年，生态环境中心主持的一批重大项目取得重要进展。生态环境中心联合院内外单位，历时三年完成了全国生态环境十年变化遥感调查与评估工作，摸清了全国生态系统历史与现状，明确了不同空间尺度的生态环境问题，揭示了生态环境变化的原因与驱动因素，将为我国新时期宏观生态环境管理和生态文明制度体系构建提供科技支撑；生态环境中心继续保持在环境分析化学方面的总体优势，重视环境化学过程、污染现状与污染机制研究，在拉曼现场分析方法研究、汞的甲基化机理、5-羟甲基胞嘧啶分析研究、纳米银的环境健康风险、环境肿瘤学研究领域取得重要进展；在焦化废水达标处理、新型污水处理模式及评估方面取得重要进展，构建出面向节能、低碳与资源回收的污水处理多目标评估新框架；在菌根生态学、生态系统服务评估方法研究方面取得突破，建立了关联生态系统特征与生态系统服务方法体系，为预测和评估公共政策对生态系统服务的影响提供了新的思路；分析了我国实现粮食安全同时确保环境可持续发展面临的挑战，并提出了应对挑战的科学与环境政策建议；“大气灰霾追因与控制”专项在复合污染致霾效应研究方面取得重要进展，揭示了大气中矿尘和氮氧化物对 PM2.5 主要成分硫酸盐形成的促进作用。

2014 年，生态环境中心（第一作者单位）在国内外期刊发表论文 659 篇，其中 SCI 收录论文 466 篇，中文核心期刊论文 193 篇；申请专利 131 件，其中申请发明专利 122 件；获专利授权 40 件，其中获发明专利授权 35 件；获软件著作权 9 件。

2014 年，生态环境中心对外科技合作与学术交流进一步活跃，累计派出科研骨干出访 234 人次，接待外国专家学者来访 286 人次。先后主办、承办“东亚生态学会联盟第六次国际学术大会”、“臭氧与植物国际会议”、“第十一届持久性有毒污染物国际研讨会”、“第 16 届国际雁类专家组会议”等重要国际会议 4 场；依托“CAS-TWAS 水与环境卓越中心”举办“2014 发展中国家水卫生技术培训班”，并获得中科院国际杰出学者、国际访问学者、国际博士后人才交流计划和院级国际交流协议资助项目等多项国际合作项目资助。2014 年，生态环境中心与国际组织、国外研究机构等积极构建合作伙伴关系，分别与国际环境问题科学委员会（SCOPE）签署合作协议，SCOPE Beijing Office 落户生态环境中心；与澳大利亚迪肯大学签署合作协议备忘录，为深化双边合作与交流奠定了基础。

2014 年，生态环境中心继续加强院地合作，积极推动环保技术的研发及成果的示范推广和产业化工作，与地方政府、大学/研究所院及企业实体搭建技术合作平台 8 个。由生态环境中心主持编写的各类规划、咨询报告、建议法规、政策、制度、标准、规范等近 50 项被国家部委及省、市、县等政府部门广泛采纳，为国家及有关部委、地方政府的政策制定及决策，相关标准制订等提供了有力支撑。

生态环境中心是中国生态学学会、国际环境问题科学委员会中国委员会的挂靠单位。负责编辑出版 *Journal of Environmental Sciences*（SCI 和 EI 收录）、《生态学报》、《环境科学》、《环境科学学报》、《环境工程学报》、《环境化学》和《生态毒理学报》7 种自然科学学术期刊，国际刊物 *Environmental Science & Technology* Asian office、国际水协会 IWA Beijing office、国际环境问题科学委员会 SCOPE Beijing office 设在生态环境中心。生态环境中心科学家分别担任国际景观生态学会副主席、国际科联科学计划和评估委员会、全球气候变化适应网络亚太区域科学委员会委员等重要学术组织职务；担任 *Environmental Science & Technology* 副主编等。

（撰稿：陈劲憬　杨克武　审稿：欧阳志云）

过程工程研究所

所　　长：张锁江
党委书记：陈运法
地　　址：北京市海淀区中关村北二街 1 号
邮政编码：100190
联系电话：010-62554241
图文传真：010-62561822
电子信箱：office@ipe.ac.cn
网　　址：http://www.ipe.cas.cn

中国科学院过程工程研究所（以下简称“过程工程所”）前身是 1958 年成立的中国科学院化工冶金研究所。50 多年来，研究范围逐步扩展到能源化工、生化工程、材料化工、资源/环境工程等领域，学科方向由“化工冶金”发展为“过程工程”。2001 年更为现名。

在国家“十二五”时期和中国科学院“创新 2020”实施过程中，过程工程所进一步明确“引领过程工程科学前沿，支撑过程工业技术创新”的发展目标，瞄准国家战略需求和世界科技前沿，针对当前制约过程工程跨越发展的突出问题，制定并实施“一三五”战略规划和科技布局：“一个定位”是定位于大规模资源转化利用及替代的绿色过程的基础与应用研究，突破过程工程的共性理论、关键技术、关键装备及系统集成，建立资源高效转化或替代的过程工程研究平台，为国家过程工业发展提供强有力的科技支撑；着力实现的“三项突破”是多尺度放大调控及其重大应用、矿产资源高效清洁转化利用技术、生物过程关键技术与装备；重点部署的“五大方向”是煤热解及油气综合利用、生物过程强化与集成、绿色化工及污染控制技术、非常规介质催化与过程节能、功能材料化工及太阳能利用。围绕重大突破和产出，探索适应过程工程跨越发展的体制机制，提出了创新科研组织模式和完善成果转化链两项重大改革举措，形成符合过程工程学科发展规律的科研创新体系。

过程工程所现有生化工程国家重点实验室和国家生化工程技术研究中心（北京）、多相复杂系统国家重点实验室、湿法冶金清洁生产技术国家工程实验室、中国科学院绿色过程与工程重点实验室、离子液体清洁过程北京市重点实验室以及过程工程研发中心、生物质研究中心、循环经济技术研究中心、过程污染控制环境工程研究中心、过程工程中关村开放实验室等科研机构。

截至 2014 年底，过程工程所共有在职职工 864 人。其中科技人员 812 人，包括中国科学院院士 3 人、中国工程院院士 1 人、研究员及正高级工程技术人员 71 人、副研究员及高级工程技术人员 221 人。共有国家海外高层次人才培养计划（“千人计划”）入选者 1 人，“青年千人” 3 人；中国科学院“百人计划”入选者 25 人（新增 3 人），所级“百人计划”入选者 10 人；国家杰出青年科学基金获得者 12 人（新增 2 人），国家自然科学基金优秀青年科学基金获得者 4 人（新增 3 人）；引进杰出技术人才 2 人。

过程工程所现设有化学工程与技术、环境科学与工程、材料科学与工程 3 个一级学科博士/硕士研究生培养点，并设有 2 个一级学科博士后流动站，共有在学研究生 450 人（其中硕士生 190 人、博士生 260 人），外国留学生 30 人，在站博士后 48 人。

2014 年，过程工程所主持国家重点基础研究计划（973 计划）项目 2 项（新增 1 项），主持课题 12 项（新增 2 项），参加课题 34 项（新增 4 项）；主持国家高技术研究发展计划（863 计划）主题项目 1 项、重点项目 1 项，课题 16 项（新增 3 项）参加课题 68 项（新增 13 项）；主持国家科技支撑计划课题 11 项，参加课题 21 项；承担国家科技重大专项课题 2 项（新增 1 项），参加 6 项（新增 3 项）；承担环保部公益项目等部委项目 5 项（新增 1 项）；参与中科院战略性先导科技专项 4 项（新增 1 项）；主持院重点部署项目 1 项，参与 5 项（新增 3 项）；院装备类项目 6 项（新增 1 项）；修购专项 4 项（新增 2 项）；2014 年，过程工程所主持国家自然科学基金面上项目 84 项（新增 15 项）、青年基金 99 项、重点项目 4 项、杰出青年基金 7 项（新增 2 项）、优秀青年基金 4 项（新增 3 项）、国家重大科研仪器研制项目 1 项（新增 1 项）、仪器专项1项、国际合作重点项目1项、重大研究计划重点项目2项、重大研究计划培育项目13项（新增7项）、联合基金重点项目1项、联合基金培育项目11项（新增6项）；主持北京市自然基金重点项目2项（新增1项）、面上项目13项（新增4项），青年基金1项（新增1项）。主持北京市自然基金重点项目2项、面上项目12项（新增1项），青年基金3项（新增2项），预探索项目1项（新增1项）；承担院地合作项目新增243项。

2014年，过程工程所共有64项课题完成结题验收，其中国家863计划重点项目“居室及公共场所空气净化关键技术与设备研发”，研制出了甲醛、颗粒物、臭氧、苯系物传感器，开发了低成本室温催化甲醛催化剂及模块、高效抗菌防霉材料及组件、新型吸附材料、光催化材料及组件、等离子协同催化净化材料及技术，研制了系列空气净化器、净化空调、中央空调净化组件等产品，具有自主知识产权，在室内空气净化技术与设备等方面取得了创新性成果。该项目制定发布国家标准1项，行业标准2项，申请著作权1项，获授权发明专利13项，申请国家发明专利39项，提供产品检测报告54份，形成了一支具有较强实力的空气净化研发团队，建成了净化材料和净化设备生产线，建立和发展了空气净化材料设备平台和研发基地，所取得的成果具有较好的社会效益和市场应用前景。

2014年，过程工程所共取得科研成果31项，其中省部级以上奖励18项，成果鉴定8项。“新型功能化超顺磁性颗粒的制备及在分离技术中的应用”在全球率先实现了超顺磁性颗粒大规模制备及纳豆激酶规模化连续分离，应用于湖北莱福特生物科技公司，降低了生产成本，提高了生产效率，近三年帮助企业创造利税11 302万元，节支1536万元；发明的永磁分离装置应用于工业生产活性镍催化剂的回收，用于东北助剂化工有限公司、江苏东龙实业有限公司和巴陵石化公司，近三年帮助企业创造利税103 926.46万元，节支3959万元。获2014年国家技术发明奖二等奖。“一种利用电石渣浆的湿法烟气脱硫的方法及其装置”解决了电石-乙炔-PVC行业废弃物电石渣再利用的问题，实现以废治废，既减少环境污染，又节约资源。涉及的电石渣湿法喷雾烟气脱硫技术广泛应用于各种规模工业锅炉的烟气脱硫工程。已投运烟气脱硫工程5套，新增销售额合计6257万元，新增利润1800万元。获第十六届中国专利优秀奖。“新型离子液体电解液的研发及在锂离子电池中的应用”选择功能化离子液体应用于锂离子电池/超级电容器电解液中，创造性地将不挥发、不燃烧、结构可设计的离子液体加入到电解液中，不但可以促进电池成膜性能、提高电池循环性能，而且可以大幅度改善电池的安全性能，使电池电解液不发生起火、爆炸的现象。离子液体可以有效提高4.9V高压锂电池的循环稳定性，已建立国内一流的20t/a离子液体规模化制备装置，以及第一家500t/a离子液体电解液生产线。经中国科学院组织鉴定为国际领先。“万吨级秸秆酶解发酵丁醇和乙醇产业化技术”基于秸秆原料结构特性，发明高效、清洁的组分选择性拆分炼制技术，揭示了破除天然纤维素抗降解屏障作用机制；通过连续动态驯化方法选育出同步发酵木糖、葡萄糖，具有耐受抑制物的工业发酵菌株；创建了秸秆先固相强化酶解解聚-后同步糖化全糖发酵新工艺，在400立方米工业规模发酵装置上稳定运行；构建出秸秆乙醇或丁醇，车用压缩生物天然气（CNG）、全木质素热塑材料等多元产品的产业化秸秆炼制技术路线，并组建出与万吨级秸秆酶解发酵丁醇和乙醇技术体系相配套的自主加工的工业化装置系统，实现了秸秆原料组分全利用，突破了秸秆发酵丁醇和乙醇的技术经济世界性难题。

2014年，过程工程所科技开发工作取得骄人成绩：在全球经济不甚明朗的大背景下，全年院地合作金额增长21%，连续6年实现增长；参加全国各类产学研合作活动212次，与全国103个地级市、21个育成中心建立长效联络机制，科技成果的转移转化能力得到进一步增强；与政企新建平台13个，为过程工程所构建与行业的全方位融合，拓展技术成果转化渠道，提供了关键支撑；全年申请专利360项，授权专利266项，国际专利申请比2013年增长54%，中国专利授权比2013年增长36%，过程工程所有效发明专利总量917项；此外，过程工程展开了与各类金融资本机构的合作考察工作，启动项目尽职调查10项，通过知识与资本的融合，进一步加强产业发展趋势和竞争对手研究、强化风险和收益评估，取长补短，进一步完善科技成果研发和产业化。

2014年，过程工程所国际合作交流工作持续稳步推进：全年接待国外高校、学术机构及跨国企业代表来所进行学术交流访问约400余人次，举办各类学术活动数十场，有效推动了国际学术交流。全所职工因公出国出境访问团组95个，共计135人次，分别赴不同国家参加国际会议或开展合作研究。全面加强国际学术交流平台建设，举办了包括第七届世界颗粒学大会、第十一届循环流化床国际会议、第六届国际湿法冶金会议、中德胶体与界面材料研讨会、2014绿色能源资源国际会议5项大型国际会议。成功承办发展中国家科学院院长办公会等重要国际会议。多渠道引进国际杰出优秀人才，争取国际合作奖项。持续做好本年度外籍人才计划执行工作，CAS-CSIRO院级交流协议项目2项，爱因斯坦讲席教授计划1项。积极宣传和争取新的项目，2014年申报并获批外籍人才计划：国际杰出学者项目1项，国际访问学者项目5项（含延续资助1项），国际博士后项目2项。积极推荐瑞典Jan-Christer Janson教授并最终获得2014年度中科院国际合作奖。通过CAS-TWAS绿色技术优秀中心加强与发展中国家合作，举办绿色技术研讨会及培训班，与巴基斯坦Gujrat大学签署合作谅解备忘录。持续推动与更多国际科研机构、跨国企业间的全面战略合作。完成研究所与美国能源部国家能源实验室合作项目结题验收工作。同时积极实施现有国际合作协议，推动实施2013年与澳大利亚阿德莱德大学签署的研究生联合培养协议。推动与联合利华签署全面合作框架协议，并启动离散单元法模拟粉体/颗粒流过程及膜乳化法制备技术等领域合作项目2项，合同金额约合人民币200万元；同时与世界最大的化学公司巴斯夫签订合作协议，开展制药过程液滴聚并和破碎模型化的合作研究工作，合同金额约750万元，为双方持续深入合作打下良好基础。

中国颗粒学会及中国化工学会离子液体专业委员会挂靠过程工程所，所内主办《过程工程学报》、*PARTICUOLOGY*（颗粒学报）和《计算机与应用化学》三个学术期刊。

（撰稿：李欣涛　窦红光　审稿：张锁江）

地理科学与资源研究所

所　　长：葛全胜
地　　址：北京市朝阳区大屯路甲11号
邮政编码：100101
电　　话：010-64854841；010-64889276
传　　真：010-64854230
电子信箱：office@igsnrr.ac.cn
网　　址：http://www.igsnrr.ac.cn

中国科学院地理科学与资源研究所（以下简称“地理资源所”）于1999年9月经中国科学院批准，由中国科学院地理研究所（前身是1940年成立的中国地理研究所）和中国科学院自然资源综合考察委员会（1956年成立）整合而成。

地理资源所的定位是：以解决关系国家全局和制约长远发展的资源环境领域的重大公益性科技问题为着力点，以持续提升研究所自主创新能力和可持续发展能力为主线，建设成为服务、引领和支撑我国区域可持续发展的资源环境研究战略科技力量。

发展目标是：成为我国陆地表层过程、区域可持续发展、资源环境安全、生态系统及地理信息系统核心科学与技术研究中起引领作用的综合研究机构，成为国家区域发展、资源利用、环境整治和生态文明建设重要的思想库、人才库，通过实施国际化战略，开展亚洲、非洲和美洲等地区生态环境国际合作研究，提升国际竞争力，建设成为国际地理科学、资源科学和生态建设领域的著名综合性研究机构。

2014年，地理资源所按照“三个面向”、“四个率先”要求，推进实施“率先行动”计划和“一三五”规划，优化布局、选拔人才，凝练成果、深化改革，创新机制、建设智库，各项工作取得新成绩。

地理资源所科研系统由 7 个实验室（中心）、30 个研究室（中心）组成，形成了以重点实验室为纽带的“一三五”科研组织模式。7 个实验室（中心）是资源与环境信息系统国家重点实验室、陆地表层格局与模拟院重点实验室、区域可持续发展分析与模拟院重点实验室、生态系统网络观测与模拟院重点实验室、陆地水循环及地表过程院重点实验室、资源利用与环境修复所重点实验室、农业政策研究中心。

地理资源所拥有 1 个国家重点实验室、4 个中国科学院重点实验室，与其他单位共建国土资源部、北京市 2 个省部级重点实验室；设有理化分析中心和 5 个专业实验室构成的所级公共技术服务中心。拥有禹城综合实验站、拉萨高原生态试验站 2 个国家野外科学观测研究站，禹城站、拉萨站、千烟洲红壤丘陵综合开发试验站 3 个中国科学院生态系统研究网络（CERN）野外站。建成中国物候观测网、中国陆地生态系统通量观测研究网络（ChinaFLUX）和同位素观测网 3 个全国性观测研究网络，共同构成了研究所野外观测研究平台。建成完整的数据共享平台，国家地球系统科学数据中心和共享服务网、973 计划资源环境领域数据汇交中心、中国生态系统研究网络综合中心、中国科学院资源环境科学数据中心、国家电子政务工程资源环境科学数据分中心设在该所。此外，还设有地理科学与资源科学专业图书馆。

截至 2014 年底，地理资源所共有在职职工 584 人。其中科研人员 450 人、科技支撑人员 83 人，包括中国科学院院士 5 人、中国工程院院士 3 人、发展中国家科学院院士 3 人、研究员及正高级工程技术人员 139 人、副研究员及高级工程技术人员 196 人。

共有国家杰出青年科学基金获得者 18 人（新增 1 人），中科院“百人计划”入选者 29 人（新增 2 人），“青年千人计划”入选者 1 人，“西部之光”人才入选者 21 人，“百千万人才工程”国家级人选 7 人（新增 1 人），国家“万人计划”第一批百千万工程领军人才 1 人（新增 1 人），“外专千人计划”1 人（新增 1 人）。

地理资源所是国务院学位委员会批准的首批博士、硕士学位授予单位之一。现设有 3 个一级学科博士研究生培养点：地理学（含自然地理学、人文地理学、地图学与地理信息系统、自然资源学专业 4 个二级学科）、生态学、农林经济管理；设有环境科学 1 个二级学科博士研究生培养点。设有自然地理学、人文地理学、地图学与地理信息系统、自然资源学、气象学、生态学、环境科学、农业经济管理 8 个二级学科硕士研究生培养点；农村与区域发展（农业推广）、农业信息化（农业推广）、环境工程（专业学位）硕士培养点。设有地理学、生态学、生物学 3 个一级学科博士后科研流动站。共有在学研究生 777 人（其中硕士生 272 人、博士生 487 人、香港地区博士生 1 人、外国留学生 17 人），在站博士后 249 人。

截至 2014 年底，地理资源所共有在研项目/课题 1160 项（包括新增项目/课题 445 项）。其中，主持国家重点基础研究发展计划（973 计划）项目 5 项、承担课题 30 项（新增 2 项），主持中国高技术研究发展计划（863 计划）重大项目 1 项、课题 9 项（新增 1 项），主持国家科技支撑计划项目 2 项（新增 1 项）、课题 18 项（新增 2 项），国家科技基础性工作专项项目 7 项（新增 1 项），国家科技重大专项项目 1 项、课题 7 项（新增 4 项）、国家科技基础条件平台项目 2 项；承担国家自然科学基金重大项目 1 项、重大研究计划项目 2 项、重点项目 18 项（新增 4 项）、创新研究群体科学基金 1 项（新增 1 项）、国家重大科研仪器研制项目 1 项（新增 1 项）、面上项目（含面上青年连续资助项目）205 项（新增 31 项），青年科学基金项目 141 项（新增 19 项），“国家杰出青年科学基金”项目 5 项（新增 1 项），“国家优秀青年科学基金”项目 3 项（新增 1 项）；承担中国科学院战略性先导科技专项项目 2 项、课题 10 项（新增 1 项），中国科学院重点部署、创新集群及重要方向项目 15 项，中国科学院 STS 项目 14 项（新增 14 项），中国科学院科研装备研制项目 2 项（新增 1 项）；承担国家发展和改革委员会卫星及应用产业专项项目 2 项，科学技术部农业科技成果转化资金项目 4 项（新增 1 项）、科学技术部国际合作项目 2 项（新增 1 项），国家自然科学基金委员会对外交流国际合作项目 5 项（新增 1 项），国家社会科学基金重大项目2项；承担经费在100万以上国家部委委托项目14项（新增3项）、与地方政府合作项目48项（新增16项）。

2014年，地理资源所获得国家科技进步奖二等奖3项、省部级科技奖11项。其中，第一完成单位的成果“地球系统科学数据共享国家平台构建、关键技术与应用服务”获国家科技进步奖二等奖；第二完成单位的成果“南海及周边地区遥感综合监测与决策支持分析”获国家科技进步奖二等奖，“毛乌素沙地砒砂岩固沙造田技术研究应用及其生态改善作用”获国土资源科学技术奖一等奖，“重金属污染农田污染物阻隔技术集成及应用”获北京市自然科学奖三等奖。

2014年，地理资源所共发表论文1805篇，其中SCI和SSCI刊物收录论文750篇，国内刊物913篇，EI、ISTP及其他国外刊物论文142篇。出版学术著作（地图集）50部，获得受理和授权专利24项，获得计算机软件著作权60项，完成区域（全国）发展规划31项。19份咨询报告得到党和国家领导人批示或被中办、国办刊物采用。

2014年，地理资源所“地理时空数据分析”团队获国家自然科学基金委员会创新研究群体科学基金的支持，周成虎院士入选“万人计划”第一批百千万工程领军人才，刘卫东入选2014年国家百千万人才工程、并被授予“国家有突出贡献中青年专家”荣誉称号，张林秀当选发展中国家科学院院士、荣获2014年“复旦管理学杰出贡献奖”；葛全胜、沈镭、闵庆文、张镱锂获“全国优秀科技工作者”称号。周成虎院士当选为国际地理联合会（IGU）执行委员会副主席，李文华院士受聘担任农业部全球重要农业文化遗产专家委员会主任委员。

中国地理学会、中国自然资源学会和中国青藏高原研究会挂靠在地理资源所。该所为全国科学院联盟地理资源分会理事长单位。国际地圈生物圈计划中国全国委员会秘书处、国际全球环境变化人文因素计划中国国家委员会秘书处、全球碳计划亚洲区域办公室和全球土地计划北京节点办公室、国际生态系统管理伙伴计划等13个国际组织或科学计划的相关分支机构设在该所。主办的刊物有《地理学报》（中、英文版）、《地理研究》、《地理科学进展》、《自然资源学报》、《资源科学》、《地球信息科学》、《资源与生态学报》（英文版）、《中国国家地理》、《中国生态旅游》等。

（撰稿：张国义　刘红辉　审稿：葛全胜）

国家天文台

台　　长：严　俊
地　　址：北京市朝阳区大屯路甲20号
邮政编码：100012
电　　话：010-64888708
传　　真：010-64888708
电子信箱：goffice@nao.cas.cn
网　　址：http://www.nao.cas.cn

中国科学院国家天文台成立于2001年4月，系由中国科学院天文领域原四台三站一中心撤并整合而成，包括总部及4个直属单位，总部设在北京，直属单位分别是：云南天文台、南京天文光学技术研究所、新疆天文台和长春人造卫星观测站。紫金山天文台、上海天文台继续保留院直属事业单位的法人资格，为国家天文台的组成单位。

国家天文台总部成立于2001年，由成立于1958年的北京天文台和成立于1999年的国家天文观测中心合并组成；云南天文台成立于1972年，其前身是原中央研究院天文研究所迁回南京时留在昆明的工作站；南京天文光学技术研究所成立于2001年，其前身是南京天文仪器研制中心的科研部分及高技术镜面实验室；新疆天文台成立于2010年，其前身是乌鲁木齐人造卫星观测站；长春人造卫星观测站成立于1957年。

国家天文台坚持“三个面向”、“四个率先”，主要从事天文观测与理论及天文高技术研究，并统筹我国天文学科发展布局、大中型观测设备运行和承担国家大科学工程建设项目，负责科研工作的宏观协调、资源优化和人才配置。国家天文台的主要研究领域为星系宇宙学、恒星和致密天体、太阳磁活动和日地空间环境、应用天文、空间科学和深空探测、天文新技术和新方法。总体发展战略目标是：在面向国家战略需求方面，成为国家空天安全等领域不可替代的重要“方面军”；在面向世界科技前沿方面，形成宇宙大尺度结构、银河系结构和演化历史、恒星和致密天体、系外行星搜寻、太阳物理等若干国际著名的学术集团。将国家天文台建设成为世界一流水平的集：天文学前沿研究，天文技术与方法创新及应用，重大观测装置建造与运行，国家月球与深空探测科学应用中心四位一体的综合性国立天文研究机构。“三个重大突破”为：①依托LAMOST等光学望远镜研究银河系结构和化学-动力学演化历史，②依托探月、深空探测、地面太阳观测装置研究太阳和太阳系，③建设FAST等射电望远镜、开展前沿射电天文和应用研究。“五个重点培育方向”为：①宇宙大尺度结构的形成和演化，②银河系、恒星和致密天体研究，③黑洞等剧烈活动天体研究与空间天文技术，④世界先进水平极大口径光学/红外望远镜关键技术，⑤面向国家空天安全的应用天文研究和体系建设。

瞄准天文学科的前沿方向和重大问题，推进学科建设与院属大学深度融合、形成科研与教育紧密结合的创新模式，国家天文台牵头筹建“中国科学院大学天文与空间科学学院”；依托天文国家重大科技基础设施及重要天文观测设备，牵头筹建面向国内外开放的“中国科学院天文大科学研究中心”；参与组建科研任务与国家战略紧密结合的“中国科学院空间科学研究院”。

国家天文台建有光学天文、太阳活动、月球与深空探测、空间天文与技术、计算天体物理、天文光学技术、天体结构与演化七个院重点实验室，并与二十余所大学、科研机构或高新技术企业建立了战略合作关系，成立联合研究中心或实验室。在河北兴隆，北京密云、怀柔，天津武青，昆明凤凰山，丽江高美谷，澄江抚仙湖，新疆南山、奇台、喀什、乌拉斯台，西藏阿里、羊八井，内蒙古明安图，吉林净月潭等地建有观测台站。中国科学院南美天文研究中心、月球与深空探测总体部依托在国家天文台。

国家天文台负责运行国家大科学装置——郭守敬望远镜（大天区面积多目标光纤光谱望远镜，LAMOST），并负责在贵州省大窝凼组织实施国家大科学工程——500米口径球冠状主动反射面射电望远镜（FAST）的建设工作。国家天文台拥有2.16米光学望远镜、2.4米光学望远镜、50米射电望远镜、40米射电望远镜、25米射电望远镜、1米太阳塔等一批中等口径天文观测设备。

截至2014年底，国家天文台共有在职职工1268人。其中科技人员1203人、科技支撑人员399人，包括中国科学院院士8人、中国工程院院士1人、发展中国家科学院院士2人、研究员及正高级工程技术人员175人、副研究员及高级工程技术人员309人；全所进入创新岗位661人。

共有国家海外高层次人才引进计划（千人计划）入选者2人，“青年千人计划”入选者6人（新增2人）；中国科学院“百人计划”入选者34人（新增3人），“西部之光”人才入选者92人（新增15人）；国家杰出青年科学基金获得者14人（新增2人）。

国家天文台现为天文学专业一级学科博士、硕士研究生培养点和光学工程、精密仪器及机械二个专业学硕士培养点，设有天文学专业一级学科博士后流动站。共有在学研究生495人（其中硕士生265人、博士生230人），在站博士后58人。

2014年，国家天文台共有在研项目1047项（包括新增项目371项）。其中，承担国家重大科技专项课题13项（新增1项），主持（或承担）国家重点基础研究发展计划（973计划）和国家重大科学研究计划项目3项（新增1项）、承担（或参加）课题17项（新增4项），主持（或承担）国家高技术研究发展计划（863计划）项目（含军口）20项（新增9项），主持（或承担）国家科技基础性工作专项1项（新增1项），主持科技部国际合作项目2项（新增1项）；主持（或承担）国家自然科学基金重大项目1项（新增0项），主持（参加）重大项目课题4项（新增1项）、重点项目8项（新增2项）、国家杰出青年科学基金项目6项（新增2

项）、创新群体研究项目 1 项、面上项目 111 项（新增 32 项）、联合基金项目 17 项（新增 6 项）、青年科学基金项目 179 项（新增 61 项）；主持中国科学院战略性先导科技 B 类专项 1 项（新增 0 项，其中主持项目 2 项、课题 12 项），主持（或承担）中国科学院战略性先导科技专项 A 类课题 14 项（新增 1 项），主持（或承担）院重点部署项目 19 项（新增 5 项）、（科技部、国家自然科学基金委、财政部和院）重大仪器研制项目 2 项（新增 1 项）；院级科研装备研制项目 1 项，承担院级国际合作项目 4 项（新增 1 项）；承担院地合作项目 39 项（新增 4 项）。

郭守敬望远镜于 2014 年 6 月圆满完成第二年正式巡天。2014 年 12 月 30 日正式发布 DR2 数据集，释放光谱数共计 413 万，并包括 220 万颗恒星的光谱参数星表，为目前世界上获取的最大参数星表。国家天文台联合理化所、光电所与 TMT 项目总部专家一起，成功进行系列激光导星联合外场试验。在绝大多数重要的性能指标方面，已达到了 TMT 多层共轭自适应光学 MCAO 系统的严格使用要求。中国科学院先导 B“宇宙起源”专项运行一年以来，约 190 篇论文标注由专项资助，观测平台显著增强，TAP 计划增加了重点项目、射电观测（VLBA，JCMT）和太阳观测（NST）。国家天文台与北大联合培养博士研究生作为第一作者，通过观测研究表明中等年龄的大质量星团可能依旧是由单星族构成的，该研究颠覆星团演化的传统理论认知，科研成果 2014 年 12 月发表于 *Nature*。外籍青年科学家 2014 年 8 月受邀在 *Nature* 发表特约评论（*News & Views*），对同期期刊关于有可能确认超新星 2012Z 前身星的科研论文进行评述。国家天文台研究人员还参与了人类首次在矮行星周围发现环结构，成果发表于 *Nature*，*Nature* 为此事件召开了专题新闻发布会。

国家天文台全年共发表学术论文 774 篇（含会议论文）、出版著作 6 部，全年新增专利受理 78 件，专利授权 32 件。

2014 年，国家天文台在探月工程任务中取得了一批科技和荣誉奖项，13 位同志获得国家六部委颁发的“探月工程“嫦娥三号”任务突出贡献者”称号；月球与深空探测研究部获全国总工会授予的“工人先锋号”、共青团中央、全国青联授予的“中国五四青年奖章集体”荣誉称号；500 米口径射电望远镜（FAST）工程团队获中央国家机关工会联合会颁发的“中央国家机关五一劳动奖状”。“大视场多色巡天”、“太阳大气磁场重建与结构研究”获北京市科学技术奖三等奖；“星地融合广域高精度位置服务关键技术”获国家科技进步奖二等奖（第五单位）1 项；云南天文台“共双星系外行星和小质量天体的观测与研究”获云南省自然科学一等奖 1 项；新疆天文台科研成果获第十三届新疆维吾尔自治区自然科学优秀学术论文奖二等奖 1 项，三等奖 2 项；南京天光所王亚男研究员获 2014 年度“何梁何利基金科学与技术进步奖”；国家天文台参与的赫歇尔空间天文台 SPIRE 设备团队获得英国皇家天文学会 2014 年度团体成就奖。

2014 年，30 米巨型光学/红外天文望远镜（TMT）国际合作项目取得重要进展，国家天文台与多家国际伙伴组成 TMT 国际天文台有限责任公司（TIO LLC）。积极推进平方公里射电望远镜阵（SKA）项目，参与国际 SKA 组织的新版《SKA 科学白皮书》工作等。东亚核心天文台联盟（EACOA）工作持续开展，2014 年 12 月，“第一届东亚天文台（EAO）董事会”正式成立 EAO 机构，中国作为 EAO 成员正式参与接管 James Clerk Maxwell Telescope（JCMT）的科学运行管理。中法“起源”联合实验室常态支持科研互访项目，召开双边学术研讨会，被列为“中法建交 50 周年系列庆祝活动”之一。中科院南美天文研究中心暨中智天文联合研究中心运行顺利，成功召开第四届中智双边天文科学研讨会。中阿合作 40 米望远镜（CART）项目获得阿根廷科技创新部正式立项，中阿合作激光测距观测（SLR）项目顺利进行。成功举办多次机制性双边和多边国际会议，获得中国科学院各类外籍专家项目支持共计 12 人次，其中两人获得国际杰出学者（原爱因斯坦讲习教授）项目支持。在研及新增国际合作项目共 5 项。有偿使用国外望远镜计划（TAP）成功完成第六、第七期观测计划，并新增两台望远镜。科研人员出访及外国专家来访工作稳步开展。美国 NASA 局长及多国和地区的官员来访，签署多个国际合作协议。

云南省天文学会、新疆维吾尔自治区天文学会分别挂靠云南天文台和新疆天文台。

国家天文台创办了拥有自主知识产权的国际核心英文学术期刊 *Research in Astronomy and Astrophysics*（*RAA*），还办有中文核心期刊《国家天文台台刊》、《天文研究与技术》和现代科普刊物《中国国家天文》。

（撰稿：陆 烨 黄京一 审稿：赵 刚）

遥感与数字地球研究所

所　　长：郭华东
地　　址：北京市海淀区邓庄南路9号
邮政编码：100094
电　　话：010-82178146
传　　真：010-82178009
电子信箱：office@radi.ac.cn
网　　址：http://www.radi.cas.cn

中国科学院遥感与数字地球研究所（简称"遥感地球所"）在原中国科学院遥感应用研究所、中国科学院对地观测与数字地球科学中心基础上组建，于2012年9月7日成立，为中国科学院直属综合性科研机构。遥感地球所的成立，进一步加强了中国科学院在遥感与数字地球科技领域的综合优势，从而更好的服务国家战略目标，更高水平地开展科学前沿研究，是中国科学院实施"创新2020"的一项重大举措。

遥感地球所旨在研究遥感信息机理、对地观测与空间地球信息前沿理论，建设运行国家航天航空对地观测重大科技基础设施与天空地一体化技术体系，构建形成数字地球科学平台和全球环境与资源空间信息保障能力，为满足国家战略需求和促进学科发展做出创新性贡献。以建立天空地立体协同对地观测系统、建立全球环境资源空间信息系统、建立新型对地观测模拟系统为三项重大突破目标，以空间数据密集型科学与大数据技术、航天航空智能对地观测机理与方法、地球系统过程的空间信息模拟、行星与地球全球变化比较研究、"胡焕庸线"的空间观测与科学认知为5个重点培育方向。2014年，深入推进"一三五"规划，并积极探索研究所分类改革等，组织实施"率先行动计划"。

遥感地球所目前拥有我国唯一从事遥感科学基础研究的国家实验室——遥感科学国家重点实验室、从事数字地球科学与全球空间信息应用技术研究的专业实验室——中国科学院数字地球重点实验室；拥有从事对地观测应用技术研究的对地观测应用技术中心和国家遥感应用工程技术研究中心，拥有国家级对地观测重大科技基础设施——中国遥感卫星地面站和航空遥感飞机；拥有联合国教科文组织、科技部、发展改革委等机构设立的国家级空间技术中心、国家工程实验室、工程技术中心、陆地卫星数据中心及喀什、三亚区域研究中心等科研基地，内容涵盖遥感科学、应用技术、全球信息等各主要领域。

截至2014年底，遥感地球所共有在职职工697人。其中科技人员487人、科技支撑人员38人，包括中国科学院院士3人，研究员及正高级工程技术人员114人、副研究员及高级工程技术人员209人。共有国家海外高层次人才引进计划（千人计划）入选者3人；国家杰出青年科学基金获得者1人，国家百千万人才工程入选者3人，中国科学院"百人计划"入选者19人（新增3人），中科院关键技术支撑人才5人。

遥感地球所现设有地理学一级学科博士研究生培养点，地图学与地理信息系统、信号与信息处理2个专业二级学科博士研究生培养点，地图学与地理信息系统、信号与信息处理、电子与通信工程、测绘工程、农业资源利用、农业信息化6个专业二级学科硕士研究生培养点，并设有地理学一级学科博士后流动站。共有在学研究生484人（其中硕士生247人、博士生237人），在站博士后40人。

2014年，遥感地球所共有在研项目1550项（包括新增项目337项）。其中，主持（或承担）国家高分辨率对地观测重大专项课题30项（新增11项）。主持国家重点基础研究发展计划（973计划）和国家重大科学研究计划项目2项（新增1项），主持国家高技术研究发展计划（863计划）课题40项（新增1项）；主持国家科技支撑计划项目1项（新增1项）；主持国家基础性工作专项项目1项（新增1项）；主持国家自然科学基金重点项目5项（新增1项）、面上项目134项（新增19项）、重大研究计划重点项目3项；主持中国科学院战略性先导科技专项课题12项，主持（科技部、国家自然科学基金委、财政部和院）重大仪器研制项目7项。

2014年，遥感地球所以第一署名单位发表科技论文519篇，其中SCI检索刊物论文302篇；出版著作10部；申请发明专利29项，获得授权发明专利23项，获得计算机软件著作权登记56项。获得省部级科学技术奖5项，中国地理信息产业优秀工程金奖1项，其他奖项2项。此外，“对地观测大数据应对气候变化”成果获联合国全球脉动奖项，是全球40余个国家中选出的9个获奖团队之一、我国唯一获奖项目；作为第一单位完成的“数字地球科学平台”和“智慧城市空间信息公共服务关键技术与应用示范”通过院级成果鉴定，前者创建了国际上第一个数字地球科学平台，后者构建了一套以空间信息为核心的智慧城市公共平台。

推进机制体制创新，成立三亚中科遥感研究所、海南省地球观测重点实验室、三亚博士后流动站。为地方及企业委托的技术服务、咨询、转让合同近200个。2014年对外投资控股、参股企业共9家。

遥感地球所具备在联合国系统、重要国际学术组织框架下开展高水平研究与合作的能力，国际科技平台运行平稳。国际自然与文化遗产空间技术中心是UNESCO首个基于空间技术的世界遗产研究机构，先后成立郑州和哈尔滨分中心，并与柬埔寨、斯里兰卡等国签署《合作谅解备忘录》；国科联灾害风险综合研究计划新成立1个国家委员会和2个国际卓越中心；召开2014数字地球高峰会议，国际数字地球学会影响力不断扩大，《国际数字地球学报》2013年2年期和5年期影响因子分别达2.212、2.318，成为数字地球领域最有影响力的学术刊物；CAS-TWAS空间减灾卓越中心与蒙古、泰国、柬埔寨和印度尼西亚等国家合作，并取得系列核心研究成果；国际科技数据委员会完成新一届执委遴选工作。泛欧亚科学实验计划北京办公室正式落户研究所。与NASA地学部共同承办首届“CAS-NASA喜马拉雅地区全球变化空间观测研究双边研讨会”，开启两国在全球变化空间观测领域合作新篇章。

2014年，累计出访266人次，来访300余人次，与20余家国外机构签署合作协议，20余位科研人员在国际组织任职，12名外籍人员受聘在所工作，26位外籍专家担任国际专家委员会委员，共招收8名发展中国家留学生，主办UNESCO名录遗产与可持续发展黄山对话会、第二届干旱半干旱环境对地观测国际研讨会和大数据与科学发现国际研讨会等具有较大影响力的国际会议和培训班9个。

遥感地球所拥有中国遥感委员会、中国地理学会环境遥感分会、国际数字地球学会中委会、中国环境科学学会环境信息系统与遥感专业委员会等挂靠的学会，通过组织和协调亚洲遥感会议、中国遥感大会、环境遥感学术年会、中国青年遥感辩论会等多层次的品牌学术活动，积极推动中国遥感科学事业的发展。挂靠遥感地球所的《遥感学报》、《中国图像图形学报》均入选“中国精品科技期刊”和“中国国际影响力优秀期刊”，并被全球大型文献数据库EBSCO全文收录。此外，《遥感学报》已连续10年获“百杰期刊”，并继续获得中国科协精品期刊工程，两学报网站荣获“2014年新闻出版业百强网站”。

（撰稿：陆 鸣 王小梅 审稿：张 兵）

地质与地球物理研究所

所 长：朱日祥
地 址：北京市朝阳区北土城西路19号
邮政编码：100029
电 话：010-82998001
传 真：010-62010846
电子信箱：suoban@mail.iggcas.ac.cn
网 址：http://www.igg.cas.cn

中国科学院地质与地球物理研究所（以下简称“地质地球所”）于1999年6月由原中国科学院地质研究所和原中国科学院地球物理研究

所整合而成。整合前的两个研究所都有长达60余年的历史积淀和丰硕的科研成果。2004年中国科学院兰州地质所并入本所，更名为兰州油气资源研究中心。同年，中国科学院武汉物理与数学研究所电离层研究室整体调整到本所。地质地球所是目前国内最重要和最知名的地球科学综合研究机构之一。

地质地球所战略定位是：面向科学前沿，以固体地球和空间科学为主攻方向，建设具有研发能力、可持续发展的基础研究与技术创新相结合的国际化研究中心。地质地球所围绕“一三五”规划，深入推进“率先行动”计划，在特提斯造山带演化、资源探测装备研发、油气勘探先导技术3个领域获得突破，重点培育了地球内部界面结构与动力学、比较行星学、气候系统古增温与深部碳循环、西太平洋边缘海地质与地球物理和生物地球物理5个新的学科方向。

地质地球所（北京本部，下同）设有特提斯研究中心和地球深部结构与过程、岩石圈演化、油气资源、固体矿产资源、工程地质与水资源、新生代地质与环境、地磁与空间物理7个研究室；建有岩石圈演化国家重点实验室，北京空间环境国家野外科学观测研究站；地球与行星物理、油气资源研究、矿产资源研究、页岩气与地质工程、新生代地质与环境5个中国科学院重点实验室。

根据地球科学发展趋势，秉持观测–实验–理论–科教融合“四位一体”的科研理念，坚持开拓原创性技术方法、树立前瞻性科研理论、自主研发大型仪器装备、培育创新进取型人才，引领学科跨越发展，服务经济社会发展需求和国家战略目标。已建成地球物质成分与性质分析、地质年代学测定、地球内部结构探测、空间环境观测野外台站、古环境数据分析、数据计算处理与数值模拟、深部资源勘探装备研发等七大实验观测系统。由纳米探针、离子探针、电子探针组成的高精度微区微量原位分析系统，分析能力位居国际前沿，为地球科学测试、观测和实验提供了必要条件。布设的漠河、北京、武汉、三亚4个观测站及南极中山站的地磁观测站，是中科院“日地空间环境观测研究网络”和国家子午工程的骨干台站。

截至2014年底，地质地球所共有在职职工658人。其中科技人员387人、科技支撑人员162人，包括中国科学院院士14人、中国工程院院士1人、发展中国家科学院院士5人（新增1人）、研究员及正高级工程技术人员135人、副研究员及高级工程技术人员147人。国家海外高层次人才引进计划（“千人计划”）入选者8人，“青年千人计划”入选者3人，科技部“创新人才推进计划”中青年科技领军人才4人（新增1人），国家青年拔尖人才1人；2009年获中组部授予“海外高层次人才创新创业基地”，2014年获科技部授予“创新人才培养示范基地”；中国科学院“百人计划”入选者17人；国家杰出青年基金获得者34人（新增1人），国家优秀青年基金获得者9人（新增2人）。6个国家自然科学基金委创新研究群体，科技部重点领域创新团队1个。

地质地球所是1981年国务院学位委员会批准的博士、硕士学位授予权单位和博士后流动站单位之一。现设有地质学、地球物理学、地质资源与地质工程3个专业一级学科博士研究生培养点和海洋地质学二级学科博士研究生培养点。并设有地质学、地球物理学、地质资源与地质工程3个专业一级学科博士后流动站，共有在学研究生606人（其中硕士生204人、博士生402人），在站博士后157人。

2014年，地质地球所地质地球所共有在研项目773项（含新增项目216项）。其中，承担国家重大科技专项“油气专项”项目1个、课题5个，国家973计划项目2项、课题17个（新增1个），国家863计划课题3个，国家科技基础性工作专项2项（新增1项），国家重大科研装备研制项目1项、子项目4项，国家重大科学仪器设备开发专项1项、课题2个，国家重大科研仪器研制项目1项，基金重点项目22项（新增7项），中国科学院战略性先导科技专项1项、项目8项、课题23个，中科院重点部署课题5个。

2014年，地质地球所以第一署名单位发表科技论文510余篇，其中SCI论文399篇（国际SCI论文305篇，国内SCI论文94篇）；出版专著12部；2014年度获得授权发明专利44项（新申请

60项)。2014年，荣获国家自然科学奖二等奖2项，其中“晚新生代风化成壤作用与东亚环境变化”项目为第一完成单位；“二十万年来轨道至年际尺度东亚季风气候变率与驱动机制”项目为参与完成。“华北克拉通破坏研究集体”荣获中国科学院2014年度杰出科技成就奖。地质地球所比较行星学学科组通过对火星陨石的分析研究为火星曾有生命活动的科学假说提供重要支撑。

2014年，地质地球所参加国际会议、合作研究和交流培训活动共311人次；邀请43个国家共166人次外国专家来华合作交流；共承担7个在研国际合作项目（新增1项）；举办国际学术会议1项。2014年，朱日祥获法国科学院授予的首届“法中奖”，以表彰他在地球科学的多个领域及早期人类演化方面取得的科学成就；杨小平当选GSA Fellow；祁生文获国际工程地质与环境学会2014年度青年奖（Richard Wolters Prize）。地质地球所与朝鲜、老挝、韩国及伊朗等国家的地学相关机构签署合作协议；建有中-法生物矿化与纳米结构联合实验室和中-法季风、海洋与气候国际联合实验室。

地质地球所图书馆目前藏书约35 000余册，中外文学术期刊现刊350余种，全文和文摘数据库20余个，电子期刊及其他网络资源数十种，与国际著名大学和研究机构保持长期的文献交流。

地质地球所主办的国家一级学术刊物有：《地球物理学报》（SCI收录）、《岩石学报》（SCI收录）、《第四纪研究》、《地质科学》、《工程地质学报》、《地球物理学进展》、《沉积学报》。地质地球所是中国地球物理学会、中国岩石力学与工程学会与中国第四纪研究会三个国家一级学会的挂靠支持单位。

（撰稿：徐志方　陈竟志　审稿：欧龙新）

青藏高原研究所

所　　长： 姚檀栋
地　　址： 北京市朝阳区林萃路16号院3号楼
邮政编码： 100101
电　　话： 010-84097100；010-84097101
传　　真： 010-84097079
电子信箱： itpcas@itpcas.ac.cn
网　　址： http://www.itpcas.cas.cn

中国科学院青藏高原研究所（以下简称“青藏高原所”）是院党组根据国家经济社会发展重大战略需求和国际科学前沿发展趋势，在知识创新工程科技布局和组织结构调整中成立的新建研究所之一。青藏高原所始终围绕院党组提出的“出成果、出人才、出思想”目标，全面推动“高水平、国际化、重服务”研究所建设。

青藏高原所于2003年成立，实行“一所三部”的特殊运行方式，三个部分别设在北京、拉萨和昆明。北京部的主要功能是科学实验基地、学术交流基地、国际交流基地和综合协调基地；拉萨部的主要功能是科学观测研究的野外基地、国际合作研究的野外基地、西藏高水平科学实验基地、西藏社会经济发展的服务基地和西藏科学普及和爱国主义教育基地；昆明部的主要功能是青藏高原种质资源保存基地和极端环境下生物的生态适应性及遗传资源研究基地。

青藏高原所新时期的发展定位是：站在国家青藏高原研究的高度，协调组织全国青藏高原优势研究力量，推动国际青藏高原科学研究发展。以提升我国青藏高原研究原始创新能力为主线，以解决关系国家和区域长远发展的关键科学问题为着力点，发挥青藏高原所的组织引领作用。在科学研究方面，围绕青藏高原隆升过程及其对亚洲和北半球气候环境影响这一核心科学问题，研究青藏高原地球动力、地表过程与环境变化及极端环境下生物的生态适应性等国际前沿科学问题，做出独创性的、有重大国际影响的新成果，为东亚、中亚、南亚地区人类生存环境服务；在支撑平台方面，建设开放的、国际一流水平的野外观测研究平台和有特色、高水平的实验室，建设国内外共享的数据平台；在协调发展方面，站在国家青藏高原研究的高度，调动国内外积极因素，充分利用现有资源，提升我国青藏高原科学研究的整体水平。同时，青藏高原所在原来“高水平、国际化”的基础上，增加了“重服务”目标，即重视为西藏经济社会发展服务。

青藏高原所深刻领会习总书记视察我院时提出的“四个率先”重要思想，牢记院党组提出的“创新科技、服务国家、造福人民”宗旨，切实把“出成果、出思想、出人才”要求作为出发点和落脚点。全面推动“青藏高原卓越中心”建设、青藏高原先导专项（B）、西藏区域科技创新集群建设、第三极环境（TPE）国际计划、国家重点实验室建设等核心工作。

青藏高原所现有院重点实验室3个：青藏高原环境变化与地表过程重点实验室、大陆碰撞与高原隆升重点实验室、高寒生态学与生物多样性重点实验室。现有院重点野外台站5个：纳木错多圈层综合观测研究站、珠穆朗玛大气与环境综合观测研究站、藏东南高山环境综合观测研究站、阿里荒漠环境综合观测研究站和慕士塔格西风带环境综合观测研究站。在此基础上，正在推动羌塘（双湖）高原站和墨脱低地站的建设。

截至2014年底，青藏高原所全体在职职工248人。包括中国科学院院士1人、中国科学院外籍院士1人（美籍学术副所长）、研究员36人、副研究员40人，包括基金委“创新群体”2个；“杰出青年基金”获得者10人；“百人计划”入选者18人（藏族1人），国家级百千万工程5人，优青获得者3人。

青藏高原所现有自然地理学、构造地质学、大气物理学与大气环境（新增）3个二级学科博士研究生培养点，自然地理学、构造地质学、大气物理学与大气科学、固体地球物理学和生态学（新增）5个专业二级学科硕士研究生培养点，并设有地理学和地质学2个一级学科博士后流动站，共有在学研究生195人（其中硕士生68人、博士生88人、外籍留学博士生39人）、在站博士后33人。

青藏高原所在研项目主要包括：青藏高原先导专项B，姚檀栋院士担任首席科学家，专项经费2.5亿元，科技部全球变化研究专项2项，经费5000万元，国家科技基础性专项1项，经费1400万元，973计划课题9项，经费4780万元；基金委重大项目2项，经费4000万元，重点基金6项，经费1659万元；基金委创新群体2项，经费1100万元，杰出青年基金5项，经费1200万元，优秀青年基金3项，经费300万元。值得一提的是，姚檀栋院士和田立德研究员等完成的项目“青藏高原冰芯高分辨率气候环境记录研究”荣获2014年度国家自然科学奖二等奖。

青藏高原所累计发表SCI论文1353篇（2014年203篇），总被引频次达15 726次，取得了重要国际影响。由姚檀栋院士任主席的第三极环境（TPE）国际计划被列入联合国教科文组织（UNESCO）的旗舰计划，同时获环境问题科学委员会（SCOPE）和联合国环境署（UNEP）共同支持。

青藏高原所认真推动服务西藏地方发展工作。陈全国书记与白春礼院长于2012年开展科技合作会谈，做出了建设西藏区域协同创新集群的重要决定。姚檀栋院士任集群首席科学家，组织完成了西藏环境变化科学评估报告，得到了中央对外宣传办公室和西藏地方领导的高度肯定，充分发挥了国家科技智库的作用。

青藏高原所是国家一级学会中国青藏高原研究会的挂靠单位之一。

（撰稿：安宝晟　田新苗　审稿：姚檀栋）

古脊椎动物与古人类研究所

所　　长：周忠和
地　　址：北京市西城区西直门外大街142号
邮政编码：100044
电　　话：010-68351363
传　　真：010-68337001
电子信箱：http://bgs@ivpp.ac.cn

中国科学院古脊椎动物与古人类研究所（以下简称“古脊椎所”）的前身是创建于1929年的原中国农商部地质调查所新生代研究室。1951年并入位于南京的中国科学院古生物研究所，改称新生代及古脊椎动物研究组。1953年从古生物研究所分出，在北京成立了中国科学院古脊椎动物研究室。1957年改名古脊椎动物研究所，1960年更名为中国科学院古脊椎动物与古人类研究所至今。

古脊椎所设有4个研究室、1个研究中心和1个实验室。即古低等脊椎动物研究室、古哺乳动物研究室、古人类-旧石器研究室、环境演化研究室；周口店国际古人类研究中心，主要开展脊椎动物各类群起源、演化和分类及其与环境协同演化，中国古人类体质演化、行为模式、适应生存过程，现代中国人起源，旧石器文化特点及周口店遗址综合研究等相关工作；脊椎动物演化与人类起源重点实验室着重研究脊椎动物的系统发育关系、人类及其文化的起源与发展、脊椎动物物种多样性的形成和变化、脊椎动物和人类演化过程中的生物学机制与环境制约因素。

2014年，古脊椎所承担科研项目103项（新增43项）。其中，承担国家重点基础研究发展计划（973计划）项目1项、国家科技基础性工作专项2项、重大国际合作项目1项；主持国家自然科学基金杰出青年基金1项、重点项目1项、重大国际合作项目1项、面上项目30项（新增11项）；承担中国科学院重大突破专项1项（新增1项）、战略性先导科技专项项目2项、重点部署项目2项、百人计划项目4项（新增1项）、化石发掘和修理专项经费项目1项；承担修购专项项目2项（新增2项）；承担国家地质调查项目1项。

2014年，古脊椎所取得了一系列重要的基础研究成果，在国际古生物界产生了重要影响。

2014年9月10日，古脊椎所毕顺东、王元青和孟津等研究人员在英国 *Nature* 以长文（*Article*）发表研究论文，报道了在中国发现的、年代为1.6亿年前的6件相当完整的哺乳动物化石，并命名了神兽、仙兽两个新属的三个新种。这些属种都属于已经绝灭的“贼兽目”，是一个特别的、迄今为止所知甚少的中生代哺乳动物类群。研究表明，哺乳动物起源于至少2.08亿年前的三叠纪晚期。这篇文章为当期 *Nature* 的特别介绍论文。

古脊椎所院重点实验室付巧妹博士与国外合作者共同完成的关于现代人基因组的论文以长文（*Article*）发表于2014年10月23日的 *Nature*。古脊椎所联合德国、美国、俄罗斯等国学者，对在俄罗斯发现的人类化石材料开展研究，所发布的西伯利亚西部4.5万年前的现代人DNA数据是迄今为止提取到的最古老的现代人基因组序列，丰富了人类演化的细节知识，揭示智人与尼安德特人相结合的更加准确的时间，该事件很可能在距今6万至5万年前发生在中东地区。

2014年12月12日出版的美国 *Science* 刊登了古脊椎所的徐星、周忠和等撰写的有关鸟类起源研究的综述文章。基于近20年来在中国的化石发现和研究积累，古脊椎所研究团队在鸟类及其羽毛和飞行的起源、恐龙等重要类群的系统演化和发育等方面取得了一系列重大发现和原创性研究成果，仅在 *Nature* 和 *Science* 上就发表了40余篇论文。文章对这一热点研究领域近年来取得的重要进展进行了全面总结，指出恐龙向鸟类的转化已成为论证最翔实的主要演化事件之一，并提出整合性方法将是未来研究的发展方向。

张弥曼院士等根据产自内蒙古早白垩世地层的孟氏中生鳗新材料，首次识别和记录了该化石七鳃鳗的幼体和变态期幼体特征，研究显示现代七鳃鳗独特的三期生命史早在距今1.25亿年前的早白垩世晚期即已成型并保持至今。这项研究成果发表在 *PNAS*。

2014年，古脊椎所共发表文章253篇，其中SCI/SSCI论文156篇，包括在 *Nature* 发表论文8篇，在 *Science* 发表论文1篇，在 *Scientific Reports* 发表论文5篇，在 *Nature Communications* 上发表论文1篇，在 *Current Biology* 发表论文2篇，在 *PNAS* 上发表论文1篇。

Nature 出版集团发布了新一轮的自然指数（2013年12月23到2014年12月22日），其中对中国科学院院属研究所的学术成果进行了综合评述和排名，古脊椎所作为本年度在古生物学领域成果最突出的研究机构被重点介绍。古脊椎所在 *Nature* 和 *Science* 上发表的论文比例位列第一，研究人员实力位列第五，且关于恐龙演化和鸟类起源的研究被突出显示。

2014年岁末，国际权威学术刊物 *Science*、*Nature* 发布了年度十大科学进展评选结果，“鸟类起源”和“人类起源解码”分别入选 *Science* 年度十项重大科学突破（第2项）和 *Nature* 年度十大科学事件（第3项）。两项进展均涵盖了古脊椎所在相关领域的科研成果，这是对古脊椎所科研工作的充分肯定，也是我国古脊椎动物与古人类学研究持续居于国际前沿行列的发展缩影，为我国科学界赢得了崇高荣誉。

“2014 中国最具国际影响力学术期刊暨中国学术期刊国际、国内引证报告”发布会上，《古脊椎动物学报》获得“中国最具国际影响力学术期刊”称号，这也是该刊连续第三年获得此称号。

2014 年，古脊椎所承担的国家自然科学基金委员会国际合作重点项目“中生代中晚期亚洲和北美恐龙动物群对比研究”和科学技术部国际合作项目“中国与西班牙古人类化石对比及欧亚地区人类起源与演化”按计划执行，新获“中南（非）联合研究计划项目”并按计划执行。举办了“纪念北京猿人第 1 头盖骨发现 85 周年国际古人类学术研讨会”。1 位“外籍专家特聘研究员”获得资助，从事相关领域的合作研究；出访人员 70 人次，接待院级合作协议、特聘研究员、参加合作交流等来访外宾 200 余人次。在国际学术组织任职 17 人。

古脊椎所标本馆收藏了自 20 世纪 20 年代至今我国境内珍贵古脊椎动物、古人类化石及石器标本逾 21 万件，是亚洲规模最大的古脊椎动物、古人类化石及石器标本收藏中心，也是国际重要的古脊椎动物化石收藏中心之一。除了野外采集的大量新的珍贵化石标本，2014 年标本馆还累计完成 52 批次的征集任务，成功征集到各类重要化石标本 198 件、现生动物标本 953 件、岩矿标本 110 件；整理各类馆藏标本 4127 件。

古脊椎所技术室涵盖化石修理、模型制作、复原装架、标本清绘、生态复原制图、化石照相等工作。2014 年，技术室修理出各门类较完整化石 45 件。整理化石标本上百件，标本照相 2000 余张，绘制图版插图、复原图示意图等 160 多张。完成了所庆标识和北票鸟类化石保护区标识设计工作。

截至 2014 年底，古脊椎所共有在职职工 156 人。其中科技及科技支撑人员 143 人，包括中国科学院院士 4 人、美国国家科学院外籍院士 1 人、瑞典皇家科学院外籍院士 1 人、巴西科学院通讯院士 1 人；正高级专业技术人员 38 人（含研究员 35 人）、副高级专业技术人员 52 人（含副研究员 27 人）。拥有中国科学院“百人计划”入选者 10 人、中国科学院“千人计划”入选者 1 人，国家杰出青年科学基金获得者 5 人、“西部之光”人才入选者 1 人。

2014 年度获“何梁何利基金科学与技术进步奖”1 人，入选国家百千万人才工程 1 人，获中国科学院杰出科技成就奖 1 人，入选中组部“万人计划”第一批百千万工程领军人才 1 人，获第五届“全国杰出专业技术人才”荣誉称号 1 人，获中科院卢嘉锡青年人才奖 1 人，获中科院“科普工作先进个人”称号 1 人。

古脊椎所现设有古生物学与地层学、地球生物学、科学技术史专业的博士、硕士研究生培养点和博士后科研流动站。共有在学研究生 82 人（其中硕士生 43 人、博士生 39 人），在站博士后 6 人。

古脊椎所负责主办《中国古生物志》（丙、丁种）、《古脊椎动物学报》、《人类学学报》、《中国科学院古脊椎动物与古人类研究所集刊》等专业杂志和《化石》、《恐龙》等科普杂志。古脊椎所是古脊椎动物学分会、中国第四纪科学研究会古人类-旧石器专业委员会，以及中国第四纪科学研究会地层专业委员会挂靠单位。

（撰稿：党丽媛　魏涌澎　审稿：周忠和）

大气物理研究所

所　　长：朱　江
地　　址：北京市朝阳区德胜门外祁家豁子华严里 40 号楼
邮政编码：100029
电　　话：010-82995275
传　　真：010-62028604
电子信箱：iap@mail. iap. ac. cn
网　　址：http://www. iap. cas. cn

一、基本情况介绍

中国科学院大气物理研究所（以下简称“大气所”）的前身是 1928 年成立的原国立中央研究院气象研究所。1950 年 1 月，中国科学院将气象、地磁和地震等部分科研机构合并组建成立中国科学院地球物理研究所。1966 年 1 月，根据我国气象事业发展的需要，中国科学院决定将气象研究室从地球物理研究所分出，正式成立中国科学院大气物理研究所。大气所是中国现代史上第一个研究气象科学的最高学术机构，目前已发展成为涵盖大气科学领域各分支学科的大气科学综合研究机构。

大气所主要研究大气中各种运动和物理化学过程的基本规律及其与周围环境的相互作用，特别是研究在青藏高原、热带太平洋和我国复杂陆面作用下东亚天气气候和环境的变化机理、预测理论及其探测方法，以建立“东亚气候系统”和“季风环境系统”理论体系及遥感观测体系，发展新的探测和试验手段，为天气、气候和环境的监测、预测和控制提供理论和方法。

大气所现设有2个国家重点实验室，3个中国科学院重点实验室，4个所级实验室和研究中心。国家重点实验室包括：大气科学和地球流体力学数值模拟国家重点实验室、大气边界层物理与大气化学国家重点实验室；院重点实验室包括：中国科学院东亚区域气候–环境重点实验室（全球变化东亚区域研究中心）、中国科学院中层大气和全球环境探测重点实验室、中国科学院云降水物理与强风暴重点实验室；所级实验室和研究中心包括：国际气候与环境科学中心、竺可桢–南森国际研究中心、季风系统研究中心、中国生态系统研究网络大气分中心。另外，还设有所公共技术服务中心和低层大气探测部。在河北香河和兴隆、安徽淮南、吉林通榆设有野外综合观测站。中国科学院气候变化研究中心和中国科学院减灾中心挂靠在大气所。目前，大气所拥有SGI F4000超级计算机集群服务器系统、一座用于研究城市大气污染和大气边界层物理的高325米的气象观测铁塔以及边界层遥感探测系统和中层大气探测系统等设备。

二、科研进展情况

（一）人才队伍建设

截至2014年底，大气所共有在职职工539人。其中科技人员426人、科技支撑人员62人，包括中国科学院院士7人、发展中国家科学院院士1人、研究员及正高级工程技术人员104人、副研究员及高级工程技术人员167人。共有国家海外高层次人才引进计划（“千人计划”）入选者3人（新增1人），“青年千人计划”入选者2人，“万人计划”入选者3人；中国科学院“百人计划”入选者24人（新增1人）。

大气所是国务院学位委员会批准的首批博士、硕士学位授予单位之一，现设有一级学科大气科学硕士、博士学位培养点，海洋科学、环境科学与工程硕士学位培养点和工程硕士培养点，2012年，新设“海洋科学”博士后科研流动站，博士后科研流动站数达到2个（大气科学和海洋科学）。截至2014年底，共有在学研究生405人，其中博士生284人、硕士生121人；有在站博士后20人。

（二）争取和承担科研任务

2014年度，大气所在研科研项目及课题共计525项（新增35项）。主要包括：国家973计划项目和全球变化研究重大科学研究计划项目8项，973计划课题和全球变化研究重大科学研究计划项目课题27项；国家863计划项目1项，其他课题1项；科技支撑课题2项；国家自然科学基金项目220项（新增79项），其中重大科研仪器设备研制专项2项、创新研究群体项目1项、重点项目7项、重大研究计划重点支持项目5项、重大国际合作项目2项、杰青3项、优青2项、海外及港澳学者合作研究项目3项、面上、青年及其他项目195项；主持行业专项17项，其中：公益行业气象专项项目16项、环保部行业专项1项。

主持中科院项目及课题43项，子课题120余项，其中战略性先导专项（A类）“应对气候变化的碳收支认证及相关问题”4个项目、11个课题、41个子课题，战略性先导专项（B类）“大气灰霾追因与控制”2个项目，5个课题；战略性先导专项（A类）“热带西太平洋海洋系统物质能量交换及其影响”1个课题，5个子课题；空间先导专项课题2项；其他方向性项目11项等。承担其他军工、部委及地方委托等课题70余项。

（三）科研工作进展与获奖情况

2014年度，大气所科研工作稳步发展，取得一系列重要研究进展。“气候预测的若干新理论与新方法研究”项目成果荣获2014年度国家自然科学奖二等奖（完成人：王会军、范可、孙建奇、姜大膀、高学杰），该项目在气候变异机理和可预测性研究中取得了若干关键进展。“东半球空间环境地基综合监测子午链”（简称子午工程）获2014年度中国地球物理科学技术奖科技进步一等奖（大气所排名第3，获奖人：吕达仁，排名第13）。“雷暴及其雷电过程的观测和理论研究”，获得甘肃省自然科学奖二等奖（大气所排名第2，获奖人：郄秀书，排名第1）“区域电力生态系统优化技术与应用研究”获2014年度环境保护科学技术奖二等奖（大气所排名第3，获奖人：张美根，排名第6）。“中国酸雨沉降机制、输送态势及调控原理”获2014年度环境保护科学技术奖二等奖（大气所排名第5，获奖人：王自发，排名第5）。“降水物理过程及人工催化物理效应研究与应用”获吉林省科学技术奖三等奖（大气所排名第2，获奖人：雷恒池，排名第2，赵震，排名第5，杨洁帆，排名第7，金玲，排名第8）。“长江流域梅雨锋暴雨发生发展机理研究”获2014年度湖北省自然科学奖三等奖（大气所排名第2，获奖人：孙建华，排名第4）。

共申请发明专利2项；获发明专利授权6项；获实用新型专利3项；登记国家版权局软件著作权12项。

全年共发表科技论文732篇，其中SCI（E）收录论文505篇，EI收录论文333篇，国内核心期刊收录论文335篇，出版论著5部。

（四）院地合作及科技成果转移转化

2014年，大气所与中国气象局围绕高分辨率资料同化、数值天气模式、青藏高原气象科学、地球系统数值模拟装置建设及人才培养等重点领域开展合作。与北京气象局建立科研业务发展合作关系，大气所观测数据已经连续发给气象局，并且用在了APEC会议期间的气象服务保障中，北京市气象局的RUC系统已经移植入大气所。与安徽省政府、淮南市政府进行沟通协调，以土地权属等核心问题为重点，推动淮南市政府明确将研究院资产权属划归大气所。继续与中国海洋大学、南京信息工程大学、北京师范大学、南京大学、兰州大学等合作推进协同创新中心。

（五）国际合作

2014年，大气所成功举办21个国际会议、2个海峡两岸会议。与国外机构签署合作协议4个，执行国际合作项目31项。全年共执行185项出访任务，312人次出访参加国际会议及合作研究访问；外宾来访270人次。曾庆存院士当选美国气象学会荣誉会员；吴国雄院士当选“未来地球计划”中国国家委员会（CNC-FE）副主席，并获COAA“Honorary Fellows of 2014”；王会军院士当选韩国亚太气候中心（APEC climate center）科学顾问委员会委员，并被香港理工大学授予杰出中国访问学人。共有75个国际组织任职，43个国际期刊任职。

（六）主要挂靠的学会、主办或承办的重要出版物

大气所是中国科学探险协会、太平洋科学协会中国委员会、中国气象学会动力气象学委员会、大气环境学委员会、统计气象学委员会的挂靠单位；主办的刊物有：《大气科学》（中文版）、《大气科学进展》（英文版）（SCI收录）、《气候与环境研究》（中文版）、《大气和海洋科学快报》（英文版）。

（撰稿：周　权　任　丽　审稿：王生林）

植物研究所

所　　长：方精云
地　　址：北京市海淀区香山南辛村20号
邮政编码：100093
电　　话：010-62836220
传　　真：010-62590835
电子信箱：suoban@ibcas. ac. cn
网　　址：http://www. ibcas. ac. cn

中国科学院植物研究所（以下简称“植物所”）是我国建立最早的植物基础科学综合性研究机构，前身为1928年创建的静生生物调查所和1929年成立的国立北平研究院植物研究所，1950年合并为中国科学院植物分类研究所，1953年改名为中国科学院植物研究所。

“十二五”期间，植物所以“国际一流研究所”为发展目标，以“整合植物学”为学科定位，紧紧围绕植物学科发展的需要和国家对植物资源可持续利用的战略需求，开展植物生物学领域重大基础理论和关键技术问题的创新研究，力争在重要资源植物研发和产业化示范、全球变化下的生物多样性及生态系统碳汇功能、光合作用与分子生理3个方面实现重大突破；重点培育植物系统进化、生态环境、分子生理与发育、光合作用和资源植物可持续利用5个重点学科领域，引领和推动我国整合植物学的发展。

2014年，植物所按照中央和院党组的统一部署，结合自身实际，紧紧围绕“一三五”规划和“创新2020”规划，坚持“三个面向”，以组织落实“率先行动”计划、建设“特色研究所”为核心，采取切实有效的措施，保障和促进规划的全面推进和落实，推动科研成果产出、重大任务的组织和推进、人才队伍建设、思想库和创新文化建设等各项工作。

2014年，植物所拥有7个研究和支撑部门、10个野外台站、1个植物标本馆、1个公共技术服务中心和中国生态系统研究网络（CERN）生物分中心、1个中科院非法人研究单元——中科院内蒙古草业研究中心。研究和支撑部门包括系统与进化植物学国家重点实验室、植被与环境变化国家重点实验室、中科院植物分子生理学重点实验室、中科院光生物学重点实验室、中科院北方资源植物重点实验室、北京植物园（含华西亚高山植物园）、文献与信息管理中心；野外台站包括内蒙古锡林郭勒草原生态系统国家野外科学观测研究站、内蒙古鄂尔多斯草地生态系统国家野外科学观测研究站、湖北神农架森林生态系统国家野外科学观测研究站、中科院北京森林生态系统定位研究站、植物所多伦恢复生态学试验示范研究站、植物所浑善达克沙地生态研究站、植物所东乌珠穆沁草原生态系统管理研究站、植物所北方林生态系统定位研究站、植物所古田山森林生物多样性与气候变化研究站、植物所内蒙古农牧业科学院乌兰察布草地生态研究站。

截至2014年底，植物标本馆共收藏标本267万余份；数字植物标本馆共收录标本信息372.8万份；植物图像库已收录图片172万幅。

截至2014年底，植物所拥有10万元以上仪器设备468台（套），其中50万元以上设备73台（套）。2014年新购高压冷冻固定仪、全自动植物多广谱三维成像观测室、三维激光扫描测量系统等设备33台（套）。

截至2014年底，植物所共有在职职工642人。其中科技人员338人、科技支撑人员210人，包括中国科学院院士5人、第三世界科学院院士2人、欧亚科学院院士1人、研究员及正高级工程技术人员92人、副研究员及高级工程技术人员142人。共有国家海外高层次人才引进计划（“千人计划”）入选者2人，“青年千人计划”入选者5人；中国科学院“百人计划”入选者34人（执行中10人）；国家杰出青年科学基金获得者14人（新增1人）。

植物所是首批国务院学位委员会批准的博士、硕士学位授予权单位之一，现设有植物学、发育生物学、生态学、细胞生物学4个专业一级（或二级）学科博士研究生培养点，植物学、发育生物学、细胞生物学、生态学4个专业一级（或二级）学科硕士研究生培养点，设有生物工程专业硕士研究生培养点，并设有生物学、生态学2个专业一级学科博士后流动站，共有在学研究生651人（其中硕士生307人、博士生344人）、在站博士后54人、留学生11人。

2014年，植物所共有在研项目377项（包括新增项目213项）。其中，承担973计划和国家重大科学研究计划项目3项（新增1项）、课题18项（新增5项），863计划课题1项，国家科技基础性工作专项2项（新增2项），科技支撑课题2项，科技基础条件平台项目1项；承担国家自然科学基金重点项目9项（新增4项）、面上项目128项（新增46项）、青年项目62项（新增30项）、国家杰出青年科学基金项目3项（新增1项）、优秀青年基金3项（新增2项）、特殊学科点建设项目1项（新增1项）、重大研究计划重点项目2项、创新群体1项、重大国际合作研究项目2项（新增1项）、海外及港澳学者合作研究1项、其他基金项目12项（新增5项）；承担其他部委项目10项（新增4项）；承担中科院战略性先导科技专项项目1项，院重点部署项目3项，主持院STS项目1项（新增1

项)；中科院重点国际合作项目4项（新增2项)，其他国际合作项目18项（新增8项)；院地合作项目8项（新增4项)，其他横向项目116项（新增96项)。2014年，植物所到位经费2.56亿元，实际留所经费1.88亿元。

2014年，植物所在植物系统进化、植被与环境变化、植物分子生理、光合作用和资源植物等领域取得重要进展。2014年植物所发表论文562篇，其中SCI收录期刊发表论文365篇，有230篇发表在领域前30%的SCI刊物上，作为第一作者单位发表影响因子8.0以上的15篇，5.0—8.0的22篇，3.0以上的135篇；出版专著8部；授权专利41项；获国家自然科学奖二等奖1项；由植物所牵头完成的“建立生态草业特区探索草原牧区发展新模式”咨询报告得到国务院领导的高度重视，对推动我国牧区草业发展的变革产生了深远影响。

2014年，为推动科技成果转化，植物所全面加强所地合作工作，全年所地合作合同经费5300余万元；与北京市合作承办首次在亚洲国家举办的世界葡萄大会；与福建三安集团签署协议，共建“植物工厂”，为服务国民经济主战场创造平台和条件。

2014年，植物所签署国际合作协议5项；人员出访63批98人，来访126批202人；举办国际学术会议5次、国际培训班1次；46人在国际组织和期刊任职91项（新增11项)。

植物所是中国植物学会、北京生态学会、中国植物学会植物园分会、中国花卉协会蕨类植物分会和*Journal of Plant Physiology*中国编辑部挂靠单位。主办刊物有：*Journal of Integrative Plant Biology*、*Journal of Systematics and Evolution*、*Journal of Plant Ecology*、《植物生态学报》、《生物多样性》、《植物学报》、《生命世界》，其中前3个被SCI收录。

（撰稿：周凌娟　李东方　审稿：曹爱民）

动物研究所

所　　长：康　乐

地　　址：北京市朝阳区北辰西路1号院5号

邮政编码：100101

联系电话：010-64807098

传　　真：010-64807099

电子信箱：ioz@ioz.ac.cn

网　　址：http://www.ioz.ac.cn

一、基本情况介绍

中国科学院动物研究所（以下简称“动物所”）的前身是1928年成立的静生生物调查所、1929年成立的北平研究院动物研究所和1930年成立的中央研究院动物研究所。新中国成立后，中国科学院接收上述三个研究所和原徐家汇博物馆（创建于1860年，1930年后改称震旦大学博物院）的部分资料、标本和设备，于1950年成立了中国科学院昆虫研究室和动物标本整理委员会。二者分别发展为昆虫研究所和动物研究所，1962年两所合并为现在的动物所。

动物所是以动物科学基础研究为主的社会公益型国家级科研机构。以野生动物和模式动物为研究对象，开展现代动物学研究，服务于人口健康、农业和生物多样性保护等国家重大需求。在细胞编程与重编程的机制、生殖与发育调控、生物灾害爆发机制与控制、物种濒危机制与保护等领域发挥引领作用；在动物分类与进化、农业虫鼠害防控和濒危动物保护中发挥不可替代的作用，综合创新能力达到国际先进水平。动物所“一三五”规划实施总体情况良好。

动物所现有3个国家重点实验室、3个院级重点实验室和1个国家动物博物馆。包括农业虫害鼠害综合治理研究国家重点实验室、计划生育生殖生物学国家重点实验室、生物膜与膜生物工程国家重点实验室、动物生态与保护生物学院重点实验室、动物进化与系统学院重点实验室、干细胞与转化研究院重点实验室（筹）和国家动物博物馆。

动物所拥有亚洲最大的动物标本馆，馆藏各类动物标本近700万号；拥有总建筑面积7300平方米的国家动物博物馆，含十个展厅和4D动感电影院；拥有总藏书量25万余册及图书资料较为齐全的专业图书馆，形成了科学研究、科学传播与技术支持相结合的完整体系。

截至2014年12月底，动物所所级中心共有6个仪器设备平台，拥有流式细胞仪、激光（双光子）共聚焦显微镜、紫外显微切割系统、高性能集群计算等大中型仪器设备共计50余台件。其中，120万元以上的共享仪器设备共计20余台件。

二、“创新2020”科研进展情况

截至2014年底，动物所共有在编职工413人。其中科技人员239人、科技支撑人员124人，包括中国科学院院士2人、发展中国家科学院院士1人、研究员及正高级专业技术人员82人、副研究员及高级工程技术人员113人。

共有国家海外高层次人才引进计划（“千人计划”）入选者1人（新增0人），“青年千人计划”入选者7人（新增3人）；中国科学院“百人计划”入选者47人（新增3人）；国家杰出青年科学基金获得者26人（新增2人）。

动物所是1998年国务院学位委员会批准的博士、硕士学位授予权单位之一，现设有生物学、生态学2个专业一级学科博士、硕士研究生培养点。2011年动物学、细胞生物学、发育生物学、生态学首次获得中国科学院重点学科。2010年增列生物工程硕士培养点；2011年增列生物医学工程、免疫学、病理生理学3个学术型硕士培养点；2013年增列基因组学博士培养点。并设有生物学、生态学2个专业一级学科博士后流动站，共有在学研究生545人（其中硕士生328人、博士生217人），在站博士后104人。

2014年，动物所共有在研项目328项（包括新增项目127项）。其中，承担国家重大科技专项项目2项（新增1项），主持（或承担）国家重点基础研究发展计划（973计划）和国家重大科学研究计划项目6项、承担（或参加）课题36项（新增3项），主持（或承担）国家高技术研究发展计划（863计划）项目2项（新增1项），承担（或参加）课题3项（新增0项），主持（或承担）国家科技基础性工作专项8项（新增1项）；主持（或承担）国家自然科学基金重点项目12项（新增3项）、面上项目113项（新增50项）、国家杰出青年科学基金项目5项（新增2项）、国家自然科学基金重大研究计划重点项目6项（新增2项）；主持（或承担）中国科学院战略性先导科技专项课题25项，主持（或承担）院重点部署项目2项；承担重点国际合作项目3项（新增2项）；承担横向项目105项（新增62项）。

截至2014年12月，动物所以第一单位发表SCI论文265篇，其中，IF_5>9的论文28篇。

2014年，动物所以第一单位出版著作2部；获得17项发明专利授权，2项实用新型专利授权；申请发明专利9项，PCT专利1项，实用新型专利2项。

由周琪研究员团队领衔完成的“哺乳动物多能性干细胞的建立与调控机制研究”成果获得国家自然科学奖二等奖。该团队在诱导性多能干细胞和人类胚胎干细胞的获得与细胞重编程机理研究方面取得了多项突破性成果，解决了多个关键的、具有重要基础研究和临床应用价值的科学问题。主要成果包括：利用诱导性多能干细胞技术首次获得非胚胎来源的健康动物，推动了该技术的建立、普及与应用，完善了发育生物学理论，该成果终结了科学家关于诱导性多能干细胞是否能够替代胚胎干细胞的争论；开发了获得人类胚胎干细胞系的新方法；发现卵母细胞质量影响人治疗性克隆胚胎的发育能力；发现了能够区分干细胞多能性水平的分子标识等。这些研究成果赢得了国际学术界的高度认可，推动了相关研究领域的发展，并显著地提升了我国干细胞研究的国际地位。研究组成功建立了大鼠单倍体胚胎干细胞系，并证明其在长期培养过程中仍可维持单倍性和多能性。鉴于大鼠在生理上比小鼠更类似于人类，这一工作将对人类疾病模型研发和开展基因功能研究起到重要的推动作用。有关论文在*Cell Stem Cell*上发表。

孙青原研究组揭示出有关父亲诱导的糖尿病易感性跨代遗传机制。研究发现前期糖尿病会改变小鼠精子的甲基化组，而某些改变可以在一定程度上传递给后代。这一发现不仅为获得性性状的遗传提供了分子基础，还为目前流行的肥胖、二型糖尿病和其他慢性代谢疾病提供了合理的解释。有关论文在*PNAS*上发表。

刘峰研究组发现在造血干细胞产生过程中BMP与ERK信号通路之间存在新的调控关系。这一发现为体外获得造血干细胞提供了新的理论依据，也为干细胞治疗提供了新的思路。有关论文在 *Nature Communications* 上发表。

康乐研究组成功破译迄今世界最大动物基因组——飞蝗基因组图谱并揭示其食性、迁飞和群聚的奥秘。该项目的顺利完成为更好地揭示蝗灾爆发机制，以及开发可持续性治理策略和新的控制方法提供了宝贵的基因组资源。同时，也为推动蝗虫成为研究人类疾病和行为的生物医学模型奠定了重要的基础。有关论文在 *Nature Communications* 上发表。

魏辅文研究组对大熊猫生态学、遗传学和进化生物学开展了长期系统的研究并取得一系列重要科学成果。基于他们对大熊猫的生物学和进化研究的贡献，国际知名杂志 *Molecular Biology and Evolution* 主编邀请其撰写了一篇关于大熊猫进化命运的综述，系统总结了形态学、生态学和遗传学的证据，反驳了“大熊猫进化尽头”的论调，多方面地论证了大熊猫并不是一个走到“进化死胡同”的物种。

李明研究组通过对金丝猴全基因组、转录组及宏基因组分析，揭示了金丝猴起源和演化历史，阐明了金丝猴适应植食性生活的分子机制，为我国金丝猴保护提供了重要科学依据。有关成果在 *Nature Genetics* 上发表。

截至2014年底，动物所出来访总人数419人次，其中来访243人次（来访3个月以上8人），出访176人次。2009年以来，动物所创办的“秉志论坛”系列学术报告会，每年邀请10位左右相关领域国际顶级科学家来所交流，到2014年底已有49位科学家应邀来访。此外，动物所还接待了英国研究理事会、澳大利亚联邦科工组织等国际组织和科研机构来访，有效促进了国际合作与学术交流。

2014年，动物所新争取国际合作项目6项，总合同经费610万元人民币。其中，国外资金来源的国际合作项目3项，合同经费205万元人民币。各项目研究工作按计划进展顺利并取得了较好的科研成果。

2014年9月，动物所“细胞治疗国际联合研究中心”被科技部批准为国家级国际联合研究中心。积极发展“项目-人才-基地”相结合的国际科技合作新模式，不断提升研究所国际科技合作的质量和水平。

2014年，动物所共成功举办各领域国际会议4次。其中，2014北京国际血液发育研讨会、第五届整合动物学国际研讨会暨全球变化生物学国际学术研讨会、进化人类学中的系统比较方法研讨班等三次会议为动物研究所发起创办的国际会议。国际蚜虫学大会是第一次在亚洲地区主办，此次第九届国际蚜虫学大会的成功举办对于促进动物所乃至亚洲蚜虫学研究的发展起到了重要作用。

近年来，动物所国际影响力不断提升，越来越多的外籍专家学者到动物研究所长期工作。2014年，来自美国、英国、德国、瑞典等国家的18位外宾以高级访问学者、研究助理或期刊编辑等身份到动物研究所长期（连续两个月以上）工作。

中国昆虫学会、中国动物学会、国际动物学会、中国动物志编辑委员会和中华人民共和国濒危物种科学委员会挂靠在动物所。动物所与学会共同主办 *Insect Science*（SCI源期刊，英文版）、*Integrative Zoology*（SCI源期刊，英文版）、*Current Zoology*（SCI源期刊，英文版）、《昆虫学报》、《动物分类学报》、《动物学杂志》、《昆虫知识》7种学术刊物。

（撰稿：吴敬文　白彦霞　审稿：李志毅）

心理研究所

所　　长：傅小兰
地　　址：北京朝阳区林萃路16号院
邮政编码：100101
电　　话：010-64879520
传　　真：010-64872070
电子信箱：webmaster@psych.ac.cn
网　　址：http://www.psych.ac.cn

一、基本情况介绍

中国科学院心理研究所（以下简称“心理所”）成立于1951年，前身是1929年成立的中央研究院心理研究所。

心理所的战略定位是：探索人类心智本质，揭示心理和行为的生物学基础与环境影响机制，为提高国民心理素质、促进社会和谐发展提供重要知识基础和科技支撑，成为引领我国心理科学发展、有重要影响力的国际著名研究机构和服务国家科技创新与社会经济发展的心理学科技智库。在心理所分类改革和实施“率先行动”计划中，心理所选择城镇化发展作为服务国家目标和社会公众利益的主要领域，建设特色研究所，力争早日实现“四个率先”目标。

心理所“一二三”进展顺利。“心理疾患的早期识别与干预”领域已发现5种以上心理疾患早期识别的有效指标，研发早期识别和干预系统各1套并申报专利。“社会预警与决策”领域已完成集群行为预警指标、心理和谐指标、社会态度预测感知系统研发，在1—2个省应用，政府咨询报告被采纳2项。本领域学术带头人李纾研究员承担的国家自然科学基金项目《损失规避的性质探索》在结题绩效评估中被评为“特优”。

2014年，心理所在“三个重点培育方向”取得重要进展：①“灾害与创伤心理”方向，发表多篇高影响力论文，研发的心理创伤评估工具、干预方法与网络技术平台、服务体系等在四川、云南等灾区应用。②“网络心理与虚拟行为”方向，研发基于行为和内容分析的心理计算模型，实现对区域群体社会态度的预测，并在广东、北京和新疆等地验证。③“发展、教育与创造力培养”方向，建立儿童青少年心理健康指标检测体系和心理问题疏导平台及服务网络，在湖北、辽宁进行试点。

心理所有中国科学院心理健康重点实验室和行为科学重点实验室。设有健康与遗传心理学、认知与发展心理学和社会与工程心理学三个研究室。

2014年，心理所继续加大科研平台建设力度，建设了“动物情绪行为测试系统”，配备了齐全的动物迷宫和一系列脑电、皮层数据采集设备，为研究所构建、评价各种动物情绪障碍模型（焦虑、抑郁、应激、疼痛）提供了重要支撑。

2014年，心理所网络中心与图书馆合并成立信息中心，为心理所科研信息化和管理信息化提供支撑服务。

经过“党的群众路线教育实践活动”的洗礼，全所党员、群众的精神状态发生很大变化，核心竞争力进一步增强，各项工作取得了新的进展。

二、科研进展情况

截至2014年底，心理所在职职工204人。其中科技人员166人、科技支撑人员38人、包括世界科学院院士2人、中共“十八大”代表1人、第十二届全国政协委员1人、研究员及正高级工程技术人员38人、副研究员及高级工程技术人员62人。国家海外高层次人才引进计划（“千人计划”）入选者2人，其中“短期千人计划”入选者1人和“青年千人计划”入选者1人，“万人计划”青年拔尖人才入选者1人，中国科学院“百人计划”入选者14人，国家杰出青年科学基金获得者1人，“新世纪百千万人才工程”国家级人选2人。

心理所是1981年国务院学位委员会批准的博士、硕士学位授予权单位之一，现设有心理学一级学科博士研究生培养点，一级学科硕士研究生培养点，并设有一级学科博士后流动站，在学研究生298人（其中硕士生156人、博士生142人），在站博士后29人。

2014年，心理所在研项目269项（包括新增项目65项）。其中，承担973计划课题3项（新增1项），主持国家科技支撑计划项目1项、承担课题4项；主持国家杰出青年科学基金项目1项、国家自然科学基金国际合作交流项目1项、国家自然科学基金重大研究计划重点支持项目1项、国家自然科学基金重大研究计划培育项目3项（新增1项）、国家自然科学基金面上项目37项（新增13项）、青年基金项目35项（新增9项）国家自然科学基金；承担中科院战略性先导科技专项课题3项，主持中科院仪器设备功能开发技术创新项目1项，主持中科院重点部署项目3项，知识创新工程重要方向项目2项；承担院地合作项目42项（新增9项）。

2014年，心理所在基础研究和应用研究领域取得一系列重要进展。基础研究领域，发现人类化学信号可在个体间有效传递性别信息，研究结果被 *Science*，*Scientific American*，*Time Magazine* 等多家国际知名媒体深度报道；发起"国际信度与可重复性联盟（Consortium for Reliability and Reproducibility，CoRR）"神经影像大数据项目，被 *Nature* 旗下数据期刊 *Scientific Data* 以推荐文章（Featured Data Descriptor）形式发表论文介绍该数据库。应用研究领域，发现模拟微重力环境对风险决策及其神经机制的影响，增进了对微重力系统条件对个体高级认知功能的影响的理解，对进一步优化航天员的选拔和培训提供了科学依据；开发基于新浪微博预测用户的社会态度的模型并构建社会态势感知平台，成功应用到北京地区、新疆地区，实现对群体社会态势的实时计算和对其未来发展趋势的评估。

2014年，心理所共发表文章461篇，其中，第一作者论文300篇，SCI/SSCI/EI文章258篇（Q1类文章占44%），CSCD文章77篇，会议论文53篇；主持或参与写作或翻译的书稿5部。专利申请4项。上报政策建议13份，2份得到中央领导人批示。

2014年，应用发展部继续推进心理所知识产权成果转化相关制度的制定，以及推动心理所知识产权委员会成立，同时知识产权成果的质量和数量也在持续增加，主要集中在心理学系列科普设施和展品、心理梦工厂展厅导览系统开发、系列心理健康教育课程及服务资源包等方面。社会效益方面，在鲁甸灾区建立了心理援助工作站，同雅安工作站和抚顺工作站等直接服务受灾群众超过5万人次，此外，积极支持当地开展"301昆明暴恐事件"后的心理援助工作；联合举办千人以上科普活动2次，科普基地接待参观近3000人次。

2014年，左西年研究员在国家自然基金委国际（地区）合作与交流项目资助下，研发出"人脑连接组计算系统"（CCS），引起国际关注。在国际人才引进方面，获批中科院"国际人才计划项目"——"国际访问学者"项目1项。获批国家自然科学基金海外及港澳学者合作研究基金项目1项，中科院在华召开国际会议资助3项，中科院国际组织任职出访参会资助项目5项。主办/联合主办国际会议3次，共接待国内外机构来访76人次，组织访问国外机构89人次。

2014年，心理所主办的《心理科学进展》和与共建单位中国心理学会联合主办的《心理学报》均被评为"2014中国最具国际影响力的学术期刊"；由心理所主办、Wiley出版社和心理所联合出版的我国第一本国际发行、全英文的心理学专业期刊 *PsyCh Journal* 也正常出版。

（撰稿：陈雪峰　赵明旭　审稿：傅小兰）

微生物研究所

所　　长：刘双江
地　　址：北京市朝阳区北辰西路1号院3号
邮政编码：100101
电　　话：010-64807462
传　　真：010-64807468
电子信箱：office@im.ac.cn
网　　址：http://www.im.cas.cn

中国科学院微生物研究所（以下简称"微生物所"）成立于1958年12月3日，其前身是中国科学院应用真菌研究所和中国科学院北京微生物研究室。经过几代人的不懈努力，微生物所已经发展成为一个具有雄厚基础、强大实力和广泛影响的综合性微生物学研究机构。

微生物所坚持"微生物、高科技、大产业"的战略定位，面向工业升级、农业发展、人口健康和环境保护等方面的国家重大需求，瞄准微生物学科的发展前沿，以微生物资源、微生物生物技术、病原微生物与免疫为主要研究领域，在研究微生物生物多样性、基本生命特征和生态功能的基础上，努力创建从微生物资源开发、功能改造利用、生物技术创新到成果转化的自主研发体系，创建世界一流的微生物学研究中心和微生物生物技术研发基地。

2014 年，微生物所继续稳步推进“一三五”规划的各项工作，各项目均已按预期计划（部分超越预期）取得进展，尤其在流感病毒研究上有重大突破，全年总体态势良好。深刻领会科学院“率先行动”计划指示精神，组织调研、部署资源，积极申报“特色研究所”。

微生物所设有微生物资源前期开发国家重点实验室、真菌学国家重点实验室、中国科学院微生物生理与代谢工程重点实验室、农业微生物与生物技术研究室（与中国科学院遗传与发育生物学研究所共建的植物基因组学国家重点实验室微生物所部分）、中国科学院病原微生物与免疫学重点实验室 5 个重点实验室，以及微生物资源中心和技术转移转化中心，并新成立了以微生物所作为依托单位的非法人创新单元—中国科学院流感研究与预警中心。微生物所拥有亚洲最大的近 50 万号标本的菌物标本馆和国内最大的含 4.4 万余株菌种的微生物菌种保藏中心，建有网络信息中心、大型仪器中心和生物安全三级实验室等技术支撑平台，拥有一个藏书（刊）5 万余册的专业性图书馆。

截至 2014 年底，微生物研究所共有在职职工 514 人。其中科技人员 331 人、科技支撑人员 119 人，包括中国科学院院士 7 人、研究员及正高级工程技术人员 79 人、副高级专业技术人员 105 人。

共有“青年千人计划”入选者 4 人，现有 1 人完成中组部公示正在等待发文；中国科学院“百人计划”入选者 28 人（新增 2 人），“西部之光”人才入选者 1 人，西藏特培 1 人；国家杰出青年科学基金获得者 11 人。

微生物所是国务院学位委员会批准的首批博士、硕士学位授予单位之一，现设有生物学一级学科，包括微生物学、遗传学、生物化学与分子生物学 3 个二级学科专业博士、硕士学位研究生培养点；设有免疫学、病原生物学（一级学科为基础医学）两个二级学科专业硕士学位研究生培养点；设有生物工程领域专业硕士学位研究生培养点；同时设有生物学一级学科下微生物学、遗传学、生物化学与分子生物学 3 个二级学科专业博士后流动站；共有在学研究生 462 人（其中硕士生 207 人、博士生 255 人），在站博士后 60 人。

2014 年，微生物研究所共有在研项目 418 项（包括新增项目 140 项）。其中，主持国家重大科技专项课题 4 项（新增 2 项）、参加国家重大科技专项课题 17 项（新增 4 项）；主持国家重点基础研究发展计划（973 计划）和国家重大科学研究计划项目 3 项、承担课题 24 项（新增 4 项），参加课题 33 项；主持国家高技术研究发展计划（863 计划）项目 2 项（新增 1 项），参加课题 23 项（新增 6 项）；主持、参加国家科技基础性工作专项 8 项（新增 3 项）；主持国家自然科学基金重点项目 13 项（新增 3 项）、面上项目 73 项（新增 25 项）、国家杰出青年科学基金项目 1 项、国家自然科学基金重大项目 2 项；主持、参加中国科学院战略性先导科技专项课题 13 项（新增 10 项），主持院重点部署项目 4 项，参加院重点部署项目 11 项。承担重点国际合作项目 4 项（新增 2 项）；承担院地合作项目 12 项（新增 3 项）

微生物所在微生物资源、微生物生物技术和病原微生物与免疫等方面都取得了重要进展。

提出了白色念珠菌“white-gray-opaque”三稳态转换的概念；揭示了西藏 *S. eubayanus* 菌株与德国拉格啤酒酵母的亲缘关系；揭示了角蒽环抗生素在调节微生物种群相互作用中的生态作用及进化意义；揭示了 CRISPR 在细菌和古菌适应过程中区分外源 DNA 的机制；揭示了外生菌根真菌群落组装机制；揭示了 γ-丁酸内酯诱导委内瑞拉链霉菌和天蓝色链霉菌产生不同抗生素的生理作用。

以葡萄糖为唯一碳源实现了 1,2,4-丁三醇的生物合成；揭示了 augmin 复合体在间期植物细胞周质微管动态组织过程的几何构象；利用基因组编辑技术，获得了对白粉病具有广谱抗性的小麦材料；揭示了水稻条纹叶枯病病毒侵染宿主后代昆虫的机制。

绘制了 H7N9 禽流感病毒的动态重配模式和传播路径；解析了 H7N9 病毒感染哺乳动物的分子致病机制；揭示了干扰素 IFN-λ 在流感病毒感染时过量表达导致宿主病理反应甚至死亡的机制；研发了一种基于不同结构唾液酸寡糖修饰的

金纳米粒子的高通量、可视化的检测方法，建立了流感病毒对识别唾液酸寡糖的指纹图谱。

揭示了长链非编码 RNA 在 Abl 蛋白诱导小鼠免疫细胞癌变中的作用及长链非编码 RNA 在抗病毒天然免疫应答过程中的重要调控功能；阐释了人单纯疱疹病毒入侵细胞时 PILR 受体识别唾液酸的分子机制；阐明了辅助性 CD4+ T 细胞与记忆性 CD8+ T 细胞的形成和维持的关系。

2014 年，微生物所发表 SCI 论文 419 篇，其中第一完成单位论文 299 篇，第一完成单位论文中 133 篇为本领域 TOP25% 刊物论文。2014 年获得专利授权 72 项，新申请 89 项，其中包括 PCT 申请 1 项。获得软件著作权登记 2 项。出版《中国真菌志》第四十七卷、第四十八卷等 10 余部专著。

2014 年，微生物所作为参加单位获得国家科技进步奖一等奖、二等奖各一项。高福院士获得谈家桢生命科学成就奖和中科院杰出成就奖。赖氨酸和苏氨酸工业生产菌改造的关键技术与产业化应用团队获得中科院科技促进发展奖科技贡献二等奖。

2014 年，微生物所签订各项技术合同 67 项，技术合同总额 6259.58 万元。与政府和企业共建 7 个联合研发体：与东营市人民政府共建了生物基材料中试研发基地；安徽华恒生物科技股份有限公司生物科技联合实验室；与天津济福公司共建早期癌症筛查与防治研究中心；与拉芳家化股份有限公司共建联合研发中心；与河南省科学院共建应用微生物技术联合实验室；与河北省科学院共建微生物技术及生物转化联合实验室；与北京诺赛共建国家人类基因组北方研究中心联合实验室。长链二元酸生产新技术在东营中试基地开展中试；普鲁兰项目试生产工作已完成，产能 1000 吨生产线正式运转。

2014 年度，接待国际来访 130 人次，执行国际出访 76 人次。获 6 项国际人才引进与交流计划项目，总经费为 105.2 万元。其中，“国际访问学者” 4 项，“国际博士后” 2 项。全所有 18 人在 78 个国际组织和国际期刊中任职。与美国、德国、葡萄牙和丹麦 4 个国家（或地区）签署了 4 项合作协议书和合作谅解备忘录，为进一步加强国际合作研究奠定了良好的基础。

2014 年，微生物所共主办 3 个国际会议和 1 个发展中国家科技培训班计划，获国际会议经费资助 58 万元。新增国际合作项目 7 项，合同总经费 379 万元。承担重大国际合作项目 4 项，在研国际合作项目 29 项，国际合作项目到位经费 979 万元。

微生物所创办的中国菌物名称注册信息库（Fungal Names）获第十届国际菌物学大会批准，成为国际菌物名称注册信息库之一；高福研究员在第 25 届发展中国家院士大会上被选举为发展中国家科学院院士。

目前，挂靠微生物所的单位有中国微生物学会、中国菌物学会、中国生物工程学会 3 个国家级学会，微生物所与相关学会共同主持编辑出版的学术刊物有《微生物学报》、《微生物学通报》、《菌物学报》、《生物工程学报》及英文刊物 *MYCOLOGY*。

（撰稿：刘黎琼　喻亚静　审稿：李俊雄）

生物物理研究所

所　　长：徐　涛
地　　址：北京市朝阳区大屯路 15 号
邮政编码：100101
电　　话：010-64889872
传　　真：010-64871293
电子信箱：office@ibp.ac.cn
网　　址：http://www.ibp.cas.cn

中国科学院生物物理研究所（以下简称“生物物理所”）是国家生命科学基础研究所，创建于 1958 年，其前身是 1957 年建立的北京实验生物学研究所，著名生物学家贝时璋院士任第一任所长，现任所长为徐涛研究员。建所以来，在贝时璋、邹承鲁、梁栋材和杨福愉等老一辈科学家的带领下，历经几代科技工作者的辛勤努力，在高水平研究成果、授权专利和成果转化等方面一直位居全国生物学研究机构前列。

2014 年，贯彻落实院党组“率先行动”计划，积极推进了科教融合和卓越中心建设，围绕蛋白质科学和脑与认知科学基础性、战略性和前瞻性问题，持续开展深入研究，积极承担国家任务，促进重大科研产出，建设良好科研文化氛围，整体科技创新能力和竞争实力稳步提升。

生物物理所现拥有生物大分子、脑与认知科学两个国家重点实验室，感染与免疫、核酸生物学两个中国科学院重点实验室，以及蛋白质与多肽药物、交叉科学两个所重点实验室；其中，核酸生物学、蛋白质与多肽药物和交叉科学重点实验室已分别获批挂牌成立“非编码核酸北京市重点实验室”、“北京市生物大分子药物转化工程技术中心”和“北京市生物医学分子检测工程技术研究中心”。与国内外科研机构和高校合作共建了中日结构病毒学与免疫学联合实验室、中澳表型组学研究中心、中澳神经与认知科学联合实验室、IBP—MIT 人脑直接成像研究中心、马普蛋白质与膜转运合作研究小组、生物物理研究所—通用集团生命科学示范实验室、生物物理研究所-佐治亚大学结构蛋白质组学联合研究中心等联合研究单元。

截至 2014 年底，生物物理所共有在职职工 586 人。其中科技人员 422 人、科技支撑人员 61 人，包括中国科学院院士 10 人、发展中国家科学院院士 5 人、研究员及正高级工程技术人员 97 人、副研究员及高级工程技术人员 140 人。

共有国家海外高层次人才引进计划（“千人计划”）入选者 9 人，“青年千人计划”入选者 11 人（新增 2 人）；中国科学院“百人计划”入选者 36 人；国家杰出青年科学基金获得者 22 人（新增 3 人）。

生物物理所现设有生物物理学、生物化学与分子生物学、细胞生物学、神经生物学、认知神经科学、生物信息学 6 个专业二级学科硕士、博士研究生培养点，生物工程、免疫学 2 个硕士研究生培养点，并设有生物学 1 个专业一级学科博士后流动站，共有在学研究生 591 人（其中硕士生 308 人、博士生 283 人）、在站博士后 52 人。

2014 年，生物物理所共有在研项目 359 项（包括新增项目 104 项）。其中，承担国家重大科技专项课题 26 项，主持国家重点基础研究发展计划（973 计划）和国家重大科学研究计划项目 10 项（新增 2 项）、承担课题 46 项（新增 7 项），主持国家高技术研究发展计划（863 计划）课题 5 项；主持国家自然科学基金重点项目 13 项（新增 2 项）、面上项目 72 项（新增 29 项）、国家杰出青年科学基金项目 7 项（新增 3 项）、国家自然科学基金重大研究计划项目 14 项（新增 8 项）；主持中国科学院战略性先导科技专项（A 类）课题 11 项（新增 1 项）、战略性先导科技专项（B 类）课题 15 项，主持院重点部署项目 6 项（新增 1 项）、科技部重大仪器研制项目 1 项、国家自然科学基金委重大仪器研制项目 1 项、院重大仪器研制项目 6 项（新增 1 项）；承担国际合作项目 35 项（新增 18 项）；承担院地合作项目 2 项。

2014 年，生物物理所高水平研究工作包括：TLR9 依赖的天然免疫信号通路激活关键酶 AEP 结构与功能；Agos 蛋白指导导向 DNA 双链切割靶标 DNA 双链的机制；Ⅰ型干扰素靶向治疗抗体耐药肿瘤；磷脂信号通路Ⅱ型 α 亚型磷脂酰肌醇-4-激酶的结构功能；30nm 染色质左手双螺旋高级结构解析；羟甲基化 DNA 的特异识别机制；PAP2 家族中膜蛋白 PgpB 的结构与功能；细菌脂多糖转运组装膜蛋白复合体结构解析；磷脂合成过程中重要膜内酶 Cds 的结构与功能；WASH 蛋白调控自噬机制、WASH 蛋白调控造血干细胞机制；利用干细胞技术揭示范可尼贫血症的新型致病机理及干预策略；核糖体在蛋白翻译过程中移位的分子机理；CRISPR 系统中 Cascade 复合物结构解析；基于光致电子转移扩展蛋白质荧光传感性质；纳米材料的新特性应用到肿瘤靶向治疗；囊泡转运再循环过程中细胞膜重塑分子机理；CCP6 蛋白调控血液巨核细胞谱系发育机制；NAC 复合体在细胞自噬中的功能；解析甲型肝炎病毒全颗粒晶体结构；*O*-GlcNAc 糖基化修饰 SNAP-29 调控自噬小体的成熟；细菌淀粉样纤维（β-amyloids）分泌通道结构解析；Hippo 信号通路调节果蝇发育过程中细胞增殖稳态新机制。

2014 年，生物物理所共发表 SCI 收录论文 366 篇，篇均影响因子 5.83；其中以第一单位或通讯单位发表 SCI 论文 201 篇，篇均影响因子 5.39；影响因子在 *PNAS* 以上的 SCI 论文 65 篇，其中第一单位或通讯单位论文 31 篇。共申请专利31项，其中国际发明专利2项，中国发明专利26项，实用新型3项；授权专利21项，其中国外发明专利2项，中国发明专利16项，实用新型专利3项；获得软件著作权2项。

2014年，生物物理所作为第一完成单位的“高等植物主要捕光复合物的结构与功能研究”获得国家自然科学奖二等奖（2014－Z－105－2－02）；作为第一完成单位的“肿瘤新靶标CD146的发现及抗体靶向治疗”获得北京市科学技术奖一等奖（2014医－1－002）。

2014年，生物物理所新增横向研发项目47项，合同额2551.86万元；横向项目经费到账总额2087.98万元。成立“中国科学院生物物理研究所淮安研究中心”和“中国科学院生物物理研究所成果转化基地”，其中，佛山分所的“光学仪器研发项目”和“人多能干细胞药物筛选平台研发项目”均通过佛山市政府论证，正式入驻并启动运行。与广东利泰制药股份有限公司共建制剂技术研发平台，与北京多赢时代科技有限公司共建肿瘤生物治疗技术研发平台。

2014年，生物物理所共有持股公司6家，其中从事科技开发的人员为50余人；持股企业累计销售收入达3.26亿元，净利润788.5万元，上缴税金5839.3万元。

2014年，生物物理所新增18个国际合作与交流项目；先后举办了第七届感染与免疫学国际研讨会、第十七届卡波西肉瘤疱疹病毒及相关病毒国际年会、第四次国际暨第十三次全国膜生物学学术研讨会和第二届“欧盟国家科技官员走进中国科学院”会议等一系列国际学术交流会议；接待国际来访150余人次，国际出访200余人次。目前，科研人员在37个国际组织中担任41个职位，在69个国际期刊中担任93个职位。

生物物理所是中国生物物理学会、中国认知科学学会的挂靠单位，主要出版物包括《生物物理学报》、《生物化学与生物物理进展》、*Protein & Cell*，其中《生物化学与生物物理进展》、*Protein & Cell* 是SCI收录期刊。

（撰稿：陈长杰　江欢欢　审稿：汪洪岩）

遗传与发育生物学研究所

所　　长：杨维才
地　　址：北京市朝阳区北辰西路1号院2号
邮政编码：100101
电　　话：010－64806501
传　　真：010－64806503
电子信箱：office@genetics.ac.cn
网　　址：http://www.genetics.cas.cn

中国科学院遗传与发育生物学研究所（以下简称“遗传发育所”）成立于2001年，由原中国科学院遗传研究所（成立于1959年）和中国科学院发育生物学研究所（成立于1980年）合并建成。2002年，中国科学院石家庄农业现代化研究所（成立于1978年）并入遗传发育所。2003年，原基因组研究中心整体分离组建为中国科学院北京基因组研究所。

遗传发育所将面向我国农业和人口健康的重大战略需求和生命科学前沿，解决遗传与发育生物学领域重大科学和关键技术问题，力争在国家现代农业和人口健康科技创新体系中发挥骨干和引领作用，成为遗传与发育生物学原始创新研究基地、生物高新技术研发基地、优秀人才培养基地和国内外具有重要影响力与核心竞争力的著名研究所。2011年起，制定了“一三五”发展规划，进一步明确了定位，着力培育基因组结构与调控规律、重大疾病分子机理、品种分子设计、农业生态可持续发展、前沿交叉5个重点方向，开展原始创新和集成创新研究，力争在具有重大应用价值功能基因发掘、具有重大应用前景的组织工程产品开发、优良作物新品种培育三个方面实现重大突破。2014年，顺利完成了党政领导班子换届，顺利完成了“一三五”国际专家诊断评估。围绕中国科学院“创新2020”总体发展规划和研究所制定的“十二五”目标和“一三五”规划，各项工作取得了良好进展。

遗传发育所下设5个研究中心：基因组生物

学研究中心、分子农业生物学研究中心、发育生物学研究中心、分子系统生物学研究中心和农业资源研究中心。拥有现代化植物温室、实验动物中心、昌平生物技术育种基地，以及河北栾城农田生态系统国家野外观测试验站、南皮生态试验站、太行山试验站等网络台站支撑系统，拥有植物基因组学国家重点实验室、植物细胞与染色体工程国家重点实验室、分子发育生物学国家重点实验室、中国科学院农业水资源重点实验室、河北省节水农业重点实验室和遗传发育所遗传网络生物学所级重点实验室，都是国家植物基因研究中心（北京）的依托单位。2014 年，遗传发育所农业生物技术平台大楼正式启用。

截至 2014 年底，遗传发育所共有在职职工 580 人。其中科技人员 347 人、科技支撑人员 144 人，包括中国科学院院士 2 人、发展中国家科学院院士 1 人、研究员及正高级工程技术人员 86 人、副研究员及高级工程技术人员 141 人。共有国家海外高层次人才引进计划（“千人计划”）入选者 3 人，“青年千人计划”入选者 3 人，中国科学院“百人计划”入选者 42 人（新增 1 人），国家杰出青年科学基金获得者 29 人（新增 2 人）。

遗传发育所是 1986 年国务院学位委员会批准的博士、硕士学位授予权单位之一，现设有遗传学、发育生物学、细胞生物学、神经生物学、生态学和生物信息学 6 个专业一级学科博士研究生培养点，遗传学、发育生物学、细胞生物学、神经生物学、生态学、生物信息学、植物营养学、作物遗传育种学和生物工程 9 个专业一级（或二级）学科硕士研究生培养点，并设有生物学专业一级学科博士后流动站，共有在学研究生 622 人（其中硕士生 170 人、博士生 452 人）、在站博士后 96 人。

2014 年，遗传发育所共有在研项目 294 项（新增项目 89 项）。其中，承担国家重大科技专项课题 12 项（新增 0 项），主持（或承担）国家重点基础研究发展计划（973）和国家重大科学研究计划项目 8 项（新增 2 项）、承担（或参加）课题 27 项（新增 6 项），主持（或承担）国家高技术研究发展计划（863）项目 1 项（新增 0 项），主持（或承担）国家高技术研究发展计划（863）课题 2 项（新增 0 项）；主持（或承担）国家自然科学基金重点以上项目 29 项（新增 6 项）、国家杰出青年科学基金项目 6 项（新增 1 项）、国家自然科学基金创新群体项目 1 项（新增 0 项）、面上项目及其他 116 项（新增 49 项）；主持（或承担）中国科学院战略性先导科技专项 1 项，主持（或承担）中国科学院战略性先导科技专项项目 4 项，主持（或承担）中国科学院战略性先导科技专项课题 5 项，主持（或承担）院重点部署项目 3 项（新增 2 项）；承担重点国际合作项目 1 项（新增 1 项）。

2014 年，遗传发育所的各项科研工作取得突破性进展。利用基因组编辑技术在小麦中对 *MLO* 基因的三个拷贝同时进行定点突变，获得了对白粉病具有广谱抗性的小麦材料（Wang et al.，*Nature Biotechnology*，2014）；发现 G 蛋白复合体参与调控植物对氮信号的感知与响应，为揭示农作物氮高效利用的分子调控机制提供了新线索（Sun et al.，*Nature Genetics*，2014）；子宫内膜再生修复材料临床研究取得突破，第一例子宫内膜瘢痕化的不孕受试者子宫内膜再生修复成功（中央电视台《新闻联播》报道）；发现了人类肥胖症和代谢综合征的新致病基因 *SLC35D3*，对肥胖症人群该基因突变的筛查和个体化治疗具有重要意义（Zhang et al.，*PLoS Genetics*，2014）；揭示了 Seipin 通过调控细胞内钙离子动态平衡促进脂肪存储的分子功能，为Ⅱ型先天性全身脂肪缺乏症病人提供了潜在的治疗手段（Bi et al.，*Cell Metabolism*，2014）。“渤海粮仓科技示范工程”实施一年来，依托种、肥、土、水的综合改良创新技术，有 500 多万亩盐碱地实现了改良，走上增产之路（中央电视台《新闻联播》报道）。

2014 年，遗传发育所共发表 SCI 论文 250 篇，发表影响因子 10 以上的论文（含 *Nature*、*Science* 系列文章）54 篇（第一或通讯作者 40 篇），影响因子在 5—10 的论文 67 篇（第一或通讯作者 41 篇），获得授权专利 62 项，审定作物新品种 5 个，获得国家自然科学奖二等奖 2 项、国家科学技术进步奖二等奖 1 项，省部级科技奖 2 项。李振声院士入选“中国种业十大功勋人物”；戴建武研究员荣获科技盛典——中央电视台2014年度科技创新人物荣誉称号。

遗传发育所十分重视支撑经济发展，以国家重大需求和战略布局为导向，结合自身优势，专注现代农业和人口健康两大领域，积极寻求与地方政府、科研院校的合作，科学建立研发推广体系，开发核心技术，促进相关行业发展。2014年，遗传发育所与常州市政府和高新区合作成立了遗传发育所常州中心、与河北省南皮县人民政府签署了合作协议，多项具有重大社会效益和经济价值的专利和农作物品种得到转化和推广。

2014年，遗传发育所共接待美国、英国、德国等国家来访外宾91人次，组织学术报告50余个，先后派出科研人员130人次到境外参加国际会议、进行合作研究和考察访问。联合上海生命科学研究院植物生理生态研究所与英国约翰英纳斯中心共同成立了中国科学院-英国约翰英纳斯中心植物和微生物科学研究中心，与德国植物遗传和作物研究所签署了合作备忘录。成功主办了第二届国际脂代谢会议、第三届中日韩发育生物学研讨会等具有一定国际影响的研讨会。选派10名研究生赴日本参加了日本奈良先端科学技术大学国际学生交流会 。

遗传发育所是中国遗传学会和河北省农业系统工程学会的挂靠单位，负责编辑出版 *Journal of Genetics and Genomics*、《遗传》和《中国生态农业学报》。

（撰稿：张颖娇　刘春光　审稿：韩一波）

北京基因组研究所

所　　长：薛勇彪

地　　址：北京市朝阳区北辰西路1号院104号楼

邮政编码：100101

电　　话：010-84097710

传　　真：010-84097720

电子信箱：office@big.ac.cn

网　　址：http://www.big.cas.cn

中国科学院北京基因组研究所（以下简称“北京基因组所”）于2003年11月28日正式成立。

2014年，北京基因组所紧紧围绕我院“创新2020”总体发展规划和“率先行动”目标要求，深入分析基因组学科发展态势和国家需求，进一步明确研究所定位、凝练科学目标、调整科研布局，确定了“面向我国人口健康和社会可持续发展的重大战略需求与生命科学前沿，重点研究基因组结构、变异、功能及其演化规律，加强基因组学与其他学科的交叉融合，发展基因组学的新理论、新技术和新方法，成为基因组学原始创新研究基地、创新人才培养基地和卓越科学中心”的研究所发展定位。根据定位，北京基因组所梳理了科研体系，以中国科学院基因组科学与信息重点实验室、中国科学院精准基因组医学重点实验室和计算基因组中心为研究核心团队，以北京基因组所所级公共技术服务中心为支撑平台，积极推进研究所“一三五”规划的落实。2014年8月，中国科学院精准基因组医学重点实验室通过我院评估正式成立。11月，北京基因组所所级公共技术服务中心通过我院择优评估。

2014年，北京基因组所还根据组学大数据发展需求，积极谋划BIG DATA发展，通过承担国家863计划基因组组学数据平台建设、中国科学院战略性先导科技专项等重要任务，整合现有基因组大数据资源，重点构建精准医学和重要战略生物资源为特色的组学数据系统。

截至2014年底，北京基因组所共有在职职工266人。其中科技人员143人、科技支撑人员87人，包括研究员23人、副研究员及高级工程技术人员34人；全所进入创新岗位162人。共有国家海外高层次人才引进计划（“千人计划”）入选1人，中国科学院“百人计划”入选者15人，国家杰出青年科学基金获得者3人等。

北京基因组所现设有遗传学、基因组学、生物信息学、生物化学及分子生物学4个专业二级学科博士研究生培养点，遗传学、基因组学、生物信息学、生物化学及分子生物学4个专业二级学科学术型硕士研究生培养点，生物工程、计算机技术两个专业学位硕士研究生培养点，并设有一个生物学一级学科博士后流动站。共有在学研究生 220 人（其中硕士生 119 人、博士生 94 人、留学生 7 人），在站博士后 16 人。

2014 年，北京基因组所共有在研项目 174 项（包括新增项目 43 项）。主持国家重大科学研究计划项目 2 项、承担课题 12 项、参加课题 15 项，承担国家高技术研究发展计划（863 计划）课题 2 项、参加课题 12 项（新增 3 项），承担国家科技支撑子课题 2 项，科技基础专项子课题 3 项（新增 2 项），参加重大专项课题 3 项；新增国家杰出青年科学基金 2 项、承担国家自然科学基金重点项目 2 项（新增 1 项）、承担重大国际合作项目 1 项、面上项目 32 项（新增 11 项）、承担国家自然科学基金重大研究计划重点项目 2 项、培育 7 项；承担中国科学院战略性先导科技专项 A 类子课题 3 项（新增参加 2 项）、新增 B 类先导专项课题 5 项，主持院重点部署项目 2 项、新增院重大仪器研制项目 1 项；承担院地合作项目 2 项。

2014 年，北京基因组所积极落实研究所“一三五”规划，在以下三个方面陆续取得突破和进展。①大幅提升生物信息计算能力、开发具有自主知识产权的计算理论、软件、算法和数据存储方法，并利用这些手段在解决若干生命科学问题做出世界一流的贡献。第一，在哺乳动物表观遗传信息从亲代到子代的遗传和编程规律理论获得重大突破，继 2013 年以斑马鱼为模型，证明除了 DNA 序列之外，DNA 甲基化图谱也可以被遗传的重大理论后，又揭示了哺乳动物中子代如何继承亲代 DNA 甲基化图谱的规律，更新了关于受精之后 DNA 甲基化图谱重新编程的传统认识，相关论文于 2014 年 5 月 8 日再次发表在国际著名学术期刊 *Cell* 上，这些重要发现和理论突破，不仅改写了该领域长久以来的传统理论，而且将对生殖健康、进化生物学和发育生物学的研究具有重要意义。第二，建成了一批重要组学数据库，以及算法、软件和数据库开发，包括 DNA 甲基化重编程数据库 MethBank；长非编码 RNA 维基数据库 LncRNAWiki；水稻基因信息维基数据库 RiceWiki 等，开发了原核生物比较基因组学系统分析和可视化软件，基于群体策展的用户贡献度量化算法等。②在肿瘤基因组研究领域中取得原创性的重大突破，并迅速达到国际一流水平。第一，基因组检测与白血病的转化医学研究取得突破，从临床样本出发，通过基因组分析发现具有两个非同义突变的基因在白血病中的突变模式具有抑癌基因的共同特点，进一步与临床机构的合作，为急性白血病精确评估、临床预测和诊断提供了新的手段；第二，低氧微环境诱导肾癌发生的分子机制取得重要进展，通过全面深入解析肾癌基因表达谱和表观基因组图谱，揭示出低氧微环境诱导 SPOP 在细胞质内累积，通过降解 PTEN 和 DUSP7 等肿瘤抑制因子促进肿瘤发生的肾癌发生新机制，进而提出 SPOP 是肾癌潜在的治疗靶点。③突破性地发展具有自主知识产权的基因序列测定和分析技术，并市场化应用。第一，RNA m6A 甲基化的位点选择性机制及其调控成体细胞重编程研究取得突破，揭示了非编码 microRNA 调控 RNA m6A 甲基转移酶选择底物 mRNA 的甲基化位点机制，为进一步研究 m6A 的生物功能和 RNA 表观遗传提供了依据，发现了 RNA m6A 修饰调控细胞重编程重要功能，为研究与干细胞分化或恶性肿瘤等关联分子机理提供了新的表观调控研究方向。第二，完成具有自主知识产权的第二代高通量测序仪的研发工作，测序读长可达到 1000bp，已超过国际同类产品，测序成本低于进口设备的 1/3 以上；围绕该测序仪的研发，已获得授权专利 9 项；利用电化学技术，改进特异性焦磷酸离子捕获机制，进一步研发基于焦磷酸微纳电化学传感器阵列的基因组测序系统。

2014 年，北京基因组所共发表论文 126 篇，其中 SCI 论文 107 篇，总影响因子 579.92，其中第一作者单位文章 67 篇，影响因子 5 以上的文章 32 篇，影响因子 10 以上的文章 13 篇。申请国内发明专利 9 项，国际 PCT 专利 1 项，计算机软件著作权登记的软件 3 项，授权发明专利 4 项。

积极推动院地合作取得进展。北京基因组所与中国农业科学院深圳农业基因组研究所签署战略合作协议，在重要资源动植物领域开展系列合作；继续推进与山西科技厅合作，共同建立“山西省高发疾病生物医学数据库”；联合河北科学院承担的“磷脂酰肌醇蛋白聚糖肝癌早起诊断试剂盒的研制与应用”课题，其研究成果的发明专利已经获得授权。2014年，北京市政府启动实施了首都科技创新券工作，北京基因组所的两个重点实验室和所级公共技术服务中心加入了中科院北京国家转移中心的服务实验室行列，开始为北京市小微企业可创业团队提供科研支撑。

2014年，北京基因组所围绕基因组学科前沿和精准医学研究方向，以多种形式积极开展国际合作与交流。与沙特国王科技城在共同完成了“椰枣基因组项目”的基础上（相关学术论文在*Nature*子刊《自然・交流》发表），签署战略合作协议，继续在10万沙特人基因组、椰枣基因组精细图、红棕象甲基因组等领域开展合作；与美国辛辛那提儿童医院等多个团队合作开展研究，揭示SETD2基因的遗传突变在急性白血病中起协同致癌作用，相关学术论文在Nature子刊《自然・遗传学》发表。2014年出访总人数38人，接待来自国外科研机构、大学和企业人数35人。

《基因组蛋白质组与生物信息学报》（*Genomics*, *Proteomics & Bioinformatics*, *GPB*）是由中国科学院主管、北京基因组所和中国遗传学会共同主办的英文版双月刊，由国际著名出版集团Elsevier与科学出版社合作出版发行。现为中国科学引文数据库核心期刊，被PubMed / MEDLINE、Chemical Abstract、Scopus、BIOSIS Preview、中国期刊全文数据库等国内外收录系统收录全文或摘要，为开放获取期刊。GPB已连续两年（2013年、2014年）获得“中国最具国际影响力学术期刊”称号。

（撰稿：潘立颖　周梦菱　审稿：王丽萍）

计算技术研究所

所　　长：孙凝晖
地　　址：北京市海淀区科学院南路6号
邮　　编：100190
电　　话：010-62601166
传　　真：010-62562786
电子信箱：zongheban@ict.ac.cn
网　　址：http://www.cas.ac.cn

一、基本情况介绍

中国科学院计算技术研究所（以下简称“计算所”）创建于1956年，是中国第一个专门从事计算机科学技术综合性研究的学术机构。计算所研制成功了我国第一台通用数字电子计算机，并形成了我国高性能计算机的研发基地，我国首枚通用CPU芯片也诞生在这里。

计算所的定位：未来10年计算所的最终价值是成为我国发展信息产业的价值链上不可或缺和不可替代的一个环节，成为社会公认的信息技术创新源头。

2014年，按照科学院“四个率先”行动计划的要求，计算所建设科教融合中心并承办中国科学院大学计算机学院。计算所的“一三五”规划也在稳步推进中，取得了一系列阶段性的成果。其中，龙芯2J处理器通过产品设计定型和项目验收，用户评价非常好，并且在相关领域获得推广，计算所控股的曙光信息产业股份有限公司在上海交易所上市，使得曙光高性能计算机的研发和产业化将面临更大的市场，天玑互联网信息监测系统在国家新闻办等部门获得重点项目支持，建立起系统研发、运行维护、数据服务整体工作流程，成为特定通道信息监测的核心业务系统，并在相关部门重点项目中得到实际应用。另外，计算所的基础前沿研究有了引领性工作，国际上首个深度学习处理器IPU，获ASPLOS14最佳论文，是大陆首次获得，发表MICRO14最佳论文，是47年来首次美国之外的论文获得发表，标志计算所在细分领域走在了世界最前列，pFind团队有望在蛋白质组时代占据领先优势，超级基站工程样机研制成功。

计算所本部从学科方向上布局计算机系统研究部、网络研究部和智能技术研究部三个跨领域的研究部。科研机构设有计算机体系结构国家重点实验室、智能信息处理重点实验室、网络数据科学与工程重点实验室、前瞻研究实验室，以及高性能计算机研究中心、微处理器研究中心、先进计算机系统研究中心、数据存储技术研究中心、计算机应用研究中心、网络技术研究中心、无线通信技术研究中心、专项技术研究中心、普适计算研究中心，共13个研究实体。此外，计算所从2002年开始，先后与地方政府合作，目前已在在苏州、上海、肇庆、宁波、台州、东莞、秦皇岛、顺德、临沂、烟台、德清、杭州、太仓、济宁、福州、洛阳建立了16个分部/分所。

目前，计算所有计算机体系结构国家重点实验室、中国科学院智能信息处理重点实验室、中国科学院网络数据科学与技术重点实验室、北京市移动计算与新型终端重点实验室以及国家高性能计算机工程技术研究中心、国家并行计算机工程技术研究中心、计算所科研支撑中心等平台。

科学计算共享平台是服务计算所科研工作的大型计算平台。目前该平台具有计算节点166余台，总核数5500核，系统峰值浮点运算速度达到33万亿次每秒，节点之间有40Gbps、56Gbps Infiniband高速网络，提供216TB高性能存储和1166TB的统一存储空间。

2014年，EDA中心针对众核、三维芯片等前瞻性科研需求，在片内、片上、晶圆三个层次新购置了芯片无损分离标识系统、芯片显微分析系统、芯片热分布分析系统、DFT测试仪、晶圆测试系统等大型专业设备。目前拥有26台（套）大型专业设备和防静电实验环境，提供全流程EDA设计技术服务、封装及板卡设计，同时计算所EDA公共设计平台已经成为具备千核计算、并行存储、全流程软件的超大规模芯片设计平台，在国内EDA平台规模和应用模式上处于领先地位。

EDA中心全年服务所内7个集成电路课题组200余名科研人员，支持在研项目14项，累计设计数据40TB，对所内提供350万EDA机时服务。组织培训交流130人次，重点支持了LTE、众核、华为等大型芯片项目，同时在集成电路教学上发挥了重要作用。

二、科研进展情况

截至2014年底，计算所共有在职职工676人（在岗员工613人）。其中科技人员549人、科技支撑人员65人，管理人员62人；包括中国工程院院士2人、发展中国家科学院院士1人、研究员及正高级工程技术人员74人、副研究员及高级工程技术人员203人。

共有国家高层次人才特殊支持计划（“万人计划”）入选者4人（新增2人），国家海外高层次人才引进计划（“千人计划”）入选者4人，“青年千人计划”入选者1人；中国科学院“百人计划”入选者13人（新增1人），国家杰出青年科学基金获得者4人，国家优秀中青年人才专项基金获得者4人，“新世纪百千万人才工程”国家级人选者4人（新增1人）。

计算所是1981年国务院学位委员会批准的博士、硕士学位授予权单位之一，现设有计算机科学与技术、软件工程2个专业一级学科博士研究生培养点，计算机科学与技术、软件工程2个专业一级学科硕士研究生培养点，并设有电子与信息工程等一个工程博士培养点、计算机技术和软件工程等两个工程硕士培养点；并设有计算机科学与技术等一个专业一级学科博士后流动站，共有在学研究生968人（其中硕士生547人、博士生421人）、在站博士后44人。

2014年，计算所共有在研项目650项（包括新增项目203项）。其中，主持或参与国家重大科技专项课题32项（新增3项）；首席科学家主持牵头国家重点基础研究发展计划（973计划）项目3项（新增1项），参与课题26项（新增5项）；主持或参与国家高技术研究发展计划（863计划）课题31项（新增10项）；主持或参与国家科技支撑课题14项（新增1项）；主持或参与国家自然科学基金重点项目20项（新增4项）、面上项目64项（新增17项）、国家杰出青年科学基金项目2项（新增1项）、优秀青年科学基金项目4项、青年基金77项（新增11项）；主持或参与中国科学院战略性先导科技专项课题2项、院重点部署项目5项（新增2项）、国家自然科学基金委和中科院重大科研仪器设备研制项目5项（新增2项）、主持或参与国家自然科学基金委和科技部的国际合作项目5项（新增2项）、院地合作项目11项；承担横向项目171项（新增53项）。

2014年，计算所作为第一完成单位荣获北京市科学技术奖一等奖1项、三等奖1项。计算所作为参与单位荣获北京市科学技术奖一等奖2

项、二等奖1项，荣获教育部科学技术奖一等奖1项。

经过多年探索，计算所技术转移主要通过共性技术辐射（分所）、技术转让与孵化（NPO）、企业孵化（算源）三条途径实现。曙光、龙芯、蓝鲸、LTE、视频处理等技术在各地方的落户和持续发展，以及计算所的分部/分所不仅推动了计算所的成果辐射面，也成为当地科技建设的中坚力量，得到了当地政府和企业的欢迎；为当地经济发展方式的转变、产业结构的调整、培育和发展战略性新兴产业等方面发挥了关键作用。2014年，计算所转移成功项目收入6569.46万元，现有29家控股、参股公司/单位，16个分部/分所，从事科技开发工作的人员超1400名。下属曙光信息产业股份有限公司2014年成功发行7500万股股份并在上海交易所上市，当年市值已超150亿。技术发展处荣获2014年度中国科学院科技促进发展奖管理贡献奖。

2014年，计算所共发表论文427篇，其中中国计算机学会推荐A类国际学术会议和期刊论文43篇。年度出访224人次。其中员工出访为126人次，占出访总人数的56%；学生出访为82人次，占出访总人数的37%；赴台16人次，占7%。2014年计算所引进了美国的Sally A. McKee副教授、Jason Oscar Mars助理教授，他们被纳入中科院"国际人才项目访问学者计划"；西班牙的Luis HerranzArribas博士被纳入中科院"国际人才项目博士后计划"。

中国计算机学会挂靠在计算所。计算所承办的科技期刊有《计算机研究与发展》、《计算机学报》、*Journal of Computer Science and Technology*、《计算机辅助设计与图形学学报》。

（撰稿：潘立颖　周梦菱　审稿：王丽萍）

软件研究所

所　　长：李明树①
地　　址：北京市海淀区中关村南四街4号
邮政编码：100190
电　　话：010-62661012
传　　真：010-62562533
电子信箱：office@iscas.ac.cn
网　　址：http://www.iscas.ac.cn

中国科学院软件研究所（以下简称"软件所"）成立于1985年3月，前身是中国科学院计算技术研究所的软件研究室；1995年中国科学院原计算中心计算机应用部分并入软件所；2003年1月，中国科学院软件园区综合管理服务中心整建制划归软件所管理。2011—2012年，软件所信息安全国家重点实验室、信息安全共性技术国家工程中心整建制划转信息工程研究所。

软件所是致力于计算机科学理论与软件高新技术研究与发展的综合性基地型研究所，1999年即成为中国科学院知识创新工程首批试点单位之一。通过实施知识创新工程，不断改革优化、调整学科布局，软件所形成了5个重点学科方向：计算机科学与软件理论，基础软件技术与系统，互联网信息处理的理论、方法与技术，综合信息系统技术及应用，专项信息仿真、对抗与集成的理论、方法与技术。

依据研究所"十二五"发展规划和"一三五"规划，软件所定位于计算机科学理论和软件高新技术的研究与发展。攻克计算机及软件科学问题，为软件技术创新提供理论指导与可持续发展支撑；突破基础软件、网络控制系统和综合信息系统等核心关键技术，引领和带动我国软件技术与产业发展以及国家信息化建设。2014年，软件所围绕"一三五"规划，在计算机科学理论等方面取得多项国际领先成果，突破了基础软件、网络控制系统和综合信息系统等关键技术，为国家信息化建设的安全可控，以及移动互联网等新兴产业的发展提供了有力支撑。软件所已发展成为本领域国内领先、国际上有一定影响力的基础前沿、战略高技术和国防战略高技术综合创新基地，实现了"创新2020"的阶段目标。按照院"率先行动"计划组织实施方案要求，围绕"民主办院、开放兴院、人才强院"发展战略与自身发展目标，软件所深入分析了制约研究

① 2014年12月24日免职。

所发展的关键问题，凝练学科方向，开展机制体制改革与创新的研究，进一步明确研究所在四类机构分类改革中的定位和发展方向。

按照软件基础前沿研究、战略高技术研究和国防战略高技术研究三大科研创新体系，软件所设有总体部、软件基础研究部、软件高技术研究部、软件应用研究部及软件发展研究部。三大科研创新体系都以国家级研究机构为龙头，设若干研究中心、实验室或创新小组。主要包括计算机科学国家重点实验室、基础软件国家工程研究中心、天基综合信息系统国家级重点实验室、卫星导航应用国家工程研究中心分中心等。

截至2014年底，软件所共有在职职工530人，其中科技人员413人、科技支撑人员26人，包括中国科学院院士3人、正高级专业技术人员61人、副高级专业技术人员99人。共有中国科学院“百人计划”入选者7人，国家杰出青年科学基金获得者2人。

软件所是2001年国务院学位委员会批准的博士学位授予单位之一，现设有计算机科学与技术、软件工程两个一级学科博士、硕士研究生培养点，电子与信息专业领域工程博士培养点，计算机技术、软件工程两个全日制专业学位硕士研究生培养点，并设有计算机科学与技术、软件工程两个一级学科博士后流动站。现有在学研究生445人（其中硕士生251人、博士生194人），在站博士后11人。

2014年，软件研究所共有在研项目321项（包括新增项目107项）。其中，承担国家重大科技专项课题1项，主持（或承担）国家重点基础研究发展计划（973计划）和国家重大科学研究计划项目1项（新增1项）、承担（或参加）课题13项（新增4项），主持（或承担）国家高技术研究发展计划（863计划）项目课题11项（新增4项），主持（或承担）国家科技支撑计划课题10项，主持（或承担）高技术产业化示范工程项目5项（新增1项）；主持（或承担）国家自然科学基金重点项目4项、面上项目28项（新增7项）、青年基金项目40项（新增13项）、国家自然科学基金重大研究计划重点项目5项；主持（或承担）中国科学院战略性先导科技专项课题1项，主持（或承担）院重点部署项目7项（新增4项）；承担重点国际合作项目1项（新增1项）；承担院地合作项目56项（新增21项），国际合作项目3项（新增2项）。

2014年，软件所申请专利68件，获得专利授权27件；软件著作权受理51件，登记60件；发表论文520篇。获得国家科学技术进步奖二等奖1项（排名第2）；省部级奖2项，包括：北京市科学技术奖三等奖1项（第1完成单位）、高等学校科学研究优秀成果奖科技进步奖一等奖1项（第5完成单位）；此外，还获得军队科技进步奖4项，包括：一等奖1项（第1完成单位）、二等奖3项（第1完成单位2项，第2完成单位1项）。

2014年，软件所继续加强国际交流与合作。全年出访126人次，来访135人次，其中软件所“国际学者交流计划”共资助了27名学者来访。软件所聘用的外籍青年学者AndreaTurrini获得我院“国际人才计划——访问学者项目”的资助，Georgios Barmpalias和Ernst Moritz Hahn获得该项目延续资助。Turrini还获得基金委“外国青年学者项目”的资助，Moritz获得该项目的延续资助。软件所与日本NTT Data公司签署合作协议，成立中日联合研究中心，这是双方合作多年共同发起并成立的第一个联合机构。

结合区域经济与社会发展需要，软件所持续开展了“网络型研究所”的探索与实践，前期成立了软件所无锡分部等5个分支机构。2014年，软件所继续以多种方式开展院地合作工作，包括：与贵阳市人民政府、南京市人民政府进行了多次沟通洽谈，分别建立了贵阳分部、南京软件研究中心并开展了卓有成效的工作；发挥全国科学院联盟软件分会的组织与机制优势，联合分会成员在“基于国产基础软件的信息化解决方案”等三类平台下切实推动与地方科学院的合作项目等。

为推动成果转化工作，软件所整合社会资源陆续组建了中科软科技股份有限公司、中科方德软件有限公司、无锡中科物联网基础软件研发中心有限公司等10家高技术企业。2014年所投资企业营业收入31.51亿元，从业人数达9000多人。

软件所是中国中文信息学会、中国软件行业协会数学软件分会、中国密码学会密码技术专业委员会；主办《软件学报》、*International Journal of Software and Informatics*、《中文信息学报》和《计算机系统应用》等期刊；图书馆藏书 2 万余册，期刊400余种、4万余册。

（撰稿：谢京红　周　婧　审稿：赵　琛）

半导体研究所

所　　长：李树深
地　　址：北京市海淀区清华东路甲 35 号（林业大学北路中段）
邮政编码：100083
电　　话：010-82304210
传　　真：010-82305052
电子信箱：semi@semi.ac.cn
网　　址：http://www.semi.ac.cn

中国科学院半导体研究所（以下简称“半导体所”）是1956年按照国家“十二年科学发展远景规划”中“四项紧急措施”开始筹建的研究所，直接服务于当时的国家重大目标，是集半导体物理、材料、器件研究及其系统集成应用于一体的国家级半导体科学技术综合性研究所，正式成立于1960年9月。

半导体所主要研究领域包括：光电子及其集成技术，体、薄膜、微结构半导体材料科学技术，低维量子体系和量子工程、量子器件的基础研究，半导体人工神经网络和特种微电子技术等。设有 2 个国家级研究中心，即国家光电子工艺中心、光电子器件国家工程研究中心；3 个国家重点实验室，即半导体超晶格国家重点实验室、集成光电子学国家重点联合实验室、表面物理国家重点实验室（半导体所区）；1 个国际研发基地，即半导体照明国际研发基地；3 个院级实验室（中心），即中科院半导体材料科学重点实验室、中科院半导体照明研发中心和固态光电信息技术实验室。另外还有半导体集成技术工程研究中心、光电子研究发展中心、高速电路与神经网络实验室、纳米光电子实验室、光电系统实验室、全固态光源实验室、半导体元器件检测中心和半导体能源研究发展中心等。

全所 2014 年底固定资产总额 90 450 万元，拥有全套先进的半导体物理、材料、器件及电路研究、分析测试和制备设备。

截至2014年底，半导体所共有在职职工701人（含项目聘用）。其中科技人员 480 人、科技支撑人员 185 人，包括中国科学院院士 7 人、中国工程院院士 2 人、研究员及正高级工程技术人员 116 人、副研究员及高级工程技术人员 120 人。中国科学院“百人计划”入选者 19 人，国家杰出青年科学基金获得者 18 人。共有国家海外高层次人才引进计划（“千人计划”）入选者4人，“千人计划（青年项目）”入选者 4 人。

半导体所是首批国务院学位委员会批准的博士、硕士学位授予权单位之一，现设有物理学、电子科学与技术、材料科学与工程 3 个一级学科博士研究生培养点；材料工程、电子与通信工程、集成电路工程 3 个工程硕士专业学位培养点；设有物理学、电子科学与技术、材料科学与工程 3 个一级学科博士后流动站。现在学研究生 592 人（其中硕士生 283 人、博士生 309 人），在站博士后 41 人。

2014 年，半导体所共有在研项目 374 项（包括新增 101 项）。其中，国家重点基础研究发展计划（973 计划）项目课题 47 项（新增牵头 3 项）；国家高技术研究发展计划（863 计划）项目课题 39 项（新增 12 项）；国家自然科学基金 140 项（基金重大、重点、仪器专款 13 项，国家杰出青年科学基金项目 2 项，创新研究群体 2 项、优秀青年基金项目 1 项，其他 122 项，其中新增 55 项）；中科院先导专项 6 项，仪器装备研制项目 12 项（新增 2 项）；高技术项目 61 项（新增 16 项）；重大专项 4 项；国际合作项目 18 项（新增 14 项）；北京市科委项目 21 项（新增 7 项）；其他项目 19 项。

2014 年，半导体所取得了丰硕的科研成果。利用表面极化电荷在传统常见半导体材料 GaAs/Ge 中实现拓扑绝缘体相；发现了一种新的二维半导体材料——ReS2；首次发现单根纳米线侧壁形成单个“方形”量子环且具有高品质发光特性；首次在 Si 衬底上成功地生长出高质量纯相超细 InAs 纳米线；在 2μm 波段 InP 基量子阱激光器方面制备出 2.0μm 窄条激光器（6μm×1.5mm）和 2.1μm 宽条激光器（250μm×2mm）；设计了集有机物 PCBM 和无机 Cd3P2 纳米线的柔性有机无机杂化全光谱光电探测器；研发出了基于二维 MoS2－WS2 异质结的场效应晶体管；在量子比特退相干研究方面通过调整动力学解耦脉冲数量的奇偶性，可以分别探测到 29Si 核自旋之间不同的多体关联；在多层转角石墨烯的层间耦合研究方面也获得重要进展。

2014 年，共发表 SCI 收录文章 530 篇，EI 收录文章 391 篇，CPCI-S 收录文章 13 篇；出版著作 3 册，其中编著 1 册，英文译著 2 册；申请专利 375 项，获得专利授权 115 项。获得国家科学技术发明奖二等奖 1 项，省部级奖励 3 项，其中北京市科学技术奖二等奖 1 项，中国电子学会科学技术奖自然类一等奖 1 项，中国电子学会科学技术奖进步类二等奖 1 项。

2014 年，半导体所坚持以技术开发、技术服务的方式服务企业，让企业进行后续产品开发以及市场开拓。主要措施有：出台和修订了部分管理文件，做到了科技成果从宣传－洽谈合作－成果转化－成果奖励都有“法”可依；参加产学研推进会，推广科技成果；加强与地方政府及企业的产学研合作，成立研发平台，推动科技成果在企业的转移转化。通过这些措施，2014 年研究所全年横向合同额超过 9000 万元，技术开发合同、专利转让、院地合作项目及测试加工服务合同等数量超过 350 项。本年度成果转化尤为突出的两项工作是：一是研究所与地方政府及企业成立了 5 个联合实验室，推动研究所技术向多个地区及企业进行辐射；二是研究所“光纤到户平面光波回路（PLC）光分路器产业化”团队荣获 2014 年度中国科学院科技促进发展奖“科技贡献一等奖”。截至 2014 年底半导体所共有参股公司 12 家。

2014 年，半导体所与国际同行之间的国际科技合作与交流十分活跃，并且成绩显著。共有 119 人次出国参加国际学术会议，以及长、短期合作研究和访问考察等。共有 160 人次外籍专家学者来所进行访问考察、学术交流、洽谈合作及合作研究。组织了 20 多位国际知名专家在“黄昆半导体科学技术论坛”上作报告。通过基金委外国青年学者研究基金项目、院外籍青年科学家计划、外国专家特聘研究员计划、台湾青年访问学者计划和发展中国家访问学者计划积极引进 7 名海外专家来所工作。半导体所与英国剑桥大学、德国尤里希研究中心签署了合作协议共同开展优势互补的合作研究。申请到科技部、基金委和中科院的各类国际合作研究、学术交流和人才引进项目共 14 项。

半导体所是中国电子学会半导体与集成技术分会、中国物理学会半导体物理专业委员会挂靠单位；主办的英文刊物 *Journal of Semiconductors*（《半导体学报》），主编为李树深院士，2014 年获得国家自然科学基金委员会主任基金资助；图书馆藏书 8 万余册（其中中文 3 万余册，外文 5 万余册），期刊 1208 种（其中中文 751 种，外文 457 种），可使用的网络数据库达 158 个，电子期刊超过 15 000 种。

（撰稿：慕　东　高　艳　审稿：张春先）

微电子研究所

所　　长：叶甜春
地　　址：北京市朝阳区北土城西路 3 号
邮政编码：100029
电　　话：010－82995501
传　　真：010－62021601
电子信箱：imecas@ime.ac.cn
网　　址：http://www.ime.cas.cn

中国科学院微电子研究所（以下简称“微电子所”）的前身——原中国科学院 109 厂成立于 1958 年。1986 年，109 厂与中国科学院半导体研究所、计算技术研究所有关研制大规模集成电路部分合并为中国科学院微电子中心。2003 年 9 月，正式更名为中国科学院微电子研究所。

微电子所的“创新 2020”战略定位是：中国微电子技术创新的引领者和产业发展的推动者；“三个重大突破”是集成电路先导技术、物联网关键技术与示范工程等，“五个重点培育方向”是高端通用芯片与设计新技术、低成本低功耗信息器件与系统集成等。

微电子所是国家集成电路制造领域前瞻性先导技术研发的牵头组织单位，是中国科学院物联网研究发展中心、中国科学院 EDA 中心（以下简称 EDA 中心）等院级创新平台的依托单位。设有 12 个从事应用技术研究的研究室（硅器件与集成技术研发中心、专用集成电路与系统研究室、纳米加工与新器件集成技术研究室、微波器件与集成电路研究室、通信与多媒体 SoC 研究室、电子系统总体技术研究室、电子设计平台与共性技术研究室、微电子设备技术研究室、系统封装技术研究室、集成电路先导工艺研发中心、射频集成电路研究室、中科新芯三维存储器联合研发中心）和 2 个从事前沿基础研究的重点实验室（微电子器件与集成技术重点实验室、低功耗集成电路重点实验室）。

截至 2014 年底，微电子所共有在职职工 1061 人。其中科技人员 819 人、科技支撑人员 203 人，包括中国科学院院士 1 人、研究员及正高级工程技术人员 72 人、副研究员 151 人、高级工程技术人员 64 人。共有国家海外高层次人才引进计划（“千人计划”）入选者 11 人，中国科学院“百人计划”入选者 20 人（新增 1 人），国家中青年科技创新领军人才 2 人，国家杰出青年科学基金获得者 2 人。

微电子所是国务院学位委员会批准的博士（1996 年 5 月获批）、硕士学位（1990 年 11 月获批）授予权单位之一，现设有电子科学与技术一级学科，下设微电子学与固体电子学二级学科（2011 年获批中国科学院重点学科），设有硕士、博士研究生培养点和电子科学与技术一级学科博士后流动站，是全国首批“工程博士”试点单位。截至 2014 年底，共有在学研究生 293 人（其中硕士研究生 164 人，博士研究生 125 人，留学生 4 人）；共有研究生导师 117 人（其中博士生导师 44 人，硕士生导师 73 人）。

2014 年，微电子所共有在研项目 334 项（新增项目 77 项）。其中，国家科技重大专项课题 65 项（新增 5 项），国家重点基础研究发展计划（973 计划）首席项目 2 项、课题 8 项，国家高技术研究发展计划（863 计划）课题 11 项（新增 2 项）；国家自然科学基金创新群体 1 项、重点项目 12 项、面上项目 49 项；院战略性先导科技专项项目 2 项，院重点部署项目 2 项；其他项目 10 项。其中“极大规模集成电路关键技术集体”获 2014 年度中国科学院杰出科技成就奖。

2014 年，微电子所取得的主要成果如下。①半导体器件与电路方向：在 InP 毫米波、太赫兹单片集成电路技术与应用方面获得突破进展，其中 InP DHBT 器件截止频率超过 600GHz，InP HEMT 器件 f_{max} 超过 500GHz，InP 肖特基二极管器件截止频率达到 4.4THz，实现了系列 W 波段 MMIC 电路；IGBT、SiC 等高压器件研发取得多项成果，并与株洲南车、国家电网等企业合作开始产业化开发；②集成电路设计方向：40–28 纳米可制造性设计技术取得多项成果，并应用于中芯国际等大型制造企业；在极低功耗设计、集成电路设计方法学、卫星导航芯片、多核 DSP 等领域取得一系列创新性成果；③集成电路制造工艺方向：完成面向 22 纳米技术代的 150 多项单项技术的研发并实现工艺集成，成功研发出较完整的 16/14 纳米体硅 FinFET 关键工艺及集成技术，与武汉新芯合作，在 12 英寸生产线上进行了多个关键工艺模块的技术转移；首次研究阻变存储器热电效应及内部本征电学传输机制证实，相关工作发表在国际知名期刊上；④集成电路装备方向：围绕集成电路 32 纳米及以下工艺所需的关键装备，研发了 8 台新原理设备，部分产品实现了销售；针对Ⅲ—Ⅴ族材料及深硅刻蚀技术需求，对新型刻蚀机进行升级研发并已逐步推向市场；⑤集成电路封装测试方向：实现先进封装基板关键技术突破，研发了多项具有自主知识产权的低成本、细线路、无芯超薄基板技术；在高密度三维封装设计、TSV 关键工艺等方面取得了创新成果，形成专利保护；⑥其他方向：开发出车载三维可变视角全景影像系统；微电子所成为中央级事业单位科技成果使用、处置和收益改革试点单位。

2014 年，微电子所共申请专利 435 项，其中国内发明专利 422 项，实用新型 13 项，PCT 申请 29 项；授权专利共 363 项，其中国外专利 91 项，国内专利 272 项。在微电子学、半导体材料、纳米材料、固体力学、电子与通信、太阳能等领域发表论文共 221 篇，其中 SCI 收录 99

篇，EI 收录 66 篇；专著 3 篇；登记软件著作权 20 项，集成电路布图设计 12 项。

微电子所院地合作与产业化工作坚持“创新驱动、市场牵引、服务产业”的方针，坚持“全方位开放”的理念，充分利用研究所在微电子领域具有的综合学科优势、科研积累、人才优势，围绕我国区域发展战略，根据区域产业布局，广泛、深入开展院地合作，提升合作质量。2014 年，新增投资企业 6 家；累计合作共建分所、分部、对外投资成立公司、共建联合实验室以及院级平台等各类机构共 70 家。2014 年，微电子所分别与西部控股、泰德基金、长江资本等合作推进亦庄产业园、西部科技城、深圳基金、厦门创新产业园等相关项目，助力地方产业发展和我国集成电路产业升级。

2014 年，微电子所共接待来访、顺访和台胞来访合 20 批 49 人次；因公出访 72 批合 120 人次；聘任国外名誉和客座研究员 2 人。

作为中科院集成电路方面的“资源共享与技术服务并举的创新平台”，EDA 中心以微电子所为依托单位，在 2014 年继续加强科研支撑服务，为用户单位提供一流的开放式网络化集成电路一站式公共服务平台。截至 2014 年底，EDA 中心已建立 11 个分中心，其中 2 个企业化运作分中心，初步形成 EDA 中心全国服务网络。

中国物联网研究发展中心（筹）/中国科学院物联网研究发展中心/江苏物联网研究发展中心（以下简称“物联网中心”）积极发挥院资源导入及学科优势，结合江苏、无锡地方新兴战略产业特点，秉承“科学唯实，开拓创新，笃信致远”发展理念，致力于建成国家级“感知中国”创新基地、中国物联网产业培育中心、集成创新中心和行业应用示范中心。截至 2014 年底，物联网中心已集聚 592 人的创新团队，孵化企业 28 家，形成了以应用需求为牵引，成体系、各链条相辅相成的科研布局，在推进建设国家级物联网创新示范区中起到了资源积聚、人才培养、产业孵化的引领带动作用；累计申请专利 420 项、软件著作权 17 项、PCT 专利 11 项，提交标准草案 14 项，发表论文 24 篇。

微电子所是全国半导体设备与材料标准化技术委员会微光刻分技术委员会秘书处、全国纳米技术标准化技术委员会微纳加工技术工作组秘书处、北京电子学会半导体专业技术委员会制版（光掩模制造）分技术委员会秘书处挂靠单位。

（撰稿：马　强　王　芳　审稿：叶甜春）

电子学研究所

所　　长：吴一戎
地　　址：北京市海淀区北四环西路 19 号
邮政编码：100190
电　　话：010-58887003
传　　真：010-58887555
电子信箱：iecas@mail. ie. ac. cn
网　　址：http://www. ie. cas. cn

中国科学院电子学研究所（以下简称“电子所”）创建于 1956 年，是我国第一个综合型电子与信息科学研究所，主要从事电子与信息科学技术领域的应用基础研究和高技术创新研究，目前已形成了两大支柱领域和五个重点领域：两大支柱领域分别是微波成像技术和微波真空电子技术，五个重点领域分别是地理空间信息技术、电磁探测技术、先进激光与探测技术、传感器与微系统技术和可编程芯片技术。下设 11 个研究部门，包括微波成像技术重点实验室、传感技术国家重点实验室（北方基地）、高功率微波源与技术院重点实验室、电磁辐射与探测技术院重点实验室、空间信息与应用系统技术院重点实验室（地理与赛博空间信息技术实验室、信息处理与图像分析实验室）、空间行波管研究发展中心、高功率气体激光技术部、航天微波遥感系统部、航空微波遥感系统部和可编程芯片与系统研究室。

中科院依托电子所建立了院非法人事业单位——中科院高分重大专项管理办公室，在国家高分辨率对地观测系统重大专项中代表中科院开展各项工作，并履行管理职责。

经过 50 多年的发展，截至 2014 年底，电子所共有在职职工 968 人，离退休人员 783 人。在职职工中，科研人员 732 人，科技支撑人员 150 人。其中，中国科学院院士 1 人，正高级专业技术人员81人，副高级专业技术人员235人，“千人计划”入选者1人，国防杰出人才获得者1人，国家杰出青年基金获得者2人，“新世纪百千万人才工程”入选者4人，中国青年五四奖章获得者1人，享受政府津贴14人，中国科学院“百人计划”入选者12人，中国青年科技奖获得者1人，卢嘉锡人才奖获得者9人，何梁何利奖金获得者1人，北京市科技新星2人。

电子所是国务院学位委员会批准的首批博士、硕士学位授予单位，现有信息与通信工程、电子科学与技术2个一级学科硕士、博士研究生培养点及其博士后科研流动站。2014年共有在学研究生539人，其中博士生236人，硕士生303人，有在站博士后16人。

2014年，电子所在院“率先行动”计划指导下，以“一三五”规划为牵引，各项工作按计划稳步推进，科研生产工作总体态势良好，各研究领域都有新进展，自主创新能力进一步增强，有显示度的科研成果和争取到的重大科研项目呈增长态势，怀柔园区正式启用，苏州园区进入实质运行阶段。在四个重大突破方面，高分辨率星载SAR领域在研多个重点型号任务进展顺利，按照总体的要求完成研制目标；空间行波管领域交付航天产品正样27套，高波段空间行波管获得国家经费支持；地理空间信息技术领域两大平台在用户的大力支持下，向多个用户部门拓展应用，取得了良好的发展态势；航空遥感系统完成了飞机平台的采购合同，微波载荷通过试飞验证，指标达到国际先进水平。6个重点培育方向在微波成像技术、微波电真空技术、电磁探测技术、传感器与微系统技术、先进激光与探测技术和可编程芯片技术等方面都取得了重大进展，完成了一批国家重大任务，交付了一批质量可靠的产品，突破了多项关键技术，获得了多项国家重大任务的支持。

2014年，电子所高质量地完成了年度科研计划，科研工作成绩显著。全年在研项目441项，包括国家重大专项、国家工程型号任务、预研项目、自然科学基金、973计划、863计划及科学院支持项目。新签合同291项，其中基础科研50项，国家重大任务10多项。

2014年，电子所共发表论文326篇，其中被SCI收录128篇，EI收录199篇，国际论文140篇，出版科技专著3部。受理国家专利222项，获得授权105项。完成了三个项目的成果鉴定，获部级奖励10项，其中国防科技进步奖一等奖一项，中科院杰出成就奖1项。

2014年，电子所与英国*Nature*联合创办了《微系统与纳米工程》（英文）（*Microsystems & Nanoengineering*）刊物。电子所主办的其他刊物有《电子与信息学报》和《雷达学报》。电子所是中国电子学会电路与系统分会挂靠单位。

（撰稿：袁胜华　审稿：蔡晨曦）

自动化研究所

所　　长：王东琳
地　　址：北京市海淀区中关村东路95号
邮政编码：100190
电　　话：010-82544654
传　　真：010-82544664
电子信箱：casia@ia.ac.cn
网　　址：http://www.ia.cas.cn

中国科学院自动化研究所（以下简称“自动化所”）成立于1956年10月，是我国最早成立的国立自动化研究机构。1968年，为加速我国空间技术的发展，自动化所整建制划入空间技术研究院，更名为空间控制技术研究所，番号中国人民解放军第五〇二研究所。1970年，根据自动化学科技术发展的需要，中国科学院重建自动化研究所。1999年，作为首批试点单位之一，自动化所进入中国科学院知识创新工程。

2014年，自动化所进一步优化科研布局，凝练学科特色，稳步推进“一三五”战略。通过“超级计算大脑系统”研究工作的不断深入，凝练出类脑智能研究方向，包括脑认知计算模型、多模态类人信息处理、类人服务机器人等内容，成立了类脑智能研究总体部，全面启动对人脑信息处理与认知的探索。形成了类脑智能研究规划报告，积极向中科院和国家有关部门建言献策，推动类脑智能工程成为中科院和国家战略。

自动化所现设科研开发部门 11 个，包括模式识别国家重点实验室、复杂系统管理与控制国家重点实验室、国家专用集成电路设计工程技术研究中心、中国科学院分子影像重点实验室、高技术创新中心、综合信息系统研究中心、数字内容技术与服务研究中心、精密感知与控制研究中心、空天信息研究中心、脑网络组研究中心、智能感知与计算研究中心。还有若干与国际和社会其他创新单元共建的各类联合实验室和工程中心。2014 年，自动化所与天津市东丽区共建天津先进技术研究院，与天津滨海新区共建智能识别研究院，与洛阳市政府共建机器人与智能装备创新研究院，积极服务地方经济与社会发展。

截至 2014 年底，全所共有在职职工 798 人。其中科技人员 660 人、科技支撑人员 76 人，包括中国科学院院士 2 人，发展中国家科学院院士 1 人（新增 1 人）、研究员及正高级工程技术人员 87 人、副研究员及高级工程技术人员 230 人，全所进入创新岗位 179 人。共有国家 973 项目首席科学家 4 人，IEEE Fellow 7 人（新增 1 人），国家海外高层次人才引进计划（“千人计划”）入选者 1 人；中国科学院“百人计划”入选者 22 人（新增 1 人），国家杰出青年科学基金获得者 12 人（新增 1 人），国家优秀青年基金获得者 3 人（新增 1 人），“新世纪百千万人才工程”入选者 7 人。

自动化所是 1981 年国务院学位委员会批准的首批博士、硕士学位授予权单位之一，现有控制理论与控制工程、模式识别与智能系统、计算机应用技术和社会计算 4 个专业二级学科博士、硕士研究生培养点，并设有控制科学与工程 1 个专业一级学科博士后流动站。共有在学研究生 634 人（其中博士生 377 人，硕士生 257 人），在站博士后 45 人。

2014 年，自动化所共有在研项目 614 项（包括新增项目 230 项），其中，承担国家重点基础研究发展计划（973 计划）项目 12 项（新增 3 项）；承担国家高技术研究发展计划（863 计划）项目 24 项（新增 4 项）；承担科技部支撑计划及重大专项 24 项（新增 1 项）；承担国家自然科学基金项目 214 项（新增 64 项），其中新增优秀青年科学基金 2 项；承担中国科学院项目 81 项（新增 24 项）；承担其他纵向任务 70 项（新增 38 项），承担横向委托项目 189 项（新增 96 项）。

2014 年，自动化所科研工作取得新进展。由乔红研究员等人完成的“基于环境约束和多空间分析的机器人操作理论研究”，获 2014 年度国家自然科学奖二等奖。由宗成庆研究员等人完成的“多语种信息采集处理与分析”项目，荣获钱伟长中文信息处理科学技术奖一等奖。“万亿次极光代数运算处理器”完成芯片前端设计，在智能电视、无线通信、超算等示范应用系统推广方面取得重要进展；脑网络组研究中心发布的“脑网络组图谱”建立了既具有精细脑区划分、又具有脑区功能和解剖连接模式的脑图谱，得到国际同行的关注认可；与腾讯公司合作联合推出的手机端美图应用“天天 P 图”，日使用量超过百万，获得广泛好评；“分子影像手术导航系统”在中国人民解放军总医院、上海东方肝胆外科医院等多家医院 200 余例病人的临床治疗中应用，对乳腺癌、肝癌和胃癌的早期检测诊断和手术辅助导航起到重要作用；与中国日报社合作开展的“全球媒体云”综合平台、媒体传播影响力分析子系统、事件专题传播分析子系统研究，推出了一系列媒介传播影响力分析报告，为国家有关部门决策提供了重要依据；人脸识别技术应用于首届世界互联网大会的安检系统，为会议的顺利进行提供了保障。

2014 年，自动化所共发表科技论文 1041 篇，其中被 SCI 核心期刊收录论文 369 篇，EI 收录 672 篇。新申请发明专利 255 件，国际 PCT 专利 26 件，授权发明专利 151 件，计算机软件著作权登记 65 件。

2014 年，自动化所知识产权转移转化收入突破 2000 万元。其中，“康复训练机器人”以 600 万元的知识产权转让给北京瑞德埃克森医疗投资有限公司；“多媒体识别和流处理技术”以 310 万元的知识产权价格技术授权给国网山西省电力股份有限公司；“PAM 项目”以 210 万元的知识产权转让。

目前，自动化所持股汉王科技股份有限公司、北京三博中自科技有限公司、北京中科虹霸科技有限公司、北京中科恒业中自技术有限公司、北京嘉恒中自图像技术有限公司等高科技公司27家。企业注册资本总额为67 975万元，其中研究所出资9597万元。投资企业的资产总额为151 754万元，负债总额为33 577万元，所有者权益为118 177万元，占有企业所有者权益为13 705万元。

2014年，由自动化所主办的IEEE世界计算智能大会吸引了该领域上千人参会，具有广泛的影响力。自动化所先后与美国、德国、瑞士等国开展类脑智能研究合作，有效支撑战略规划的深入。全年来访交流约1500人次，出访交流218人次。

自动化所是中国自动化学会和中国图像图形学学会的挂靠单位；重要出版物有《自动化学报》、《国际自动化与计算杂志》。

（撰稿：陈　昭　宋　琪　审稿：战　超）

电工研究所

所　　长：肖立业
地　　址：北京市海淀区中关村北二条6号
邮政编码：100190
电　　话：010-82547001
传　　真：010-82547000
电子信箱：office@mail.iee.ac.cn
网　　址：http://www.iee.ac.cn

中国科学院电工研究所（以下简称“电工研究所”）于1958年在中国科学院原长春机械电机研究所部分研究室的基础上筹建，1963年在北京正式成立。

电工研究所是中国科学院唯一以电气工程学科为主要研究方向的专业研究所，也是中国科学院能源领域核心研究所之一，在我国能源与电气科学领域具有独特地位。目前，主要从事新能源技术、新型电力技术及电气科学前沿交叉的研究。

电工研究所定位于电能领域战略高新技术和电气科学前沿交叉研究，并将学科前沿交叉研究与未来能源发展需求有机结合起来。重点推动可再生能源发电、多能互补可再生能源微网及并网、电力电子与高效电能变换、超导与新材料在电力和节能中的应用等研究，服务于国家能源重大科技需求，在促进我国能源体系转型中起到不可替代的骨干作用，促进国民经济发展，成为我国相关领域创新的战略性中坚力量和国际同行中有重要影响的研究机构。

2014年，电工研究所积极宣贯“率先行动”计划，扎实推进“一三五”战略规划的实施，在3个重大突破和5个重点培育方向上，继续呈现良好的发展态势。特别是多端柔性直流输电技术、喷淋式蒸发冷却超级计算机（QSC-1）系统、MW级薄膜硅/晶体硅异质结太阳电池产业化关键技术等研究取得了突破性进展。同时，围绕“一三五”战略目标，加强了高层次人才引进和培养，形成了合理的队伍结构。

目前，电工研究所设有6个实验室下设18个研究部，建设有2个国家能源研究中心、4个中国科学院重点实验室、2个北京市重点实验室、1个北京市工程实验室、1个北京市工程技术中心、2个检测中心（站）。6个实验室分别是：可再生能源发电技术实验室、电力设备新技术实验室、电力电子与电能变换技术实验室、直流电网科学技术实验室、超导与新材料应用研究实验室和电磁生物学与电磁探测技术实验室；2个国家能源研究中心分别是：国家能源超导电力技术研发中心、国家能源电力电子技术研发中心；4个中国科学院重点实验室包括应用超导重点实验室、太阳能热利用及光伏系统重点实验室、风能利用重点实验室（联）、电力电子与电气驱动重点实验室；2个北京市重点实验室包括太阳能发电技术重点实验室和生物电磁学重点实验室；1个北京市工程实验室是电驱动系统大功率电力电子器件封装技术北京市工程实验室；1个北京市工程技术中心是北京市太阳能热发电工程技术研究中心；2个检测中心（站）包括中国科学院太阳光伏发电系统和风力发电系统质量检测中心、中国科学院电工研究所避雷装置安全检测站。

电工研究所与地方政府合作共建了中国科学院电工研究所无锡分所等4个研究机构；与企业合作共建了8个联合研究机构；与国际研究机构

共同成立了5个国际联合实验室（机构）。

电工研究所主要控股和参股公司有北京中科电气高技术有限公司、北京科诺伟业科技有限公司。

截至2014年底，电工研究所共有在职职工426人。其中科技人员323人、科技支撑人员44人，包括中国科学院院士1人、中国工程院院士1人、研究员及正高级工程技术人员55人、副研究员及高级工程技术人员123人。

现有中国科学院“百人计划”入选者9人，国家杰出青年科学基金获得者3人，“百千万人才工程”国家级入选7人，“青年千人计划”入选者1人，卢嘉锡青年人才奖4人，院青年创新促进会12人。

电工研究所是1981年国务院学位委员会批准的首批博士、硕士学位授予权单位之一。具有电气工程一级学科博士（硕士）研究生培养点，设有电机与电器、电力系统及其自动化、高电压与绝缘技术、电力电子与电力传动、电工理论与新技术、生物电工、能源与电工的新材料及器件等七个专业。设有“生物医学工程”学术型硕士培养点和“生物工程”全日制专业学位工程硕士培养点。设有电气工程一级学科博士后流动站。共有在学研究生307人（其中博士生142人、硕士生151人、联合培养14人），在站博士后20人。

2014年，电工研究所共有在研项目502项（包括新增项目105项）。其中，主持（或承担）国家重点基础研究发展计划（973计划）和国家重大科学研究计划课题12项（新增3项），主持（或承担）国家高技术研究发展计划（863计划）项目40项（新增3项），主持（或承担）国家科技支撑计划项目21项（新增3项）；主持（或承担）国家自然科学基金112项（新增30项），其中，重点项目3项、面上项目40项；主持（或承担）院重点部署项目4项；承担重点国际合作项目15项（新增3项）；承担院地合作项目32项（新增6项）。

2014年，电工研究所主要成果包括：研制成3MW双馈式变速恒频风电机组变流器产品样机，性能达到国外同类产品技术水平，具备了产业化能力；研制并建成了目前国内最大开口宽度（6.77米）的槽式聚光器；在广州（番禺）互太纺织园区建成1000平方米基于太阳能导热油/蒸汽双回路太阳能锅炉系统，为纺织工业定型过程提供160℃饱和蒸汽；攻克了MW级薄膜硅/晶体硅异质结太阳电池产业化关键技术，电池大面积效率为20.35%，太阳电池组件输出功率达到了218.4Wp，处于国内外先进水平；首次参加了世界8个国家的光伏标准电池一级校准能力验证，获得了国际认可，标志着我国已建立并形成了完备的光伏器件量值溯源与传递体系；研制成功的喷淋式蒸发冷却超级计算机（QSC-1），通过全系统持续无故障运行72小时以上测试，冷却系统节电40%，标志着喷淋蒸发冷却热管理技术在工业示范应用中取得突破性的进展。

2014年，电工研究所发表论文512篇，其中EI收录289篇，SCI收录113篇；申请专利192项（含2项PCT），其中发明专利190项，实用新型2项；获得授权专利117项（含2项PCT），其中发明专利授权115项，实用新型授权2项；软件著作权20项；主持和参与撰写著作（含译著）10部。

2014年，院地合作工作在往年工作的基础上，继续推进各种新项目合作。全年新签各类横向合同95份，新签合同总金额为6000万元。

2014年，正在开展的国际合作项目10项；新申请到国际合作项目2项；新签署双边和多边国际协议1项。出访91人次，接待来访100余人次。主办或承办了2次国际学术会议，包括“2014国际太阳能热发电和热化学大会”和“2014交通电气化大会”；共有18人次在国际科技机构任职。

电工研究所是中国可再生能源学会（一级学会）、中国可再生能源学会光伏专业委员会（二级学会）、中国电工技术学会机电一体化专业委员会（二级学会）、中国电机工程学会超导与磁流体发电专业委员会（二级学会）、中国农村能源行业协会小型电源专业委员会（二级学会）、中国电工技术学会超导应用专业委员会（二级学会）、中国电机工程学会高压专业委员会高压新技术分专业委员会（三级学会）的挂靠单位；主办《电工电能新技术》专业学术期刊。

（撰稿：刘素珍　张和平　审稿：肖立业）

工程热物理研究所

副 所 长：朱俊强（主持工作）
地　　址：北京市海淀区北四环西路11号
邮政编码：100190
电　　话：010-62554126
传　　真：010-82543019
电子信箱：iet@iet.cn
网　　址：http://www.iet.cas.cn

中国科学院工程热物理研究所（以下简称“工程热物理所”）其前身是1956年3月1日成立的中国科学院动力研究室（1961年合并至中国科学院力学研究所），1980年正式独立建制，启用现名。

工程热物理所是基础与应用发展研究有机结合的战略高技术型研究所，主要研究领域为能源、动力及与之交叉的环境等领域，内容涉及工程热力学、内流气动热力学、燃烧学、传热传质学等学科。在国家“深化科技体制改革、加快创新体系建设”，以及中科院启动“率先行动”计划的新形势下，以“落实年”为主题，深化体制机制改革，组织实施“创新2020”和“一三五”规划，推进国家重大仪器设备开发专项，持续开展“和谐研究所建设”，为研究所又好又快发展打下基础。

工程热物理所现设有7个研究机构：国家能源风电叶片研发（实验）中心、能源动力研究中心、燃气轮机实验室、循环流化床实验室、分布式供能与可再生能源实验室、储能研发中心、传热传质研究中心；另有16个与地方、企业共建的研发机构与工程中心；2014年，工程热物理所廊坊研发中心完成“十三五”期间规划建设方案，环境-能源与动力综合研发平台”项目进行了公开招标，连云港IGCC/联产研发基地完成24吨/天加压密相输运床气化中试系统和燃气轮机燃烧室高压试验设施所有设备的建设和安装，鄂尔多斯分所实验厂房工程基本完工，青岛分所综合楼土建工程正式开工建设。

截至2014年底，工程热物理所共有职工453人。其中科技人员415人（含科技支撑人员66人），包括中国科学院院士2人、研究员及正高级工程技术人员37人、副研究员及副高级工程技术人员102人。

共有“千人计划”“青年千人计划”入选者5人（新增1人）；中国科学院“百人计划”入选者9人；国家杰出青年科学基金获得者1人，“万人计划”入选者2人。

工程热物理所是2003年国务院学位委员会批准的博士、硕士学位授予权单位之一，现设有“动力工程及工程热物理”一级学科博士、硕士研究生培养点，环境工程专业二级学科硕士研究生培养点及动力工程专业全日制工程硕士培养点，并设有“动力工程及工程热物理”一级学科博士后流动站，共有在学研究生231人（其中博士生99人、硕士生132人）、在站博士后17人。

2014年，工程热物理所共有在研项目176项（包括新增项目68项）。其中，主持国家重点基础研究发展计划（973计划）项目2项（新增1项）、承担课题8项（新增2项），承担中国高技术研究发展计划（863计划）课题和子课题9项（新增1项），国家科技支撑计划课题2项，科学技术部国际合作项目6项（新增4项）；主持国家自然科学基金重点项目3项，承担重点项目子课题2项，承担国家自然科学基金重大国际合作项目2项，面上和青年基金项目54项（新增22项）；承担院先导项目课题和子课题8项（新增1项），承担知识创新工程重要方向项目和重点部署项目课题10项（新增6项），承担国际合作项目2项（新增1项），承担重大仪器研制项目4项（新增1项），“百人计划”项目3项，“青年千人”项目4项（新增1项）；承担院地合作项目40项（新增28项），研究所所长基金项目17项。

2014年，工程热物理所科研工作进展顺利，“三项重大突破方向”取得重要进展：IGCC/联产系统及关键技术方向，在5TPD级热态装置上打通输运床气化流程，建成重型燃气轮机全尺寸高压燃烧试验台；循环流化床燃烧技术方向，自主研发了超临界CFB锅炉环形炉膛炉型，建成

11 台套大型综合冷热态试验平台并投入使用；先进轻型动力技术方向，配装研究所发动机的国内首款训练靶机完成试飞，与青岛市签署 20 000 米高空实验平台建设协议。“五个重点培育方向”同样成绩斐然：多能源互补的分布式供能系统方向，分布式 973 计划项目以能源领域排名第一的成绩通过验收，MW 级工业园区分布式供能示范系统相对节能率达 29.3%；新型燃气轮机关键技术方向，新原理发动机关键部件试验取得突破进展，双轴双涵对转压气机实验装置如期建设；风能利用技术方向，建设了完整的满足中国风资源特点的大型风电叶片设计研发体系，成功研制了大厚度钝尾缘风电叶片；太阳能热利用技术方向，首创了旋转跟踪槽式聚光集热技术，年均聚光集热效率高于国际水平；大规模空气储能技术方向，已经建成的 1.5MW 超临界压缩空气储能系统获北京市科技进步奖一等奖。

2014 年，工程热物理所共申报国家发明专利 102 项、实用新型专利 54 项、外观专利 1 项，PCT 国家阶段专利 3 项，PCT 国家阶段专利 6 项，申请软件著作权 10 项；授权发明专利 63 项，实用新型专利 40 项，软件著作权登记 8 项，国外专利 4 项。全年共发表论文 425 篇，其中 SCI 收录 147 篇、EI 收录 130 篇。本年度共有 63 项各类课题通过验收结题。作为第一完成单位主持承担的项目“先进压缩空气储能系统关键科学问题研究”荣获北京市科学技术奖一等奖。

科技促进发展成果丰硕。全年与企业新签横向合同 50 项，签约额 7959.24 万元，到所经费 9700 余万元；与青岛市黄岛区人民政府和青岛市科技局签署共建合作协议，成立中科院工程热物理所青岛分所暨青岛轻型动力研究所；以知识产权无形资产投资，与地方政府及优势企业合作，设立 6 家产业化公司，总计投资额 6.26 亿元，吸引现金投入高达 3.9 亿元，为研究所科技成果早日实现规模产业化打下了良好基础。

国际合作迈上新台阶。2014 年，签署国际合作专项 4 项，落实经费共 1187 万，组织申报院“国际人才交流计划”2 项；中丹科技合作专项“基于中国风资源特点的风力发电关键技术研究”通过科技部组织的技术集中验收；中科院 2014 年俄乌白等国科技合作专项经费补助项目顺利结题；2014 年，接待接待国际来访 30 批 48 人次，先后有 32 批 70 人次派赴 14 个国家进行合作研究与学术交流。

中国工程热物理学会挂靠在工程热物理所；主办学术刊物《工程热物理学报》、《热科学学报》（英文版）。

（撰稿：张晓光　朱灿欢　审稿：赵汐潮）

国家空间科学中心/空间科学与应用研究中心

主　　任：吴　季
地　　址：北京市海淀区中关村南二条 1 号
邮政编码：100190
电　　话：010-62560947
传　　真：010-62576921
电子信箱：kjzx@nssc.ac.cn
网　　址：http://www.nssc.cas.cn

中国科学院空间科学与应用研究中心（以下简称“空间中心”）成立于 1987 年，前身可追溯至 1958 年成立的中国科学院 581 组办公室。2011 年中国科学院国家空间科学中心成立（现阶段为院设非法人研究单元），“一个单位两块牌子”。2014 年作为依托单位，牵头建设“率先行动”计划首批试点的中国科学院空间科学研究院。

空间中心是我国空间科学及其卫星项目的总体性研究机构，开展系统性、总体性管理和相关技术研究，着力发展空间物理和空间环境研究，以及为空间科学各分支领域的研究和探测提供技术支持和手段的领域前沿和重大创新研究，包括空间飞行器设计、电子信息集成与仿真、粒子和电磁场探测、微波至光学谱段的遥感探测，高精度时空基准，科学任务运控和应用，以及质量保障和试验验证等，引领空间科学发展，带动空间技术创新。

2014 年，空间中心扎实推进“一三五”发展目标，三个重大突破取得阶段性成果：空间科学先导专项顺利通过院规划局组织的中期评审，HXMT 卫星全年开展正样研制，暗物质卫星 9 月转入正样研制，量子卫星、实践十号卫星全年开展初样研制，12 月转入正样研制；地面支撑系统研制进展顺利；为“十三五”科学卫星工程阶段做准备的背景型号项目完成了对第一批 4 个项目的中期评估，第二批 4 个项目均利用国际空间科学研究所北京分部（ISSI-BJ）的平台开展了国际咨询与深化论证；天地一体化的空间环境综合监测网与研究服务平台建设稳步推进；子午工程一年来运行稳定、高效，全年开展了 3 次以科学目标和国家重大任务需求为牵引的专题探测；出色完成了中科院空间环境监测网、空间环境监测预报中心的运行和维护，研制并发布了国内首个空间环境预报手机应用软件——e Space Wx；空间环境保障 973 计划项目顺利通过项目总验收；空间天气建模 973 计划项目通过中期评估；毫米波/太赫兹被动遥感和分辨率成像机理及核心技术方面，“风云三号” B 星微波湿度计资料首次被植入欧洲中期天气预报模式，标志着空间中心研制的微波湿度计辐射量精度和观测稳定性获得国际用户认可；静止轨道干涉式毫米波大气温湿度探测仪与欧洲空间局的合作取得重要进展，183GHz 干涉成像仪地面样机合作研制正式启动；国际著名无线电科学期刊 *Radio Science* 和《IEEE 地球科学和遥感学报》等刊文，评价中国干涉式被动微波遥感成像技术达到国际领先水平。5 个重点培育方向的课题也均取得一定的成果。

空间中心已建立起发展我国空间科学及其系列卫星工程所需的核心科学与技术支撑体系，有效支撑了空间科学先导专项的实施。建有空间天气学国家重点实验室、微波遥感技术院重点实验室、复杂航天系统电子信息技术院重点实验室，以及海南探空部/海南空间天气国家野外站、广州宇宙线观测站、廊坊临近空间环境野外站及北京延庆空间物理观测站和科研设施基地，是院空间环境研究预报中心的挂靠单位。

截至 2014 年底，空间中心共有在职职工 680 人。其中科技人员 477 人、科技支撑人员 150 人，包括中国科学院院士 2 人，中国工程院院士 1 人，国际宇航科学院（IAA）院士 2 人，通讯院士 1 人，美国电气与电子工程师学会（IEEE）会士 1 人，研究员及正高级工程技术人员 99 人、副研究员及高级工程技术人员 265 人，中国科学院“百人计划”7 人，国家杰出青年科学基金获得者 5 人，“千人计划”入选者 1 人、“青年千人计划”入选者 2 人，以及中科院空间科学先导专项预先研究海外创新团队。

空间中心是 1981 年国务院学位委员会批准的博士、硕士学位授予权单位之一，设有空间物理学、地球与空间探测技术、电磁场与微波技术、计算机应用技术 4 个专业二级学科博士研究生培养点，飞行器设计等 5 个专业二级学科硕士研究生培养点，空间物理学二级学科博士后流动站。在读研究生 320 人（其中硕士生 190 人、博士生 125 人），在站博士后 15 人。

2014 年，空间中心共有在研项目 567 项，（包括新增项目 209 项）。其中，主持空间科学先导专项 1 项，主持（或承担）国家重点基础研究发展计划（973 计划）项目 1 项，主持（或承担）国家高技术研究发展计划（863 计划）项目 3 项，承担（或参加）课题 50 项（新增 24 项）；主持（或承担）国家自然科学基金项目 79 项（新增 22 项），其中重点项目 4 项，面上项目 36 项（新增 8 项），青年科学基金 32 项（新增 10 项），国家杰出青年科学基金项目 1 项，国际合作与交流项目 3 项，海外及港澳学者合作项目 1 项，专项基金项目 2 项。

2014 年，空间中心圆满完成了各项重大科研任务，全年为“天宫一号”提供在轨空间环境保障服务，承担了“天宫二号”4 个分系统研制；组织完成了“嫦娥三号”着陆器有效载荷为期一年、巡视器有效载荷为期三个月的月面科学探测，开展了“嫦娥三号”有效载荷拓展任务论证；组织完成了“嫦娥五号”有效载荷分系统总计 39 台（套）星上产品的研制，开展了“嫦娥四号”和我国自主火星探测任务的论证；承担的风云系列卫星研制与试验任务进展顺利；“风云二号”08 星发射成功，空间中心承研的空间环境监测分系统工作正常，性能良好。“海洋二号”A 星雷达高度计和校正辐射计圆满完成 3 年在轨运行任务，至今运行良好。

2013 年，空间中心作为探月工程有效载荷总体被中华全国总工会授予工人先锋号荣誉称号，7 人获“嫦娥三号”突出贡献者称号；子午工程建设成果荣获中国地球物理科技进步奖（团体）一等奖，1人获2014中科院青年科学家奖。获国科大百篇优博1篇，优秀指导教师1人。全年发表科技论文345篇，其中SCI收录157篇，EI收录172篇；发明专利申请77篇，获授权33项；软件著作权登记93项。

2014年，空间中心与欧洲空间局（ESA）同步发布了中欧联合空间科学卫星任务建议征集通知，此次发布对中国科学院和ESA而言均属首次，对双方空间科学领域的合作与未来发展具有重要意义；在第40届国际空间研究委员会（COSPAR）大会期间，与俄罗斯科学院就空间科学项目的合作进行了会晤，决定以分头征集合作项目建议、组织双边研讨会的方式联合提出合作项目；中巴空间天气联合实验室/中科院南美空间天气实验室8月落户巴西，为国际子午圈计划注入新的活力。2014年，空间中心出访165批次，来访科学家70批次。主办了中欧联合空间科学卫星任务首次研讨会、第十届中欧空间科学双边研讨会、首届中瑞空间科学双边研讨会、首届中美空间科学杰出青年前沿论坛、第十三届国际日地物理科学研讨会。IGARSS 2016各项组织筹备工作有序推进，并启动了COSPAR 2020大会的申办工作。一人在第40届COSPAR大会上连任COSPAR副主席，任期至2018年，一人当选COSPAR遴选委员会委员。一人当选IEEE会士。

空间中心是中国空间科学学会、国家空间科学专家委员会办公室、COSPAR中国委员会、国家空间天气科学中心（筹）、全国宇航技术及其应用标准化技术委员会空间环境分委会等10余个全国性重要空间科学学术组织和机构的挂靠单位；主办《空间科学学报》。

（撰稿：范全林　李橙媛　审稿：吴　季）

光电研究院

院　　长：王　宇
地　　址：北京市海淀区邓庄南路9号
电　　话：010-82178800
传　　真：010-82178600
电子信箱：office@aoe.ac.cn
网　　址：http://www.aoe.cas.cn

中国科学院光电研究院（以下简称“光电院”）组建于2003年11月，作为中国科学院“知识创新工程”中体制机制创新的重大改革举措之一，是兼具总体管理与技术总体职能的总体性研究单位。中国科学院卫星导航总体部、中国科学院浮空器系统研究发展中心、02专项研发管理办公室、国家遥感中心系统总体部设在光电院。

光电院的科技布局围绕光电工程领域、航天航空领域和应用科技领域等三个领域展开。

光电工程领域——围绕计算光学成像技术、投影光学系统技术、大型复杂激光器技术、激光测量技术等方向，开展前瞻性研究、系统解决方案设计与实施、支撑总体的关键技术攻关及系统集成等创新活动。

航天航空领域——围绕空间系统工程、卫星导航和浮空器等技术领域和总体任务，开展发展战略研究、前瞻性研究、系统解决方案设计与实施、支撑总体的关键技术攻关及系统集成等创新活动。

应用科技领域——围绕光电载荷成像和探测机理与方法研究、光电载荷性能综合评测和数据质量综合监测系统技术研究等方向，开展前瞻性研究、系统解决方案设计与实施。

光电院在上述三个领域的前沿性、战略性和系统集成创新工作，逐步形成了持续支持和支撑多总体并行发展的学科技术领域和技术总体体系。

光电院坚持三个面向，以空天、光电和应用系统集成为主线，以关键技术创新研究、系统集成技术攻关、综合支撑平台建设、科技成果转化和科技领军人才炼成为重点，提升战略规划引领、总体策划执行、系统协同攻关、集成应用服务能力；完善总体管理体制，综合优势力量，实施重大系统任务，满足国家战略需求；加强技术应用，推动制造业升级，服务国家城镇化建设，培育新兴产业，成为可持续发展的一流总体科研机构。

光电院现建有2个中国科学院重点实验室，中科院计算光学成像技术重点实验室和中科院定量遥感信息技术重点实验室。

光电院现有固定资产总额3.04亿，拥有各种主要设计、加工、试验设备50余台（套），如系留气球锚泊设施，飞艇地面固定设备，氙灯老化试验机，三轴飞行仿真转台，遥测遥控地面系统，动静态万能材料试验机，自动裁剪设备，GNSS射频信号源，激光干涉仪，单色积分球，可调谐激光器，短波红外照相机等。

截至2014年底，光电研究院共有在职职工347人。其中科技人员278人、科技支撑人员25人，包括中国科学院院士0人、中国工程院院士0人、发展中国家科学院院士0人、研究员及正高级工程技术人员39人、副研究员及高级工程技术人员82人；全所进入创新岗位182人。

共有国家海外高层次人才引进计划（“千人计划”）入选者1人（新增0人），“青年千人计划”入选者0人；中国科学院“百人计划”入选者4人（新增0人），“西部之光”人才入选者0人（新增0人），享受国务院政府特殊津贴11人，百千万人才国家级人选4人，中科院国际合作伙伴计划团队1个，中科院科技创新与交叉团队1人；国家杰出青年科学基金获得者1人（新增0人）。

光电研究院是2005年国务院学位委员会批准的博士、硕士学位授予权单位之一，现设有光学工程1个专业一级学科博士研究生培养点，信号与信息处理、计算机应用技术2个专业二级学科博士研究生培养点，飞行器设计1个专业二级学科硕士研究生培养点，并设有光学工程、信息与通信工程2个专业一级学科博士后流动站，共有在学研究生118人（其中硕士生78人、博士生40人）、在站博士后6人。

2014年，光电院共有在研项目371项（包括新增项目123项）。其中，承担国家重大科技专项课题62项（新增13项），主持（或承担）国家高技术研究发展计划（863计划）项目48项（新增19项）；主持（或承担）国家自然科学基金重点项目2项（新增1项）、面上项目10项（新增5项）、国家杰出青年科学基金项目1项（新增0项）、青年科学基金项目20项（新增7项）；主持（或承担）院重点部署项目5项（新增2项）；财政部重大仪器研制项目1项、科技部重大科学仪器开发项目2项（新增1项）；承担中科院国际合作项目3项（新增2项）、科技部国际合作项目3项（新增1项）；承担中科院院地合作项目3项（新增0项）；承担横向项目115项（新增30项）。

2014年，光电研究院共发表SCI收录论文21篇，EI收录论文35篇。2014年，光电研究院申请专利116项，获专利授权41项，其中获发明专利授权22项。

2014年，樊仲维团队承担完成的“高光束质量超高斯平顶钕玻璃激光器关键技术及应用”项目获得国家发明奖二等奖，某项目获得全军科技奖一等奖，“对地观测卫星地面运行管理系统及业务化应用”项目获得北京市科学技术进步奖三等奖。

光电院以多种方式与各种社会资源结合，充分利用国科光电科技有限公司、青岛光电院研发基地两个产业化平台，实现创新技术成果的转化和产业化，通过采取组件工程中心、联合研发（服务）机构和承担委托合同等方式，为相关企业和其他创新单元提供有价值的技术研发、技术咨询和各种技术服务。其中，2014年度，青岛研发基地总收入1160.32万元，科研经费1935万元（其中新增860万元）。国科光电科技有限责任公司，注册资金5270万元，资产规模24 749万元，全年实现合并营业收入为1.4亿元。

2014年，光电院在职职工临时因公出访共计36批85人次，其中国际会议17批28人次；合作研究19批54人次；考察访问3批3人次；来访共计5批64人次，合作研究及考察访问团组2批2人次；参加国际会议1批60人次。

2014年5月，光电院在南京召开了由中国卫星导航系统管理办公室学术交流中心主办的第五届中国卫星导航学术年会会议。

在重大国际科技合作项目研究进展方面，光电院承研的“中老柬北斗卫星精密定位示范应用援外项目实现成果输出”项目按照国家援助“交钥匙”工程的要求完成了北斗卫星精密定位在老挝语柬埔寨的应用示范。光电院与德国Bruker公司合作的EUV光源项目，已赴德国实地查看EUV光源研制进展，就EUV光源、收集镜、各测量设备的测量方法进行了进一步交流，开展了机械、电学等关键接口的联合设计。

光电院作为CEOS定标与验证工作组（WGCV）、全球自主定标网络（RadCalNET）与可见光与红外载荷技术工作组（IVOS）成员，与海外相关专家开展了一系列的学术交流与合作研究。同时受科技部国家遥感中心的委托，代表中方参与CEOS信息系统与服务工作组（WGISS）集成目录系统项目，主持开发了CEOS编目服务标准接入系统，实现了我国部分卫星数据与产品编目元数据的全球共享与分发；还作为中方参加了CEOS减灾工作组（WDisaster）的工作，对该工作的工作情况进行了跟踪，拟在对地观测数据减灾共享方面开展合作。

光电院-芬兰大地测量研究所“光电载荷信息获取与质量控制联合实验室”在2014年度双方合作开展了微小型激光雷达系统技术及其应用方法研究，成果申请了中科院国际合作重点项目及科技部国际合作项目各1项。

光电院-澳大利亚悉尼科技大学“地理时空数据分析和产业化应用联合实验室”在2014年度双方进行了互访交流，合作开展遥感数据地物属性信息特征挖掘、基于遥感图像的目标识别、地理时空数据与业务数据联合分析等研究，共建了中澳地理时空数据分析技术与产业化联合研究实验室。

为拓展科研领域，加强院地合作，光电院与国家减灾中心联合组建了“中国空间技术减灾应用研究中心”，与青岛市政府共建“光电院青岛研发基地”，与国科激光公司组建国家半导体泵浦激光工程技术研究中心。依托光电研究院建立了“全国遥感技术标准化技术委员会”和“全国光电测量标准化技术委员会”。

（撰稿：邵天雪　高　隽　审稿：王　宇）

自然科学史研究所

所　　长：张柏春
地　　址：北京市海淀区中关村东路55号
邮政编码：100190
电　　话：010-57552515
传　　真：010-57552567
电子信箱：wangjj@ihns.ac.cn
网　　址：http://www.ihns.cas.cn

中国科学院自然科学史研究所（以下简称“科学史所”）是中国科学院所属的少数兼具自然科学与人文社会科学功能的研究实体之一，也是中国唯一的国家级多学科和综合性的科技史专门研究机构。其前身中国科学院自然科学史研究室是在郭沫若、竺可桢等老一辈院领导的关怀下于1957年1月1日成立的，1975年升为所级建制。

科学史所定位于研究科技的历史、本质和发展规律，认知科技与社会、政治、经济、文化等的复杂关系；把握科技发展大势，提出有影响力的战略咨询建议，传播科学思想，弘扬科学精神，为建设国家思想库做出独特贡献。开展新视角的研究，增强中国科技史方向的核心竞争力，开拓西方科技史研究，实现从传统到现代、从中国到世界的拓展与跨越，在未来5至10年发展成为有重要国际影响、有特色、高水平的科技史机构。

科学史所的主要学科是科学技术史（理学一级学科）、科学技术哲学（二级学科）、科技考古（二级学科），主要研究方向有中国古代科技史、中国近现代科技史、世界科技史、科技哲学、科技发展战略、传统工艺与科技考古、中国科学院院史、科学文化和中外科技发展的比较。

科学史所现有3个研究室：中国古代科技史研究室、中国近现代科技史研究室、西方科技史研究室。另有5个跨机构的研究中心性质的单元：中国科学院文化遗产科技认知研究中心、中国科学院学部学科发展战略研究中心、中国科学院院史研究室、科学与文化研究中心、中外科技发展比较研究中心。其中，文化遗产科技认知研究中心是院非法人研究机构，学科发展战略研究中心属于学部的支撑研究机构。

截至2014年底，科学史所共有在职职工118人。其中，科技人员73人，科技支撑人员17人，正高级专业技术人员23人（其中研究员22

人）、副高级专业技术人员 32 人（其中副研究员 28 人），“百人计划”入选者 2 人。

科学史所是 1997 年国务院学位委员会批准的博士、硕士学位授予权单位之一，现设有科学技术史一级学科硕士、博士研究生培养点，科学史、技术史和科学技术哲学二级学科硕士和博士研究生培养点，科学技术史一级学科博士后流动站。共有在读研究生 66 人（其中博士生 36 人、硕士生 30 人），在站博士后 7 人。

2014 年，科学史所共有在研项目 88 项，包括新增科研项目 32 项。其中院国防科技创新基金项目面上基金 1 项，自然基金项目 5 项，社科基金项目 3 项，教育部留学回国基金 1 项，中国科协老科学家学术成长资料采集工程项目 1 项。

2014 年，科学史所重大突破项目稳步推进。①科技知识的创造与传播项目分别选取不同时段和不同领域的 18 个科技知识主题为子课题的研究对象。该项目 2014 年约发表论文 33 篇，完成未发表论文 21 篇，合计 54 篇。②院史研究团队继续承担“院史丛书”编撰和研究任务，该项目 2014 年共发表论文 8 篇，访谈 3 篇，参编《科学出版 60 年》（其中稿件 49 篇），院史科普文章 25 篇。与中国科学报社联合主办“善思读书会”一场，邀请潘云堂等专家举行讲座，院史编撰组内部学术交流和专家咨询多次。③科技发展与国家现代化项目分为 8 个研究专题，研究科学革命、技术革命（工业革命）与国家现代化的关系。迄今，已经完成《科技革命与国家现代化研究丛书》的大部分初稿，正在积极准备项目的结题。

2014 年，科学史所 5 个重点培育方向项目共发表专著 1 部，论文 28 篇，已完成未发表 31 篇。其中已发表外文论文 2 篇，已完成 5 篇。

2014 年，“中国科学院农业史编纂与研究”分编年史、专题史和通论三部分同时进行；李约瑟著作翻译出版、中华大典——数学典编校、科学史制度化进程、支撑国家决策的战略研究系统、中国传统地图测绘理论与方法的价值挖掘与展示、中国科技典籍选刊、天文大地测量等项目继续推进。

2014 年，院科学思想部预研究、院军工史、科学文化的边界问题及其历史根源研究、现代科学文化的兴起等项目已经正式启动。

2014 年，科学史所离退休专家出版专著 6 部，论文 4 篇，传记类文章 7 篇，科普 4 篇；研究生合作学术专著 1 部，发表论文 23 篇，其中外文发表 2 篇。

2014 年，研究室、研究中心和科研处组织各种形式的学术交流活动，积极邀请国内外知名专家来所开展交流和讲学。科研人员和研究生积极参与组织多个重要学术会议。其中，由青年学者担任主持人、报告人的青年学术沙龙，2014 年举办 6 期；轻松活泼、不拘一格的“格致下午茶”，2014 年共举办 27 期。

2014 年，科学史所主要获奖成果：①参与编研的《创新 2050：科学技术与中国的未来》系列战略研究报告荣获第三届中国出版政府奖图书奖；②韩毅研究员的《宋代重大疫情与社会反应研究》入选 2014 年度《国家哲学社会科学成果文库》。

2014 年，科学史所继续积极探索科学传播工作新途径：由中国科协等部委共同主办，科学史所与中国科学技术史学会、北京市科协承办的“科技梦 · 中国梦——中国现代科学家主题展”今年在西安、济南、杭州等 151 个城市开展全国巡展，观众约 20 万人，这项工作为扩大科学史学科和研究所的社会影响作出了贡献。

2014 年，共举办 6 期“科学技术史大讲堂”讲座（总 36 期）。成功举办“走进校园”系列活动。

2014 年，科学史所成功举办公众开放日活动，参加人员约 110 人。所内部分科研人员和研究生继续为中关村中学高中生开设校本课程。

2014 年，科学史所积极开展国际合作，注重实效。全年出访项目 36 个（含 4 次赴台项目），共计 37 人次（出访港澳台地区 5 人次），其中出访超过三个月以上的有 3 人次，出访国家和地区涉及德国、美国、英国、乌兹别克斯坦、瑞典、中国香港、意大利、阿根廷、葡萄牙、捷克共和国、法国等。来访人数累计 34 人（含港澳及台湾地区学者 5 人），分别来自秘鲁、丹麦、美国、法国、比利时、印度、英国、乌兹别克斯坦、德国、意大利等国家，其中来访超过三个月以上的有 1 人。派出访问学者 3 名。2014 年科学史所共举办国际研讨会共1次。截至2014年底，累计签订国际合作协议17项，新签署合作协议4项；国际组织职务任职人数累计达15人次，其中2014年新任职2人。

科学史所是中国科学技术史学会的挂靠单位；设有《自然科学史研究》、《中国科技史杂志》、《科学文化评论》等学术刊物编辑部。

（撰稿：王建军　纪　巧　审稿：张柏春）

科技政策与管理科学研究所

所　　长：王　毅
地　　址：北京市海淀区中关村北一条15号
邮政编码：100190
电　　话：010-59358611
传　　真：010-59358608
电子信箱：ysc@casipm. ac. cn
网　　址：http://www. casipm. ac. cn

科技政策与管理科学研究所（以下简称"政策与管理所"）成立于1985年6月。其前身为中国科学院政策研究室、中国科学院管理学组、《自然辩证法通讯》杂志社，1987年，中国科学院应用数学研究所优选法与管理科学研究室整建制划入政策与管理所。

政策与管理所主要开展国家发展战略、政策和管理问题研究，为国家宏观管理决策和中国科学院改革发展实践提供重要支撑。按照中国科学院"创新2020"战略部署，明确"智库型研究所"定位，提出了"加快培育科技政策学、创新发展政策学、可持续发展管理学、能源安全战略管理、计算管理科学5个重点学科方向"的发展思路。2014年，是中国科学院实施"率先行动"计划的开局之年，以领导班子换届为契机，加快落实"一三五"任务，各项工作进展顺利。

2014年，按照"十二五"规划部署，完成了"一三五"重大研究任务年度考核工作。在"三个重大突破"方向上，形成了"创新发展基本理论"、"创新型国家测度方法"、"中国绿色低碳发展情景与配套政策组合"、"政府科技资源配置理论方法与体制机制"等重要成果，为"十三五"时期国家自主创新能力建设和国家科学技术发展规划研究起草及配套政策制定、中国应对气候变化与绿色低碳发展和科技体制动态调整等全局性问题提供了重要支撑。在"五个重点培育"方向上，形成了科技政策系统、可持续发展战略评估、能源安全战略、气候变化经济学和计算管理科学等重要理论方法，为加强研究所学科深度交叉融合奠定了良好基础。同时，在高水平期刊上发表论文有新的突破，产生了一批重要决策咨询报告，获得党和国家领导人及有关部委领导的批示，显著提升了研究所在国家高层决策咨询方面的影响力。

政策与管理所设有4个研究部，即科技发展政策研究部、创新发展政策研究部、可持续发展政策研究部、公共安全与管理科学研究部；12个研究室，即科技战略与规划、科学技术与社会、科技管理与评估、知识产权与科技法、创新与发展政策、创新与创业政策、可持续发展战略、能源环境经济、统筹与管理、政策模拟、城市发展与区域管理、自然与社会交叉科学研究室。建有5个院级研究中心，即中国科学院战略研究中心、中国科学院创新发展研究中心、中国科学院自然与社会交叉科学研究中心、中国科学院管理创新与评估研究中心、中国科学院知识产权研究与培训中心；与合作伙伴共建6个研究中心，即能源与环境政策研究中心、北京科技政策研究中心、北京城市运行与发展研究中心、中德联合创新研究中心、青海创新发展研究院、创新发展与公共治理协同创新中心；此外还建有6个研究所级研究中心，即政策模拟研究中心、国际问题研究中心、统筹与安全管理研究中心、中国高新区研究中心、环境政策研究中心及社会治理与风险研究中心。

截至2014年底，政策与管理所在职职工146人，其中科研岗位113人，研究员27人、副研究员37人；发展中国家科学院院士1人，中国科学院"百人计划"入选者1人，国家杰出青年科学基金获得者2人。

政策与管理所设有管理科学与工程一级学科硕士、博士学位培养点，工商管理一级学科硕士学位培养点，人口、资源与环境经济学和科学技术哲学两个二级学科硕士学位培养点，管理科学与工程学科博士后科研流动站以及北京市管理科学与工程重点学科，并具有管理科学与工程在职硕士学位授予资格。2014 年共有在学研究生 144 人（其中硕士生 60 人、博士生 84 人），在站博士后 36 人；毕业博士生 19 人，硕士生 12 人。2014 年，知识产权研究与培训中心完成 12 次知识产权培训工作，培训 1090 人次。组织中国科学院知识产权专员资格考试，55 个院属单位 89 名考生参加考试，37 人获得知识产权专员资格。

2014 年，政策与管理所在研课题 276 项（新增 177 项）。其中，新增国家软科学项目 3 项、自然科学基金面上项目 4 项；中国科学院项目 58 项（新增 40 项，包括中科院 A 类战略性先导科技专项课题 6 项）；国家自然科学基金项目 27 项（新增 19 项）；国家其他部委项目 100 项（新增 56 项）；国际合作项目 6 项（新增 5 项）；企业委托 14 项（新增 8 项），地方政府及其他科研机构项目 43 项（新增 28 项）。

2014 年，政策与管理所公开发表论文 196 篇，出版专著 11 部，批准登记软件著作权 4 项。主持承担的基金委主任基金项目“政府资助的科研项目成本及其管理机制研究”和基金项目“IT 产业技术追赶中的互补性资产与路径选择模式研究”，在管理学部组织的结题项目绩效评估会上被评为优秀；与北京市城市规划设计研究院共同完成的“北京新城发展规划指数研究”获 2014 年华夏建设科学技术奖三等奖；李建平研究员获 2014 年度国家杰出青年科学基金。主持编纂的“中国科学院科学与社会系列报告”之《2014 中国可持续发展战略报告》、《2014 高技术发展报告》公开发布。另有多篇咨询报告上报中央和国家有关部门，获得党和国家领导人重要批示。

2014 年，政策与管理所强化合作交流制度建设和学术质量控制，交流合作格局进一步优化。以国际学术会议大会报告身份的高质量出访 54 人次，先后接待了美国经济趋势基金会主席杰里米·里夫金教授、奥地利科学院院长 Anton Zeilinger 教授、国际能源经济协会主席 Wumi Iledare 教授、日本科技振兴机构主席冲村宪树等来访；与韩国科技评估与规划研究院（KISTEP）、日本科技政策研究所（NISTEP）续签合作协议，签订合作协议的国际著名科研机构和大学达到 20 个，进一步拓展了国际交流网络。主办或联合主办了第四届国际能源经济学会亚洲会议、第九届中日韩“三国五方”科技政策学研讨会等重要学术交流活动。

2014 年，挂靠政策与管理所的各类期刊在录用论文、发行数量、办刊质量等方面均有长足进步。《科研管理》入选“中国科技核心期刊”、“2014 年中国最具国际影响力学术期刊”，9 篇论文入选“2012—2013 年度中国精品科技期刊顶尖学术论文领跑者 F5000 论文”。挂靠政策与管理所管理的中国科学学与科技政策研究会、中国优选法统筹法与经济数学研究会、中国高技术产业发展促进会等举办了学术年会、论坛等各类学术交流活动 50 余次，进一步扩大了学术影响力。

（撰稿：邹　丽　杨少春　审稿：张学成）

信息工程研究所

所　　长：田　静
地　　址：北京市海淀区闵庄路甲 89 号
邮政编码：100093
电　　话：010-82546891
传　　真：010-82546890
电子信箱：general@iie.ac.cn
网　　址：http://www.iie.ac.cn

中国科学院信息工程研究所（以下简称“信工所”）是 2011 年 4 月批准成立的中国科学院直属科研机构。信工所按照“软硬兼修，矛盾兼容，开合有法，张弛有度”的办所方针，秉承“打造一流平台，集聚一流人才，支撑国家需求，引领学科发展，努力成为国家在信息工程领域的战略科技力量”的组织目标，面向国家战略需求，在网络与信息安全科技领域，开展基础理论与前沿技术研究，开发应用性技术与系统，为国家信息化进程提供核心关键技术支撑与系统解决方案。

信工所的研究方向主要包括：密码理论与安全协议、信息智能处理、数据安全、通信与电磁技术、网络与系统技术、网络系统评测等。拥有信息安全国家重点实验室、信息内容安全技术国家工程实验室、信息安全共性技术国家工程研究中心和中国科学院数据与通信保护研究教育中心、物联网信息安全北京市重点实验室等一批国家级和省部级的科研创新平台。

截至2014年底，信工所有在职职工461人，其中正高级专业技术人员45人，副高级专业技术人员96人；中国科学院“百人计划”入选者8人。另有客座及劳务派遣人员247人。

信工所现有计算机科学与技术、信息与通信工程两个一级学科的博士、硕士研究生培养点，以及计算机技术与软件工程两个工程硕士培养点。截至2014年底，在册研究生584人（其中硕士生351人、博士生233人），客座学生200余人。设有计算机科学与技术一级学科博士后科研流动站，在站博士后28人。

2014年，信工所在研项目423项（其中新增项目175项）。其中，主持或参与国家重点基础研究发展计划（973计划）课题3项，主持或参与国家高技术研究发展计划（863计划）20项，国家科技支撑计划项目、国家重大科技专项课题、国家发改委专项等项目13项；承担国家自然科学基金项目64项（新增24项）；承担中国科学院战略性先导科技专项与重点项目课题9项，国家其他部门科研专项209项（新增66项）及其他横向项目105项（新增59项）。

2014年，信工所牵头组织院内19家单位实施“面向感知中国的新一代信息技术研究”战略性先导科技专项，并取得积极成果。“构建人机物三元融合的网络空间信任体系和海云安防体系”已在国家重点区域和重要领域取得应用；“网络新媒体”方面实现智能电视操作系统装机300万台；在“海云网络创新试验环境”方面开通国际上第一个支持协议无感知转发（POF）技术的广域网络试验床——未来网络先导试验网。

2014年，以信工所为署名单位发表论文355篇，其中会议论文212篇，期刊论文143篇；信工所科研人员主持编写出版专著10本，译著4本，编著2本。信工所作为第一专利权人申请中国发明专利159件，PCT专利4件，作为第一专利权人授权中国发明专利5件。登记软件著作权59件。获省部级一等奖2项（第二完成单位），科研人员获得省部级个人奖项1项。

2014年，信工所国际交流人数总数达190人次，其中因公出访93人次，来访97人次。“外国专家特聘研究员计划”3人，“创新团队国际合作伙伴计划”1项。成功举办第十届通信网络安全和隐私国际会议（Secure Comm 2014）和第十届信息安全与密码学国际会议（Inscrypt 2014）。

2014年10月，中科院院长办公会听取并审议了信息工程创新研究院实施方案，同意以信息工程研究所为主体，整合声学研究所、计算机网络信息中心、计算技术研究所、高能物理研究所、半导体研究所5个研究所近100名科研骨干，启动信息工程创新研究院试点工作。

（撰稿：周　强　闫　杰　审稿：孟　丹）

空间应用工程与技术中心

主　　任：高　铭
党委书记：刘树军
地　　址：北京市海淀区邓庄南路9号
邮政编码：100094
电　　话：010-82178817
传　　真：010-82178816
电子信箱：office@csu.ac.cn
网　　址：http://www.csu.cas.cn

1992年9月，中央决策实施载人航天工程。作为载人航天工程三大发起部门之一——中国科学院在载人航天工程立项之初即牵头负责空间应用系统。1993年，中科院党组研究决定组建中国科学院空间科学与应用总体部（以下简称“总体部”），负责空间应用系统组织管理及总体技术研究。1994年，总体部与中科院空间科学与应用研究中心合并。2003年，总体部划归中科院光电研究院，挂靠中科院光电研究院运行。

2010 年 11 月，中科院党组决定在总体部的基础上成立中科院空间应用工程与技术中心（以下简称“中心”）。2012 年 8 月，中国科学院空间应用工程与技术中心独立法人资格获批。2013 年 1 月正式独立运行。

中心是目前中科院唯一以组织完成国家重大科技专项任务而建立的研究机构，代表科学院牵头负责载人航天等重大工程空间应用系统方面的总体管理和技术集成，具体包括战略研究、任务组织实施、总体技术支持支撑、科学成果产出及推广等工作，同时对我院承担的载人航天工程各大系统协助配套任务进行协助管理。中心建设目标是建设国内一流、国际著名的空间总体机构。

根据中心的定位、职责及工程任务需求，结合总体单位特点，中心确定了复杂系统协同设计与综合仿真技术、柔性智能集成测试技术、空间高性能数据处理与传输技术、空间结构、热控设计及验证技术、空间科学实验柜设计集成技术、轨道动力学与控制技术、空间载荷全寿命综合保障技术、太空智能制造技术、有效载荷运行控制与健康管理技术、数据预处理与共享服务技术 10 个重点学科领域方向。

2014 年，中心完善并确定“一三五”规划。“一个定位”——中国科学院在载人航天等重大空间应用系统工程方面的总体管理和技术集成单位；“三个重大突破”——通过“天宫一号”、“神舟八号”、“天宫二号”等型号任务实施实现对地观测技术跨越发展，开拓新途径、多项空间科学重点项目突破，争夺国际制高点、多项重大应用技术突破，夯实应用基础；“四个重点培育”——空间站重大设施、科学实验柜、天地一体协同运营系统、太空应用实验室。

在院“率先行动”计划安排部署中，中心全员进入首批试点的五个创新研究院之一——空间科学研究院。中心牵头建设研究院公共保障部、系统与技术部两大核心部门。

2014 年，中心首个院重点实验室——太空应用重点实验室顺利通过评审，太空应用重点实验室是我院在载人航天工程等国家重大任务空间应用领域的战略研究、核心关键共性技术研究、应用成果推广应用的高水平研究实体。2014 年，中心与国防科技大学建立复杂系统先进综合保障技术联合实验室、与工业和信息化部电子第五研究所建立元器件质量保证联合实验室、与北京航空航天大学建立元器件质量保证卓越联合实验室、与重庆绿色智能研究院联合建立太空智能制造技术创新中心。

为满足工程任务预研攻关、研制建设和集智创新的需要，同时为任务提供了共性或通用化技术支持支撑，中心设立系统工程部、专业技术部、战略发展部、可靠性保障中心 4 个科研及任务支撑部门。其中系统工程部下设系统设计研究室（并行设计与仿真实验室）、集成测试研究室（空间软件评测中心）、有效载荷运控中心、空间实验柜设计集成中心；专业技术部下设电子信息技术研究室、结构热控技术研究室、综合保障技术研究室；战略发展部下设战略规划研究室、空间探索研究室、数据利用中心。

截至 2014 年底，空间应用工程与技术中心共有在职职工 240 人，其中专业技术人员 215 人，包括中国科学院院士 1 人、研究员及正高级工程技术人员 26 人、副研究员及高级工程技术人员 78 人。

中心是国务院学位委员会批准的博士、硕士学位授予权单位之一，现设有计算机科学与技术 1 个专业一级学科博士研究生培养点，信息与通信工程、计算机科学与技术、航空宇航科学与技术 3 个一级学科硕士研究生培养点，设有计算机技术、电子与通信工程 2 个工程硕士专业学位培养点，共有在学研究生 84 人（其中硕士生 60 人、博士生 24 人）。

2014 年，空间应用中心共有在研项目 120 项，（包括新增项目 47 项），科研经费到款 18 600万元。

截至 2014 年底，“天宫一号”应用载荷在轨稳定运行 1200 余天，成果持续产出，中心继续开展了“天宫一号”有效载荷成果推广及应用，成果应用领域拓展至 7 个，应用单位增加至 32 家，同时在云南鲁甸地震应急监测及灾害评估发挥了重要作用；组织完成了“天宫二号”任务正样产品研制试验、系统级和系统间的专项试验，完成正样产品验收、系统联试和产品交付，参加了整器综合电测，地面系统改造按计划顺利推进；组织开展“天舟一号”任务初样产品研制工作，完成载荷初样设计评审、初样总体设计，完成海南发射场合练产品验收、交付；空间站应用任务论证和关键技术攻关全面展开，其中舱外项目方案论证报告通过评审，并完成了指南编写；多功能光学设施完成深化论证，正在开展一体化设计；应用信息系统、科学实验柜关键技术攻关深入开展；地面研制支持系统启动。中心承研实践十号等横向项目按要求交付了各类产品。

2014 年，中心完成了“十三五”修购专项规划，包括可靠性综合保障、高可信软件系统综合测试验证平台、空间任务运行管理与数据服务平台、复杂系统并行设计与仿真平台 4 个方面建设内容；空间站基建技改项目落实了可靠性保障中心改造、环模楼建设项目，总投资 16 269 万元，科学实验柜集成测试条件、信息系统研保条件、研制支持系统建设等项目完成了可研报告编制。在基础设施建设方面完成了环模楼初步设计，环模楼、科研楼正在开展施工图设计。

2014 年，中心荣获“五四青年奖章集体”称号，入选中央国家机关践行社会主义核心价值观先进典型集体，作为我院唯一代表参加先进事迹巡回报告；获第六届全国空间轨道设计竞赛甲乙组双冠军，第七届国际全局轨道优化竞赛第四名（国内参赛队伍最好成绩）。2014 年，中心在国内外期刊共发表论文 77 篇，申请专利 13 项，申请软件著作权登记 35 项。

中心以“创新驱动、产业结构调整和促进经济社会发展”为着力点，借助载人航天工程平台优势、利用中心科技创新资源，积极推动与云南省太空生物科技促进会、江苏锡通科技产业园管委会等 8 家地方政府和林州重机集团股份有限公司等 4 家上市（或即将上市）公司交流合作，积极促进成果转移转化。目前，正在与锡通科技产业园管委会和浙江省德清县人民政府洽谈共建产业化平台，与林州重机集团股份有限公司共同筹建“北京天宫空间应用技术有限公司”聚焦于空间数据产业化，公司正在注册中。2014 年 3 月，中心成立全资子公司空应科技有限公司，负责中心控股、参股公司。中心参股公司国科天成（北京）科技有限公司 2014 年获联想之星 600 万天使投资。

利用中国科学院的平台优势及载人航天的社会效应，中心积极推进对欧、德、俄等国际合作，合作网络覆盖 NASA、ESA、RSA、JAXA、DLR、SSO、KARI 等主要空间机构。2014 年，正在实施的和潜在的国际合作项目 32 项，对德合作签订 4 份备忘录，同时成立了协同工作组开展联合研制，对欧合作签订 1 份备忘录；通过“引进来、走出去”战略，大力开展人才交流，2014 年，中心争取国际人才项目支持 3 项（其中国家外专局高端外国专家项目 1 项、中科院国际访问学者项目 2 项）。2014 年，中心主办、协办国际会议 18 次，累计参会人数 450 余人次，组织 40 余人次参加国际会议及交流 15 次。

（撰稿：孔　健　杨　吉　审稿：刘树军）

北京综合研究中心

主　　任： 姜晓明
地　　址： 北京市海淀区学院路 30 号天工大厦 B 座 17 层
邮政编码： 100083
电　　话： 010-82648599
传　　真： 010-82648619
电子信箱： sunxiaoping@basic.cas.cn
网　　址： http://www.basic.cas.cn; http://inno-park.cas.cn

中国科学院北京综合研究中心（以下简称“北京综合中心”）成立于 2012 年 7 月，是经中央机构编制委员会正式批准设立的院直属事业单位。

北京综合中心现有职能部门 8 个，分别为办公室、规划战略处、建设管理处、合作协调处、投资发展处、资产财务处、人事教育处和纪检监察处（直属党总支办公室）。截至 2014 年底，共有干部职工 51 人。

2014 年，北京综合中心认真学习院“率先行动”计划，进一步研究确立中心未来发展方向。为切实把院党组的改革精神和要求落实到具体工作中，使中心的发展重点更加突出，方向更加明确，路线更为清晰，启动了中心发展规划编制工作，成立了发展规划编制工作小组，先后赴上海、广东、安徽等地开展调研，学习借鉴先进经验和成功做法；聘请院士和知名专家组成了咨询委员会，对中心规划进行深入论证。在此过程中，还积极配合国家发改委完成了国家科学中心规划编制调研工作，对如何建设院层面的北京地区的综合研究中心进行了初步思考，丰富了中心规划的内涵和外延。此外，主动向院领导、院有关职能部门、北京市有关部门及时汇报中心规划编制进展情况，得到了各方面的大力支持，为顺利完成中心发展规划编制工作奠定了扎实的基础。

2014 年，北京综合中心积极配合大科学装置立项申报准备工作，项目推进取得重要进展。推动怀柔区政府，联合成立了院区层面的大科学装置工作推进小组，及时为大科学装置项目出具用地证明和环评初步意见书等材料。对大科学装置另址建设事宜进行了充分论证，并向怀柔区政府提出了另址建设意见。深入大科学装置承建单位，共同就大科学装置配套设施需求进行了探讨，完成配套设施建设经费测算，并就经费来源、投资形式等达成一致意见。努力探索大科学装置管理新经验，与项目承建单位就合作共建等达成共识，并与部分项目单位签订共建协议。在各方共同努力下，大科学装置项目申报立项材料全部准备就绪，相继报送到了国家发改委，顺利完成了第一阶段的工作目标。

2014 年，北京综合中心扎实做好中科院北京怀柔科教产业园的协调服务和管理工作，推进园区科研和产业化项目落地见效。经常深入入园单位了解情况，针对科研项目立项审批等具体问题，多次与院主管部门进行沟通协调，并及时向院领导汇报进展。充分发挥“院区”专项工作领导小组和推进小组作用，协调网络中心、中科佰能等多个产业化项目顺利完成了地块控规审批；推动解决了网络中心、空间中心等单位遇到的供电、供暖等市政方面的问题；协助电子所科电高技术、理化所中科赛凌、高能所北京裕泰等项目办理完成工商注册、项目迁址等工作。在入园单位的配合下，首次编撰完成《2013 年度中科院北京怀柔科教产业园统计报告》和《2014 上半年度中科院北京怀柔科教产业园科研与转化基地统计报告》，摸清了入园单位的底数和重要生产指标。牵头编写了中科院北京怀柔科教产业园区“十三五”后勤规划方案并获分院审核通过，为指导怀柔园区未来发展奠定基础。牵头成立了怀柔园区管理委员会，建立健全了怀柔园区的管理和服务保障机制。与怀柔区住建委牵头组织做好入园单位定向安置房申请和选房工作；协调怀柔区教委出台北京一〇一中学怀柔分校的招生政策，并组织完成入园单位职工子女申请报名等相关工作。

2014 年，北京综合中心的跨学科交叉研究平台建设和课题研究工作稳健起步。按照依托大科学装置建设跨学科交叉研究平台的规划设计，北京综合中心对 8 个平台建设方案进行了论证，稳步推进交叉研究平台建设。目前已和有关科研单位联合启动了汞污染防治科研能力提升及关键技术推进研究、高性能同步辐射硬 X 射线成像探测器研发测试平台、大气汞监测与评估预研项目 3 个平台的建设工作。同时，为充分发挥未来大科学装置对经济社会发展的辐射带动作用，加强对创新价值链的理论研究，北京综合中心申请了北京市科委的“大科学装置对区域辐射和带动作用研究”课题。同时，在前期北京创新城规划研究的基础上，开展了“北京创新城建设基础与战略环境”、“国内外科学城发展路径借鉴”、“大科学装置产业辐射体系”、“北京创新城创新体系建设”及“北京创新城发展保障体系”5 个专题研究，为打造北京创新城及大科学研究中心建设提供支撑。

2014 年，北京综合中心围绕地方经济转型发展需要，深入开展科技服务对接活动。根据怀柔企业的需求，协调并推动中科院在京 4 个大型科研仪器区域中心，以院内单位同等的优惠政策为怀柔企业提供服务。在院科发局、北京分院的大力支持下，与怀柔区政府联合主办了“中科院怀柔区科技服务双向对接会”，来自中科院 27 个研究所的 93 位专家，怀柔区 190 余家企业的 200 余位企业家，15 家投资机构的 21 位投资人参加了对接会。对接会后，继续带领多家怀柔企业先后拜访 10 余家研究所，为怀柔食品产业、制造业和生物医药业等行业共计 17 家企业解决了有关技术难题。

2014年，北京综合中心的科技创新服务平台筹建有了显著进展。为落实中科院科技服务网络（STS）计划，加快中科院科技成果转化，筹划开展企业创新研发服务平台建设工作，取得了初步成果。在与资本支持方合作方面，得到中国孵化器产业联盟和怀柔区政府的资金支持。在与市场推广方合作方面，联合新华社创建《科研成果参考》。在与研发合作供给方合作方面，与中兴网信达成了合作建设科技成果推广网络平台意向，与朗波芯微、汞污染防治工程技术中心等进行技术对接及产业化合作。在与研发合作需求方合作方面，与山东蓝孚集团等5家单位签订战略合作协议。在与中介服务方合作方面，与中科院北京国家技术转移中心等3家单位建立合作关系。

（撰稿：吴剑锋　侯晓光　审稿：冯　稷）

天津工业生物技术研究所

所　　长：马延和
地　　址：天津空港经济区西七道32号
邮政编码：300308
电　　话：022-84861997
传　　真：022-84861926
电子信箱：tib_zh@tib.cas.cn
网　　址：http://www.tib.cas.cn

中国科学院天津工业生物技术研究所（以下简称“天津工业生物所”）是由中国科学院和天津市人民政府共建的、从事生物技术创新推动工业领域生态发展的科研机构，2012年3月获中央机构编制委员会批准成立，2012年11月29日通过验收，正式成为中国科学院序列研究所。

天津工业生物所围绕“以新生物学为基础，以生物体的计算与设计为核心，解决生物产业链中生物体功能利用的关键问题，发展工业生物技术创新体系，促进工业生物技术的创新与成果转化，服务于经济社会可持续发展”的战略定位，开展工业蛋白质科学与生物催化工程、合成生物学与微生物制造工程、生物系统与生物工艺工程三个领域的基础研究和应用基础研究，发展新生物学指导下的工业蛋白质科学、工业系统生物学、工业合成生物学、工业发酵科学等学科体系，实行“研究组-总体研究部-平台实验室”三维科研管理模式。

天津工业生物所现建有工业酶国家工程实验室、中国科学院系统微生物工程重点实验室、天津市工业生物系统与过程工程重点实验室和天津市生物催化技术工程中心，建有高通量筛选、系统生物技术、发酵过程与模拟仿真、蛋白（酶）研究与大型公共仪器等技术支撑平台，与企业、科研院所及地方政府共建18个联合单元。

截至2014年底，天津工业生物所共有在职职工278人。其中科技人员223人、科技支撑人员22人，包括研究员及正高级工程技术人员40人、副研究员及高级工程技术人员21人；全所进入创新岗位150人。共有国家海外高层次人才引进计划2人（新增2人）、“青年千人计划”1人（新增1人）、中青年科技创新领军人才1人；中国科学院“百人计划”13人、引进杰出技术人才1人；天津市“千人计划”15人（新增5人）、创新人才推进计划2人（新增2人）、人才发展特殊支持计划2人（新增2人）、131型人才培养工程第一层次人员2人（新增1人）。

天津工业生物所现设有微生物学、生物化学与分子生物学两个专业二级学科博士研究生培养点（新增），生物学、化学工程与技术两个专业一级学科硕士研究生培养点，微生物学、生物化学与分子生物学、生物化工三个二级学科硕士研究生培养点，生物工程、化学工程两个全日制专业学位硕士研究生培养点，设有博士后工作站。在学研究生211人（硕士生174人、博士生37人），在站博士后5人。

2014年，天津工业生物所共有在研项目219项（新增75项）。其中，承担（或参加）973计划课题19项（新增2项），主持（或承担）国家高技术研究发展计划（863计划）项目2项（新增1项）、承担（或参加）课题42项（新增17项），主持（或承担）国际合作项目4项（新增2项）；承担国家自然科学基金面上项目7项（新增5项）、青年科学基金26项（新增7项）、外国青年学者研究项目1项；承担（或参加）中科院重点部署项目6项、“STS”项目7项（新增7项）、知识创新工程重要方向项目8项，承担院科研装备研制项目1项、人才项目19项（新增2项）、院地合作项目2项（新增1项）、其他项目7项（新增2项）；承担天津市科技支撑计划项目38项（新增13项）、自然科学基金项目9项（新增6项）、人才计划21项（新增10项）。

2014年，围绕“一三五”规划目标任务，天津工业生物所取得系列重要科研进展：“非粮PBS生物塑料关键技术”项目建立了PBS关键单体丁二酸的生物合成技术，形成丁二酸等再生原料工艺路线，建设万吨级丁二酸生产线；“甾体药物的绿色生物合成技术”项目建立了雄甾烯二酮生物制造工艺及甾体化合物新生化工艺，建成百吨级生产线，生产成本下降30%以上，节能减排40%以上；“生物法丙氨酸”项目在国际上率先实现了以葡萄糖为原料一步发酵生产L-丙氨酸的万吨级规模化生产，以单一技术支撑了企业新三板上市；“赖氨酸工业菌株创新”项目设计创建了新一代工业菌株，原料转化率达到国际领先水平，已获得核心PCT国际专利，应用于十万吨级生产线，节能减排30%以上，实际节粮9%，每年净增利润近亿元；“清洁低成本羟脯氨酸生物法制造”项目实现了一步发酵法生产羟基脯氨酸的绿色合成新工艺，生产成本降低5—10倍，基本无污水排放。2014年共获得中国产学研合作创新成果奖3项、合作促进奖1项，石油和化学工业联合会科技进步奖二等奖1项，滨海新区技术发明奖三等奖1项。共发表论文89篇，其中SCI 65篇；申请专利84项，其中通过PCT途径申请6项，授权24项。

2014年，天津工业生物所与20家企业以委托开发、合作开发、专利许可等多种模式签署合作协议23项，合同金额9110万元。与安琪酵母等5家企业共建联合单元，企业累计投入660万元支撑所企研发转化。与天津科技大学等4家科研院所共建联合创新平台，实现科研院所协同创新。与山东寿光、河南濮阳等地政府就生物基材料产业建设达成战略合作，推动百万吨级原材料生产基地的集群化发展。与江西省、四川省泸州市等多地在生物新材料、新型生物能源、生物医药等领域建立全面战略合作关系，推动区域生态经济发展。与天津渤化集团共建“先进生物制造联合工程中心”，促进集团企业转型升级。与山东兰典公司合作建设的年产5万吨丁二酸产业化生产线总进度已完成80%，并与山东巨能金玉米公司就“发酵法生产D-乳酸技术”签订转让协议，对建设生物基聚乳酸产业化示范工程及与寿光市合作建设“环渤海生物基材料产业集群”起到重大推动和支持作用。联合京津冀三家公司共同承担国家发改委生物基材料重大工程专项“天津市（京津冀地区）生物基材料制品应用示范”，带动生物基材料制品在天津市乃至京津冀地区的推广应用。由天津工业生物所牵头组织的“工业酶产业技术创新战略联盟”召开联盟理事会并在天津滨海新区科学技术委员会备案，积极为行业企业提供优质技术服务，提升工业酶行业的国际竞争力。天津工业生物所以理事单位身份加入了天津滨海新区科技金融产业联盟、临床营养产业技术创新战略联盟、中国蛋白药物质量联盟，成为了石家庄京津冀产学研联盟重要成员单位。截至2014年底，依托研究所建设的中国科学院天津产业技术创新与育成中心已引进高科技创业公司11家（新增2家），累计吸引投资6.55亿元。

2014年，天津工业生物所获批国家国际科技合作专项2项；与美国明尼苏达大学等多个科研机构在生物能源、生物质加工利用等领域签署合作协议；承办“首届中加生物质转化和商业机遇研讨会”与“中科院-诺和诺德研讨会”；接待重要来访外宾21人次；邀请国（境）外来宾作学术报告19场；科研人员因公出访43人次；新增6人次在国际重要学术期刊担任重要职务。

（撰稿：刘　文　冯毅飞　审稿：马延和）

山西煤炭化学研究所

所　　长：王建国

地　　址：山西省太原市桃园南路27号

邮政编码：030001
电　　话：0351-4041627
传　　真：0351-4041153
电子信箱：dangzb@sxicc.ac.cn
网　　址：http://www.sxicc.cas.cn

中国科学院山西煤炭化学研究所（以下简称“山西煤化所”）成立于1954年10月15日，其前身是中国科学院煤炭研究室。1961年，煤炭研究室扩建为中国科学院煤炭化学研究所并迁往太原。1978年9月更名为中国科学院山西煤炭化学研究所并沿用至今。

山西煤化所的发展战略是：以满足国家能源战略安全、社会经济可持续发展及国防安全的战略性重大科技需求为使命，以协调解决煤炭利用效率与生态环境问题和重点突破制约国家战略性新兴产业发展的材料瓶颈为目标，围绕煤炭清洁高效利用和新型炭材料制备与应用开展定向基础研究、关键核心技术和重大系统集成创新，建设在国际相关领域具有重要影响力的现代化专业研究所。

山西煤化所主要学科方向为：煤化学和化工、催化化学与工程、新型炭材料和化学反应工程。主要研究煤基合成液体燃料、煤气化过程的集成优化、燃煤污染控制、能源环境新材料、高性能炭材料、煤深加工及下游产品、精细化工、超临界化工及萃取、特种气体制备及净化等。

“十二五”期间，山西煤化所着重抓好中国科学院战略性先导科技专项落实，继续围绕科技自主创新和高新技术产业化两条主线，稳步推进能源、材料及化工等领域技术研发及产业化进程，继续为我国含碳资源高效洁净利用提供核心技术和解决方案，不断为国家能源安全和可持续发展做出重大贡献。

山西煤化所拥有太原桃南园区、小店中试基地、扬州碳纤维工程技术中心及与潞安集团共同申报组建的国家煤基合成工程技术研究中心等4个研发区域（中心）；拥有包括煤转化国家重点实验室、煤炭间接液化国家工程实验室、碳纤维制备技术国家工程实验室及山西煤化工技术国际研发中心在内的4个国家级研发单元；中科院（山西省）炭材料重点实验室、粉煤气化工程研究中心两个院、省级研发单元和应用催化与绿色化工实验室所级研发单元。全所设有战略研究与工程咨询、化工过程设计、环境影响评价、所级公共技术服务及文献网络中心5大支撑系统。文献网络中心现有图书期刊26余万册，所级公共技术服务中心拥有大型仪器设备42台（套）。

截至2014年底，山西煤化所共有在职职工565人。其中科技人员444人、科技支撑人员66人，包括中国科学院院士1人、研究员及正高级工程技术人员65人、副研究员及高级工程技术人员129人。现有国家海外高层次人才引进计划（“千人计划”）入选者2人；中国科学院“百人计划”入选者13人（新增1人）；国家杰出青年科学基金获得者1人；百千万人才工程国家级人选1人；科技部创新人才推进计划1人。

山西煤化所是1981年国务院学位委员会批准的首批博士、硕士学位授予单位之一，现有博士生导师36人，硕士生导师93人，设有化学、化学工程与技术、材料科学与工程3个一级学科博士、硕士研究生培养点；物理化学、无机化学、有机化学、化学工程、化学工艺、生物化工、应用化学、工业催化、材料物理与化学、材料学、材料加工工程11个二级博士、硕士研究生培养点；环境工程、化学工程、材料工程3个全日制专业硕士授权点，并设有1个化学专业一级学科博士后流动站。共有在学研究生319人（其中硕士生143人、博士生176人），在站博士后6人。

2014年，中国科学院山西煤炭化学研究所共有在研项目275项（包括新增项目83项）。其中，主持国家重大科技专项课题1项，主持国家重点基础研究发展计划（973计划）项目1项、承担课题5项，承担国家高技术研究发展计划（863计划）项目1项；主持国家自然科学基金面上项目24项（新增6项）、青年基金项目30项（新增13项）、联合基金项目2项、专项基金1项；主持中国科学院战略性先导科技专项课题19项，主持院重大仪器研制项目1项；承担院地合作项目2项。

2014年，山西煤化所科研工作取得重大进展。铁基浆态床费托合成油品技术向产业化稳步推进，山西潞安100万吨/年合成油装置建成，神华宁煤400万吨/年合成油装置正在建设；加压灰熔聚流化床粉煤气化技术实现产业化，在云南文山铝业公司800kt/a氧化铝配套煤气站项目中单台气化炉连续稳定运行；高性能碳纤维制备技术实现工业化，与太钢集团合作建设百吨级高性能碳纤维生产线；钴基固定床合成化学品技术向工业示范迈进，山西潞安6万吨/年工业示范装置已完成试车；甲醇转化制汽油技术成功应用于云南先锋化工公司20万吨/年工业示范；合成气制低碳混合醇技术完成千吨级工业侧线；尿素间接法生产碳酸二甲酯技术完成1000吨/年中试；此外，多段分级转化流化床气化炉完成中试试验；含氧煤层气流化床脱氧技术完成300 m^3 · N/h中试试验；流向变换乏风瓦斯减排技术完成1000 m^3 · N/h中试试验；在甲醇转化机理研究、合成气制异丁醇、煤催化气化制天然气、耐硫甲烷化、废水处理、原子层沉积、高性能沥青炭纤维、球状活性炭制备、石墨烯制备、生物质基多孔炭材料、光催化及绿色合成和溶胶凝胶化学与光学薄膜等方面都取得进展。

2014年，山西煤化所共发表论文271篇；授权专利36项，其中国防专利8项。科研成果获2014年度国家科学技术进步奖二等奖1项、山西省自然科学奖二等奖2项、山西省自然科学奖三等奖1项。

2014年，山西煤化所共签订合作协议13份，争取横向项目61个，争取经费7578万元。

2014年，山西煤化所国际交流合作出访41人次，来访58人次。与荷兰壳牌公司、荷兰应用科学研究院以及英国合作在煤基合成气转化、水煤气变换、CO_2封存处用、费托合成方面开展研究。与澳大利亚科廷科技大学、昆士兰科技大学、日本国立富山大学、加拿大自然资源部能源研究所、纽约州立大学宾汉顿分校、不列颠哥伦比亚大学、德国斯图加特大学合作申请了创新团队国际合作伙伴计划——“低阶煤分级转化的化学与工程基础”，并获中国科学院和国家外专局批准正式立项，项目经费400万元。另外，与壳牌公司的在气化用煤及煤灰熔渣性质调控领域建立了长期合作关系，目前正与Shell公司筹划建立联合实验室；与蒙古国立大学化学化工学院签署了框架协议。

山西煤化所主办有《新型炭材料》和《燃料化学学报》两个刊物。《新型炭材料》2013年影响因子为1.308，居化学工程类期刊第一名；《燃料化学学报》2013年影响因子为1.259，居化学工程类期刊第四名，两刊均获中国知网最具国际影响力期刊。

（撰稿：熊志建　王　军　审稿：李晶平）

大连化学物理研究所

所　　长：张　涛
地　　址：辽宁省大连市中山路457号
邮政编码：116023
电　　话：0411-84379135
传　　真：0411-84691570
电子信箱：bgs@dicp.ac.cn
网　　址：http://www.dicp.cas.cn

大连化学物理研究所（以下简称“大连化物所”）创建于1949年3月，当时定名为大连大学科学研究所。1950年，更名为东北科学研究所大连分所，1952年转属中国科学院，更名为中国科学院工业化学研究所，1961年，更名为中国科学院化学物理研究所，1970年正式命名为中国科学院大连化学物理研究所。

大连化物所是一个基础研究与应用研究并重、应用研究和技术转化相结合，以任务带学科为主要特色的综合性研究所。重点学科领域为：催化化学、工程化学、化学激光、分子反应动力学、近代分析化学和生物技术。2014年，大连化物所认真贯彻落实“三个面向”和“四个率先”的要求，继续推进研究所“一三五”规划，并认真学习领会院党组“率先行动”计划实施方案，积极研讨研究所分类改革发展思路。在“创新2020”进入到重点跨越的关键阶段，大连化物所进一步明确发展定位，以促进重大成果产出为导向，对研究组考核办法进行了改革，“创新2020”各项任务和目标得到扎实推进。

大连化物所设有洁净能源国家实验室（筹），共设置化石能源与应用催化、低碳催化与工程、节能与环境、燃料电池、储能技术、氢能与先进材料、生物能源、太阳能、海洋能、能源基础和战略、能源研究技术平台 11 个研究部；设有催化基础和分子反应动力学两个国家重点实验室；设有化学激光、分离分析化学、燃料电池及复合电能源等三个中国科学院重点实验室；设有甲醇制烯烃国家工程实验室、国家催化工程技术研究中心、膜技术国家工程研究中心、燃料电池及氢源技术国家工程中心、国家能源低碳催化与工程研发中心等多个国家级科技创新平台；设有航天催化与新材料研究室、仪器分析化学研究室、精细化工研究室和生物技术研究部等多个研究室。另外，大连化物所还与国外著名大学、公司和研究机构联合设立了中法催化联合实验室、中法可持续能源联合实验室、中德催化纳米技术伙伴小组、中韩燃料电池联合实验室和 DICP-BP 能源创新实验室等十几个国际合作研究机构。

截至 2014 年底，大连化物所共有在职职工 1044 人。其中科技人员 755 人、管理及支撑人员 259 人，包括中国科学院院士 10 人、中国工程院院士 2 人、发展中国家科学院院士 3 人、研究员及正高级工程技术人员 169 人、副研究员及高级工程技术人员 407 人。

共有国家海外高层次人才引进计划（“千人计划”）入选者 5 人（新增 1 人），“青年千人计划”入选者 6 人（新增 5 人）；中国科学院“百人计划”入选者 39 人；国家杰出青年科学基金获得者 19 人（新增 1 人）。

大连化物所是 1981 年国务院学位委员会批准的博士、硕士学位授予权单位之一，现设有化学、化学工程与技术、环境科学与工程 3 个一级学科博士研究生培养点，材料科学与工程、物理学 2 个一级学科硕士研究生培养点，并设有化学、化学工程与技术 2 个专业一级学科博士后流动站，共有在学研究生 817 人（其中硕士生 276 人、博士生 541 人）、在站博士后 111 人。

2014 年，大连化物所共有在研项目 389 项（包括新增项目 224 项）。其中，承担国家重大科技专项课题 1 项，主持（或承担）国家重点基础研究发展计划（973 计划）和国家重大科学研究计划项目 7 项、承担（或参加）课题 12 项，主持（或承担）国家高技术研究发展计划（863 计划）项目 12 项；主持（或承担）国家自然科学基金重点项目 5 项（新增 1 项）、面上项目 88 项（新增 28 项）、国家杰出青年科学基金项目 6 项（新增 2 项）、国家自然科学基金重大研究计划重点项目 1 项；主持（或承担）中国科学院战略性先导科技专项课题 8 项，主持（或承担）院重点部署项目 1 项（新增 3 项）、（科技部、国家自然科学基金委、财政部和院）重大仪器研制项目 4 项；承担重点国际合作项目 24 项（新增 10 项）；承担院地合作项目 220 项（新增 180 项）。

2014 年，大连化物所在甲烷高效转化利用、膜分离、分子反应动力学、生物分析、太阳能全分解水制氢、纳米碳催化、固体酸酸强度调控、单原子催化等领域取得新突破，相关成果均刊登在 *Science* 或 *Nature*（含子刊）上，其中，甲烷高效转化利用研究入选中国十大科技进展新闻。应用研究方面，5 套甲醇制烯烃工业化装置相继开车成功，战略性新兴产业初具规模；大规模液流储能技术进军德国和美国市场；世界首套高压天然气净化中空纤维膜接触器中试装置在马来西亚试车成功；化学激光、燃料电池和航天催化剂等工作取得新进展。全所申请专利 962 件，授权 293 件；正式公开发表论文 756 篇，SCI 第一产权论文 543 篇；出版著作 1 部。大连化物所作为第一完成单位共获得省部级以上奖励 8 项，其中，“甲醇制取低碳烯烃”获得国家技术发明一等奖，填补了中科院 23 年以来这一奖项的空白；“态-态分子反应动力学研究”和“直接醇类燃料电池电催化剂材料应用基础研究”获得国家自然科学奖二等奖。此外，还获得中科院杰出科技成就奖 1 项，辽宁省级奖励 3 项，中国标准创新贡献奖 1 项。

2014 年，大连化物所深化与延长石油等大型企业集团间的战略合作，共同推进能源化工、节能减排等领域的项目合作及产业化应用，并着重加强在环渤海、长三角、东南沿海及新疆等重点区域的科技成果推广和对接活动，深入探索“本部+转化中心”的发展模式。截至 2014 年底，该所在册持股企业共 22 家，其中控股 8 家，对外投资总额为 2.6 亿元，共有科技开发人员 260 余人。2014 年度，该所持股企业营业收入总额 8.76 亿元，净利润总额 1.44 亿元，上缴税金总额为 6268 万元。

2014 年，大连化物所继续深化与国际知名学术机构和大型跨国企业的全方位合作，与沙特基础工业公司共同成立了“SABIC-DICP 联合实验室”；成功举办了“第四届太阳燃料和太阳电池国际会议”、“微流控芯片实验室与产业联合研讨会”等重要国际会议和论坛；全年，共有来自 32 个国家和地区的 200 余位国（境）外科学家来所进行学术交流，共派出 164 批 218 人次分别前往美国、英国、德国和日本等 17 个国家和地区进行访问和合作交流。

大连化物所是中国化学会的会员单位，负责编辑出版《催化学报》、《能源化学》（*Journal of Energy Chemistry*）和《色谱》三种学术期刊。其中，《天然气化学》（《能源化学》的前身）和《催化学报》的 SCI 影响因子分别位居 SCI 收录的中国化学类期刊的第一名和第二名；《色谱》的中信所影响因子在中国化学类核心期刊中排名第一。

（撰稿：杨　宏　孙　洋　审稿：王　华）

金属研究所

所　　长：杨　锐
地　　址：辽宁省沈阳市沈河区文化路 72 号
邮政编码：110016
电　　话：024-23843605
传　　真：024-23891320
电子信箱：imr@imr.ac.cn
网　　址：http://www.imr.cas.cn

中国科学院金属研究所（以下简称“金属所”）成立于1953 年，是新中国成立后中国科学院新创建的首批研究所之一。首任所长是我国著名的物理冶金学家李薰先生。1999 年 5 月，根据中国科学院知识创新工程试点工作的统一部署，在“东北高性能材料研究发展基地”建设中，金属所与中国科学院金属腐蚀与防护研究所整合成立现金属所。

金属所是涵盖材料基础研究、应用研究和工程化研究的综合型研究所，1999 年成为中国科学院知识创新工程试点单位之一。金属所以“创新材料技术，攀登科技高峰，培育杰出人才，服务经济国防”为使命，主要学科方向和研究领域包括：纳米尺度下超高性能材料的设计与制备、耐苛刻环境超级结构材料、金属材料失效机理与防护技术、材料制备加工技术、基于计算的材料与工艺设计、新型能源材料与生物材料等。

2011 年，金属所启动实施“创新 2020”，“创新 2020”的定位与目标是：以关键金属结构材料研发为主体，建设国际一流的综合性研究所。以服务国家经济建设和国防建设为主要目标，以航空航天、能源、装备制造业、环境、人口健康等领域的材料需求为牵引，开展高品质关键材料研究；以学科共性技术为内在主线，解决共性关键技术问题，全面提升材料品质；优化学科布局、凝聚人才、搭建完善研发平台，全面提升科技创新能力；以更显著、全面的科技产出、国际影响和社会贡献实现向一流研究所的整体跨越。2014 年金属所顺利通过中科院组织的“一三五”国际评估，专家组对金属所整体科研和管理水平以及“一三五”发展规划给出了高度评价。

为贯彻落实中科院“率先行动”计划，金属所提出建设国际一流全链条全要素、贯通式的沈阳材料国家实验室。沈阳材料国家实验室将定位于围绕国家发展战略，开展从基础研究、技术研发、工程化研究、产业孵化到技术推广的全链条、贯通式的材料研究，促进材料的原始创新以及成果高效快速转化，引领和带动装备制造业和相关产业转型升级。沈阳材料国家实验室作为国家科技体制改革试点，将探索跨部门跨行业多元化投入的新机制和全链条全要素贯通式科技新体制。同时，在沈阳市浑南新区共建中国科技大学材料学院。2014 年 10 月 24 日，中国科学院和辽宁省人民政府在北京签署了《中国科学院-辽宁省人民政府共建区域性创新平台协议书》。根据协议内容，双方将共同支持沈阳材料国家实验室建设。

金属所的研究机构在基础研究方面拥有沈阳

材料科学国家（联合）实验室，这是我国第一个研究类国家实验室；应用研究方面拥有沈阳先进材料研究发展中心和材料环境腐蚀研究中心；工程化研究方面拥有两个国家工程中心：高性能均质合金国家工程研究中心和国家金属腐蚀控制工程技术研究中心。2014 年，金属所还成立了中国科学院核用材料与安全评价重点实验室和中国科学院高温结构材料重点实验室。

金属所坚持实施“人才兴所”战略，培养和凝聚了大批优秀的材料科学家和工程技术专家。截至 2014 年底，金属所共有在职职工 903 人。其中科技人员 589 人、科技支撑人员 209 人，包括中国科学院院士 5 人、中国工程院院士 2 人、发展中国家科学院院士 3 人（新增 1 人）、研究员及正高级工程技术人员 146 人、副研究员及高级工程技术人员 327 人；全所进入创新岗位 883 人。

金属所共有“万人计划”入选者 4 人，国家海外高层次人才引进计划（“千人计划”）入选者 3 人，“青年千人计划”入选者 1 人；中国科学院“百人计划”入选者 41 人（新增 3 人）；国家杰出青年科学基金获得者 19 人。2014 年 3 月，金属所入选国家“创新人才培养示范基地”，这是继沈阳材料科学国家（联合）实验室于 2008 年入选中组部首批“海外高层次人才创新创业基地”之后，金属所又一次荣获国家级人才基地殊荣。

金属所是国务院学位委员会批准的首批博士、硕士学位授予单位之一。现有材料科学与工程 1 个一级学科博士研究生培养点、材料科学与工程 1 个一级学科硕士研究生培养点，包含材料物理与化学、材料学、材料加工工程、腐蚀科学与防护 4 个二级学科博士、硕士研究生培养点，并设有材料科学与工程 1 个一级学科博士后流动站，共有在学研究生 715 人（其中硕士生 302 人、博士生 413 人）、在站博士后 44 人。

2014 年，金属所共有在研项目 608 项（包括新增项目 217 项）。其中，承担国家重大科技专项课题 12 项，主持（或承担）国家重点基础研究发展计划（973 计划）和国家重大科学研究计划项目 6 项、承担课题 23 项（新增 2 项）、参加课题 10 项，主持（或承担）国家高技术研究发展计划（863 计划）项目 2 项，主持（或承担）国家科技支撑计划课题项目 4 项，参加国家科技基础性工作专项 4 项（新增 1 项）；主持（或承担）国家自然科学基金重大项目课题 2 项（新增 1 项），重点项目 12 项（新增 5 项）、创新群体基金项目 1 项，国家杰出青年科学基金 3 项（新增 1 项）、面上项目（含青年基金）186 项（新增 43 项），国家自然基金重大研究计划重点课题 1 项；主持（或承担）中国科学院战略性先导科技专项课题 8 项（新增 2 项），主持或承担院重点部署项目 3 项（新增 1 项）；承担或参加（科技部、国家自然科学基金委、财政部和院）重大仪器研制项目 4 项（新增 3 项），承担重点国际合作项目 3 项（新增 1 项），承担“百人计划”项目 12 项（新增 2 项）；承担院地合作项目 16 项（新增 1 项）；在研国家专用项目 54 项（新增 10 项）；承担地方科技三项项目 19 项（新增 7 项）；在研委托项目 243 项（新增 142 项）。

2014 年，科技任务进展顺利，科技成果不断涌现。航空发动机用材料技术、精密管材、特殊环境材料、航天工程材料、纳米复合防腐蚀涂料等配套项目进展顺利。金属所结构材料多品种、小批量科研生产基地项目获得批准，将新增工艺设备 46 台（套）。民用材料技术方面，先进航空发动机用 TiAl 叶片、燃气轮机用高温合金叶片 、燃气轮机热端部件防护涂层、高铁材料技术、核用 B4C/Al 中子吸收材料、核电关键部件安全评估、跨海大桥腐蚀防护技术等为相关重大工程、重点行业及企业提供了有力的材料技术支持，金属所产学研合作成绩再创历史新高。基础研究方面，在 *Science* 上发表了“梯度纳米材料”展望性文章，凝固偏析新理论、纳米催化材料、生物医用材料、体心立方金属应力诱发相变、石墨烯、三维拓扑半金属材料、新型防腐蚀涂层、金属材料高效高质循环利用技术等多项研究工作取得重要进展，失效分析等公益性研究在社会各界的影响力不断扩大。

2014 年，据不完全统计，金属所发表 SCI 论文 738 篇。申请专利 286 项，授权 209 项，发表专著 2 部，软件著作权 3 件，负责制定的 2 项国家标准已颁布。“金属材料的纳米孪晶强化”荣获辽宁省自然科学奖一等奖。

2014 年，金属所国际交流持续活跃。全年共计派出 258 人次，接待来访约 268 人次；接待李薰奖系列科学家 11 位。2014 年举办了第五届能源、水和健康纳米科学进展三边研讨会，与波音公司等公司及研究机构签订合作协议项 5 项。获批“外国专家特聘研究员”项目 2 项、“发展中国家访问学者计划”2 项、国家外专局人才项目 3 项。截至 2014 年底，金属所共有 15 位科研人员在 26 个国际组织任职，26 位科研人员在 51 个国际期刊任职，体现了金属所的国际影响力。

金属所受中国金属学会、中国材料研究学会、国际材料物理中心、国家自然科学基金委员会、中国腐蚀与防护学会等委托，编辑出版《金属学报》（中、英文版）、《材料科学与技术》（英文版）、《材料研究学报》（中文版）、《中国腐蚀与防护学报》、《腐蚀科学与防护技术》等 6 种学术刊物。

（撰稿：刘　言　审稿：黄　粮）

沈阳应用生态研究所

所　　长：韩兴国
地　　址：辽宁省沈阳市沈河区文化路 72 号
邮政编码：110016
电　　话：024-83970200
传　　真：024-83970300
电子信箱：syiae@iae.ac.cn
网　　址：http://www.iae.cas.cn

中国科学院沈阳应用生态研究所（以下简称“沈阳生态所”）成立于 1954 年，其前身为中国科学院林业土壤研究所，1987 年更为现名。是以林业、土壤、植物、微生物与环境科学为基础的综合性应用生态学研究机构。2001 年被正式批准为国家知识创新工程试点单位。

沈阳生态所围绕国家农业、林业可持续发展、生态与环境建设中急需解决的重大问题和应用生态学的发展需要，在森林生态与林业生态工程、土壤生态与农业生态工程、污染生态与环境生态工程领域开展基础性、战略性和前瞻性研究，丰富和发展森林生态学、农田生态学和污染生态学的基础理论，为我国主要退化生态系统恢复与重建，改善生态与环境，保障食物安全提供科学依据与关键技术。

在“一三五”规划实施方面。突破一“森林生态系统功能维持与调控”，在“天然林生物多样性及其维持机制”取得新发现，撰写咨询报告《三北防护林工程建设成效、存在问题与未来发展对策建议》；创建了天然林景观恢复与空间经营规划系统，建立了长期规划和短期设计及可视化的统一平台，获得国家科技进步奖二等奖。突破二“新型肥料研制与土肥水资源高效利用”，在氮素转化与调控研究方面做了开拓性工作，出版了系统论述缓释/控释肥料原理与应用等专著，获辽宁省科技进步奖一等奖 2 项；研制筛选出高效、环境友好型肥料增效剂，授权专利 12 项，相关技术转让给中化化肥。突破三“辽河流域水土污染治理”，建立了有机污染场地/土壤电场修复新方法；阐明菱镁矿粉尘污染土壤硬壳形成机制，研发了破壳剂和解毒剂；研发了采油污水高标准达标排放、资源化回用与管网缓蚀阻垢技术，复合湿地污染物净化负荷估算与潮汐流湿地设计；获得省部级自然科学奖一等奖 1 项、科技进步奖二等奖 2 项。

沈阳生态所现有 5 个研究中心，分别是森林生态与林业生态工程研究中心、土壤生态与农业生态工程研究中心、污染生态与环境生态工程研究中心、景观生态与区域规划研究中心和生物资源与生物技术研究中心。拥有森林与土壤生态国家重点实验室，土壤养分管理国家工程实验室（与中国科学院南京土壤研究所联合共建），中科院污染生态与环境工程重点实验室，以及 8 个省重点实验室（工程技术中心），分别是辽宁省陆地生态过程与区域生态安全重点实验室、环境污染生态修复与资源化技术实验室（省部共建）、辽宁省节水农业重点实验室、辽宁省生态公益林重点实验室、辽宁省植物资源与利用重点实验室、辽宁省土壤环境质量与农产品安全重点实验室、辽宁省肥料工程技术中心、辽宁省污染环境生态修复工程技术研究中心。

沈阳生态所有 8 个野外台站，分别是吉林长白山森林生态系统国家野外科学观测研究站（CERN站）、辽宁沈阳农田生态系统国家野外科学观测研究站（CERN站）、湖南会同森林生态系统国家野外科学观测研究站（CERN站）、清原森林生态实验站（院级站，CERN站）乌兰敖都荒漠化试验站（国家林业局荒漠化监测中心之一）、、额尔古纳综合生态试验站（在建）、大青沟沙地生态实验站、沈阳树木园；此外，沈阳生态所设有东北生物标本馆，截至2014年底，馆藏标本56万余份。建有农产品安全与环境质量检测中心，装备有同位素比例质谱仪、液相色谱串级质谱联用仪、气相色谱串级质谱联用仪、电感耦合等离子体发射光谱-质谱联用仪、具备微（痕）量元素、有机污染物、微观形态分析测试能力；可进行环境、农业、医药、食品等领域的分析测试、认证和研究工作。

截至2014年底，沈阳生态所共有在职职工371人。其中科技人员216人，科技支撑人员87人，包括研究员及正高级工程技术人员74人、副研究员及高级工程技术人员98人。

共有国家“千人计划”入选者1人，“青年千人计划”1人，中国科学院“百人计划”入选者12人（新增3人），国家杰出青年科学基金获得者2人，国家优秀青年基金获得者3人（新增1人）。

沈阳生态所是1981年国务院学位委员会首次批准的博士学位点，现设有生态学、农业资源与环境2个一级学科博士研究生培养点，微生物学、环境科学2个二级学科博士研究生培养点，生态学、农业资源与环境2个一级学科硕士研究生培养点，微生物学、植物学、森林培育、环境科学4个专业二级学科硕士研究生培养点，并设有生态学、农业资源与环境2个一级学科博士后流动站，共有在学研究生337人（其中博士生162人，硕士生175人）、在站博士后25人。

2014年，沈阳生态所共有在研项目357项（包括新增项目65项）。其中，承担国家重大科技专项课题2项，主持国家重点基础研究发展计划（973计划）项目2项，青年973计划项目1项，承担课题7项（新增1项），主持国家高技术研究发展计划（863计划）课题1项，主持国家科技基础性工作专项1项，承担课题6项（新增2项）；主持国家自然科学基金重点项目8项（新增2项）、面上项目63项（新增18项）、国家杰出青年科学基金项目1项，国家优秀青年基金项目3项（新增1项）；主持中国科学院战略性先导科技专项项目1项（新增1项），承担课题7项（新增3项）；承担重点国际合作项目6项；承担院地合作项目26项。

2014年，沈阳生态所发表SCI论文247篇（包括Ⅰ区46篇、Ⅱ区60篇）；出版专著5部；申请专利46项，其中发明专利37项；获授权专利38项，其中发明专利30项。作为第一完成单位获得辽宁省科技进步奖、技术发明奖、自然科学奖二等奖各1项。

2014年，落实辽宁省科技经费164万元，沈阳市科技经费178万元；沈阳生态所专利技术再次转让给锦西天然气化工有限公司，转让经费121万元。与辽宁省农委签署全面科技合作协议，“农业部农产品质量安全环境因子风险评估实验室（沈阳）”获农业部批复；与长白山保护区管委会合作，共建“长白山东北亚植物园”。所投资公司5个，其中控股1个，参股4个；从事科技开发人员13人。

承办“第13届中国生态学大会”，来自全国31个省、市、自治区的1000名生态学科技工作者参加了大会。举办“第十一届全国生物多样性科学与保护研讨会”。举办了“2014年中瑞国际合作战略研讨会”，并通过此次会议，与瑞士联邦森林、雪和景观研究所签署了全面合作协议。本年度共来访64人次，出访89人次。

沈阳生态所是辽宁省生态学会、辽宁省植物学会、辽宁省土壤学会、沈阳市植物学会的挂靠单位；主办中文期刊《应用生态学报》《生态学杂志》，开放获取英文期刊*Ecological Processes*等学术刊物。

（撰稿：丁玮杭　郭秀银　审稿：姬兰柱）

沈阳自动化研究所

所　　长：于海斌

地　　址：辽宁省沈阳市沈河区南塔街114号

邮政编码：110016

电　　话：024-23970012
传　　真：024-23970013
电子信箱：sia@ sia. cn
网　　址：http://www. sia. cn

中国科学院沈阳自动化研究所（以下简称“沈阳自动化所”）成立于1958年11月。成立之初名称为辽宁电子技术研究所，1960年4月更名为中国科学院辽宁分院自动化研究所，1962～1972年的名称为中国科学院东北工业自动化研究所，1972年起定名为中国科学院沈阳自动化研究所。1999年，沈阳自动化所成为首批进入中国科学院知识创新工程的试点单位之一。

沈阳自动化所主要从事机器人、工业自动化、光电信息技术的研究、开发与应用。沈阳自动化所的定位与目标是：以全面提升科技创新能力和自主持续发展能力，服务小康社会建设为主线，面向建设制造强国和国防安全的国家重大战略需求，以科技创新提高国家综合实力、促进经济社会发展、保障国家安全为出发点，以建设实现“四个一流”为目标，科技自主创新能力显著增强，在先进制造与国家安全领域创新跨越，成为我国先进制造与自动化技术领域具有骨干引领作用的国立科研机构，成为代表中国科技发展水平的国际知名研究所。

沈阳自动化所科研机构设有10个研究室：机器人学研究室、海洋技术装备研究室、空间自动化技术研究室、光电信息技术研究室、智能检测与装备研究室、装备制造技术研究室、信息服务与智能控制技术研究室、工业控制网络与系统研究室、自主水下机器人技术研究室、数字工厂研究室，以及机电产品制造中心1个生产部门。设有综合办公室、科技处、工程项目处、人事教育处、财务处、质量管理处、条件处、保密办公室、监察审计办公室9个管理部门，以及文献情报中心1个支撑部门。沈阳自动化所是机器人技术国家工程研究中心、网络化控制系统国家地方联合工程研究中心、机器人学国家重点实验室、中国科学院光电信息处理重点实验室、中国科学院网络化控制系统重点实验室、辽宁省图像理解与视觉计算重点实验室、辽宁省物联网技术研究与应用重点实验室、辽宁省雷达系统研究与应用技术重点实验室、辽宁省工业通信与控制系统重点实验室、辽宁省数字化协同制造与管理重点实验室、辽宁省激光3D打印工艺与装备重点实验室、辽宁省先进制造工程技术研究中心、辽宁省工业网络与控制系统工程技术研究中心的依托单位。设有广州中科院沈阳自动化研究所分所、无锡中科泛在信息技术研发中心有限公司、中科院沈阳自动化研究所义乌中心、中科院沈阳自动化研究所扬州工程技术应用与研究中心四个分支机构。

截至2014年底，沈阳自动化所共有在职职工1009人。其中科研人员744人，科技支撑人员72人，包括中国工程院院士2人、研究员及正高级工程技术人员103人、副研究员及高级工程技术人员271人。有国家“千人计划”入选者1人，中国科学院“百人计划”入选者7人，国家杰出青年科学基金获得者1人，国家百千万工程入选者3人，“万人计划”入选者1人。现有机械制造及其自动化、机械电子工程、控制理论与控制工程、检测技术与自动化装置、模式识别与智能系统、电子与信息6个博士培养点；机械制造及其自动化、机械电子工程、控制理论与控制工程、模式识别与智能系统、控制工程、检测技术与自动化装置、计算机应用技术7个硕士培养点；设有机械工程和控制科学与工程2个一级学科博士后流动站。共有在学研究生357人（其中硕士162人、博士195人），在站博士后25人。

2014年，沈阳自动化所共有在研项目824项（新增242项）。包括主持（或承担）国家高技术研究发展计划（863计划）项目35项（新增7项）；主持（或承担）国家自然科学基金项目53项（新增16项），其中重点项目4项（新增1项）、面上项目20项（新增7项）、青年科学基金项目28项（新增8项）；主持（或承担）中国科学院战略性先导科技专项课题11项（新增3项），主持（或承担）院重要方向项目1项，主持（或承担）院重点部署项目8项（新增4项）；主持（或承担）国家科技重大专项项目14项（新增0项）。新申请专利298件，其中发明专利246件、实用新型40件、PCT国际申请10件。授权专利164件，其中发明专利82件、实用新型专利77件。软件著作权登记46

件。发表学术论文583篇，出版学术专著4部。

2014年，经中国科学院院长办公会批准，“中科院机器人与智能制造创新研究院”正式立项；由沈阳自动化所主持制定的面向工厂自动化的WIA-FA规范成为IEC国际规范；重点型号项目通过设计定型审查，研制工作圆满完成；国家机器人质量监督检验中心获得批复。多项科研成果获得国家和省部级科技奖，包括长航程自主水下机器人研究集体获得中国科学院杰出成就奖；“支持批量定制生产的数字化车间动态管控平台及装备研发与应用”获得中国机械工业联合会科技进步奖一等奖；自主水下机器人获得工业和信息化部进步奖一等奖；“蛟龙”号载人潜水器获得中国海洋工程咨询协会进步奖一等奖；沈阳自动化所荣获“全国五一劳动奖状”，沈阳自动化所“蛟龙”号控制项目组荣获“全国工人先锋号”荣誉称号。

2014年，沈阳自动化所积极与政府、企业开展合作，构建研究与转化平台，提升院地合作工作水平。沈阳自动化所贯彻落实院分类改革要求，机器人与智能制造创新研究院建设已被列入辽宁省和沈阳市2015年重点工作内容；获批成立了辽宁省装备智能化产业共性技术创新平台；并积极与新疆工程学院、航天科工集团等合作共建平台；参加工业控制系统信息安全产业、海洋监测设备产业等7个创新战略联盟，与盟员单位广泛合作，开展技术创新工作；荣获中国科学院、全国总工会和中国产学研合作促进会多项奖励。2014年，沈阳自动化所投资的高技术公司继续呈现良好发展态势，所投资公司共有10家。

2014年，科研人员积极参与国际科技合作与交流，先后出访美国、德国、澳大利亚、日本、法国、瑞士等国家和地区。全年出访立项129人次，接待14个国家和地区54人次的来访。吸引到数名具有院百人A类资格的高级人才，其中2人已成为中科院百人计划A类入选者，已备案5人；获得中科院对外合作重点项目、国家基金委国际合作项目、中科院国际杰出人才项目以及中科院国际会议等资助。

沈阳自动化所与中国自动化学会主办《机器人》、《信息与控制》2个科技类中文核心学术期刊。中国自动化学会机器人专业委员会、辽宁省自动化学会挂靠在沈阳自动化所。

（撰稿：田　甜　孙　雷　审稿：梁　波）

海洋研究所

所　　长：孙　松
地　　址：山东省青岛市南海路7号
邮政编码：266071
电　　话：0532-82898611
传　　真：0532-82898612
电子信箱：iocas@qdio.ac.cn
网　　址：http://qdio.cas.cn

中国科学院海洋研究所（以下简称“海洋所”）始建于1950年8月，其前身为中国科学院水生生物研究所青岛海洋生物研究室，是新中国成立后建立的我国第一个从事海洋科学基础研究与应用基础研究和高新技术研发的多学科、综合性科研机构。

海洋所重点在海洋农业科学、可持续发展的理论基础与关键技术，海洋环境与生态系统动力过程，海洋环流与浅海动力过程，以及大陆边缘地质演化与资源环境效应等领域，开展了许多开创性和奠基性工作，共取得1000余项科研成果。在新的历史发展时期，坚持“三个面向”和“四个率先”，深入推进实施“创新2020”和“一三五”战略规划，重点布局近海环境、海洋生命和深海大洋三大研究领域，不断强化海洋观测探测和数据中心等技术支撑平台，各项工作均取得显著进展。

海洋所现有国家海洋腐蚀与防护工程技术研究中心和海洋生态养殖技术国家地方联合工程实验室，海洋环流与波动、海洋地质与环境、实验海洋生物学、海洋生态与环境科学、海洋腐蚀与生物污损5个中国科学院重点实验室，以及海洋生物分类与系统演化实验室和海洋生物技术工程研发中心、海洋环境工程研究与发展中心；设有胶州湾海洋生态系统国家野外研究站、公共技术服务与管理中心、海洋科学考察船运行管理中心和文献信息中心4个研究支撑单元，中科院海洋科学大型仪器区域中心、超级计算中心（青岛）及农业部贝类产业技术体系研发中心设在该所。与国外著名研究所、大学联合建有中美海洋环流与气候环境联合研究中心、中日海洋腐蚀环境共同研究中心等多个国际合作研究机构，与国内联合建有国家级海湾扇贝良种场（青岛）、中科院海洋所南通中心、獐子岛渔业海洋生态养殖联合实验室、烟台东方海洋海珍品良种序与健康养殖实验室和天津海洋技术研究院等。

2014 年，“科学”号、“科学一号”和“科学三号”组成的海洋科学考察船队，先后执行了中国科学院海洋先导科技专项“冲绳海槽热液航次”、“西太平洋主流系航次”、“雅浦海山航次”，以及 973 计划项目、基金委航次等 26 个海上调查任务，在航合计 414 天，总航程近 5 万海里。完成数据中心硬件基础设施建设，开展了海洋专项数据资源服务平台软件系统建设；完成中国近海海洋观测研究网络Ⅱ期建设，新增 4 个浮标观测站点，共享 12 个近岸气象站。中科院海洋生物标本馆馆藏标本数量达 79 万号，接待参访者超过 8000 人次。

截至 2014 年底，共有在职职工 713 人，其中专业技术人员 608 人，包括中国科学院院士 4 人、中国工程院院士 2 人，研究员及正高级专业技术人员 96 人，副研究员及高级专业技术人员 156 人。有中组部“千人计划”1 人，国家“万人计划”2 人，国家自然科学基金委创新群体 2 个，国家杰出青年基金获得者 12 人，“百千万人才工程”国家级人选 14 人，中国科学院“百人计划”学者 25 人，国务院政府特殊津贴获得者 118 人，山东省突出贡献专家 26 人次，山东省“泰山学者”10 人次。年内，获批 1 个中国科学院深海创新国际团队，28 人次入选各类人才计划，2 人获国务院政府特殊津贴，1 人获何梁何利基金“科学与技术进步奖”，1 人获“全国优秀科技工作者”，1 人获中国产学研合作创新奖，1 人获山东省自然科学学术创新奖，1 人获青岛市最高科技奖，2 人获第三届“曾呈奎海洋科技奖”。

海洋所是 1996 年国务院学位委员会首批批准的博士、硕士学位授予单位和中国科学院博士研究生重点培养基地。现设有一级学科博士学位授予点 3 个，二级学科博士学位授予点 9 个、硕士学位授予点 10 个和工程硕士学位授予点 3 个，以及海洋科学博士后科研流动站；有博士生导师 102 人，硕士生导师 69 人，在读研究生 510 人（博士生 236 人、硕士生 274 人），在站博士后 110 人。

2014 年，在研项目 758 项（新增 225 项），实现科研经费净收入 3.4 亿元。其中，主持或承担 973 计划项目 7 项，课题 18 个；863 计划项目/课题 7 项（新增 3 项）；创新群体项目 1 项，杰出青年基金 2 项，国家自然科学基金重点项目 10 项（新增 4 项）、面上项目（包括青年基金）162 项（新增 37 项）；主持中国科学院先导 A 项目 1 项，承担课题 44 个，承担中国科学院其他各类课题 52 项；承担重大仪器研制项目 1 项。

2014 年，海洋所国际上首次提出光滑洋壳俯冲更易于引发灾难性大地震的颠覆性理论，查明水母生活史并揭示中国近海水母爆发重要原因。顺利通过“一三五”规划国际专家诊断评估，专家组一致认为海洋所“一三五”规划定位非常准确，一些领域已处于世界领先水平，基础设施上的投资正在使海洋所成为海洋科学领域国际一流的研究所”。共获得各类科技奖 19 项，其中，中国专利优秀奖 2 项，山东省科学技术奖 4 项，中国科学院科技促进发展奖优秀成果奖 1 项，海洋科学技术奖 5 项，青岛市科学技术奖 4 项等。共出版专著 6 部，发表研究论文 654 篇，其中 SCI/EI 收录 489 篇。共申请专利 129 件，其中发明专利 118 件；获授权专利 81 件，其中国际发明 1 项，国内发明 71 项，实用新型 9 项。

2014 年，海洋所加快推进科技成果转移转化，强化区域创新平台建设，深化重点区域辐射带动作用。中国科学院科技服务网络计划（STS）两个项目顺利启动；“海洋生物制品研发中心平台”获批 2014 年海洋经济创新发展区域示范重点项目；海洋生态养殖技术国家地方联合工程实验室在良种创制与苗种繁育等技术体系建设方面取得一批成果；协助企业成立“国家海藻与海参工程技术研究中心”；与南通市滨海园区管委、沿海开发集团签订了共建长江口生态站协议。

2014 年，积极推进与国际一流研究机构的实质性合作，依托“深海创新国际团队”项目邀请俄罗斯、美国、新西兰等顶尖科学家召开深海领域研讨会，与韩国海洋管理工团（KOEM）签署科技合作备忘录。成功举办“第三届全球海洋生物多样性大会”，组织科学院系统海洋领域科学家赴台参加第十届海峡两岸海洋科学研讨会。全年出访284人次，来访360人次。承担国际合作项目15项，新增国际访问学者4项，国际博士后计划1项，1人次任国际海洋研究委员会（SCOR）副主席。

中国海洋湖沼学会挂靠海洋所，出版的学术期刊有《中国海洋湖沼学报》（英文）、《海洋与湖沼》、《海洋科学》。其中，《海洋与湖沼》（中、英文）分获2014年度中国国际影响力优秀学术期刊和中国最具国际影响力学术期刊。海洋所是全国中小学科普教育社会实践基地、全国青少年科技教育基地等国家、省市科普教育基地，首次承办了中国科学青少年海洋科学专题营活动。

（撰稿：袁兆慧　刘　洋　审稿：王　凡）

青岛生物能源与过程研究所

所　　长：刘会洲
地　　址：山东省青岛市崂山区松岭路189号
邮政编码：266101
电　　话：0532-80662776
传　　真：0532-80662778
电子信箱：qibebt@qibebt.ac.cn
网　　址：http://www.qibebt.cas.cn

中国科学院青岛生物能源与过程研究所（以下简称“青岛能源所”）由中国科学院、山东省人民政府、青岛市人民政府与2006年共同出资建设，于2009年7月获中央机构编制委员会办公室批复成立，并于2009年11月通过验收正式成立。2011年，青岛能源所“十二五”规划先后通过青岛市市长办公会和中科院院长办公会审议通过；8月，中国科学院与青岛市人民政府签署共建研究所二期协议，全面开启“二期”建设新时期。“二期”建设全面完成后，青岛能源所将成为我国生物、能源、过程交叉学科领域的一支重要创新力量。

青岛能源所的定位是：面向国家和地方在资源、能源与环境领域重大战略需求，面向世界生物能源与过程领域科技前沿，以工业生物技术、绿色化工技术和过程工程技术为主，研究开发生物基能源与材料的产品、工艺或技术，成为引领我国生物能源与生物基材料科技发展的创新研发基地和具有重要国际影响的战略高技术研发机构。”

2014年，《青岛能源所“一三五”规划调整方案》顺利通过中国科学院院长办公会审议。新确定的二个重大突破项目为：“生物天然气产业化技术”和“含能材料生物合成与示范”；六个重点培育方向为：“生物能源过程的单细胞方法学平台”、“微藻规模培养及资源化利用”、“浮萍/巨藻能源植物”、“生物基富氧化学品”、“生物基动力电池隔膜”、“生物质气化合成液体燃料”。

青岛能源所建有中科院生物燃料重点实验室、中科院生物基材料重点实验室、山东省能源生物遗传资源重点实验室、青岛市太阳能与储能技术重点实验室、山东省沼气工业化生产与利用工程实验室、青岛生物基能源与材料工程技术研究中心、青岛生物质绿色化学转化工程技术研究中心、青岛市单细胞油脂工程实验室12个省部级平台。

青岛能源所作为山东省国际科技合作基地，与美国波音公司共建了“可持续航空生物燃料联合研究实验室”，与澳大利亚西澳大利亚大学联合成立了“中澳生物质综合利用联合研究中心”并与澳方成立了“中国-澳大利亚能源与矿业联合研究中心暨联盟”，与美国明尼苏达大学联合成立“生物质工程联合研究中心”。此外，青岛能源所还是德国工业生物技术集群、美国生物基化学品与材料联盟的成员单位。基于国际合作网络与平台，2014年，被认定为青岛市“生物能源与生物基材料”国际科技合作基地。

截至2014年底，青岛生物能源与过程研究所共有在职职工360人。其中科技人员327人、科技支撑人员33人，研究员及正高级工程技术人员 42 人、副研究员及高级工程技术人员 83 人；全所进入创新岗位 300 人。自主培养的科学家实现了国家杰出青年基金、国家优青基金零的突破。共有 45 人次入选国家、中科院和山东省有关人才计划，包括中组部“万人计划”2 名、“千人计划”4 人，国家“杰出青年基金”获得者 2 名、“优秀青年基金”获得者 1 名，国务院特殊津贴获得者 3 名，中科院“百人计划”21 人，“闵恩泽能源化工奖”获得者 1 人，山东省“泰山学者”4 人，山东省杰出青年基金获得者 5 人，山东省有突出贡献中青年专家 2 人。

青岛能源所现设有化学工程与技术、材料科学与工程 2 个专业一级学科博士研究生培养点，化学工程与技术、材料科学与工程 2 个专业一级学科硕士研究生培养点，并设有生物学、化学工程与技术 2 个专业一级学科博士后流动站，共有在学研究生 174 人（其中硕士生 93 人、博士生 81 人）、在站博士后 49 人。

2014 年，青岛能源所共有在研项目 451 项（包括新增项目 145 项）。其中，主持国家重点基础研究发展计划（973 计划）和国家重大科学研究计划课题 3 项（新增 1 项），主持国家高技术研究发展计划（863 计划）课题 1 项，主持国家科技支撑计划项目 1 项；主持国家自然科学基金面上项目 40 项（新增 13 项），主持国家自然科学基金重大研究计划重点项目 1 项，获得国家自然科学基金杰出青年基金 1 项（新增 1 项）和优秀青年基金 1 项（新增 1 项）；主持中国科学院战略性先导科技专项课题 1 项，主持院重点部署项目课题 1 项、（国家自然科学基金委和院）重大仪器研制项目 3 项（新增 1 项）；承担国际合作项目 32 项（新增 12 项）；承担院地合作项目（中科院、地方政府和企业）174 项（新增 60 项）。

2014 年，青岛能源所产出了一批重要科技成果。剖析了海洋微拟球藻产油过程的动态变化规律，提出了细胞在时间和空间上首个全基因组水平的微藻产油机制模型；发现了 P450 单加氧酶与还原伴侣蛋白之间的全新作用机制，改变了还原伴侣作为辅助蛋白的传统认识，首次揭示其作为 P450 酶功能决定因子的新功能，开辟了 P450 基础研究与工业应用的新方向；发展了一种基于核磁共振的检测方法，成功实现了在模型蛋白质 GB3 内部的静电检测；设计合成了一种理想的“虚拟色谱固定相”——聚二甲基硅氧烷（PDMS）。成功研制国内首套单细胞拉曼分选仪样机，与牛津、国投、宝洁、土壤所、动物所等合作建立了包括海洋碳汇、能源微藻筛选、人体共生菌群、农业生态、干细胞分化机制等首个单细胞技术 STS 网络雏形。建成了国内首套 200 平方米微藻贴壁培养帘式阵列反应器中试系统，完成了黄丝藻、螺旋藻等能源/经济藻的中试验证，在此基础上与青岛琅琊台集团合作建成国内最大的千吨级 DHA 藻油生产线并正式投产，建成百吨/年级二甲醚合成汽柴油中试系统，获得了合格的汽油产品，完成了千吨/年级工艺包开发，正与企业合作推进工业示范；秸秆厌氧发酵制沼气工程产气量达到国际先进水平，正在与中国节能环保集团公司合作在河南、山东建设年百万立方级秸秆基天然气示范工程。

2014 年，青岛能源所科研人员以第一单位作者在国际高水平期刊发表 174 篇，申请专利 100 项。青岛能源所作为理事单位加入中国化学会。新增山东省综合院士工作站、青岛市单细胞油脂工程实验两个地方科技研发平台，山东省能源生物遗传资源重点实验室进入山东省重点建设实验室行列，截至 2014 年底，在生物、能源和过程领域共建成 8 个地方科技研发平台，充分带动和促进了山东省及青岛市生物能源与过程领域内产业发展与行业更新。2014 年 2 月，联合地方企业、科研院所组织成立青岛储能产业技术研究院，与天津沣文科技公司共同成立中科沣文（天津）科技有限公司，推动丙酮酸和甲乙酯技术产业化。

2014 年，首次组织第 492 次香山科学会议“大宗化学品可持续化工-生物融合转化过程的关键科学问题”。与英国皇家化学会于 4 月 13—16 日共同举办“第二届国际清洁能源科学会议”，共有来自全球 21 个国家和地区的 300 余位专家、学者和企业、工业界代表参加会议。共接待国际机构客人来访 65 人次，国际出访近 40 人次。

（撰稿：南庆平　张瑞东　审稿：隋红建）

烟台海岸带研究所

所　　长：骆永明
地　　址：山东省烟台市莱山区春晖路 17 号
邮政编码：264003
电　　话：0535-2109018
传　　真：0535-2109000
电子信箱：yic@yic.ac.cn
网　　址：http://www.yic.cas.cn

中国科学院烟台海岸带研究所（以下简称“烟台海岸带所”）是 2006 年 6 月由中国科学院与山东省、烟台市共同筹建的资源环境领域的国家级研究机构，筹建期名为中国科学院烟台海岸带可持续发展研究所（筹）。2009 年 12 月通过筹建验收成为中国科学院正式序列的研究所。

烟台海岸带所确立了以“认知海岸带规律，支持可持续发展”为使命，面向国家战略需求和世界科技前沿，研究全球气候变化和人类活动影响下海岸带陆海相互作用、资源环境演变规律和可持续发展，创建海岸科学理论、方法与技术体系，建成海岸科技研发与成果转化中心和高级人才培养基地，提升研究所综合持续创新能力，为我国和地方海岸带资源管理、环境保护、生态建设、农业生产、减灾防灾做出基础性、战略性、前瞻性科技创新贡献，成为国际知名的海岸带研究机构。

烟台海岸带所以在黄河三角洲陆海界面过程、生态演变与修复技术，海岸带环境容量与污染控制技术，海岸带盐生植物产业链构建关键技术与集成示范为三个重大突破领域；以海岸带环境微生物学与应用，潮间带功能、演变与保护，海岸带灾害风险与预警，海水资源的生态安全高值利用技术，海岸带陆海信息耦合分析与集成为五个重点培育方向。主要研究领域包括海岸带资源与可持续利用，海岸带环境过程、监测与修复，海岸带生物多样性与生态系统健康，海岸带灾害风险与预警，海岸带信息集成与管理。

现有中国科学院海岸带环境过程与生态修复重点实验室、海岸带生物学与生物资源利用重点实验室、海岸带信息集成与综合管理实验室、海岸带灾害与全球变化研究中心、海岸带数据分析与数值模拟研究中心、海岸带发展战略研究与规划中心、山东省海岸带环境过程重点实验室、山东省海岸带环境工程技术研究中心，有中国科学院牟平海岸带环境综合试验站、中国科学院黄河三角洲滨海湿地生态试验站、中国科学院烟台海岸带生物产业技术创新与育成中心。2014 年 9 月，中国海洋工程咨询协会海岸科学与工程分会成立并挂靠烟台海岸带所。

截至 2014 年底，全所职工 201 人。其中科研人员 151 人、科技支撑人员 25 人；研究员及正高级工程技术人员 27 人、副研究员及高级工程技术人员 36 人；全所进入创新岗位 151 人；院“百人计划”入选者 12 人，973 计划项目首席及 863 计划重大项目首席科学家、国家杰出青年科学基金获得者 1 人，中组部“青年千人计划”1 人，“千人计划”创业人才 1 人，“万人计划”1 人（新增 1 人），科技部“推进计划”1 人（新增 1 人），政府特殊津贴获得者 4 人（新增 1 人），“新世纪百千万人才工程”国家级人选 3 人（新增 1 人），山东省杰出青年科学基金获得者 6 人（新增 1 人），山东省“泰山学者”3 人，烟台市“双百人才”7 人（新增 2 人）。

现有环境科学与工程、海洋科学 2 个一级博士学科培养点，有环境科学、环境工程、海洋化学、海洋生物学 4 个二级博士学科培养点，有环境工程和生物工程 2 个专业硕士培养点，形成了较为完整的研究生培养体系。现有在读研究生 149 人（其中博士生 65 人，硕士生 84 人），首次招收留学生 1 人。2014 年，研究生中获得国家奖学金 3 人，中科院优秀博士学位论文奖 1 人，中科院院长优秀奖 2 人，中科院朱李月华优秀博士生奖学金 1 人，中科集团环保奖学金 1 人，刘瑞玉海洋科学奖学金 2 人。继 2013 年后，再次被授予“中国科学院优秀大学生社会实践基地”称号。

2014 年，烟台海岸带所共有在研项目 295 项（新增项目 57 项）。其中，承担国家部委专项课题 22 项（新增 2 项）；主持国家自然科学基金重点项目1项、面上项目31项（新增7项）；承担中国科学院战略性先导科技专项课题8项，主持院重点部署项目2项、主持院重大仪器研制项目1项；主持国际合作项目18项（新增7项）；主持院地合作项目8项。发表学术论文456篇，其中SCI论文239篇。SCI收录论文中，影响因子大于4的30篇，TOP期刊35篇。全年共申请专利51项，其中申请发明专利50项；专利授权43项，其中发明专利41项，软件登记1项。实现专利转让10项。“基于离子载体掺杂的聚合物敏感膜电化学传感器”研究项目获得2014年山东省自然科学奖二等奖；“海洋硫酸软骨素清洁化联产胶原肽技术应用”研究项目获得2014年国家海洋局二等奖。

强化和完善条件与能力建设。2014年，人工气候室、海岸带环境考察车建成并投入使用；样品室（冷库）、样品处理室（植物样和土壤样）建设完成。中国科学院黄河三角洲滨海湿地生态试验站功能定位得到完善；中国科学院牟平海岸带环境综合试验站6月完成基建验收，正式投入使用；海岸带综合科学考察船（500吨位）2014年底正式开工建设。加强了信息系统平台建设，ARP系统升级到V3.0；设计研发了“海岸带云空间”管理系统；完成图书馆新版信息平台的建设，集成信息资源、提供知识发现、实现信息的高效获取组织实施研究群组集成知识平台的建设，集成情报工具、重点学科方向知识资源与共享服务。文献资源保障合理，全院资源利用排名第26位；机构知识库在国外访问量、下载量位列院TOP20。在年度全院信息化工作评估中，进入A类研究所行列。

继续推动所地所企合作，加强区域协同创新。2014年，分别与山东东营市人民政府签订共建黄河三角洲海岸农业联合研究中心框架协议、与北海南方海洋科技开发有限公司及北海海洋产业科技园区管理委员会签订“北海海洋产业科技园区项目入园合同”、与广西钦州学院签订“战略合作意向书”等，全年新增合作项目8项。烟台海岸带所荣获2014年度“烟台发展突出贡献单位”称号。

深入开展国际合作与交流。2014年，成功申报了中科院国际杰出学者计划1项，国际访问学者计划2项，国际博士后计划2项。科研人员36人次出访美国、韩国、德国、澳大利亚、加拿大等国家开展学术访问交流；接待来自美国、德国、澳大利亚、俄罗斯等十余个国家和地区的来访专家113人次。9月，发起并举办了“第一届国际海岸带生物学大会”；10月，主办了“中德海岸带生物地球化学双边研讨会”；11月，与台湾中山大学联合发起的“第二届海峡两岸海岸科学与可持续发展学术研讨会”在台湾高雄市举办。

（撰稿：高丽梅　王德强　审稿：高玲瑜）

长春光学精密机械与物理研究所

所　　长：贾　平
地　　址：吉林省长春市东南湖大路3888号
邮政编码：130033
电　　话：0431-86176812
传　　真：0431-85682346
电子信箱：ciomp@ciomp.ac.cn
网　　址：http://www.ciomp.cas.cn

长春光学精密机械与物理研究所（简称“长春光机所”）是由长春光学精密机械研究所（前身为始建于1952年的中科院仪器馆和始建于1953年的中科院机电研究所）与长春物理研究所（前身为始建于1958年的中科院吉林分院技术物理所）于1999年整合而成。

长春光机所的定位是面向国家战略需求和世界科技前沿，以高技术创新为主线，聚焦于国防战略性核心技术和原始创新，从事光学和精密机械等领域的基础研究、应用基础研究、工程技术研究，以及高新技术产业化，引领国家光电领域自主创新发展，成为多学科综合性研究所。主要研究领域有发光学、应用光学、光学工程、精密机械与仪器四大领域。2014年，“一三五”规划的实施工作进展顺利，在实验室建设、科研仪器、人才队伍、科研经费等资源配置上给予重点支持，并在全所科研人员中征集对“一三五”规划实施过程中的意见和建议，为迎接“一三五”专家评估做好基础性工作。组织编制了长春光机所拟建设创新研究院的分类改革方案，在全所职工中广泛宣传中科院“率先行动”计划，为实施分类改革营造氛围。

现有发光学及应用国家重点实验室、应用光学国家重点实验室、激光与物质相互作用国家重点实验室、国家光栅制造与应用工程技术研究中心、国家光学机械质量监督检验中心、小卫星技术国家地方联合工程研究中心、中科院光学系统先进制造技术重点实验室、中科院航空光学成像与测量重点实验室。

截至2014年底，共有在职职工2125人。其中科技人员1151人、科技支撑人员229人，包括中国科学院院士4人、研究员及正高级工程技术人员229人、副研究员及副高级工程技术人员587人。现有中国科学院“百人计划”入选者20人（新增3人）；国家“千人计划”获得者1人；“新世纪百千万人才工程”国家级人选3人。

长春光机所是1981年被国务院学位委员会批准的首批具有博士、硕士学位授予权的单位之一，现设有凝聚态物理、光学、光学工程、机械电子工程、机械制造及其自动化、电路与系统6个博士研究生培养点；凝聚态物理、光学、光学工程、机械电子工程、机械制造及其自动化、电路与系统、计算机应用技术、测试计量技术与仪器8个硕士研究生培养点；物理学、机械工程、光学工程3个专业一级学科博士后流动站。在学研究生929人（硕士生478人、博士生451人），在站博士后23人。2014年荣获“中国科学院大学招生工作先进单位”称号。2009年开始与中国科技大学联合创办“王大珩光机电科技英才班”。2014年5月，与浙江大学签署“联合培养本科生计划”合作协议，成为中科院首家与浙大签署此项协议的研究所。国科大的第一个京外专业学院——大珩学院在年内挂牌成立。

2014年，对外新签科研合同额11.06亿元，到款额11.8亿元。在研项目511项（包括新增项目297项）。其中，承担国家重大科技专项课题16项，国家杰出青年基金科学项目1项。主持国家重点基础研究发展计划（973计划）1项；承担国家自然科学基金重点项目1项、面上项目53项；承担中科院战略性先导科技专项1项，承担中科院重点部署项目2项，重大仪器研制项目8项。

2014年，完成大面积高精度光栅刻划机整机的安装及光机电联调工作，试运行表明刻划机的运行精度达到设计要求，已经具备高精度中阶梯光栅的刻划能力。完成了400mm×500mm、79gr/mm中阶梯光栅试刻划，验证了刻划机连续运行的可靠性与精度。4m级大口径光电设备研制完成主要技术攻关，已基本具备自行设计研制4m级大口径光电设备的研制能力。成功研制出国际一流的高功率半导体激光器芯片，芯片功率、阈值电流密度、工作电压、光谱、远场等重要指标已经达到国际先进水平。完成“吉林一号”卫星光学A星初样和灵巧验证微小卫星初样的研制任务，注册成立了“长光卫星技术有限责任公司”，在吉林省打造航天信息产业基地。顺利交付航天、航空、测控等各类设备152台（套）。

以第一完成单位获得军队科技进步奖一等奖1项、吉林省科技进步奖一等奖1项、吉林省技术发明奖三等奖1项。申请发明专利442项，授权发明专利181项。发表论文1603篇，其中影响因子3.0以上论文64篇。

依托长春光机所建设的国家级企业孵化器建设进展顺利，在国家级孵化器复核中获评A类，并获批“苗圃-孵化器-加速器”科技创业孵化链条建设示范单位孵化器。“中科院长春光电子产业园区（二期）”年底基本具备入驻条件。光电技术研发中心被科技部确定为“国家级科技服务平台”。长春光机所现有高科技企业23家，2014年实现销售收入6.56亿元，净利润1.11亿元，投资回报4734万元。

年内参与研制的30m望远镜（TMT）项目进展顺利，完成TMT三镜演示验证系统设计加工评审。成功举办微纳光学工程国际会议，邀请了来自美、英、法、德等12个国家和地区的43位国际知名光学专家和国内44位青年科学家参会。获批中科院特聘研究员等智力引进项目7项。获批建设“长春国家光电国际创新园”（中科院唯一）。

长春光机所是中国空间科学学会空间机械专业委员会、中国物理学会发光分会、中国物理学会液晶分会、吉林省光学学会、全国科学院联盟光学与精密机械分会的挂靠单位。现主办5种学术刊物，分别为《光学精密工程》、《发光学报》、《液晶与显示》、《中国光学》、《Light》。与英国 Nature Publishing Group 合作的第一个英文期刊*Light*2014年7月获得首个影响因子8.476(世界第四)，是目前中国影响因子最高的光学期刊。《光学精密工程》被评为“2014中国最具国际影响力学术期刊”。

（撰稿：莫成钢　王晓慧　审稿：金　宏）

长春应用化学研究所

所　　长：安立佳
地　　址：吉林省长春市人民大街5625号
邮　　编：130022
电　　话：0431-85687300
传　　真：0431-85685653
电子信箱：ciac@ciac.ac.cn
网　　址：http://www.ciac.cas.cn

中国科学院长春应用化学研究所（以下简称“长春应化所”）始建于1948年12月，是长春解放后在“伪满大陆科学院”的废址上建立起来的，时称“东北工业研究所”，后几经更名和改变归属，1978年12月命名为中国科学院长春应用化学研究所。

长春应化所是一个集基础研究、应用研究和高技术创新研究于一体的综合性化学研究所。学科方向为：高分子化学与物理、无机化学、分析化学、有机化学和物理化学。主要研究领域为：资源与环境、先进材料和普惠健康三大领域；稀土、二氧化碳、生物质、水四类资源；先进结构、先进复合、先进功能、先进能源、环境友好五类材料；疾病早期诊断与防治、生物医用高分子两个方向。目标是在应用化学和先进材料等方面不断做出在国家层面不可替代的重要创新贡献，引领和带动我国战略性新兴产业的培育与发展，努力将研究所打造成具有鲜明特色与核心竞争优势的国际一流研究机构。

2014年，是院“率先行动”计划的启动之年，长春应化所认真贯彻落实院精神，制定了《扎实做好“率先行动”计划宣传贯彻实施方案》，广泛征求了全所职工的意见建议，形成了“特色研究所+科教融合”共同推进的改革发展思路。

同时以“四个率先”为统领，全面推进“一三五”战略重点，全力抓好重要科技产出，产出了重要成果。顺利通过“一三五”国际专家诊断评估，三个参评领域均被评为国际一流；5万吨聚乳酸产业化项目开工建设，聚乳酸及其产品检验检测平台成功获批；与富士康集团合作成立的长春宸泰科技有限公司（聚乳酸）和长春雍泰科技有限公司（二氧化碳）已完成立项、注册、能评、土勘等评估；获批成立中科院合成橡胶重点实验室，首次实现了稀土异戊橡胶对天然橡胶的100%替代，产品质量达到国内外同类最好水平；核纯钍制备技术获澳大利亚专利授权，掌握成套溶剂萃取技术，为钍基核能研发提供了保障；“中科光电（长春）股份有限公司”成立一年产品迅速打开市场，2014年度实现销售收入超过4000万元。

长春应化所目前建有高分子物理与化学国家重点实验室、电分析化学国家重点实验室、稀土资源利用国家重点实验室和中科院生态环境高分子材料重点实验室、中科院合成橡胶重点实验室、高分子复合材料工程实验室（中国科学院高分子复合材料工程化研发平台）、化学生物学实验室、先进化学电源实验室、绿色化学与过程实验室、现代分析技术工程实验室、稀土与钍清洁分离工程技术中心和国家电化学和光谱研究分析中心等创新基地和科技平台。

截至2014年底，长春应化所共有在职职工917人。其中科技人员576人、科技支撑人员165人，包括中国科学院院士6人、第三世界科学院士3人、研究员及正高级工程技术人员133人、副研究员及高级工程技术人员189人。共有“万人计划”2人、国家海外高层次人才引进计划（“千人计划”）入选者2人，国家“千人计划”短期项目入选者1人、国家“外专千人计划”入选者1人、国家“青年千人计划”入选者4人，中国科学院“百人计划”入选者45人

（新增5人），国家杰出青年科学基金获得者27人，入选国家中青年科技创新领军人才6人。

长春应化所是1981年国务院学位委员会批准的首批博士、硕士学位授予单位之一，现有化学一级学科博士、硕士研究生培养点和无机化学、分析化学、有机化学、物理化学、高分子化学与物理、应用化学6个二级学科博士、硕士研究生培养点，并设有化学学科博士后流动站，共有在学研究生755人（其中硕士生328人、博士生419人），包括8名外国留学生。

2014年，长春应化所共有在研项目898项（包括新增项目366项）。其中，承担国家重大科技专项课题1项（新增1项），承担（或参加）国家重点基础研究发展计划（973计划）项目课题31项（新增6项）；承担国家高技术研究发展计划（863计划）项目12项；主持或承担国家自然科学基金重点项目13项、面上项目104项、国家杰出青年科学基金项目5项，承担国家自然科学基金重大研究计划重点项目5项；承担中国科学院战略性先导科技专项课题8项（新增5项），承担（科技部、国家自然科学基金委、财政部和院）重大仪器研制项目4项，承担国际合作项目48项（新增36项），承担院地合作项目57项（新增20项）。

2014年，长春应化所共荣获省部级以上科技成果奖5项。其中，以第一完成单位获吉林省科学技术奖一等奖4项："多功能稀土发光材料的控制合成及在显示与生物医学领域的应用基础"、"稀土单分子磁体弛豫机理与调控"和"共轭高分子复合薄膜形态调控与性能"成果获得吉林省自然科学奖一等奖；"用于合成橡胶新型高效稀土催化体系的研发及产业化应用"成果，获得吉林省技术发明奖一等奖。

全年以第一单位发表SCI论文860篇。据"2013年中国科技论文统计结果"显示，SCI论文被引用篇数位列全国科研机构第2名，表现不俗论文数量位居全国科研机构第1名，SCI收录科技论文数量位居全国化学领域机构第8名。

全年出版专著5部。申请专利254件、授权专利196件。专利授权量较2013年增长39.3%。被评为"国家知识产权品牌培育机构"和"国家专利运营试点企业"。

2014年，长春应化所国际合作与交流持续发展，成功主办4个国际会议，包括"第六届国际高分子化学学术研讨会"、"稀土发光材料及其应用国际会议"、"第二届生态环境高分子材料国际研讨会"、"2014年两岸三地高分子液晶态与超分子有序结构学术研讨会"等。选派95人次赴境外参加国际会议、开展合作研究和学术交流；接待66人次国外专家学者来所进行各类学术活动。

2014年，长春应化所所地合作和成果转移转化又获新进展。吉林省化工新材料重大科技创新基地、浙江中科应化科技有限公司、常州储能材料和器件研究院、青岛中科应化技术研究院等为代表的协同创新基地加速发展；现有以高技术入股成立的公司共23家，其中上市公司2家（中科英华和青岛金王），2014年实现销售收入30亿元、利润总额约0.5亿元。3个团队分别获"中科院科技促进发展奖科技贡献奖一等奖"、"中科院科技促进发展奖管理贡献奖"和"吉林省发改委战略新兴产业先进集体奖"。

长春应化所是中国化学会分析化学学科委员会和应用化学学科委员会的挂靠单位；编辑出版《分析化学》（月刊）、《应用化学》（月刊）和《化学通讯》（双月刊），《分析化学》和《应用化学》持续被评为"中国科技核心期刊"，《分析化学》再次入选"中国百种杰出学术期刊"。

（撰稿：衣　卓　于　洋　审稿：杨小牛）

东北地理与农业生态研究所

所　　长：何兴元
地　　址：吉林省长春市高新技术产业开发区长东北核心区盛北大街4888号
邮政编码：130102
电　　话：0431-85542266
传　　真：0431-85542298
电子信箱：iga@iga.ac.cn
网　　址：http://www.neigae.ac.cn

中国科学院东北地理与农业生态研究所

（以下简称“东北地理所”）成立于1958年8月18日。其前身是中国科学院长春地理研究所，2002年3月与中国科学院黑龙江农业现代化研究所整合组建成现所，是中国科学院设在东北地区的综合性地理学与农学研究机构。

2014年，“一二四”战略规划进展顺利，部分项目已经提前并超额完成既定目标。重大突破项目“东北主要作物新型种植模式与关键技术”在吉林省、黑龙江农垦、沈阳军区、新疆等地区累计示范应用1273万亩，增产粮食13.4亿斤，经济效益20.5亿元。9月22日，该项目通过了中国科学院组织的专家鉴定，相关技术成果达到国际领先水平。2014年，获得总后勤部推广特等奖、中科院科技促进发展奖一等奖。重大突破项目“东北沼泽湿地碳收支及其对全球变化的响应”，揭示了气候变化和人类活动叠加影响下沼泽湿地温室气体产生、排放及碳累积的时空变异规律及其环境和生物控制机制，阐明了沼泽湿地碳平衡对长期外源氮输入的响应机理及垦殖活动影响下沼泽土壤不同碳组分变化对土壤总有机碳的贡献，该项目成果获得2014年吉林省自然科学奖一等奖。重点培育项目“大豆重要性状形成机理与分子育种研究”在多年同源基因克隆和VIGS库构建的基础上，收集、创制了大豆种质资源，收集野生大豆资源6000余份，大豆品系7600份，利用有性杂交创制了杂交后代材料13000余份；构建了6套重组自交系和染色体代换系；多个品种参加区域试验和国家试验，有望获得审定。重点培育项目“苏打盐碱地高效治理关键技术与示范”，耐盐碱水稻育种和示范推广工作获得吉林省科技进步奖一等奖，出版专著1部，盐碱地治理技术辐射推广20万亩，全省推广水稻新品种105万亩。

东北地理所设有湿地生态与环境研究中心、区域农业研究中心、遥感与地理信息研究中心和东北区域发展研究中心4个基本创新单元；拥有中国科学院湿地生态与环境重点实验室、中国科学院黑土区农业生态重点实验室和中国科学院大豆分子设计育种重点实验室；联合共建黑龙江省黑土生态实验室、吉林省生态恢复与生态系统管理重点实验室、吉林省碱地生态经济工程实验室3个省级重点实验室；建有三江平原沼泽湿地生态系统观测研究站、海伦农田生态系统观测研究站2个国家重点野外台站，并以三江平原沼泽湿地生态系统观测研究站为核心，建成了覆盖平原沼泽湿地、滨海湿地、滨湖湿地和森林湿地在内的东北湿地野外台站网络；此外还建有中国科学院长春净月潭遥感试验站、大安碱地生态试验站、长岭草地农牧业生态研究站、海伦水土保持监测研究站和长春综合农业试验站；设有所属图书馆和标本馆；主要下属单位：中国科学院东北地理与农业生态研究所农业技术中心。

截至2014年底，东北地理所共有在职职工393人。其中专业技术人员319人，包括中国工程院院士1人、研究员及正高级工程技术人员72人、副研究员及高级工程师技术人员87人；国家杰出青年科学基金获得者1人，中国科学院“百人计划”入选者18人。

东北地理所设有地理学、生态学、环境科学与工程3个一级学科博士培养点，包括自然地理学、人文地理学、地图学与地理信息系统、生态学、环境科学5个博士学位授予专业；设有自然地理学、人文地理学、地图学与地理信息系统、生态学、环境科学、遗传学6个学术型硕士学位授予专业，环境工程、生物工程2个全日制专业硕士学位授予专业。并设有环境科学与工程博士后流动站、地理学博士后流动站，共有在学研究生196人（其中硕士生81人、博士生115人）、在站博士后24人。

2014年，在研科研项目432项（包括新增目158项），其中承担科技基础性工作专项项目1项，专题4项（新增4项），水专项子课题1项，973计划课题2项，课题4项，科技支撑计划课题1项，专题3项（新增1项），主持国家自然科学基金项目153项（新增30项），其中重点项目4项（新增2项），中国科学院战略性先导科技专项子课题/专题15项（新增2项），重点部署项目1项，课题/专题10项（新增2项），创新团队国际合作伙伴计划项目2项，科技服务网络计划项目1项（新增1项），课题/专题7项（新增7项），中国科学院院级科研装备研制项目1项（新增1项），地方及企业项目124项（新增68项），自选项目41项（新增10项）。

2014年，获得省级一等奖2项，中科院科技促进发展奖一等奖1项，其他奖励5项；在SCI、EI期刊发表论文近300篇，其中SCI论文220篇；出版专著2部；受理专利86项，其中发明专利83项，授权专利33项，其中发明专利30项；获得国家植物新品种审定1项，省级植物新品种审定1项，软件著作权登记22项；地方标准立项1项，企业标准13项；提交咨询报告3项。

2014年，农作物高光效栽培技术在吉林省、黑龙江农垦、沈阳军区、新疆等地区累计示范应用1273万亩，增产粮食13.4亿斤，经济效益20.5亿元。耐盐碱高产水稻新品种（东稻4号）在吉林省种植面积达400万亩，累计增产水稻达3.2亿斤；（东生6、8、9）号大豆品种被北安大龙种业有限公司独家买断，转让金额660万元；北安市田丰种子有限公司对大豆品系（海6055）买断，转让金额500万元；“长春中科东地农业机械装备有限公司”正式成立运营；“九所联盟”玉米育种联合测试平台启动。

2014年，主办、承办重大国内、国际学术会议5次。5月16—17日，主办了“吉林省地理学会、吉林省遥感学会会员代表大会暨2014学术年会”等学术会议；6月10—12日，主办了东北亚资源、环境与区域可持续发展国际会议”；7月26—31日，主办了“中国黑土持续管理中德学术研讨会”；10月19日，主办了“湿地生态功能及其维持机制研讨会暨中国生态学学会湿地生态专业委员会2014年年会”；11月11—15日，主办了“湿地生态系统关键过程与调控国际研讨会”；组织学术讲座活动26次，接待来所交流访问32次。共出访49人次，接待来访外国专家98人。

东北地理所是中国科学院湿地研究中心、吉林省地理学会、吉林省遥感学会、吉林省环境科学学会环境地学专业委员会、中国生态学会湿地生态专业委员会的挂靠单位。

主办的学术刊物中《地理科学》、*Chinese Geographical Science*、《湿地科学》均为中国科学引文数据库（CSCD）核心期刊，其中 *Chinese Geographical Science* 被SCI-E收录。

（撰稿：邵庆春　殷丽娅　审稿：苏　阳）

上海微系统与信息技术研究所

所　　长：王　曦
地　　址：上海市长宁路865号
邮政编码：200050
电　　话：021-62511070
传　　真：021-62524192
电子信箱：simit@mail.sin.ac.cn
网　　址：http://www.sim.cas.cn

中国科学院上海微系统与信息技术研究所原名中国科学院上海冶金研究所，前身是成立于1928年的国立中央研究院工程研究所，是我国最早的工学研究机构之一，新中国成立后隶属中国科学院。2001年8月更名为中国科学院上海微系统与信息技术研究所（以下简称“上海微系统所”）。

面向“十二五”，上海微系统所确定了加快电子科学与技术、信息与通信工程两大学科建设，解决“‘感知中国’网络”战略性科技问题，在ICT一些重要领域实现创新跨越并推广应用，成为无线传感网、宽带移动通信、微系统及相关材料与器件领域内不可替代、“四个一流”的国立研究机构的目标。凝练出宽带无线传感网、MEMS微纳传感器、高端硅基SOI材料、超导量子器件与应用四个重大突破，和新型相变存储器材料与器件、THz固态技术、高效太阳能电池、高可靠汽车电子芯片4个重点培育方向。

上海微系统所现有传感技术联合国家重点实验室/微系统技术重点实验室、信息功能材料国家重点实验室、中科院太赫兹固态技术重点实验室、中科院无线传感网与通信重点实验室，设有传感技术、信息功能材料、太赫兹固态技术、无线传感网、物联网系统技术、宽带无线、新能源和超导8个研究室，在上海、南京、杭州、无锡、嘉兴、南通与地方共建了7个分支机构，与德国于利希研究中心共建了超导与生物电子学联合实验室，与复旦大学共建了量子材料联合实验室，等。上海微系统所有十大科技支撑平台：

①MEMS微系统加工平台（信息功能材料与器件平台）；②超导工艺线平台；③高端硅基晶圆片制备平台；④纳电子材料与器件平台；⑤化合物半导体工艺线平台；⑥高效太阳能研发与测试平台；⑦THz光子学与电子学测试平台；⑧无线传感网制造平台；⑨物联网公共服务平台；⑩汽车电子测试及可靠性分析平台。

截至2014年底，上海微系统所有职工740人，其中一线科技和管理人员630人。有中国科学院院士2人，美国国家科学院外籍院士1人，研究员及正高级工程技术人员87人，有国家"千人计划"入选者6人，国家"青年千人"入选者2人，国家杰出青年科学基金获得者4人，国家"百千万人才工程"入选者5人，国家基金委创新群体1个，上海市科技领军人才9人，上海微系统所所长王曦院士受聘为上海市决策咨询委员会委员。

2014年，上海微系统所在研项目/课题428项（包括新增项目/课题137项），在研项目合同经费14.9亿元。其中，主持国家重大科技专项课题10项、参加课题23项；主持国家重点基础研究发展计划（973计划）项目5项、参加课题15项；主持（或承担）国家自然科学基金重点项目6项（新增3项）、面上项目22项（新增4项）、重大研究计划5项；主持（或承担）中国科学院战略性先导科技专项课题17项，主持（或承担）院重点部署项目7项（新增3项），主持（或承担）科技部、国家自然科学基金委、财政部和院重大仪器研制项目2项，承担国际合作项目11项（新增3项），承担院地合作项目4项，承担国家科技支撑计划项目5项。

2014年，上海微系统所科研工作取得重要进展。宽带无线传感网大规模服务于国家战略，完成多个战略方向的装备建设和相关设备的正样研制，相关成果还应用于南水北调中线工程安防系统，为实现"强国梦"提供了有力支撑。独创与IC Foundry规模制造方式兼容的MEMS"微创手术（MIS）"，具有空前的单芯片多层立体微结构加工能力，并可单片集成制造复合传感器，在最新一代MEMS制造技术中达国际先进水平，作为我国重要领域的核心器件，超高g加速度传感器为国家战略装备提供了不可替代的产品。建成我国首个8英寸0.13μm SOI 100nm/145nm双薄工艺集成电路设计平台，完成部分芯片设计和流片，高端硅基SOI材料即将应用于国家关键工程。超导纳米线单光子探测器件（SNSPD）探测效率、暗计数等性能指标国际领先，与瑞士IDQ公司合作实现国际销售，是我国首次超导电子器件、也是为数不多的核心高端元器件出口；与中科大合作，国际上首次实现200公里测量器件无关的量子密钥分发，成果发表于《物理评论快报》，被审稿人评论为"实用量子密钥分发的重要里程碑"和"物理和技术上的重大进展"，CCTV《朝闻天下》进行了专题报道，入选"两院院士评选2014年中国十大科技进展"；经院批准，"超导量子器件与应用"，提升为第四个重大突破；超导电子学中心创新建设方案通过院党组评议，进入培育单元。上海电视台利用上海微系统所自主研制的"远距离全自动3D摄像系统"拍摄的《大山的精灵——神农架金丝猴》获国际"卢米埃奖"（被誉为全球3D影视产业的奥斯卡奖）。科研原创水平大幅提升，在石墨烯、光互连等领域取得一系列重要原始创新突破。一年来，在国内外刊物发表论文503篇，其中SCI（科学引文索引）收录170篇，EI（工程索引）收录174篇。申请专利241项，授权专利165项。

2014年，上海微系统所产研结合取得重要突破。上海微技术工业研究院创新体系初步成型，面向集成电路和物联网两大国家重大战略需求，建立起"研究所+工研院+企业"的创新链，已有加速度计、磁传感器等"超越摩尔"（More than Moore，MtM）产品实现突破，孵化出矽睿科技、芯赫科技等高科技企业。矽睿科技在国内8英寸规模制造平台上率先实现c-SOI MEMS与ASIC单片集成传感器规模化制造和业界领先的WL-CSP单芯片磁传感器规模生产，批量应用于国产智能手机，三轴AMR磁传感器、三轴加速度计规模销售超千万只。工研院入选2014年《上海科技进步报告》，被列为上海2015年科技工作重点和建设具有全球影响力科创中心的"四梁八柱"，正着手建设世界领先的8英寸MtM研发中试线，为上海乃至全国的物联网/传感器全产业链提供公共服务。

2014 年，上海微系统所与德国于利希研究中心的合作进一步深化，举办了双边研讨会，已共同发表论文 20 余篇，联合培育研究生 19 人。主办了 2014 年全耗尽绝缘体上硅产业论坛（The Shanghai FD-SOI Forum 2014）、2014 年国际射频绝缘体上硅研讨（2014 International RF-SOI Workshop）、第七届超快现象与太赫兹波国际研讨会（The 7th International Symposium on Ultrafast Phenomena and THz Waves）、第二届超导传感器和探测器国际研讨会（The 2nd International Workshop on Superconducting Sensors and Detectors）等国际会议。自主研发的 PCRAM 芯片、爆炸物探测仪代表我国纳米科技领域，参加了 2014 年俄罗斯“开放式创新”莫斯科国际创新发展论坛暨展览。控股的上海新傲科技股份有限公司与全球排名首位的 SOI 企业法国 Soitec 公司签订战略合作协议，迈出了重要的国际化步伐。

（撰稿：孔朝辉　肖宏广　审稿：王　曦）

上海技术物理研究所

所　　长：陆　卫
地　　址：上海市虹口区玉田路 500 号
邮政编码：200083
电　　话：021-25051000
传　　真：021-63248028
电子信箱：sitp@mail sitp ac cn
网　　址：http://www sitp ac cn

中国科学院上海技术物理研究所（以下简称“上海技物所”）位于玉田路 500 号，创建于 1958 年，是以红外物理与光电技术应用基础为主要研究方向，集基础研究、工程技术研发和高新技术产业化为一体的综合型研究机构。上海技物所以红外光电技术研究为定位，以红外光电新材料、新器件、新方法技术领域等作为主要研究方向，重点发展先进的航空航天有效载荷、红外凝视成像及信号处理、红外焦平面及遥感信息处理等技术。设有研究室 14 个，建有红外物理国家重点实验室、传感技术联合国家重点实验室（光传感器专业点）、中科院红外成像材料与器件重点实验室、中科院红外探测与成像技术重点实验室、中科院空间主动光电技术重点实验室以及省部共建现场物证光学探测技术联合实验室。

截至 2014 年底，上海技物所共有在岗职工 895 人，其中专业技术人员 792 人，包括中国科学院院士 6 人、中国工程院院士 2 人、国际欧亚科学院院士 1 人（兼）；研究员及正高级工程技术人员 150 人、副研究员及高级工程师 199 人。新增各类专家 9 人次，新增各类人才荣誉 33 人次。上海技物所是国务院学位委员会批准的首批博士、硕士学位授予单位之一，目前共有 3 个学科招收博士，9 个学科招收硕士生，博士生导师 82 名，硕士导师 111 名，2014 年在学研究生人数 352 人，毕业研究生 82 人。建有电子科学与技术博士后流动站，在站博士后 13 人。

2014 年，上海技物所积极适应并谋求变革，围绕中科院“率先行动”计划及研究所分类改革总体部署和要求，认真开展战略研讨，创新驱动发展战略顶层设计有序展开。全部航天型号研制工作按质、按节点交付，先后完成“遥感二十二号”、“遥感二十三号”、“创新一号”04 星、“风云二号”G 星 4 次发射任务并实现全部设备入轨工作良好。科研任务总量、经济总量持续增长，产出一批有重要影响的科技成果：获得国家级科技成果奖 1 项，省部级 8 项。

2014 年，上海技物所共有在研项目 234 项，结题验收 50 项。科研成果登记 39 项，申请专利 326 项，获专利授权 141 项。发表科技论文 244 篇，软件著作权登记 6 项。目前正在开展 12 个航天型号 20 种载荷、16 个航天型号 21 种姿轨控单机和其他单机等工程研制任务。

在合作交流方面，承担重点国际合作项目 2 项，承担院地合作项目 4 项。太仓光电技术中心进入实质性运行，科技成果转化 6 项；嘉兴光电工程中心实现 5 套设备销售；参与上海市虹口区大柏树科技园筹建，签订 2 个平台战略合作协议；与中国科大合作的“空间尺度量子实验”和“‘嫦娥三号’红外成像光谱仪”项目分获 2014 中国国际工业博览会创新金奖和创新奖。2014 年，上海技物所的科技产业尤其是合资企业生产经营在经过2013年的低谷后情况逐步好转，实现销售收入5.4亿元。

（撰稿人：任 远 黄初霜 审稿：陆 卫）

上海光学精密机械研究所

所 长：李儒新
地 址：上海市嘉定区清河路390号
邮政编码：201800
电 话：021-69918000
传 真：021-69918800
电子信箱：siom@mail.shcnc.ac.cn
网 址：http://www.siom.cas.cn

中国科学院上海光学精密机械研究所（以下简称“上海光机所”）成立于1964年5月。1964年1月，中国科学院光学精密机械研究所上海分所开始筹建；5月起，研究技术人员从长春（中科院长春光机所）、北京（中科院电子所）两地连同设备器材一起陆续迁往上海嘉定，联合上海市轻工业局长江光学仪器厂、上海市仪表局竞明仪器厂组成了最早的中国科学院光学精密机械研究所上海分所。1964年5月建所后，上海光机所几度易名。1970年10月，定名为中国科学院上海光学精密机械研究所。

上海光机所是我国建立最早、规模最大的激光科学技术专业研究所。经过50年的发展，已形成以探索现代光学重大基础及应用基础前沿、发展大型激光工程技术并开拓激光与光电子高技术应用为重点的综合性研究所。重点学科领域为：强激光技术、强场物理与强光光学、空间激光与时频技术、信息光学、量子光学、激光与光电子器件、光学材料等。

上海光机所发展定位：以满足国家需求、先进制造与未来能源战略需求为着力点，夯实强激光科学技术、信息光学科学技术、光学与激光材料科学技术等三大优势学科基础，挑战国际激光科学、技术与工程前沿，实现从“相对单纯的激光技术研发”向“为国家重大需求提供系统性解决方案”的创新转变。在先进激光技术与重大工程应用、新型光场的创立及其前沿应用开拓等领域发挥骨干和引领作用。

上海光机所不断优化“创新2020”战略实施以来确立的“一三五”发展目标，通过构建完整的先进激光创新链，持续推进国家科技重大专项、重要工程型号、重大科技基础设施等科技任务的实施，在聚变点火级激光驱动器关键技术与系统、空间激光及时频信息技术重大应用、极端强场超快科学重要前沿与应用开拓等三大战略核心方向取得一批国际一流水平的科技创新成果。同时，聚焦关系我国经济社会发展的重大科学问题，在先进激光制造、相干激光成像与探测、超高速率激光通信、新型光学材料、微纳光学与器件、光电子技术及应用等方向上取得了重要研发进展，在推动经济社会持续发展、保障国家战略目标实现等方面做出了重要创新贡献。

2014年，上海光机所通过专题会议等各种形式，组织全所科研管理骨干深入学习习近平总书记等中央领导同志关于中科院“率先行动”计划的重要批示和白春礼院长讲话，认真领会《“率先行动”计划暨全面深化改革纲要》精神，并把“率先行动”贯彻落实与“一三五”工作推进有机结合。不断凝练聚焦科技目标，调整优化科研布局，初步形成《上海光机所“率先行动”计划方案》。积极参与各渠道“十三五”规划编制工作。

上海光机所现设8个实验室，拥有国家重点实验室1个、“中科院-中物院”联合实验室1个、中科院重点实验室4个、上海市重点实验室1个。8个实验室分别为：强场激光物理国家重点实验室、中国科学院量子光学重点实验室、高功率激光物理联合实验室、空间激光信息技术研究中心、中国科学院强激光材料重点实验室、信息光学与光电技术实验室、高密度光存储技术实验室、高功率激光单元技术研发中心。2010年起，与韩国原子能研究所共建“中韩高能量密度激光物理联合研究中心”。2012年起，与南京经济技术开发区共建“上海光机所南京先进激光技术研究院”。2013年起，与日本理化研究所共建“中日SIOM-RIKEN联合实验室”。

上海光机所建成了国内仅有、国际为数不多的“神光”系列高功率大型激光装置、超短超强激光系统、激光原子冷却装置、空间全固态激光器研制平台等，并具有各种新型、高性能激光器件、激光与光电子功能材料研制平台，并达到国际先进水平。

截至2014年底，上海光机所共有在职职工883人。其中科技人员508人、科技支撑人员272人，包括中国科学院院士6人、中国工程院院士1人、发展中国家科学院院士2人、研究员及正高级工程技术人员96人、副研究员及高级工程技术人员225人。

共有“青年千人计划”入选者2人；国家“万人计划”入选者1人；“中青年科技创新领军人才”3人（新增2人）；中国科学院“百人计划”入选者25人（新增4人）；国家杰出青年科学基金获得者5人（新增1人）。

上海光机所是1981年国务院学位委员会批准的博士、硕士学位授予权单位之一，现设有物理学、光学工程、材料科学与工程3个专业一级学科博士研究生培养点，物理学、光学工程、材料科学与工程、科学技术史4个一级学科硕士研究生培养点，并设有物理学、光学工程、材料科学与工程3个专业一级学科博士后流动站，共有在学研究生489人（其中硕士生251人、博士生238人）、在站博士后12人。

2014年，上海光机所共有在研项目447项（包括新增项目146项）。其中：承担国家重大科技专项课题82项（新增37项）；主持（或承担）国家重点基础研究发展计划（973计划）和国家重大科学研究计划项目2项（新增1项）、承担（或参加）课题17项（新增4项）；主持（或承担）国家高技术研究发展计划（863计划）项目56项（新增28项）；主持（或承担）科技部支撑计划课题1项，主持（或承担）科技部国际合作项目4项；主持（或承担）国家自然科学基金重点项目5项（新增1项）、面上项目42项（新增14项）、国家杰出青年科学基金项目1项、国家自然科学基金重大研究计划重点项目2项（新增2项）、国家基金创新群体1项；主持（或承担）院重点部署项目6项，承担院重点国际合作项目2项（新增2项），承担院地合作项目3项；主持国家自然科学基金委重大仪器研制项目1项，参加国家自然科学基金委重大仪器研制项目3（新增1项），参加科技部重大仪器研制项目5项（新增2项），承担院仪器研制项目4项（新增2项）；承担上海市科研项目42项（新增15项）。

2014年，上海光机所科研工作按照“一三五”战略规划的部署，取得系列新进展新突破。突破一聚变点火方面，2014年底，驱动器升级装置建设全面完成，转入试运行，开展性能达标调试，核心评价指标方面均达到或接近美国国家点火装置（NIF）水平；驱动器新构型技术验证进入全链路集成阶段；光学元器件相关研究工作完成了关键技术攻关阶段任务，转入中试验证。突破二空间激光方面，作为我国空间全固态激光器目前唯一承研单位，2014年累计交付9套初样电性件、5套初样鉴定件、1套正样产品、1套模样，无不合格产品。航天、航空等重点型号的分系统、单机研制工作扎实推进，重大专项和重点型号项目立项工作取得重要进展。突破三强场科学方面，在国际上首次提出高对比度多级啁啾脉冲放大器（CPA）和终端光学参量啁啾脉冲放大器（OPCPA）相结合的混合放大总体创新技术路线，超强超短激光实验装置输出激光脉冲峰值功率突破1拍瓦大关，这是同期国际上基于OPCPA放大输出的最高峰值功率；同时，还研制成功5拍瓦高增益大能量CPA放大器，上述两项成果均处于当前国际领先水平。相对论强激光的角动量效应研究结果被 *Nature Photonics*（《自然·光子学》）在 *Research Highlights* 专栏专题报道。

“高功率连续波单模全光纤激光器”获得2014年度上海市科技进步奖二等奖。全所共申请专利264项（其中：发明专利237项），获授权专利122项（其中：发明专利101项）。全所共发表论文共604篇，其中SCI论文375篇。

上海光机所南京先进激光技术研究院发展迅速，已正式建成激光装备、激光检测、激光显示、全固态激光器4个研发中心，并启动精密生物检测研发中心、无人机研发中心建设。研发中心已有部分成果开始进行转移转化。2014年，研究院新孵化培育5家产业化公司，目前总共培育出15家高科技公司，形成年产值达亿元。研究院3万平方米研发大楼完成建设。上海光机所控（参）股公司产业化取得积极进展，获批多个产业化项目。

中以合作项目（NLF System）进展顺利，2014年进入工程实施阶段。科技部在2014年12月29日修订版《中以创新合作三年行动计划》（2015—2017）》（草案）已经将“中以高功率激光工程联合研究中心”纳入两国政府间合作声明。与白俄罗斯、意大利、韩国的国际科技合作项目进展顺利。2014年，相继成功主办“第一届国际高功率激光科学与工程学术研讨会”、“第五届成丝国际会议”、“第十三届多光子过程国际会议”等6个较大规模国际学术会议。2位中国科学院“外国专家特聘研究员”来所开展科技合作。李儒新研究员当选美国光学学会（OSA）会士（Fellow）。

上海光机所主办了《中国激光》、《光学学报》、《激光与光电子学进展》、*Chinese Optics Letters*（*COL*）、*Photonics Research*（*PR*）、*High Power Laser Science and Engineering*（*HPL*）6本光学学术期刊。

挂靠上海光机所的相关专业学会有：中国光学学会激光专业委员会、中国光学学会光学材料专业委员会、中国硅酸盐协会特种玻璃分会等。

（撰稿：沈　力　审稿：屈　炜）

上海硅酸盐研究所

名誉所长：严东生
所　　长：宋力昕
地　　址：上海市定西路1295号
邮政编码：200050
电　　话：021-52412990
传　　真：021-52413903
电子信箱：siccas@mail. sic. ac. cn
网　　址：http://www. sic. ac. cn

中国科学院上海硅酸盐研究所（以下简称“硅酸盐所”）前身为1928年成立的国立中央研究院工程研究所窑业组。1959年1月12日从中国科学院冶金陶瓷研究所分出独立建所。1984年改为现名。

硅酸盐所是以基础性研究为先导，以高技术创新和应用研究为主体的无机非金属材料综合性研究机构。学科方向是先进无机材料科学与工程，主要研究领域涵盖高性能结构陶瓷、功能陶瓷、透明陶瓷、人工晶体、无机涂层、生物环境材料、能源材料、复合材料及先进无机材料性能检测与表征等，是国内该领域科学研究单位中门类最为齐全的研究所。

2014年，硅酸盐所科研工作紧密围绕“率先行动计划”和“一三五”规划落实，优化科技布局，创新科研活动组织模式，以重大产出为导向调整资源配置，将战略规划落实到队伍、项目、平台、资源配置和体制机制等环节中，“三个重大突破”顺利推进，承担科研项目能力持续提升，科研产出成果丰硕，多项科研项目取得重要进展。

硅酸盐所设有：高性能陶瓷和超微结构国家重点实验室、中科院特种无机涂层重点实验室（特种无机涂层研究中心）、中科院透明光功能无机材料重点实验室（人工晶体研究中心）、中科院能量转换材料重点实验室（上海无机能源材料与电源工程技术研究中心）、中科院无机功能材料与器件重点实验室、结构陶瓷与复合材料工程研究中心（复合材料研究中心）、生物材料与组织工程研究中心、古陶瓷科学研究国家文物局重点科研基地（古陶瓷与工业陶瓷研究中心）等科研部门；还设有通过国家认证的无机材料分析测试中心、以中试生产为主要任务的中试基地以及信息情报中心等技术支撑部门。上海硅酸盐学会、上海硅酸盐工业协会和上海古陶瓷科学技术研究会挂靠在上海硅酸盐所。

截至2014年底，硅酸盐所共有在职职工682人。其中，科技人员554人、科技支撑人员128人，包括中国科学院院士2人、中国工程院院士3人（1人为两院院士）、第三世界科学院院士2人、研究员及正高级工程技术人员104人、副研究员及高级工程技术人员179人。

共有国家海外高层次人才引进计划（“千人计划”）入选者1人，“青年千人计划”入选者1人、中组部直接联系专家6人；中国科学院“百人计划”入选者26人；国家杰出青年科学基金获得者6人、国家级“百千万人才工程”领军人才1人、国家级“百千万人才工程”入选者3人（新增1人）、973计划首席专家1人、863计划主题专家1人、上海市“千人计划”5人（新增1人）、上海市领军人才6人（新增1人）。

硅酸盐所是国内首批国务院学位委员会批准的博士、硕士学位授予权单位之一，现有设有材料科学与工程、物理学、化学3个专业一级学科博士和硕士研究生培养点，并设有材料科学与工程学科1个专业一级学科博士后流动站，共有在学研究生473人（其中，硕士研究生256人，博士研究生217人）、在站博士后15人。

2014年，硅酸盐所有在研项目316项（新增项目87项）。其中，主持（或承担）国家重点基础研究发展计划（973计划）和国家重大科学研究计划项目6项，主持（或承担）国家高技术研究发展计划（863计划）项目3项；国家发改委高技术产业化项目3项（新增2项）；主持（或承担）国家自然科学基金重点项目11项（新增2项）、国家杰出青年基金项目2项、国家优秀青年科学基金1项；中科院战略性先导科技专项和重点部署项目16项（新增2项）；承担院地合作项目55项（新增3项）。

2014年，共申请专利259件，其中发明专利249件，实用新型专利10件，获得批准专利142件，其中发明专利131件。共发表SCI收录的论文692篇，EI收录的论文数为620篇，影响因子大于3的论文325篇。根据中国科学技术信息研究所公布的《中国科技论文统计结果（2014）》，2004—2013年硅酸盐所国际论文累计被引用篇数为3223篇，被引用次数为54 497次，排名居全国科研机构第7位。

2014年，硅酸盐所共取得科技成果21项，科研成果获得省部级科技奖励6项，其中国家技术发明奖二等奖1项，国家科技进步奖二等奖1项，上海市自然科学奖一等奖1项，上海市技术发明奖一等奖1项，上海市科技进步奖一等奖1项，军队科技进步奖二等奖1项。

硅酸盐所拥有投资公司10家：上海硅酸盐研究所中试基地、上海西卡思新技术总公司、中科广晟稀土精细陶瓷研发有限公司、宁波韵升光通信技术有限公司、上海纳米技术及应用国家工程研究中心有限公司、上海奇创光电科技有限公司、苏州创元新材料科技有限公司、上海电气钠硫储能技术有限公司、佛山金智节能膜有限公司和上海中科易成新材料技术有限公司。产品主要为各类晶体、陶瓷、复合材料与器件等。从事科技开发的人员有258人，2014年公司总产值为2.1亿。

2014年，硅酸盐所科研人员赴国外参加国际会议、项目合作、技术培训、博士生联合培养等共计158人次；接待来所访问、学术交流、国外学生来所培养、洽谈项目合作等外国专家、学者和代表团600余人次；举办和承办了第九届亚洲铁电会议（AMF-9）和第九届亚洲电子陶瓷会议（AMEC-9）联合国际会议、第十四届亚洲生物陶瓷大会（ABC2014）等7次国际会议。执行了5项政府间和院级重要合作项目。与国际知名研究所、大学合作与交流，新签合作协议7项。

硅酸盐所主办的《无机材料学报》被美国科学引文索引数据库（SCI-E），美国工程索引数据库（EI），美国化学文摘（CA），国家科技部中国科技论文与引文数据库（CSTPCD），中国科学院文献情报中心中国科学引文数据库（CSCD），中国核心期刊数据库，中国学术期刊文摘，中国科技期刊精品数据库，中文科技期刊数据库，中国学术期刊综合评价数据库（CAJCED），中国期刊全文数据库（CJFD）等所收录。2014年，《无机材料学报》分别荣获“中国精品科技期刊”、和“中国最具国际影响力学术期刊”称号。

（撰稿：彭　芳　吴永铮　审稿：杨建华）

上海有机化学研究所

所　　长：丁奎岭

地　　址：上海市徐汇区零陵路345号
邮　　编：200032
电　　话：021-54925000
传　　真：021-64166128
电子信箱：sioc@mail.sioc.ac.cn
网　　址：http://www.sioc.ac.cn

中国科学院上海有机化学研究所（以下简称“上海有机所”）于1950年5月在前中央研究院化学研究所（建于1928年）、前北平研究院化学研究所与药物研究所的基础上成立，名为中国科学院有机化学研究所。1970年，经中国科学院和上海市革委会批准改为现名。

上海有机所结合自身学科特色，以“三个着力突破”为重点，按照“瞄准需求、聚焦重点、集成优势、发挥特色、鼓励交叉、突出创新”的理念，确定了战略定位：坚持基础研究与应用研究并重，发挥有机合成化学的创造性，加强与生命科学、材料科学的交叉与融合；致力于推动我国化学转化方法学、化学生物学、有机新材料科学等重点学科领域的发展；在有机化学基础研究、新医药农药和高性能有机材料创制方面实现新的突破；引领有机化学学科前沿的发展，满足国家战略需求，将上海有机所建设成为国际一流的有机化学研究中心。

在战略定位的指导下，着力实现三个方面的重大突破：①高性能聚烯烃材料制备的关键科学、技术与应用；②化学理念指导的抗生素生产菌种遗传改造关键技术研究与应用；③绿色农药创制关键技术研究与应用。同时，重点培育5个学科发展方向与发展领域：①导向绿色合成的新一代催化转化；②复杂天然产物全合成和导向药物发现的化学生物学；③高性能有机功能材料的结构设计、合成与应用；④战略资源利用与清洁能源转化中的关键有机化学问题；⑤特色有机国防先进材料研究与开发。

围绕中科院“率先行动”计划，上海有机所正在聚焦“转化分子科学”，谋划新一轮的发展战略：围绕转化分子科学前沿的重大科学问题，汇聚最具创新活力的合成化学人才，以化学键活化、断裂和重组的本质规律认识为基础，以分子转化的精准调控为突破口，以新物质创制和新过程发现为载体，做出原创性、变革性的科学成果，引领合成科学领域的发展，为我国经济社会的可持续发展和满足国家重大战略需求提供有力科技支撑，率先建成具有特色鲜明、国际一流的转化分子科学卓越中心。

上海有机所现有2个国家重点实验室、3个院重点实验室、3个所级实验室，分别是：生命有机化学国家重点实验室、金属有机化学国家重点实验室、中国科学院有机氟化学重点实验室、中国科学院天然产物有机合成化学重点实验室、中国科学院有机功能分子合成与组装化学重点实验室，以及物理有机化学研究室、计算机化学与化学信息学研究室和分析化学研究室。此外，还有与和国内外大学、企业联合共建的沪港化学合成联合实验室和SIOC-CAS联合文献中心等20多个联合研究中心。

截至2014年底，上海有机所共有在职职工820人。其中科技人员640人，科技支撑人员120人，包括中国科学院院士9人，研究员及正高级工程技术人员82人，副研究员及高级工程技术人员146人。

共有“千人计划”入选者13人（2014新增6人），其中“顶尖千人计划”入选者1人，“短期千人计划”1人，“青年千人计划”11人（新增6人）；中国科学院“百人计划”32人（2014新增1人）；国家杰出青年科学基金获得者22人（2014年新增1人）。

上海有机所是1981年国务院学位委员会批准的首批博士、硕士学位授予单位之一，1998年被批准为化学一级学科博士学位授权单位。现化学一级学科下设有机化学、分析化学、高分子化学与物理、化学生物学4个二级学科研究生培养点；1个细胞生物学二级学科博士培养点；化学工程、材料工程、生物工程3个专业硕士领域培养点。并设有化学1个专业一级学科博士后流动站。共有在学研究生525人（其中硕士生265人、博士生260人），在站博士后25人。

2014年，上海有机所共有在研项目355项（包括新增项目113项）。其中，承担国家重大科技专项课题4项（新增2项），主持（或承担）国家重点基础研究发展计划（973计划）和国家重大科学研究计划项目13项（新增1项）、承担（或参加）课题26项（新增1项），主持（或承担）国家高技术研究发展计划（863计划）项目4项（新增1项）；主持（或承担）国家自然科学基金重点项目10项（新增3项）、面上项目69项（新增21项）、国家杰出青年科学基金项目4项（新增1项）、国家自然科学基金重大研究计划重点项目1项；主持（或承担）

中国科学院战略性先导科技专项课题6项，主持（或承担）院重点部署项目5项（新增1项）；承担院地合作项目6项。

上海有机所紧紧围绕“一三五”战略重点开展工作，取得一系列重要进展。“三个重大突破”成绩斐然：“高性能聚烯烃材料制备的关键科学、技术与应用”方面，催化剂模式装置成功运行，催化剂已成功应用于千吨级的生产装置，催化剂活性超过15000g/g；万吨级间歇式淤浆聚合工程建设已经启动，有望在2015年实现运行。“化学理念指导的抗生素生产菌种遗传改造关键技术研究与应用”方面，完成了红霉素高产新菌种的基因工程改造和中试研究，合作方湖北宜昌东阳光药业股份有限公司正就红霉素新菌种进行80吨发酵罐试生产实验。根据目前的实验数据，新菌种产业化后将大幅度提升红霉素产品的品质，显著降低生产成本。“绿色农药创制关键技术研究与应用”方面，新型高效油菜田除草剂丙酯草醚和异丙酯草醚原药及其制剂产品的农药获得正式批文，成为我国为数不多的具有自主知识产权的农药创新品种，并完成推广面积3500万亩。在重点培育领域亮点突出：碳氢键官能团化方面研究取得突破，相关工作进展“一种超越杂环导向的碳氢键活化新策略”在*Nature*上以“突破杂环导向碳氢官能团化的局限性”为题发表论文，这是我国大陆地区有机合成化学领域科学家在*Nature*上发表的第一篇论文。“高效不对称碳碳键的构筑若干新方法研究”方面成果获得上海市自然科学奖一等奖。在钍基熔盐堆核能系统工程中，完成了有机萃取法分离锂同位素小试工艺，解决了“一点控制”、“流量波动”等工艺难题，采用优化的萃取工艺流程，在国际上首次实现了大于99.99%高丰度锂-7的多级富集，为建设中试规模串级工艺试验装置系统奠定了基础；此外，低氧含量熔盐制备（含氧量<100ppm）从根本上解决了氟化熔盐对于金属材料腐蚀问题。

2014年，共发表了580篇论文，发表论文的质量大幅度提高，影响因子≥10的论文有52篇，其中*Nature* 1篇，*Angew. Chem. Int. Ed.* 34篇（其中第一单位23篇），*J. Am. Chem. Soc.* 29篇（其中第一单位20篇），*Chem. Rev.* 1篇和*Nat. Comu.* 4篇（其中第一单位1篇）。出版著作和章节合计5项。共申请发明专利91项，授权专利37项，软件著作权登记2项。目前维持有效的发明专利174项，软件著作权累计47项。

上海有机所继续保持多年来的国际学术交流的良好态势，来访近600人次，并成功主办了第1届有机化学前沿国际研讨会、第9届大环与超分子化学国际研讨会、第14届化学前沿国际研讨会、第3届稀土金属有机化学国际研讨会、第6届均相催化研讨会、第5届中日韩氟化学国际研讨会，参会人员累计1600余人次。参加国际会议、进行合作研究、考察访问等的出访为98人次。

受中国化学会委托，上海有机所负责编辑出版《化学学报》、《中国化学》和《有机化学》。

（撰稿：黄智静　蔡正骏　审稿：丁奎岭）

上海应用物理研究所

所　　长：赵振堂

地　　址：上海市嘉定区嘉罗公路2019号（嘉定园区）

上海市浦东新区张衡路239号（张江园区）

邮政编码：201800（嘉定园区）

201204（张江园区）

电　　话：021-59553998；021-33933998

传　　真：021-59553021；021-33933021

电子信箱：sinap00@sinap. ac. cn

网　　址：http://www. sinap. cas. cn

中国科学院上海应用物理研究所（以下简称“上海应物所”）成立于1959年，原名中国科学院上海原子核研究所，2003年6月经国家批准改为现名。

上海应物所是国立综合性核技术科学研究机构，在核科学技术领域从事面向世界科技前沿和国家战略需求的基础与应用研究，开展原始创新和集成创新，致力于钍基熔盐堆核能系统的研究发展，致力于同步辐射光源和自由电子激光的大科学装置研制、运行与利用，致力于核科技前沿交叉的研究与核技术应用，以期建成我国独具特色、不可替代和具有国际竞争力的研究机构。上海应物所是国家重大科学基础设施——上海光源（SSRF）的工程承建和运行单位，同时承担中国科学院战略性先导科技专项“未来先进核裂变能——钍基熔盐堆核能系统（TMSR）”、国家重大科技基础设施项目——X射线自由电子激光试验装置工程，以及973项目、科技重大研究专项、基金委重大项目等国家重要科研任务。建有中国科学院核辐射与核能技术重点实验室、中国科学院微观界面物理与探测重点实验室、上海市低温超导高频腔技术重点实验室；拥有两大园区，分别坐落于上海市科技卫星城嘉定区和浦东张江高科技园区，占地面积共700余亩。

截至2014年底，上海应物所共有在职职工1162人。其中科技人员1005人，包括中国科学院院士1人、研究员及正高级工程技术人员112人；国家“千人计划”入选者5人，中国科学院“百人计划”入选者20人（新增2人）；国家杰出青年科学基金获得者5人；973计划项目首席科学家6人。在站博士后26人。

上海应物所是1981年国务院学位委员会批准的博士、硕士学位授予权单位之一，现设有核科学与技术、物理学2个专业一级学科博士研究生培养点，无机化学专业二级学科博士研究生培养点，核科学与技术、物理学、化学3个专业一级学科硕士研究生培养点以及光学工程、电磁场与微波技术、信号与信息处理、生物物理学4个专业二级学科硕士研究生培养点，还设有光学工程、电子与通信工程、核能与核技术工程、生物工程4个专业二级学科专业学位硕士研究生培养点，共有在学研究生402人（其中硕士生195人、博士生207人）。

2014年，上海应物所共有在研项目285项（包括新增项目91项）。其中，主持国家重点基础研究发展计划（973计划）和国家重大科学研究计划项目4项（新增1项）、承担课题15项（新增1项）；主持（或承担）国家自然科学基金重点项目2项、面上项目42项（新增17项）、国家杰出青年科学基金项目1项，国家自然科学基金创新研究群体科学基金项目1项（新增1项），国家优秀青年科学基金项目4项（新增1项）；主持（或承担）中国科学院战略性先导科技专项课题28项，主持（或承担）院重点部署项目1项（新增1项）、（科技部、国家自然科学基金委、财政部和院）重大仪器研制项目1项；承担重点国际合作项目1项（新增1项）。上海应物所全年发表论文294篇，其中SCI论文210篇，以第一作者单位发表影响因子大于5的高水平论文38篇。共申请专利49个，专利授权22个。

2014年，按照中国科学院“率先行动”计划，上海应物所作为依托单位负责建设“中科院上海大科学中心”、“中科院先进核能创新研究院”两个新型非法人研究机构。上海应物所紧紧围绕中国科学院“创新2020”和“率先行动”计划总体要求，以科学院四类机构改革为抓手，围绕钍基熔盐堆核能系统先导专项、大科学装置集群建设及有特色的基础前沿交叉研究等战略目标，致力科研攻关、人才队伍建设和创新成果产出，纵深拓展国际合作，持续提升管理水平，营造创新学术氛围，并在面向国家和区域经济社会发展的成果转移转化方面取得显著成效。

钍基熔盐堆核能系统（TMSR）科技攻关和持续发展工作取得重要进展。经中国科学院院长办公会议审议，将钍基熔盐堆核能系统卓越创新中心调整为创新研究院，并批准先进核能创新研究院（TMSR研究院）实施方案。TMSR先导专项完成两种钍基熔盐实验堆概念设计，并启动固态燃料实验堆工程设计；掌握氟盐冷却剂制备与净化、镍基合金生产与加工工艺，攻克氟盐强腐蚀等核心技术挑战；完成先导专项中期进展评估，获得继续支持。开辟了中美核能科技合作新局面，与美国橡树岭国家实验室正式签订熔盐堆合作研究协议（CRADA），并与麻省理工大学签订科技合作意向书，作为观察员参加了国际四代堆论坛熔盐堆技术委员会并承办了2014年执委会会议。后续支持已列入相关计划并正在落实启动，力争为国家能源安全与可持续发展做出重大创新贡献。

2014年，“中国科学院上海大科学中心”成立，目前已全面进入实施阶段。上海光源迎来了开放5周年，大科学装置主要运行技术指标处于国际先进水平，进入了持续发展和提升阶段，继续发挥支撑科技创新发展的平台作用。在4月召开的上海光源线站国际评审会中，专家组对上海光源的运行开放工作给予了高度肯定，意见指出：评审委员会对上海光源首批7条线站的杰出表现印象深刻。从用户数量、用户成果及高水平研究成果方面来看，体现了该大装置平台高的科学水准。2014年，上海光源全年向用户供光4624.5小时，用户供光期间开机率达到98.6%；共收到用户课题申请1664份，申请机时94 336小时，实验人员达4996人次，上海光源从竣工开放运行至今用户已达10 007人；用户的科学研究成果发表论文1900余篇，其中SCI 1区的文章400余篇，包括*Science*、*Nature*、*Cell*等国际顶级刊物论文40篇，用户实验诞生了世界级的研究成果。上海光源后续工程项目按计划落实、推进。上海光源线站工程（二期）已列入国家“十二五”重大科学基础设施建设规划；X射线自由电子激光试验装置（SXFEL）项目于12月30日进行了开工奠基仪式；蛋白质科学研究（上海）设施光束线站完成了全部光束线设备的安装和在线联调，“梦之线”全面达到验收指标要求；首台国产质子治疗装置的研制取得了重大进展，已完成加速器系统的工程设计和治疗系统的初步设计。线站实验方法研究与光源关键技术转移转化方面，自装置技术与超高密度纳米阵列研究、超导高频腔备用腔研制、加速器整机出口等都取得了良好的进展。

核科学技术与前沿交叉学科研究领域获得重要进展，在中高能重离子碰撞研究、纳米医学及生物传感技术的新方法研究与应用、铝的生物毒性等方面做出了有特色工作和成绩；同时，积极推进基于大科学装置的In-House研究，并在界面分子表征与生物成像等方面取得了可喜的成果。

2014年，上海应物所与欧洲同步辐射光源（ESRF）、欧洲原子核研究中心（CERN）、瑞士保罗谢尔国家实验室所属的SEAG、韩国浦项实验室（PAL）、韩国放射医学研究中心（KIRAMS）、日本Osaka大学、美国布鲁克海文国家实验室（BNL）、美国能源部-橡树岭国家实验室下属UT-Battelle公司、巴西能源与材料研究中心（CNPEM）、罗马尼亚低温与同位素技术国立研究所（ICIT）共计10家知名研究机构项签署国际合作协议，围绕核能科学与技术、重离子碰撞研究、中微子、加速器整机研制等方面进行了深入而富有成效的合作。主办上海光源线站国际评审会、第3届两岸同步辐射学术研讨会、第18届熔盐堆系统指导委员会会议、“2MW液态燃料实验堆（TMSR-LF1）及干法后处理设施”预概念设计国际评审会、纳米气泡、纳米气层及其应用国际会议等国际会议。全年因公出访155批次292人次；外宾来访360余人次。至2014年底，共计申请获得爱因斯坦讲席教授计划3人次；外国专家特聘研究员计划8人次；外籍青年科学家计划2人次；发展中国家访问学者计划1人次。

上海应物所是上海市核学会、中国核学会辐射研究与辐射工艺学分会的挂靠单位；主办《核技术》、《核科学与技术》（英文版）、《辐射研究与辐射工艺学报》等学术刊物。

（撰稿：蔡　雨　周　韡　审稿：赵振堂）

上海天文台

台　　长：洪晓瑜
地　　址：上海市徐汇区南丹路80号
邮政编码：200030
电　　话：021-64386191
传　　真：021-64384618
电子信箱：office@shao.ac.cn
网　　址：http://www.shao.ac.cn

中国科学院上海天文台（以下简称“上海天文台”）成立于1962年，其前身是1872年建立的徐家汇天文台和1900年建立的佘山天文台。目前上海天文台包括徐家汇园区和佘山科技园区两个部分，徐家汇为总部。天文观测台站位于上海松江佘山地区。

上海天文台以天文地球动力学和天体物理学为主要学科方向，同时积极发展现代天文观测技术和时频技术，为天文研究和国家战略需求提供科学和技术支持，坚持科学院的“三个面向”

和“四个率先”的办院方针，积极承担国家和有关部委的重要科研和国家重大需求任务。在科学前沿研究方面，参加了科学院先导专项、科技部和基金委等部位的重要课题；在国家战略需求方面，在国家导航定位、深空探测等国家重大工程中发挥重要作用。根据中科院与上海天文台签订的“十二五”任务书和上海天文台“一三五”规划的要求，以及“创新 2020”、“率先行动”计划目标的要求，上海天文台将在天文基础前沿研究、应用研究和天文技术发展三个领域争取有重大突破，并积极推进落实院所分类改革等各项工作。

上海天文台是中科院《星系宇宙学重点实验室》和《行星科学重点实验室》依托单位，以及《射电重点实验室》的主要参与单位；是上海《导航定位重点实验室》的依托单位。上海天文台设有天文地球动力学研究中心、星系和宇宙学研究中心、射电天文科学和技术研究室、光学天文技术研究室、时间频率技术研究室 5 个研究部门，拥有 观测设备：已建 65 米口径射电望远镜、25 米口径射电望远镜、1.56 米口径光学望远镜、60 厘米口径卫星激光测距望远镜，甚长基线干涉测量网（VLBI）数据处理中心、全球定位系统等多项现代空间天文观测技术和国际一流的观测基地和资料分析研究中心，是世界上同时拥有这些技术的 7 个台站之一。上海天文台是中国 VLBI 网和中国激光测距网的负责单位。上海天文台是全国科普教育基地、全国青少年科技基地、上海市青少年教育基地和上海市科普教育基地。

截至 2014 年底，上海天文台共有在职职工 274 人。其中科技人员 214 人、科技支撑人员 45 人，包括中国科学院院士 1 人、中国工程院院士 1 人、研究员及正高级工程技术人员 60 人、副研究员及高级工程技术人员 73 人、共有中国科学院“百人计划”入选者 15 人、国家杰出青年科学基金获得者 6 人。

上海天文台是 1981 年国务院学位委员会批准的博士、硕士学位授予权单位之一。现设有天文学 1 个一级学科博士培养点，天体物理、天体测量与天体力学、天文技术与方法 3 个专业的二级学科博士培养点；设有天体物理、天体测量与天体力学、天文技术与方法、仪器仪表工程 4 个专业的二级学科硕士培养点；并设有天文学 1 个一级学科博士后流动站，天体物理、天体测量与天体力学、天文技术与方法 3 个专业的二级学科博士后流动站；截至 2014 年底共有在学研究生 148 人（其中硕士生 70 人，博士生 78 人），在站博士后 22 人。

2014 年，上海天文台共有在研项目 672 项。其中承担国家重点基础研究发展计划（973 计划）子课题 3 项；承担国家高技术研究发展计划（863 计划）项目 1 项；承担国家科技基础性工作专项 1 项；承担国家自然科学基金重点项目 1 项、面上项目 30 项（新增 8 项）、杰出青年科学基金项目 1 项、优秀青年科学基金项目 1 项、青年科学基金项目 22 项（新增 13 项）、联合基金项目 6 项（新增 2 项）、专项基金 2 项、国际合作交流项目 10 项（新增 6 项）；承担中国科学院战略性先导科技专项课题 2 项；承担上海市科委项目 5 项。

2014 年，上海天文台“一三五”国际诊断评估顺利完成。国际评估专家组给予了高度的评价，上海天文台一个多学科的研究所，具有广泛的研究范围和核心竞争力，致力于支持国家重大需求、追求地球科学和天文学的应用与基础研究。纵观上海天文台的历史，多年在资源有限的条件下，仍取得了显著的进步。在 10 到 15 年，进步和成长在国际上具有很高的显示度。有一些研究方面是世界水平的，如中国探月计划的甚长基线干涉（VLBI）跟踪、地球自转的监测、精确定轨、星系形成的数值模拟、活动星系核吸积盘的理论研究以及 65 米天马射电望远镜的快速建造。另外有显示度的核心能力包括：①VLBI 硬件和软件技术，②时间和频率标准的氢脉泽钟，③人造卫星激光搜索和反射体，④新建的射电天文接收机实验室。

2014 年，上海天文台在承担的重大项目方面：①国家探月工程项目：牵头的 VLBI 测轨分系统圆满完成探月工程三期再入返回飞行试验测轨任务，并继续执行延拓任务。VLBI 测轨分系统的实时高精度数据的加入有效地提高了“嫦娥三号”（CE-3）顺利落月和月面高精度测量，为“嫦娥三号”任务的圆满完成做出了卓越贡献。②卫星激光测距（SLR）技术和光学天文技术：研制的激光雷达合作目标成功应用于我国“载人航天工程”。在天宫和神舟飞行器上，用于反射激光雷达入射光信号，配合激光雷达完成对目标的搜索、捕获、跟踪测量，实时获取目标相对距离和角度等测量参数。③上海天马射电望远镜（65 米）：2014 年开始试运行，并逐步向国内天文学家开放单天线科学观测时间。同时开展了第二阶段的研制建设工作。完成了的 Ku 波段接收机的研制、安装和调试工作，该接收机是与美国国立射电天文台（NRAO）合作完成，设备性能达到世界先进水平。自主研制的 Q 波段双波束致冷接收机进展顺利，并开展了中频传输系统的研制、微波全息测量系统的研制和谱线 OTF 观测模式研究等工作。④在基础研究方面，特别是在高能天体物理、射电天体物理、星系结构和演化、银河系和行星科学等领域取得了很好的成果，并在一些重要学科发布了重要的成果。例如在天文界著名期刊《天文学和天体物理年评》（ARA&A）上发表了《黑洞热吸积流》论文，表明上海天文台黑洞吸积研究获国际认可，并入选 2014 年上海十大科技事件；作为重要合作者，上海天文台科研人员分别在 *ARA&A*、*Science*、*Nature* 等国际一流刊物发表多篇文章。这些为科研工作的展开奠定了研究基础，也为今后几年在科研领域取得前沿成果提供机遇和条件。

2014 年，上海天文台集体和个人获得上级机关和其他有关单位授予的各类荣誉称号共 40 项。其中：集体荣誉称号 10 项，个人荣誉称号 30 项。连续六届被授予上海市文明单位，与此同时，“‘嫦娥三号’和‘玉兔’软着陆的 VLBI 实时精密测定轨和月面定位”获上海科技进步奖一等奖；“嫦娥三号”任务团队荣获上海市五一劳动奖状，刘庆会、王伟华、黄勇、陈中、陈肖 5 人荣获探月工程“嫦娥三号”任务突出贡献者等。

进一步夯实国际、国内合作成果。为开辟 SKA 和空间射电天文相关的学科前沿和关键技术的研究领域，2014 年，成立“射电天文研究与技术创新中心”，聘请武向平院士为客座研究员。积极推动建设空间甚低频射电天文台、空间分米波 VLBI 计划、空间毫米波 VLBI 阵列等，在国际合作重大项目中体现和加强主导地位，参加国际大科学工程平方公里阵（SKA），扩展国际合作，筹备建立射电天文数据处理中心。

2014 年，以科研项目为依托，积极开展国际合作交流，本年度出访共计 193 人次，其中中国台湾 6 批 15 人次，启用新的管理办法。来访 137 人次，较往年略有增长；短期来访全面启用 ARP 国际合作模块来访子模块，长期来访多次申请多年期居留许可，有效保障出入境的便利。获得中国科学院国际合作局多项资助，包括人才类、院级协议和区域性的合作经费等；其中国际人才计划的国际杰出学者 1 名，国际访问学者 4 名，国际博士后 8 名，为外籍人员来台科研争取工资等匹配资金。成功举办国际会议 3 项：第八届国际甚长基线干涉测量大会、第三届国际地球重力场服务大会和 2014 空间对地观测及全球变化研讨会。

上海天文台是上海市天文学会挂靠单位，负责主办《上海天文台年刊》、《天文学进展》以及《地球自转参数年报》、《地球自转参数公报》、《原子时公报》等期刊。

（撰稿：朱　洁　王　涛　审稿：洪晓瑜）

上海生命科学研究院

院　　长：李　林
地　　址：上海市岳阳路 320 号
邮政编码：200031
电　　话：021-54920021
传　　真：021-54920078
电子信箱：sibs@sibs. ac. cn
网　　址：http://www. sibs. cas. cn

中国科学院上海生命科学研究院（以下简称“上海生科院”）成立于 1999 年 7 月，是由原中国科学院上海生物化学研究所、上海细胞生物学研究所、上海生理研究所、上海脑研究所、上海药物研究所、上海植物生理研究所、上海昆虫研究所和上海生物工程研究中心 8 个生物学研究机构经结构调整和体制创新组建而成，中国科学院国家基因研究中心、中国科学院上海生命科学研究中心、中国科学院上海实验动物中心、中国科学院上海文献情报中心等也先后整建制并入。“十五”期间，先后共建或新建了上海生科院/上海交通大学医学院健康科学研究所、营养科学研究所、上海巴斯德研究所、中国科学院—马普学会计算生物学伙伴研究所。

“十二五”期间，上海生科院努力探索有利于科技创新的体制机制，瞄准国际生命科学前沿领域，针对国家重大战略需求，聚焦生命现象本质、人口健康和农业发展的关键科学问题开展研究，力争在“神经疾病靶点”、“染色质结构与功能的调控”、“干细胞谱系建立及应用基础研究”、“中国人群营养与代谢遗传特征”、“丙肝的致病分子机制和治疗新标准”、“简小最适基因组人造生命体系合成与工业生物技术”6个重大科学问题上取得突破，将上海生科院建设成为综合、大型、跨领域、国际化、布局合理、具有强大竞争力和重要影响力的生命科学和健康科学研究基地和人才培养基地。

2014年，上海生科院紧紧围绕建设我国人口健康与生物医药自主创新核心的根本任务，积极贯彻落实中国科学院“率先行动”计划，深入推进院所紧密结合研究所“一三五”规划与上海生科院“一六十”规划，加强战略研究规划，深化体制机制改革，着力提升科技创新能力，继续构筑创新人才高地，努力优化支撑保障条件，加强管理服务，强化统筹协调，促进各项事业全面发展。

上海生科院重点研究领域包括：功能基因组、蛋白质组和生物信息学，生物大分子的结构、相互作用及功能，细胞活动的分子网络调控，脑发育与脑功能的分子与细胞机制研究，防治重要疾病的新药研究开发、中药现代化研究以及药物研究的理论和方法，植物分子生理和植物与环境的相互作用，生物技术的创新和应用，生物医学转化型研究，现代营养科学研究，病毒学与免疫学研究，计算生物学研究，以及生命科学与其他学科的交叉研究。

上海生科院共有生物化学与细胞生物学研究所、神经科学研究所、上海药物研究所、植物生理生态研究所、健康科学研究所、营养科学研究所、上海巴斯德研究所、计算生物学研究所、上海植物逆境生物学研究中心、中科院–二军大转化医学研究院等10个研究机构（上海药物研究所和上海巴斯德研究所为独立法人研究单元），生命科学信息中心、上海实验动物中心2个支撑单元，中科院上海辰山植物科学研究中心、中科院–二军大转化医学研究院、中科院上海临床研究中心、上海工业生物技术研发中心、上海生物医学工程研究中心、中科院湖州应用技术研究和产业化中心5个院地合作共建机构。

生物化学与细胞生物学研究所成立于2000年，前身是中国科学院上海生物化学研究所与中国科学院上海细胞生物学研究所，该所致力于生命科学基础研究，依托分子生物学国家重点实验室、细胞生物学国家重点实验室、国家蛋白质科学研究中心·上海（筹）三大研究集群，主要涵盖基因调控、RNA、表观遗传学，蛋白质科学，细胞信号转导，细胞与干细胞生物学，癌症和其他重大疾病机理等五大研究领域。在国家全面深化改革、创新驱动发展的新时期，铭记“献身、求实、团结、奋进”八字所训，贯彻中国科学院“三个面向、四个率先”的办院方针，积极践行“率先行动”计划，全面推进分子细胞科学卓越中心、上海大科学中心、细胞信号网络协同创新中心建设。现有75个研究组，分别以固定及客座研究组的形式加入重点实验室。

神经科学研究所成立于1999年11月27日，其主要任务是开展神经科学前沿领域的基础研究，旨在中国建立国际一流的神经科学基础研究的基地。主要研究方向是：分子与细胞神经科学、发育神经科学、系统与认知神经科学以及神经系统疾病等，力争在“阐述神经分化、生长和再生的分子机制”、“理解认知功能的神经环路基础”、“获得发育与退行性神经疾病诊断和治疗的新方法、新靶点”三个方面取得突破。按研究方向设有4个研究部门，29个研究组。神经科学国家重点实验室、中国科学院脑科学卓越创新中心依托于神经科学研究所。

上海药物研究所前身是1932年创建的国立北平研究院药物研究所，是以创新药物的基础研究、应用基础和应用开发研究为主的综合性研究机构。主要面向国家生物医药战略需求和国际科技发展前沿，以重大新药创制为主线，发展药物研究的新理论、新方法和新技术，构建与国际接轨的创新药物研发技术体系；培养和引进高水平的药学领域领军人才，全面建设“四个一流”的国际化创新型药物研发机构，在国家药学研究领域中发挥核心、引领、示范和辐射作用，带动我国生物医药战略新兴产业的跨越发展，力求在“创制具有国际影响的重大新药”，“率先实现药物安全性评价与国际规范接轨”，“发展评价先导化合物和靶标成药性的新理论、新方法和新技术”方面取得重大突破。设有包括新药研究国家重点实验室在内的4个国家级研究中心、5个研究室、11个技术平台研究中心和5个支撑服务机构，2014年启动“中国科学院药物创新研究院”建设。

植物生理生态研究所由原中国科学院上海植物生理研究所与原中国科学院上海昆虫研究所于1999年5月19日整合而成。主要瞄准植物、微生物和昆虫的重要生理过程及其相互作用的科学前沿，面向我国可持续农业和生态环境、生物能源和生物制造的重大战略需求，开展原创性、系统性的基础和应用基础研究，力争在“水稻高产优质的分子生理与遗传基础”、“植物逆境生理和抗性改良生物技术”、“生物代谢的系统生物学研究及人造生命体系的合成”三个重点研究方向取得突破。设有植物分子遗传国家重点实验室、中国科学院合成生物学重点实验室、中国科学院昆虫发育与进化生物学重点实验室、光合作用与环境生物学实验室、中国科学院国家基因中心、国家植物基因研究中心（上海）、上海生科院工业生物技术研究中心和中国科学院上海昆虫博物馆。

健康科学研究所于1999年由上海生科院和上海交通大学医学院（原上海第二医科大学）跨中国科学院与高等医学教育系统创立，冠名健康科学中心，2002年4月开始实体化运作，2005年更名为健康科学研究所。坚持以生物医学转化型研究为核心使命，聚焦干细胞研究与应用、免疫与重大疾病研究、肿瘤防治新策略等重要领域，重点培育干细胞药物研发、疾病代谢组学研究、肿瘤个体化诊疗、免疫微环境与慢性疾病的发生发展、心脏发育与心肌修复5个重点方向。现有31个研究组，设有中国科学院干细胞生物学重点实验室，并逐步建成干细胞技术平台、疾病基因遗传学和蛋白质组学分析平台、细胞分析技术平台、疾病模式生物技术平台、生物样本库5个开放性技术平台。通过与上海交通大学医学院附属瑞金医院、仁济医院、第二军医大学附属长征医院等10余家医疗机构开展密切合作或共建联合转化研究中心，形成良好的基础研究与临床研究联动体系。

营养科学研究所于2003年12月15日在上海正式成立。定位于“应用导向的基础研究”，重点致力于中国人群营养与代谢遗传特征研究，解析营养与代谢的关键调控节点和网络，深入挖掘慢性代谢性疾病的致病机理，为建立营养相关疾病的防御体系、发展营养干预的新技术、新策略提供理论依据；同时开展前瞻性的食品安全理论基础研究，发展先进的检测技术与方法，为我国相关政策及标准的制定提供科技支撑，为提升人民健康水平做出贡献。设有中国科学院营养与代谢重点实验室、食品安全研究中心、湖州营养与健康产业创新中心和转化医学研究中心，同时也是国家食品安全风险评估中心上海生科院分中心的依托单位，目前已建立较为完善的分子细胞研究、营养与代谢基础研究、动物疾病模型研究和营养分析与食品安全研究等技术平台。

上海巴斯德研究所是根据中国科学院、上海市和法国巴斯德研究所2004年8月30日签署的合作总协议建立的研究机构，于2004年10月11日揭牌，2005年7月开始运行。该所的宗旨是根据国家公众健康需求，致力于人类重要传染病的致病机理和免疫保护机制研究，以及疾病防控的关键技术研发，重点发展病毒学、免疫学和疫苗学等学科，解决人群中传染性疾病防控及新型疫苗研发、评价等重大科学问题，创新国际和院地合作机制，为国家传染病防控及疫苗产业发展提供科技支撑和战略储备。围绕重大传染性疾病的致病机制、免疫应答规律及防治策略研究这一目标，力争在揭示丙型肝炎病毒等重要病原体的关键致病机制，开发手足口病、流感等疾病的新型疫苗和药物，建立呼吸道等新发、突发病原体的快速诊断技术、提升应对突发和新发传染病的能力三个方向取得突破性进展。设有中国科学院分子病毒与免疫重点实验室。

计算生物学伙伴研究所成立于2005年10月，是中国科学院和德国马普学会合作共建、联合资助、共同管理的一个国际化研究机构。该所主要聚焦人口健康与作物高产等重大科学问题，开展计算与系统生物学研究，充分发挥国际合作所独特优势，建设国际一流的计算生物学研究中心，引领学科发展。主要致力于在建立人及其他模式生物衰老的表观遗传组、转录组、蛋白质组、代谢组图谱，构建并阐明调控网络；建立C3与C4植物系统动力学模型，确定C4形成的关键基因；建立基于遗传融合的群体基因组学分析方法，阐明人群的分化和基因交流历史及其对环境的适应机制等三个研究方向取得突破。设有中国科学院计算生物学重点实验室、分子系统生物学实验室、计算调控基因组学实验室、生物物理学实验室、整合生物学实验室和植物系统生物学、功能基因组学、群体基因组学、皮肤基因组学4个青年科学家小组，共拥有18个研究小组，在计算生物学领域中具有一定的研究规模和竞争力。

上海生科院共有4个国家重点实验室、9个中国科学院重点实验室、1个中国科学院脑科学卓越创新中心、1个国家重大科技基础设施国家蛋白质科学研究上海设施和1个上海市分子男科学重点实验室。国家重点实验室包括分子生物学国家重点实验室、植物分子遗传国家重点实验室、神经科学国家重点实验室、细胞生物学国家重点实验室；中国科学院重点实验室包括干细胞生物学重点实验室、系统生物学重点实验室、营养与代谢重点实验室、合成生物学重点实验室、计算生物学重点实验室、昆虫发育与进化生物学重点实验室、分子病毒与免疫重点实验室、灵长类生物学重点实验室（2014年获批成立）、食品安全重点实验室（2014年获批筹建）。

2014年，中国科学院脑科学卓越创新中心成立，主要依托上海生科院神经科学研究所；由上海生科院负责建设的国家蛋白质科学研究上海设施项目已完成竣工，进入试运行。

截至2014年底，上海生科院共有在职职工2124人。其中岗位聘用人员1978人、项目聘用人员74人、离岗安置人员56人。包括中国科学院院士21人、中国工程院院士2人、中国科学院外籍院士1人、美国国家科学院院士2人、发展中国家科学院院士12人、研究员338人、高级工程师以及高级实验师等副高级专业技术人员346人。

上海生科院是国务院学位委员会批准的博士、硕士学位授予权单位之一，现设有生物学专业一级学科博士研究生培养点，植物学、动物学、生理学、微生物学、神经生物学、遗传学、发育生物学、细胞生物学、生物化学与分子生物学、生物信息学、计算生物学11个专业二级学科博士研究生培养点；基础医学专业一级学科硕士研究生培养点，免疫学专业二级学科硕士研究生培养点；生物工程专业硕士研究生培养点，并设有生物学专业一级学科博士后流动站；共有在学研究生1835人（其中硕士生670人、博士生1165人），在站博士后231人。

作为首批入选“海外高层次人才创新创业基地”和“创新人才培养示范基地”的单位之一，上海生科院共有国家“顶尖千人计划”1人，国家“千人计划”（国家海外高层次人才引进计划）入选者17人（新增3人），外专“千人计划”1人，中央“青年千人计划”31人（新增14人），上海“千人计划”5人；“万人计划”5人，其中科技创新领军人才1人，百千万工程领军人才1人，青年拔尖人才3人；“科技部创新人才推进计划”中青年领军人才8人（新增4人），重点领域创新团队1支；中国科学院“百人计划”入选者132人（新增3人）；国家杰出青年科学基金获得者53人（新增1人）；国家重点基础研究发展计划（973计划）首席科学家35人（新增3人）；基金委“创新群体”负责人10人；国家外专局-中科院海外创新团队6支（新增1支）（海外知名学者33人）。

2014年，上海生科院共有在研项目800余项（包括新增项目253项）。其中，主持国家重点基础研究发展计划（973计划，含重大科学研究计划）项目26项（新增3项）、承担课题41项（新增5项），主持（或承担）中国高技术研究发展计划（863计划）课题5项，主持国家科技支撑计划课题4项，主持（或承担）重大专项17项；主持国家自然科学基金创新研究群体科学基金7项（新增2项为延续资助），重点项目51项（新增11项），面上项目225项（新增63项），重大研究计划项目39项（新增15项），重大项目2项（新增1项）；主持中国科学院战略性先导科技专项1项，承担项目6项（新增2项），科技服务网络计划项目2项（新增2项）；承担国际合作项目56项（新增16项）。新增的253项各类项目合同经费达4.04亿元。

2014年，上海生科院科研工作取得重要进展，共获国家、省部委及各类社会力量奖励77项。其中，神经科学研究所王以政研究员等完成的项目“TRPC通道促进神经突触形成机制的研究”和植物生理生态研究所何祖华研究员等完成的项目“水稻重要生理性状的调控机理与分子育种应用基础”获2014年度国家自然科学奖二等奖；营养科学研究所周斌研究组的科研成果“发现新生期心脏具有重新生成冠状动脉的能力”入选2014年度中国科学十大进展；另获上海市自然科学奖一等奖1项、二等奖1项，技术发明奖二等奖1项。全院发表SCI论文857篇（第一署名单位论文386篇），在*Cell*、*Nature*、*Science*及其系列期刊等高水平杂志上发表论文102篇（第一署名单位论文58篇）；申请专利114项，其中国际专利26项；专利授权70项，其中国际专利5项。

国际合作工作扎实推进。上海生科院2014年新立项的15个国际合作研究项目获得外部经费资助，合作伙伴来自美国、英国、澳大利亚、瑞士等；新增或获准延长资助的国际人才项目10个；出访团组345批共459人次，涉及34个国家和地区；接待来访团组530批共908人次，涉及41个国家和地区；巩固和拓展与国外著名研究机构、出版集团及跨国公司的战略合作伙伴关系：植生生态所参与建设“中科院—英国约翰·英纳斯中心植物和微生物科学联合研究中心”、国家蛋白质科学中心·上海（筹）与丹纳赫公司共建示范实验室、与GE医疗共建生命科学实验室；院所与自然出版集团、细胞出版集团、牛津大学出版集团、英国约翰英纳斯中心、赛诺菲公司等签署了9份合作协议；举办多边和双边国际会议19次；韩斌院士当选发展中国家科学院院士；计算生物学所依托科技部国际科技合作基地，发展态势良好，顺利通过国际评估，2014年时值中科院与德国马普学会合作40周年，共建双方高度赞扬了该所取得的成绩。

上海生科院现有4个全国性挂靠学会和6个地方性挂靠学会。*Cell Research*（《细胞研究》）2013年度影响因子为11.981，处于Q1水平，在SCI最新收录的185种国际细胞生物学领域期刊中影响因子排名第13，在SCI最新收录的163种中国期刊中影响因子排名第1；*Molecular Plant*（《分子植物》）2013年度影响因子为6.605，处于Q1水平，在SCI收录的196种国际植物科学领域期刊中影响因子排名第8；*Journal of Molecular Cell Biology*（《分子细胞生物学报》）2013年度影响因子为8.432，处于Q1水平；*Acta Biochimica et Biophysica Sinica*（《生物化学与生物物理学报》）2013年度影响因子为2.089；*Neuroscience Bulletin*（《神经科学通报》）2013年度影响因子为1.832。此外，5种英文期刊分别与*Nature*出版集团（NPG）、*Cell Press*、牛津大学出版社（OUP）、施普林*Springer*等国际知名出版商进行了国际出版合作。

（撰稿：何　静　林滨霞　审稿：汤伯伟）

上海药物研究所

所　　长：蒋华良
地　　址：上海浦东张江祖冲之路555号
邮政编码：201203
电　　话：021-50806600
传　　真：021-50807088
电子信箱：suoban@simm.ac.cn
网　　址：http://www.simm.cas.cn

中国科学院上海药物研究所（以下简称

“上海药物所”）前身是国立北平研究院药物研究所，1932 年由国立北平研究院和北平中法大学合作创建，1933 年迁至上海，1950 年 3 月并入中国科学院有机化学所，为药物化学研究室，1953 年成立中国科学院药物研究所。1970 年改名为上海药物研究所，1978 年更名为中国科学院上海药物研究所。

上海药物所是以创新药物的基础研究、应用基础和应用开发研究为主的综合性研究机构，通过生物学和化学密切合作，阐明生物活性物质的结构、活性及其相互关系；探索药物作用的新机理、新靶点；完成新药临床前综合评价及研究。重点研究治疗肿瘤、心脑血管、神经精神系统、代谢、自身免疫和感染性 6 类疾病领域的新药，并加强现代中药的研发。

上海药物所设有 4 个国家级研究中心：新药研究国家重点实验室、国家新药筛选中心、中药标准化技术国家工程实验室、国家化合物样品库；6 个研究室：药物化学研究室、天然药物化学研究室、药理学第一、第二、第三研究室、中国科学院受体结构与功能重点实验室；11 个技术平台研究中心：药物发现与设计中心、药效评价研究中心、上海药物代谢研究中心、药物安全评价研究中心、药物释放系统研究中心、中药现代化研究中心、药物质量控制与固体化学研究中心、化学蛋白质组学研究中心、药物靶标结构及功能研究中心、神经药理国际科学家工作站和蛋白质折叠国际科学家工作站；5 个支撑服务机构：分析化学研究室、所级公共技术服务中心、信息中心、实验动物室、期刊联合编辑部。

2014 年，中科院实施“率先行动”计划暨全面深化改革，药物所入选首批中科院创新研究院试点单位。2014 年 11 月 6 日，中科院第 10 次院长办公会审议通过药物创新研究院实施方案。“药物创新研究院”以“出新药”为目标，聚焦“面向新药创制需求的基础研究、药物研发新方法和新技术发展、针对重大疾病的新药创制、药物研发转化技术研究”四大研究方向，建立“源头创新→技术研发→新药创制→转移转化→人才培养”五位一体的新药研发创新链。按照“聚集多方资源、理顺创新链条、创新体制机制”的指导思想，采取“总部+分部+网络实验室+产业化基地”模式，探索建立创新链和产业链相互贯通、政产学研用协同创新、成果知识产权互利共享的新型科研机构。

截至 2014 年底，上海药物所共有在职职工 778 人。其中科技人员 548 人、科技支撑人员 116 人，包括中国科学院院士 3 人、中国工程院院士 3 人、研究员及正高级工程技术人员 101 人、副研究员及高级工程技术人员 126 人。共有万人计划 1 人，国家海外高层次人才引进计划（“千人计划”）入选者 4 人，上海千人 2 人（新增 2 人）；中国科学院“百人计划”入选者 29 人；“新世纪百千万人才工程”11 人（新增 1 人），国家杰出青年 21 人（新增 1 人），“优青”7 人（新增 4 人）。获“全国科技工作者”等人才奖项荣誉 31 项。

上海药物所是国务院学位委员会批准的首批博士、硕士学位授予单位之一，现设有药学专业一级学科博士、硕士研究生培养点，其招生专业包括药物化学、药剂学、药物设计学、药理学、药物分析学等；设有化学、药学专业一级学科博士后流动站 2 个，在站博士后 37 人。在读研究生 458 人（博士研究生 237 名，硕士研究生 221 名）。

2014 年，上海药物研究所共有在研项目 425 项（包括新增项目 116 项）。其中，承担国家重大科技专项课题 44 项（新增 14 项），主持（或承担）国家重点基础研究发展计划（973 计划）和国家重大科学研究计划项目 15 项（新增 3 项）、承担（或参加）课题 8 项（新增 1 项），主持（或承担）国家高技术研究发展计划（863 计划）项目 5 项（新增 0 项）；主持（或承担）国家自然科学基金重点项目 6 项（新增 1 项）、面上项目 73 项（新增 25 项）、国家杰出青年科学基金项目 8 项（新增 2 项）、国家自然科学基金重大研究计划重点项目 2 项；主持（或承担）中国科学院战略性先导科技专项课题 1 项，主持（或承担）院重点部署项目 2 项（新增 1 项）；承担重点国际合作项目 2 项（新增 1 项）。

新药研究成果丰硕。2014 年治疗心血管疾病新药丹参多酚酸盐销售额突破 46 亿元，获中科院杰出科技成就奖；9 种新药正在全面开展临床研究，抗早老性痴呆候选新药甘露寡糖二酸胶囊（971）进入Ⅲ期临床研究；抗肿瘤新药 K-001、中药五类候选新药丹七通脉片正在进行Ⅱ期临床；抗心律失常候选新药硫酸舒欣啶进入Ⅱ期临床试验；抗类风湿性关节炎候选新药雷腾舒进行 Ib 临床试验；抗肿瘤候选新药德立替尼和盐酸希明替康、抗乙肝病毒候选新药异噻氟定胶囊以及治疗 ED 药物 TPN729 等 4 个候选新药进入Ⅰ期临床试验。治疗红斑狼疮候选新药“马来酸蒿乙醚胺”（SM934）、抗肺动脉高压候选新药 TPN171H、异噻氟定干混悬剂新剂型等已经向 CFDA 递交临床试验申报材料，呈现了“转化一批、研发一批、储备一批、发现一批”的良好态势。共申请专利 98 项，共获专利授权 40 项，其中有国内专利 33 项，国外专利 7 项；获商标注册 1 项。

基础研究获重大突破。2014 年，上海药物所巩固药理学、药物化学和药物分子设计等国际排名较前的优势学科。全年共发表 SCI 论文 540 篇，影响因子（IF）总数 2310. 889，总被引频次 691 次，（其中通讯作者 272 篇，影响因子总数 1167. 62，总被引频次 294 次），平均影响因子 4. 279，篇均被引频次 1. 280 次/篇，影响因子 5 以上的论文 121 篇、3 以上的论文已达 317 篇。在 GPCR、化学蛋白质组学研究、分析动力学模拟、新型结构、新技术研究方面取得一系列重要突破。首次解析 P2Y12 与激动剂和拮抗剂复合物的晶体结构，为新型抗血栓药物的研发提供了重要基础，两篇论文于 2014 年 5 月 1 日同期在 Nature 刊出后即被新华社、路透社等国内外媒体报道。2014 年度获上海药学科技奖 2 项；浦东新区创新成就奖一等奖 2 项。

技术平台体系接轨国际。安全性评价技术平台通过 OECD 的 GLP 认证复查，药物代谢和药效学评价数据获得国际认可，与法国施维雅制药公司共建药物早期代谢和早期毒理评价联合实验室，全面开展早期评价研究，全所动物设施通过国际实验动物评估和认可委员会（AAALAC）认证复查。国家化合物样品库的样品达 137. 67 万种，居亚洲前列。中药标准化技术国家工程实验室完成三七提取物、五味子提取物以及钩藤标准化研究。加强仪器设备资源集成和共享，所级公共技术服务中心通过中科院现场评估。

国际合作纵深发展。2014 年，在研国际合作项目 28 项，新签国际合作项目协议 4 个，国际合作项目到位经费 4500 万元。其中，药物所-施维雅早期联合实验室共建立早期药物代谢评价体系；与比利时 UCB 公司开展计算生物学合作项目；加入由美国 GPCR 数据共享联盟。全年接待来访团组 40 个 180 多人次，其中特别接待葡萄牙共和国总统卡瓦科·席尔瓦、泰国公主朱拉蓬等外国政要访问。全年共邀请 50 场中外专家学术报告，组织和承办 7 场国际学术会议，极大地提升了药物所的国际知名度和影响力。

入选科技成果管理改革试点单位。2014 年，药物所以入选中央级事业单位科技成果使用、处置和收益管理改革试点单位的契机，制定鼓励科技成果转化和科研人员创业的激励制度，创制科技成果转移转化实施方案和管理流程，明晰权责利关系，释放创新活力。与苏州康宁杰瑞公司和苏州工业园区管委会签署合作协议，共建生物药研发平台和苏州分部及产业化基地；推进宁波生物产业创新中心建设，与宁海县地方政府合作建设 GMP 车间。2014 年共签订技术合同 280 余项，合同总金额 12 349 万元，实际到位横向经费 10 921万元。

学报与期刊影响不断扩大。上海药物所主办两本英文学术期刊 *Acta Pharmacologica Sinica*（《中国药理学报》）和 *Asian Journal of Andrology*（《亚洲男性学杂志》）。其中 *Acta Pharmacologica Sinica* 是我国药理学及药学领域唯一被收录至科学引文索引（SCI）的学术期刊，其影响因子（IF）为 2. 496；*Asian Journal of Andrology* 是我国重要的洲际学会国际性会刊，影响因子为 2. 530，在国际男科学领域期刊排名第三，在国内临床医学领域 SCI 期刊榜排名第一。同时还主办了以非处方药物为主的科普杂志《家庭用药》，年发行量为 150 万册。2014 年，药物所科研人员出版专著 3 部。

（撰稿：石岩森　徐晓萍　审稿：厉　骏）

上海高等研究院

院　　长：封松林
地　　址：上海市浦东新区张江高科技园区海科路 99 号
邮政编码：201210
电　　话：021-20325000
传　　真：021-20325034
电子信箱：sari@sari.ac.cn
网　　址：http://www.sari.cas.cn

上海高等研究院（以下简称“上海高研院”）是根据 2008（冬季）中国科学院党组（扩大）会议纪要和中国科学院-上海市院市合作协议精神，由中国科学院与上海市人民政府共建，以中国科学院上海浦东科技园为院址的中央事业法人单位。2010 年 12 月 26 日正式入驻中国科学院上海浦东科技园，2012 年 11 月 27 日通过验收。

上海高研院定位于开展原始创新研究，为战略新兴产业提供集成技术解决方案，探索科技与经济、教育、金融、文化结合的发展模式，成为具有国际影响力的集研、产、学为一体的多学科交叉综合性科研机构。

上海高研院将面向国家战略新兴产业、绿色城镇化和可持续发展中面临的瓶颈问题以及上海“创新驱动，转型发展”的重大科技需求，聚焦空间科技、交叉前沿与先进制造、信息科学与技术、能源与环境、健康科学与技术领域，建设研产学紧密集合的多学科交叉融合创新平台，致力于在具有产业化前景和引领未来的关键技术领域取得重大突破，催生国家和区域的战略新兴产业，为经济发展带来新的增长点，支持社会的可持续发展。

2014 年，上海高研院紧紧围绕“创新 2020”，深入实施院“一三五”规划，在微小卫星、智慧低碳城市和高端医疗影像设备“三个重大突破”方面和物联网行业应用、三网融合系统示范、可持续能源解决方案、温室气体与环境工程和干细胞与系统转化医学 5 个重点培育方向取得了一系列重要进展。

上海高研院首个院级重点实验室-中国科学院低碳转化科学与工程重点实验室已筹建一年，该实验室面向绿色碳科学的低碳复合能源系统需求，主要开展天然气、生物质和煤等含碳资源低碳转化利用核心技术与技术集成的研发，为发展非石油依赖型的能源化工产业提供解决方案和技术支撑。目前实验室进展顺利，已打造了以青年骨干为主、多学科交叉融合的创新团队，建立了卓有成效的广泛的国内外合作网络，取得了显著的科研成果，并做好验收准备，计划于 2015 年 4 月验收。

2014 年，上海高研院与上海微小卫星工程中心、上海科技大学三家共建国内首家“上海碳数据与碳评估研究中心”，围绕应对气候变化和能源消费问题，重点建立独具特色并具有重大国际影响力的碳排放评价体系、“碳排放”模型及碳排放大数据平台，为我国新型城镇化建设提供解决方案，为政府提供决策支撑。

上海高研院同时是中科院清洁能源技术发展中心、微小卫星联合实验室、微系统技术研究发展中心三个院设非法人单元的依托单位。

2014 年，高研院建立中国科学院仪器设备共享管理平台，新增中测测试机、手动探针台、电感耦合等离子体发射光谱元素分析仪、傅里叶变换红外光谱系统等大型设备；新建及完善大型实验（试验）台架或示范验证平台，包括：三网融合无线系统综合测试平台、智慧城市综合运营管理服务平台、甲烷重整与高温反应系统与平台、合成气制烃醇烯反应系统与平台、CO_2 加氢催化评价系统与平台、甲醇转化利用评价系统与平台、微藻筛选驯化和应用评价系统、面向新型核电系统的兆瓦级氦气轮机综合试验装置和融盐换热装置、兆瓦级燃气轮机整机试验装置、智能城网综合验证示范平台、生物活组织 3D 打印制造平台、系统生物学分析技术平台等。

截至 2014 年底，中国科学院上海高等研究院共有在职职工 488 人。其中科技人员 440 人、科技支撑人员 48 人，研究员及正高级工程技术人员 57 人、副研究员及高级工程技术人员 78 人。共有国家海外高层次人才引进计划（“千人计划”）入选者8人，中国科学院“百人计划”入选者15人（新增3人），国家杰出青年科学基金获得者4人，“外国专家特聘研究员”5名，“国际访问学者”1名；国家级“新世纪百千万人才工程”人选3名；中青年科技创新领军人才1名；获批中科院青年创新人才13名；同时引进人才还包括863计划项目负责人6人、973计划重大项目首席科学家5人、长江学者、及上海市领军人才、浦江人才等；“创新国际团队”1个。

2014年，上海高研院共有在研项目356项（包括新增项目145项）。其中，承担国家重大科技专项课题3项（新增1项），主持（或承担）国家重点基础研究发展计划（973计划）和国家重大科学研究计划项目1项、承担（或参加）课题5项，承担（或参加）国家高技术研究发展计划（863计划）课题6项（新增1项），承担（或参加）国家科技支撑计划项目课题3项；主持（或承担）国家自然科学基金重点国际（地区）合作研究项目1项（新增1项）、面上项目18项（新增4项）、青年基金项目42项（新增12项）；主持（或承担）中国科学院战略性先导科技专项课题12项，主持（或承担）院重点部署项目4项（新增2项）、中科院科研装备研制项目1项（新增1项）；承担重点国际合作项目2项；承担中科院院地合作项目10项；承担上海市科委院地合作专项13个（新增4项）；承担横向项目142项目（新增75项）。

2014年，上海高研院在三网融合系统示范、天然气转化利用、无汞催化氯乙烯合成、燃气轮机技术及其系统、高场磁共振核心部件研发等方面取得重要进展。

2014年，上海高研院共发表论文240篇，其中在*Phys. Rev. Lett.*，*Adv. Func. Mater.*，*J. Power Sources*，*Nanoscale*等期刊发表SCI论文120篇。累计申请专利115件，获得授权发明专利47项。

上海高研院“立足上海，面向全国”，积极探索产学研合作模式：加强与地方政府合作，在重点实验室以及工程中心等创新载体建设上有所突破；加强与上海科技大学等的科教协同，推动高层次人才互动，实现科教资源共享；持续深化与中石化、中国神华、中国三峡、上海宝钢、上海电气、上海华谊、上海仪电、山西潞安等大企业集团的多模式对接，深入推动产业链上的联动创新；以成果转化改革试点工作为契机，探索市场导向的转移转化新机制。

国际合作及其成效。①重大国际科技合作项目研究进展。深化壳牌前瞻项目合作，壳牌4年投入1000万美元，以上海高研院为平台，面向中科院其他院校所，在能源环境领域开展探索性研究和新兴技术联合研发。②国际人才引进及交流情况。2014年度引进外籍专家2人，与来自国外企业、科研和教育机构的科学家进行了广泛交流。③签署重要国际科技合作协议情况。与日本新能源产业技术研发机构（NEDO）签订节能建筑示范项目协议。以生物医药与生物技术基地“干细胞与再生医学研发平台”为实施对象，结合上海浦东科技园整体建设理念和高研院智能城网项目研究课题，共建节能建筑示范项目。拓展欧洲合作：与乌特勒支大学签署了合作备忘录，双方将在能源环境领域以及人员交流等方面开展相关合作；与德国弗劳恩霍夫材料力学研究所签订合作备忘录，双方将在微藻及化学和塑料加工行业原料领域开展合作；与英国诺丁汉大学在上海签署了谅解备忘录，双方将发挥各自优势开展用于二氧化碳捕获的固体吸附剂相关研究工作，共同推进相关领域技术进步。

2014年，办理批件62个团组，93人次，实际出访49个团组，73人次；接待美、日、法、荷、英等国家来访54批次284人次，其中项目合作来访团组占总团组数近一半。共举办国际会议4次：APEC车联网技术及其全球应用合作论坛暨展示会、第四届纳米与新能源技术青年学者研讨会、2014年国际正渗透研讨会、2014年低碳城市国际会议。

（撰稿：贾　斌　梁　平
审稿：封松林　孙予罕）

宁波材料技术与工程研究所

所　　长：崔　平

地　　址：浙江省宁波市镇海区中官西路

1219 号
邮政编码：315201
电　　话：0574-86685115
传　　真：0574-87910728
电子信箱：nimte@ nimte. ac. cn
网　　址：http://www. nimte. ac. cn

中国科学院宁波材料技术与工程研究所（以下简称“宁波材料所”）始建于2004年4月，由中科院、浙江省、宁波市三方共建，2007年11月通过验收并隆重揭牌，成为中国科学院在浙江省建立的首家直属研究机构。2009年3月，在宁波材料所完成一期共建目标的基础上，中国科学院、浙江省、宁波市三方进一步加强全面战略合作，签署了宁波材料所二期建设备忘录，决定在原宁波材料所的基础上建成中国科学院宁波工业技术研究院（简称“宁波工研院”），研究领域从原先的材料领域拓展到先进制造和新能源领域。2013年，宁波工研院与慈溪市签署协议，共建慈溪生物医学工程研究所，研究领域进一步拓展到生命健康领域。目前，宁波工研院已经形成“一院四所”的格局。

宁波材料所的使命定位是“料要成材，材要成器，把科技转化为生产力”。“十二五”期间，主要部署了4大领域19个研究方向。2014年，持续推进“一三五”规划，组织召开规划调整专家论证会，根据专家建议对现有重点培育方向进一步凝练聚焦。根据中科院总体部署，响应“率先行动”计划要求，对照四类机构分类改革，梳理了研究所优势特色以及存在的问题，发动全所科研人员进一步凝练了研究领域和学科方向，组织全所各部门编写《宁波工研院管理办法》，理顺了内部管理机制和运行模式。

目前已建成了碳纤维制备技术国家工程实验室、发改委磁性材料科技创新服务平台、省部共建国家重点实验室培育基地、科技部国际合作基地、国家技术转移示范机构等国家级平台，以及中科院磁性材料与器件重点实验室6个省部级科研平台。整个科技支撑平台仪器设备总值3.7亿元；建成13万平方米科研大楼与实验室，为科研工作顺利开展提供了保障。

截至2014年底，共有在职职工831人。其中科技人员611人、科技支撑人员164人，包括中国工程院院士1人、研究员及正高级工程技术人员110人、副研究员及高级工程技术人员127人。共有国家海外高层次人才引进计划（千人计划）入选者10人（新增6人），“青年千人计划”入选者6人（新增2人）；中国科学院“百人计划”入选者32人（新增0人）。

宁波材料所现设有化学、材料科学与工程2个专业一级学科博士研究生培养点，机械制造及其自动化二级学科博士点，材料物理与化学、材料加工工程、高分子化学与物理、有机化学、物理化学、机械制造及其自动化6个专业一级（或二级）学科硕士研究生培养点，并设有化学、材料科学与工程2个专业一级学科博士后流动站，共有在学研究生675人（其中硕士生550人、博士生125人）。

2014年，宁波材料所共有在研项目820项（包括新增项目386项）。其中，参与国家重大科技专项课题2项，主持（或承担、参加）国家重点基础研究发展计划（973计划）和国家重大科学研究计划项目（课题）13项（新增2项），主持（或承担、参加）国家高技术研究发展计划（863计划）项目（课题）7项（新增2项），主持（或承担、参加）国家科技支撑计划项目（课题）6项（新增4项），主持（或承担、参加）工信部稀土专项4项（新增4项），主持（或承担）发改委各类项目3项（新增1项）；面上项目18项（新增9项）、国家自然科学基金重大研究计划重点项目1项，优秀青年科学基金2项，国家重大专项2项；主持（或承担）中国科学院战略性先导科技专项课题2项（新增1项），主持（或承担）院重点部署项目4项，（科技部、国家自然科学基金委、财政部和院）重大仪器研制项目2项，承担科技服务网络计划（STS）项目3项，参与1项；承担重点国际合作项目8项。

2014年，重大项目研究取得进展。固体氧化物燃料电池（SOFC）团队“连人带成果”转移，并已吸收联想集团风险投资资金，正式迈入商业化阶段。高锂离子电导率固体电解质材料及其固态电池研究团队获得国家863计划项目及中科院战略先导专项支持。2014年4月20日，与奇瑞汽车联合打造的碳纤维插电式混合动力的艾瑞泽7车型在2014年北京国际车展正式亮相，引起轰动。

2014年，全所共发表论文491篇，其中SCI收录361篇，影响因子大于3的有169篇。全所共申请专利376件，其中发明专利324件，授权专利量195件，其中发明专利158件。获得科技奖项三项，其中“稀土永磁产业技术升级与集成创新”获得国家科学技术进步奖二等奖，“氧化物半导体纳米线及其微纳器件应用”项目获得浙江省科学技术奖一等奖；万青研究员获得浙江省自然科学奖一等奖。

宁波材料所始终坚持科技与经济紧密结合，并探索和创立了一些行之有效的所地合作模式：与企业结成战略合作伙伴、有针对性地与企业共建工程技术中心、开展项目合作联合攻关、互派人员挂职、针对企业需求开展技术培训等。2014年全年共达成横向合作共计63项，合同经费1.4亿元。煤焦油加氢技术、固体氧化物燃料电池技术、真空装备与CVD涂层技术、年产2000吨聚丙烯釜压发泡技术等项目顺利实现产业化，合同金额1亿多元。依托宁波工研院的技术支撑，企业通过科技创新实现新增产值80多亿元。所长崔平荣获2014年度中国产学研合作促进奖。在2014中国科技创业计划大赛上，高效电机用新型非晶节能材料产业化获得二等奖，金刚石材料功能化及其高端制品开发获得三等奖，固体氧化物燃料电池发电系统获新秀奖。和奇瑞汽车有限公司联合打造的“碳纤维复合材料电动汽车”荣获第十六届中国国际高新技术成果交易会优秀产品奖，以及“镇海杯”国际创新设计大赛金奖。

国际合作取得实效。全年新增国际合作与交流项目18项，引进国际知名教授、研究员及企业家4位，滚动支持2位，全年先后有5位外国专家特聘研究员在所工作。高效节能电机用纳米晶多极永磁环的制造及应用研究、5kW自由活塞式内燃直线发电机联合研发等重大国际科技合作项目进展顺利。承办了“2014第一届有机光电材料与器件国际会议”及“2014中国（宁波）生物材料与医疗器械国际研讨会”，吸引了来自世界各地的同行们来到宁波。2014年7月，生物医学工程所与美国美敦力公司达成合作事宜，共建联合研究中心，这是宁波市引进的首家跨国高层次生物医学工程研发机构。

（撰稿：夏羽青　陶永怀　审稿：崔　平）

福建物质结构研究所

所　　长：曹　荣
地　　址：福建省福州市杨桥西路155号（福州市闽侯上街大学城海西高新技术产业园）
邮政编码：350002（350108）
电　　话：0591-63173066
传　　真：0591-63173068
电子信箱：fjirsm@fjirsm.ac.cn
网　　址：http://www.fjirsm.ac.cn

中国科学院福建物质结构研究所（以下简称“福建物构所”）创建于1960年，其前身是中国科学院福建分院1960年筹建的技术物理所、应用化学所、电子学所、数学力所、自动化所、稀有金属所和生物物理研究室。1961年，中国科学院将福建分院及筹建的7个研究所（研究室）调整合并为中国科学院理化研究所。1962年更名为华东物质结构研究所。1973年定名为中国科学院福建物质结构研究所。我国著名科学家、教育家卢嘉锡院士（已故）为该所创始人。2010年6月8日，中科院与福建省政府、福州市政府签订以福建物构所为依托建设中科院海西研究院协议书。2012年6月8日，中科院海西研究院、厦门市政府、厦门钨业股份有限公司签订共建中科院海西研究院稀土材料研究所协议书。2013年7月4日，中科院海西研究院与泉州市政府签订共建中科院海西研究院装备制造研究所合作协议。至此，海西研究院以福建物构所为基础和法人依托，新建海西材料工程研究所、海西先进制造技术集成研究所3个非法人研究所和海西厦门稀土材料研究所和海西泉州装备制造研究所2个地方二级法人。经过几代人的努力，福建物构所逐渐发展成为在国际上具有重要影响力的结构化学、新材料和器件集成于应用的综合研究基地。

福建物构所定位于“注重原创基础研究，加强变革创新，促进成果转移转化”，以出成果出人才出思想“三位一体”为战略使命，凝练科技目标，优化学科布局，重点开展了结构化学、能源催化、纳米材料、晶体工程、光电材料、激光技术集成与应用、电子信息、先进制造及动力工程等研究与开发，着力开展战略高技术研究，努力实现技术创新和集成创新。在基础前沿研究中进一步拓展国际视野，在技术创新中更加注重原始创新、集成创新和协同创新并进，在科技实践中不断凝练科学问题，不断提升和优化“一三五”规划目标。

福建物构所现有结构化学国家重点实验室、中科院功能纳米结构设计与组装重点实验室、中科院光电材料化学与物理重点实验室、福建省纳米材料重点实验室、福建省清洁核能系统燃料与材料联合创新重点实验室、国家光电子晶体材料工程技术研究中心、中科院煤制乙二醇与相关技术重点实验室、福建激光技术集成与应用工程研究中心、纳米催化材料与技术国家地方联合工程实验室、福建省光电子晶体材料与器件技术开发基地、福建省纳米材料工程实验室、福建省 LED 研发设计和检测服务中心、福建省半导体材料检测及研究科技公共服务平台、福建省光电子晶体材料及器件产业技术创新重点战略联盟、福建省光电子晶体材料与激光技术重大研发平台、福建省储电材料及其应用技术重大研发平台 16 个科技创新平台以及结构化学基础研究室、纳米材料研究室、理论与计算化学研究室、晶体材料研究室、材料化学与物理研究室、激光工程研究室、化学生物学研究室、应用化学研究中心、先进材料研究中心 10 个研究室（中心）。

2014 年，福建物构所继续加强优秀创新人才培养和创新团队建设，截至 2014 年底，福建物构所共有在职职工 844 人。其中科技人员 679 人、科技支撑人员 55 人，包括中国科学院院士 5 人、研究员及正高级工程技术人员 86 人、副研究员及高级工程技术人员 118 人；全所进入创新岗位 394 人，共有国家海外高层次人才引进计划（“千人计划”）入选者 2 人，“青年千人计划”入选者 4 人（新增 2）；中国科学院“百人计划”入选者 29 人（新增 2 人），“西部之光”人才入选者 2 人（新增 1 人）；国家杰出青年科学基金获得者 17 人（新增 2 人）。

福建物构所是 1978 年国务院学位委员会批准的博士、硕士学位授予权单位之一。现设有化学一级学科博士培养点和无机化学、物理化学、有机化学、凝聚态物理、材料物理与化学、生物化学与分子生物学化 6 个博士、硕士培养点；材料工程、生物工程、光学工程、化学工程 4 个硕士研究生培养点；并设有化学学科、材料科学与工程 2 个博士后流动站。目前在学研究生共 458 人，其中博士生 155 人、硕士生 159 人、其中海西联培硕士生 132 人、外国博士留学生 12 人，在站博士后 38 人。研究生导师 104 人，其中博士生导师 73 人，硕士生导师 31 人。

2014 年，中科院福建物质结构研究所共有在研项目 425 项（包括新增项目 117 项）。其中主持国家重点基础研究发展计划（973 计划）和国家重大科学研究计划项目 14 项（新增 3 项）、承担（或参加）课题 2 项（新增 1 项），主持（或承担）国家高技术研究发展计划（863 计划）项目 1 项；主持（或承担）国家自然科学基金重点项目 5 项（新增 2 项）、面上项目 62 项（新增 33 项）、国家杰出青年科学基金项目 7 项（新增 4 项）、国家自然科学基金重大研究计划重点项目 1 项（新增 1 项）；主持（或承担）中国科学院战略性先导科技专项课题 8 项，主持（或承担）院重点部署项目 1 项、（科技部、国家自然科学基金委、财政部和院）重大仪器研制项目 6 项；承担院地合作项目 3 项。

2014 年，出版了《纳米材料生长动力学及其环境应用》专著；发表了 SCI 论文 582 篇（含合作），其中 SCI 影响因子大于 4.0 的论文 227 篇、大于 5.0 的论文 138 篇、大于 6.0 的论文 108 篇；作为第一单位的 327 篇 SCI 论文中，影响因子大于 6.0 的高水平论文 81 篇，较 2013 年 65 篇增加 16 篇。

2014 年，专利产出保持平稳态势，应用学科专利产出比例增加，PCT 申请量有显著增长，专利授权有所增加，尤其在 LED、锂电池材料、高效催化剂、晶体材料等领域有一批专利获得授权。2014 年共申请中国专利 130 多件，PCT 国际专利申请 4 件，获得授权专利 64 件；有 160 多件申请在实质审查程序中，基本覆盖了无机化学、催化、新能源、新材料以及激光器件技术等主要学科领域。

2014 年，福建物构所共有 3 项成果获得省部级科技奖，其中“大尺寸优质紫外双折射晶体高温相 BaB_2O_4 的生长技术”荣获福建省科技进步奖二等奖，“受激拉曼变频用的新型光学晶体材料”荣获福建省自然科学奖二等奖，“优质紫外双折射晶体高温相 BaB_2O_4 的生长技术”获得中国石油和化学工业协会科技进步奖。

海西育成中心作为院地合作的平台作用凸显，平台建设取得新突破。2014 年 3 月，海西育成中心被科技部认定为第五批国家技术转移示范机构。2014 年底，海西育成中心通过审核，被福建省科技厅认定为“福建省省级科技企业孵化器”，并获得科技创新平台认定资助项目支持。2014 年，签订战略合作协议书 9 份、与企业共建 2 个工程化研发中心，新组织横向合作项目 49 项，横向经费 3429.43 万元。

2014 年共有 30 多批 40 多人次国（境）外学者来所短期访问、合作研究、进行国际知名学术期刊的编辑出版公开宣讲活动等，52 多人次出国（境）参加国际会议、合作研究、境外培训以及从事海外招聘活动。4 名外籍博士入选国家基金委“外籍青年科学家计划”项目。洪茂椿院士当选中国化学会第 29 届理事会副理事长，曹荣研究员当选中国化学会第 29 届理事会常务理事，卢灿忠研究员获 2011—2014 年“中国化学会先进工作者”。1 月 15 至 17 日，由中国科学院国际合作局主办、福建物构所承办的“中国科学院 2013 年国际合作工作会议”在福建物构所召开；12 月 19 至 22 日，与厦门大学共同承办第 10 届国际华人无机化学会议；经申请获批准拟于 2015 年 10 月在福州举办第 10 届中日双边金属原子簇化合物研讨会，通过承办相关会议，提高了国内外的影响力，密切了与高校、科研院所的关系。

中国化学会和福建物构所联合主办的《结构化学》刊物，影响因子 0.47，已成为我国化学研究的重要学术刊物之一。

（撰稿：王雪萍　叶培华　审稿：曹　荣）

城市环境研究所

所　　长：朱永官

地　　址：福建省厦门市集美大道 1799 号

邮政编码：361021

电　　话：0592-6190976

传　　真：0592-6190977

电子信箱：xnie@iue.ac.cn

网　　址：http://www.iue.cas.cn

中国科学院城市环境研究所（以下简称“城市环境所”）是中国科学院下属的事业法人单位，是中国科学院资源环境与高技术交叉领域的研究所，是目前国际上唯一的专门从事城市环境综合研究的国立研究机构，是科技部国际科技合作基地、国家级对台科技合作与交流基地和国际科联城市健康计划国际项目办公室落户单位，拥有中国科学院城市环境与健康重点实验室、中国科学院厦门生物产业技术研究开发公共服务平台（国家高新技术产业发展计划项目）、厦门水环境安全与水质保障工程技术研究中心、厦门市危险废物鉴别和处置技术研发公共服务平台、厦门市城市代谢重点实验室、厦门市室内空气与健康重点实验室、中国科学院城市污染物转化重点实验室，拥有环境科学与工程、生态学专业一级学科博士、硕士培养点及环境科学与工程博士后科研流动站。城市环境所的学科方向为环境化学与分析化学、环境经济与环境管理、生态学、环境生物与生物技术、环境工程与环境材料；城市环境所的重点研究领域为：城市生态健康与环境安全、城市环境污染控制与资源化技术、城市环境工程与循环经济、城市生态环境规划与管理；研究单元设置为城市生态健康与环境安全研究中心、城市环境污染控制与资源化技术研究中心、城市环境工程与循环经济研究中心、城市生态环境规划与管理研究中心、仪器设备实验中心，以及两个科学观测研究站。2014 年，仪器设备实验中心所内新增仪器300多万，宁波站新增仪器800多万。

2014年，根据城市环境所的实际情况，确定3个重点突破（流域环境质量演变的城市化效应与风险；城市代谢与废物资源化技术集成；数字城市环境网络）和5个重点培育方向（长三角地区大气复合污染研究；大气环境与健康的模拟研究；城市水质安全新技术研发与系统集成；低成本复合型环境功能材料与集成应用；可持续小城镇规划与生态建设示范）。按照中国科学院“率先行动”计划的总体要求并结合研究所自身的实际情况，自9月起进行改革，“激活存量，做优增量”，以重大成果产出为导向，围绕“一三五”发展规划，设立三大主题领域（在“科学发现”层面针对城市化的生态环境效应开展基础科学研究；在“技术创新”层面针对城市污染源头控制与废物资源化开展技术研发、集成与工程示范；在“规划管理”层面通过环境物联网的构建与应用为可持续城镇规划、建设与管理提供科技支撑），先后制订了“率先行动”计划总体实施方案和一套相应的管理办法并逐步付诸实施。

截至2014年底，城市环境所共有在职职工196人。其中科技人员148人、科技支撑人员48人，研究员及正高级工程技术人员27人、副研究员及高级工程技术人员38人；全所进入创新岗位165人。共有国家“百千万人才工程”入选者2人（新增1人）；国家海外高层次人才引进计划“青年千人计划”入选者1人；中国科学院“百人计划”入选者10人；国家杰出青年科学基金获得者2人；国家优秀青年科学基金获得者1人；福建省杰出青年科学基金获得者4人；福建省引进高层次创业创新人才入选者3人；厦门市双百计划人才入选者4人（新增2人）。

城市环境所现设有环境科学与工程、生态学2个专业一级学科博士研究生培养点，环境科学与工程、生态学2个专业一级学科硕士研究生培养点，并设有环境科学与工程1个专业一级学科博士后流动站，共在学研究生180人（其中硕士生83人、博士生97人）、在站博士后14人。

2014年，城市环境研究所共有在研项目335项（包括新增项目160项）。其中，承担（或参加）国家重大科学研究计划课题2项（新增2项），主持（或承担）国家高技术研究发展计划（863计划）项目5项（新增0项），承担国家科技支撑计划课题（子课题）11项（新增1项）；主持（或承担）国家自然科学基金重点项目2项（新增1项）、面上项目30项（新增10项）、优秀青年科学基金项目1项（新增1项），青年科学基金35项（新增16项）；承担国家公益性行业科研专项课题3项（新增0项）；主持（或承担）中国科学院战略性先导科技专项课题4项（新增3项），主持（或承担）院重点部署项目2项（新增1项）、中科院仪器装备研制项目3项（新增2项）；承担重点国际合作项目1项（新增0项）；承担院地合作项目2项（新增0项）。承担地方政府科研项目119项（新增48项）；承担企事业单位委托等横向项目82项（新增57项），承担其他项目33项（新增18项）。

2014年，城市环境所发表论文330余篇，其中SCI论文233篇，EI论文223篇，CSCD论文85篇，申请专利77件，其中发明50件，实用新型26件，外观设计1件，授权发明10件，实用新型12件，外观设计1件，登记软件著作权4项。牵头调研和起草的《厦门经济特区生态文明建设条例》通过厦门市人大常委会表决，于2015年1月1日起施行。牵头编制的《美丽厦门环境总体规划大纲》、《美丽厦门生态文明建设示范市规划》通过专家评审、论证。

2014年，城市环境所与厦门市集美区人民政府、厦门七匹狼节能环保产业创业投资管理有限公司等单位签署了战略合作协议，积极推动地方生态环境保护及可持续城市建设的全面科技合作。加强企业技术创新公共服务平台建设，与中信国安投资有限公司共建“中国可持续城市研究院”。分别在厦门和宁波举办了集美区产学研科技合作项目成果对接会、中国（宁波）新材料与产业化国际论坛-环境材料研究分论坛，积极向当地企业推介科学院的研究成果。

2014年，城市环境所围绕中国科学院“创新2020”的精神，进一步拓宽国际合作领域和合作渠道，不断扩大国际影响力。在国际交流方面，因公出访共81人次，涉及20个国家和地区。其中，参加国际学术会议62人次，考察访问4人次，开展合作研究18人次；接待了来自美国、日本和英国等29个国家和地区的科研人员共185人次。共举办国际会议6次，其中，于12月9—10日举行的“城市健康与福祉计划”厦门专家会议，邀请到全球20个国家和地区从事健康科学、环境科学、行为科学社会科学等研究领域的60多位顶尖科学家们齐聚一堂，共同启动了去年底在城市环境所设立的“国际计划办公室”，并为该计划制定了中长期目标、研究重点和实施战略。与此同时，城市环境所还与联合国大学全球健康国际研究所签订了谅解备忘录，约定未来将通过合作研究、举办城市健康和福祉领域的研讨会、人员互访、联合培养研究生、共建联合研究中心等方式开展合作。同年，城市环境所还被授予“福建省城市环境研究国际科技合作基地”的称号，未来将得到福建省在国际合作项目等方面的优先资助。

（撰稿：聂　璇　魏振宝　审稿：朱永官）

南京地质古生物研究所

所　　长：杨　群
地　　址：江苏省南京市北京东路39号
邮政编码：210008
电　　话：025-83282105
传　　真：025-83357026
电子信箱：ngb@nigpas.ac.cn
网　　址：http://www.nigpas.cas.cn

中国科学院南京地质古生物研究所（以下简称“南京古生物所”）成立于1951年5月7日，其前身为前中央研究院地质研究所及前中央地质调查所等机构的古生物室（组）。著名地质古生物学家、中国科学院副院长李四光教授为首任所长。

南京古生物所是一个从事古生物学、地层学及相关学科基础研究、应用基础研究及科学传播的综合性研究所。目标是建设成为国际一流的古生物学和地层学研究中心、古生物资料信息中心、古生物标本收藏中心、地质古生物学人才培养及科学传播基地。主要研究领域包括地球早期生命的起源与演化，进化古生物学，古生物系统分类学，古生态、古地理、古气候研究，年代地层学，分子古生物学，地球生物学，生物与环境的协同演化，应用古生物学与地层学等。1998年成为中国科学院“知识创新工程”首批试点单位之一，2011年在中国科学院“创新2020”择优实施部署中再次获得首批整体择优支持。

2014年，南京古生物所在所战略研究小组和贯彻落实《“率先行动”计划》领导小组的指导下，致力于“一三五”规划实施和“率先行动”计划贯彻落实，力争通过一系列具体保障措施与重大举措，持续推动研究所改革发展。

南京古生物所下设基础研究部（含古植物与孢粉学研究室、古动物学研究室、微体古生物学研究室）、现代古生物学和地层学国家重点实验室、中国科学院资源地层学与古地理学重点实验室3个科研机构，拥有图书资料信息中心、公共技术服务中心、南京古生物博物馆和澄江古生物研究站4个支撑部门。

南京古生物所图书馆建于1953年，经过60多年的藏书建设，目前收藏古生物学与地层学专业图书期刊约28万册（期），其中外文期刊近2500种，约20万册（期），是亚洲最大的古生物学专业图书馆。南京古生物所标本馆是在1928年中央研究院地质研究所标本室的基础上发展起来的，其馆藏标本约20万件，不仅是我国最重要的古生物标本馆，也是世界上古生物标本收藏的重要机构。南京古生物所拥有扫描电子显微镜及能谱仪、激光共聚焦显微镜、大型精密光学显微镜及成像系统、同位素质谱仪、气相色谱-质谱仪、光谱仪、元素分析仪、激光剥蚀机、全自动DNA遗传分析仪、化石处理及成像实验室、稳定同位素实验室、地球生物学实验室等众多大型先进仪器设备和实验装置。

经过60余年的发展和几代科学家的努力，南京古生物所目前已成为分支学科齐全、科技力量雄厚、技术条件配套、学术成果丰硕、国际交流频繁的地层古生物综合研究中心。国外同行将她与英国自然历史博物馆和美国斯密逊博物研究院并称为世界古生物学研究的三大中心。

截至2014年底，南京古生物所有在职职工

147 人，离退休职工 224 人。在职职工中有中国科学院院士 3 人、研究员及正高级工程技术人员 42 人、副研究员及高级工程技术人员 39 人。有中国科学院“百人计划”入选者 7 人，国家杰出青年科学基金获得者 7 人。

南京古生物所是国务院学位委员会首批批准的博士、硕士学位授予权单位之一。现设有古生物学与地层学、地球生物学、地质工程和矿物学、岩石学、矿床学四个专业二级学科硕士研究生培养点，古生物学与地层学、地球生物学和矿物学、岩石学、矿床学三个博士研究生培养点，并设有博士后流动站，共有在学研究生 68 人（其中硕士生 38 人、博士生 30 人）、在站博士后 11 人。

2014 年，南京古生物所共有在研项目 126 项（包括新增项目 31 项）。其中，承担国家重大科技专项课题 2 项，承担国家重点基础研究发展计划（973 计划）课题 4 项、参加课题 3 项，承担国家科技基础性工作专项课题 2 项；主持国家自然科学基金重点项目 2 项、重点国际合作项目 1 项（新增 1 项）、面上项目 36 项（新增 9 项）、重大研究计划项目 1 项、重大项目 1 项、国家基础科学人才培养基金项目 1 项、创新研究群体科学基金项目 1 项、国家重大科研仪器设备研制专项 1 项、优秀青年科学基金项目 1 项、专项项目 1 项、中德科学中心项目 1 项、青年科学基金项目 19 项（新增 5 项）、科普基金项目 4 项、外国青年学者研究基金项目 1 项（新增 1 项）；承担中国科学院战略性先导科技专项课题 11 项（新增 5 项），主持院重点部署项目 1 项、参加院重点部署项目 1 项（新增 1 项），承担院科技创新交叉与合作团队项目 1 项，院“百人计划”D 类入选者项目 2 项，院青年创新促进会项目 3 项（新增 1 项），承担中科院其他项目 3 项（新增 3 项）；参加中国地质科学院项目 9 项（新增 2 项）；主持江苏省自然科学基金项目 6 项（新增 1 项），地方政府委托项目 1 项（新增 1 项）；承担大中型企业委托项目 6 项（新增 1 项）。

2014 年，南京古生物所落实“一三五”发展目标、推动“率先行动”计划取得重要进展。全年共发表论文 266 篇，其中 SCI 论文 173 篇，科普文章 41 篇，出版图书著作 13 部，获发明专利授权 3 项，计算机软件著作登记 1 项。*PNAS* 刊登了该所主持完成的中生代葬甲亲代抚育行为研究成果，通过对葬甲化石的系统演化及超微构造的功能形态学分析，揭示了亲代抚育等一些复杂行为特性在这些小甲虫身上的演化奥秘。*Nature* 刊登了该所主持完成的贵州瓮安陡山沱组动物胚胎状化石细胞分化研究成果，发现动物胚胎状化石出现了营养细胞和繁殖细胞的分化，由此认为它们属于有细胞分化的多细胞真核生物。一项成果获 2014 年江苏省科学技术奖三等奖。科普图书《远古的悸动——生命起源与进化》荣获 2014 年国家科技进步奖二等奖，并入选新闻出版广电总局百种优秀图书，一图书获评科技部全国优秀科普作品。荣获“江苏省五一劳动奖状”。

2014 年，南京古生物所科学家继续以我为主，积极开展国际合作。获批中国科学院“国际访问学者计划”3 项和“国际博士后计划”2 项。主办“埃迪卡拉系划分对比和成冰系冰期学术研讨和野外现场会”和“IGCP 591 项目年度专题学术研讨会”，在“第四届国际古生物学大会”主持专题研讨。共有 47 批 98 人次出访参加国际会议或进行学术交流，接待 40 批 75 人次外宾来访。2 位外籍专家分获 2014 年度“江苏友谊奖”和“中国科学院青年科学家国际合作奖”。目前有 20 余位专家担任 40 多个国际学术组织的主席、副主席、选举委员等职。

中国古生物学会挂靠在南京古生物所。南京古生物所主办学术期刊有《古生物学报》、《微体古生物学报》、《地层学杂志》、*Paleoworld*，以及科普期刊《生物进化》和科普网站“化石网”。

（撰稿：陈孝政　顾元达　审稿：詹仁斌）

南京土壤研究所

所　　长：沈仁芳

地　　址：江苏省南京市北京东路 71 号

邮政编码：210008

电　　话：025-86881114
传　　真：025-86881000
电子信箱：iss@ issas. ac. cn
网　　址：http://www. issas. ac. cn

中国科学院南京土壤研究所（简称南京土壤所）成立于1953年，其前身是1930年创立的中央地质调查所土壤研究室，是中国现代土壤科学研究的发源地。南京土壤所的发展目标和定位是：针对我国农业发展与生态环境建设中急需解决的重大需求和前沿土壤科学问题，紧紧围绕我国主要土壤类型的利用特点，开展土壤资源管理、植物营养调控、土壤环境保护、土壤生态保育四大核心领域研究，深化土壤科学基础理论，提升应用基础与技术研究的持续创新能力，着力破解土壤科学核心基础问题和关键技术难题，为我国资源合理利用、粮食安全保障、生态环境保护提供理论基础、技术支撑和决策依据，建成国际一流的土壤科学研究机构。

南京土壤所目前拥有土壤与农业可持续发展国家重点实验室、土壤养分管理国家工程实验室、中国科学院土壤环境与污染修复重点实验室、农业部耕地保育综合性重点实验室等重要研究平台；设有土壤资源与遥感应用研究室、土壤—植物营养与肥料研究室、土壤化学与环境保护研究室、土壤物理与盐渍土研究室、土壤生物与生化研究室、土壤与环境生物修复研究中心、土壤利用与环境变化研究中心等研究单元；还拥有中国科学院生态系统研究网络土壤分中心、河南封丘农田生态系统国家野外科学观测研究站、江西鹰潭农田生态系统国家野外科学观测研究站、江苏常熟农田生态系统国家野外科学观测研究站、中国科学院三峡工程生态环境湖北秭归实验站。拥有联合国粮农组织的特约图书馆和亚洲最大的土壤标本馆。土壤与环境分析测试中心已获得国家实验室认可和国家计量认证。

截至2014年底，南京土壤所现有在职职工314人。其中科技人员211人，科技支撑人员70人，包括中国科学院院士2人、研究员及正高级工程技术人员62人、副研究员及高级工程技术人员87人。共有国家海外高层次人才引进计划（“千人计划”）入选者1人；中国科学院“百人计划”入选者14人；国家杰出青年科学基金获得者8人（新增1人）。

南京土壤所是1981年国务院学位委员会批准的博士、硕士学位授予权单位之一，现设有农业资源与环境、环境科学与工程、生态学3个专业一级学科博士研究生培养点，土壤学、植物营养学、环境科学11个专业二级学科硕士研究生培养点，并设有农业资源与环境、环境科学与工程2个一级学科博士后流动站，共有在学研究生285人（其中硕士生122人、博士生163人）、在站博士后31人。

2014年，南京土壤所共有在研项目308项（新增项目86项）。其中，承担国家重大科技专项课题1项，主持国家重点基础研究发展计划（973计划）项目4项（新增2项）、承担课题13项（新增7项），主持国家科技基础性工作专项2项（新增1项），主持国家科技支撑计划项目和课题8项（新增1项）；主持国家自然科学基金重点项目6项（新增3项）、面上项目66项（新增18项）、国家杰出青年科学基金项目3项（新增1项）、国家自然科学基金重大研究计划重点项目1项（新增1项）；主持中国科学院战略性先导科技专项课题13项（新增4项），主持中国科学院重点部署项目4项（新增2项）、重大仪器研制项目1项；承担科技部重点国际合作项目4项。

2014年，南京土壤所在基础研究方面取得了一批显著进展。例如，施卫明研究员课题组受邀在*Trends in Plant Science*（IF = 11.8）发表了综述论文，对植物铵胁迫响应方面的研究工作进行了总结，讨论了相关研究结果并概述了相应的研究方法。该团队近年已在国际著名植物学期刊连续发表多篇论文，在植物铵胁迫分子生物学方面的研究处于世界前沿。再如，贾仲君研究员课题组与徐华研究员课题组合作，深入研究了典型稻田土壤氧化还原梯度下的微生物群落演变特征，从土壤微生物学的角度，为基于氧化还原作用的水稻土分类体系提供了新的实验证据。相关结果在*The ISME Journal*（IF = 8.951）发表。此外，南京土壤所在黑土农田氧化亚氮排放研究、有机肥施用对农田潮土微生物影响研究、土壤真核微生物海拔分布研究、土壤功能微生物技术开发、土壤锌镉污染植物修复研究等方面也取得了显著进展，研究结果均在相关领域的国际著名期刊上发表。

南京土壤所张佳宝研究员等牵头申报的“黄淮地区农田地力提升与大面积均衡增产技术及其应用”研究成果荣获2014年度国家科技进步奖二等奖。此项成果以缩小中低产田与高产田差距，实现大面积均衡增产，全面提升黄淮平原地区粮食增产潜力为主要目标，在基础理论研究和关键技术应用方面均取得了重大突破，在中低产田治理、地力提升、水肥高效利用和大面积粮食均衡增产等方面有着广阔的应用前景。

2014年，南京土壤所共发表SCI、EI收录论文297篇、CSCD论文272篇，出版学术专著5部。申请发明专利27项，有38项发明专利获得授权。

南京土壤所现已与全国10多个省（市）的30余家企业建立了科技合作关系。主要工作包括有机农业和生态高值农业模式示范推广、“调生健植控病”绿色施肥技术体系在高效农业中的推广与应用、苏北滨海滩涂盐碱地持续改良利用与作物高效抗盐栽培、江铜贵冶周边区域九牛岗土壤修复示范、控释BB肥在高效农业中的推广与应用等。南京土壤所“绿色高效专用肥研制及应用”技术成果荣获2014年中国科学院科技促进发展奖科技贡献奖二等奖。

2014年，南京土壤所继续推动国际化进程，国际间的科技合作与交流更加频繁和务实。先后主办了第六届全球数字土壤制图国际会议和污染场地调查与修复技术研讨会等2次国际学术会议。组团参加了第20届世界土壤学大会、第三届国际可持续修复国际研讨会等重要国际会议。

2014年，南京土壤所新争取到中国科学院“爱因斯坦讲席教授计划”1项；获批“中国科学院外籍青年科学家项目计划”延续资助1项；获批2项外籍特聘研究员计划、3项发展中国家访问学者项目。

南京土壤所是中国土壤学会、江苏省土壤学会和全国土壤质量标准化技术委员会的挂靠单位；主办*Pedosphere*、《土壤学报》、《土壤》3份中英文学术期刊，其中*Pedosphere*是我国唯一的一份土壤科学英文学术期刊且被收录为SCI源刊，影响因子达到1.379。

（撰稿：秦江涛　审稿：蔡　立）

南京地理与湖泊研究所

所　　长：沈　吉

地　　址：江苏省南京市北京东路73号

邮政编码：210008

电　　话：025-86882010；025-86882020；025-86882030

传　　真：025-57714759

电子信箱：niglas@niglas.ac.cn

网　　址：http://www.niglas.ac.cn

中国科学院南京地理与湖泊研究所（以下简称“南京地理所”）的前身系1940年8月在重庆北碚成立的中国地理研究所，1958年更名为中国科学院南京地理研究所，1988年改为现名。中国科学院院士黄秉维、任美锷、周立三曾先后担任过所长。

战略定位是开展自然和人文要素驱动下湖泊—流域系统过程、格局及其相互作用与调控机理研究，为国家湖泊资源合理利用、湖泊环境治理与生态保护以及区域可持续发展做出基础性、战略性和前瞻性贡献。努力将研究所建成为国际著名湖泊—流域科学基础研究和高层次人才培养基地；国家湖泊资源利用与环境治理工程技术研究中心；经济发达地区可持续发展科学研究与决策咨询中心。

南京地理所科技创新发展总体布局为长期聚焦“湖泊关键过程与多要素相互作用机理”、“湖泊-流域系统演变及对人类活动的响应与综合管理”两大基础科学问题研究；重点发展物理湖泊与水文、湖泊生物与生态、湖泊沉积与环境演变、湖泊环境与工程、流域水文与资源环境、区域经济地理、遥感与地理信息科学7个学科方向；支撑湖泊水环境治理与生态修复、区域可持续发展规划与评估两大战略研究领域。

南京地理所现设有湖泊与环境国家重点实验室、中国科学院流域地理学重点实验室、湖泊生态与环境工程研究中心、区域发展与规划研究中心、湖泊野外观测与数据中心（含太湖湖泊生态系统国家野外观测研究站、鄱阳湖湖泊湿地观测研究站、抚仙湖高原深水湖泊研究站和湖泊–流域数据集成与模拟中心）。现有30万元以上的大型仪器设备100余台（套）。图书馆馆藏图书期刊12万多册，各种地形图63 000多幅，航卫片77 000多张。此外，还馆藏地方志4262种44 000多册，其中善本近百种，孤本十余种。

截至2014年底，南京地理所共有在职职工243人。其中科技人员209人、科技支撑人员24人，包括研究员及正高级工程技术人员43人、副研究员及高级工程技术人员73人；全所进入创新岗位233人。共有国家“青年千人计划”入选者1人（新增1人）；中国科学院“百人计划”入选者9人；国家杰出青年科学基金获得者4人（新增1人）。

南京地理所是1981年国务院学位委员会批准的自然地理学硕士学位授予权单位之一，现设有地理学、环境科学与工程2个专业一级学科博士研究生培养点，自然地理学、人文地理学、地图学与地理信息系统、环境科学4个专业二级学科博士研究生培养点，自然地理学、人文地理学、地图学与地理信息系统和环境科学4个专业二级学科硕士研究生培养点以及工程硕士（环境工程、建筑与土木工程领域）全日制专业学位培养点，并设有地理学专业一级学科博士后流动站，共有在学研究生182人（其中硕士生73人、博士生109人）、在站博士后16人。

2014年，南京地理所共有在研项目251项（包括新增项目67项）。其中，承担国家重大科技专项课题4项，主持国家重点基础研究发展计划（973计划）和国家重大科学研究计划项目2项、承担课题5项，主持国家科技基础性工作专项1项（新增1项）；承担国家自然科学基金重点项目6（新增3项）、面上项目57项（新增14项）、国家杰出青年科学基金项目2项；主持院重点部署项目1项；承担重点国际合作项目6项。

2014年，南京地理所面向国家需求，有效发挥科技智库作用。《关于呼伦湖保护治理情况的实地核查调研报告》得到了中央领导的重视与批示。《关于长江三角洲新型城镇化突出问题的分析和改革建议》被中央办公厅刊物采用，《关于主动参与“一带一路”建设，加快推进我省经济转型升级的对策建议》、《江苏百万亩滩涂综合开发试验区开发利用规划战略研究报告》、《“两带一路”战略背景下江苏功能定位转型与行动路径创新》、《宁镇扬同城化发展规划》分别获得省部级领导的批示，其中，《宁镇扬同城化发展规划》得到了江苏省省政府正式印发实施。

据统计，2014年，全所共发表论文324篇，其中，SCI论文113篇；TOP SCI论文51篇，出版专著4部；申请和授权专利90项，其中发明专利55件，软件著作权16项。

2014年，南京地理所在资源环境、区域发展等领域和地方政府进行了深入的合作。与云南玉溪市政府、浙江淳安县政府、江西省水利厅等地方政府签订全面合作框架协议；与玉溪市政府合作共建“抚仙湖高原深水湖泊研究站”，为支撑抚仙湖保护和治理提供技术支撑；2名科研人员分赴云南、江西挂职，积极为地方献计献策。在科技成果转化方面，以国家重大专项水专项为牵引，与地方环境治理需求对接，积极推进先进水污染控制技术与装备在地方重大治理项目的推广和应用，与企业共建工程中心，推动技术成果的市场化应用；投资公司2个，分别为南京中科集团股份有限公司和南京中科水治理有限公司，从事科技开发人员数34人，年产值共约1.23亿元，参股效益1600万元。

2014年，国际合作十分活跃，主办了第23届国际硅藻会议、中澳洪泛平原湿地双边论坛、第11届中–日–韩国际研讨会以及海峡两岸经济地理2014年学术年会等一系列具有重大国际、地区影响的学术会议；派出科学家28批50人次，接待境外来访人员77批133人次。三位研究员分别担任SCI期刊副主编、编委工作。其中刘正文研究员担任 *Limnology* 和 *Hydrobiologia* 期刊副主编；吴庆龙研究员担任 *BMC Microbiology* 期刊编委；秦伯强研究员担任 *Chinese Geographical Science* 和 *Chinese Journal of Oceanology and Limnology* 期刊编委。羊向东研究员担任国际硅藻研究学会（ISDR）执行委员。

作为中国科学院中非中心和中亚中心的理事单位，还积极参加了两个中心的前期筹备和建设工作，进展顺利。

研究所目前是江苏省海洋湖沼学会、江苏省地理学会、江苏省遥感与地理信息系统学会、中国地理学会长江分会、中国第四纪科学研究会全新世分会挂靠单位。主办《湖泊科学》学术期刊。

（撰稿：杨金华　胡笑琪　审稿：沈　吉）

紫金山天文台

台　　长：杨　戟

地　　址：江苏省南京市鼓楼区北京西路2号

邮政编码：210008

联系电话：025-83332000

图文传真：025-83332091

电子信箱：pmoo@pmo.ac.cn

网　　址：http://www.pmo.cas.cn

中国科学院紫金山天文台（以下简称“紫金山天文台”）成立于1950年5月20日。前身是1928年2月成立的国立中央研究院天文研究所。紫金山天文台是我国自己建立的第一个现代天文学研究机构，被誉为“中国现代天文学的摇篮”。党和国家领导人毛泽东、朱德、邓小平、江泽民和胡锦涛等都曾到紫金山天文台视察。

紫金山天文台是以天体物理和天体力学为主要研究方向的研究所，1999年3月成为中国科学院知识创新工程试点单位之一。依据“十二五”发展规划和“创新2020”组织实施方案，紫金山天文台总体发展目标是：到2020年，紫金山天文台进入国际天文研究机构的先进行列，成为满足国家特定需求的核心机构之一。近期，紫金山天文台将努力建成国际先进或国内领先的以暗物质粒子探测为核心的空间天文探测研究基地；以太赫兹探测技术为支撑，面向天文学重大科学问题的南极天文和射电天文研究基地；以人造天体动力学和探测技术为支撑，面向国家战略需求的空间目标和碎片观测研究中心；以近地天体探测研究为基础，面向深空探测的行星科学研究中心。

紫金山天文台设4个研究部：暗物质和空间天文研究部、应用天体力学和空间目标与碎片研究部、南极天文和射电天文研究部、行星科学和深空探测研究部；5个实验室：毫米波和亚毫米波技术实验室、暗物质和空间天文实验室、天体化学和行星科学实验室、CCD相机研制实验室、行星科学与深空探测实验室。

紫金山天文台设有8个野外业务观测台站：南京紫金山科研科普园区、青海观测站、盱眙天文观测站、赣榆太阳活动观测站、洪河天文观测站、姚安天文观测站、青岛观象台和南极昆仑站天文台。其中青海观测站是我国最大的毫米波射电天文观测基地，盱眙观测站是我国唯一的天体力学实测基地。各野外台站运行13.7米毫米波望远镜、1米近地天体望远镜、多台（套）设备组成的空间目标与碎片观测网、Hα太阳精细结构望远镜、太阳射电频谱仪、近红外太阳光谱仪等观测设备。

紫金山天文台建设和运行中国科学院射电天文重点实验室、中国科学院空间目标与碎片观测重点实验室、中国科学院暗物质与空间天文重点实验室、行星科学与深空探测实验室，是中国科学院空间目标与碎片观测研究中心、中国科学院南极天文中心和中国天文学会的挂靠单位。紫金山天文台图书馆，经过近80多年的沧桑砥砺，是为科学研究服务的学术性支撑，是我国馆藏资源最为丰富的天文学图书馆，目前图书馆已有图书和期刊（合订本和单行本）20万余册，馆藏文献库之丰富，居全国之首，亦为东亚地区最大最全的天文图书馆。

截至2014年底，紫金山天文台共有在职职工328人。其中科技人员193人、科技支撑人员103人，包括中国科学院院士2人、研究员及正高级工程技术人员52人、副研究员及高级工程技术人员53人。

共有国家海外高层次人才引进计划（“千人计划”）入选者1人、青年“千人计划”入选者2人、千百万人计划入选者7人；中国科学院

"百人计划"入选者19人；国家杰出青年科学基金获得者12人。

紫金山天文台是国务院学位委员会批准的首批博士、硕士学位授予权单位之一。现设有1个天文学一级学科博士、硕士研究生培养点，控制工程、电子与通讯2个专业一级学科硕士学位工程培养点，天体物理、天体测量和天体力学、天文技术与方法3个专业二级学科硕士、博士研究生培养点，并设有天文学博士后流动站，共有在学研究生154人（其中硕士生62人、博士生76人、联合培养硕士16人）、在站博士后12人。

2014年，紫金山天文台共有在研项目260项（包括新增项目109项）。其中，主持国家重点基础研究发展计划（973计划）项目3项和子项7项；主持（或承担）中国高技术研究发展计划（863）项目17项（新增6项）；主持（或承担）国家其他项目16项；主持（或承担）国家自然科学基金项目130项（新增30项），其中重大项目1项、重点项目6项（新增2项）、面上项目28项（新增7项）、杰出青年基金1项，主持（或承担）国家自然科学基金重大科研仪器研制项目2项；承担中科院战略先导科技专项课题7项和子课题10项，主持（或承担）中科院知识创新工程重要方向项目3项，"百人计划"项目3项；承担江苏省自然科学基金9项；横向项目11项（新增5项）。

2014年，紫金山天文台共发表科技论文207篇，其中国际合作论文72篇。SCI论文150篇，影响因子3.0以上的108篇，被引用125篇次；申请专利9件，其中发明专利9件；申请软件著作权3件；专利授权数4件，其中发明专利4件。共获省部级科技奖励7项，其中第一单位一等奖1项。

院"空间科学"战略性先导科技专项（A类）项目"暗物质粒子探测卫星（DAMPE）"于2014年9月底成功转入正样研制阶段，并完成欧洲核子中心（CERN）束流实验。继续深入开展南极天文台相关的关键技术攻关，相关的973计划项目和国家自然科学基金重大项目进展顺利。空间目标与碎片观测系统建设取得重要阶段性进展，大幅度提高了系统的探测能力。973项目"日地空间天气预报的物理基础与模式研究"取得重要进展。

紫金山天文台于1992年出资组建南京紫金山天文台星河电子系统工程公司，后更名改制为南京紫金山天文台星河电子有限责任公司。2014年公司全年职工人数86人，其中大专以上科技人员44人，大专以上研发人员41人。公司具有高级技术职称9人，研究员1人。2014年公司产值：3243.55万元，利润总额1619.26万元。

2014年全年完成出访任务114人次（其中中国台湾地区5人次），涉及21个国家/地区，出访形式主要包括所级协议合作研究（62人次）和国际会议（52人次）等，出访国家/地区以美国（30人次）、瑞士（23人次）、俄罗斯（12人次）、日本（12人次）等为主。出访活动中，国际会议大会报告、分会报告或墙报等46人次。全年来访147人次（90团，142人），涉及31个国家/地区，主要为参加在华举办国际学术会议、合作研究等。与其他国家/地区人员合作发表论文72篇。

2014年，紫金山天文台完成了"一三五"国际专家诊断评估。来自美国、日本、德国、英国、意大利、瑞士和中国台湾等研究机构的9位国际知名天文学家对紫金山天文台"一三五"规划及实施情况进行了为期3天的诊断评估。

2014年，紫金山天文台执行与国外研究机构和大学签订国际合作协议13项（新增1项）。人才培养方面，执行中欧联合培养博士研究生11人（新增2人）。国际合作（人才）项目方面，执行"爱因斯坦讲席教授"、"外国专家特聘研究员计划"、"发展中国家访问学者计划"、国际合作重点项目各1项。主办/承办的国际会议共3场，分别是"从暗物质晕到星系形成国际会议（第十届中德星系宇宙学会议）"、"第3届南极巡天望远镜国际合作会议暨973项目会议"和"探索太阳爆发的起源——先进天基太阳天文台国际论坛"。中德马普伙伴小组通过中期国际评审。紫金山天文台共有国际天文联合会（IAU）正式会员64人。

紫金山天文台是我国开展天文科学普及的重点单位、全国科普教育基地、全国重点文物保护单位，以紫金山科研科普园区、青岛观象台等重点科普基地为骨干，开展科普宣传，面向社会开放。2014 年共接待青少年和社会公众约 23 万人次。开展了月全食观测等多项科普活动，协助青海德令哈、云南姚安、江苏常熟等地天文馆建设项目的策划、方案修改、内容展示、建设运行等工作。其中德令哈天文科普馆已开馆运行。

紫金山天文台仙林园区建设取得重要进展。

紫金山天文台是《天文学报》（季刊）和英文刊 *Chinese Astronomy and Astrophysics* 的承办单位。

（撰稿：徐瑾瑜　朱爱仲　审稿：张丽萍）

苏州纳米技术与纳米仿生研究所

所　　长：杨　辉
地　　址：江苏省苏州市苏州工业园区若水路 398 号
邮政编码：215123
电　　话：0512-62872509
传　　真：0512-62603079
电子信箱：office@sinano.ac.cn
网　　址：http://www.sinano.cas.cn

中国科学院苏州纳米技术与纳米仿生研究所（以下简称“苏州纳米所”）由中国科学院、江苏省人民政府和苏州市人民政府于 2006 年共同出资筹建，于 2009 年 7 月 22 日获中央编制委员会办公室批复正式成立，2009 年 12 月 9 日通过中国科学院、江苏省人民政府、苏州市人民政府组织的筹建工作验收。

苏州纳米所定位于纳米科技的应用基础研究和产业化，在学科布局上坚持“应用需求牵引学科建设，学科建设支撑应用发展”的原则，主要围绕能源、环境、信息、生命与医学等领域开展研发工作；围绕半导体激光器及应用、半导体器件与技术、印刷电子学、胶体化学与界面化学和纳米材料等布局重点学科。

2014 年，苏州纳米所瞄准纳米科技发展趋势及国际前沿，以国家制造业转型升级为导向，根据中科院“率先行动”计划战略部署，积极谋划研究所分类改革举措，推动落实“创新 2020”和“一三五”发展规划，相关培育项目取得突破性进展。切实加强质量管理体系建设，通过中国新时代认证中心组织的 GJB 质量管理体系第二阶段审核。

苏州纳米所目前建有 8 个研究部：纳米器件及相关材料研究部、纳米生物医学研究部、纳米仿生研究部、系统集成与 IC 设计研究部、国际实验室、学科交叉综合研究部、印刷电子学研究部和先进材料研究部；5 个中心：信息与战略研究中心、技术转移中心、工程化中心、技术培训中心和太阳能电池检测分析中心；4 个公共服务平台：纳米加工平台、测试分析平台、生化平台和计算平台。

苏州纳米所建有中国科学院纳米器件与应用重点实验室、中国科学院纳米-生物界面重点实验室、省部共建国家重点实验室培育基地——江苏省纳米器件重点实验室 3 个省部级重点实验室，苏州市纳米碳纤维及其功能复合材料重点实验室 6 个苏州市重点实验室，以及一批与企业和其他机构共建的联合实验室”，是中科院太阳电池研究中心（筹）依托单位。

2014 年，江苏省纳米器件重点实验室通过专家验收和绩效评估，苏州纳米所被评为优秀依托单位。测试分析平台通过国家计量认证（CMA）和国家实验室认可（CNAS）现场评审并获得证书。由测试平台承担制定的三项测试国家标准通过全国半导体设备和材料标准化技术委员会审定，获全国半导体材料技术标准优秀奖。4 个平台继续面向社会全方位开放，除完成研究所的科研任务外，积极为国内高校、科研机构和企业提供加工测试服务，累计服务 93 241 机时，培训人员 2596 人次，为纳米科研发展和纳米技术相关产业发展提供了强有力的技术支撑。

2014 年，依托苏州纳米所建设的院地共建大科学装置——纳米真空互联实验站召开首次筹建工作领导小组会议，签署了共建协议书，建设工作全面展开。实验站首期投资金额达 3.2 亿元，是纳米科技领域集材料生长、器件加工、测试分析为一体的重大科学装置。

截至 2014 年底，苏州纳米所共有在职职工 510 人。其中科技人员 332 人、科技支撑人员 130 人，包括中国科学院院士 2 人（均为兼聘）、研究员及正高级工程技术人员 78 人、副研究员及高级工程技术人员 81 人；全所进入创新岗位 375 人。

2014 年，苏州纳米所共有国家海外高层次人才引进计划（“千人计划”）入选者 9 人（新增 2 人），“青年千人计划”入选者 9 人（新增 3 人）；中国科学院“百人计划”入选者 41 人（新增 2 人）；国家杰出青年科学基金获得者 6 人（新增 1 人）；国家“新世纪百千万人才工程”入选者 1 人；“江苏省高层次创业创新人才引进计划”入选者 25 人（新增 2 人），江苏省“333”高层次人才入选者 19 人；苏州市“姑苏创新创业领军人才计划”入选者 8 人；苏州工业园区“金鸡湖双百人才计划”入选者 89 人（新增 18 人）。

苏州纳米所现设有电子科学与技术、化学 2 个一级学科博士研究生培养点，电子科学与技术、化学、生物医学工程 3 个一级学科硕士研究生培养点；微电子学与固体电子学、物理化学、细胞生物学 3 个二级学科博士、硕士研究生培养点；生物工程、电子与通信工程、集成电路工程 3 个专业学位硕士研究生培养点，并设有电子科学与技术、化学 2 个一级学科博士后流动站，共有在学研究生 398 人（其中硕士生 315 人、博士生 83 人）、在站博士后 80 人。

2014 年，苏州纳米所共有在研项目 780 项（包括新增项目 210 项）。其中，承担国家重大科技专项课题 1 项（新增 1 项），主持（或承担）国家重点基础研究发展计划（973 计划）课题 9 项（新增 1 项），主持（或承担）国家高技术研究发展计划（863 计划）项目 4 项（新增 1 项）；主持（或承担）国家自然科学基金重点项目 3 项（新增 2 项）、面上项目 45 项（新增 15 项）、国家杰出青年科学基金项目 2 项（新增 1 项）、国家自然科学基金重大研究计划重点项目 1 项、国家自然科学基金委重大仪器研制项目 1 项；主持（或承担）中国科学院战略性先导科技专项课题 4 项，子课题 5 项（新增 1 项），院重点部署项目 2 项；承担国际合作项目 43 项（新增 3 项）；承担院地合作项目 13 项。

2014 年，苏州纳米所发表学术论文 444 篇，其中国际刊物发表 342 篇。申请中国专利 265 件，其中发明专利 236 件，获授权专利 108 件，其中发明专利 78 件；申请国际专利 11 件；登记软件著作权 1 件。获江苏省科学技术奖三等奖 1 项。

2014 年，苏州纳米所横向项目合同经费 3346 万元；突破原有单一创立产业化公司的模式，通过无形资产投资和专利独占许可实施等方式创立产业化公司 2 家；推进专利运营管理，实现专利独占许可 3 件、专利转让 1 件，收入 105 万元；被批准为江苏省产业技术研究院首批 14 个预备研究所之一。中科院苏州产业技术创新与育成中心及各分中心全年共计争取各类国家、省（市）科技项目 29 项，共计经费 5580 万元，新增转移转化项目 46 项，新孵化企业 30 家；推动中科院与苏州市加强院市合作，促成双方签署新一轮《中国科学院—苏州市人民政府深化院市合作备忘录》和《关于进一步加强中国科学院苏州产业技术创新与育成中心建设合作备忘录》，共建中国科学院科技服务网络苏州中心。

2014 年，苏州纳米所积极开展国际交流与合作。与香港理工大学合作开展“智能电子织物及传感研究”；通过“发展中国家访问学者计划”引进外籍科学家 2 名；承担 2 项科技部和 1 项江苏省国际科技合作项目顺利通过结题验收；全年共有 31 人次因公出国出访，接待 80 余人次国外学者、访问团队来所访问交流；获 2013 年度江苏省国际科学技术合作奖 1 项。

（撰稿：曾光强　张明杰　审稿：刘佩华）

苏州生物医学工程技术研究所

所　　长：唐玉国
地　　址：江苏省苏州市高新区科技城科灵路 88 号
邮政编码：215163
电　　话：0512-69588000
传　　真：0512-69588088
电子信箱：office@sibet.ac.cn

网　　址：http://www.sibet.cas.cn

中国科学院苏州生物医学工程技术研究所（以下简称“苏州医工所”）是中国科学院唯一以医疗仪器为主要研发方向的国立研究机构，它由中国科学院、江苏省人民政府、苏州市人民政府三方共同出资建设。2008年8月1日，中国科学院委托长春光学精密机械与物理研究所负责苏州医工所的筹建和管理运行。2012年11月26日，苏州医工所顺利通过验收正式成为中科院序列研究所。

苏州医工所定位于“面向我国生物医学的重大需求，开展先进生物医学仪器、试剂和生物材料等方面的基础性、战略性、前瞻性的研究工作，引领我国生物医学工程技术的发展，建成医疗仪器科技创新与成果转化平台。重大突破方向包括超分辨显微光学核心部件及系统研制和“新型血液免疫分析技术与系统。重点培育方向包括低成本高端医学影像技术，生物效应评估技术，多模在体光学成像技术，病原微生物检测分析技术和流式细胞分析技术。

截至2014年底，苏州医工所共设有5个管理部门和7个研究室。5个管理部门分别为：综合管理处、科研管理处、成果转化处、资产财务处、人事教育处；7个研究室分别为：江苏省医用光学重点实验室、中科院生物医学检验技术重点实验室、医学影像技术研究室、医用电子技术研究室、医用声学研究室、医用微纳技术研究室、医用精密机械研究室（其中包括精密机械技术和医用微纳技术2个工程技术支撑平台）。

科研条件建设方面，一期基建总建筑面积6.9万平方米已投入使用。二期基建总建筑面积0.9万平方米已经竣工验收。科研装备投入已达2亿元。

截至2014年底，苏州医工所共有在职职工228人。其中科技人员186人，科技支撑35人，包括研究员及正高级工程技术人员25人、副研究员及高级工程技术人员38人；全所进入创新岗位189人。共有国家海外高层次人才引进计划（“千人计划”）入选者1人，中国科学院“百人计划”入选者15人（新增6人）。苏州医工所现设有光学工程、生物物理学2个专业一级学科博士研究生培养点，光学工程、生物医学工程、仪器仪表工程、生物物理学4个专业一级（或二级）学科硕士研究生培养点，共有在学研究生107人（其中硕士生83人、博士生24人）。

2014年，苏州医工所承担国家、院、省市及横向项目共计58项，其中国家863计划2项、科技支撑计划5项；中科院项目11项；江苏省、苏州市项目共34项；横向项目6项；申请专利216项（其中，发明专利138项、实用新型76项、外观设计2项），申请软件著作权18项。新授权专利84项（其中，发明专利20项、实用新型61项、外观设计3项）；新登记软件著作权10项。发表高水平论文188篇。

2014年，面向所内外征集成果转化项目35项，完成项目市场尽职调查10余项，设立项目公司3家。与长春奥普光电技术股份有限公司、吉林大学附属第一医院、苏大附一院、附二院、辽宁何氏医学院、深圳奋达科技等单位签署全面合作框架协议；与21家公司、医院、大学等单位设立联合研发中心。获批姑苏创新创业领军人才项目1项，高新区创新创业领军人才项目3项。完成工程化平台A1楼基础建设，首批实验设备采购到位。

苏州医工所坚持国际合作，开展创新技术研究，联合国际一流高校院所，通过引进、合作等方式部署基础及应用基础的研究。目前已与以色列Rainbow公司签署全面战略合作协议，并开展项目合作；与美国西北大学张立群团队共建了“康复医学技术研究中心”；与美国硅谷王学军团队共建“高通量技术研究中心”；与美国约翰霍普金斯大学生物医学工程系共建联合实验室，合作开展双光子显微内窥成像、低剂量低成本CT和MRI研发等；与美国飞锐光谱有限公司共建联合研究部，引进腹腔镜近红外荧光即刻显像系统项目。此外，分别于4月和9月举办了“首届生物医学工程苏州国际学术会议”和“生物医学中的先进光学成像和传感”中德双边学术研讨会。

（撰稿：赵　鹏　肖心通　审稿：袁艳明）

合肥物质科学研究院

院　　长：匡光力
地　　址：安徽省合肥市蜀山湖路350号
邮政编码：230031
电　　话：0551-65591295
传　　真：0551-65591270
网　　址：http://www.hf.cas.cn

中国科学院合肥物质科学研究院（以下简称“合肥研究院”）是中国科学院在安徽设立的一个综合性科研基地和人才培养基地，位于合肥市西郊风景秀丽的蜀山湖畔的科学岛上，面积2.65平方公里。

合肥研究院正式成立于2003年5月，是由科学岛上原有的4个研究所（安徽光机所、等离子体所、固体物理所、智能机械所）与合肥分院合并而成。在十多年的发展中，又陆续成立了强磁场科学中心、先进制造技术研究所、技术生物与农业工程研究所、医学物理技术中心、核能安全技术研究所4个研究单位，并与合肥市共建了循环经济工程院。

2014年，合肥研究院在原“循环经济工程院”的基础上，新成立了应用技术研究所，同时成立一个科技成果转移转化机构“中科院合肥技术创新工程院”。至此，研究院下属10个研究所和1个成果转移转化机构。

合肥研究院还拥有1个国家工程中心，17个省部级重点实验室/工程中心，以及全超导托卡马克东方超环EAST、稳态强磁场实验装置、EAST辅助加热系统三个国家重大科技基础设施。

合肥研究院定位在面向国家洁净能源与环境安全需求，面向极端与复杂条件下物质科学前沿，建设依托全超导托卡马克、强磁场、大气环境立体探测研究网等大科学装置群的综合性国家科研基地，形成等离子体物理、大气环境光物理/化学、极端和复杂环境下材料与生物物理等优势学科群，发展磁约束聚变堆、大气环境探测、强磁场及能源环境健康等需求的功能材料与智能系统等战略高技术。

目标是在聚变物理与工程、强磁场科学技术、大气环境光学等三个领域取得重大创新性成果，在聚变反应堆基础理论研究与数字托卡马克、大气环境物理化学、极端条件下生物与材料特性、机电一体化全寿命设计与智能制造、医学物理与技术等领域的研究取得实质性进展，在太阳能材料与工程、大气环境监测仪器、先进核能与核能安全技术、新型医疗技术等高新技术产业化方面创新发展一批具有自主知识产权的核心关键技术。

2014年，合肥研究院积极响应、认真研究、落实中科院“率先行动”计划。根据自身的研究条件、科研方向以及“一三五”规划等情况，合肥研究院与中国科学技术大学联合申请成立“合肥大科学中心”并于2014年11月6日通过院长办公会审议，正式获批筹建。此外，合肥研究院还积极参与“率先行动”计划的其他系列：参与申请建设“机器人与智能制造”创新研究院，成为该创新研究院的分部之一；多方研讨、思考申请农业特色研究所的建设等。

截至2014年底，合肥研究院共有在职职工2408人。其中科技人员1975人、科技支撑人员148人，包括中中国工程院院士3人、研究员及正高级工程技术人员255人、副研究员及高级工程技术人员502人。共有国家海外高层次人才引进计划（“千人计划”）入选者8人（新增1人），“青年千人计划”入选者4人；中国科学院“百人计划”入选者51人（新增9人），“百千万人才工程”国家级人选6人（新增1人），“万人计划”入选者3人，国家杰出/优秀青年科学基金获得者6人（新增1人），安徽省“百人计划”入选者6人（新增2人）。

合肥研究院设有等离子体物理、凝聚态物理、光学、大气物理学与大气环境7个博士研究生培养点和13个学术型硕士培养点；仪器仪表工程、材料工程、动力工程、电气工程9个专业型硕士培养点，现有在学研究生1361人；设有等离子物理、凝聚态物理、光学、大气科学、核科学与技术5个博士后流动站，在站博士后90余人。2014年，中国科学技术大学成立“中国科大研究生院科学岛分院”，合肥研究院成为中国科学技术大学的研究生培养基地之一，其研究生全部拥有中国科学技术大学学籍。

2014 年，合肥研究院共有在研项目 689 项（包括新增项目 189 项）。其中，承担国家重大科技专项课题 3 项（新增 1 项），主持（或承担）国家重点基础研究发展计划（973 计划）和国家重大科学研究计划项目 4 项（新增 0 项）、承担（或参加）课题 18 项（新增 4 项），主持（或承担）ITER 专项23 项目（新增8 项）、承担（或参加）TER 专项课题 38 项（新增 14 项），主持（或承担）国家高技术研究发展计划（863 计划）项目 20 项（新增 12 项），主持（或承担）中国科学院战略性先导科技专项课题 15 项，主持（或承担）院重点部署项目 10 项（新增 5 项），其他军口项目 59 项（新增 23 项）；主持（或承担）国家自然科学基金项目 530 项（新增 137 项），其中：重点项目 4 项（新增 1 项）、重大项目 1 项、国家杰出青年科学基金项目 1 项、国家自然科学基金重大研究计划重点项目 2 项、集成项目 1 项、联合基金重点支持项目 3 项（新增 2 项）、创新研究群体项目 1 项，优秀青年基金项目 3 项（新增 1 项）、面上项目 187 项（新增 51 项）、青年基金 290 项（新增 72 项）；主持（或承担）中国科学院战略性先导科技专项项目 2 项、课题及子课题 10 项，主持（或承担）院重点部署项目 6 项（新增 2 项）、（科技部、国家自然科学基金委、财政部和院）重大仪器研制项目 1 项；承担院地合作项目 25 项（新增 3 项 STS 项目）。

2014 年，合肥研究院各单位科研工作有序进行，取得了一批具有国际先进甚至是领先水平的成绩：EAST 装置完成新一轮升级改造。辅助加热系统功率从 10MV 提升到 26MV，装置内部上偏滤器部分更换为目前国际上最先进的 ITER-like 结构的钨铜偏滤器，安装了 16 个 ITER-like 技术的共振扰动磁场线圈。一批新的实验系统初次投入装置运行并得到工程验证；稳态强磁场实验装置水冷磁体 WM5（孔径 50mm）在输入 24MW 电源功率下，获得 35T 的磁场强度，为目前国际上相同孔径获得磁场强度最高的水冷磁体装置。水冷磁体 WM1（孔径 32mm），在输入 25.2MW 电流功率下，获得 38.5T 的磁场强度，创造了 32mm 孔径磁场强度最高的世界纪录；核能安全技术研究所建成了“多功能铅铋堆技术综合实验回路 KYLIN-II”。该装置是世界最大的多功能液态铅铋综合实验平台，回路规模、设计与综合实验能力处于国际领先水平。其成功建造与调试运行为我国铅基反应堆技术及液态重金属技术进一步研究奠定了基础，为提升中国在先进核能领域的国际竞争力起到重要作用；等等。

以第一单位发表科技论文 1113 篇，其中，SCI 652 篇，EI 249 篇；出版科技科普专著 2 本；专利申请量 419 件，同比去年增长 13.2%，其中发明专利申请 375 件，同比去年增长 10.9%；授权专利量 219 件，同比去年增长 17.7%，其中授权发明专利 177 件，同比去年增长 25.5%；软件著作权 101 件；通过 PCT 申请的国际专利 1 项。

6 项成果（人）获安徽省科学技术奖励，获奖总数创历史新高。其中，等离子体所李建刚研究员荣获“重大科技成就奖”；4 项科研成果获安徽省科学技术奖一等奖：固体所孟国文等人完成的“异质复杂纳米结构的构筑及纳米结构阵列对有毒物质的敏感性”成果获自然科学奖一等奖，安光所王英俭等人完成的“大气光学参数探测技术及其集成应用”、刘建国等人完成的“大气颗粒物（PM10/PM2.5）监测关键技术及设备产业化”及等离子体所武玉等人完成的“大型铠装超导导体制造关键技术与应用”成果分别获得科技进步奖一等奖；另先进制造所骆敏舟等人完成的“多用途欠驱动仿人机器人手爪研制”成果获得科技进步奖三等奖。

孔庆平研究员被内耗和力学谱国际学术委员会授予“甄纳奖（Zener Award）”。甄纳奖是以内耗领域的奠基人 C. Zener 教授命名的国际内耗学术界的最高奖，我国著名科学家葛庭燧院士曾于 1989 年在第 9 次国际内耗会议上获得此奖项，孔庆平研究员是我国获得此奖项的第二人。

按照国家创新驱动战略和院“率先行动”计划科技发展总要求，合肥研究院认真落实院“STS”计划和合肥研究院“一三五”规划纲要的定位及目标，目前已与合肥市、淮南市、铜陵市、安徽省科技厅共建中科院合肥技术创新工程院、淮南新能源中心、皖江新兴产业发展中心。

合肥研究院作为牵头单位承担了院 STS 计划

"第二粮仓"项目"淮北科技增粮县域技术集成与示范"、"精准农业技术体系研发及先进设备完善和升级"等，并作为主要参加单位承担了"网上供销社建设与示范推广"、"机器人及智能装备成套技术转移"等子课题研究。

2014年，荣获中国产学研合作促进会颁发的"中国产学研合作创新奖（单位）"称号。据统计，2014年度中科院累计在安徽省转移转化科技成果650项，将为安徽省企业新增销售收入将达130亿，利税18亿；2014年度中科院59个研究所共计339项科技成果（项目）在河南省18个地市进行了转移转化，使河南地区企业新增销售收入228.59亿元，利税21.76亿元。横向收入达1.55亿元。

截至2014年底，研究院直接投资的企业为27家。2014年预计营业收入3亿元，2014年预计净利润1600万元。

2014年，合肥研究院共组织申报国际合作项目11项，合计获得资助超过900万。其中，中德亥姆霍兹联合团队项目"面向污染减排及安全出行的城市交通控制管理优化研究"获批，中泰科技合作项目"离子束生物技术在农作物增产中的应用"继续执行；中芬国际合作项目——面向食品病原体多重检测的SERS编码纳米传感器项目开始启动；中国新加坡国际合作项目——传感器与传感网络在构建生态智慧型城市中的应用项目开始启动。人才方面，Eugene Gregoryanz教授入选中组部外专千人；获批安徽省外专局"百人培育项目"1个。

与欧盟、美国、俄罗斯等继续保持良好合作。合肥研究院、中科院大气所、清华大学、荷兰皇家气象研究所等共15家中外单位签署了欧盟MacoPolo项目合作协议；与美国通用原子能公司（GA）的合作继续拓展合作，联合实验再获成功；与法国联合组织申报的两项2014年度中法"蔡元培"交流合作项目均获得了批准；与俄罗斯确定了在医用加速器、ITER电源、托卡马克物理、研究生和青年学者交流等方面开展合作等。

主办与承办大中小型国际会议15场，包括第17届国际内耗与力学谱学术会议、国际原子能机构ADS相关国际研讨会、能源材料和器件电化学阻抗谱国际研讨会等高级别会议。以开展合作研究和参加国际会议为主，出访、来访数量达640人次。

（撰稿：程 艳 孙 策 审稿：匡光力）

武汉岩土力学研究所

所　　长： 李海波
地　　址： 湖北省武汉市武昌小洪山2号
邮政编码： 430071
电　　话： 027-87199251
传　　真： 027-87197386
电子信箱： irsm@whrsm.ac.cn
网　　址： http://www.whrsm.ac.cn

中国科学院武汉岩土力学研究所（以下简称"武汉岩土所"）创建于1958年，是专门从事岩土力学与工程应用基础研究、以工程应用背景为特征的综合性研究机构。

武汉岩土所致力于重大工程安全与灾害控制、深部资源及能源高效安全开发、废弃物地质处置和利用方面的基础性、战略性、前瞻性工作，在我国重大工程建设、资源与能源开发中发挥重要作用，引领我国岩土力学与工程学科发展。

武汉岩土所下设岩土力学与工程国家重点实验室、湖北省环境岩土工程重点实验室、能源与废弃物地下储存研究中心、湖北省节能环保产业环境岩土工程技术创新基地、固体废弃物分析测试中心、湖北省固体废弃物安全处置与生态高值化利用工程技术研究中心、中国岩土工程研究中心、武汉岩土工程检测中心、岩土力学与工程实验测试中心等研究、开发与支撑平台，以及武汉中科岩土投资有限责任公司、武汉中岩科技有限公司、武汉中科岩土工程有限责任公司、武汉中力岩土工程有限公司和武汉中科科创工程检测有限公司等产业转化平台。武汉岩土所拥有MTS刚性试验机、岩石温度—应力—渗流耦合三轴流变仪、硬岩伺服高压真三轴实验机、大型粗粒土动静试验系统、静/动态空心圆柱扭剪实验系统、土体真三轴实验系统、地形微变远程监测系统、车载式静力触探仪、剑桥式自钻旁压仪、岩体应力和变形分布式光纤测试系统等各类重要科研仪器百余台（套），总价值超过亿元，为开展前沿科学研究与高技术研发提供了设备保障。

武汉岩土所逐步推进“创新 2020”战略，顺利实施“一三五”发展规划，目前，“三个突破”和“五个培育”的部分领域已实现阶段性成果。突破一提出了考虑孕育演化机制的岩爆和大变形预警与动态调控技术，在锦屏Ⅱ级水电站等 10 余个工程中示范应用，主编了 4 项国际建议方法。突破二提出了基于动变形控制的路基设计方法和高铁路基沉降评估技术，在石武高铁等 15 个工程中示范应用，参编了 3 项国家和行业规范。突破三提出了边坡稳定性分析的三维严格极限平衡法和主动控制技术，在湖北宜巴高速公路等 30 余个工程中示范应用，主参编了国家规范 8 项。2014 年，武汉岩土所紧密围绕中科院新时期办院方针，通过一线调研、科研人员研讨等系列活动，将“一三五”规划的推进与“率先行动”计划的改革要求有机结合，并根据实际发展需求和学科优势，提出了深化改革的基本原则、主要思路、分类方案和具体举措。

截至 2014 年底，武汉岩土力学研究所现有在岗职工 481 人，其中中国工程院院士 1 人，研究员 48 人，副研究员及高级工程技术人员 97 人。共有国家海外高层次人才引进计划（“千人计划”）入选者 1 人，“青年千人计划”入选者 1 人，“中青年科技创新领军人才”2 人，中国科学院“百人计划”入选者 13 人。武汉岩土所现有国家杰出青年基金获得者 5 人，“百千万人才工程”国家级人选 7 人（新增 1 人）。1 人担任国际岩石力学学会主席，2 人被院聘为“外国专家特聘研究员”。2014 年，武汉岩土所引进具有博士学位的科研骨干 16 人。1 人入选国家“百千万人才工程”并获得“有突出贡献中青年专家”荣誉称号，3 人入选院青年创新促进会。

2014 年，武汉岩土所大力加强人才引进和培养力度，积极推进研究生教育。武汉岩土所是国务院学位委员会批准的首批博士、硕士学位授予单位之一，现设有工程力学和岩土工程二级学科博士研究生、硕士研究生培养点，防灾减灾工程及防护工程二级学科硕士研究生培养点，建筑与土木工程、控制工程专业硕士研究生培养点，并设有土木工程一级学科博士后流动站。在学研究生 207 人（硕士生 85 人、博士生 122 人），在站博士后 28 人。

2014 年，武汉岩土所在研项目 467 项（新增项目 211 项）。其中，主持国家重点基础研究发展计划（973 计划）项目 2 项（新增 1 项）、课题 13 项（新增 2 项）；国家科技支撑计划课题 4 项（新增 2 项）；国家科技基础性工作专项项目课题 1 项；国家自然科学基金杰青项目 1 项、优秀青年科学基金项目 1 项、重点项目 7 项（新增 2 项）、重大研究计划集成项目课题 1 项、重大国际（地区）合作与交流项目 1 项、重大科研仪器研制项目 1 项（新增 1 项）、面上项目 61 项（新增 19 项）、青年项目 48 项（新增 13 项）；中国科学院重点部署项目 1 项、战略性先导科技专项课题 3 项（新增 2 项）、重大科研装备研制项目 1 项、院地合作项目 1 项。新增 100 万级以上重大工程项目 20 项，涉及水利、矿山、交通、能源、建筑等领域。科研经费到款 14 368 万元，其中纵向课题进款 5711 万元，横向课题进款 8657 万元。

2014 年，武汉岩土所科研工作取得重要进展，作为第一完成单位获国家科技进步奖二等奖 1 项，作为第一完成单位获湖北省科技进步奖一等奖 1 项、中国岩石力学与工程学会科学技术奖（自然科学奖）一等奖 1 项。全所全年共有 438 篇论文被 SCI、EI、ISTP 3 大检索收录，其中 SCI 收录论文 105 篇；申报专利 76 项，其中发明专利 53 项；获得专利授权 61 项，其中发明专利 24 项；软件著作权授权 27 项；申请澳大利亚创新专利 1 项并获批。

武汉岩土所 2014 年与多家单位建立了长期、全面、深度的战略合作，共同打造岩土力学与工程产业链，形成科研、产业联盟。与武汉谦诚建设集团有限公司联合共建“岩土技术联合研发中心”；与云南省交通规划设计研究院开展技术合作交流，签署合作协议；申报建设“污染泥土科学与工程湖北省重点实验室”获立项批准。

2014 年，武汉岩土所积极开展国际交流与合作。全年共派出人员 45 人次，其中出国参加本学科领域国际学术会议33人次，12人次在有关研究机构开展合作研究；接待来访学者25人次。申办并获第15届IACMAG大会主办权；全年举办“岩土力学与工程学术论坛”40余场。

武汉岩土所是中国岩石力学与工程学会支撑单位之一，也是其下属的地下工程分会、地面岩石工程专业委员会、岩石动力学专业委员会、中国力学学会岩土力学专业委员会和中科院自然科学期刊编辑研究会武汉分会的挂靠单位。武汉岩土所主办的《岩土力学》和承办的《岩石力学与工程学报》均为国内中文核心期刊，同时被EI数据库收录。与中国岩石力学与工程学会联合主办的《岩石力学与岩土工程学报》（英文版）是国内本学科领域第一家英文版学报。

（撰稿：艾东海　曾妍焱　审稿：李海波）

武汉物理与数学研究所

所　　长：刘买利
地　　址：湖北省武汉市武昌区小洪山西30号
邮政编码：430071
电　　话：027-87199543
传　　真：027-87198238
电子信箱：wipm@wipm.ac.cn
网　　址：http://www.wipm.ac.cn

中国科学院武汉物理与数学研究所（以下简称“武汉物数所”）坐落在著名的武汉东湖之滨和风景秀丽的珞珈山西麓，是由原武汉物理所（始建于1958年）和武汉数学物理与计算技术研究所（始建于1957年）于1996年合并而成，经过半个多世纪的发展，现已建成为以核磁共振波谱学、原子与分子物理和数学物理研究为主，积极开展原子频标等高技术研发，同时致力于高技术成果转移转化的综合型国立研究所。

近年来，武汉物数所深入推进“创新2020”战略和“一三五”规划实施，围绕国家需求和核心科学问题，发挥磁共振波谱及与生命科学交叉、原子分子与光物理、原子频标与精密测量物理、数学物理等多学科综合优势，开展基础性、战略性和前瞻性研究，大力推进高新技术创新与转移转化，全面支撑国民经济和社会可持续发展，力争建成为不可替代的国家战略科技力量和国际一流的研发机构。

通过“一三五”任务实施，“三个重大突破”和“五个重点培育”的部分领域已取得阶段性突破，传统优势学科得到了进一步凝练，在磁共振波谱学、生命波谱分析和精密测量物理技术等领域形成了一定的优势和特色。在此基础上，武汉物数所认真贯彻落实“率先行动”计划，系统谋划研究所分类改革，积极申请建设“精密测量科学卓越创新中心”。

武汉物数所是波谱与原子分子物理国家重点实验室、国家大型科学仪器中心·武汉磁共振中心、中国科学院生物磁共振分析重点实验室、中国科学院原子频标重点实验室、湖北省波谱探测工程中心、中国科学院冷原子物理中心（武汉）的依托单位，是武汉光电国家实验室的组建单位之一。武汉物数所辖磁共振基础研究部、磁共振应用研究部、原子分子光物理研究部、原子频率标准研究部、理论与交叉研究部、数学物理与应用研究部6个研究单元和专门面向产业化的高技术创新与发展中心，同时还设立了磁共振技术中心、原子频标与激光技术中心2个技术支撑中心。拥有850MHz超导高分辨核磁共振谱仪、7T/20cm小动物磁共振成像仪、10米喷泉式高精度原子干涉仪等重要科研仪器百余台（套），总价值超过4亿元，为开展前沿科学研究与高技术研发提供了装备保障。

武汉物数所是1986年国务院学位委员会批准的博士、硕士学位授予权单位之一，现有物理、化学2个一级学科博士、硕士学位授予点，应用数学1个二级学科博士学位授予点，应用数学、基础数学2个二级学科硕士学位授权点，电子与通信工程、生物工程2个工程硕士学位授予点，并设有数学、物理学2个博士后流动站。

截至2014年底，武汉物数所共有在职职工493人，其中科技人员289人（正高级人员58人、副高级人员116人）。包括中国科学院院士1人、国家杰出青年科学基金获得者6人、973

计划首席科学家4人、“百千万人才工程”国家级人选4人、中国科学院“百人计划”入选者22人、国家“青年千人计划”入选者1人、国家“万人计划”青年拔尖人才入选者1人、湖北省“百人计划”入选者2人，中国科学院“引进杰出技术人才”2人、“现有关键技术人才”2人、美国霍华德·休斯首届国际青年科学家奖获得者1人、享受国家政府特殊津贴和院省有突出贡献的专家15人。另有1个国家创新群体、2个中科院-国家外专局国际创新团队、2个中科院科技创新“交叉与合作团队”。现有在读研究生285人（其中硕士生130人、博士生155人），共有在站博士后34人。

2014年，武汉物数所共有在研项目226项（新增88项）。其中，主持国家重点基础研究发展计划（含国家重大科学研究计划）项目3项、承担课题19项（新增1项），主持国家高技术研究发展计划项目2项、国家重大科学（科研）仪器研制/开发项目6项；主持或承担国家自然科学基金创新研究群体1项，国家杰出青年科学基金项目2项（新增1项）、重点项目3项（新增2项）、重大国际合作研究项目2项，面上项目42项（新增22项）；中国科学院战略性先导科技专项课题1项，院重点部署项目（课题）1项。

2014年，武汉物数所在原子频标研究与应用、肺部磁共振成像仪研制、量子体系研究、膜蛋白研究、拓扑材料表面态研究、分子高次谐波中的频率调制机理研究等方面取得重要进展。高精度铷原子钟成功交付北斗全球系统首星应用，钙离子光频标稳定度指标进入E-17（1万秒），达到国际先进水平；超级化^{129}Xe动物肺部磁共振成像通过成果鉴定，获得国内首幅活体动物肺部的气体MRI。2014年，武汉物数所累计发表科技论文273篇，其中SCI收录论文236篇（JCR TOP15%以上论文占41.5%）。共获发明专利授权11件，申请发明专利35件。“环境友好固体酸催化剂活性中心结构与性能的核磁共振研究”获湖北省自然科学奖一等奖、“高性能星载铷原子钟原子信号增强与稳定关键技术”获湖北省技术发明奖一等奖。“原子频标微波腔”和“核磁共振控制台”分别获中国专利奖优秀奖。

2014年，高技术产业平台建设持续推进。现有产业用地145.62亩；产业用房总面积114 310.73 m^2。2014年，所投资企业总产值1.55亿，年利润2329万元。武汉中科创新技术股份公司创业板IPO首发上市招股说明书已报证监会受理；与英国牛津仪器公司达成意向，合作建设国内首个高场超导核磁共振波谱仪整机生产基地，实现核磁共振波谱仪规模产业化；以代谢组学应用开发、脑功能成像等高新技术培育、孵化了武汉中科麦特公司和武汉枢密脑功能技术公司。

2014年，共与16个国家和地区的研究机构开展了合作与交流，累计出访74人次，接待来访96人次。“基于原子分子的精密测量物理”国际创新团队获批启动，“冷原子物理与量子光学”和“生物磁共振波谱与成像研究”2个国际创新团队顺利结题；中科院爱因斯坦讲席教授Nicholson教授、中科院外国专家特聘研究员Perk教授、美国两院院士Altshuler教授等来所开展合作交流并作学术报告；成功举办“第二十届国际差分方程及其应用国际会议”、“转化医学代谢组学论坛”等国际研讨会。

武汉物数所是中国物理学会的常务理事单位，全国波谱学专业委员会的挂靠单位，湖北省暨武汉市物理学会理事长单位。主办的《数学物理学报》（中、英文版）和《波谱学杂志》均为我国自然科学的核心刊物，其中《数学物理学报》英文版为SCIE收录期刊。

（撰稿：孙智波　罗　芳　审稿：刘买利）

武汉病毒研究所

所　　长：陈新文
地　　址：湖北省武汉市武昌区小洪山中区44号
邮政编码：430071
电　　话：027-87199162
传　　真：027-87198117
电子信箱：zhb@wh.iov.cn
网　　址：http://www.whiov.ac.cn

中国科学院武汉病毒研究所（以下简称“武汉病毒所”）坐落于武汉市风景秀丽的东湖之滨，始建于1956年，其前身是武汉微生物研究室和湖北省微生物研究所。经过几代人的不懈努力，武汉病毒所已由原来的普通病毒学、农业微生物、环境微生物发展为集病毒学、新发传染病、应用微生物、生物技术与安全等于一体的综合性研究机构。

武汉病毒所坚持面向我国人口健康、农业可持续发展、国家安全及病毒学研究领域国际前沿，依托高等级生物安全实验室团簇平台，重点开展病毒学、农业与环境微生物学及新兴生物技术等方面的基础和应用基础研究。着力突破重大传染病预防与控制、农业与环境微生物、生物安全的前沿科学问题，显著提升在病毒性传染病的诊断、疫苗、药物，以及农业微生物制剂等方面的技术创新、系统集成和技术转化能力，全面提升应对新发和突发传染病应急反应能力，成为具有国际先进水平的综合性病毒学研究基地。

武汉病毒所拥有病毒学国家重点实验室（与武汉大学共建）、中国科学院农业与环境微生物学重点实验室、中国科学院新发与烈性传染病病原学与生物安全重点实验室、中-荷-法无脊椎动物病毒学联合开放实验室和公共技术服务中心。拥有亚洲最大的、我国唯一的病毒标本馆——中国病毒资源与信息中心，保藏有各类病毒1300余株。病毒保藏集研究性、现代化展示手段、科普性和特色性于一体，成为我国首批“全国青少年走进科学世界科技活动示范基地”。

2014年，武汉病毒所启动中心制的科研管理模式，成立了分子病毒学研究中心、分析微生物学与纳米生物学研究中心、微生物菌毒种资源与应用中心、病毒病理研究中心、新发传染病研究中心5大科研中心。同时，在国家领导人和相关部委的关怀下，于2014年12月1日，在保障实验室安装质量和安全的前提条件下，按既定工作计划完成中科院武汉国家生物安全实验室物理建设和部分设备设施的调试工作。武汉国家生物安全实验室的建成将在我国医药研发、公共卫生、国防安全领域发挥重要的战略性作用。

2014年，武汉病毒所在研项目188项（新争取61项）。新争取国家部委重大项目有：主持基金委杰出青年项目1项，主持基金委面上项目7项、青年科学基金项目16项，负责中科院战略先导专项（B类）课题1项，重点部署项目课题1项，院长基金特别支持项目1项。在研国家重点基础研究发展计划（973计划、重大科学研究计划）23项（新增2项），其中主持2项，承担（或参加）课题21项；主持国家科技基础性工作专项（重点项目）1项；国家高技术研究发展计划（863计划）项目5项（新增1项），其中主持1项；国家科技支撑计划项目1项，重大传染病防治科技重大专项14项（新增1项），其中主持1项；国家自然科学基金项目67项（新增26项），其中，主持重点项目2项、重大项目课题1项、杰出青年科学基金项目2项；中科院项目（课题）38项（新增15项），地方和横向项目28项（新增15项），海外项目3项（新增1项）。

2014年，武汉病毒所共发表SCI学术论文130篇，其中TOP 15%以上42篇。申请发明专利11项，获授权中国发明专利16项，获湖北省科技进步奖一等奖1项（第三完成单位）。

2014年，武汉病毒所加强与地方政府部门、企事业单位等所外机构的广泛合作。提供核心技术与江西省新龙生物公司合作开发的核心产品广谱甘蓝夜蛾病毒杀虫剂在21个省区规模化应用累积面积600万亩次，成为国内年应用面积最大的昆虫病毒杀虫剂，已进入上海、四川等9个省区的政府采购名录。与宁波市检验检疫局合作共建联合实验室、与武汉博沃公司合作共建疫苗湖北省工程实验室、与江西新龙公司合作以江西省昆虫病毒生物技术工程研究中心联合建设国家发改委国家地方联合工程研究中心等。积极谋划参与武汉未来科技城中科院武汉分院园区的建设，参股企业武汉兴泰科技公司完成土地使用权、建设规划等有关手续，正式入驻武汉未来科技城。2014年，新增国际合作项目3项，在研国际合作项目共7项，到位科研经费463.4万；出访30人次，接待来访、顺访专家47人次；举办大型国际学术会议2次，成功举办了“第六届新生病毒性疾病控制学术研讨会”、“中法新发传染病防治合作项目指导委员会第八次会议”、“2014年湘鄂微生物学基础与应用学术研讨会”；组织多场高层次学术论坛（葛洪论坛17场次，孙思邈论坛7场次）；1名外国专家荣获2014年湖北省人民政府编钟奖。

截至2014年底，武汉病毒所在职职工为252人，其中科研人员165人、科技支撑人员42人，管理人员32人，研究员及正高级工程技术人员37人、副研究员及高级工程技术人员55人；拥有博士学位和硕士学位的科研人员占科研人员比例达到89%。共有中国科学院“百人计划”入选者14人，国家杰出青年科学基金获得者5人，973计划和重大专项首席科学家8人，国家“跨世纪百千万工程”第一、二层次人选2人，中组部“万人计划”第一批青年拔尖人才1人，一批德才兼备的学科带头人脱颖而出，在国际学术舞台崭露头角。

武汉病毒积极发挥科学决策咨询作用。全年撰写对上专报、要情12篇，其中多篇获得国家领导人批示；完成中英文网站信息180条，各大媒体报道18篇，创办了所刊《WIV天地》、武汉病毒所官方微信、很好地向外界展示了研究所的动态和所取得的成绩，为中科院科学传播工作作出了积极贡献。

武汉病毒研究所是1978年国务院学位委员会批准的最早的博士、硕士学位授予权单位之一。现有微生物学、生物化学与分子生物学2个博士学位授予点，微生物学、生物化学与分子生物学、免疫学、生物工程4个硕士学位授予点。现有导师44人（新增5人），其中博导29人（新增1人）。2014年，招收博士生43人，硕士生37人，现有在读研究生261人，含博士生144人，硕士生117人。2014年，武汉病毒所71人次获得教育部（国家奖学金）、中科院、湖北省、武汉教育基地及研究所各等级奖励，1项中国科学院科学院社会实践创新类项目获得批准资助，第一次获得中国科学院-BHPB奖学金、优秀教师奖。科教融合也取得进展，与苏州大学、中南大学、云南大学分别推进的联合培养本科生项目顺利推进。

武汉病毒所作为湖北省暨武汉微生物学会和中国免疫学会青年工作委员会的挂靠单位，每年坚持开展学术交流、科普宣传、科技咨询、科技服务、科技开发、举荐人才、维护科技工作者的合法权益等活动。武汉病毒所负责编辑出版的*Virologica Sinica*是我国生物学医学核心期刊和病毒学权威刊物，向国外公开发行。

（撰稿：刘　汝　汤华波　审稿：何长才）

测量与地球物理研究所

副 所 长：王　勇（主持工作）
地　　址：湖北省武汉市武昌区徐东大街340号
邮政编码：430077
电　　话：027-68881355
传　　真：027-68881355
电子信箱：bgs@whigg.ac.cn
网　　址：http://www.whigg.cas.cn

中国科学院测量与地球物理研究所（以下简称“测地所”）前身为中国科学院地理研究所（南京）大地测量室，1957年成立中国科学院测量制图研究室，1958年迁至武汉，1959年改为测量制图研究所，1961年调整为测量与地球物理研究所，1970年划归地震局领导，1978年由中国科学院批准恢复重建。

测地所是一个从事大地测量学、地球物理学与环境科学等相关基础理论与应用研究的综合性科研机构。针对国家航空航天、军事和基础测绘、灾害监测、资源勘探等方面的重大战略需求，围绕地球物理和内部动力学、重力技术及其应用、全球卫星导航定位定轨及应用、地震和地球动力学、壳幔负荷动力学过程的监测、地震波传播与地球内部结构、卫星大地测量与全球变化、海空重力与数据分析、动力大地测量观测与技术、大地测量新技术应用及研发、湿地演化与环境效应、环境灾害监测与评估、遥感技术在资源与农情监测中的应用等地学前沿领域中的问题开展基础性、战略性、前瞻性的创新研究。

测地所设有大地测量与地球动力学国家重点实验室，湖北省环境与灾害监测评估重点实验室，大地测量与地球物理观测技术实验室，计算与勘探地球物理研究中心，武汉大地测量国家野外科学观测研究站，中国科学院江汉平原小港湿地生态站（三峡监测重点站），国家卫星定位系统工程技术研究中心（以下简称“GPS 工程中心”，合建，国家级），河南省中国科学院科技成果转移转化中心生态环境分中心（合建）等研究机构。拥有国际上先进的绝对重力仪、超导重力仪、相对重力仪、人工激光测距仪、全球定位系统接收机、地基 InSAR、激光跟踪仪、北斗接收机、惯性导航系统、地震仪、高精度数控中心、便携式地物光谱仪、荧光光谱仪、水质垂直剖面自动监测系统、液相色谱仪、超级计算机等科研仪器设备。

2014 年，测地所切实推进“一二四”规划实施，2 个重大突破和 4 个重点培育项目进展顺利；积极推进“率先行动”计划落实，努力申建特色研究所；大地测量与地球动力学国家重点实验室完成建设验收，承建的国际 GNSS 监测评估系统分析中心及武汉跟踪站获得授牌；加强国家野外站建设，完成园区改造与房屋维修，启动实施人卫激光望远镜及转台系统建设；加强重大项目组织实施，国家 973 计划项目核幔耦合作用与亚年代至世纪尺度地球自转及磁场变化关系研究启动；推进学科交叉，强化技术创新与集成，推动现代大地测量关键技术与仪器设备研发工作。

截至 2014 年底，测地所共有在职职工 159 人。其中，科技人员 114 人，包括中国科学院院士 1 人，研究员 31 人，副研究员及高级工程师 42 人，中国科学院“百人计划”入选者 6 人、国家杰出青年科学基金获得者 4 人、国家“千人计划”（国家海外高层次人才引进计划）入选者 3 人、“新世纪百千万人才工程”国家级人选 4 人、科技部“创新人才推进计划”中青年科技创新领军人才 2 人、湖北省重大人才工程“高端人才引领培养计划”首批培养人选 1 人，湖北省新世纪高层次人才工程人选 1 人。

测地所积极推进人才队伍建设。2014 年，新进职工 13 人。1 人入选中国青年科技工作者协会会员（新增），1 人入选中国科学院 2014 年卓越青年科学家（新增）、1 人入选湖北省青年英才开发计划（新增）。设有大地测量学与测量工程、固体地球物理学、自然地理学 3 个博士学位培养点和 3 个硕士学位培养点，1 个测绘工程专业硕士学位培养点，设有测绘科学与技术博士后流动站。在学研究生 130 人（硕士生 65 人、博士生 65 人），在站博士后 2 人。2014 年，录取硕士生 24 人、博士生 18 人；毕业硕士生 14 人、博士生 14 人。

2014 年，测地所不断开拓创新、奋发进取，项目争取有新突破。全年共有在研项目 160 余项（包括新增项目及课题 80 余项）。其中，承担国家重大科技基础设施建设项目 2 项，国家重点基础研究发展计划（973 计划）项目 1 项、课题 3 项，财政部国家重大科研装备研制专项 1 项，中国高技术研究发展计划（863 计划）课题 2 项，国家科技支撑计划课题 2 项，国家重大科学仪器设备开发专项 1 项，中科院国家外专局创新团队国际合作伙伴计划项目 1 项，中国科学院创新交叉团队项目 1 项；承担国家自然科学基金创新研究群体项目 1 项、国家自然科学基金重点项目 2 项、面上项目 40 项（新增 8 项）、国家自然科学基金国际合作交流项目 1 项、国家自然科学基金青年科学基金 13 项（新增 4 项），国家自然科学基金优秀青年科学基金项目 2 项（新增 1 项）；中国科学院战略性先导科技专项专题 1 项；另有国家相关部委、地方、企业项目等多项。

2014 年，测地所承担的各项科研任务进展顺利。发表论文 220 余篇，其中 SCI 论文 56 篇，专利授权 3 项，软件著作权登记 3 项。获民进中央 2014 年度参政议政成果奖一等奖、第五届刘光鼎地球物理青年科学技术奖等奖项。

2014 年，测地所积极开展院地合作工作，与云南地震局签署合作协议，筹备建设了大地测量与地球动力学国家重点实验室昆明分实验室，组队参加武汉光博会、长沙科交会等成果转移、推介活动，组织专家与相关企业、地方进行良好对接。获湖北省大型科学仪器协作共用单位、机组二等奖，全国优秀科普教育基地、湖北省科技活动周先进集体、全国科普日优秀组织单位等荣誉称号。

2014 年，测地所加强国际合作与交流，提高合作层次，全年因公出访 25 团组、47 人次，因公赴台 4 团组、8 人次，接待来访 50 余人次。主办大地测量研究进展学术研讨会、17 届重力学与固体潮及重力仪器学术研讨会等国际研讨会，举办地球小尺度结构与高频地震波散射研讨班。积极拓展国家科技合作，与德国 GFZ 地学中心签署合作计划，推进与哥斯达黎加科技合作，筹划与尼日利亚科技合作等。有 6 名科研人员在 12 个不同的国际组织担任职务，其中 1 人为亚太空间地球动力学（APSG）国际合作计划主席。

测地所是国家首批甲级测绘资格单位、国家环保部规划环境影响评价推荐单位、全国科普教育基地、全国青少年走进科学世界科技活动示范基地、湖北省科普教育基地、湖北省文明单位之一，是湖北省地球物理学会、湖北省天文学会、湖北省自然资源研究会的挂靠单位。联合主办学术刊物《大地测量与地球动力学》，协办学术刊物《地理空间信息》。

（撰稿：熊小敏　程方升　审稿：冯　灿）

水生生物研究所

名誉所长：刘建康
所　　长：赵进东
地　　址：湖北省武汉市武昌区东湖南路 7 号
邮政编码：430072
电　　话：027-68780789
传　　真：027-68780123
电子信箱：qlwu@ihb. ac. cn
网　　址：http://www. ihb. ac. cn

中国科学院水生生物研究所（以下简称“水生所”）是从事内陆水体生命过程、生态环境保护与生物资源利用研究的综合性学术研究机构，其前身是 1930 年 1 月在南京成立的国立中央研究院自然历史博物馆，1934 年 7 月更名为中央研究院动植物研究所，1944 年 5 月又分建成动物研究所和植物研究所。中国科学院成立后，于 1950 年 2 月将原中央研究院动物所的主体、植物研究所和山东大学的藻类学研究部分以及北平研究院的部分研究人员合并组成了中国科学院水生生物研究所（上海），1954 年 9 月由上海迁至武汉。2001 年，水生所进入中科院知识创新工程试点序列。2011 年，水生所整体进入院“创新 2020”试点工程。

水生所战略定位与发展目标是，紧密结合国家重大需求和世界科学前沿，围绕内陆水体生命过程、生态环境保护与生物资源利用领域的基础性、战略性和前瞻性重大科技问题，着力重大理论创新和核心技术突破，强化创新价值链的延伸，在水环境保护、淡水渔业和微藻生物能源领域发挥引领示范作用。

2014 年，水生所“一三五”规划“三个突破”（受污染水体水生态修复集成技术、现代淡水养殖模式理论和核心技术、微藻生物能源重大理论问题和核心技术）进展顺利。突破一完成了滇池草海湖滨带植被扩增与保育、水生植被处理低污染水、草海清水态构建与维持等核心技术研发，相关技术被《昆明市环滇池湖滨生态区保护条例》采用。研发了杭州西湖生态引水系统构建技术、大规模钱塘江引水降氮技术、西湖生态系统修复及稳定化调控等关键技术，完成相关示范工程方案编制与设计工作。突破二生产异育银鲫“中科 3 号”优质苗种超过 40 亿尾，已在全国 25 个省（市、自治区）进行推广养殖，该品种在鲫鱼主产区养殖量占 70% 以上。围绕水产动物重要经济性状的分子基础及其遗传改良，鉴定了与鱼类生长、生殖、性别、抗病、耐低氧和耐寒相关的功能基因，并研究其调控网络。突破三分离培养出 3560 余藻株；对其中油脂含量在 30% 以上的藻株建立了基本数据库和保藏库。对 20 多株产油微藻在华北气候带进行连续 3 年的培养试验，建立了光自养双阶段和半连续高效养殖技术。

水生所设有水生生物多样性与资源保护研究中心、淡水生态学研究中心、鱼类生物学及渔业生物技术研究中心、水环境工程研究中心、水生生物分子与细胞生物学研究中心和藻类生物学及应用研究中心；共有 57 个学科组；公共技术研发与服务部下设分析测试中心、斑马鱼资源中心、淡水藻种库；拥有淡水生态与生物技术国家重点实验室、国家淡水渔业工程技术研究中心（武汉）、东湖湖泊生态系统开放试验站、中国科学院水生生物多样性与保护重点实验室、中国科学院藻类生物学重点实验室、湖北省水体生态工程技术研究中心、武汉市水环境工程研究中心；拥有亚洲最大的淡水鱼类博物馆、白鳍豚馆以及中国最大的淡水藻种库。有 50 万元以上大型仪器 100 台（套），总价值 1.15 亿元。

截至 2014 年底，水生所共有在职职工 353 人。其中科研人员 168 人、科技支撑人员 115 人，包括中国科学院院士 6 人、发展中国家科学院院士 2 人、研究员及正高职称人员 67 人、副研究员及高级工程技术人员 74 人。“千人计划”、“青年千人计划”入选者各 1 人；“万人计划”领军人才 1 人；国家“百千万人才工程”人选 5 人；国家杰出青年科学基金获得者 9 人，国家优秀青年科学基金获得者 2 人；中国科学院“百人计划”入选者 22 人（新增 3 人）。

水生所是国务院学位委员会批准的首批博士、硕士学位授予权单位，设有水生生物学、遗传学、环境科学、海洋生物学 4 个二级学科博士研究生培养点；动物学、水生生物学、遗传学、环境科学、环境工程学、水产养殖 6 个二级学科硕士研究生培养点；生物工程、环境工程 2 个工程硕士研究生培养点；设有生物学、环境科学与工程（新增）2 个专业博士后流动站。在学研究生 494 人（硕士生 238 人，博士生 256 人），在站博士后 41 人。

2014 年，水生所共有在研项目 418 项（新增 103 项）。其中，承担国家重大科技专项课题 3 项，主持国家重点基础研究发展计划（973 计划）和基础性专项 4 项（新增 2 项）；主持国家高技术研究发展计划（863 计划）项目 2 项，参加 8 项；主持国家自然科学基金重点项目 14 项（新增 2 项）、面上项目 83 项（新增 10 项）、国家杰出青年科学基金项目 1 项、国家自然科学基金重大研究计划重点项目 3 项；主持中国科学院战略性先导科技专项项目 1 项，子课题 13 项（新增 4 项）；主持院重点部署项目 1 项；承担院地合作项目 107 项（新增 49 项）。

2014 年，水生所发表论文 391 篇，其中 SCI 收录 229 篇（其中 JCR 学科分类前 30% 的论文 88 篇，占 38%），CSCD 论文 99 篇。申请专利 40 项，获得授权 20 项（其中发明专利 10 项；实用新型 10 项），出版著作 3 部。获得中国专利优秀奖 1 项：《一种污水处理方法及装置》（专利号：ZL00114693.9）获第十六届中国专利优秀奖。

水生所在鱼类发育的信号传导与调控机制研究取得重要进展，揭示经典 Wnt 信号通路活性调控的分子机制，发现三个可与β-catenin 直接相互作用和调控经典 Wnt 信号通路活性的蛋白。相关结果发表在 *Hepatology*、*Journal of Biological Chemistry* 等刊物上。

水生所对模式蓝细菌的蛋白基因组学进行了系统研究。利用蛋白质组数据，实现了蛋白质翻译后修饰的系统全局发现，大规模鉴定了 23 种不同的翻译后修饰，其中绝大多数修饰是首次在蓝藻中发现。该研究成果发表在 *PNAS* 杂志上。

水生所提出了氮限制下支链氨基酸降解及糖酵解的增强经由三羧酸循环提供给甘油三酯合成所需的碳流是导致三角褐指藻细胞油脂积累的主要原因。该研究成果发表于 *Plant Cell*。

“富营养化水体修复机制与水生植被重建的生态学对策研究”获 2014 年湖北省自然科学奖二等奖。“水生态系统修复与水质净化关键技术研发和工程应用”获 2014 年国家环保部环境保护科学技术奖二等奖。“异育银鲫‘中科 3 号’的培育及应用”获 2014 年度中国科学院科技促进发展奖创新成果奖一等奖。

在产学研方面，与国家开发投资公司在微藻生物能源开发和利用方面全面开展合作；与三峡集团公司就水电开发中的生态环境问题开展合作，共建野外监测站；与淮安市高教园区等五家单位共建淮安研究中心；与湖州市人民政府、湖州师范学院共建湖州水生生物养护与开发创新中心；与宁波东钱湖旅游度假区管理委员会等联合组建淡水生态与生物技术国家重点实验室宁波实验室；在扬州成立中国科学院水生生物研究所扬州水环境与渔业研究分中心；在江苏、湖北、湖南等地建立院士工作站，促进成果转化。

2014 年，水生所共承担 2 项国际项目，主办国际会议 3 次——首届豢养长江江豚饲养繁殖技术研讨会、第六届中韩生物资源保藏和利用双边研讨会、第七届亚太藻类论坛。全年出访 100 人次，来访 223 人次。获批中科院人教局公派留学项目3项，国家留学基金委项目2项。有6名在读外籍研究生。与国外联合发表文章37篇，新签署国际科技合作协议1项。推荐的1名外国专家获中科院外国专家特聘研究员计划资助。

水生所是中国海洋湖沼（动物）学会鱼类学分会、中国动物学会原生动物学会、中国水产学会鱼病研究会、湖北省海洋湖沼学会、湖北省动物学会、武汉动物学会、中国环境科学学会环境生物学专业委员会7个学会和武汉白鳍豚保护基金会的挂靠单位。水生所负责出版科技期刊《水生生物学报》。

（撰稿：吴青丽　孙　慧　审稿：徐旭东）

武汉植物园

主　　任：李绍华
地　　址：湖北省武汉市磨山
邮政编码：430074
电　　话：027-87510126
传　　真：027-87510251
电子信箱：wbgoffice@wbgcas. cn
网　　址：http://www. wbgcas. cn

中国科学院武汉植物园（以下简称“武汉植物园”）筹建于1956年，成立于1958年11月，1972年划归湖北省后改名为湖北省植物研究所，1978年回归中国科学院更名为中国科学院武汉植物研究所，2003年再次更名为中国科学院武汉植物园。

武汉植物园的发展定位是：立足华中，面向全球，收集保护亚热带和暖温带战略植物资源；拓展资源保护与可持续利用、湿地恢复与大型工程生态安全两大优势领域，引领我国特色农业种质创新与产业发展、水生植物与水环境健康和大型工程区生态修复技术的研究，成为国际同领域具有强大竞争力和重要影响的研究机构；进一步提升科普开放能力，成为世界知名的生物多样性与环境教育基地。服务国家生物产业、生态安全及全民素质教育的战略需求，建成世界一流植物园。

2014年，武汉植物园紧紧围绕院党组“创新2020”和“率先行动”计划的战略要求，认真落实园“一三五”创新目标，在中-非联合研究中心建设、新园区建设、科技创新和科普开放等各项工作都取得了显著进展。

武汉植物园下设3个研究中心：资源植物研究中心，水生植物研究中心，流域生态研究中心。拥有中国科学院植物种质创新与特色农业重点实验室、中国科学院水生植物与流域生态重点实验室、湖北省湿地演化与生态恢复重点实验室3个省部级重点实验室；建有1个国家种质资源圃、1个省级成果转化中心和1个院级分中心、1个部级生态监测站、6个迁地保护基地、4个所级野外台站的网络支撑平台。

截至2014年底，武汉植物园共有在职职工275人。其中科技人员155人、植物园功能人员40人，管理人员30人，支撑人员13人，所办企业人员20人，科技副职人员2人，离岗人员13人，待岗及其他人员2人。包括研究员及正高级工程技术人员33人、副研究员及高级工程技术人员64人。共有中国科学院“百人计划”入选者16人。

武汉植物园设有生物学、生态学2个一级学科博士培养点，植物学、生态学、园林植物与观赏园艺3个学术型硕士培养点和生物工程、环境工程2个专业学位硕士培养点，设有生物学、生态学2个一级学科博士后流动站。在读研究生171人，其中硕士生105人（含留学生23人），博士生66人（含留学生3人）；在站博士后6人。

2014年，武汉植物园共有在研项目275项（新增63项）。其中，承担国家重大科技专项课题2项，主持（或承担）国家重点基础研究发展计划（973计划）课题4项（新增2项），主持（或承担）国家高技术研究发展计划（863计划）项目4项（新增1项），主持（或承担）国家科技基础性工作专项4项（新增1项），主持（或承担）国家科技支撑计划4项，主持（或承担）国家科技基础条件平台课题1项，主持（或承担）农业部公益行业专项1项，承担农业部948计划项目2项；主持国家自然科学基金重点项目3项、面上项目52项（新增12项）、青年基金44项（新增9项），专项基金2项，承担国家自然科学基金重大研究计划任务1项，主持国家自然科学基金国际合作与交流项目4项（新增4项），承担面上联合申请和重大国际合作项目各1项；主持（或承担）中国科学院战略性先导科技专项课题4项，主持（或承担）院重点部署项目4项（新增1项）。

2014年，全园发表论文184篇。其中SCI 160篇（104篇TOP30%，包括21篇TOP10%）、CSCD 24篇、其他7篇，著作4部。获授权发明专利11件，申请发明专利13件。

2014年，武汉植物园积极推动国际交流与合作，全年先后派出27批次，55人次参加了国际学术交流活动；接待了来自美国、法国、日本、新西兰、肯尼亚等8个国家的外宾22批共42人次；与国外科研人员合作发表论文36篇。成功举办了第二届“淡水生境水生植物生物学”国际研讨会、“自然-人类耦合系统动态”国际研讨会、第八届国际猕猴桃研讨会。

2014年，武汉植物园全年引种1150号，其中已经初步鉴定830号，新增物种210个。入园游客持续增长，全年超78万人次。

武汉植物园是湖北省暨武汉市植物学会、中国园艺学会猕猴桃分会的挂靠单位；主办的学术期刊《植物科学学报》（原名《武汉植物学研究》）是中国自然科学核心期刊。

（撰稿：杨　东　刘洁鸣　审稿：罗志强）

南海海洋研究所

所　　长：张　偲

地　　址：广东省广州市海珠区新港西路164号

邮政编码：510301

电　　话：020-84452227

传　　真：020-84451672

电子信箱：webmaster@scsio. ac. cn

网　　址：http://www. scsio. cas. cn

中国科学院南海海洋研究所（以下简称“南海海洋所”）成立于1959年1月，是我国规模最大的综合性海洋研究机构之一。

南海海洋所紧紧围绕“创新2020”奋斗目标，贯彻落实“率先行动”计划，确定南海海洋所使命定位和发展目标：立足南海，跨越深蓝。围绕热带海洋环境与热带海洋资源，着力突破海洋气候环境与观测技术、边缘海地质演化与油气资源、海洋生态与生物资源领域的前沿科学问题和关键核心技术，不懈追求“更远、更深、更实、更强”，建成国际水平的热带海洋科学研究、人才培养、成果转移转化三高地，从而为发展我国海洋经济和维护海洋权益做出基础性、战略性和前瞻性贡献。

2014年，南海海洋所面向国民经济主战场和“建设21世纪海上丝绸之路”，立足南海，跨越深蓝，采取一系列重大举措，全面推进研究所“一三五”创新目标，按中科院统一部署，贯彻落实“率先行动”计划。截至2014年底，已喜获国家级奖项4项、省部级一等奖7项（含参加）；评估为优秀院重点实验室1个、优秀省重点实验室2个。在将帅人才引进与培养、科技成果奖励、国际交流与合作等方面已取得显著进展，顺利推进国家重点实验室申报，稳步开展仪器设备修购专项、新科考船建造规划、南沙园区的基建工作，综合竞争力显著提升。

南海海洋所拥有热带海洋环境国家重点实验室、中科院边缘海地质重点实验室、中科院热带海洋生物资源与生态重点实验室和中科院海洋微生物研究中心，以及广东省海洋药物重点实验室、广东省应用海洋生物学重点实验室。设有物理海洋、海洋生物、海洋地质、海洋生态4个研究室及海洋环境工程中心，以及海洋科考船队、海洋信息服务中心、仪器设备公共服务中心、海洋环境检测中心和海洋生物标本馆等。

南海海洋所还建有海南热带海洋生物实验站（国家野外试验站和中国生态系统研究网络“CERN”站）、大亚湾海洋生物综合实验站（国家野外试验站、中科院开放站和中国生态系统研究网络“CERN”重点站）、湛江海洋经济动物实验站、汕头海洋植物实验站和西沙深海海洋环境观测研究站、南沙深海海洋环境观测研究站；拥有“实验1”（共建）、“实验2”和“实验3”号三艘科考船。

截至2014年底，南海海洋所共有工作人员

694 人，其中科技人员 380 人，科技支撑人员 154 人，包括中国工程院院士 1 人，研究员及正高级工程技术人员 99 人，副研究员及高级工程技术人员 141 人；博士生导师 80 人，硕士生导师 66 人。

共有国家海外高层次人才引进计划（“千人计划”）入选者 1 人，“青年千人计划”入选者 2 人，“万人计划”入选者 1 人，百千万人才工程人选 4 人（新增 1 人），中青年科技创新领军人才 5 人（新增 2 人）；973 计划和国家重大科学研究计划项目首席科学家 4 人（新增 1 人）；中科院“百人计划”入选者 27 人（新增 2 人），中科院“创新国际团队”1 个（新增 1 个），中科院科技创新“交叉与合作团队”1 个；国家杰出青年科学基金获得者 8 人（新增 1 人）；海外特聘研究员 1 人。

南海海洋所是国务院学位委员会批准的博士（1993 年）、硕士（1970 年）学位授予权单位之一。现设有海洋科学、环境科学与工程 2 个一级学科博士研究生培养点，物理海洋学、海洋生物学、海洋地质、海洋化学、环境科学 5 个二级学科硕士研究生培养点，环境工程、生物工程和地质工程 3 个学位硕士研究生培养点，并设有海洋科学一级学科博士后流动站，共有在学研究生 308 人（其中硕士生 174 人、博士生 134 人）、在站博士后 36 人。

2014 年，南海海洋所共有在研课题 1072 项（包括新增课题 275 项）。其中，主持国家重点基础研究发展计划（973 计划）项目和国家重大科学研究计划项目 4 项（新增 1 项）、课题 6 项；主持国家高技术研究发展计划（863 计划）项目 11 项（新增 2 项），主持国家科技基础性工作专项 1 项。主持国家自然科学基金重点、联合基金项目 12 项（新增 4 项），主持国家杰出青年科学基金项目 4 项（新增 1 项）；主持国家优秀青年科学基金 4 项（新增 2 项）；主持国家自然科学基金重大研究计划重点项目 7 项（新增 1 项）、主持面上项目 109 项（新增 21 项）。主持中科院战略性先导科技专项项目 1 项、课题 4 项；主持中科院重点部署项目 2 项；主持中科院装备研制项目 1 项；主持国家海洋公益专项 2 项；主持国家地质调查专项 1 项。主持院地合作项目 232 项（新增 92 项）。

全年共发表论文 328 篇，第一单位署名南海海洋所的论文 281 篇，其中 SCI 论文 215 篇，出版《大亚湾生态环境与生物资源》等专著 2 部。向国家知识产权局申请并被受理专利 76 项，其中发明专利 72 项，实用新型专利 4 项；授权中国专利 42 项，其中发明专利 38 项，实用新型专利 4 项。7 项自主开发软件成功完成登记，计算机软件著作 25 件。

王东晓研究员等完成的“南海与邻近热带区域的海洋联系及动力机制”获得 2014 年度国家自然科学奖二等奖，张偲院士等完成的“热带海洋微生物新型生物酶高效转化软体动物功能蛋白肽的关键技术”获得 2014 年度国家技术发明奖二等奖。此外，“热带海洋环流多尺度动力过程”团队获批中科院创新国际团队并启动试运行（团队负责人：王东晓研究员）。2 人入围参加会议评议创新人才推进计划中青年科技创新领军人才，3 人入选中科院“青年创新促进会”。此外，获批国家留学基金委资助公派留学项目 18 项、中科院公派留学资助 3 项。热带海洋环境国家重点实验室通过建设验收，中国科学院热带海洋生物资源与生态重点实验室和广东省海洋药物重点实验室分别荣获中科院和广东省优秀重点实验室称号。

2014 年，南海海洋所积极促进地方社会经济发展，为政府科学决策提供咨询服务和技术支撑。新签订技术服务合同 92 项，合同总金额 4109. 35 万元。针对地方和企业需求，重点组织和参与多场次的洽谈会、对接会，与北海市人民政府、北海海洋科技创业园管委会、广东汕尾市科技局，汕尾市海洋产业研究院、江苏大丰港经济开发区管委会等洽谈与合作，在海洋工程技术咨询、技术服务领域积极为社会发展和地方经济建设服务，为政府科学决策提供科技支撑。

2014 年 9 月 16 日，在斯里兰卡首都科伦坡，在习近平主席和拉贾帕克萨总统的共同见证下，白春礼院长与斯里兰卡高教部长迪萨纳亚克签署了共建科研教育中心的合作协议。9 月 18 日，白春礼院长、斯里兰卡高教部长迪萨纳亚克、环境部长普瑞亚耶塔、国家基金委主任希瑞布迦玛出席了南海海洋所与斯里兰卡海洋环保署、卢胡纳大学和海洋大学签署科教合作协议仪式。为贯彻落实习总书记访问斯里兰卡精神，中科院与斯里兰卡高教部签订的协议，10 月 10—11 日，中斯海上丝绸之路联合科教中心筹备会在广州南海海洋所召开。

2014 年，海洋所派出参加国际会议、培训、合作研究、航次等 94 批 239 人次，同比缩减 28.3%；接待来自美国、德国、英国、澳大利亚、匈牙利等 20 个国家 99 批 126 人次的来访，同比增长 18%。联合建立斯里兰卡周边季风实时观测网络，联合培养硕士/博士留学生，联合开展斯里兰卡近岸关键海域海洋环境调查航次等。成功主办第十一次国际海草生物学研讨会，提升了国际地位和学术影响力。

南海海洋所是中国海洋学会热带海洋分会、中国海洋学会海洋物理分会、广东海洋湖沼学会、广东海洋学会的依托单位，编辑出版《热带海洋学报》（核心期刊）。

（撰稿：徐晓璐　陈　忠　审稿：张　偲）

华南植物园

主　　任：黄宏文

地　　址：广东省广州市天河区兴科路 723 号

邮政编码：510650

电　　话：020-37252711

传　　真：020-37252831

电子信箱：bgs@scib.ac.cn

网　　址：http://www.scib.ac.cn

华南植物园位于广州市天河区，占地约 5000 亩，是我国面积最大的南亚热带植物园，保育热带、亚热带植物 13 700 余种。其前身为国立中山大学农林植物研究所，由著名植物学家陈焕镛院士于 1929 年创建，1954 年改隶中国科学院后更名为华南植物研究所，2003 年更名为中国科学院华南植物园。

华南植物园立足华南，面向国家重大需求和学科发展前沿，致力于国家乃至全球的热带亚热带植物的科学研究、物种保护和植物资源开发利用，通过 5—10 年的努力，在植物科学、生态与环境科学、植物遗传育种和农林及经济植物产业升级、生态工程技术集成等方面进行基础性、前瞻性和战略性研究，发展成为高水平科技机构和世界植物园的引领者之一。华南植物园根据中科院党组要求，贯彻落实《中国科学院“率先行动”计划暨全面深化改革纲要》，围绕特色研究所建设定位，积极进取，锐意改革，着力推进特色研究所申报和建设的各项改革创新工作，确保“率先行动计划”和“一三五”目标的实现。

华南植物园现有植物资源保护与可持续利用、退化生态系统植被恢复与管理、华南农业植物分子分析与遗传改良 3 个院级重点实验室。拥有鼎湖山森林生态站和鹤山森林生态站 2 个国家野外科学观测研究站，以及小良热带海岸带退化生态系统恢复与重建野外生态站。有馆藏标本 100 多万份的植物标本馆及大型图书馆和公共实验室。此外，还有广东省应用植物学和数字植物园 2 个省级重点实验室及“华南植物鉴定中心”。华南植物园下辖的鼎湖山国家级自然保护区建于 1956 年，占地面积 17 000 余亩，就地保护植物 2400 多种，为我国第一个自然保护区，也是中国科学院唯一的自然保护区。

截至 2014 年底，华南植物园共有在职职工 443 人。其中科技人员 194 人、科技支撑人员 133 人，研究员及正高级工程技术人员 59 人、副研究员及高级工程技术人员 78 人。共有国家海外高层次人才引进计划（“千人计划”）入选者 1 人；中国科学院“百人计划”入选者 13 人（新增 1 人）；国家杰出青年科学基金获得者 4 人（新增 1 人）。

华南植物园是国务院学位委员会 1993 年批准的博士和 1978 年批准的硕士学位授予权单位之一，现设有生物学、生态学 2 个专业一级学科博士研究生培养点，生物学、生态学、林学 3 个专业一级学科硕士研究生培养点，并设有生物学、生态学 2 个专业一级学科博士后流动站，共有在学研究生 346 人（其中硕士生 202 人、博士生 144 人）、在站博士后 22 人。

2014 年，华南植物园共有在研项目 447 项（包括新增项目 157 项）。其中，承担国家重大科技专项课题1项，主持（或承担）国家重点基础研究发展计划（973计划）和国家重大科学研究计划项目1项、承担（或参加）课题5项，主持（或承担）国家科技基础性工作专项3项（新增1项）；主持（或承担）国家自然科学基金重点项目3项（新增1项）、面上项目75项（新增15项）、国家杰出青年科学基金项目1项（新增1项）；主持（或承担）中国科学院战略性先导科技专项课题2项，主持（或承担）院重点部署项目1项。

“林冠模拟氮沉降和降雨”野外控制实验平台在全球变化研究领域方法学上是一次重要突破，依托该平台科研人员已获6项国家自然科学基金项目和1项国家实用新型专利授权；中国森林生态系统固碳现状、速率、机制和潜力研究提出并完善了国家尺度森林生态系统碳清查体系，建立了国家尺度森林固碳研究数据库，已完成所有省区数据的分析校验和入库工作，发表高水平论文30余篇；高效植物转基因技术体系的建立及其应用研究筛选农杆菌侵染获得的3136个株系，得到重组酶识别位点完整且没有突变的株系共16个。果实采后衰老的生物学基础及其调控机制研究获得一批与果实成熟衰老相关基因并进行功能验证，已初步明确*AGO1*、*AGO4*、*AGO9*、*EjMYB*、*VPE3*、*SGR*在果实成熟衰老中的作用；非粮柴油能源植物资源的调查、收集与保存项目已编撰《中国非粮柴油能源植物》准备出版发行，并撰写综合考察报告，发表高水平论文54篇以上，申请专利4个；南美生物多样性考察、资源引种与利用（2008—2014）2014年科考队再次对南美厄瓜多尔、哥伦比亚和秘鲁三个国家进行野外考察，共采集植物标本1142号3000多份，分子材料近1000份，活体材料及种子73份。

2014年，全园发表SCI论文277篇，其中TOP30论文154篇，占总数56%；TOP10论文65篇，占总数23%；IF>10论文3篇，5<IF<10论文25篇，占总数9%；并连续第2年在*Nature Communications*上以第一单位发表论文。申请专利26项，授权专利21项；出版著作8部（卷、册）；获得新品种10个，其中国家林业局授权1个、国际登录8个、广东省农作物品种审定1个。科技成果“特色果蔬贮运保鲜工艺、关键技术与推广应用”获得中国商业联合会科学技术特等奖。成功申报第三个院级重点实验室——“中国科学院华南农业植物分子分析与遗传改良重点实验室”。

2014年，华南植物园结合自身科技优势，以龙头企业为载体，立足粤北孵化基地，辐射到西部（贵州）、中原（河南）、华南（广东、广西、海南）、华东（江苏、福建）、西北（陕西、宁夏），已初步完善从科技创新到促进经济社会发展的宏观布局。目前主要聚焦在特色农业、经济植物、生态恢复、园林工程等领域，依托创新平台与政府、企业、地方部门开展技术推广、成果转化合作。2014年共签订院地合作项目52个，项目经费达2536万元，比2013年同期增长4.5倍。

华南植物园面向贵州省地方需求，依托贵州民族医药优势及中草药物种资源优势，与黔西南州义龙新区管委会合作成立了贵州省中国科学院华南植物园经济植物育成中心，中心作为中科院华南植物园的下属机构；广州市、天河区和华南植物园开展三方共建，拟出资1500万元改造“广州第一村”的遗址，建设成飞鹅岭新石器时期遗址公园；此外，2014年华南植物园还先后与北京活力氢源生物科技、广州甘润堂生物科技、四川省自然资源科学研究院峨眉山生物资源实验站、梅州市盛通科技、广西壮族自治区南宁树木园、三亚新大兴园林股份等多家公司及研究院所签署产业化合作协议。

华南植物园控股的广东中科琪琳股份有限公司连续12年被广东省工商局评定为“守合同、重信用”企业，目前公司总资产8860万元，净资产5467万元；2014年实现收入1.08亿元，利税总额438万元。

2014年，华南植物园共有90人次出国（出境）参加学术会议或开展合作研究，海外来访者达78人次。

华南植物园科考团队赴南美三国考察并签署合作协议，推进与南美科研机构的合作与交流。与厄瓜多尔天主教大学、Yachay国家公司国际关系局等机构就签署合作协议达成共识；黄宏文主任陪同白春礼院长与哥伦比亚植物园联盟、波哥大植物园举行合作会谈并签署植物资源保护、开发、利用合作协议；白春礼、黄宏文等与秘鲁圣马可斯大学举行合作洽谈并签署联合实验室合作意向书。此外，从2009—2014年，华南植物园成功举办三届国际培训班，帮助培训来自南美国家如秘鲁、哥伦比亚、巴西等国30余名科技人员。

2014年，华南植物园代表团首次访问斯里兰卡，与斯里兰卡Ruhuna大学、皇家植物园和Peradeniya大学举行合作会谈并对Sinharaja保护区开展初步野外调查；华南植物园代表团访问了越南科学院国际合作局、生态与生物多样性资源研究所、越南农业与农村发展部国际合作局和越南林业大学等单位，并开展联合野外考察。

目前挂靠在华南植物园的学会有：广东省植物学会、广东省植物生理学会。据《中国学术期刊影响因子年报》的统计，华南植物园主办的《热带亚热带植物学报》年度影响因子为0.719，总被引频次为1734次，网上下载达3.64万次。

（撰稿：周　飞　吴　梅　审稿：魏　平）

广州能源研究所

所　　长：吴创之
地　　址：广东省广州市天河区五山能源路2号
邮政编码：510640
电　　话：020-87057639
传　　真：020-87057677
电子信箱：nys@ms.giec.ac.cn
网　　址：http://www.giec.cas.cn

中国科学院广州能源研究所（以下简称“广州能源所”）成立于1978年，其前身为1973年成立的广东省地热研究室。1998年4月原中国科学院广州人造卫星观测站并入广州能源所。2001年成为中国科学院知识创新工程试点单位之一。

广州能源所为中国科学院高新技术研究与发展基地型研究所，主要从事清洁能源工程科学领域的高技术研究，并以后续能源中的新能源与可再生能源为主要研究方向，兼顾发展节能与能源环境技术，发挥能源战略的重要支撑作用，形成一主两翼一支撑的格局。2014年，精心组织启动研究所“率先行动”计划，扎实推进“一二四”规划实施。部署了重大任务14项，重点任务33项；落实项目42项，总经费43 752万元，对承担重大突破及重点培育任务的科研团队给予引进人才方面的制度倾斜，对科研团队人员结构进行优化，集中全所70%以上的科研力量完成相关任务；利用现有的国家、省、院各级平台多方争取项目，为“一二四”规划的实施提供了资金保障；在体制方面，对原有的考核办法进行了重大改革，充分考虑了团队对重大成果的贡献与人均贡献量的关系。截至2014年底，各任务项目均已取得重要进展，考核指标落实比例达85%以上。

广州能源所建有国家可再生能源综合技术国际研发中心、中国科学院可再生能源重点实验室、中国科学院天然气水合物重点实验室、广东省新能源和可再生能源研究开发与应用重点实验室、广东省生物质能工程技术研究开发中心、广东省低碳经济技术研究中心、作为依托单位与其他单位共建的中国科学院广州天然气水合物研究中心、广东省新能源生产力促进中心、广东省清洁发展机制（CDM）技术研究服务中心、广东省可再生能源综合技术国际科技合作示范基地、广州市新能源工程技术研究中心、广东省低碳发展促进会等，是国家“生物质能源产业技术创新战略联盟”理事长单位。广东省太阳能光热先端材料工程技术研究中心、广东省“城镇矿山”清洁利用工程技术研究中心获准建设。科研单元包括：生物质能研究中心，天然气水合物研究中心，节能环保集成技术研究中心，能源战略研究中心，以及地热能、海洋能、太阳能、先进能源系统、可再生能源发电微网技术、环境能源材料、有机能源材料、储能技术、燃烧与热流、制氢、热电转换材料、能源转换与催化、人工环境节能实验室。建有提供文献情报服务的图书馆，以及所级公共仪器分析测试平台，拥有大型仪器设备30多台（套）。

截至2014年底，广州能源所共有在职职工408人。其中科技人员301人、科技支撑人员59人，包括中国工程院院士1人、研究员及正高级工程技术人员45人、副研究员及高级工程技术人员91人；全所进入创新岗位128人。共有中组部“万人计划”科技创新领军人才1人，中国科学院“百人计划”入选者12人（新增1人），百千万人才国家级人选3人，国家杰出青年科学基金获得者1人，享受国务院政府特殊津贴7人，“广东省领军人才”1人。

广州能源所是1978年国务院学位委员会批准的硕士学位授予单位之一，2004年获得博士学位授予权。现设有工程热物理与动力工程和化学工程与技术两个一级学科博士研究生培养点，环境工程、材料物理与化学和海洋地质3个专业二级学科硕士研究生培养点，并设有动力工程及工程热物理专业一级学科博士后流动站。共有在学研究生169人（其中硕士生99人、博士生70人），在站博士后7人。

2014年，广州能源所共有在研项目526项（包括新增项目197项）。其中，主持国家重点基础研究发展计划（973计划）项目2项（新增1项）、承担课题6项（新增1项），承担国家高技术研究发展计划（863计划）项目13项（新增2项），承担国家支撑计划课题14项；承担国家自然科学基金重点项目3项（新增1项）、面上项目26项（新增9项）、国家杰出青年科学基金项目1项，承担院重点部署项目2项、国家重大仪器研制项目1项；承担国际合作项目39项（新增14项）；承担地方科技项目119项（新增56项）。

2014年，广州能源所取得一系列科研成果。有机废弃物厌氧发酵制备生物燃气通过了广东省科学技术奖一等奖评审。全年发表论文479篇（期刊论文355篇、会议论文124篇），其中168篇论文被SCI收录，82篇论文被EI收录；出版专著4部；全年申请专利176件（发明专利153件，PCT国际专利申请6件），61件专利获授权（发明专利41件），维护有效专利769件。

加大与地方政府、企业等的合作力度，促进院地合作和成果转移转化。争取横向项目57项，合同额4230.6万元；利用各类已有平台联合企业申报地方政府产业引导、创新人才、成果转化类项目的经费资助，申报14项，立项6项，总金额540万；实施专利技术转移4项，333万元；与企业、地方政府组建不同形式的成果应用、转化平台2个，合同经费1200万元；国家发改委工程咨询资质整体从丙级升为乙级；截至2014年底，产业化公司共18家，其中直接持股的企业为14家，通过广州中科环能科技有限公司参股的二级企业为4家，拥有的所有者权益共计5577.70万元。

2014年，新争取国际合作项目14项，经费达548.4万。本年度切实加强了与巴基斯坦的实质性合作，成功获得了科技部的援外项目资助，与巴基斯坦费萨拉巴德农业大学展开合作，拟在旁遮普省援建一座100kW规模的生物质气化发电示范工程。该项目具有标杆和示范效应，对于加强我国与巴方在可再生能源领域技术创新与合作，以及我国的新能源与可再生能源技术与装备向发展中国家输出都会产生积极的影响。年出访38批64人次，来访28批275人次。聘请3位客座研究员，院外籍专家特聘研究员以及高端外国专家3人。共签订国际合作协议6项。主办第七届中韩能源所新能源和可再生能源论坛，承办第八届国际天然气水合物大会。

广州能源所是中国可再生能源学会生物质能专业委员会、天然气水合物专业委员会以及广东省太阳能学会的挂靠单位。2014年，广州能源所主办的《新能源进展》期刊（国内统一刊号CN44-1698/TK，双月刊），并被国内三大数据库收录，入围国家新闻出版广电总局第一批认定学术期刊，当年按时出版6期。内部发行《能量转换利用研究动态》。

（撰稿：董耕宇　谢舜源　审稿：吴创之）

广州地球化学研究所

所　　长：徐义刚

地　　址：广东省广州市天河区科华街511号

邮政编码：510640

电　　话：020-85290702
传　　真：020-85290130
电子信箱：xuwenxin@gig. ac. cn
网　　址：http://www. gig. ac. cn

中国科学院广州地球化学研究所（以下简称“广州地化所”）建立于1993年。其前身是1987年由中国科学院地球化学研究所整建制搬迁部分学科、研究室和学术带头人，与原广州地质新技术研究所合并成立的中国科学院地球化学研究所广州分部。1994年经中央编制委批准恢复现名。

广州地化所2002年整体进入中国科学院知识创新工程二期试点序列，2011年进入中国科学院“创新2020”整体择优支持研究所行列。其使命定位与战略目标是坚持面向国家重大需求、面向世界科技前沿，面向国民经济主战场，致力于推动有机地球化学、元素和同位素地球化学、环境科学、油气与矿产资源等重点学科的发展，着力提升综合创新能力，在“资源与固体地球科学”和“环境科学与工程”两大领域开展基础性、战略性、前瞻性研究，解决国家和地方经济社会可持续发展所面临的资源和环境等重大科技问题。主要研究方向包括大陆动力学与岩石圈演化、深部地质过程与地球系统变化、成矿规律与油气成藏动力学、海洋地质与边缘海演化、环境污染与控制等方向。

2014年，广州地化所“一三五”规划按计划实施，地幔柱构造与成矿、页岩气赋存富集机理和资源潜力评价、城市群大气二次污染机理与防治3个重大突破取得了预期进展，5个重点培育方向取得了显著成绩，“创新2020”阶段科技目标基本实现。中科院“率先行动”计划启动后，科技和管理骨干反复研讨，明确了未来科技目标调整和组织管理改革的方向，积极谋划进入四类研究机构序列。

广州地化所现有有机地球化学和同位素地球化学2个国家重点实验室，边缘海地质和矿物学与成矿学2个中国科学院重点实验室，资源环境利用与保护、矿物物理与矿物材料研究开发2个广东省重点实验室，以及国家大型科学仪器中心—广州质谱中心；与香港大学地球科学系联合建立的化学地球动力学联合实验室；与兰卡斯特大学环境中心和城市环境所联合组建的国际环境研究与创新中心；2007年中国科学院批准建立中国科学院珠江三角洲环境污染与控制研究中心；设有可持续发展研究中心，并建有地学与资源科普教育基地，主办有地学核心刊物《地球化学》和《大地构造与成矿学》。

拥有409台（套）大中型仪器设备，2014年度申报并获批“中央级科学事业单位修缮购置专项资金”3项，新购置免税仪器和设备46台（套）。标本楼2014年交付使用，提供了9000平方米的科研工作场地。

广州地化所共有在职职工357人。其中科技人员214人、科技支撑人员143人，包括中国科学院院士2人、俄罗斯科学院外籍院士1人、研究员及正高级工程技术人员65人、副研究员及高级工程技术人员107人。共有广东省“南粤百杰”入选者2名，中组部青年拔尖人才1名，科技部创新人才推进计划中青年科技创新领军人才2人，“百千万工程”国家级人选6名，国家杰出青年基金获得者19名，国家优秀青年科学基金获得者5名，广东省杰出青年科学基金获得者2名，中科院“百人计划”入选者25名。

现有地球化学、矿物学、岩石学、矿床学、构造地质学、环境科学和环境工程5个专业二级学科博士培养点，地球化学、矿物学、岩石学、矿床学、环境科学、第四纪地质、构造地质学、海洋地质、环境工程、地图学与地理信息系统和人文地理学9个专业二级学科学术型硕士培养点，并设有环境工程、地质学工程两个专业二级学科全日制工程硕士培养点，设有地质学和环境科学与工程两个一级学科博士后流动站，共有在学研究生512人，在站博士后47人 。

2014年，广州地化所共有在研项目480项（包括新增项目155项）。其中，新增国家自然科学基金项目52项，包括青年科学基金17项，面上项目27项，重大项目课题1项，重大研究计划项目1项，重点项目1项，国家杰出青年科学基金1项，优青项目1项。新增战略性先导科技专项B类项目课题3项，院重点部署课题1项。

“峨眉山地幔柱及其成矿作用”获2014年广东省科学技术奖一等奖。该成果证明了峨眉山玄武岩喷发之前地壳发生过快速、公里级的穹状隆起，将峨眉山 LIP 分为内带、中带和外带，确定峨眉山 LIP 主喷发期的年龄在 259 MA 左右，揭示了峨眉山 LIP 高钛和低钛系列岩浆成矿作用专属性，建立了不同类型岩浆铜镍硫化物矿床的成因模式。相关成果和研究方法得到了地幔柱学术权威的高度评价，显著提升了中国科学家在地幔柱及其成矿作用领域的国际地位，为完善地幔柱理论、建立地幔柱成矿系统做出了实质性贡献。

发表研究论文 669 篇，其中国际 SCI 论文 394 篇，申请专利 16 件，其中国内发明专利 12 件，实用新型 4 件；授权专利 19 件，其中发明专利 12 件，实用新型 7 件。今年还申请登记软件著作权 1 件。

广州地化所研发的高负荷地下渗滤污水处理复合技术得到较好推广，利用该技术建设的环境治理工程合同项目数 81 个，合同总处理规模 21 070 吨/天，实际完成工程项目数 48 个，总处理规模 9480 吨/天；基于生物检测法的二噁英快速筛查技术相较于传统方法成本低、效率高、时间段，广州地化所和掌握该技术的日吉公司签订了《二噁英生物检测能力建设》合作意向书；化学品生态毒理检测实验室再次获得国家农业部“农药登记环境试验单位资质”，签订合作意向企业 100 多家，完成相关检测试验 3000 余项。

承担国际合作项目 24 项，新增 9 项。来访 113 批，205 人次；出访 89 批，131 人次。获得国家和院资助出国留学项目共 10 项。与香港理工大学建筑与环境学院第三届“环境科学与工程”联合学术年会，承办了“欧洲科技中国行”会议和“研究人员国际沟通力提升项目”培训班。

广州地化所与泰国 Chaipattana 基金会签订了谅解备忘录，合作形式包括人员交流等。与日本海洋-地球科学和技术研究中心（JAMSTEC）续签了关于“地球系统演化与海洋资源之联系”的合作研究协议，拟在未来 3 年继续开展合作，形式包括人员互访、交换研究样品等。国际环境研究与创新中心（I-RICE）是由广州地化所与英国兰卡斯特大学共建的一个多边国际合作伙伴平台，兰卡斯特中国催化项目（LCCP）是在 I-RICE 平台的基础上促成的第一个大型中-英联合研发和技术商业化项目，该项目中国办公室于 2014 年 8 月入驻广州地化所。项目计划分两期进行，广州地化所作为首轮中方参与机构已与一所英国企业对接，双方正就研发项目进行更深入交流。

（撰稿：徐文新　陈　一　审稿：夏　萍）

广州生物医药与健康研究院

院　　长：裴端卿
地　　址：广东省广州科学城开源大道 190 号
邮政编码：510530
电　　话：020-32015300
传　　真：020-32015299
电子信箱：wang_jiongkun@gibh.ac.cn
网　　址：http://www.gibh.cas.cn

中国科学院广州生物医药与健康研究院（以下简称“广州生物院”）由中国科学院、广东省人民政府和广州市人民政府三方共建，2003 年 7 月签订共建协议，2006 年 3 月获中央机构编制委员会办公室批准成立，是隶属于中国科学院的具有独立法人资格的科学研究机构。

广州生物院的定位是以满足人类健康需求和探索生命科学前沿为导向，致力于疾病机制和生命过程机理研究，为人类健康和疾病防治提供创新与集成的解决方案，推动我国生物医药与健康产业创新发展，成为国家健康安全体系中的重要组成部分。其建设目标是建成在健康和生物医药领域具有自主创新和国际竞争能力的研究机构，成为吸引、培养和造就具有国际先进水平的中国生物医药业领军人才的平台，成为疾病的发生和致病机理的研究及生物医药核心技术的研发平台，成为面向国内外生物医药业的社会化服务并带动地区相关产业发展的平台。研究院以“源头创新→产品技术开发→产业化”为价值链，主要研究领域包括干细胞与再生医学、化学生物学、感染与免疫学、公共健康学、科研装备研制。

广州生物院设有华南干细胞与再生医学研究

所、化学生物学研究所、感染与免疫研究所和公共健康研究所4个二级非法人研究单元，并建有呼吸疾病国家重点实验室（共建）、中国科学院再生生物学重点实验室（广东省干细胞与再生医学重点实验室）、粤港干细胞及再生医学研究中心（共建）、干细胞与再生医学联合实验室（共建）、药物研发中心、中科院广州生物院-广州医科大学干细胞转化医学中心（共建）等核心研发平台，以及公用仪器中心、实验动物中心、信息情报中心等公共支撑中心，同时牵头建设广州生命科学大型仪器区域中心、中科院超级计算广州分中心。

截至2014年底，广州生物院现有在职职工382人。包括科技人员332人、行政管理人员34人，工勤人员16人，其中研究员及正高级工程技术人员33人、副研究员及高级工程技术人员29人。其中“千人计划”入选者4人（新增1人），国家重大新药创制科技重大专项总体专家组成员1人（新增0人）、973首席科学家6人（新增1人），国家杰出青年科学基金获得者3人（新增1人），享受政府特殊津贴专家3人（新增0人），高端外国专家项目3人（新增0人），中国科学院“百人计划”入选者18人（新增1人），中科院外籍青年科学家3人（新增1人），中科院外国专家特聘研究员计划3人（新增3人），广东省领军人才4人（新增2人），广东省南粤百杰3人（新增1人），广州十大优秀留学人员2人（新增0人），中科院卓越青年科学家项目1人（新增1人）。

广州生物院现有生物学一级学科博士研究生培养点，设有生物化学与分子生物学、细胞生物学、发育生物学、药物化学4个二级学科博士研究生培养点；拥有基础医学一级学科硕士培养点，设有人体解剖与组织胚胎学、免疫学、病原生物学、病理学与病理生理学4个硕士研究生培养点，以及生物工程、化学工程2个工程硕士专业学位培养点，并设有生物学专业一级学科博士后流动站。目前，在学研究生284人（其中硕士生157人、博士生128人），在站博士后11人。

2014年，广州生物院共有在研项目211项（包括新增项目78项）。其中，承担国家重大科技专项课题3项（新增0项），主持国家重点基础研究发展计划（973计划）和国家重大科学研究计划项目5项（新增1项）、承担课题16项（新增1项），承担国家高技术研究发展计划（863计划）项目6项（新增2项）；承担国家自然科学基金面上项目23项（新增8项），青年科学基金项目24项（新增13项）；承担中国科学院战略性先导科技专项课题1项，子课题9项，承担院重点部署项目4项（新增0项），承担中国科学院重大仪器研制项目1项（新增0项）；承担院地合作项目2项（新增0项）；承担各类国际合作项目18项（新增8项）；承担地方性项目65项目（新增24项）；承担横向项目25项（新增15项）。全年共发表论文166篇（第一作者单位72篇），其中SCI收录154篇（第一作者单位65篇），刊物影响因子大于20的3篇；新增国内发明36项、外观设计4项、PCT6项、国际专利5项，新增授权国内发明19项、实用新型5项、外观设计3项、国际专利5项。

2014年，广州生物院“iPS细胞诱导中的间质-上皮转化过程（MET）研究”获得广东省科学技术奖一等奖。该研究紧密围绕细胞命运转变的调控机制这一关键问题，取得了一系列原创性的成果，具有重大科学价值，为干细胞的应用研究奠定了坚实基础。

广州生物院“一三五”实施取得显著进展。干细胞与再生医学研究方面：发现体细胞重编程的新障碍，该研究揭示了体细胞重编程的一种全新的机制，同时也暗示该机制可能在转录因子介导的细胞命运过程中存在普遍性，相关研究成果发表在国际著名学术期刊《细胞-干细胞》上；通过转分化获得人限制性神经元前体细胞，成功获得世界首例*ROSA*26定点基因敲入猪模型（可在猪体内世系追踪各类干细胞的分化和再生），成功培育了渐冻人症、白化病和帕金森综合症等猪模型，为揭示相关疾病机理，开发治疗药物提供更为理想的动物模型；在热带爪蛙中建立了CRISPR/Cas9介导的高效基因敲除技术；阐明了lncRNA通过表观遗传抑制重编程的发生；药物研发方面：用于口服治疗耐药性CML的第二代Bcl-Abl激酶抑制剂D824，已完成临床前研究；第一代抗阿尔茨海默症的新药AD-16成功地完成了新药临床研究申报（IND）工作；揭示了阿片类药物耐受性产生的新机制；利用铜催化不对称 C-N 偶联反应构建全碳四级手性中心研究中取得重要进展；利用钯催化反应合成噁唑衍生物；疫苗研究方面，利用反向遗传病毒拯救技术仅用 12 天就自主研发了 H7N9 重组病毒疫苗株（AH-H7N9-PR8）；首次将自噬机制应用到 HIV 疫苗研发领域；丙型肝炎病毒致病性和感染性研究方面取得新进展。

2014 年，广州生物院继续推进院地共建平台建设和成果转移转化工作。研究院药物研发中心建设再获广州市大力支持。未来五年（2015—2019 年），广州市将分别以第一年 4000 万元，第二、第三、第四年各 2000 万元，第五年给予 1 亿元贴息贷款的方式，重点支持广州生物院药物研发中心（DDP）建设，构建覆盖整个药物研发链条的关键技术平台，推进创新药物研发及成果转化，打造新药研发高水平专业人才团队。新签署“一种表达外源基因重组疟原虫及其应用”、“抗老年性痴呆药物 AD16 及片剂”、“新型苯并吡喃类抗炎止痛药物”等三项重要的成果转化项目，合同金额共计 5480 万元。此外，与广州医科大学共建了中科院广州生物院-广州医科大学干细胞转化医学中心。

2014 年，广州生物院积极推进国际合作与交流，与美国、英国、德国、新西兰、俄罗斯、中国香港地区及澳门地区的学术机构和组织建立了合作关系，开展了实质性合作。其中，与奥克兰大学莫利斯·威尔金斯中心的合作协议，被列入习近平主席对新西兰进行国事访问的唯一一个生命科学领域的成果清单；与澳门大学中医药研究院的合作，将联合建立粤澳生物医药合作中心。此外，广州生物院还举办了第七届广州国际干细胞与再生医学论坛暨第三届中国再生细胞生物学年会及 2014 年度 *Nature* 会议：细胞核重编程与癌症基因组学等国际学术会议。全年共接待来自美国、英国、以色列、加拿大、德国、瑞典、丹麦、澳大利亚、中国香港和台湾等外事访问 46 批次。

广州生物院是中国细胞生物学会再生细胞生物学分会的挂靠单位，与 Biomed 出版社合作出版期刊 *Cell Regeneration*。

（撰稿：王炯坤　朱宁宁　审稿：陈广浩）

深圳先进技术研究院

院　　长：樊建平

地　　址：广东省深圳市南山区西丽深圳大学城学苑大道 1068 号

邮　　编：518055

邮　　件：info@siat.ac.cn

电　　话：755-86392288

传　　真：755-86392299

网　　址：http://www.siat.ac.cn

2006 年 2 月 24 日，中国科学院、深圳市人民政府及香港中文大学在深圳签署共建先进技术研究院、先进集成技术研究所《备忘录》，成为中国科学院深圳先进技术研究院（以下简称“深圳先进院”）筹建的起点。2006 年 7 月 17 日，中国科学院深圳先进技术研究院进驻蛇口南山医疗器械产业园，标志着深圳先进院进入运营阶段。2006 年 9 月 22 日，中国科学院、深圳市人民政府及香港中文大学在深圳签署共建先进技术研究院、先进集成技术研究所《协议书》，西丽新园区奠基仪式也于同日举行。2009 年 7 月 22 日，获中编委批准正式纳入中国科学院序列。同年 12 月 17 日共建三方在深圳西丽深圳先进院新园区对建设项目验收，标志着深圳先进院揭开新的篇章。

深圳先进院以提升粤港地区及我国先进制造业和现代服务业的自主创新能力，推动我国自主知识产权新工业的建立，成为国际一流的工业研究院为使命，目前已初步构建了以科研为主的集科研、教育、产业、资本为一体的微型协同创新微创新体系。

深圳先进院现有 6 个研究所（先进集成技术研究所、生物医学与健康工程研究所、先进计算与数字工程研究所、生物医药与技术研究所、广州中国科学院先进技术研究所（筹）、中国科学院深圳先进院-麻省理工学院麦戈文联合脑认知与脑疾病研究所（筹），一所特色学院（深圳先进技术学院）。面向国民经济主战场，设立天使、风投和国投基金，并建设深圳蛇口机器人、深圳龙岗低成本健康、深圳李朗云计算与物联网、上海嘉定电动汽车4个特色产业育成基地，以及深圳创新设计研究院、深圳北斗应用技术研究院、济宁中科先进技术研究院、天津中科先进技术研究院（筹）等专业创新平台。

在贯彻“创新2020”和“率先行动”计划过程中，深圳先进院率先建立了国内一流的生物医学工程和健康研究平台，在低成本健康、高端医疗影像、机器人等“一三五”科研方向取得丰硕成果；机器人研究平台建立了一支国际化水平较高的研究队伍，产出一批高水平的科技成果；科研成果转移转化突出、影响大，规模产业化初现端倪；率先建立了平台型研究院，体制和机制有创新。

2014年，新增重点实验室、工程中心、公共技术平台共6个（累计52个）；新增与企业共建联合实验室2个（累计24个）。扩建实验场地3300平方米，改建实验室场地1200平方米，新增实验室13个（累计101个），完成实验室改造提升工程33项，涵盖生物、医疗、电子、新材料等多个学科。实验动物设施依法取得《实验动物使用许可证》。建设生物、材料、化学分析、材料制备与加工、电子仪器仪表、核磁共振成像、超算、电动汽车、机器人九大设备共享平台，服务包括美国西北大学、香港大学、华南师范大学、华为等41家境内外企事业单位。建成分析测试中心，建设6个专业化测试实验室，设备平台化管理逐见成效。

二期建设工程分两个标段，其中一标段主要由深圳市政府投资建设，总投资17 900万元，建筑面积约3.5万平方米，按工程进度已进入装修阶段；二标段按照中科院要求做好一两个标段的设计接口。

截至2014年底，深圳先进院共有员工1175人；中高级职称716人，海外经历人才411名。新入选科技部中青年领军人才1人（累计4人）；1人获国家基金委杰出青年基金资助（累计3人，占深圳60%），1人入选广东省领军人才（累计4人）；1人获深圳市长奖，1人获深圳市青年科技奖（累计2人），5人入选鹏城学者（累计13人）；新获批深圳市孔雀人才/领军人才72人次，累计达202人次，占深圳20%。新引进中科院“百人计划”2人，累计达35人；新增中科院“技术百人”2人（累计3人）；新增“千人计划”入选者5人，累计达27人，占深圳1/4；累计超过23人在SCI期刊中担任副主编或编委。

通过“孔雀计划”，在生物医学工程领域瞄准国际脑科学前沿，引进MIT脑认知团队；“大数据团队”入选中科院国际合作伙伴计划。各类创新团队累计达到13支，占全省约10%。新增12人获批孔雀计划个人项目，全年共获批人才类项目经费合同额1.33亿，到账经费0.95亿。

深圳先进院是国务院学位委员会批准的博士、硕士学位授予权单位之一，现设有计算机科学与技术、控制科学与工程2个专业一级学科博士研究生培养点，化学、生物学、信号与信息处理、生物医学工程4个专业一级（或二级）学科硕士研究生培养点，并设有计算机科学与技术1个专业一级学科博士后流动站。全年共培养学生1350人。自2006年以来累计培养学生近5000余人，其中包括来自美国、法国、俄罗斯等15个国家和地区的75名外籍留学生，目前在院留学生共18人；累计共培养博士后147人，新进站博士后60余人，目前在站博士后89人；新增6所合作高校，分别与华科、西交苏州研究生院、西电、暨大、桂电、中石油大学设立联培班，累计共设立9个联培班，目前联培学生比例上升到43%。

2014年，深圳先进院新增纵向科研项目483项，总额3.6亿元（不含人才项目），同比增长10%；其中国家级12 901万（增长22%），中科院4964万（增长66%），广东省2763万（增长32%），深圳市14 588万；国家自然科学基金获批63项，总资助率达37%，含杰青1人、重大仪器专项1项。结题项目267项，目前在研项目768项。

2014年，新签工业合作工业合作、技术转移与产学研合同总额首次突破1亿，达10 899万，到款金额达6371万元，创历史新高；专利转移转化价值金额1937.5万元。新增工业委托合同60个，合同额4584万元，到款3314万；

新增以企业为主体申报产学研合作项目突破200项，获批71项，产学研项目到账金额3042万。

全年新增专利申请量718件，其中PCT申请17件，授权专利250件，比2013年增长47%。获深圳市自然科学奖2项。新增发表论文997篇，在*Science/Nature*系列期刊发表论文2篇，其中SCI论文404篇（增长17%），JCR一区论文220篇（增长36%），论文质量显著提升。

牵头组建“深圳市低成本健康产学研资联盟”、“深圳市机器人产学研资联盟”、“深圳市北斗卫星应用产业化联盟”、“深圳市海洋产学研联盟”，聚集200余家企事业单位，会员企业年产值逾千亿，与联盟企业合作开展了17项企业横向和产学研项目。入驻深圳育成中心企业新增10家，总注册资本5224万元，新增权益600万元；入驻上海育成中心企业新增38家，建设侨帮侨企业孵化基地。

服务地方经济转型，培养市场拓展能力。与行业协会共建的深圳创新设计研究院与海尔等龙头企业合作持续推进；分别与山东济宁、深圳南山区政府共建的济宁先进技术研究院、北斗卫星应用技术研究院逐步开展面向社会大众的商业化全面运营；在深圳市和南山区的支持下建立中科创客学院，多个项目获得天使投资。

新增国际（地区）合作交流项目20项，成功举办各类学术会议和讲座199场，其中“亚洲计算机图形与互动技术国际会议（2014）”和“IEEE数据挖掘国际会议”为首次登陆中国。全年出访总数152人次78批次，其中90%人员为受邀参加国际学术会议，10%人员为获邀赴国外高校、研究机构开展科研合作。本年度与荷兰广州领馆、欧洲科技中国行代表团、印度社会研究院、马来西亚敦胡先翁大学、日本JST、日本电气通信大学、日本室兰工业大学等新建立联系。与麻省理工学院麦戈文脑科学研究所（MIT-McGovern Brain Institute）合作共建脑认知科学和脑疾病研究所。

主办的学术期刊《集成技术》发行6期，自2011年获批公开发行以来累计发行16期，稿源数量和质量均有较大提升，刊物下载数及被引用次数逐渐上升；在2014年国家新闻出版总署对6000种学术刊物整顿工作中，被国家新闻出版总署认定为学术刊物。

（撰稿：毕亚雷　冯　春　审稿：白建原）

亚热带农业生态研究所

副 所 长：吴金水（主持工作）
地　　址：湖南省长沙市芙蓉区远大二路644号
邮政编码：410125
电　　话：0731—84615204
传　　真：0731—84612685
电子信箱：csiam@isa.ac.cn
网　　址：http://www.isa.ac.cn

中国科学院亚热带农业生态研究所（以下简称“亚热带生态所”）创建于1978年，其前身为中国科学院长沙农业现代化研究所，2003年10月改为现名。

亚热带生态所主要学科方向为亚热带复合农业生态系统生态学，下设区域农业生态、畜禽健康养殖、作物耐逆境分子生态等三个研究中心，作为依托单位拥有中国科学院亚热带农业生态过程重点实验室、农业生态工程湖南省重点实验室、湖南省畜禽健康养殖工程技术研究中心和广西石漠化治理工程技术研究中心，建有桃源农业生态系统观测研究站、环江喀斯特生态系统观测研究站、洞庭湖湿地生态系统观测研究站、长沙农业环境观测研究站。

截至2014年底，亚热带生态所有在职职工254人，其中科技人员171人，科技支撑人员58人，包括研究员及正高级工程技术人员30人、副研究员及高级工程技术人员51人。现有中国工程院院士1人，国家杰出青年科学基金获者1人，国家百千万人才1、2层次人选2人，中国科学院“百人计划”入选者10人（新增1人），“西部之光”人才入选者18人（新增2人），湖南省百人计划1人，湖南光召科技奖1人。

亚热带生态所现拥有生态学博士学位授予点；有生态学、畜牧学及环境工程学硕士学位授予点；有生态学专业学科博士后流动站。2014

年在学研究生141人，其中硕士生67人，博士生74人（包括2名CAS-TWAS博士生）；在站博士后10人。

2014年，亚热带生态所共有在研项目289项（包括新增项目80项）。其中，973计划课题4项（新增1项），国家科技基础性工作专项1项，国家科技支撑（攻关）计划项目1项，课题6项（新增3项）；主持国家自然科学基金重点项目3项（新增1项）、面上项目77项（新增19项）；主持中国科学院战略性先导科技专项课题1项，主持院重点部署项目2项，承担院地合作项目3项；承担国际合作课题3项（新增1项）。新增项目合同经费7934万余元。

2014年，亚热带生态所围绕“一二三”规划，狠抓科技成果产出，获得2项获奖，包括“镉铅污染农田原位钝化修复与安全生产技术体系创建及应用”成果获得湖南省技术发明奖一等奖和“桂西北喀斯特生态系统退化机制与适应性修复实验示范研究”成果获得中科院科技促进发展优秀成果奖一等奖。此外，“南方农村水体污染绿狐尾藻生态治理技术”通过成果鉴定。该技术针对目前我国南方地区分散性污水的治理问题，采用生物基质净化、生物净化、经济湿地、潜流式湿地和人工塘等不同生态处理方式，筛选出以绿狐尾藻为主的水体净化植物，对农村分散式生活和养殖污水中COD、氮磷等污染进行有效去除处理。

2014年，亚热带生态所共发表科研论文141篇，其中SCI收录论文76篇；出版中文专著2部；申请发明专利25项，授权发明专利19项。

在院地合作方面，分别与广西贺州市人民政府、富川瑶族自治县政府、隆回县人民政府和广西木论天然食品有限公司等签署科技合作协议，并开展了工作。同时，还与广西环江县、宁明县等地方县（市）开展合作，在养殖排泄物和生活污水治理方面取得了较好的社会效益。

与研究所、高等院校和地方政府共建工程中心、转移中心、研发中心、育成中心及共享平台。与嘉兴市人民政府、嘉兴市南湖区人民政府共建中科院嘉兴水环境与生态治理工程技术中心。此外，分别与中国科学院生态环境中心、华中农业大学、广西师范大学、湖南农业大学、广西富川县政府等签署了联合开展科技合作研究、科技示范推广服务和共建教育教学实习基地的协议。

与企业进行了深度科技合作。与大冶有色集团、湖南厚霖环保公司合作，以技术使用权入股，合作共建大长江环境工程有限公司，成为了绿狐尾藻生态治污技术的重要推广应用平台。与相关企业开展了宜利多（破壁全酵母粉）替代血浆蛋白在仔猪教槽料中的应用评价研究、薯蓣生物技术育种、种苗生产与产业化开发、长江中游生态茶园示范模式可行性研究、功能性乳猪预混料关键技术研究与开发、酵母寡糖产品对断奶仔猪肠道功能影响机制研究、金银花在畜禽养殖中的应用6项科技合作研究与开发工作，共获合作经费190.61万元。

在国际合作方面，正在执行的外国专家特聘研究员项目9项（新增3项），完成1项发展中国家访问学者计划。正在执行1项亚非国家杰出青年科学家计划。聘请17位研究员为高访客座人员。与国外合作发表学术论文22篇。1位外国专家获得“潇湘友谊奖”。

亚热带生态所是湖南省生态学会、湖南省土壤学会、湖南省动物营养与生态环境学会挂靠单位，主办《农业现代化研究》期刊。

（撰稿：文再坤　陈　冲　审稿：吴金水）

成都生物研究所

所　　长：赵新全

地　　址：四川省成都市人民南路四段九号

邮政编码：610041

电　　话：028-82890289

传　　真：028-82890288

电子信箱：swsb@cib.ac.cn

网　　址：http://www.cib.cas.cn

中国科学院成都生物研究所（以下简称“成都生物所”）成立于1958年，当时定名为中国科学院四川分院农业生物研究所，1962年9月更名为中国科学院西南生物研究所，1971年1

月更名为四川省生物研究所，1978 年启用现名。

成都生物所的定位是：立足西南生物多样性保护与生物资源可持续利用开展基础性、战略性和前瞻性研究，为长江上游地区生态环境建设与生物多样性保护以及战略新兴生物产业的形成与升级提供科学基础、技术支撑与决策依据，着力突破一批事关社会经济发展全局的科学前沿问题和重大技术瓶颈，提升我国相关科技领域的国际竞争力，将研究所建设成为特色鲜明、国内一流、具有骨干引领和示范带动作用的科技成果产出与转移转化基地、科技创新人才聚集与培养基地。主要研究领域有天然药物与人口健康、生态保护与环境治理、工业生物技术及现代农业等方面。2014 年，成都生物所大力推进“一三五”规划的组织实施，加强学科凝练、体制机制创新以及人才队伍和创新平台建设，为推进落实中科院“率先行动”计划暨全面深化改革纲要精神，成立了“率先行动计划”方案制订领导小组与工作小组。

成都生物所设有天然药物与转化医学重点实验室、生态研究中心、应用与环境微生物研究中心、农业生物技术研究中心和两栖爬行动物研究室 5 个所级研究机构，是国家天然药物工程技术研究中心、中国科学院山地生态恢复与生物资源利用重点实验室、中国科学院环境与应用微生物重点实验室、中国科学院四川转化医学研究医院的依托单位。

成都生物所两栖爬行动物、植物标本馆是全国青少年科技教育基地、全国青少年走进科学世界科技活动示范基地、四川省及成都市科普教育基地；馆藏两栖爬行动物标本 10 万余号，模式标本近 660 号，标本的种类、数量、各种文献等居国内领先地位；馆藏植物标本逾 30 万份。公共实验技术中心拥有 600 兆核磁共振波谱仪、流式细胞分选仪等价值约 9000 万元人民币的各类先进科研仪器设备，并对社会开放。科技信息情报中心馆藏以生物资源和生物技术的研究与开发为主的中外文文献 21 万册。建立了中科院茂县山地生态系统定位研究站、中科院成都平原农业生态站、中科院若尔盖高寒湿地生态站和中科院马尔康小麦夏繁加代基地等研究站（点）。

人才队伍建设方面，截至 2014 年底，成都生物所共有在职职工 330 人。其中，科技人员 193 人、科技支撑人员 73 人，包括中国科学院院士 1 人，研究员及正高级工程技术人员 54 人、副研究员及副高级工程技术人员 105 人。

有中国科学院“百人计划”入选者 14 人（新增 1 人），“西部之光”人才入选者 80 余人（新增 13 人），院青年创新促进会成员 7 人（新增 2 人）。

成都生物所现设有植物学、动物学、微生物学、生态学、环境科学、药物化学、药理学 7 个专业博士研究生培养点，植物学、动物学、微生物学、生态学、环境科学、药物化学、药理学、病理学与病理生理学、生物工程、制药工程 10 个专业硕士研究生培养点，并设有生物学博士后流动站，共有在学研究生 297 人（其中硕士生 161 人、博士生 136 人）、在站博士后 25 人。

争取和承担科研任务方面，2014 年，成都生物所共有在研项目 368 项（新增项目 113 项）。其中，承担国家重大科技专项课题 1 项（新增 1 项），参加课题 4 项。承担国家科技支撑计划课题 2 项；主持（或承担）国家自然科学基金面上项目 45 项（新增 10 项）、国家优秀青年基金 1 项（新增 1 项），国家自然科学基金重大研究计划重点项目 1 项（新增课题 1 项）；承担中科院战略性先导科技专项课题 8 项，主持（或承担）院重点部署项目 1 项（新增 1 项）、参加课题 4 项。承担院重大仪器研制项目 2 项，重点国际合作项目 1 项（新增 1 项）、普通国际合作项目 18 项。承担院地合作项目 50 项（新增 14 项）。

2014 年，成都生物所共发表论文 264 篇，其中 SCI 194 篇；出版专著 2 部；授权发明专利 26 件，申请专利 45 件（其中发明专利 44 件，实用新型专利 1 件）。

获奖方面，“中国两栖动物系统学研究”获得 2014 年度国家自然科学奖二等奖。该项目开展了区系调查与分类研究、专科专属的系统发育研究、两栖动物国家级编目三方面的主体工作，创建和完善了形态鉴别标准和分类体系，揭示了中国两栖动物丰富的物种多样性；深入诠释了专科、专属的系统发育关系、空间格局成因及适应进化机制；首次完成了国家级两栖动物物种编目，全方位展示了各物种生物学信息。得到国内外学者高度评价，被世界两栖动物系统学数据库大量采纳，被IUCN和国内相关部门广泛用于两栖动物资源评估和保护管理、教育及生态环境评价。同时，该所参与的成果“小麦种质资源重要育种性状的评价与创新利用”获得2014年度国家科技进步奖二等奖。

此外，“有机废弃物厌氧发酵制备生物燃气技术装备及应用”获2014年度广东省科技进步奖二等奖、“水生能源植物浮萍直接利用废水生产生物质液体燃料”获2014年度全球可再生能源领域最具投资价值领先技术蓝天奖。

科技促进发展方面，2014年成都生物所与地方企业、政府等签订各类技术合同120项，合同金额1341万元。涉及医药、生物农药、生态系统规划与评估、农作物培育等领域。“高产抗病优质小麦新品种川育20选育及推广”获2014年度中科院科技促进发展奖二等奖、“酿酒微生物技术”获中国产学研合作创新成果奖。

成都生物所现有参股公司3家，从事科技开发人员20余人，年产值20多亿元，利税3亿余元。

国际合作及其成效方面，2014年成都生物所承担国家国际科技合作专项项目“九寨沟水资源与生态安全保护关键技术合作研究”的子课题“九寨沟核心景区水量平衡与水质维持植被保育研究”，取得较好的进展。该项目揭示了九寨沟水量动态与水循环的特征，制作了景区植被地图，计算景区中各个水文单元的降水水量分配比例等，为自然保护区物种的适应性管理提供了定量化的预测方案。2014年5月24日，以本项目为支撑的中国-克罗地亚生态保护国际联合研究中心正式成立，国务院副总理刘延东、科技部副部长王伟中等出席了仪式并致辞。

2014年，成都生物所新增国际合作项目28项，获得资助经费524万元；新增国际合作协议6项。国际人才引进与交流27名（新增8名）。组织召开了四川自然保护与可持续发展国际合作研讨会、新都库什喜马拉雅地区环境与社会经济长期检测及生态系统管理方案专家咨询会、仿生科学前沿——从动物感知到运动国际论坛会、有机废弃物无害化资源化利用技术国际培训会等国际会议4次。派出27批44人次出访德国、美国、日本、韩国等20余个国家和地区。邀请和接待美、英、日、俄等国家和地区来访共计30批87人次。有1名研究员长期在国际山地综合发展中心担任生态系统服务学科带头人一职。

由成都生物所主办的《应用与环境生物学报》是中国精品科技期刊、中国核心学术期刊和中国国际影响力优秀学术期刊；2014年，根据中国科技论文与引文数据库（CSTPCD）统计，该刊综合影响力在全国近30个生物学类核心期刊中排名第5位。成都生物所主办的英文学报 *Asian Herpetological Research* 是亚洲地区唯一的两栖爬行动物学SCI英文学术期刊，该刊2013年SCI影响因子为0.671。

（撰稿：舒　服　刘刚君　审稿：叶　彦）

成都山地灾害与环境研究所

所　　长：邓　伟
地　　址：四川省成都市人民南路四段九号
邮政编码：610041
电　　话：028-85228816
传　　真：028-85222258
电子信箱：sdb@imde. ac. cn
网　　址：http://www. imde. ac. cn

中国科学院水利部成都山地灾害与环境研究所（以下简称“成都山地所”）由1965年成立的中国科学院地理研究所西南地理研究室发展而来，1966年2月改为中国科学院地理研究所西南分所，1978年更名为中国科学院成都地理研究所，1989年实现中国科学院和水利部双重领导并采用现名，2002年4月进入中国科学院知识创新工程。

成都山地所的基本定位是以“认知山地科学规律，服务国家持续发展”为使命，面向西部山区重大工程安全、生态环境建设、山区可持续发展的重大科技需求，以实现“三性”贡献为目标，不断探索破解山地科学重大问题，引领山地灾害学，创新山地环境学，培养山地科学研究领域高层次人才，为“增强我国防御山地灾害的能力、保障山区生态安全和促进经济社会发展”提供科学依据和技术支撑。

2014 年，成都山地所贯彻落实中科院“率先行动”计划，启动了特色研究所建设，在定位、发展目标凝练、组织架构、队伍建设、体制机制、资源保障等方面做了积极的探索。同时，继续加大“一三五”规划实施工作力度，积极推进和检查“两个突破，五个培育方向”研究情况，总体进展良好。

成都山地所设有中科院山地灾害与地表过程重点实验室、中科院山地表生过程与生态调控重点实验室、山区发展研究中心和数字山地与遥感应用中心四大研究单元，设有四川省山区减灾工程技术研究中心和综合测试与模拟试验中心两大关键支撑平台；建有中科院东川泥石流观测研究站、中科院贡嘎山高山生态系统观测试验站、中科院盐亭紫色土农业生态试验站 3 个国家重点野外台站和其他 5 个所级野外观测台站；与西南交通大学等共建国家工程实验室 1 个，建有 1 个 480 平方米的科技展馆。

截至 2014 年底，成都山地所共有在职职工 275 人。其中科技人员 166 人、科技支撑人员 78 人，包括中国科学院院士 1 人、研究员及正高级工程技术人员 46 人、副研究员及高级工程技术人员 70 人。共有中国科学院“百人计划”入选者 7 人（其中 3 人同时入选四川省青年百人计划）；“西部之光”人才入选者 70 人（新增 6 人），四川省学术技术带头人 6 人（新增 1 人），四川省有突出贡献优秀专家 7 人（新增 2 人），“新世纪百千万人才工程”国家级人选 3 人，国家杰出青年科学基金获得者 3 人。

成都山地灾害与环境研究所是 1981 年国务院学位委员会批准的博士、硕士学位授予权单位之一，现设有生态学 1 个专业一级学科博士研究生培养点，自然地理学、人文地理学、岩土工程和土壤学 4 个二级学科博士培养点，生态学 1 个专业一级学科硕士研究生培养点，自然地理学、人文地理学、地图学与地理信息系统、岩土工程、防灾减灾工程及防护工程和土壤学 6 个二级学科硕士研究生培养点，并设有地理学 1 个专业一级学科博士后流动站，共有在学研究生 206 人（其中硕士生 88 人、博士生 118 人）、在站博士后 11 人。

2014 年，共有在研项目 471 项（包括新增项目 168 项）。其中，主持国家重点基础研究发展计划（973 计划）和国家重大科学研究计划项目 2 项（新增 1 项）、承担课题 12 项（新增 5 项），承担国家科技基础性工作专项子课题 1 项，承担部委行业专项 8 项（新增 2 项），主持国家自然科学基金重点项目 2 项（新增 1 项）、面上项目 36 项（新增 21 项）、优秀青年基金 1 项（新增 1 项）、青年基金 56 项（新增 30 项）；承担中国科学院战略性先导科技专项子课题 5 项，承担院重点部署项目课题 3 项、承担重点国际合作项目 7 项（新增 2 项）；承担院地合作项目 177 项（新增 85 项）。

全年发表论文 215 篇，其中，SCI/SSCI 检索论文 83 篇、EI/ISTP22 篇，CSCD110 篇；获四川省科技进步奖一等奖 1 项、二等奖 3 项，中国科学院科技促进发展奖二等奖 1 项，云南省科技进步奖三等奖 1 项，教育部科技进步奖二等奖 1 项，教育部技术发明奖二等奖 1 项；出版科技专著 3 部，科普译著 2 部，科普专著 1 部；新获得授权专利 26 项、软件著作权 17 项，1 项国际专利 PCT 申请获得通过；5 篇咨询建议被中办、国办刊物采用。

2014 年，进一步稳固与川、渝、藏、滇区域合作伙伴关系，与西藏自治区发改委共建西藏环境与可持续发展研究中心，并先后与四川宝兴县、西南测绘导航基地、中铁二院、高分四川中心等签署合作协议，主动了解对方需求，推动科技成果服务国家和地方经济社会发展；鲁甸地震科技救灾专家组顺利完成对红石岩堰塞湖、牛栏江堰塞湖等重点危险点的调查评估，为应急抢险提供了支撑，获得了云南省府、中科院和武警部队的高度评价；依托中科院-新疆自治区“科洽会”平台，完成的新疆天山天池景区山地灾害研究治理工作为天山申遗提供了有效的科技支撑。

2014 年，成都山地所全面推进南亚战略，逐步明确中尼合作、中巴合作、中印合作三大核心任务，推进南亚国家及喜马拉雅地区国际合作，做好区域性国际组织 ICIMOD 中国委员会的工作，顺利实现“中尼联合地理研究中心”在中尼双方挂牌成立，“中意灾害联合实验室”稳步建设。全年办理出访115人次（含访台26人次），接待来访36人次，承办“2014年度欧洲科技中国行暨欧盟科技走进中科院（成都）交流会”，积极向欧盟代表推介研究所科技创新成效及学科优势。新签署与巴基斯坦旁遮普大学、东京大学工学院、奥地利自然资源与生命科学大学3项国际合作协议，签署《中国科学院-尼泊尔特里布文大学科研仪器捐赠备忘录》院级国际合作协议1项。

成都山地所是中国地理学会山地分会、四川省地理学会、中国水土保持学会泥石流滑坡专业委员会、中国自然资源学会山地资源研究专业委员会、中国生态学学会生态水文专业委员会、中国土壤学会土壤地质分专业委员会、国际数字地球学会中国国家委员会数字山地专业委员会等的挂靠单位，设有中国地理学会西南代表处。出版英文双月刊 *Journal of Mountain Science*（SCIE扩展版）和自然科学核心期刊《山地学报》。其中，*Journal of Mountain Science* 成功入选“2014中国最具国际影响力学术期刊”。

（撰稿：蔡长江　张　坚　审稿：罗晓梅）

光电技术研究所

所　　长：张雨东
地　　址：四川省成都市人民南路四段9号
邮政编码：610041
电　　话：028-85100341；028-85100168；028-85100112
传　　真：028-85100268
电子信箱：ioesb@ioe.ac.cn
网　　址：http://www.ioe.ac.cn

中国科学院光电技术研究所（以下简称“光电所”）创建于1970年，是中国科学院在西南地区规模最大的研究所。1997年首批通过中国科学院科研基地型研究所定位评估；1999年微细加工光学技术国家重点实验室、中国科学院光束控制重点实验室、中国科学院自适应光学重点实验室3个重点实验室率先进入中科院知识创新工程试点一期；2001年全所整体进入创新试点二期；2006年在中科院创新试点二期总结及考核评议工作中被评为“优秀”研究所，进入创新三期；2011年成为中科院首批“创新2020”整体择优支持研究所。

光电所按照院党组的统一部署，2011年明确了“一三五”发展规划和“十二五”任务目标。重点开展应用基础性、前瞻性、战略性高技术研究与系统集成创新研究，成为不可替代的国家战略科技力量和国际著名研究所。在光束控制、天文目标观测、超高精度光学光刻系统、自适应光学、亚波长物理结构及其电磁效应、空间光电精密测量、轻量化光学、量子激光通信等多个研究领域，明确了“三个重大突破”和“五个重点培育方向”，建立从基础、应用基础到高技术应用的完整研究链条，形成多个领域、多个学科相互促进共同发展的学科布局和科研体系。在“创新2020”重点跨越阶段，明确地把创新跨越、追求技术极致、重大项目积极争取与完成、人才队伍培养、关键技术突破和技术平台建设放在更加突出位置。坚持科研、产业两大块分类管理和运行的模型，建立和完善了以能力、贡献和绩效为主要依据的激励导向机制，进一步完善青年创新人才奖评选，设立研究生创新基金，鼓励开展创新探索项目研究和培养选拔青年英才，营造“公正、公平、公开”的内部竞争激励环境和创新文化氛围。

光电所现有1个国家重点实验室、2个院级重点实验室、9个重点学科研究室，建有精密机械制造、先进光学制造、轻量化镜坯与新材料、光学总体集成、质量检测5个研制中心，以及1个技术保障中心——科技信息与情报中心，并投资创建了以产品与服务市场化、科技成果转移转化与产业化为宗旨的四川科奥达技术有限公司。

2014年，光电所完成了2米平台1#楼建设，确保满足生产需要；完成了基础设施一期道路管网建设，保障新建工艺厂房正常投入使用；新引进了真空光学镀膜机、数控镗洗加工中心、12英寸拉式干涉仪、离子束光学抛光机等设备，现共拥有大型仪器设备260余台（套）。

截至2014年底，光电所共有在职职工1217人。其中科技人员734人、科技支撑人员422人。现有中国工程院院士2人、研究员及正高级工程技术人员69人、副研究员及高级工程技术人员312人；目前有中国科学院“百人计划入选者”3人，“西部之光”人才入选者81人（新增10人），国家“百千万工程”人才2人，中科院青年科学家1人，中科院卓越青年科学家2人，中科院卢嘉锡青年人才1人，国家杰出青年科学基金获得者1人。

光电所于1981年开始研究生招生培养工作，现设有光学工程、信息与通信工程（下设二级学科信号与信息处理）、测试计量技术及仪器3个博士学位培养点，光学、机械制造及其自动化、光学工程、精密仪器及机械、测试计量技术及仪器、物理电子学、信号与信息处理、检测技术及自动化装置和计算机应用技术9个学术型硕士学位培养点（涵盖8个一级学科），机械工程、光学工程、仪器仪表工程、电子与通信工程、控制工程、计算机技术6个全日制专业硕士学位培养点，光学工程博士后流动站，共有在读研究生360人（其中硕士生202人、博士生158人）、在站博士后5人。

2014年，光电所共有在研项目280项。其中，承担国家重大科技专项课题7项，主持国家重点基础研究发展计划（973计划）和国家重大科学研究计划2项、承担课题6项（新增3项），主持国家高技术研究发展计划（863计划）项目91项（新增47项）；主持国家自然科学基金重点项目1项，面上项目8项（新增3项）、青年基金11项（新增7项）；承担中国科学院战略先导科技专项课题2项，主持院重点部署项目2项，承担3项；主持科技部重大仪器专项1项，承担2项；主持财政部重大仪器专项1项，承担1项；承担国家自然基金委重大仪器专项1项；承担地方政府支持项目5项；其他各类课题136项。光电所在国内首次用人造钠导星实现自适应光学误差动态闭环校正；国内首次获取了太阳黑子高分辨力光球和色球自适应光学校正图像，实现了对太阳扩展目标的高阶自适应光学校正；研制的光束控制、光电跟踪测量仪器完成了承担的国家重大科学相关实验任务；在量子激光通信、超分辨光刻装备研制等研究领域取得了多项科研成果和关键技术突破；自主研发的高耐辐射摄像机填补了国内堆芯照相设备的空白；承担的国家02专项、微纳光学、太阳高分辨力层析成像、人眼视光学工程研究等多个领域的关键技术取得重大突破。

2014年，光电所发表学术论文270篇，其中SCI论文88篇；申请专利件（其中国内发明专利214件、国际发明专利1件、实用新型1件），授权专利件（其中国内发明专利165件、国际发明专利7件、实用新型3件）。2014年光电所获得国家科技进步奖一等奖1项，省部级进步奖及突出贡献奖等10余项。

2014年，四川科奥达技术有限公司拥有1个光电产业园区，占地200亩，建筑面积5万多平方米。下设4个职能部门、8个事业部、1个进出口部，拥有4家控股子公司、7家持股公司。公司以中科院光电所的创新成果为依托，主要从事高新技术产品开发、生产、销售与服务，以及科技成果的推广应用、转移转化与产业化，在光、机、电、算等综合应用技术及产品方面具有较强的研究、开发和生产实力。经营范围涉及光学、精密机械、机电一体化、生命科学仪器、激光通信、激光应用技术、医用光电仪器、计算机应用、光电传感、特种合金加工技术、精密光刻技术、特种光学材料、精密光学元件、光电测量仪等高新技术领域。公司产业园已发展成为成都市光电产业集中发展的一个特色园区。通过了ISO9001-2000版质量体系认证及成都市“高新技术企业”复审。

2014年，光电所继续加强国际合作与交流。外事来访48批62人次，出访（含港澳台地区）28批84人次。其中，参加国际学术会议11人次，学术技术考察及友好交流2人次，科技合作12人次，外派1名访问学者到国外机构学习深造。光电所继续与美国研究团队开展TMT钠导星系统设计合作研究。

光电所是四川省光学学会、中国光学学会光学制造技术专委会、中国光学学会情报专委会的挂靠单位。光电所主办的中文核心期刊和中文科技核心期刊《光电工程》是中国科学引文数据库来源刊物，为中国光学学会的一级学会刊物，

2011 年曾入选第二届中国 300 种精品科技期刊。

（撰稿：赵小东 郑 丽 审稿：杨 虎）

重庆绿色智能技术研究院

院 长：袁家虎
地 址：重庆市北碚区方正大道 266 号
邮 编：400714
电 话：023-65935555
传 真：023-65935000
电子信箱：yzxx@cigit.ac.cn
网 址：http://www.cigit.cas.cn

2011 年 3 月，中国科学院与重庆市人民政府在北京签署《共建中国科学院重庆绿色智能技术研究院协议》，正式启动中国科学院重庆绿色智能技术研究院（以下简称"重庆研究院"）的筹建工作。2011 年 11 月，国务院三峡办加入共建，三方签署《共建中国科学院重庆绿色智能技术研究院协议》；2012 年 7 月，重庆研究院获中央编制委员会办公室批准正式设立；2013 年 11 月，《中国科学院重庆绿色智能技术研究院中长期发展规划》通过中国科学院院长办公会审议。2014 年 10 月 9 日，正式通过中国科学院、国务院三峡办和重庆市人民政府的三方验收。

自建设以来，重庆研究院按照"地方党委政府满意、合作企业满意、老百姓满意和科技界同行认同"的检验标准，坚持"面向重庆及西部区域经济社会发展重大需求，面向世界科学技术发展前沿，以加快发展战略性新兴产业和提升传统产业为主线"的定位思路，秉承"创新为魂、市场为本"的核心价值理念，旨在将重庆研究院建成为区域科技协同创新卓越平台、重大成果集成创新基地、杰出人才创新创业和培育基地、战略性新兴产业育成基地。

重庆研究院设立了战略咨询委员会，旨在发挥国内外著名院士专家对研究院在学科建设、人才培养、科学研究、成果转化等方面的参谋咨询作用，促进研究院又好又快发展；设有综合办公室、人事教育处、科技处、产业处、资产财务处、后勤保障中心 6 个职能部门及科研公共服务平台。

重庆研究院在电子信息、智能制造、生态环境 3 个领域展开科研布局，下设电子信息技术研究所、智能制造技术研究所、三峡生态环境研究所。截至 2014 年底，重庆研究院共设立 24 个研究中心，其中，电子信息技术研究所面向重庆和西部电子信息产业发展需求，以突破智能感知与控制等核心技术为目标，共设立大数据挖掘及应用中心、自动推理与认知研究中心、高性能计算应用研究中心、北斗导航工程中心、智能多媒体技术研究中心、量子信息技术研究中心 6 个研究中心；智能制造技术研究所面向重庆和西部装备制造业发展重点及技术需求，共设立表面功能材料及工程研发中心、机器人及智能装备创新中心、微纳制造与系统集成研究中心、智能装备与仪器仪表研究中心、智能工业设计工程中心、3D 打印技术中心、太赫兹技术研究中心、纳电子研究中心、集成光电技术研究中心 9 个研究中心；三峡生态环境研究所面向三峡库区生态环境建设与保护重大需求、重庆高速工业化、快速城镇化发展所产生的污染和排放治理需求以及大气环境治理等，共设立生态过程与重建研究中心、环境与健康研究中心、环境微生物与生态研究中心、水污染过程与治理研究中心、膜技术及应用工程中心、水质生物转化研究中心、环境友好化学过程研究中心、页岩气开发技术研究中心、大气环境研究中心 9 个研究中心。已成功组建了中国科学院水库水环境重点实验室、国务院三峡办三峡工程生态环境监测系统在线监测中心、重庆市自动推理与认知重点实验室和重庆市三峡库区水质保障工程技术研究中心、跨尺度制造技术重庆市重点实验室等重要科研创新平台。

重庆研究院坚持引才与育才相结合，事业与待遇相匹配，全面加强高层次人才队伍建设。截至 2014 年底，重庆研究院共有在职职工 332 人。其中，科技人员 259 人，科技支撑人员 31 人、管理人员 42 人，包括中科院院士 1 人，研究员及正高级工程技术人员 27 人、副研究员及高级工程技术人员 43 人。

共有国家海外高层次人才引进计划（"千人计划"）3 人、国家"新世纪百千万人才工程"2 名、973 首席科学家 1 人、中科院"百人计划"

入选者 9 人、外专局“高端外国专家”项目入选者 1 人、中科院“外国专家特聘研究员”入选者 1 人、中科院“台湾青年访问学者”入选者 1 人、中科院“西部之光”入选者 31 人。

重庆研究院设有材料科学与工程、环境科学与工程、计算机科学与技术和光学工程 4 个一级学科研究生培养点，在学研究生 218 人，其中硕士研究生 186 人，博士研究生 32 名。

2014 年，重庆研究院全年争取各类科研项目 159 项，其中国家 44 项，中科院 24 项，重庆市 42 项，横向 49 项，合同额 12365.41 万元，到款额 7769.69 万元；发表论文 162 篇，其中 SCI 78 篇、EI 53 篇；申请专利 173 项，其中发明专利 147 项。

2014 年，重庆研究院围绕“绿色三峡”、“3D 打印技术”两个重大突破，以及“石墨烯材料与应用”、“大规模自适应智能视觉分析系统”、“自动推理中的计算理论及应用技术”、“神经肌-械耦合系统理论及应用”四个重点培育科研主方向，组织实施了系列科研项目，突破了石墨烯规模化制备、智能人脸识别系统、3D 打印技术、超滤膜材料工业化生产等 10 余项关键技术，取得了重要进展：

重庆研究院目前已成立控股和参股的投资及产业化公司 13 家，总注册资产 8.461 亿元，重庆研究院出资额 1.383 亿元，其中知识产权出资额占 0.775 亿元。

以市场需求为牵引，联合企业和研究院所，推进人才技术服务产业，在线上进行突破，搭建了重庆市三峡库区水质保障工程技术研究中心、次生湿地生态研究站联合实验室、水处理技术联合实验室、矿山新技术新产品联合研发工程中心、智能工业设计公共服务平台等多个行业公共服务平台。

以产业园为载体，联手政府，推进科研成果产业的集群发展，在面上进行突破，联合打造了石墨烯产业园、机器人产业园。

机器人产业园一期初见成效，产业园 2014 年引进了重庆金派机器人公司等 6 家企业入驻，截至 12 月底，产业园区入驻企业 15 余家，总投资近 3.5 亿元。产业园区入住率达到 80%。启动产业园二期建设，地方政府大力支持，同意我院与企业进行联合开发，并在土地分割、建设规划、城市建设配套费减免等方面给予大力支持。建设面积 10 余万平方米，总投入 6 亿元人民币，拟引进入驻企业 50 余家，产业方向是机器人和环保装备。争创两江 100 亿产业园。

秉承稳健发展理念，成立了重庆德领科技有限公司、重庆惠信资产管理有限公司、重庆贝信电子信息创业投资基金等资产管理平台。

2014 年，重庆研究院成功申报第六批国家技术转移示范转移机构。依托中国科学院重庆研究院联合重庆市科委、重庆两江新区管委会、重庆市发改委、重庆市经信委、重庆市科协共同打造的重庆机器人体验馆在重庆两江水土高新技术产业园开馆。国内外众多媒体开展了广泛报道，《人民日报》、《新华社》、《光明日报》、《经济日报》等全国近百家新闻单位到机器人体验馆采访报道，接待机关、团体、学校和市民万余人。

在国际合作方面，2014 年重庆研究院持续与美国伊利偌以大学、新加坡国立大学，通过人员互派、定期视频会议研讨等方式，大力开展深度神经网络的联合研究。同时，重庆研究院进入中科院战略性先导专项，负责“公共安全视频深度解析”课题的研究工作；重庆研究院与美国生物工程院院士勒布教授联合开发遥操作微创腹腔镜手术机器人，其主要研究内容已作为重庆市“151”科技重大专项“重庆市机器人产业”的重要实施内容。此外，重庆研究院还大力实施海外人才引进计划，聘请“海外人才招聘大使”，负责在美国、加拿大等国家进行有针对性的海外招聘宣传和前期沟通，吸引高层次人才加盟；先后赴英国、意大利等国家开展人才招聘引进活动，与来自剑桥大学、牛津大学、埃塞克斯大学、意大利国家研究委员会（CNR）、意大利国家新技术、能源与环境委员会（ENEA）等百余名海外高层次人才达成引进意向。

（撰稿：唐祖全　关媛媛　审稿：高　鹏）

昆明动物研究所

所　　长：姚永刚

地　　址：云南省昆明市教场东路 32 号
邮政编码：650223
电　　话：0871-65130513
传　　真：0871-65130513
电子信箱：zhanggq@mail. kiz. ac. cn
网　　址：http://www. kiz. cas. cn

中国科学院昆明动物研究所（以下简称“昆明动物所”）成立于 1959 年 4 月，其前身为昆虫研究所紫胶站，1963 年改名为中国科学院西南动物研究所，1970 年划归云南省后改名为云南省动物研究所，1978 年重归中国科学院，恢复原所名。

围绕“一三五”发展规划，昆明动物所确定了立足西南及东南亚丰富的生物多样性资源，突出区域特色、国家战略需求和科学前沿，将研究所建成特色鲜明的国际著名研究机构的战略定位，凝练了“重大疾病灵长类新型动物模型创制与新药研究”、“基因组进化的理论突破”、“家养动物及其野生近缘种基因资源发掘”等三个重点突破方向。

现有研究团队 34 个；有遗传资源与进化国家重点实验室、中国科学院和云南省动物模型与人类疾病机理重点实验室、中国科学院与云南省共建的动物生殖生物学重点实验室和畜禽分子生物学重点实验室；中国科学院-德国马普青年科学家小组 2 个；中国科学院-英国东安格里亚大学生态学与环境保护中心、与香港中文大学联合共建生物资源与疾病分子机理联合实验室、非法人研究单元中国科学院昆明灵长类研究中心；中国科学院生命条形码南方中心；中国科学院-云南省人民政府西南生物多样性实验室；昆明国家生物产业基地实验动物中心；中国科学院昆明生物多样性大型仪器区域中心等联合共建的研究平台；无量山黑冠长臂猿监测站和昭通大山包野生动物野外观测站 2 个野外台站。

中国科学院与云南省合作共建的“昆明动物博物馆”，馆藏各类动物标本 71 万余号，是我国热带、亚热带动物种类、数量收藏最多的标本馆；图书馆有中、外文科技藏书 3. 8 万册，中外文科技期刊 16 万余册。200 万以上大型仪器装备总值 4000 余万元。

截至 2014 年底，昆明动物所共有在职职工 425 人。其中科技人员 182 人、科技支撑人员 190 人，包括中国科学院院士 1 人、发展中国家科学院院士 1 人、研究员及正高级工程技术人员 34 人、副研究员及高级工程技术人员 53 人。

共有国家海外高层次人才引进计划（“千人计划”）入选者 5 人，“青年千人计划”入选者 4 人；中国科学院“百人计划”入选者 19 人（新增 2 人）；“西部之光”人才入选者 91 人（新增 9 人）；国家杰出青年科学基金获得者 10 人。

昆明动物所是 1980 年国务院学位委员会批准的博士、硕士学位授予权单位之一，现设有动物学、遗传学、细胞生物学、神经生物学 4 个专业二级学科博士研究生培养点，动物学、遗传学、细胞生物学、神经生物学、生物化学与分子生物学、生物工程 6 个专业二级学科硕士研究生培养点，并设有生物学 1 个专业一级学科博士后流动站，共有在学研究生 331 人（其中硕士生 166 人、博士生 165 人）、在站博士后 27 人。

2014 年，昆明动物所共有在研项目 455 项（包括新增项目 106 项）。其中，主持国家重点基础研究发展计划（973 计划）项目 2 项、主持课题 11 项（新增 1 项），国家高技术研究发展计划（863 计划）课题 1 项，国家科技基础性工作专项 3 项；参与国家重大科技专项课题 9 项，主持国家自然科学基金创新群体 1 项，重大项目 1 项，重点项目 5 项，NSFC-云南省联合基金重点项目 6 项（新增 1 项），优秀实验室项目 1 项，重大研究计划 8 项（新增 1 项），国际合作与交流项目 5 项（新增 1 项），国家杰出青年科学基金项目 4 项，国家优秀青年科学基金项目 3 项，面上项目 65 项（新增 10 项），青年项目 37 项（新增 12 项）；主持中国科学院战略性先导科技专项 1 项（新增 1 项）、项目 3 项（新增 2 项）、课题 11 项（新增 8 项），院前沿科学重大突破择优支持 3 项（新增 3 项，其中项目 1 项，课题 2 项），院重点部署项目 5 项（新增 2 项），院科技服务网络计划（STS 计划）1 项（新增 1 项），院长基金特别支持项目 1 项（新增 1 项），院科普项目 3 项（新增 2 项），院地合作项目 1 项（新增 1 项），仪器设备功能开发技术创新项目 1 项，院信息化专项 1 项（新增 1 项）。

2014 年，昆明动物所“一三五”进展取得实效。在“重大疾病灵长类新型动物模型创制与新药研究”方向，抗抑郁 I 类新天然药物奥生乐赛特胶囊 I 期临床已结束，并在人体药代学试验和药物耐受递增剂量试验进展良好。HIV－1 感染北平顶猴模型、帕金森病（PD）和老年痴呆症（AD）猕猴模型、乳腺癌树鼩模型进展良好；成功引繁建立了实验动物北平顶猴的实验种群；树鼩实验动物化取得进展，并利于其基础生物学资料开展全面地收集和研究，《树鼩基础生物学与疾病模型》专著正式出版，较全面地介绍了树鼩基础生物学和疾病模型研究相关领域的最新进展与发展趋势，其中许多研究成果属于首次报道。在“基因组进化的理论突破”方向，“基因组多样性与亚洲人群的演化”成果荣获 2014 年度国家自然科学奖二等奖，项目以基因组多样性的分布格局及形成机制为视角，以亚洲人群为对象，紧紧围绕“亚洲人群源流历史和演化”这一核心目标，取得一系列重要研究成果：证明亚洲人群源自“走出非洲”后沿亚洲海岸线的快速迁移扩散事件，证实东亚人群起源于非洲且无当地直立人的母系遗传贡献，揭示早期人群迁移及文化扩散是亚洲民族人群形成的重要原因，并诠释人群对新环境适应的遗传学机制，该项目以第一单位发表高影响 SCI 论文 20 篇，被 *Nature*、*Science* 等国际著名 SCI 刊物正面他引 602 次，国际影响广泛。在“家养动物及其野生近缘种基因资源发掘”方向，继 2012 年昆明动物所、深圳华大基因研究院等单位合作完成了首个山羊全基因组图谱之后，双方合作又公布了绵羊基因组序列，并且将这一基因组与其他哺乳动物基因组进行了比对，构建了相关的系统发育树，该研究发表在 *Science* 杂志上。

2014 年，发表论文 319 篇，其中 SCI 论文 246 篇，影响因子大于 9 的 24 篇，影响因子 5 至 9 的 37 篇。“基因组多样性与亚洲人群的演化”获国家自然科学奖二等奖 1 项；“Leber 遗传性视神经病遗传易感分析”获云南省自然科学奖二等奖 1 项，“中国群体慢性气道疾病的遗传机理和药物反应研究与应用”获省科技进步奖三等奖 1 项。申请专利 21 项，获授权 24 项；出版专著 2 部。

2014 年，昆明动物所共有 45 批 54 人次前往 20 个国家和地区进行交流合作。接待国外来访学者 52 批 103 人次。新获院国际人才交流项目 4 项，3 名留学生获中国科学院——发展中国家科学院院长奖学金。新争取国际合作项目 8 项，主办了 3 个国际研讨会并承办了“第七届中德前沿科学研讨会”。在“国际两栖爬行类生命条形码计划（Cold Code）”、院“中非中心”，以及推进东南亚合作等方面取得良好进展。

昆明动物所是云南省动物学会、云南省昆虫学会、云南省细胞与生物学会、云南省免疫学会的挂靠单位，负责编辑出版动物学核心刊物《动物学研究》，该刊物入选“2014 中国国际影响力学术期刊”和“2014 中国精品科技期刊”。

（撰稿：张刚强　黄加元　审稿：沈　华）

昆明植物研究所

所　　长：孙　航
地　　址：云南省昆明市蓝黑路 132 号
邮　　编：650201
电　　话：0871－65223080
传　　真：0871－65223094
电子信箱：kibpub@mail. kib. ac. cn
网　　址：http://www. kib. cas. cn

昆明植物研究所（以下简称“昆明植物所”）前身是静生生物调查所和云南省教育厅于 1938 年 7 月合作成立的云南农林植物研究所。1950 年 4 月转属中国科学院，更名为中国科学院植物分类研究所昆明工作站。1953 年 3 月更名为中国科学院植物研究所昆明工作站。1959 年 4 月，经国家科委批准，正式成立中国科学院昆明植物研究所。

昆明植物所以“原本山川 极命草木”为所训，旨在认识植物、利用植物、造福于民。办所方针为立足中国西南，辐射东南亚和喜马拉雅，在植物学、植物化学及植物资源发掘、利用与保育等领域取得重要突破，为我国生态文明建设、生物多样性保护、生物资源的持续利用和产业发展做出重要贡献。

2014 年，昆明植物所对“一三五”规划进行了调整，调整后的三个重大突破为：“iFlora”研究计划、新药创制研发、植物种质资源与产业发展。“iFlora”研究计划工作目前已获取我国植物 242 科 1825 属 7438 种 23 392 份材料 67 000 余个 DNA 条形码，初步建立了我国植物 DNA 条形码标准数据库的框架。新药创制研发工作中，抗抑郁症 1 类新药“奥生乐赛特”、治疗呼吸道疾病 5 类新药“灯台叶总生物碱原料药及胶囊”正在进行 II 期新药临床试验。植物种质资源与产业发展工作中，已获得世界上首例高产虾青素的工程番茄株系，解决了植物难以高产虾青素的难题，完成了与 6 个国内番茄品种的杂交育种试验。

2014 年，昆明植物所确定了“率先行动”计划聚焦的 5 个重点研究领域和 4 个服务项目。五个重点研究领域分别为：植物分类与生物地理、植物化学与天然产物研发、野生种质资源保藏与利用、民族植物学与区域发展、资源植物研发与产业化。4 个服务项目是：植物中高含量天然产物功能发掘与利用、特色资源植物研发与产业促进、典型区域特色生物产业示范与民生改善、iFlora 与综合服务。

昆明植物所现有国家重点实验室 1 个，国家大科学装置 1 个，国家工程实验室 1 个，省部级重点实验室 3 个。研究系统设置“三室一库”，即植物化学与西部植物资源持续利用国家重点实验室、中国科学院东亚植物多样性与生物地理学重点实验室、资源植物与生物技术重点实验室、中国西南野生生物种质资源库。设有两个植物园（昆明植物园、丽江高山植物园），与世界农用林业中心共建“山地生态系统研究中心”（ICRAF 东亚和中亚区域办公室），与浙江省海盐县共建“海盐工程技术中心”，中国科学院青藏高原研究所昆明部在此挂靠。

昆明植物所设有公共技术服务中心，是中国科学院昆明生物多样性大型仪器区域中心重要组成单元；设有科技信息中心，承担中国科学院超级计算环境昆明分中心和昆明储存分中心的运维工作。植物标本馆（KUN）馆藏标本 140 余万份，是全国第二大植物标本馆。

截至 2014 年底，昆明植物所共有在职职工 539 人。其中中国科学院院士 2 人，高级专业技术人员 180 人；共有国家海外高层次人才引进计划（“千人计划”）入选者 4 人，其中“青年千人计划”入选者 3 人，国家杰出青年科学基金获得者 8 人，国家“百千万人才工程”入选者 8 人（新增 1 人）；中国科学院“百人计划”入选者 25 人；云南省科技领军人才 1 人（新增 1 人），云南省高端科技人才 12 人（新增 1 人），云南省引进海外高层次人才 10 人。青年骨干人才中，17 人入选“中科院青年创新促进会”（新增 3 人），103 人入选“西部之光”人才培养计划（新增 9 人）。

昆明植物所是 1979 年国务院学位委员会批准的博士、硕士学位授予权单位之一。现有生物学、药学 2 个一级学科博士研究生培养点，生物学、药学、中药学 3 个一级学科硕士研究生培养点，并设有生物学和药学 2 个专业一级学科博士后流动站（新增 1 个），共有在学研究生 367 人（其中硕士生 173 人、博士生 194 人，其中留学生 22 人），在站博士后 30 人。

2014 年，昆明植物所共获立项资助 129 项，新争取国家各级科研计划课题合同总经费 7202.1 万，到位经费 6840.32 万元。

承担国家部委及地方在研大项目（课题）47 项（新增 14 项）。其中，承担国家重大科技专项课题 5 项，主持国家重大科学研究计划项目 1 项；承担（或参加）国家重点基础研究发展计划（973 计划）3 项；承担国家高技术研究发展计划（863 计划青年专题）1 项；主持（或参加）国家科技支撑计划项目 2 项（新增 1 项）；承担科技基础性工作专项重点项目 2 项；承担国家自然科学基金重大国际合作研究项目 3 项、国家自然科学基金重点项目 2 项（新增 2 项）、NSFC-云南省联合基金重点项目 12 项（新增 1 项），国家优秀青年基金项目 2 项（新增 1 项）；新增合同经费 150 万元以上的地方政府科技计划项目 5 项。

2014 年，获奖成果共 5 项，其中“五味子化学研究”荣获云南省科学技术奖自然科学类特等奖；“中国西南块菌（松露）多样性及其保护生物学”荣获云南省科学技术奖自然科学类三等奖；“中国植物物种信息数据库的研建与应用”荣获云南省科学技术奖科技进步类三等奖；“民族药用植物社区保护新方法”荣获中国民族医药科学技术奖科技进步奖一等奖；“民族药用植物保护项目研究”荣获中国民族医药科学技术奖国际合作奖二等奖。全年发表 SCI 论文 464 篇，其中第一作者单位发表 SCI 论文 254 篇，领域前 15% 的有 150 篇，领域前 30% 的为 222 篇；CSCD 论文 148 篇；出版专著、译著 3 卷册。授权专利 19 项；申请专利 47 项。

2014 年，昆明植物所进一步完善技术合同管理，理顺横向项目与科技成果产业化管理流程，深化企业合作，推进成果转化，实现新增技术合同 37 份，新增合同金额 1687.6 万元，年度到位经费 1594.7 万元。

依托技术和成果转让，通过成效统计，2014 年度为地方经济创产值约 5.2 亿元，利税 1.4 亿元，社会效益约 3.7 亿元。

2014 年，昆明植物所因公出访共计 53 个团组 81 人；接收国外学者来访 163 人；聘任全职工作外国专家 20 人；新招收留学生 8 人；举办国际会议 2 次；组织中外植物学联合考察 8 次；新签国际合作项目协议 9 项，国际学术交流协议 4 项。

昆明植物所是中国植物学会民族植物学分会和云南省植物学会的挂靠单位。主办的学术期刊有《植物分类与资源学报》（中文）、《应用天然产物》（英文，*Natural Products & Bioprospecting*）和《真菌多样性》（*Fungal Diversity*）。其中《真菌多样性》的 SCI 影响因子（IF = 6.938）位居 SCI 收录的国际菌物学类期刊的第二名。

（撰稿：葛　蕾　朱卫东　审稿：王雨华）

西双版纳热带植物园

主　　任：陈　进

地　　址：云南省西双版纳州勐腊县勐仑镇

邮政编码：666303

电　　话：0691-8715071

传　　真：0691-8715070

电子信箱：office@xtbg.org.cn

网　　址：http://www.xtbg.ac.cn

西双版纳热带植物园（以下简称“版纳植物园”）系我国著名植物学家蔡希陶教授领导下于 1959 年 1 月创建，1970 年 7 月更名为云南省热带植物研究所。1978 年 3 月更名为中科院云南热带植物研究所。1987 年 1 月中科院云南热带植物研究所的植物群落室与昆明分院生态室合并成立昆明生态研究所，其余部分划归昆明植物所所辖的西双版纳热带植物园。1996 年 9 月经中编办批准，昆明植物所所辖的西双版纳热带植物园与昆明生态研究所合并为独立的研究机构——中国科学院西双版纳热带植物园，沿用现名。2011 年 7 月荣膺国家 5A 级旅游景区。2013 年 6 月成为中国植物园联盟理事长单位。

版纳植物园立足中国热带，面向我国西南地区和东南亚国家，开展以森林生态学、资源植物学和保护生物学为主要研究方向的科学研究、物种保存和科普教育，促进生物多样性保护和可持续发展。到 2020 年，把版纳植物园建设成世界一流植物园、高水平植物多样性保护与生态学研究发展基地，以及国家战略性热带植物资源保存与研发基地。

2014 年“一三五”规划各项工作进展顺利，各团队取得系列成果。突破一团队在热带森林物种间相互关系、生物及环境因素对物种多样性和生态系统过程的影响等方面取得系列进展。突破二团队已在版纳、老挝等地推广种植星油藤 7 万余亩，星油藤食用油获得食品生产许可证，产品已投入市场。突破三团队建立 15 000 多亩环境友好型橡胶园示范基地，获得 5 种具有较好效果的胶林复合生态系统模式，该项目已在云南省广泛推广。五个重点培育方向也取得重要进展，其中方向一团队在热带雨林生态系统物质循环、森林固碳数据库建设等方面取得进展；方向二团队收集与栽培热带特色药用植物 20 多种，发现新化合物 120 多个；方向三团队发现新记录物种 30 种，建立兰科植物种子库，提出的西双版纳物种“零灭绝”计划引起强烈反响。

版纳植物园设有热带森林生态学和热带植物资源可持续利用两个院级重点实验室、综合保护中心。建有西双版纳热带雨林生态系统和哀牢山森林生态系统两个国家级野外台站、所级公共技术服务中心、标本与种质保存中心、元江干热河谷生态站等支撑系统；标本与种质保存中心现有植物标本正号 152 939 号 20 余万份，种子数 1335 种 8427 份。

截至 2014 年底，全园共有在职职工 365 人（含项目聘用人员 19 人）。其中科技人员 173 人、物种保存和科普教育人员 84 人，包括研究员及正高级工程技术人员 33 人、副研究员及高级工程技术人员 55 人。

共有国家海外高层次人才引进计划（"千人计划"）入选者 1 人；中科院"百人计划"入选者 8 人（新增 1 人）；享受"国务院政府特殊津贴"9 人（新增 1 人）；"云岭学者" 1 人（新增 1 人）；"云南省中青年学术和技术带头人" 1 人；"云南省中青年学术和技术带头人后备人才" 7 人（新增 2 人）；"西部之光"人才入选者 70 人（新增 8 人）；国家杰出青年科学基金获得者 1 人；中科院青年创新促进会会员 7 人（新增 2 人）；云南省高端科技人才 1 人；云南省百名海外引进高层次人才 4 人（新增 2 人）。

2014 年，高层次人才工作推进有力，国际合作稳步推进，学术交流活跃。Richard Corlett 研究员和 Eben Goodale 副研究员入选云南省委组织部第 4 批"百名海外引进高层次人才"；李庆军研究员入选云南省首批"云岭学者"人才培养工程；范泽鑫副研究员入选第一批中科院"卓越青年科学家"；余迪求研究员带领的研究团队入选云南省创新团队。版纳植物园与英国班戈大学、澳大利亚格里菲斯大学等签署科技合作备忘录。举办国际会议和培训班 5 次。XTBG Seminar 举行中英文专题学术报告 60 场。全年出访人员 48 人次，来访人员 177 人次。

版纳植物园现设有生态学专业一级学科博士、硕士研究生培养点，植物学专业二级学科博士、硕士研究生培养点，并设有生物学专业一级学科博士后流动站，共有在学研究生 240 人（其中硕士生 142 人、博士生 98 人），在站博士后 9 人。

2014 年，全园共有在研项目 281 项（包括新增项目 72 项）。其中，承担国家重大科学研究计划项目课题 1 项，主持（或承担）国家科技基础性工作专项 2 项；主持（或承担）国家基金-云南省联合基金重点项目 5 项（新增 1 项）、国家自然科学基金重大研究计划项目 1 项（新增 1 项）、面上项目 40 项（新增 12 项）；主持（或承担）中科院战略性先导科技专项课题 6 项，主持（或承担）院重点部署项目 1 项；承担重点国际合作项目 2 项（新增 1 项）；承担院地合作项目 11 项（新增 4 项）。

2014 年，全园发表论文 267 篇，其中 SCI（SSCI）刊物论文 208 篇，累计影响因子 627.784，属于 Q1 的论文 115 篇，第一作者单位论文 121 篇。出版专著 2 部。共申请专利 6 项，授权专利 2 项。一项成果"季风气候下热带北缘木本植物水力学特征与生理功能的研究"获 2014 年度云南省自然科学奖二等奖。

2014 年，版纳植物园深化园地合作推进成果转移转化。与云南投资有限公司、中海油等开展深层次合作，推动生物产业发展，实现产值 17 892.66 万元，获得利税 1000.31 万元，产生社会效益 9900 多万元。投资建立的西双版纳雨林制药有限责任公司，有在职员工 49 人，2014 年产值达 1060.37 万元。

2014 年，科普活动品牌特色鲜明，科普创收能力提高，实现科普与旅游良性互动。全年入园 50 多万人次。科学探索营和自然体验营成为重要科普品牌，共 38 批 2500 多人参加。围绕全国科普日和国际植物日等开展主题科普活动，直接参与的公众达 10 多万人次；全国科普日活动获中国科协"2014 年全国科普日活动优秀特色活动"。注重开展社区科普教育，举办"成长中的望天树"、"科普教育进乡村学校"等系列科普活动。

2014 年，物种保育能力持续增强，园区景观得到优化与提升，植物科学数据收集与信息管理规范。建成物种保育温室与隔离苗圃；共引种 1539 种次，新定名植物 523 种，新增植物 392 种；物种保育种号达 14 128 个。举办"自然之兰"、"赏莲月"、"我的王莲我的船"主题植物展。

2014 年，基本建设稳步推进。获财政部修缮项目支持 4854 万元。建成西双版纳森林整体观测系统（森林塔吊）；“3H 工程”流动公寓一期 90 套建设全部完成；科研及辅助用房维修改造项目进展顺利。

2014 年，景东亚热带植物园筹建进展顺利。开展植物引种和苗木繁育储备工作；启动一期景观与园林设计工作；完成总体规划、可行性研究报告的评审；确立推进项目建设的合作机制。

2014 年，中国植物园联盟“本土植物全覆盖保护（试点）计划”全面启动，在西南、华东、华北等地区分别选定 8 个单位承担相应地理区域的试点任务。先后举办“植物分类与鉴定培训班”、“环境教育研究培训班”和“园林园艺与景观建设培训班”。现有成员单位 89 个。

版纳植物园是云南省生态学会挂靠单位。

（撰稿：殷寿华　万金鹏　审稿：李宏伟）

地球化学研究所

所　　长：胡瑞忠
地　　址：贵州省贵阳市观山湖区林城西路 99 号
邮政编码：550081
电　　话：0851-85895134
传　　真：0851-85895095
电子信箱：huruizhong@vip.gyig.ac.cn
网　　址：http://www.gyig.ac.cn

地球化学研究所（以下简称“地化所”）成立于 1966 年 2 月，主体由中国科学院地质研究所的相关人员从北京搬迁至贵阳组建。2014 年 10 月占地 160 余亩，一期建筑面积 5.5 万平方米的科研园区投入使用，地化所从原址搬迁至贵阳市观山湖区林城西路 99 号新所址。

2014 年，地化所牢牢把握战略定位，全面推进“率先行动”计划和“一三五”规划的实施。深刻理解中科院新的办院方针，加强基础研究、注重原始创新、增强竞争力和可持续发展能力；加强应用和集成创新研究，形成“基础研究—技术研发—成果示范”为一体的创新价值链，提升解决国民经济重大需求问题能力；强化优势、突出特色，在固体矿产资源与喀斯特生态环境等领域形成不可替代性。力争在华南陆块陆内成矿作用、深部矿产资源预测、喀斯特地区生态环境三个方面取得重大突破；明确下一代战略性矿产资源成矿规律，地球化学基础理论、方法和技术，环境和气候变化的地球化学记录，高原河流、湖库水资源与水环境和地球与行星演化五个重点培育方向。实现建立在 PI 制基础上以解决资源环境领域重大科技问题为主线的团队科研组织形式转变；实现由以往单一的文章科研成果产出形式为主，向以提供问题解决方案为重点的成果产出形式转变；建立符合当代科技创新、多标准、注重实效的科技评价形式转变。

地化所现有矿床地球化学国家重点实验室、环境地球化学国家重点实验室、中国科学院地球内部物质高温高压实验室和月球与行星科学研究中心 4 个研究机构。截至 2014 年 12 月底有在编职工 352 人，其中，中国科学院院士 2 人，研究员 67 人，正高级工程师 2 人，具博士学位人员 192 人，具硕士学位人员 40 人。科技人员中具博士学位人员占 71%，正高级职称人员占 25%。共有中国科学院“百人计划”入选者 20 人（新增 2 人）；“西部之光”人才入选者 78 人（新增 8 人）；国家杰出青年科学基金获得者 7 人（新增 3 人）；“中国科学院青年创新促进会”会员 10 人（新增 2 人）；万人计划 2 人、国家百千万人才工程人选 3 人、中国科学院西部学者突出贡献奖 7 人。

地化所是我国首批博士、硕士学位授权单位，也是我国首批博士后流动站建站单位。现有地球化学、矿物学岩石学矿床学、环境科学、环境工程 4 个专业的博士点和硕士点，以及地质工程、环境工程两个全日制专业学位培养点，和地质学、环境科学与工程两个博士后流动站。截至 2014 年底，共有在读研究生 325 人（其中硕士生 151 人、博士生 174 人），在站博士后 48 人。

2014 年，地化所共有在研项目 455 项（新增项目 128 项）。其中主持国家重点基础研究发展计划（973 计划）项目 2 项、课题 4 项，主持国家高技术研究发展计划（863 计划）课题 1 项，科技惠民计划 1 项，国家科技支撑计划 1 项，国家自然科学基金项目 99 项，主持中国科学院战略性先导科技专项子课题10项、重要方向项目3项，国际合作项目4项，院地合作项目5项等。

2014年，新增的主要项目除国家自然科学基金项目55项外，主要包括重点实验室运维2项；院人才项目21项；中科院项目6项（会议2项；院地2项；国际合作1项；其他1项）；国家基金36项；国外委托项目3项；其他科研机构委托10项；横向项目12项；地方政府项目15项；水利部公益项目1项；973计划项目1项；973计划课题1项；科技支撑计划1项等。

2014年，地化所共发表论文382篇，其中SCI论文187篇，CSCD论文及其他195篇；出版专著2部；新申请发明专利20项；授权发明专利8项；软件著作权登记11项。胡瑞忠研究员团队获得贵州省最高科学技术奖；黄智龙研究员“关于内蒙迪彦钼矿的找矿预测成果”获得2014年度中国有色金属地质找矿一等奖、云南羊拉铜矿和云南炉坪铅锌矿找矿成果均获得中国有色金属地质找矿二等奖。

2014年2月，经中国科学院院长办公会研究（科发人教字〔2014〕15号），“中国科学院贵州现代资源技术研究与成果转化”（简称“贵州中心”）正式批准成立。6月，中科院贵州中心（贵州科技创新园）建设项目正式开工建设，预计2015年底将全面完工。矿产资源综合利用工程技术研究中心的建立为拓展地化所的研究方向，服务国家和国民经济需求，保障研究所可持续发展奠定了良好基础。同时地化所还积极联合大型政企，建立建立“政产学研用”研究联盟。

2014年，地化所在已有技术平台的基础上，加强有特色的测试和实验平台建设，如低含量PGE和Re-Os同位素、单个流体包裹体成分、成矿模拟实验、非传统同位素、计算地球化学一批支持矿产资源领域高水平研究的技术平台。利用研究所搬迁的契机，按照世界一流水平，设计建设起完全崭新的实验室系统，建立24小时高效运行机制，新建了MC-ICPMS实验室、MAT253实验室、激光Ar/Ar实验室、场发射扫描电镜实验室、等离子光谱实验室和X衍射实验室；化学前处理实验室、非传统稳定同位素超净实验室、高效液相色谱-等离子体质谱仪超净实验室、原子光谱仪器超净实验室、生物实验室、气体同位素比质谱仪超净实验室，实现了中央供气、中央纯水、环境控制等现代化的实验室支撑体系。月球（行星）表面环境与资源利用技术研究平台前四期均得到了国家批准立项，投入专项经费近2500万元人民币。目前，项目I期建设内容已顺利完成，II期和III期的仪器已经进行安装调试，IV期已签订合同，初步实现基本物性测量和空间作用过程模拟功能。

2014年，地化所在国家973计划项目华南大面积低温成矿作用成矿年代学和铅锌成矿作用过程，峨眉山地幔柱钒钛磁铁矿成矿作用，活动大陆边缘岩浆硫化物矿床成矿机制，三江地区印支期和燕山期铜钼金成矿作用，华南铀矿成矿作用，条带状铁矿（BIF）成矿作用，青藏高原主碰撞期W-Mo成矿作用，非传统稳定同位素钼、锗、硒、氯地球化学，铁氧化物矿物原位分析和应用，丝绸之路气候，自然源汞通量交换模型，污染河流铁同位素，月球表面环境等一系列研究取得重要进展。中国生态系统研究网络科学委员会批准普定站为“中国生态系统研究网络”第43个成员台站。

2014年，地化所国际科技合作活跃，共派出科研人员77人次前往英国、加拿大、美国等20余个国家和地区进行学术交流与合作研究；邀请来自澳大利亚、美国、法国等20余个国家的62位国外专家到所访问及合作研究。

2014年地化所成功主持或共同主持了第17届环境重金属国际学术会议、国家自然科学委员会第114期“双清论坛”、第11届全国第四纪学术大会等会议，并积极参加各类国际学术活动，科技人员在国际学术界的地位明显提升。刘丛强研究员担任国际SCI期刊*Chemical Geology*编委，胡瑞忠研究员担任国际矿床成因协会中国国家委员会副主席及国际经济地质学会会士，冯新斌研究员担任国际SCI期刊*Environmental Toxicology and Chemistry*、*Journal of Environmental Sciences*编委和亚太地区环境地球化学与健康执行委员会委员，刘再华研究员担任国际水文地质学家协会地下水与气候变化委员会共同主席和国际SCI期刊*Journal of Cave and Karst Sciences*编委。

地化所是中国矿物岩石地球化学学会的挂靠

单位，主办有 *Chinese Journal of Geochemistry*、《矿物学报》、《矿物岩石地球化学通报》和《地球与环境》4 种学术刊物。

（撰稿：吴惠明　陈娟弘　审稿：王世杰）

西安光学精密机械研究所

所　　长：赵　卫

地　　址：陕西省西安高新区新型工业园信息大道 17 号

邮政编码：710119

电　　话：029-88887711；029-88887717

传　　真：029-88887711

电子信箱：office@opt.ac.cn

网　　址：http://www.opt.ac.cn

中国科学院西安光学精密机械研究所（以下简称“西安光机所”）于 1962 年 3 月由中国科学院所属原子能研究所大部、陕西分院光学研究所、机械研究所、自动化研究所合并组建而成。

西安光机所研究领域包括空间光学、光电工程、基础光学，主要研究方向包括高分辨可见光空间信息获取和光学遥感技术研究、干涉光谱成像理论与技术研究、高速光电信息获取与处理技术研究、瞬态光学与光子学理论与技术研究。设有瞬态光学与光子技术国家重点实验室、中国科学院超快诊断技术重点实验室、中国科学院光谱成像技术重点实验室等研究室与技术支撑系统。2014 年与英国南威尔士大学共同成立（中英）微纳光子学联合研究中心。

2014 年，西安光机所认真推进“创新 2020”及“一三五”规划，贯彻“人才强所”和“创新驱动发展”战略，本着“特色、优势、不可替代”的发展思路，在光子学和光子技术应用研究方面，以“高的空间、时间、光谱分辨与灵敏探测”和“快的信息获取、传输、交换、利用”为学科方向，加强前瞻性研究和新学科建设，强化重点学科专业化发展，强化了创新与前沿技术研究，形成了从理论、材料、器件到集成的完整学科链，支撑与推进光电技术与工程的创新发展与突破，2020 年实现向光子技术与光子工程的转变。

截至 2014 年底，西安光机所在职职工 874 人。其中科技人员 692 人、科技服务人员 164 人，包括中国科学院院士 1 人，国际欧亚科学院院士 1 人，研究员及正高级工程技术人员 85 人、副研究员及高级工程技术人员 200 人。西安光机所坚持以高层次人才引进与培养统领人才队伍建设工作，依托国家和院（省）人才引进政策，凝聚了一批海内外杰出人才。共有国家海外高层次人才引进计划（“千人计划”）入选者 6 人，“青年千人计划”入选者 1 人；中国科学院“百人计划”入选者 14 人（新增 1 人），“西部之光”人才入选者 43 人（新增 1 人）；国家杰出青年科学基金获得者 1 人。2014 年，李学龙获科技部中青年科技领军人才，赵卫、杨建峰获“探月工程‘嫦娥三号’任务突出贡献者”称号，邱跃洪、王屹山获评西部学者突出贡献奖，杨建峰、苏秀琴获得政府特殊津贴，程东、闫志君、王勇刚以及蔡登获陕西省“百人计划”，胡炳樑入选陕西省第十届青年科技奖，张文富入选陕西“青年科技新星”。

西安光机所是 1981 年国务院学位委员会批准的博士、硕士学位授予权单位之一，现设有物理学（光学、等离子体物理专业）、光学工程、电子科学与技术（物理电子学、微电子学与固体电子学专业）、信息与通信工程（通信与信息系统、信号与信息处理专业）一级学科博士及硕士培养点；另有材料科学与工程（材料物理与化学专业）、控制科学与工程（控制理论与控制工程专业）一级学科硕士培养点以及光学工程、电子与通信工程、控制工程、材料工程硕士专业学位培养点，设有物理学（光学专业）、光学工程博士后流动站。2014 年，在学研究生 434 人（其中硕士生 228 人、博士生 206 人），在站博士后 15 人。2014 年，首次与国外著名大学（美国罗切斯特大学）签署协议联合培养研究生。

2014 年，西安光机所共有在研项目 558 项（新增 309 项）。其中，承担国家重大科技专项课题 17 项（新增 8 项）、主持（或承担）国家重点基础研究发展计划（973 计划）和国家重大科学研究计划2项，承担（或参加）课题4项，主持（或承担）国家高技术研究发展计划（863计划）48项（新增21项）；主持（或承担）国家自然科学基金项目87项（新增26项）、承担中国科学院战略性先导科技专项课题2项，主持（或承担）院重点部署项目6项（新增1项），（科技部、国家自然科学基金委、财政部和院）重大仪器研制项目11项；承担重点国际合作项目2项，承担院地合作项目4项。

2014年，西安光机所在各方面均取得了新的进展与成绩。承担的多项国家重要任务获圆满成功，“一三五”项目取得突破性进展。空间应用领域开辟了重要新方向；传统优势学科开辟了新的应用领域；多个新材料新器件研究取得突出成绩；光电工程及应用方面获得重要成绩，1项目获国家科技进步特等奖。全年发表论文501篇，被SCI收录241篇，被EI收录451篇，CPCI收录42篇；其中*APL*、*OE*、*Optics Express*，*Applied physics Letter*等一区期刊的文章有108篇，影响因子大于3的49篇，3篇论文发表在*Nature*子刊*Scientific Reports*上。申请专利240项，其中发明专利138项，实用新型专利101项，外观专利1项；授权188项，其中发明专利69项，实用新型专利119项，软件著作权登记20项。

西安光机所以创新驱动发展，坚持面向世界科技前沿，面向国家重大需求、面向国民经济主战场，拆除“围墙”、开放办所，大胆创新科技体制机制，探索“人才+技术+服务+资本”四位一体科技成果产业化及服务模式，打造西北地区第一家专注于科技创业的天使基金，打造西北第一家专注于“硬科技”的孵化基地，与西安高新区共建光电孵化协同创新工程示范基地，跨行业、跨区域共建光电子集成电路先导技术研究院，在深圳建立体制机制改革试点研究机构“初创研究院”，为国内外有才能的最优秀人才提供良好的科研孵化平台。2014年，引进创业团队11个，22名高端人才，孵化企业16家，截至目前共孵化高科技企业50家、增加就业2100人，初步建立起激光装备及制造产业集群、光电子集成电路芯片产业集群以及民生健康产业集群。2014年，西安光机所被列为“中科院科技成果转化试点单位”、“陕西省创新型省份建设试点单位”，并获评“国家级科技企业孵化器”。孵化企业研制出“全球最薄气压计、全球首款可见深度的血管显像仪”等多项领域内唯一或指标领先的产品，“超快激光微加工装备”获第十六届工博会银奖。一孵化企业获第三届中国创新创业大赛电子信息组第三名。

2014年，陕西省委书记赵正永、中国科学技术协会党组书记尚勇等领导来所视察，对研究所拆除围墙，开放办所，突破科技体制机制，创新科研成果转化模式的做法及成效给予高度肯定，赵正永书记还邀请赵卫所长在省委常委中心组集体学习会上介绍研究所改革创新的经验。陕西省省长娄勤俭在省政府工作报告中也提出“要积极复制西安光机所科技创新机制”。

2014年，西安光机所圆满完成党委、纪委、工会和职代会换届，所党委认真落实在“党的群众路线教育实践活动”中发现问题的整改工作，落实中央“八项规定”精神和院党组“12项要求”自查自纠工作，推动了研究所创新发展。2014年获“全国五一劳动奖状”。

2014年，全年来访外宾15批，出访11批16人次，与西北工业大学、瞬态光学与光子技术国家重点实验室联合承办了“第四届光电子学与微纳光学进展国际会议（AOM2014）”。承担的“用于环境监测和大型土木与土木技术结构评价的分布式光纤传感器及其与通信网络的融合技术”国际合作项目于2014年6月结题，11月通过验收。

西安光机所是中国光学学会所属高速摄影与光子学专业委员会、纤维光学和集成光学专业委员会、陕西省光学学会的挂靠单位，编辑出版国家一级学术期刊《光子学报》。

（撰稿：张岗峰　陈桂萍　审稿：马彩文）

国家授时中心

主　　任：郭　际

地　　址：陕西省西安市临潼区书院东路3号

邮政编码：710600

电　　话：029-83890326
传　　真：029-83890196
电子信箱：office@ntsc. ac. cn
网　　址：http://www. ntsc. ac. cn

中国科学院国家授时中心（以下简称“国家授时中心”）成立于1966年，当时命名为中国科学院陕西天文台，2001年3月27日，经中央机构编制委员会办公室批准改为现名。

国家授时中心是开展时间频率科学研究、时频高技术研发、时间服务和卫星导航研发的研究所，承担着我国标准时间频率的产生、保持和发播任务。科研工作定位：立足时间频率与卫星导航领域，瞄准该领域世界科技前沿，面向国家时频体系建设和卫星导航系统重大专项建设及其他战略需求，开展基础应用研究、关键技术攻关和系统集成。

2014年，国家授时中心按照院党组“率先行动”计划和全面深化改革工作的要求，围绕“创新2020”规划纲要、“一三五”科技发展目标和卫星导航重大专项开展科技创新工作。重点突破①巩固和发展授时服务系统，时间基准保持达到国际领先水平；②卫星导航试验与评估系统，按“系统边建设、试验边开展、成果边产生”的建设思路，完成了中国卫星导航系统工程中的关键技术攻关和研制建设任务；③高性能原子钟是国家战略资源，在量子频标研究方面冷原子研究和锶原子光频标研制均取得重要进展，持续提供重大创新性理论和技术成果。5个重点培育方向亚纳秒级时间频传递、新型星载原子钟、脉冲星计划与深空导航研究、GNSS兼容互操作、卫星导航系统实时精密定轨定位技术研究工作都顺利推进，取得了较好的成效。

国家授时中心主要研究单元有量子频标研究室、守时理论与方法研究室、高精度时间传递与精密测定轨研究室、时间频率测量与控制研究室、授时方法与技术研究室、时间用户系统研究室、导航与通信研究室、时间频率基准实验室和授时部，拥有时间频率基准、精密导航定位与定时技术2个中国科学院重点实验室。主要下属单位有国家授时中心授时部。

国家授时中心所拥有的长短波授时系统是国家不可或缺的基础性技术工程和社会公益设施，被列为由国家财政部专项运行维护费支持的国家重大科技基础设施之一。短波授时台（BPM），每天24小时连续不断地以4个频率交替发播标准时频信号，覆盖半径3000km，授时精度毫秒量级；长波授时台（BPL），每天24小时发播高精度长波时频信号，覆盖我国中部大部分地区和近海海域，授时精度为微秒量级；网络授时系统年服务227多亿人次。

截至2014年底，国家授时中心有在职职工430人。其中科技人员255人、科技支撑人员163人，包括研究员及正高级工程技术人员19人、副研究员及高级工程技术人员50人。有中科院“百人计划”入选者5人，中科院“西部之光”人才入选者23人（新增9人），国家青年拔尖人才1人（新增1人），国家“百千万人才工程”国家级人选1人，国家杰出青年科学基金获得者1人。

国家授时中心是1982年国务院学位委员会批准的博士、硕士学位授予权单位之一。现有天体测量与天体力学、测试计量技术及仪器、通信与信息系统3个专业二级学科博士研究生培养点；天体测量与天体力学、测试计量技术及仪器、通信与信息系统、仪器仪表工程、电子与通信工程5个专业二级学科硕士研究生培养点；设有1个天文学专业一级学科博士后流动站。在学研究生146人（其中，硕士生73人、博士生73人），在站博士后1人。

2014年，国家授时中心有在研项目98项。其中，承担国家自然科学基金重点项目1项、面上项目8项（新增3项）、国家杰出青年科学基金1项，承担国家自然科学基金重大研究计划培育项目2项，承担院重点部署课题2项，国家自然科学基金委重大仪器研究项目1项，中科院国防创新基金1项（新增1项），中科院装备研制项目2项（新增1项），中科院修缮购置专项7项（新增7项），与成都天奥电子股份有限公司联合承担科技部国家重大科学仪器设备开发专项1项，以及卫星导航重大专项建设及关键技术攻关任务多项。

2014年，国家授时中心在确保常规授时发播工作的同时又多次执行重大授时保障任务，任务期间实现了零阻断。在守时工作方面，根据国际权度局公布的数据，国家授时中心所保持的独立原子时 TA（NTSC）中长期稳定度指标综合评定排名在全球第四（共 74 个实验室），所保持的地方协调世界时 UTC（NTSC）与国际协调世界时 UTC 的偏差小于 20ns；对国际原子时 TAI 计算贡献的 7.3% 权重全球排名第四。

2014 年，国家授时中心共发表学术论文 142 篇，完成译著 1 部，申请专利 31 项，授权发明专利 17 项，软件著作权登记 123 件，获陕西省科学技术奖 1 项，获第十六届中国国际工业博览会创新奖，获全国数学建模大赛三等奖一项。取得“武器装备科研生产许可证”、“装备承制单位资格证”、“载人航天工程科研生产单位资格证”。

2014 年，国家授时中心积极推动科研成果转化和产业化。由企业投资 2000 万元在河南商丘建立的 BPC 低频时码发播台发播运行连续可靠，全年发播低频时码信号超过 8078 小时，合作企业的终端产品开发已逐渐形成完整的产业链。用户终端设备研制成果显著，承担了各种军民用户系统时间同步方案设计和技术研发工作，在时间间隔测量仪器、精密频率测量仪器、定时定位设备、信号发生器、长短波接收机、精密天文钟等方面取得了显著成果。现有控股企业有骊天物业发展有限责任公司；参股企业有西安爱乐电子科技有限责任公司。

2014 年，国家授时中心与国际权度局、法国巴黎天文台、德国 TimeTench 公司等重要时频与卫星导航研究单位开展了多方面合作。签订了“俄罗斯国家技术物理及无线电工程研究院和中国科学院国家授时中心建立联合实验室”协议书。参加 ICG 多边协调，中美、中欧、中俄双边协调，以及多边主导战略等国际合作活动，形成国家授时中心国际合作的新局面。参加各类国际学术活动 13 次，全年出访 15 人次，国外专家来访 49 人次。

国家授时中心是国际电信联盟（ITU）科学业务组 ITU-R7A 国内对口工作组单位、北斗导航国际合作研究中心副主任单位、中国天文学会时间专业委员会负责单位、中国 GPS 技术应用协会授时与时间专业委员会负责单位、陕西省天文学会的挂靠单位、中国卫星导航定位协会常务理事单位；编辑出版的刊物有《时间频率学报》、《时间频率公报》。2014 年 10 月负责组织承办了中国天文学会 2014 年学术年会暨十三次会员代表大会；组织召开陕西省天文学会第四次会员代表大会。

（撰稿：郐维国　宫勇敏　审稿：张首刚）

地球环境研究所

所　　长：周卫健
地　　址：陕西省西安市雁塔区雁翔路 97 号
邮政编码：710061
电　　话：029-62336233
传　　真：029-62336234
电子信箱：suoban@ieecas.cn
网　　址：http://www.ieexa.cas.cn

中国科学院地球环境研究所（以下简称“地球环境所”）成立于 1999 年，是在 1985 年建立的中国科学院黄土与第四纪地质研究室基础上升格而成的。

地球环境所是从事地球科学基础研究的研究机构，定位于区域和全球不同时间尺度气候和环境变化过程、规律、机制、趋势与对策研究，旨在发展亚洲季风-干旱环境变化理论，探索气溶胶与同位素等环境示踪新方法，在国际地球环境科学前沿做出创新性科学贡献，为我国西部经济社会可持续发展和生态环境修复提供基础性、战略性和前瞻性科学建议，将地球环境所建设成为国际一流的大陆环境变化科学研究中心和高水平人才培养基地。

2014 年，地球环境所根据中国科学院党组部署，结合院“率先行动”计划及“创新 2020”战略规划进一步落实一个定位、二个重大突破、三个重点培育方向目标，顺利完成整体搬迁任务。

地球环境所现拥有 1 个黄土与第四纪地质国家重点实验室、1 个中国科学院气溶胶化学与物理重点实验室、1 个陕西省加速器质谱技术及应用重点实验室和 1 个陕西省环境保护大气细粒子重点实验室，有古环境研究室、现代环境研究室、粉尘与环境研究室、生态环境研究室和加速器质谱中心5个研究单元。同时有共建的3个中外联合研究中心：中瑞树轮研究中心、中美加速器质谱中心和中美气溶胶实验室。

地球环境所拥有先进的高精度实验设施及装置。大型仪器设备3MV加速器质谱仪（AMS）是长寿命放射性核素高灵敏度分析测量的一个重要工具，在地球科学、考古学、生命科学、材料科学等基础研究和应用研究中得到广泛应用，并为经济社会发展和国防安全提供科学服务。2014年，新建“岩心获取研究平台”，该平台的建成将有利于从本质上认识气候环境变化、水体等动力搬运及构造地质运动共同影响的沉积过程矿物学不同参数的变化特征，为研究地质过程及其动力学机制提供了又一个有力途径。

截至2014年底，地球环境所共有在职职工110人。其中科技人员69人、支撑人员30人，包括中国科学院院士2人、发展中国家科学院院士1人、研究员及正高级工程技术人员27人、副研究员及高级工程技术人员25人。共有国家海外高层次人才引进计划（“千人计划”）入选者3人，中国科学院“百人计划”入选者9人（新增1人）；国家杰出青年科学基金获得者6人，“国家百千万人才工程”入选者2人，享受国务院政府特殊津贴9人（新增1人）。

地球环境所现设有第四纪地质学二级学科和环境科学二级学科博士研究生、硕士研究生培养点以及环境工程二级学科硕士研究生培养点，并设有地质学专业一级学科博士后流动站，共有在学研究生113人（硕士生54人、博士生59人）、在站博士后14人。

2014年，地球环境所共有在研项目138项（新增51项）。其中，主持国家重点基础研究发展计划（973计划）和国家重大科学研究计划项目2项、承担课题7项，主持国家科技基础性工作专项2项（新增1项）；主持国家自然科学基金重点项目3项（新增1项）、面上项目23项（新增6项）、国家杰出青年科学基金项目3项、国家自然科学基金重大研究计划重点项目1项；主持中国科学院战略性先导科技专项课题10项，主持院重点部署项目3项（新增2项）、院重大仪器研制项目1项（新增1项）；承担重点国际合作项目1项；承担院地合作项目8项（新增3项）。

2014年，地球环境所公开发表各类研究论文241篇，其中SCI收录193篇（第一著作单位73篇），包括*Nature*、*PNAS*、*Science*、*Nature Communications*5篇；出版中、英文专著各1部；授权实用新型专利5项，获批国家标准1项，获国家自然科学奖二等奖1项。

10月9日英国*Nature*杂志刊发了地球环境所和瑞士保罗谢勒研究所等联合发表的研究论文*High secondary aerosol contribution to particulate pollution during haze events in China*，揭示了二次气溶胶特别是二次有机气溶胶对严重灰霾事件中PM2.5浓度的重要贡献，指出减轻重灰霾污染应该特别注意减少气溶胶前体物的排放。成果将加深对我国灰霾污染成因与来源的科学理解，对正在开展的全国大中城市PM2.5来源解析工作提供新思路与新方法，为未来制定控制政策和治理措施提供依据。该论文是国内空气污染方面的成果首次在*Nature*杂志上以研究通讯的形式报道。

*PNAS*刊登了地球环境所等学者*Late Miocene episodic lakes in the arid Tarim Basin, Western China*的研究成果，揭示500万年前罗布泊大湖景象及成因，第一次重现了在塔克拉玛干大沙漠出现之前塔里木盆地罗布泊地区的环境状况，探讨了发生如此重大水文事件的决定性因素，指出晚中新世是塔里木盆地（有可能更广泛的亚洲内陆干旱区）水文变化的关键时期，应该引起今后研究的更多关注。

黄土^{10}Be地磁场示踪研究取得重要突破。揭示出中国黄土中的B/M地磁极性界线的确切层位记录在第七层古土壤（S7）中，这与海洋B/M界线记录在温暖的MIS 19阶段一致，但与传统古地磁学方法确定的B/M界线层位不同。通过综合对比研究，指出极性倒转时期获得的“原生”剩磁被后期叠加的磁信号所覆盖，是造成古地磁测试黄土B/M界线与海洋记录不一致的主要原因。这一重要成果从独立于磁性地层学方法的新视角，解决了B/M界线在黄土和深海中记录不同步的科学问题，提供了可靠的时间标记并进一步印证了中国黄土记录的全球意义。相关论文发表于国际地质学领域著名刊物*Geology*上。

在开展基础研究的同时，地球环境所面向国家和地方需求，围绕黄土高原“治沟造地”工程，组织人员多次对“治沟造地”进行现场考察和调研，与陕西省委、延安市委领导就“治沟造地建议”进行交流汇报，并向中央提交了“积极实施与退耕还林（草）并重的治沟造地重大方针”的建议，提出“治沟造地科学模式与工程示范”的研究建议获刘延东副总理批示支持。

地球环境所围绕“一二三”战略规划，坚持“走出去、引进来”的国际合作思路，积极开展实质性的国际科技合作与交流，努力提升我国在地学领域的国际知名度和话语权。国家基金委中美重大国际合作项目“亚洲季风-干旱环境演化与青藏高原北部的生长”圆满收官。顺利开展了研究所的国际化评估，成功举办 UMN-CAS 第一届双边论坛和“第十二届海峡两岸气溶胶技术研讨会和第三届空气污染技术研讨会”。全年出访 38 人次，来访 49 人次。

地球环境所主办并在国内外公开发行 CSCD 核心期刊《地球环境学报》。

（撰稿：张　义　康贸易　审稿：刘晓东）

近代物理研究所

所　　长：肖国青
地　　址：甘肃省兰州市城关区南昌路 509 号
邮政编码：730000
电　　话：0931-4969220
传　　真：0931-4969800
电子信箱：office@impcas.ac.cn
网　　址：http://www.impcas.ac.cn

中国科学院近代物理研究所（以下简称“近代物理所”）是根据 1956 年周总理的指示在兰州设立的原子核科学研究基地，其前身为 1957 年成立的中国科学院兰州物理研究室，1962 年与二机部“613 工程处”合并，正式使用现名。

近代物理所是一个依托大科学装置，开展重离子物理、先进离子加速器技术和重离子应用研究的基地型研究所，中长期发展目标是打造国际先进核裂变能技术研发中心，形成在国际上有重大影响的重离子科学研究基地。主要研究方向有：放射性束物理、重离子核物理、强子物理、核天体物理、高离化态原子分子和团簇物理、高能量密度物理、重离子惯性约束核聚变能源前期研究、重离子治癌研究、重离子辐照材料研究、辐照生物效应研究、核辐射探测器研制、先进加速器技术研究等。

近代物理所建有兰州重离子加速器国家实验室，甘肃省重离子束辐射生物医学重点实验室、中国科学院重离子束辐射生物医学重点实验室等，并作为共建单位参与兰州资源环境科学大型仪器区域中心建设。除重离子加速器及其配套终端外，还拥有 320kV 高电荷态综合研究平台、大功率电子加速器等重要科研设施及装置。目前，有 47 个研究室（组）。

截至 2014 年底，近代物理所共有在职职工 898 人。其中科技人员 789 人，包括中国科学院院士 2 人、中国工程院院士 1 人、研究员及正高级工程技术人员 78 人、副研究员及高级工程技术人员 226 人。有中国科学院“百人计划”入选者 22 人（新增 1 人），“西部之光”人才入选者 92 人（新增 10 人），关键技术人才 4 人、技术能手 1 人；“百千万工程领军人才”入选者 4 人；国家杰出青年科学基金获得者 7 人。

近代物理所是 1981 年国务院学位委员会批准的博士、硕士学位授予权单位之一，现设有物理学、核科学与技术 2 个一级学科和生物物理学二级学科博士研究生培养点，物理学、核科学与技术 2 个一级学科和生物物理学、材料学、控制理论与控制工程 3 个二级学科学术型硕士研究生培养点，以及材料工程、控制工程、核能与核技术工程、生物工程 4 个专业型硕士研究生培养点，并设有物理学、核科学与技术 2 个专业一级学科博士后流动站，共有在学研究生 300 人（其中硕士生 140 人、博士生 160 人）、在站博士后 10 人。

2014 年，近代物理所响应中科院“率先行动”计划，积极争取建设中科院重离子科学与技术大装置研究中心，完成“十二五”国家重大科技基础设施“CIADS”和“HIAF”两装置项目建议书编制，取得了多项重要成果。

2014年，先导专项取得了重要进展。“ADS嬗变系统”核心技术取得重大突破，研制的ECR+LEBT+RFQ实现10mA连续质子束稳定运行，强流质子超导直线加速器成功引出能量2.68MeV、最大流强3.6mA的连续波质子束，束流功率达到9.6kW，标志着我国强流质子超导直线加速器技术进入国际先进行列。创新性地提出了一种能承受几十MW高功率的颗粒流靶设计，开展了部分原理验证实验，引起了国际同行专家的跟踪研究。空间先导—暗物质卫星塑料闪烁体阵列初样件一次交付成功，顺利转入正样阶段。

2014年，HIRFL全年运行状态良好，运行时间达7270小时，供束5200小时，完成了196项实验，获得了中国科学院大装置“综合运行奖”。科学研究也取得了新成绩：在CSRe上首次精确测量了21个原子核的质量，精度达到了10^{-7}—10^{-6}，发明了一种新的数据分析方法——循环周期-信号幅度关联法，处于国际领先水平；首次合成了新核素^{205}Ac，并测量了其衰变及半衰期；与德国MPIK合作，实现了原子水平杨氏双缝干涉现象的完全测量，结果支持玻尔与爱因斯坦世纪之争的理想双缝实验的哥本哈根解释，研究成果被物理评论快报（PRL）推荐为亮点文章。

2014年，近代物理所共有在研项目380项（包括新增项目112项）。其中，承担国家重大科技专项课题1项，主持国家重点基础研究发展计划（973计划）3项（新增1项），承担课题10项（新增3项），主持ITER计划专项2项（新增1项），主持国家自然科学基金重大研究计划重点支持项目5项（新增2项）、国家自然科学基金重大项目课题2项（新增2项）、国家自然科学基金重点项目4项（新增2项）、国家自然科学基金面上项目57项（新增14项）、国家自然科学基金创新研究群体项目1项、国家自然科学基金优秀青年科学基金项目1项、国家自然科学基金国际合作重点项目2项、国家自然科学基金联合基金重点支持项目8项（新增2项）；主持中国科学院战略性先导科技专项ADS项目1项，承担空间先导科技专项课题2项，院重点部署项目1项、课题3项，主持国家自然科学基金委重大仪器研制项目1项，承担科技部重大仪器开发专项课题2项、主持院科研装备研制项目1项（新增1项）；承担院维修改造项目1项，承担国际合作项目1项；承担院地合作项目5项（新增1项）。

2014年，产业化发展取得了较大进步。重离子治癌示范装置的紧凑型回旋注入器顺利结束，引出C^{5+}束流强度超过设计指标，完成武威重离子治疗装置60%设备的安装。甜高粱推广种植面积达到24.22万亩，3项研究成果通过鉴定。

2014年，全所科技人员出国（境）参加国际会议、访问及合作研究共198人次，接待来所访问、参加国际学术会议和合作研究的外籍学者专家共计212人次，并招聘9名外籍雇员。共执行中国科学院“特聘研究员”项目12人次，国家公派项目获批8人次，院公派出国留学项目5人次，执行1项国家外专局“引进国外技术、管理人才”项目、4项高端外国专家项目。申报国际人才计划新增7项，延续项目6项，国际博士后项目3项；分别与乌克兰和匈牙利相关研究所签订了2项开展国际科技合作备忘录；成功举办了8次国际会议或专题讨论会。

近代物理所是甘肃省物理学会、甘肃省核学会的挂靠单位；编辑出版《原子核物理评论》、《高能物理与核物理》的核物理部分、《中国科学院近代物理研究所和兰州重离子加速器国家实验室年报》（英文版）。

（撰稿：牛耀红　尹经敏　审稿：肖国青）

兰州化学物理研究所

所　　长：夏春谷

地　　址：甘肃省兰州市天水中路18号

邮政编码：730000

联系电话：0931-4968009；0931-4968286

传　　真：0931-8277088

电子信箱：office@licp.cas.cn

网　　址：http://www.licp.cas.cn

中国科学院兰州化学物理研究所（以下简称“兰州化物所”）始建于1958年6月，其前身是中科院石油研究所兰州分所，1962年6月启用现名。

兰州化物所战略定位是“西部资源与能源化学和新材料高技术创新研究基地”，主要开展资源与能源、新材料、生态与健康等领域的基础研究、应用研究和战略高技术研究，力争建成特色鲜明、国内不可替代并具有可持续发展能力的国立研究机构。

2014年，兰州化物所学术委员会多次召开会议对“一三五”规划项目和课题进展状况进行评估和检查，充分发挥所学术委员会的学术评议、学术咨询、学术管理和学术监督作用。同时科研管理部门深入各相关研究团队，详细了解课题的进展情况，进而加强项目的过程管理。

2014年，积极响应新时期国家和中科院对研究所的新要求，认真学习、贯彻落实“率先行动”计划。利用多种形式进行宣传、多次召开会议征求意见、成立工作小组系统谋划，明确了实施“率先行动”计划的定位和目标，确定了5个领域，已申报制造业/能源类特色研究所。西北特色植物资源化学中科院重点实验室已参与建设“中科院药物创新研究院”。

在深入实施“一三五”规划、贯彻落实“率先行动”计划的同时，继续加强科研平台、人才队伍、基建资产财务、公共事务和质量、计量与科研生产保障体系建设，积极推进信息化建设，贯彻落实安全保密保卫政策和规章制度，体制机制改革与创新取得了实质性进展。

兰州化物所拥有2个国家重点实验室、1个国家工程中心、1个中科院与甘肃省共建重点实验室和4个所级科研单元，分别是：羰基合成与选择氧化国家重点实验室、固体润滑国家重点实验室，精细石油化工中间体国家工程研究中心（甘肃省污染物减排与环境控制工程实验室），中科院西北特色植物资源化学重点实验室（甘肃省天然药物重点实验室、甘肃省特色植物资源高值化利用工程研究中心和甘肃省中药提取分离行业技术中心），先进润滑与防护材料研究发展中心、绿色化学研究发展中心、环境材料与生态化学研究发展中心、清洁能源化学与材料实验室。此外，还在白银市建立了白银中试基地，与青岛市人民政府、崂山区人民政府联合共建了“兰州化物所青岛研发中心”，与苏州市工业园区共建了“兰州化物所苏州研究院”，与江苏省盱眙县人民政府共建了“兰州化物所盱眙凹土应用技术研发中心”，与义乌市科技局共建了“义乌市中科院兰州化物所功能材料中心”。截至2014年底，兰州化物所科研设备总值35 662万元，其中单价50万元以上设备113台，总值18 517万元。

截至2014年底，兰州化物所共有在职职工584人。其中科技人员479人，包括中国科学院院士1人、中国工程院院士1人、研究员及正高级工程技术人员97人、副研究员及高级工程技术人员172人。共有首批“万人计划”入选者3人、“青年千人计划”入选者1人；中科院“百人计划”入选者23人，“西部之光”人才入选者35人（新增13人）；国家杰出青年基金获得者6人。

兰州化物所是1981年国务院学位委员会批准的首批硕士学位授予权单位之一。现设有物理化学、分析化学和有机化学3个专业一级学科博（硕）士研究生培养点，材料学专业二级学科博（硕）士研究生培养点，工业催化、材料工程、化学工程、制药工程4个二级学科硕士研究生培养点，并设有化学专业一级学科博士后流动站，共有在学研究生326人（其中博士生179人、硕士生147人）、在站博士后20人。

2014年，兰州化物所共有在研项目317项（包括新增项目157项）。其中，承担国家重大科技专项课题2项，主持国家重点基础研究发展计划（973计划）1项、承担或参加课题6项，主持（或承担）国家高技术研究发展计划（863计划）项目3项（新增1项）；主持国家自然科学基金重点项目5项（新增2项）、面上项目50项（新增14项）、国家杰出青年科学基金项目2项；主持和承担院战略性先导科技专项课题2项，主持院重点部署项目1项、（国家自然科学基金委和院）重大仪器研制项目3项；承担重点国际合作项目3项；承担院地合作项目30项（新增16项）；承担中央组织部“万人计划”3项（新增2项）、“青年千人计划”1项（新增1

项）。

科研工作取得重要进展。在甲醇合成多醚类含氧化学品关键技术与应用方面，完成了百吨级催化剂制备及再生中试装置建设和万吨级工业试验，预计5万吨/年的工业试验装置将在2015年试车。完成了低碳烷烃循环流化床制低碳烯烃成套技术10万吨工艺包的设计。在战略高技术用系列润滑和防护先进材料方面，研发了多种耐高温、超低摩擦、超大尺寸、极限载荷等苛刻条件下的润滑与防护技术、材料。在西北特色药食两用植物资源高值化利用关键技术及质量控制标准方面，中药新药"扶糖平片"已通过国家新药天津分中心药理学、毒理学评价，锁阳相关产品已上报国家卫计委评审。发展了多个高原子和过程经济的高效催化反应，创制了在燃料电池的氧化还原反应中优异性能的纳米催化材料。利用仿生原理，发展了多种仿生软物质表面的构筑方法，取得了较大的国际影响。

全年发表科技论文711篇，其中国外论文546篇，国内165篇，影响因子大于5的106篇。出版专著4部、参与编写专著4部。获批行业标准2项。申请专利108件，授权专利42件。获甘肃省自然科学奖一等奖1项。

院地合作及科技成果转移转化取得可喜成效。与金川公司联合攻关项目"镍电解液铜离子净化及铜渣直付技术"取得阶段性成果；实现了丁烯氧化脱氢制丁二烯工业化生产催化剂的吨级工业化生产；设计配套了一条自动化全封闭马铃薯淀粉加工分离汁水提取蛋白生产线，并建成工业化试验装置一套。

积极开展国际交流合作。与罗地亚（中国）投资有限公司、沙特科技院、日本学术振兴会等开展了实质性科技合作。多人获得院国际合作人才计划资助。主办或承办了多个国际学术会议，包括第六届英-中摩擦学与表面工程研讨会等。所内40多位科技骨干赴国外参加国际学术会议、进行学术交流，30多位国外专家应邀来所访问交流。

兰州化物所是甘肃省化学会的挂靠单位；负责编辑出版《摩擦学学报》、《分子催化》、《分析测试技术与仪器》3种国内核心学术期刊。

（撰稿：张长春　张慧玲　审稿：夏春谷）

寒区旱区环境与工程研究所

所　　长：马　巍
地　　址：甘肃省兰州市东岗西路320号
邮政编码：730000
电　　话：0931-4967558
传　　真：0931-8273894
电子信箱：wangjd@lzb.ac.cn
网　　址：http://www.careeri.cas.cn

中国科学院寒区旱区环境与工程研究所（以下简称"寒旱所"）是1999年6月在中国科学院知识创新工程试点工作中，由1958年成立的原兰州冰川冻土研究所、兰州沙漠研究和1959年成立的原兰州高原大气物理研究所整合而成，是2007年进入中国科学院综合配套改革试点的单位，是中国科学院首批进入"创新2020"的单位。

寒旱所是我国专门从事干旱沙漠、高寒、极地环境与工程研究的国家级研究机构，是"西北资源环境与可持续发展研究基地"的核心组成部分。寒旱所开展的科学任务主要包括以下三类：开展冰川、冻土、沙漠与沙漠化，高原大气、寒旱区水土资源，脆弱生态与农业等领域的系统研究；在深刻理解人地关系的基础上，探索自然资源利用、生态环境的保护和建设与社会经济发展的优化模式；建立和完善区域可持续和协调发展的理论与技术体系，为国家西部大开发的战略需求提供基础理论和关键技术。寒旱所瞄准21世纪国家发展的战略目标和学科发展的国际前沿，针对国家加快西部地区发展的重大决策和西北地区生态环境建设面临的重大科学问题开展西北地区特殊自然条件下环境与工程的基础性、战略性和前瞻性研究，为国家解决西北地区在资源、环境、重大工程和社会经济等领域的重大问题提供科学依据，为西部地区可持续发展提供技术支撑。

针对中国科学院"率先行动"计划和"一三五"规划，寒旱所整体部署了一个定位：以探索寒区旱区陆地表层系统的过程、尺度、格局及其相互关系为基础，开展环境与全球变化及区域可持续发展研究；3个突破：高亚洲冰冻圈变化与影响、荒漠-绿洲水热过程研究与生态恢复技术示范、重大冻土工程稳定性机理及关键技术；5个重点培育方向：全球变化与寒旱区环境演变、内陆河流域生态-水文集成研究、寒旱区重大工程的科学问题和关键技术与示范、寒旱区生态恢复的技术体系与优化模式、寒旱区多源遥感数据同化与信息综合集成。

寒旱所还重点加强了研究模式的探索和创新，继续探索适合资源环境研究特点的“所本部（实验室为主）+野外台站+试验示范区”的分布式管理模式，形成了相对完整的科技布局和监测、研究、试验、示范有序衔接的整体格局。

寒旱所现有7个研究室，包括冻土与寒区工程研究室、冰冻圈与全球变化研究室、沙漠与沙漠化研究室、高原大气物理研究室、寒旱区水土资源研究室、生态与农业研究室、遥感与地理信息研究室。设有2个国家重点实验室、3个院重点实验室和2个所级重点实验室，包括冻土工程国家重点实验室（国家级）、冰冻圈科学国家重点实验室（国家级）、中国科学院沙漠与沙漠化重点实验室（院级）、中国科学院寒旱区陆面过程与气候变化实验室（院级）、中国科学院内陆河流域生态与水文重点实验室（院级）、极端环境生物抗逆机理与生物技术实验室、寒旱区遥感与信息资源实验室。寒旱所建有野外站16个，其中国家级野外台站5个，分别是天山冰川试验研究站、沙坡头沙漠试验研究站、临泽内陆河流域研究站、奈曼沙漠化研究站和青藏高原冰冻圈观测研究站；中国科学院生态网络站3个，分别为沙坡头沙漠试验研究站、奈曼沙漠化研究站、临泽内陆河流域研究站；中国科学院特殊环境站3个，分别为天山冰川试验研究站、青藏高原冰冻圈观测研究站、平凉雷电与雹暴观测实验站；院地合作重点站一个，为皋兰生态与农业综合试验站。寒旱所与省内外共建合作，建立了多个工程技术研究中心，如甘肃省风沙灾害防治工程技术研究中心、甘肃省资源环境科学数据工程技术研究中心、宁夏六盘山区特色农业工程技术研究中心等。科研支持平台涵盖了寒旱区科学大数据中心、所级公共技术服务中心、编辑图书室、标本室等多个部门。

截至2014年底，寒旱所共有在编职工646人，其中科技人员392人，科技支撑人员162人，包括中国科学院院士4人、第三世界科学院院士1人、研究员及正高级工程技术人员97人、副研究员及高级工程技术人员150人。共有中国科学院“百人计划”入选者30人，“西部之光”人才入选者85人，国家杰出青年科学基金获得者11人。

寒旱所获国家自然科学基金委优秀青年基金获得者3人，重大基础发展规划（973计划）项目首席科学家8人，国家基金委“创新群体”2个，入选国家百千万人才工程8人，全国优秀百篇博士论文获得者7人。

寒旱所是1984年国务院学位委员会批准的博士学位授予权单位之一，1979年国务院学位委员会批准的硕士学位授予权单位之一。现设有自然地理学、人文地理学、地图与地理信息系统、大气物理学与大气环境、生态学和岩土工程、气象学7个专业一级学科博士研究生培养点，自然地理学、人文地理学、地图与地理信息系统、气象学、大气物理学与大气环境、生态学、岩土工程、环境工程、生物工程、环境工程、寒区工程与环境、防灾减灾工程及防护工程12个专业一级（或二级）学科硕士研究生培养点，并设有地理学、大气科学2个专业一级学科博士后流动站。截至2014年底，共有在读研究生460人（其中硕士生187人、博士生273人），在站博士后72人。

截至2014年，寒旱所共有在研项目1000余项（包括新增项目300余项）。其中，主持国家重点基础研究发展计划（973计划）项目6项，主持科技部科技支撑计划项目6项，主持国家自然科学基金项目462项（新增58项），获重点基金资助项目7项、杰青基金资助项目3项、创新群体基金资助项目2项，承担国家自然科学基金重大研究计划重点项目8项，承担国际合作项目19项（基金委4项，科技部2项，中科院外国专家计划13项），承担院重点部署项目3项。

2014年，申报国家自然科学基金各类项目中共有77项获得资助，资助总额达5981万元。

青年基金 40 项，面上项目 26 项，创新群体 1 项。

2014 年，寒旱所共有 4 项成果获省内外科学技术奖励。其中，由冯起研究员为第一完成人主持完成的“干旱内陆河流域生态恢复的水调控机理、关键技术及应用”获国家科技进步奖二等奖。由姚檀栋、秦大河、王宁练、康世昌共同完成的“青藏高原冰芯高分辨率气候环境记录研究”获国家自然科学奖二等奖。由屈建军研究员为第一完成人主持完成的“青藏铁路沙害形成机理及防治技术研究”获青海省科技进步奖一等奖。由屈建军研究员为第一完成人主持完成的“库姆塔格沙漠东缘重大工程建设中的风沙防治问题”获甘肃省科技进步奖一等奖。

2014 年，全年共授权专利 54 项，其中发明专利 7 项，实用新型专利 31 项，授权计算机软件著作权 16 项。

据不完全统计，2014 年度全所共发表论文 607 篇，其中 SCI 240 余篇，SCIE 90 余篇，EI17 篇，会议论文 5 篇。共出版专（译）著 5 部。

寒旱所还积极加强国际交流与合作，不断提高国际影响力。寒旱所已与 20 多个国家和地区的科研机构和高等院校以及国际组织建立了合作交流关系，开展了合作研究。在国际交流与合作方面，中日、中美和中欧合作是重头戏。交流形式主要是国际会议、合作研究。这些活动促进了寒旱所与国外同行的学术交流，提高了学术研究水平，拓展了对外争取资金的渠道，宣传了寒旱所在寒区旱区环境与工程科研方面取得的成就。

寒旱所是中国科学院减灾中心西北分中心、中国气象学会大气物理专业委员会雷电物理监测与防护分会、中国地理学会冰川冻土分会、中国地理学会沙漠分会、联合国环境规划署（UNEP）“国际沙漠化治理研究与培训中心”等单位的挂靠单位；负责编辑出版《寒旱区科学》（英文版）、《冰川冻土》、《高原气象》、《中国沙漠》等学术期刊。其中，《冰川冻土》期刊连续两次入选“中国最具国际影响力学术期刊”。

（撰稿：陈治理　审稿：王进东）

青海盐湖研究所

副 所 长：段东平（主持工作）

地　　址：青海省西宁市新宁路 18 号

邮政编码：810008

电　　话：0971-6303490

传　　真：0971-6306002

电子信箱：wangyy@isl.ac.cn

网　　址：http://www.isl.ac.cn

中国科学院青海盐湖研究所（以下简称“青海盐湖所”）建立于 1965 年，是以中国科学院西北化学研究所为基础，与北京化学研究所、兰州地质研究所等单位的盐湖专业组合并搬迁组建而成。1966 年 6 月，经国家科委批准，与在西宁毗邻组建的化工部盐湖化工综合利用研究所合并，隶属中国科学院。

青海盐湖所是资源环境类的公益性研究所，2002 年成为中国科学院知识创新工程试点单位之一，是我国唯一专门从事盐湖资源环境科学应用基础研究、盐湖资源综合开发利用、培养盐湖科研高级人才的国家级科研机构，致力于攻克制约我国盐湖资源综合开发利用的关键技术，为盐湖资源的可持续发展提供科学基础，使我国盐湖科技走在世界前列。

2014 年，全所以“四个率先”统揽改革创新发展大局，扎实推进“创新 2020”相关工作和实施“一三五”规划，使整体工作呈现出良好的发展势头。

青海盐湖所设有中国科学院盐湖资源与化学重点实验室、盐湖地质与环境实验室、盐湖资源综合利用工程研究中心、中国科学院盐湖资源综合高效利用重点实验室等四个研究平台，盐湖化学分析测试部、盐湖资源环境信息中心和青海中科盐湖科技创新有限公司三个支撑平台。

青海盐湖所设有科技陈列室和图书阅览室，有以下大型仪器设备：电感耦合等离子体质谱仪、低真空扫描电子显微镜、气体稳定同位素质谱仪、气相色谱质谱联用仪、激光粒度分析仪、傅里叶变换红外光谱仪、X 射线衍射仪、X 射线荧光光谱仪、原子吸收光谱仪、全谱直读等离子体光谱仪、热电离同位素质谱仪、元素分析仪、X 射线单晶衍射仪、释光测年仪、同步热分析仪、原子荧光光谱仪、比表面仪、离子色谱仪。

截至 2014 年底，青海盐湖所共有在职职工 251 人。其中科技人员 202 人、科技支撑人员 25 人，研究员及正高级工程技术人员 29 人、副研究员及高级工程技术人员 62 人。

中国科学院“百人计划”入选者 4 人，“西部之光”人才入选者 23 人（新增 7 人）。

青海盐湖所是 1981 年国务院学位委员会批准的硕士学位授予权单位之一，1997 年国务院学位委员会批准的博士学位授予权单位之一。现设有化学、地质学两个专业一级学科博士研究生培养点，化学、地质学、化学工程与技术三个专业一级学科硕士研究生培养点，并设有化学、地质学两个专业一级学科博士后流动站。共有在学研究生 112 人（其中硕士生 81 人、博士生 31 人），在站博士后 4 人。

2014 年，青海盐湖所认真学习深刻领会国家和中国科学院有关科技发展的政策法规、发展纲要，不论是在申请国家项目、与企业深度合作方面，还是在科研平台的建设方面都取得了重大进展。

在战略规划方面：组织全所科研人员对“一三五”规划进行了认真研讨并重新进行了凝练，由 4 个重大突破和 6 个重点培育项目凝练为三个重大突破和五个重点培育项目，已立项重大突破项目 3 项，重点培育项目 3 项。

在科研项目申请方面：2014 年，青海盐湖所继续鼓励科研人员申请各类国家项目和地方政府项目，并与企业积极开展合作。获资助最多的仍然来自国家自然科学基金、青海省科技厅和盐湖联合基金。截至 12 月底的纵向科研项目争取及获批情况如下。

国家自然科学基金，申请项目 63 项，获批 18 项，其中面上基金 5 项，青年基金 13 项，资助金额 766 万元。

2014 年向青海省科技厅申请项目 60 项，获批项目 32 项，资助金额 1634 万元。

在全所努力下，青海省人民政府和国家自然科学基金委于 2014 年 3 月 12 日共同设立国家自然科学基金委员会–青海省人民政府柴达木盐湖化工科学研究联合基金（简称“盐湖联合基金”）。2014 年联合基金总经费 4000 万元，盐湖所获得经费 1120 万元，超过总经费的四分之一。极大地推动了青海盐湖所科研工作。

在自主部署项目方面，共申请青年引导基金项目 31 项，立项 30 项，资助 A 类项目 5 项，B 类项目 25 项，总经费 375 万元。

在科研产出方面，今年发明专利的申请量较以前有大幅增长，今年申请发明专利 125 项，授权 10 项，SCI 33 篇，EI 18 篇，中文核心 32 篇，获青海省科技进步奖三等奖 1 项，获得金桥奖 1 项，获得青海省专利奖励 26 万元，申请青海省知识产权局资助 4. 8 万元，专利奖励 10 万元，总共获得奖励及资助费用 40. 8 万元。

2014 年，通过建章立制、保密工作档案的建设、保密工作机构的成立，软硬件的配置，全所认真履行保密职责，经过不懈努力，顺利通过军工保密资格认证院内审查和青海省军工保密资格认证委终审，获得武装装备科研生产单位二级保密资格。

在国际合作方面，鼓励和加快国际交流与合作，先后出访美国、德国、老挝、伊朗、澳大利亚等多个国家。2014 年度出访团组 7 个，15 人次。公派出国留学 3 人，分别在荷兰、澳大利亚、英国留学。

2014 年，青海盐湖所继续大力加强学术氛围的建设工作，组织“盐湖科技论坛”5 期，至 12 月已邀请所内外科研人员、政府科研主管部门专家等做了 5 场 9 个精彩报告，学术氛围得到扭转并日渐浓厚，为青海盐湖所中长期发展奠定了良好的文化基础。

青海盐湖所是青海省化学会的挂靠单位。编辑出版科技期刊《盐湖研究》。

（撰稿：党小刚　赵昌林　审稿：王永晏）

西北高原生物研究所

所　　长：张怀刚

地　　址：青海省西宁市新宁路23号
邮政编码：810008
电　　话：0971-6143530
传　　真：0971-6143282
电子信箱：nwipb@nwipb. cas. cn
网　　址：http://www. nwipb. cas. cn

中国科学院西北高原生物研究所（以下简称“西北高原所”）成立于1962年，是以从事青藏高原生物科学研究（包括基础理论、应用基础和应用开发研究）为主的公益性综合研究所，其前身是中国科学院青海分院生物研究所。

西北高原所的战略定位是针对青藏高原生态环境和区域经济社会持续发展面临的重要问题，开展生态环境保护与建设、生物资源持续高效利用研究，为青藏高原生态安全和区域经济社会持续发展提供科学依据和技术支撑，推动区域经济社会持续发展。根据国家和地方中长期科技发展规划，围绕国际前沿科学问题和青藏高原生物资源与生态环境重大战略需求，开展高原生态、特色生物资源、高原生态农业三个重点领域方向基础性和前瞻性的战略研究以及应用研究。

西北高原所现有区域可持续发展、藏药现代化、高原生物适应进化机制与分子育种、青藏高原生物资源持续利用、高寒草地对全球变化的响应5个学科团组。

2014年3月，西北高原所邀请中科院兰州分院、中科院植物研究所、中科院动物研究所、中科院上海药物研究所、中科院华南植物园和西北高原所退休专家对“一二三”规划进展情况进行了评估。11月各学科团组首席科学家对专家意见整改情况进行汇报交流。截至2014年底，已基本完成规划任务（为任务书规定指标），其中国际重要学术刊物上发表论文349篇（280篇），申请发明专利124件（50件），研制特色生物资源类新产品1个（1—2个），培育农业新品种7个（1—2个），获省级以上奖励6项（2—3项），力争国家级奖励1项（1项），提供重大建议1项（1—2项），制定技术规程（标准）18项（35项），授权专利83件（20件）。

面对国家科技发展的新形势和中科院改革发展的总体要求，响应习近平总书记视察中科院时提出的“四个率先”的号召，西北高原所积极应对，投入“率先行动”计划的组织实施中。9月参与了上海药物研究所“药物创新研究院”建设，并协助新疆理化技术研究所完成药物创新研究院西北分部建设方案；同时为特色研究所的申请认定做准备，为“率先行动”计划的进一步实施打基础。

西北高原所现有3个研究中心（高原生态学研究中心、特色生物资源研究中心、高原生态农业研究中心），4个野外台站（中国科学院海北高寒草甸生态系统实验站、三江源草地生态系统观测研究站、海东生态农业实验站和武威绿洲现代生态农业试验站），2个院重点实验室（中国科学院高原生物适应与进化重点实验室、中国科学院藏药研究重点实验室），5个省级重点实验室（青海省寒区区域恢复生态学重点实验室、青海省青藏高原特色生物资源研究重点实验室、青海省藏药药理学和安全性评价研究重点实验室、青海省作物分子育种重点实验室和青海省藏药研究重点实验室），1个创新中心（中科院西北高原生物所湖州高原生物资源产业化创新中心）和3个支撑机构（青藏高原生物标本馆、所级公共技术服务中心、信息与学报编辑室）。

截至2014年底，西北高原所共有在职职工196人。其中科技人员126人、科技支撑人员43人，包括中国科学院院士1人、研究员及正高级工程技术人员34人、副研究员及高级工程技术人员44人。共有中国科学院“百人计划”入选者4人（新增1人），“西部之光”人才入选者27人（新增2人）。

西北高原所是1991年、1981年国务院学位委员会批准的博士、硕士学位授予权单位之一，现设有生态学、生物学2个一级学科博士研究生培养点，生态学、植物学、动物学、中药学4个专业硕士研究生培养点。设有生物学、生态学一级学科博士后流动站，共有在学研究生145人（其中硕士生83人、博士生62人）、在站博士后9人。

2014年，西北高原所共有在研项目230项（包括新增项目79项）。其中，参加国家重点基础研究发展计划（973计划）项目课题3项；主持（或承担）科技支撑计划项目8项（新增2

项）；主持（或承担）国家星火计划项目 2 项；主持国家自然科学基金重点项目 1 项、面上项目 24 项（新增 3 项），青年科学基金项目 11 项（新增 5 项），国际（地区）合作与交流项目 2 项（新增 2 项）；主持（或承担）中国科学院战略性先导科技专项课题 4 项，主持院重点部署项目 2 项（新增 1 项）；承担院地合作项目 26 项（新增 14 项），主持地方科技计划项目 86 项（新增 32 项）。

2014 年，组织申报国家科学技术奖、院杰出科技成就奖和青海省科学技术奖励。西北高原所牵头完成的成果"藏药安全与质量控制关键技术研究及应用"获青海省科技进步奖一等奖；西北高原所排名第二的成果"青海野生植物新种发掘和地道药材驯化技术"获青海省科技进步奖二等奖；登记成果 21 项，发表研究论文 228 篇，其中 SCI（E）110 篇，CSCD104 篇；出版专著 5 部，申请专利 41 项，授权 30 项。

2014 年，西北高原所新增产学研合作模式"联合研发中心"2 家。与青海鲁抗大地药业合作，申请并获批青海省高新技术产业化促进计划项目"藏茵陈片"质量控制标准和生产工艺技术改进及产业化。与青海高健生物科技有限公司合作，申请并获批青海省科技促进新农村建设计划项目"青稞特色食品生产技术熟化及产业化"。协助青海诺蓝杞生物科技开发有限公司研发新产品 1 个，并已投入生产。协助青海高原红绿色保健制品有限公司研发新产品 1 个，改进产品生产工艺 1 项。作为青海省申遗领导小组成员单位，完成了"青海可可西里藏羚羊世界自然遗产价值评估报告"。

2014 年，西北高原所获准院"外籍青年科学家计划"1 项，省外专局项目 5 项。全年派出因公出国人员 4 批 4 人次，其中长期出国 1 人次。组织外籍学者学术报告共 5 场 8 个，签订国际合作协议 2 项。组织申报 2015 年度日本-亚洲青少年科学技术交流项目 2 项，中国科学院外籍青年科学家 1 项，外专局项目 7 项。与来自美国、英国、德国、俄罗斯、日本、加拿大等国的 11 批 22 位外籍来访人员进行了青藏高寒草地群落生态学，动物生态学，植物系统分类学，流感病毒学等方面的学术交流和合作研究。

主办的《兽类学报》被列为中国科技核心期刊，入选"2014 中国国际影响力优秀学术期刊"。

（撰稿：王文娟　杨勇刚　审稿：王　萍）

新疆理化技术研究所

所　　长：李　晓
地　　址：新疆维吾尔自治区乌鲁木齐市北京南路 40 号附 1 号
邮政编码：830011
电　　话：0991-3835823
传　　真：0991-3838957
电子信箱：lhszhb@ms. xjb. ac. cn
网　　址：http://www. xjb. ac. cn

中国科学院新疆理化技术研究所（以下简称"新疆理化所"），于 2002 年 3 月 28 日，在原中国科学院新疆物理研究所和新疆化学研究所（均于 1961 年成立）的基础上整合成立。

新疆理化所定位：紧紧围绕国家和新疆战略需求，坚持以科技创新为中心，以提高关键技术创新和系统集成能力为主线，在创新体系建设中以对国家和区域经济社会发展做出有显示度的贡献为目标，基于原有基础，强化具有特色的植物资源、多语种信息技术，以及功能材料与器件等领域的维药现代化、维哈柯文信息处理、敏感材料与器件等学科方向的建设，继续保持不可替代的地位；同时，肩负中科院赋予"创新科技、建设边疆"的历史使命，继续发挥"桥头堡"和成果转移转化基地的重要作用，围绕新疆社会经济发展需求，发挥科学院整体优势，培育新的学科增长点，为新疆跨越式发展和长治久安起到科技支撑和骨干引领作用，发展成为具有国内特色鲜明和中亚有影响力的研究机构。

基于新疆理化所的科研基础，"以需求为牵引、应用为导向"，围绕国家和新疆科技重大需求，确定了"治疗白癜风创新维药研制"和"实现双语教学软件规模化应用"2 个重大突破；"油田工程环境污染治理"、"星用光电成像器件辐射损伤及抗辐射加固技术"、"感知边疆网络集成技术"和"深海快响应温度检测材料与器件"4个重点培育方向。经过精心组织、各研究室的努力和各项保障措施的落实，2014年，"一二四"规划均已完成任务书要求的年度各项指标。

按照中国科学院"率先行动"计划要求，新疆理化所结合自身实际，申请了四类机构中的特色研究所，确定制造业转型升级和城镇化发展作为服务国家目标和社会公众利益的主要领域，经过全院遴选，目前已经进入特色研究所培育阶段。

新疆理化所现设有资源化学、材料物理与化学、多语种信息技术、环境科学与技术4个研究室。建设了特种热、压敏研发平台、维吾尔药活性筛选技术平台、辐射效应评估技术平台、多语种软件测试平台、光电功能材料研发平台、药用植物组培与生物育种等科技平台，以及大型仪器分析测试中心、辐照中心、信息情报中心3个技术支撑平台。

新疆理化所现有中国科学院干旱区植物资源化学重点实验室、中国科学院特殊环境功能材料与器件重点实验室、民族药关键技术及工艺国家地方联合工程研究中心，省部共建新疆特有药用资源利用国家重点实验室培育基地，以及新疆植物资源化学重点实验室、新疆电子信息材料与器件重点实验室、民族语音语言信息处理实验室3个省级重点实验室和新疆精细化工工程技术中心；与中亚地区及我国东部有关研究机构共建了"中亚地区可食植物功能成分联合实验室"；与新疆公安消防总队成立了"火灾科学与消防工程合作实验室"。

截至2014年底，新疆理化所共有在职职工240人。其中科技人员207人、科技支撑人员33人。包括研究员及正高级工程技术人员40人、副研究员及高级工程技术人员74人。共有"青年千人计划"入选者14人（新增10人）；中国科学院"百人计划"入选者14人，"西部之光"人才入选者131人（新增14人）；国家杰出青年科学基金获得者2人（新增1人），国家级"新世纪百千万人才工程"候选人2名（新增1人）。

新疆理化所是1987年国务院学位委员会批准的硕士学位授予权单位之一，2004年经中国科学院批准增列博士培养点，现设有化学、电子科学与技术两个专业一级学科博士研究生培养点，有机化学、无机化学、物理化学、材料物理与化学、微电子学与固体电子学、物理电子学、计算机应用技术7个二级学科博士培养点；有机化学、无机化学、物理化学、材料物理与化学、微电子学与固体电子学、物理电子学、药物化学、计算机应用技术、计算机技术、材料工程等10个专业二级学科硕士研究生培养点，并设有化学、电子科学与技术2个专业一级学科博士后流动站，共有在学研究生243人（其中硕士生126人、博士生103人、外国留学生14人）、在站博士后18人。

2014年，新疆理化所共有在研项目642项（包括新增项目146项）。其中，承担国家重点基础研究发展计划（973计划）项目1项、承担（或参加）课题6项；承担国家高技术研究发展计划（863计划）项目1项、承担（或参加）课题5项（新增1项）；承担国家自然科学基金面上项目17项（新增7项）、国家杰出青年科学基金项目2项（新增1项）、国家自然科学基金国际合作重点项目1项、国家自然科学基金—新疆联合基金13项（新增5项）；承担中国科学院战略性先导科技专项课题1项；承担（或参加）院重点部署课题3项（新增2项）；承担院科研装备研制项目5项（新增3项）；承担院地合作项目9项（新增6项）；承担新疆维吾尔自治区重大专项项目2项、承担（或参加）课题7项。

2014年，申请发明专利87项，授权发明专利44项；申报并获批准软件著作权15项，较往年有显著增长；发表各类科技论文165篇，其中SCI收录104篇、EI收录23篇。

新疆理化所参与完成的"维哈柯文软件开发关键技术研究与应用"获国家科技进步奖二等奖；"新疆双语教学软件平台关键技术研发与应用团队"获中国科学院科技促进发展奖科技贡献奖二等奖；"功能导向性短波长非线性光学材料设计与合成"等3项成果获新疆维吾尔自治区科技进步奖一等奖；2014年再次获得中国侨界贡献奖（创新人才）；新疆维吾尔自治区人民

政府授予王传义研究员“中国天山奖”。

2014 年，按照中国科学院“走出去发展战略”和发展的实际需要，全年出访人员为 45 人次，来访 39 人次，国际合作项目立项 13 项；开展的各项国际合作项目、人才及学术交流，为人才引进和培养、科研能力提升等发挥了积极作用。

2014 年，新疆理化所更加重视科研发展与新疆区域经济社会发展中重大科技需求的结合，与天业集团、新疆油田公司、航天科技集团等企业的合作更加深入，新疆煤化工产业、新疆石化下游产业技术创新战略联盟和新疆电子信息产业技术创新战略联盟正在有序开展工作。新疆首个植物类五类新药“棉花花总黄酮片”成功转化给制药企业。

新疆理化所是新疆物理、化学、自动化、生物化学、核学会的理事长挂靠单位。

（撰稿：池景慧　毕祥玉　审稿：崔旺诚）

新疆生态与地理研究所

所　　长：陈　曦

地　　址：新疆维吾尔自治区乌鲁木齐市北京南路 818 号

邮　　编：830011

联系电话：0991-7885307；0991-7885507（所办）

传　　真：0991-7885300

电子信箱：hpjiang@ms. xjb. ac. cn；xjgi@ms. xjb. ac. cn

网　　址：http://www. egi. ac. cn

中国科学院新疆生态与地理研究所（简称新疆生地所）成立于 1998 年 7 月 7 日，由中国科学院新疆生物土壤沙漠研究所（1961 年成立）和中国科学院新疆地理研究所（1965 年成立）合并而成。

2014 年，新疆生地所围绕“一三五”规划的制定，即立足新疆，面向中亚，放眼世界干旱区，在中亚干旱区千万平方公里生态监测与生态系统管理、新疆新增百亿方水资源的关键技术及应用、中亚成矿域地质成矿机理与斑岩矿探测、三个研究领域实现重大突破。重点培养新疆城镇生态建设与工矿区生态修复、干旱区污染修复与废弃物利用、干旱区生物多样性保育与流域生态农业模式、特殊功能基因发掘与新品种培育、新疆自然灾害预警与应急管理五个研究方向。

在突破一方面，完成了中亚生态系统长期野外监测和遥感监测技术体系建设；在突破二方面，阐明了新疆山区雨雪冰径流形成与转化的关键过程，研制了山区径流预测模型；在突破三方面，研发形成了适合中亚成矿域新勘查方法与成矿预测技术，在西准噶尔和东天山各圈定了 1 处找矿靶区。2014 年，结合院“率先行动”计划和研究所分类改革的启动实施，填报了《特色研究所认定申请书》并参加了“生态文明”领域的认定评议汇报。

新疆生地所建有荒漠与绿洲国家重点实验室，中科院干旱区生物地理与生物资源重点实验室；国家荒漠-绿洲生态建设工程技术研究中心，中科院与自治区政府共建的中科院新疆矿产资源研究中心；与美国加州大学河滨分校、美国内华达大学共建了国际干旱区生态研究中心，日本静冈大学共建了中日干旱区生态研究中心，与德国国防大学、澳大利亚科工组织、中亚五国以及毛利坦尼亚、卢旺达共建了干旱区水与生态研究中心 7 个国际研究基地。2014 年，新建中国科学院中亚生态环境研究中心哈萨克斯坦分中心和吉尔吉斯斯坦分中心。

新疆生地所现有 9 个野外台站，即新疆阜康荒漠生态系统国家野外科学观测研究站、新疆阿克苏农田生态系统国家野外科学观测研究站、新疆策勒荒漠草地生态系统国家野外科学观测研究站（上述 3 个为国家野外观测站）、中国科学院吐鲁番沙漠（植物园）研究站、中国科学院塔克拉玛干沙漠特殊环境研究站、巴音布鲁克草原生态站、莫索湾沙漠研究站、木垒野生动物生态监测实验站、伊犁河流域生态系统研究站。另有文献信息中心、标本馆等科研支撑平台。

截至 2014 年底，新疆生地所共有在职职工 445 人。其中科技人员 407 人、科技支撑人员 87 人，研究员及正高级工程技术人员 75 人、副研究员及高级工程技术人员85人。共有国家海外高层次人才引进计划（“千人计划”）入选者2人，千人计划“新疆项目”入选者8人（新增5人）；中国科学院“百人计划”入选者16人（新增2人）。

新疆生地所是1983年国务院学位委员会批准的博士、硕士学位授予权单位之一，现设有地理学、生态学、地质资源与地质工程3个专业一级学科博士研究生培养点，有自然地理学、人文地理学、地图学与地理信息系统、植物学、生态学、地球探测与信息技术6个二级学科博士研究生培养点，有自然地理学、人文地理学、地图学与地理信息系统、植物学、生态学、环境科学、水土保持与荒漠化防治、地球探测与信息技术、环境工程、测绘工程、生物工程等十一个专业一级（或二级）学科硕士研究生培养点，并设有地理学、生物学、生态学等三个专业一级学科博士后流动站，共有在学研究生404人（其中硕士生205人、博士生199人）。在站博士后48人（其中与工作站联合招收6人）。

2014年，新疆生地所共有在研项目409项（包括新增项目164项）。其中，主持国家重点基础研究发展计划（973计划）项目2项、承担（或参加）课题14项（新增6项）；主持（或承担）国家高技术研究发展计划（863计划）课题1项；主持（或承担）国家科技基础性工作专项2项；主持国家科技支撑项目1项、承担（或参加）课题9项（新增2项）；主持科技部成果转化项目1项；主持和承担国家级其他类型项目5项；主持（或承担）国家自然科学基金重点项目2项、面上项目42项（新增15项,）、青年基金项目46项（新增15项）、新疆联合基金本地优秀青年基金5项（新增2项）、新疆联合基金重点支持项目3项（新增2项）、新疆联合基金培育项目2项（新增2项）、国家自然科学基金重大研究计划重点课题1项；主持（或承担）中国科学院战略性先导科技专项课题5项；主持（或承担）院重点部署项目5项；承担院“西部之光”项目49项（新增12项）；承担院其他各类项目30项（新增13项）；承担自治区及其他省部级项目35项（新增10项）；承担国际合作项目10项（新增2项）；承担院地合作项目9项（新增5项）；承担千人计划新疆项目8项（新增5项）；自主部署项目35项（新增19项）。

2014年，新疆生地所共有3项科技成果通过鉴定。“荒漠河岸植被生态水文机理与调控技术”，为向塔河下游生态输水和塔里木河胡杨林生态安全与管理提供了科学依据。“干旱区绿洲化过程及可持续性的调控途径与技术”进行了绿洲化过程的水盐运移过程、植物耗水过程与水分利用效率，以及水、土、气、生过程相互作用及反馈机制研究。“新疆主体功能区的科学基础与技术应用”为新疆主体功能区规划与全国实现无缝对接有重要的科学技术支撑。

全年发表论文623篇，其中SCI论文171篇，出版学术专著10部，申请专利37项，授权专利24项。获自治区科技进步奖5项，其中突出贡献奖1项，一等奖1项，二等奖1项，三等奖2项。

2014年度，新疆生地所国际交流与合作总量为133批405人次，其中派遣出访80批174人次，接待来访53批231人次，交流国别涉及41个国家和地区。出访，中亚66%，非洲8%；来访，中亚34%，非洲4%。组织召开了中亚干旱区生态与环境国际学术研讨会、中德“中亚干旱区生态系统可持续管理与环境演变”学术研讨会、中亚地理信息系统学术研讨会等8个国际和双边学术研讨会，派出参加了国际地球观测组织GEO第十次全会和第三次部长级峰会、美国地理学家协会年会等20个国际学术会议。

2014年与比利时、塔吉克斯坦、哈萨克斯坦、日本等国家相关科研单位签署了5项国际合作协议。

2014年在研国际合作项目15项。科技部“中亚地区应对气候变化条件下的生态系统管理”项目建设了中亚生态系统野外观测与研究网络，开展常态化的科学考察，建立了中亚生态与环境数据库，研发了中亚生态系统模型（AEM），建成了4个农业和生态技术试验示范。院海外科教基地拓展工程“中国科学院中亚生态与环境研究中心”项目完成了哈萨克斯坦分中心和吉尔吉斯斯坦分中心办公楼修缮一期工程，共建了海外分中心基础样品分析平台、数据共享平台，围绕丝绸之路经济带建设与上海合作组织科技需求开展了自然资源开发和生态环境保护等领域的互惠合作研究。中德塔里木河流域绿洲可持续发展管理项目完成了土壤有机质分解过程及其影响因素、棉田土壤 CO_2 排放特征研究。

2014 年，批准“青年人才国外培养计划”2 项，资助总数已达 19 项；引进 1 位外国专家特聘研究员。特聘研究员 Geoffrey Wall 教授荣获中国政府“友谊奖”。

新疆生地所是新疆土壤肥料学会、新疆地理学会、新疆植物学会、新疆科学探险协会、新疆自然资源学会的挂靠单位；承办的英文刊物有《干旱区科学》（*Journal of Arid Land*），是新疆第一个 SCI 学术刊物；中文刊物有《干旱区研究》和《干旱区地理》，以及同名在国内发行的维文版刊物；拥有国家甲级水文水资源调查评价资质证书、国家乙级环评资格证书、国家乙级测绘资质证书、国家乙级旅游规划设计资质证书、乙级土地定级估价证书、农林行业（营造林）乙级工程设计证书。

（撰稿：张向军、蒋慧萍　审稿：陈　曦）

学校及公共支撑单位

中国科学院大学

校　　长：丁仲礼
党委书记：邓　勇（2014 年 12 月 26 日卸任）
地　　址：北京市石景山区玉泉路 19 号（甲）
邮政编码：100049
电　　话：010-88256030
传　　真：010-88256006
电子信箱：leader@ ucas. ac. cn
网　　址：http://www. ucas. ac. cn

中国科学院大学（以下简称“国科大”）是国家教育部正式批准成立的一所以研究生教育为主的科教融合、独具特色的新型高等学校。国科大的前身是中国科学院研究生院，成立于 1978 年，是经党中央国务院批准创办的新中国第一所研究生院，培养了我国的第一个理学博士、第一个工学博士、第一个女博士、第一个双学位博士。

依托中国科学院各研究所的高水平科研优势和高层次人才资源，国科大形成了由京内 4 个校区、京外 5 个教育基地和分布全国的 117 个研究所组成的“大学校”。学校实行“统一招生、统一教育管理、统一学位授予”和“院所融合的领导体制、师资队伍、管理制度、培养体系”；完善了在集中教学校区完成课程教学和研究所科研实践为主的“两段式”培养模式；形成了以国科大为核心和平台、以研究所为基础和延伸的完整教育体系。2014 年，国科大已经累计授予 119 564 名研究生硕士、博士学位。

国科大拥有门类齐全的学科体系。2014 年，有博士学位授权一级学科点 39 个，分布在教育学、理学、工学、农学、医学、管理学 6 个学科门类；硕士学位授权一级学科 53 个，分布在哲学、经济学、法学、教育学、文学、理学、工学、农学、医学、管理学 10 个学科门类，覆盖了 54 个一级学科。本科专业 6 个，分别是：数学与应用数学、物理学、化学、生物科学、材料科学与工程、计算机科学与技术。国科大还拥有工程、工商管理、应用统计、应用心理、翻译、农业推广、药学、工程管理 8 类专业学位授权点，以及 169 个博士后流动站。

国科大拥有一支由院系和研究所师资组成的高水平导师队伍，拥有学生开展科研实践的一流科研环境。2014 年，国科大研究生指导教师共计 13 828 名，其中博士生导师 6690 名；两院院士 277 人；海外高层次人才引进计划（“千人计划”）入选者 232 人；国家杰出青年科学基金项目（杰青）获得者 700 人；长江学者奖励计划（“长江学者”）30 人。分布在各研究所的 3 个国家实验室、85 个国家重点实验室、163 个中国科学院重点实验室、41 个国家工程研究中心（实验室），以及众多国家级前沿科研项目，为学生培养提供了宏大的科研实践平台。

2014 年，国科大校部直属院系中心教师 473 人；研究所教师 1062 人；外聘教师 416 人。

2014 年，国科大全日制研究生毕业 9193 人（博士生 5081 人、硕士生 4112 人），其中来华留学研究生毕业 57 人；授予工程硕士专业学位 190 人，授予工商管理硕士（MBA）专业学位 5 人。

2014 年，招收全日制研究生 13 660 人（博士生 6114 人、硕士生 7546 人），其中，招收来华留学研究生 342 人。在职工程硕士专业学位研究生 549 人（工程硕士 527 人，工商管理硕士 22 人），非计划在职研究生同等学力硕士 51 人。录取本科生 332 人。

2014 年，在校研究生 42 824 人（博士生 21 314人、硕士生 21 510 人）；在校本科生 332 人；在校留学生研究生 666 人（博士生 505 人、硕士生 161 人）。在职人员攻读研究生学位 2323 人（博士生 71 人、硕士生 2252 人）。

2014 年，国科大与法国里昂大学签署联合培养博士生谅解备忘录，与澳大利亚国立大学签署联合培养博士生协议，与发展中国家妇女科学组织签署合作协议，成功申请“中国科学院国际访问学者”3项和“中国科学院国际博士后”2项。2014年，共有185名学生被国家高水平大学公派研究生项目录取；有57名学生入选中科院研究生国际合作培养计划；11名学生赴南丹麦大学参加第十届国际学生论坛；6名学生入选国科大——格里菲斯大学联合培养博士生项目；27名学生获得2014年国科大——必和必拓奖学金。

2014年，国科大校部有在职职工828人。其中教学科研人员416人，包括中国科学院院士2人、教授144人、副教授158人；管理支撑人员397人。有“中国科学院百人计划入选者”31人；“国家杰出青年科学基金项目获得者”5人，“优秀青年科学基金获得者”1人，“海外高层次人才引进计划入选者”3人，“青年千人计划”3人。设有物理学等10个专业一级学科博士后流动站，有在站博士后124人。

2014年，国科大校部共有在研项目1067项（包括新增项目319项）。其中，主持国家重大科技专项课题1项、专题3项，主持国家重点基础研究发展计划（973计划）专项1项、课题5项、子课题12项（新增6项），主持国家高技术研究发展计划（863计划）专题1项，子课题3项。主持国家科技支撑项目课题1项，主持国家公益性行业专项课题5项（新增1项），主持科技部国际合作项目1项；主持国家杰出青年科学基金项目3项（新增1项），国家自然科学基金重点项目8项（新增1项），国家自然科学基金面上项目110项（新增38项），国家自然科学基金青年基金77项（新增31项），国家自然科学基金重点国际合作项目1项；主持中国科学院战略性先导科技专项项目1项、子课题8项，中国科学院海外创新团队项目2项；主持国家社会科学基金重点项目2项（新增1项），国家社会科学基金一般项目13项（新增1项），教育部人文社科基金新增4项。2014年，共申请专利19项，获专利授权16项，其中发明专利授权10项，软件著作权登记7项。国科大2014年度发表SCIE论文334篇，EI论文115篇，CPCI-S论文78篇，中国科技论文与引文数据库论文181篇。国科大主办有《中国科学院大学学报》、《自然辩证法通讯》、《管理评论》和《工程研究》4个公开发行的学术期刊以及内部刊物《国科大》。

（撰稿：牛晓莉　张怡然　审稿：董军社）

中国科学技术大学

校　　长：侯建国
党委书记：许　武
地　　址：安徽省合肥市金寨路96号
邮政编码：230026
联系电话：0551-63602184
传　　真：0551-63631760
电子信箱：tzliu@ustc.edu.cn
网　　址：http://www.ustc.edu.cn

中国科学技术大学（以下简称“中国科大”）1958年9月创建于北京，1970年迁至安徽合肥，是中国科学院所属的一所以前沿科学和高新技术为主、兼有特色管理和人文学科的综合性全国重点大学。

现有15个学院、30个系，设有研究生院，以及苏州研究院、上海研究院、中国科大先进技术研究院。有数学、物理学、力学、天文学、生物科学、化学共6个国家理科基础科学研究和教学人才培养基地和1个国家生命科学与技术人才培养基地，8个一级学科国家重点学科，4个二级学科国家重点学科，2个国家重点培育学科，18个安徽省一级学科重点学科。建有国家同步辐射实验室、合肥微尺度物质科学国家实验室（筹）、稳态强磁场科学中心、火灾科学国家重点实验室、核探测与核电子学国家重点实验室、语音及语言信息处理国家工程实验室、国家高性能计算中心（合肥）、安徽蒙城地球物理国家野外科学观测研究站等国家级科研机构和45个院省部级重点科研机构。

现有本科生7200人，博士研究生2700人，硕士研究生6800人。

图书馆藏书220万册，已建成国内一流水平的校园计算机网络和若干高水平科研、教学公共实验中心。

2014 年，学校在中国科学院《“率先行动”计划及全面深化改革纲要》（以下简称“率先行动”计划）中先行一步，已经在“率先行动”计划中提出的四种类型科研机构分类改革中首批获准建设三类平台：一是围绕国家战略需求和世界科技前沿，努力在量子通信与量子科技领域取得率先突破，建设运行好量子信息与量子科技前沿卓越创新中心；二是依托合肥地区大科学装置的集群优势，面向国内外开放共享，开展综合交叉前沿研究，与合肥物质科学院共建中国科学院合肥大科学中心；三是依托中国科大先进技术研究院，聚焦智能语音与未来网络，围绕产业链部署创新链，启动建设智能语音与未来网络研究院。

颁布实施《中国科学技术大学章程》。经中国科学院同意，教育部高等学校章程核准委员会评议，2014 年 7 月 29 日教育部第 24 次部务会议审议通过，于 10 月 11 日正式核准、生效；完善校地合作的布局，继续加快先进技术研究院建设，已建设重大战略性科技创新平台 10 家、各类联合实验室（研发中心）33 家，孵化创新企业 76 家；“十二五”规划建设项目通过国家发改委现场评审。

在人才培养方面，继续推进实施“科技英才班”的各项工作，目前，科技英才班学生已有 816 人顺利毕业，国内外深造率达 94.9%，在读学生共计 1289 人，约占在校本科生人数的 18%；在“理科实验班”启动“书院制”试点，探索建立“教、学、管”联动的多部门协作管理模式；通过少年班、创新试点班、保送生、自主招生等形式录取了一大批优质生源，生源质量继续保持全国高校前列；新增优质生源基地中学 25 个、国防生生源基地 4 个，目前基地总数已达到 49 个。

积极创新研究生招生形式，首次实行推免研究生网络面试，吸引了大批优秀考生报名参加；在部分学院试行博士招生“申请-考核”制，选拔具有科研能力、创新精神和专业潜质的优秀学生；2014 年实现了推免生数量和质量的同步提升，共接收推免生 1519 人，比 2013 年增长 37%，科学学位接收推免生比例超过 80%，其中绝大部分来自“985 工程”、“211 工程”高校；继续实施“博士生质量工程”，在试点学院开发本硕选课一体化系统，实现了本硕课程体系的有效衔接；研究生发表论文质量有了明显提升，与 2013 年相比，全校研究生发表英文论文所占比例提高了 10%。

2014 年，累计授予 734 人博士学位、2466 人硕士学位、1782 人全日制本科学位；毕业生初次就业率为 93.3%，本科毕业生出国率为 29.3%，国内外深造率达到 76%。

在师资队伍建设方面，学校充分利用国家、中国科学院和各部委的高层次人才项目和政策，新增“长江学者”3 人、“千人计划”教授 2 人、“国家杰青”5 人、“国家优青”13 人，引进“百人计划”学者 5 人。截至 2014 年底，学校有专职教研人员 1181 人。其中中国科学院和中国工程院院士 43 人，发展中国家科学院院士 14 人，教授（含研究员、教授级高级工程师）528 人，副教授（含副研究员、高级工程师、高级实验师）446 人，博士生导师 548 人，教育部长江学者 40 人，国家杰出青年基金获得者 99 人，国家“千人计划”入选者 40 人、“青年千人计划”入选者 89 人，中科院“百人计划”141 人，国家级教学名师 7 人，高层次人才占教师总数的 26%。

在学科建设方面，学校有数学、物理、化学、材料、工程、地学、生物/生化、临床医学、环境/生态、计算机 10 个学科进入 ESI 世界前 1% 学科领域，物理、化学、材料、工程 4 个学科进入 ESI 世界前 1‰ 学科领域；数学、物理、化学、材料、工程、地学、环境/生态、临床医学 8 个学科论文篇均被引次数超过本领域世界平均水平。

在平台建设方面，国家同步辐射实验室合肥光源重大维修改造项目通过工艺验收，升级改造后的加速器总体性能和光束线、实验站性能均有显著提升；作为主要协同单位参与组建能源材料化学、人工微结构与量子调控、高性能计算 3 个国家级协同创新中心；新增无线光电通信、强耦合量子材料物理、天然免疫与慢性疾病、城市污染物转化 4 个中国科学院重点实验室。

在科学研究方面，2014年学校发表SCI论文2126篇，比上一年增长12.9%；2014年，学校在*Nature*及其子刊发表论文45篇，“自然出版指数”为15.97，名列全国高校第二位；6人入选汤森路透发布的全球“高被引科学家”榜单，名列全国高校第一。科研竞争力进一步提升，获批各类纵向科研项目经费首次突破十亿元，面上基金项目和青年基金项目批准率分别为52.72%和53.29%，均居国内主要高校首位；新增1个国家自然科学基金委创新研究群体；牵头承担国家重大科技专项、重大科学研究计划、ITER计划、973计划、中国科学院重大科研仪器设备研制专项等千万元以上重大项目12项；获得省部级以上各类重要科技奖励18项，其中国家自然科学奖二等奖1项，国家技术发明奖二等奖1项，中国科学院杰出科技成就奖（集体）1项。全年申请专利578件，获得授权专利316件，比2013年增长19%。

在国际交流方面，继续加强与国外著名高校、科研机构的实质性合作，与海外著名高校签署17项校际合作协议和学生交流协议；近200名本科生参加海外名校交流项目；通过国家建设高水平大学公派研究生项目，共有80多名研究生赴国外进行联合培养和攻读博士学位；资助300多名研究生参加境内外国际会议与访学交流，共有700余人次研究生参加境外国际学术交流；教师参加境外学术交流1000多人次，海外专家来访1200多人次，均有大幅增长；依托中国科学院-第三世界科学院（CAS-TWAS）院长奖学金项目，推进留学生培养工作，在校留学生数从2013年的110人上升到203人。

2014年，中国科大有参股控股企业22家，提供就业岗位约7000个，年度参控股企业总销售收入89.35亿元，利税总额13.75亿元，其中缴纳各类税金3.96亿元。

中国科大是中国物理学会同步辐射专业委员会、中国自动化学会仿真专业委员会等24个学会的挂靠单位。主办的学术刊物有《中国科学技术大学学报》、《火灾科学学报》、《低温物理学报》、《化学物理学报》、《实验力学》、*Cellular & Molecular Immunology*、《研究生教育研究》等。

（撰稿：刘天卓　牟　玲　审稿：陈晓剑）

文献情报中心

主　　任：张晓林
地　　址：北京市中关村北四环西路33号
邮政编码：100190
电　　话：010-82626684
传　　真：010-82626600
电子信箱：office@mail.las.ac.cn
网　　址：http://www.las.ac.cn

中国科学院文献情报中心（以下简称“文献中心”）为中科院直属事业法人单位，负责全院文献情报服务的组织、管理和协调，负责全院科技文献资源保障体系建设，负责全院公共文献信息服务的建设和管理，下设中国科学院兰州文献情报中心、中国科学院成都文献情报中心和中国科学院武汉文献情报中心3个二级事业法人单位，负责相应领域战略情报研究和科技信息服务，协同组织所在区域的科技信息服务工作。

文献中心立足科学院、面向全国，主要为自然科学、边缘交叉科学和高技术领域的科技自主创新提供文献信息保障、战略情报研究服务、公共信息服务平台支撑和科学交流与传播服务，同时通过国家科技文献平台和开展共建共享为国家创新体系其他领域的科研机构提供信息服务。

截至2014年底，文献中心共有在编职工599人，其中专业技术人员517人，正高级专业技术人员57人，副高级专业技术人员113人。现设有图书馆学、情报学硕博士研究生培养点，设有图书馆学、情报学博士后流动站，共有在学研究生160人（其中硕士生94人、博士生66人），在站博士后6名。

2014年，文献中心积极支撑“四个率先”、全面实施中心“十二五”规划，面向科技决策、面向科技创新、面向区域发展战略性科技信息需求创新深化文献情报服务，在全中心的共同努力下，取得了积极效果。

持续保障科研文献需求的高水平满足率，积极组织和集成开放信息资源。截至2014年底，共引进电子资源155种，全院可共享的外文期刊17，620种，外文图书98，532卷/册，外文工具书、会议录75，018卷/册，外文学位论文484 838篇，外文行业报告1 632 361篇，中文图书352 093种/378 490册，中文期刊16 689种，中文学位论文2 473 101篇。2014年全文下载达到4 541万次，原文传递12万篇。全面启动开放资源建设，其中，“开放课件服务系统”已形成83所机构、2216门课程、49 108个开放课件的服务规模，开放期刊服务系统可提供143家出版社的高质量OA期刊1765种，全文16.8万篇。“开放会议资源采集服务系统”已发布4.1万余个学术会议，采集各类会议论文6.8万篇，在院内信息技术、生命科学、物理学等领域研究所开放服务。“开放社会经济信息集成揭示与服务系统”已集成能源、新材料、生物医药、环保行业的新闻资讯、政策法规、行业报告、统计数据、分析评论等信息2万多条。“开放知识资源登记系统”登记数据9.1万条，实现对开放数据、科研项目、机构知识库、学术会议等全球资源的完整登记，已在118个研究所群组平台中嵌入服务。开发建设的中国科学家在线系统（iAuthor）顺利投入应用，注册用户超过15 000人，覆盖到全院的100个研究所和院外100多家机构。机构知识库已有112家研究所建成IR，共存储科技成果62.06万份，其中全文期刊论文达47.32万篇，累计访问量8112万篇次，累计下载量超过1078万篇次。

加大对国家战略问题、科技体制改革和科技发展的深度支撑，直接通过向上专报提供决策咨询服务，全年报送政务信息38条，被中办国办采用12条，获国家领导人批示8次，在全院排名第一，多篇获国家领导人批示。持续跟踪宏观科技战略与政策、学科发展态势，完成《国际重要科技信息专报》36期，特刊16期；完成《科学研究动态监测快报》13个专辑共282期。全面参与“高水平科技智库”建设，承担了中国科学院科技战略咨询研究院的战略情报研究部和产品与平台管理部的任务，承担了科技战略咨询研究院《科技前沿快报》和《科技政策与咨询快报》的编辑出版工作，已完成两种各8期的出版，还承担新版《科学发展报告》编制，承建的科技战略咨询研究院门户网站和战略情报集成服务平台已开始运行。发挥战略研究咨询服务作用，支持国家自然科学基金委、能源局等相关部委战略规划。加强重要情报成果产出力度，支持科技规划和科技评价。与汤森路透合作研制的《2014研究前沿》正式发布，得到广泛关注。相继出版《十年决策-主要国家（地区）宏观科技政策研究》、《2014科学发展报告》、《国际科学技术前沿报告2014》、《未来地球计划初步设计》、《材料发展报告——新型与前沿材料》、《先进能源发展报告》、《生物安全发展报告：科技保障安全》、《日本科技创新态势分析报告》、《德国科技创新态势分析报告》等研究报告。

在夯实普遍服务基础上，重点推进研究所服务模式转型发展，持续深化和提升嵌入一线的知识化服务能力。学科馆员累计到所培训757场次，服务用户3.8万余人次，提供各类咨询服务4.2万人次。持续推进“研究所情报分析可持续服务能力建设”项目，共76个研究所参与，组织和协同研究所完成各类学科态势发展、专利技术趋势、竞争与合作布局等专项情报分析报告306份，编制专题信息快报473份，建设情报服务平台29个，形成研究所认可的情报分析产品体系。持续组织“研究所群组集成知识平台可持续服务能力建设”，全院82个研究所参加，面向先导项目、国家重大专项、重点实验室、重要科研项目等，共建设平台488个，资源总量超过27万，访问总量超过1000万人次，成为实验室或课题组集成资源、支持科研、组织网络、宣传成果的有力工具。协同50个研究所完成科技文献资源保障规划，35个研究所新启动文献保障规划。嵌入科研一线的知识化服务不断深化拓展，策划组织面向研究所重大突破和战略布局的知识化服务，通过“嵌入重点、以点带面”的方式，目前已在97个研究所为所领导、科技处、实验室、课题组、重大项目等提供有针对性的知识化服务。在国科大的数理、化学、生命等8个学院推广信息素质教育课程，继续推广科研态势分析和数据管理能力素质教育课程。承担本科教育专题调研，为制定中科院本科生培养政策提供支撑服务。创新和拓展针对本科生的信息服务，组建了“信息达人社”。

大力拓展面向区域、行业和技术转移转化工

作的产业技术情报服务。继续夯实全国科学院联盟成员机构的文献资源共享服务，同时，围绕省级科技发展规划、产业技术分析、科研成果转移转化等重大需求开展建制化知识服务，编制《产业技术情报》24 期，与江西、黑龙江、贵州、山东、河北、河南等省科院协同完成汉麻产业、橡胶草产业、3D 打印产业、海洋装备产业、中部 6 省科技竞争力比较报告、特大型城市管理相关技术等分析报告；与上海、广西、重庆、陕西、甘肃等科学院等合作，完成“东盟科技发展潜力报告”、“纤维素乙醇制备技术专利分析”、“燃料乙醇国内外产业分析”、“我国生物农业发展现状、趋势与对策研究”、“甘肃省科学院科研产出及科研竞争力分析评价”；面向武汉工科院、湖南省科工院和安徽省科院，完成“武汉数讯科技/信息安全产业园规划咨询”、“磁卡保密技术分析”、“安徽省市县创新能力评价”等。联合相关省级科学院或中科院与地方共建机构组建“技术情报研究中心”，建制化推进地方科技决策和技术产业情报服务。例如，与江西省科学院、中科院唐山高新技术研究与转化中心、中科院银川产业育成中心、贵州省天然产物重点实验室共建“产业情报研究中心”；与院湖南省技术转移中心合作共建中科战略产业分析中心湖南中心。为伟嘉集团、兰石集团研究院、奇正藏药集团、东方汽轮机有限公司、重庆维尼纶公司、三江航天集团、武船重工等企业提供决策支持服务。探索创新创业服务，深化从发现到获取的专题文献服务，组织创业分享汇、创业辅导课、产业技术情报发布等系列创业活动。

完善数字信息资源检索利用服务。建立跨领域跨类型信息资源的可视化集成检索系统，汇集中科院学位论文、机构知识库、电子图书、电子期刊、标准文献等重要资源，支持多维度检索和可视化形式多维度分析。正式发布移动文献信息服务，可在主流移动终端上为全院用户提供论文、图书、期刊等的检索、浏览、下载、借阅等服务。全院图书馆统一自动化系统初步建成，共有 43 家单位上线。提供国际著名物理知识库 arXiv 中国镜像站点，并自主开发 arXivSI 新型检索界面，已在包括中科院高能物理所和欧洲核子研究组织等在内的国内外研究机构使用。完善为研究所服务的集成信息平台，优化用户远程访问认证系统、参考咨询平台，支持用户方便快捷利用资源。

引领新型国家科技信息保障体系的建设。完成中国科学院和国家自然科学基金委关于公共资金资助科研项目发表论文的开放获取政策的研究和推进工作，协助推动国家领导人在全球研究理事会上宣示中国政府支持公共资金科研成果开放获取政策。作为主要承办单位，高质量完成中科院主办的全球研究理事会 2014 年北京峰会的实际承办工作。同时，研究发布了《中国科学院开放获取政策的实施问答》、《开放出版资助政策建议》、《学术期刊支持开放获取的良好实践指南》、《遴选开放出版期刊的标准与指南》等一系列政策指南。积极推进中科院作者开放出版资助服务，向主要出版商发出“资助开放出版合作要约”，并提出《出版社参与资助开放出版的良好实践要求》，已经与若干家出版社达成意向协议，积极试验订购费转移支付作者开放出版费的新机制，推进我院作者发表论文自动推送等服务，逐步推进从“供应端”开展科技信息资源建设的新模式。中心作为国内牵头单位推动的国际高能物理开放出版资助联盟（SCOAP3）在 2014 年正式启动。持续加强数字科技文献资源的长期保存。牵头承担国家数字科技文献资源长期保存体系建设，完成系列重要政策的研究制订，作为国家主要的具有可靠法律保障的本土保存机构，已完成对 15 种重要科技文献数据库的长期保存，覆盖电子期刊 16 933 种、电子图书 74 527 种、实验室指南 34 000 种。

积极推动科学传播工作，全年共组织或承接各类科学文化传播活动 220 余场，到馆直接受众超过 6 万人次，各类专题巡展观众超过 50 余万人次。承办“中科院 2014 科技创新成就展”，并实现在北京、河北、安徽、江西、广东、广西、陕西等多地的巡展，成为中科院面向公众展示科技创新成果的重要窗口；承办“科学隧道 2.0 纳米专题展”，首次与国际同行“同台唱戏”并表现出色；院士文库初具规模，已收集到 175 位院士的相应资源，院士文库网站初显成效。新成立“兰州分院创新文化广场”，成都中心被评为“四川省科普工作先进集体”。武汉中心荣获“湖北省科技周先进单位”、“全国科普日先进单位”等称号。

积极推动我国科技期刊发展。牵头参与中国科协和中科院的期刊政策咨询，完成《改革、完善和优化学术评价工作研究报告》，完成六部委《关于切实发挥科技期刊在学术评价中作用的若干意见》，完成《中国科技期刊刊群建设动力机制研究报告》。资源环境科学数字期刊集群（LORES）建设持续推进。中国科技期刊研究会组织高端学术交流研讨会，紧扣国际学术期刊发展趋势，开展全院科技期刊编辑队伍培训。《中国科技期刊研究》转变为月刊。

文献中心是中国科学院档案馆、中国科学院现代化研究中心、全国科学技术名词审定委员会事务中心、中国图书馆学会专业图书馆分会、中国科学院自然科学期刊编辑研究会、中国科学院科学传播研究中心的挂靠单位。中心主办的期刊有《图书情报工作》、《现代图书情报工作》、《化学进展》、《电子政务》、《中国生物工程杂志》、《高科技与产业化》、《科学观察》、《中国文献情报（英文刊）》、《中国科技期刊研究》、《黄金科学技术》、《世界科技研究与发展》、《天然气地球科学》、《地球科学进展》、《天然产物研究与开发》、《遥感技术与应用》、《长江流域资源与环境》和《中国数学文摘》共17种。

（撰稿：刘峻明　吕秋培　审稿：张晓林）

计算机网络信息中心

主　　任：黄向阳
地　　址：北京市海淀区中关村南四街4号
邮政编码：100190
联系电话：010-58812020
传　　真：010-58812020
电子信箱：support@cnic.cn
网　　址：http://www.cnic.cn

中国科学院计算机网络信息中心（以下简称“网络中心”）成立于1995年3月，是中国科学院信息化持续建设、运行与服务的支撑单位，先进网络与高端应用技术的研发基地，国内外先进科技网络的重要组成部分。

网络中心以开展计算机网络及信息技术研究，促进科技发展、计算机网络技术研究、数据库技术研究、大规模科学计算技术研究、办公自动化技术研究开发、互联网、云计算、大数据、物联网技术研究与应用、“中国科技网”运行与管理、数据库服务、相关学历教育、专业培训与学术交流、《科研信息化技术与应用》出版等为宗旨和业务范围，结合中科院信息化应用的需要，组织其他重点项目的建设。主要围绕先进网络基础设施建设、高效能超级计算机基础设施建设、海量数据应用环境、管理信息化应用支撑环境推动信息化支撑环境的发展；围绕创新信息化增值服务、创新知识服务推动信息化服务的发展；围绕互联网技术研究与创新、先进计算技术的研究创新推动技术创新和引领领域发展。

网络中心现有6个业务部门和2个支撑部门，6个业务部门包括中国科技网网络中心、科学数据中心、超级计算中心、ARP运行支持中心、网络科普教育中心和e-Science应用推进总体组。2个支撑部门包括整体运维支撑中心和期刊编辑部。同时，成立了对外投资管理的资产经营公司北京中科北龙科技有限责任公司，负责科技成果转移转化，下设北龙中网（北京）科技有限责任公司、北京北龙超级云计算有限责任公司、北龙泽达（北京）数据科技有限公司、北京北龙青云软件科技有限公司、北京北龙云海网络数据科技有限责任公司、北龙行知（北京）科技有限责任公司、北京中科互联优势数据科技有限公司。

7月14日，根据中央有关精神，中央机构编制委员会办公室下发《中央编办关于中国互联网络信息中心划转国家互联网信息办公室管理的通知》（中央编办发［2014］66号），将中国互联网络信息中心划转国家互联网信息办公室管理。

截至2014年底，网络中心共有在职职工465人，研究生及以上学历人员291人，其中科技人员72人、支撑人员372人，管理人员21人，中国科学院“百人计划”入选者2人，研究员及正高级工程技术人员23人、副研究员及高级工程技术人员127人。

网络中心是1997年国务院学位委员会批准

的硕士、2004年批准的博士学位授予权单位之一，现有计算机科学与技术一级学科博士培养点，下设计算机系统结构、计算机软件与理论、计算机应用技术3个二级学科，同时拥有计算机技术和软件工程全日制专业硕士培养点，在学研究生180人，其中博士生38人、硕士生142人。

2014年，网络中心共有在研项目218项（包括新增项目90项）。其中973计划项目2项，863计划项目4项，国家自然科学基金项目23项（新增7项），国家支撑计划项目4项，国家科技基础条件平台2项目项，国际合作项目1项，国家发改委项目（课题）12项（新增1项），财政部修购专项项目2项（新增2项），国家其他项目（课题）8项（新3增项）；院先导专项课题3项，院信息化专项项目28项（新增9项），院其他项目27项（新增13项）；与地方和单位合作项目59项（新增27项），所级项目45项（新增28项）。

网络中心紧密围绕国家重大需求开展科研工作，以科研信息化和管理信息化手段助推中科院“三个面向”、“四个率先”发展战略的实施。中国科技网安全服务平台共部署数据采集引擎107个，升级了安全基础设施，新建10G连接上海交换中心，北京交换中心升级到10G，香港节点升级，增加国际出口，新建两个北美节点。超算计算能力实现百万亿次到千万亿次的提升，“元”超级计算系统上线，总计算能力约2.3Pflops。推广CCFD软件至两家我国飞机设计一线单位试用，协助完成海量数据分析，包括先导A、B类等重大项目数据的可视化分析。数据中心总存储和归档数据量突破3PB，整合了可共享科学数据，总量达到456TB，总访问量达到2336万人次，服务下载量超300TB。推进与三江源国家级自然保护区及与无量山、景东国家级自然保护区的合作，面向学科领域的e-Science平台技术研究，高通量材料集成计算的关键技术研究，鸟类物种鉴别技术研究，基于卫星定位的野生动物追踪技术研究，气象要素时空分析与GIS展示技术研究。推出ARP泛云服务，数据产品服务被逐渐关注，移动公文得到良好应用，网站群规模不断扩大。启动新一代大型仪器共享平台和ARP3.0试点项目建设工作。中国科普博览新增视频100多部，新增专题20个，新增专栏文章671篇，微博粉丝3万，微信粉丝7000多人，Alexa排名从去年的1万名上升到7000多名。在中国全功能接入互联网20周年之际，推出科学纪录片《网络中国——科技的引领》。初步探索出具有中科院特色的科学视频产品-前沿科学纪录片科学微视频，制作了大科学工程装置科学纪录片和微视频，用SELF格致论道打造科学界的TED，开展中科院科普微平台及中科院应急热点科普建设与运营，构建了12 302短彩信基础平台，支撑院所科普工作。

积极推进院地合作工作，网络中心签订横向收入合同536份，较2013年增长20%。与广州市南沙区管委会共建广州网络中心分中心，与吉林省计算中心控股企业、北龙超云、长春分院共建长春分中心，成功申请第一个院级非法人单元院计算科学应用研究中心，建立了科研信息化开放实验室。网络中心获中国科学院北京分院第四届技术转移工作组织奖及创业奖。

2014年，网络中心举办国际会议4次，包括第三届中美德科研信息化研讨会（CHANGES）、发展中国家科研大数据国际培训班等。全年出访人员共计134人次，较2013年减少40%。全年来访人员共计110人次。国际组织任职方面，阎保平研究员、南凯研究员继续担任环太平洋网格应用与中间件联盟（PRAGMA）执委，PRAGMA正在申请美国NSF的新一轮资助，网络中心积极参与指导委员会（Steering Committee）对PRAGMA今后发展方向与战略的讨论。黎建辉正高级工程师在2014国际科学数据大会暨全体委员会上当选CODATA执行委员会委员，此次顺利当选充分体现了网络中心数据工作的成果。4月8日，钱华林研究员入选国际互联网名人堂，进一步提升了网络中心在国内乃至国际上的影响力。

网络中心是国际科学数据委员会（CODATA）中国委员会秘书处、中科院科学数据库办公室的挂靠单位；编辑和出版《科研信息化技术与应用》。

（撰稿：王恩海　程海涛　审稿：韩　华）

其 他 机 构

中国科学报社

社　　长：陈　鹏
党委书记：刘峰松
地　　址：北京市海淀区中关村南一条乙3号
邮政编码：100190
电　　话：010-62580800
传　　真：010-62580899
电子信箱：bangongshi@stimes.cn
网　　址：http://www.csd.cas.cn

中国科学报社成立于1959年1月，是中国科学院所属唯一经国家新闻出版广电总局批准的新闻媒体单位，具有主办报纸和期刊的特许出版权和发行权、记者和记者站的管理权、广告经营权和新闻类网站的主办权等。

中国科学报社现有媒体包括两报（《中国科学报》、《医学科学报》）、两刊（《科学新闻》、《科学新生活》）、一网（科学网），以及微博、微信等新媒体。

报社主要媒体《中国科学报》前身是1959年1月1日正式出版的《科学报》，1989年更名为《中国科学报》，1999年1月1日更名为《科学时报》，2012年1月1日复名为《中国科学报》。《中国科学报》由中国科学院、中国工程院、国家自然科学基金委员会和中国科学技术协会四家单位共同主办。目前，《中国科学报》出版刊期为一周五刊，周一至周四每刊八版、周五二十版，彩色印刷，面向全国发行。

截至2014年底，报社共有在职职工143人，其中采编人员为99人。职工中67人具有研究生及以上学历；21人具有高级职称，71人具有中级及以下职称。报社在全国20个省（市、区）建有记者站，与国内近百所高校建立了紧密的合作关系。

加强报道策划性，推动国家创新发展。2014年，《中国科学报》注重加强新闻产品策划性，围绕科技界热点话题，结合中国科学院“率先行动”计划开展专题报道。在1月1日的“55年元旦特刊”中，回顾梳理了中国科学院历年来改革创新发展的重要举措及取得的辉煌成就；两会报道推出中科院“关键词”，围绕率先、雾霾、改革、创新等9个方面，结合两会热点话题，全方位展示了科学院的成就与形象；结合社会关注焦点，策划实施了中科院先导专项“大气灰霾追因与控制”系列报道。通过推出“7.17”习总书记视察中科院一周年系列报道、中科院启动率先行动计划专题报道、贯彻落实“率先行动”计划系列评论、中科院建院65周年特刊等，梳理和总结中国科学院2014年结合“十三五”规划的研究制定，启动实施“率先行动”计划的主要工作，既回顾了中国科学院建院65年来取得的辉煌成就，又就“率先行动”计划实施的目标、意义及远景进行全面阐述。此外，我们策划的“弘扬科学精神、反对低俗迷信”系列科普报道受到社会各界普遍好评，“联想成立三十周年”特稿全面总结并重新审视了联想现象、联想经验，互联网20年特刊详细回顾梳理了中国互联网的发展历程。

2014年，报社联合中国医学科学院，共同打造了一份离医生最近的报纸——《医学科学报》。这是集各种传播手段于一身、整合优质医疗资源的传媒平台，是报社由“信息提供者”拓展为“服务提供者”的一次全新探索。

《科学新闻》策划推出了国际工程科技大会特刊、北京院士工作站5周年特刊等，既探索了新的办刊模式，又形成了自身的独特风格。

《科学新生活》杂志立足科学化、生活化的自身定位，面对新型媒体的强大冲击，2014年按期完成了出版工作。

科学网的用户数量和信息发布量继续保持增长，专题《小保方论文事件追踪》、访谈《考研基地谁之错》等取得广泛好评，被多家媒体转载。此外，科学网还先后上线了科普频道、大学频道、国际频道，与《中国科学报》相关版面形成有效互动。

重视新媒体建设，形成有效传播。“中国科学报”官方微博、微信在继续推广报社新闻产品的同时，扩展传播内容，以报纸最擅长的科技领域为主线，快速传播科学、教育、文化新闻，同时配合报社活动进行网上推广，成为报社通过新媒体手段拓展影响力的重要平台。“科学网”官方微博、微信 2014 年粉丝数快速增长，发展速度与同类媒体相比处于领先位置。《中国科学报》周末版主办的“科学周末”微信、《医学科学报》主办的“医问医答”微信在 2014 年全新上线，定期推送不同方面有价值的科学信息，向公众普及科学知识、倡导科学方法、传播科学思想、弘扬科学精神。

探索新型发展模式，扩大社会影响力。在对 2014 年国家自然科学奖一等奖获奖项目“铁基超导”的宣传中，报社联合人民日报、央视等强势媒体，探索形成了全新的宣传模式——多平台联动传播，社会反响良好；我们与《细胞》杂志合作，策划了特刊、评选等活动；我们与中国科技战略发展研究院等多家机构联合成立了一个新的平台——创新中国智库，在国内众多智库平台中具有综合性强的优势。

2014 年的“科学之夜”盛典，除继续推出“两院院士评选中国、世界十大科技进展新闻”、“中国科学年度新闻人物评选”等传统品牌活动外，我们还与世界著名的《细胞》杂志合作，联合评选了“细胞出版社 2014 中国年度论文/机构”，并于年度盛典中发布，社会反响强烈。

此外，创新中国论坛、干细胞技术媒体沙龙、善思读书会等活动的成功举行，使得中国科学报社在科教界的影响力得到了进一步提升。

完善体制机制改革，注重青年人才培养。2014 年，我们继续推动社属企业投资体系建设，正常运行北京科学网科技有限责任公司。

按照《中国科学报社党的群众路线教育实践活动整改方案》和《中国科学报社党的群众路线教育实践活动制度建设计划》，进一步修订完善了报社制度体系，理顺各项工作流程；开办员工食堂，为员工提供便捷用餐条件；完善员工培训机制，为“八零后”、“九零后”的年轻人在报社这个平台上迅速提高自己的工作能力提供有利条件，使年轻员工获得更多、更好的成长成才的机会，为报社未来发展打下坚实基础。

（撰稿：保婷婷　邹丽媛　审稿：刘峰松）

行政管理局

局　　长：顾　全
党委书记：廖方宇
地　　址：北京市海淀区中关村南三街 15 号
邮政编码：100086
电　　话：010－62571850
传　　真：010－62560929
电子信箱：office@caseab. ac. cn
网　　址：http://www. ab. cas. cn

一、基本情况介绍

中国科学院行政管理局（以下简称“行管局”）成立于 1955 年，作为院机关职能部门之一，负责院机关和京区科研院所后勤工作。1991 年，随着国家科技体制改革不断深入，院对机关进行了机构改革，行管局成为直属事业单位，实行差额预算管理。

根据院党组对行管局在新时期的工作定位和要求，行管局紧密围绕院后勤支撑体系规划，除负责京区传统后勤工作外，还承担着京区“3H 工程”建设、中关村东区改造、中科院附属实验学校建设新任务和院后勤协会、专业联盟相关工作，在支撑科研院所科技创新、解决科技人员后顾之忧以及促进与地方政府融合协同发展等方面发挥了重要作用。

按照“双轮驱动”发展战略和“事企分开、责权明晰、各司其职、高效运营”管理体制，行管局现有 7 个综合管理部门、3 个业务管理部门、1 个直属机构，以及 1 个局本级国有全资控股公司统领的 8 家国有独资控股公司和 4 家全民所有制企业。截至 2014 年底，共有在职员工 1756 人，其中管理人员 98 人，服务及支撑保障人员 1658 人。

2014 年，行管局在院党组的关怀和支持下，紧密围绕院“四个率先”行动计划和局“一三五”发展规划，凝心聚力，攻坚克难，在完成年度各项既定工作的同时，圆满实现了班子任期“再造发展”目标。

二、领导班子和人才队伍建设

2014 年，行管局党政领导班子继续以打造“学习型、实干型、服务型、清廉型”班子为目标，严守党的政治纪律、组织纪律、廉政纪律，坚决反对“四风”，重点抓好班子作风建设和能力建设，主动从政治上思想上行动上与党中央、院党组保持高度一致。不断加强政治理论和业务知识学习，夯实高效务实、勤政廉洁的工作作风，进一步加大班子成员轮岗锻炼和密切联系基层群众力度，切实提升班子整体的凝聚力和战斗力。

2014 年，按照国家和我院干部人事管理相关规定，行管局考核选拔 2 名后备干部。继续以“三人”工程为抓手，深入推进人才引进培养系统工程，全年共招聘新员工 355 人，认定各类人才 393 人，核定进入事编动态管理岗位 388 人。开展各类培训 4050 人次，考取国家各类专业技术资格证书 105 人次。同时，行管局与中国科学技术大学联合开办在职研究生教育学位班，为我院后勤系统培养高层次、复合型人才进行了有益尝试。

三、经济运行和产业发展

（一）经济运行保持高增长

2014 年，行管局经济建设总体态势进一步趋好，结构调整和转型升级成效显著。截至 2014 年底，资产总量达 30.4 亿元，其中货币资金和净资产规模继续保持良性增长；全年经济收入达 8.4 亿元，财政预算经费收入持续增长进一步表明行管局的服务保障工作得到院的肯定和支持，各类创收收入持续增长进一步显示行管局各产业的市场创收能力得到加强和提升；全年经济支出 7.1 亿元，经费支出结构与全院经费支出结构基本保持一致；全局事业、企业岗位的平均收入水平均处于院京区事业单位、企业所在行业领域的中位水平。

（二）产业发展取新突破

2014 年，行管局一手抓内功建设，进一步理顺企业管理体制机制，夯实提升管控水平；一手抓外功修炼，围绕产业发展目标，进一步开拓市场、整合各类资源，有所为，有所不为，量效并举。同时，在传统业务健康快速发展的基础上，认真研究，积极布局，审慎尝试，努力开拓新业务，富集新资源，不断丰富和延展产业价值链。

1. 科技物业。2014 年，北京科住物业管理有限公司位列全国物业百强第 48 位，在管物业项目 89 个，院内项目占 74%，拥有国优项目 1 个、市优五星和四星项目各 3 个；服务面积 458 万平方米，院内服务面积占 73%。顺利入选中央和北京市物业服务、汽车租赁定点采购首批单位，荣获“科教机构类中国特色物业服务领先企业”称号。

2. 学前教育。2014 年，北京中科启元教育科技投资有限公司以中科院幼儿园 60 周年为契机，狠抓教育品质和品牌建设，进一步拓展多元化业务领域，构建集团化运营管理体制。目前，拥有直营幼儿园 24 所，在园幼儿达 4420 人，当年解决院内职工子女入园 1482 人，第三方满意评价率达 97%。

3. 科学文化传播。2014 年，行管局以“走进中科院”为主题，面向全国上百家中小学，在宣传我院科技成果、传播科技文化、举办科普活动、参与科技实验、提升科学素质等方面取得了新成果。

四、京区“3H 工程”建设和院后勤协会秘书处工作

2014 年，行管局着力完成京区“3H 工程”任务，平稳推进人才周公寓建设、解决院京区科技骨干人才子女入学，探索职工健康管理和服务新模式。

（一）“Housing” 工程

中关村青年人才公寓、北二条人才公寓和北

郊科学园南里人才公寓建设任务按照总体计划平稳推进，中关村青年人才公寓完成主体结构封顶，验收合格后开始二次结构和装饰装修施工，同时组织京区共23家单位、52人次参观了样板间，各单位对样板间的整体效果表示满意；中关村北二条人才公寓取得建筑工程施工许可证，并完成基坑处理全部工作；北郊科学园南里人才公寓取得建设工程规划许可证，完成工地“三通一平”和总承包招投标工作，具备开工条件。

（二）“Home” 工程

积极协调有关方面，尽全力解决了院系统内1482名职工孩子入园和250名科研骨干孩子上中小学的难题。同时，在院党组、北京分院的支持下，行管局紧密联系沟通地方教委和有关部门，在朝阳区成立中国科学院附属实验学校，保障奥运村、亚运村园区科技人员子女入学；在海淀区与中关村中学深化合作，加挂“中国科学院中关村学校”校牌，保障院中关村园区科技人员子女入学；成立了北京中科启元学校，采用民非法人的模式，积极引入优质教学资源，拓宽京区科技人员子女跨区择校的入学渠道。

（三）“Healthing” 工程

按照“合作共建、融合发展”和“总体两步走、走稳第一步”工作思路，行管局以合作共建中关村医院为抓手，与海淀区卫计委、公共委、中关村医院进行了多轮次的会商，拟定了《合作共建中关村医院工作实施方案》，细化了8项“服务3H工程、促进科研人员健康”专项方案，推出并启动实施了整合院地资源、满足科研人员健康需求的一系列新举措。召开京区院所医疗保健工作座谈会，深入了解需求，邀请海淀区卫计委、公共委领导解读政策。以需求为导向，建立医疗合作微信群，发放近千份调查问卷，开展科研院所、科研人员医疗卫生服务需求调研。

2014年，在院行政后勤工作的总体部署下，行管局先后组织院科技物业、学前教育、专家公寓三大联盟年度会议，初步构建起覆盖全院的后勤服务和保障组织体系，进一步紧密围绕院“四个率先”、为以“先导计划”为重点的科技创新工作、保障科研人员安心致研提供指导。同时，精心设计组织年度后勤工作培训，学员调查满意度达99.7%；部署和组织科技后勤管理和服务的10个软课题研究，进一步提升了院后勤队伍的综合管理能力和专业技术水平。

五、中关村东区改造和科研园区基础设施改善

2014年，院党组决定启动中关村东区改造建设工程。行管局作为建设主体单位，积极抓住北京市、海淀区给予就地回迁改善、纳入地方棚户区改造计划等优惠政策的机遇，群策群力，稳扎稳打，先期启动中关村东区北部一期搬迁改造工程。成立工程指挥部8个专业工作组和监督工作小组，明确任务分工，落实各级责任，健全规章制度；完成北部一期设计、拆迁、评估、审计等专业服务公司招投标工作，编制重点任务分解落实表、项目预算和资金使用安排计划，开展1128套房屋入户调查登记、南部一期房屋安全鉴定和住户改建意愿调查，前期工作得到了院领导的充分肯定和赞扬。

2014年，行管局投资878万元用于北郊地区电气改造项目，同时投资1022万元对科研工作区和部分生活区的房屋、道路、水暖及电气等基础设施进行了维修改造；协调中关村街道投资1367万元对中关村地区院所周边进行了市政市容专项整治，协调海淀区市政管委、区交通支队等单位对中关村地区部分道路进行修整，进一步提升广大科技人员的居住环境和生活品质。

六、党建、党群与创新文化建设

2014年，行管局深入贯彻落实党的十八大和十八届三中、四中全会精神，以及习近平总书记系列重要讲话精神，对照“三严三实”要求扎实开展群众路线教育实践活动“回头看”，对“两方案一计划”的整改落实进行了认真全面地检查，巩固活动成果，健全长效机制。进一步推进服务型、学习型基层党组织建设，积极探索基层党组织服务创新、服务党员的新途径、新方法、新手段；进一步完善基层党组织考核评价体系，逐步实现以科学考评促党建创新、以党建创新促服务提升；进一步加强党性教育培训力度，全年共组织4次党委中心组学习扩大会、10余次支部书记座谈交流会及系列主题活动，积极参

加院人事局、京区党委和协作三片组织的各类培训；进一步加大党务后备干部队伍培养力度，不断优化党员队伍结构，加强组织建设，严把党员发展关口，程序规范、过程公开，全年共发展党员22名，全部为基层一线骨干。评定局优秀基层党组织4个，优秀党务工作者3名，优秀共产党员11名。

积极发挥工青妇组织的职能作用，加大对职工工作生活关心关怀力度、对青年职工培养力度和对生活困难职工帮扶力度；积极发挥统战人士汇集力量的重要作用，组织民主党派成员和归侨侨眷交流座谈活动；积极发挥离退休老同志的政治优势、经验优势和智力优势，支持和鼓励他们为局各项事业发展献计献策，利用“局老人”微信宣传平台创新服务形式，尽心尽力为老同志做好事、办实事。

大力弘扬“志存高远 自强不息”的工作传统和“高效做事 低调做人”的工作作风，积极营造“以人为本、以局为家”的人文环境，倡导“团结友爱、相互帮扶”的团队精神；进一步发扬“师带徒 传帮带”、“为局添彩 为家争光”的优良传统，积极开展新老员工“思想大碰撞、技能大比武”等学习建功活动，让老同志充分发挥余热，让新员工快速锻炼成长。

七、纪检、监察和审计

2014年，行管局积极构建纪检、监察、审计有机结合的工作机制，扎实推进惩防体系及廉洁从业风险防控体系建设，做到工作流程清晰、职责任务明确，可操作、可检查、可追溯，不断提升反腐倡廉建设科学化水平。坚持用制度管权、管事和管人，加强和改进对领导干部行使权力的制约和监督，制定建立健全惩治和预防腐败体系2013—2017年工作规划实施细则。

及时回复院交办信访件10起、京区党委交办信访件1起，答复处理举报6起，对发现的问题绝不姑息，确保事事有回音，件件有着落。继续做好下属单位一把手离任审计，对6家基层单位进行了行政一把手离任审计，涉及审计收入4159万元，审计支出3277万元。对在建基建项目进行全程跟踪审计，委托会计师事务所对中关村东区改造建设工程前期费用进行审核并实行全程跟踪审计，做到关口前移，防患于未然。继续加强纪监审干部教育培训，不断提升纪监审干部的理论水平和工作能力。

八、公共事务管理和协调

2014年，行管局积极配合海淀区委区政府开展创建全国文明城区活动，协调中关村地区科研院所与政府有关部门工作对接，迅速解决存在问题，在国家文明委检查验收海淀区创文工作成效期间，派出40名工作人员并出色完成各项工作，得到了海淀区委区政府的肯定和表扬，荣获海淀区创建全国文明城区工作“十佳贡献单位”荣誉称号。

（撰稿：蒙　俊　翟秋翌　审稿：廖方宇）

青岛疗养院

院　　长：万述鉴
地　　址：山东省青岛市南区珠海路1号
邮政编码：266071
电　　话：0532-85967888
传　　真：0532-85968780
电子信箱：swan@public.qd.sd.cn
网　　址：http://www.zylhotel.com

中国科学院青岛疗养院始建于1956年，原址有青岛栖霞路12号、15号两处院落，郭沫若先生曾来休养过，时称中国科学院青岛休养所，隶属中国科学院海洋研究所代管。“文化大革命”前后，海洋研究所将栖霞路12号改为海洋所同位素实验室及职工宿舍使用，休养所停办。1978年5月18日，邓小平同志亲自圈阅了中国科学院《关于恢复中国科学院青岛疗养所和建立庐山疗养所的请示》（〔78〕科发计字0713号文），遂改为中国科学院直属事业单位。1983年改称中国科学院青岛疗养院。继之，中科院批准在青岛选址、征地（辛家庄）扩建新院；但几经波折，功亏一篑，1988年在即将开工建设之际，遭遇国家政策性全面压缩基建项目，终以“缓建”告结。

1992 年，青岛市政府土地管理局以青土管字（1992）第 49 号文《关于收回科学院青岛疗养院征而未用土地的通知》拟“收回”新址土地。面对危局，时任副院长万述鉴抓住机遇，锐意进取，在科学院没有任何资金投入的情况下，果断提出“自行集资扩建新的疗养院”意见。1993 年，中科院正式批复了《关于集资扩建中国科学院青岛疗养院协议书》。1999 年 5 月，疗养院新址竣工并投入使用。同年，根据中国科学院领导指示，将栖霞路 15 号旧址全部移交中国科学院海洋研究所管理使用。

新建青岛疗养院位于青岛市东部政治、经济、文化、商贸中心地带，园区占地 100 亩，康复中心楼高 15 层，建筑面积 15 000 平方米，绿化面积达 19 000 平方米；拥有海景山景标准间、商务间、普通套房、豪华套房等 277 套，客房硬件设施在青岛三星级酒店中名列首位，有会议室、餐厅、无柱多功能厅、商务中心等服务设施，还有能停放百余辆机动车的大型停车场及中心花园及灯光网球场，是一座闹中取静的田园式三星级涉外宾馆，是我国广大科技工作者温馨的家园，也是中国科学院后勤单位对外服务的窗口。

青岛疗养院与致远楼宾馆为一个单位两块牌子，设八部一室（总经理办公室、人事部、前厅部、客房部、餐饮部、财务部、保安部、工程部、营销部）。截至 2014 年底，有事业编在职职工 6 人，合同制员工 50 余人，其中中级技术职称 6 人、高级技术工人 5 人、中级技术工人 16 人。

青岛疗养院的经营方针是自力更生、艰苦奋斗、创新创业；经营方式：既为中国科学院服务，又面向社会赢利。为迎接 2008 青岛奥帆赛，疗养院曾自筹资金 1000 万元停业装修，2007 年 6 月全新投入使用。2007 年获得山东省卫生厅颁发的“餐饮业卫生信誉度 A 级单位”称号并保持至今，2009 年获得青岛市卫生局卫生监管局颁发的“公共场所卫生信誉度 A 级单位”称号 2013 年通过了审核继续保持；自 2008 年连续六年竞标取得“财政部党政机关事业单位出差和会议定点饭店”资质后，2014 年又竞得“2014—2016 年山东省省级党政机关会议定点饭店”资质。

2014 年，宾馆全部客房及公共区域实现了无线网络全覆盖；2014 年 10 月，动员全体经理自己动手维护了不堪使用的三楼平台防水层；2014 年 11—12 月，利用淡季维护维修了客房，组织宾馆员工自行修补房间壁纸，部分客房墙壁刷涂料，并把 108 间普通标准间的地毯全部更换为复合木地板，卫生间门口全部贴地砖，普通标准间全部更换为海信液晶电视机。根据青岛季节性用工明显的特点招聘实习生及短期工，多途径解决招聘难、费用高的问题，使各项费用支出有了较大幅度下降。

2014 年，青岛疗养院成功接待了中科院 2014 年度资源配置工作会议等，为参会、休养的科技工作者提供了热情周到服务，获得一致好评。同时积极开拓社会市场，广揽客源、积极联系各地旅行社及会议公司 520 多家，截至年底与 32 家网络订房公司签订合作协议。

2013 年青岛疗养院提出自筹资金对大楼全面装修并加建 610 平方米的建设规划，业经院条财局批准，并通过青岛市规划局选址审查、建筑设计方案（在《青岛日报》）公示、专家评议、审批等程序，于 2014 年 2 月取得了建筑规划许可证，后又依规进行了图纸审查、项目招投标等诸多手续，至 2014 年底正式申办施工许可证，2015 年开工建设。

青岛疗养院受青岛市酒店业销售市场大环境普遍萎缩影响，销售工作严重受挫又加部分客房修缮等诸多影响，青岛疗养院 2014 年营业收入 697 万元，上交国家税金 76 万元。

（撰稿：张建华　李　霞　审稿：万述鉴）

庐山疗养院

院　　长：张纪文
地　　址：江西省九江市庐山区芦林路 52 号
邮政编码：332900
电　　话：0792-8282529；0792-8281940
传　　真：0792-8281412
电子信箱：hanpokoubinguan@sina.com
网　　址：http://www.hpkbg.com

中国科学院庐山疗养院成立于1978年，是我国著名地质学家李四光创办的我国第一个地质研究所的旧址，当时主要服务于中国科学院长期从事野外、海上考察，常年与毒品、辐射物质接触的科技人员，恢复他们身体健康，使他们以更大的热情和积极性投身生产和科研。庐山疗养院的宗旨是：为中科院科技提供服务。以中科院研究支撑服务为目的。

为了满足更多的科研人员能从繁重的工作中得到片刻的休息，也为了提供更好的疗养环境，1986年庐山疗养院扩建了两栋疗养楼一栋理疗楼。至此，疗养院已初具规模，建筑面积达8694平方米，拥有180张床位及报告厅、餐厅、锅炉房等相关设施。

2005年，经中科院院长办公会研究决定，将庐山疗养院定位为中科院科技骨干疗休养基地及小型学术会议中心（见《人教字［2005］30号》）。

多年来，由于科研任务繁重，科技工作者超负荷工作，身体每况愈下，英年早逝的现象经常发生，引起了社会的广泛关注。城市里的空气越来越让人担忧。目前已发展到雾霾中毒，莫名的低烧、胸闷、咳嗽和浑身无力时常困扰着大家。党中央国务院高度重视这项工作，1987年7月，党中央邀请全国科技界各领域14位中年科技专家到北戴河休息，首开休假制度先河；2001年经党中央批准，每年暑期邀请各行业、各领域、各层次的人才和专家休假，十几年来从未中断过；中组部已正式建立专家疗养休假制度。

庐山疗养院坐落在环境优美的芦林湖畔，与著名的含鄱口景区相邻，是游览五老峰、三叠泉、三宝树、毛主席旧居景点的好住处，并且是到含鄱口观日出、观鄱阳湖的最佳住处。疗养院内布局独特，为花园式庭院格局，环境典雅、舒适、宁静、空气清新。院内有天然矿泉水，经国家有关部门鉴定，该矿泉水含有10多种对人体有益的微量元素，尤其对心脑血管病人有显著疗效。从1979年3月开始，环境优美、空气清新的庐山疗养所迎来送往了一批又一批的科研人员。他们中有掌握核心技术的院士们；有跨世纪的青年科学家们；有学术带头人；有长期生活在环境艰苦的高山地区进行考察的科研人员；有长期接触有毒有害物质的技术工人。他们中有的身体受到一定的损害，有的身体处于亚健康状况。他们在疗养院生活一段时间后，感觉身心得到了很好的恢复，庐山疗养院为保障祖国科学事业的发展做出了贡献。

庐山疗养院认真贯彻习总书记“中国科学院要牢记责任，率先实现科学技术跨越发展，率先建成国家创新人才高地，率先建成国家高水平科技智库，率先建设国际一流科研机构”的要求和中国科学院全面深化改革的“率先行动”计划，深入实施“创新2020”和“一三五”规划，充分利用庐山疗养院的疗、休养资源，在中科院已开展的巡诊、义诊、讲座的平台上，积极组织身体处于亚健康状态的科技、管理和支撑骨干疗休养，使庐山疗养院在“率先行动”计划和“3H工程”中能够真正发挥更大的作用，这将是庐山疗养院当前和今后一个时期的核心任务。

截至2014年底，庐山疗养院共有在职职工24人，管理岗位8人，技术岗位2人，工人14人；设有办公室、营销部、客房部、餐饮部、后勤部等管理机构。

庐山疗养院围绕年初制定的工作目标，以市场为导向、细化管理为手段，稳抓经营和管理，克服各种不利因素，顺利地完成任务指标，取得了历年来最好的成绩。

2014年，庐山疗养院共接待客人5712人次，其中中科院客人占总人次的51%，各网站客人占总人次的22%，其他客人占总人次的27%，每批疗养团和会议对庐山疗养院周到、细致的服务感到十分的满意，在离开疗养院时纷纷留下热情洋溢的感言。2014年，预算收入241.42万元，预算执行率为100%。实现经营收入1404万元。

庐山疗养院园区面积有20 000平方米，有四栋别墅疗养楼，拥有观景套房、豪华标间、豪华单间、普通标间等150套，设有宴会厅、小餐厅、贵宾厅、各式包厢，还配有大、小会议室数间等其他配套设施。

庐山疗养院热忱欢迎院内外的疗、休养团体及专家学者来院主办各类培训，同时欢迎各种形式的度假、休闲活动。

（撰稿：曹俊升　刘　莉　审稿：梅庐溪）

院直接投资的控股企业

中国科学院国有资产经营有限责任公司

董 事 长：邓麦村（2014 年 6 月 6 日前）；吴乐斌（2014 年 6 月 6 日及之后，法定代表人）
总 经 理：王　津（2014 年 7 月 14 日前）；索继栓(2014 年 7 月 14 日及之后)
地　　址：北京市海淀区北四环西路 9 号银谷大厦 702
邮政编码：100190
电　　话：010-62800118
传　　真：010-62800120
电子信箱：casholdings@rose. cashq. ac. cn
网　　址：http://www. casholdings. com. cn

经国务院批准，中国科学院国有资产经营有限责任公司（以下简称“国科控股”）于 2002 年 4 月 12 日注册成立，代表唯一出资人——中国科学院统一管理院、所两级的经营性国有资产。国科控股统一负责对院属全资、控股、参股企业有关经营性国有资产依法行使出资人权利，承担相应的保值增值责任；根据《中国科学院章程》，对中国科学院所属事业单位占用的经营性国有资产的营运行使监管权。受中国科学院委托，代管中国科学院青岛疗养院、庐山疗养院和科技促进经济基金委员会；负责中国科学院联想学院日常组织管理工作。

国科控股主体业务划分为持股企业运营管理、私募股权基金投资与战略性直接投资、院属事业单位经营性国有资产监管三大板块，致力于成为国内优秀、国际知名、有鲜明科技特色的国有资产控股经营公司。

2014 年 7 月 14 日，国科控股完成新一届领导班子换届。第五届董事会由 5 人组成，吴乐斌任董事长；第五届监事会由 5 人组成，张平任监事会主席；经营班子由 7 人组成，索继栓任总经理；中共中国科学院企业党组由 5 人组成，吴乐斌任书记。截至 2014 年底，国科控股本部共有在册员工 34 人，设有综合管理部、财务与稽核部、股权管理部、资产营运部、资产监管部及中共中国科学院企业党组办公室 6 个部门。

截至 2014 年底，国科控股注册资本 51 亿元，经预统计资产总额为 137 亿元，净资产 135 亿元。国科控股持股企业共 32 家（不包括 3 家以公司制形式设立的股权投资基金），其中全资和控股企业 20 家（表 16）。

表 16　国科控股持股企业及股权比例情况（截至 2014 年底）

序号		公司名称	成立日期	股权比例/%
全资及控股企业	1	联想控股股份有限公司	1984 年 11 月 9 日	36.00
	2	中科实业集团（控股）有限公司	1993 年 6 月 8 日	67.50
	3	东方科学仪器进出口集团有限公司	1983 年 10 月 22 日	48.01
	4	中国科技出版传媒集团有限公司	2005 年 6 月 21 日	100.00
	5	中国科技产业投资管理有限公司	1987 年 10 月 17 日	43.08
	6	北京中科科仪股份有限公司	2000 年 12 月 28 日	50.68
	7	北京中科院软件中心有限公司	2001 年 9 月 17 日	65.25

续表

序号		公司名称	成立日期	股权比例/%
全资及控股企业	8	中科院建筑设计研究院有限公司	2001 年 10 月 24 日	51.00
	9	北京中科资源有限公司	2001 年 12 月 7 日	45.92
	10	中国科学院沈阳计算技术研究所有限公司	2001 年 6 月 25 日	60.00
	11	中国科学院沈阳科学仪器股份有限公司	2001 年 4 月 18 日	48.79
	12	中科院南京天文仪器有限公司	2001 年 11 月 28 日	60.00
	13	中科院广州化学有限公司	2001 年 12 月 21 日	55.30
	14	中科院广州电子技术有限公司	2001 年 12 月 30 日	87.92
	15	中国科学院成都有机化学有限公司	2001 年 6 月 8 日	65.00
	16	中科院成都信息技术股份有限公司	2001 年 6 月 26 日	47.88
	17	中科院科技服务有限公司	2002 年 12 月 25 日	65.00
	18	上海碧科清洁能源技术有限公司	2009 年 1 月 21 日	51.00
	19	深圳中科院知识产权投资有限公司	2009 年 2 月 3 日	85.70
	20	国科嘉和（北京）投资管理有限公司	2011 年 8 月 24 日	41.00
参股企业	21	北京中科普惠科技发展有限公司	2002 年 12 月 2 日	25.00
	22	北京东方阳光国梦科技服务有限公司	2002 年 1 月 28 日	30.00
	23	北京中科创嘉人力资源咨询有限公司	2002 年 7 月 3 日	30.00
	24	北京中科院国际学术交流中心有限公司	2001 年 12 月 18 日	20.00
	25	北京中科国金工程管理咨询有限公司	2002 年 6 月 25 日	5.99
	26	北京中生可利检验医学技术有限责任公司	2006 年 10 月 13 日	33.33
	27	沈阳高精数控技术有限公司	2005 年 1 月 28 日	27.10
	28	长春国科彩晶光电有限公司	2004 年 11 月 1 日	35.00
	29	中国技术交易所有限公司	2009 年 8 月 8 日	10.71
	30	中国科技出版传媒股份有限公司	1999 年 4 月 15 日	0.91
	31	北京中科纳新印刷技术有限公司	2009 年 11 月 20 日	7.41
	32	天津海光先进技术投资有限公司	2014 年 10 月 24 日	10.00

2014 年，面对国家经济新常态，国科控股领导班子积极贯彻落实“率先行动”计划，主动制定新时期发展的《“联动创新”纲要》，积极探索“两链”嫁接有效途径，扎实推进企业创新发展，进一步优化资本布局和完善国有资产监管体系建设，全年工作取得积极进展。

（一）2014 年全院企业经营情况

2014 年，全院纳入统计范围的 488 家院所投资企业营业收入 3088 亿元，同比增长 5.2%；利润总额 116 亿元，同比增长 0.8%；资产总额 3567 亿元，同比增长 17%；院经营性国有资产权益 272 亿元，同比增长 18.9%。其中，国科控股 30 家持股企业实现营业收入2684亿元，同比增长6%；利润总额86亿元，同比增长1%；资产总额2693亿元，同比增长19%；国科控股权益154亿元，同比增长38%。截至2014年底，院所投资企业中共有20家上市公司（含主板、中小板和创业板及港交所）和6家新三板挂牌公司

（二）制定《“联动创新”纲要》，确定了院所投资企业新时期发展规划

积极贯彻落实“率先行动”计划，面向世界科技革命和产业变革、面向国家利益需求、面向国民经济主战场，依托中国科学院的研究力量，国科控股研究制定《“联动创新”纲要》并于2014年12月5日经院党组会审议通过。国科控股计划采取九项主要措施，积极推进七大战略性新兴产业发展，实现创新链、产业链、资本链之间的有效联动，打通从IP（知识产权或智本）到IPO（上市或资本）的科技经济深度融合的“运河体系”。

（三）积极探索“两链”嫁接有效途径，组建首个“技术创新与产业化联盟”

遵循“企业主导，有限目标，集中资源，重点突破”的基本思路，国科控股推动组建面向若干特定产业重大需求的“技术创新与产业化联盟”。联盟由院所投资企业牵头、联合院内外相关研究机构和企业参与。2014年11月27日，以曙光信息产业股份有限公司牵头，联合计算技术研究所、信息工程研究所、大气物理研究所、电子学研究所、计算机网络信息中心、北京基因组研究所、软件中心7家单位成立了中国科学院先进计算技术创新与产业化联盟。

（四）扎实推进企业股改上市与资源整合

联想控股有限公司于2月完成股改设立股份公司，并获得财政部国有股权管理方案及社保国有股转减持方案的批复；中科院成都信息技术股份有限公司获得财政部国有股权管理方案及社保国有股转减持方案批复；中国科技出版传媒股份有限公司于6月完成年报上报及其预披露，并配合完成上市信息披露核查，进一步夯实上市工作基础；中国科学院沈阳科学仪器股份有限公司于7月在新三板成功挂牌，登陆资本市场迈出了关键一步。

北京中科印刷有限公司于12月与国彩印刷签署资产重组协议，企业整合取得阶段性成果；上海碧科清洁能源技术有限公司积极谋划新气体产业链，在北美初步形成战略资源布局，在引入高管持股的同时积极推动引入产业及资本的战略投资人；北京中科科仪股份有限公司积极推进海外企业并购工作，进一步完善企业内部产业整合。

（五）强化产业布局，启动战略性直接投资业务

落实《“联动创新”纲要》部署，先后分别在节能环保、信息产业和医疗健康领域布局，投资北京中科纳新印刷技术有限公司、天津海光先进技术投资有限公司及国科健康生物科技有限公司，进一步强化了国科控股在七大战略性新兴产业的布局。

（六）加强基金投资管理

截至2014年底，国科控股共投资14家管理机构管理的22支基金，基金总规模超过520亿元，撬动社会资源比例为1∶16；已投基金投资项目200项，其中投资于具有科技创新属性相关行业的项目94项，投资总额84亿元；已投基金所投项目中，与中国科学院相关项目19项，投资总金额5亿元，有力推动了科技成果转移转化。

（七）开展研究所投资企业发展研究，探索所级资产公司建设运营示范

回顾和总结近五年来研究所投资企业的发展状况以及中国科学院国资监管体系建立和完善情况，编制《2009—2013年国资监管及研究所投资企业发展报告》，就提升中国科学院经营性国有资产管理、促进创新链与产业链有效嫁接等方面提出了相关建议。

探索以资产管理公司为纽带的资产管理、成果转化、企业孵化相融合的研究所经营性资产管理运营模式创新，以期实现重点突破，带动全面，普遍提升的示范目标。目前，西安光机所和苏州医工所两家示范单位逐步形成具有各自特色的两种典型模式。

（八）积极落实审计巡视反馈意见整改工作

根据中国科学院党组《落实中央巡视组反馈意见整改方案》的整改措施及责任目标，结合审计署对国科控股本部及京区所属7家控股企业的专项审计调查报告的整改要求，国科控股积

极部署整改工作，同时启动了院所投资企业相关问题的自查自纠工作。深入督导控股企业的整改落实和研究所企业问题核实工作，进一步夯实审计问题的发生原因、决策程序及决策人、审批机关等问题的关键点，深入研究相关问题处理的法律依据等。同时，汇总全院企业自查自纠问题，剖析原因，举一反三，对能够整改的问题提出整改要求和目标，对改制遗留的历史问题，认真分析研究，充分论证评估，酝酿整改方案。

（撰稿：周　湧　刘尚贤　审稿：张　勇）

联想控股股份有限公司

董 事 长：柳传志
总　　裁：朱立南
地　　址：北京市海淀区科学院南路 2 号融科资讯中心 A 座 10 层
邮　　编：100190
电　　话：010-62509999
传　　真：010-62501056
网　　址：http://www.legendholdings.com.cn

联想控股股份有限公司（以下简称“联想控股”）于 1984 年由中国科学院计算技术研究所投资 20 万元人民币，柳传志等 11 名科研人员创办。经过 30 年的发展，联想控股从单一 IT 领域，到多元化，到大型综合企业，历经三个跨越式成长阶段。2014 年，联想控股综合营业额约 2895 亿元，截至 2014 年 12 月 31 日联想控股总资产约 2890 亿元，总人数为 74 340 人。

联想控股目前股东为中国科学院国有资产经营有限责任公司、北京联持志远管理咨询中心、中国泛海控股集团有限公司、联想控股股份有限公司的管理层和员工。

在以创始人、董事长柳传志，总裁朱立南为核心的管理团队领导下，联想控股基于对中国经济的深刻理解，逐步总结出独特的投资理念与策略，形成了具有联想特色的管理体系，并在实践中不断提升；通过前瞻性布局、灵活的投资策略以及持续的增值服务，联想控股在若干领域打造了一批有影响力的卓越企业，并储备了丰富的企业资源，以实现公司价值的持续增长；同时，联想控股高度重视并充分发挥人的作用，在多个行业发现并培养领军人物，为员工创造事业舞台，极大地激发了企业的发展活力。

联想控股进一步完善了公司治理结构，面向愿景，制定了中期战略目标，即通过购、建核心资产，实现跨越性增长，在 2014—2016 年成为上市的控股公司。公司目前正在多个行业内着力创建、发现和培育一批卓越企业，持续为股东创造优良回报，贡献中国经济。通过主动系统布局，联想控股采用母子公司组织架构，形成了战略投资和财务投资两大平台，并推动平台之间的有效联动与资源共享，不断优化自身投资组合。

通过战略投资平台，联想控股布局于潜力巨大且增长迅速的行业，投资并长期持有其中有价值的企业。目前，联想控股已涉足 IT、房地产、金融服务、现代服务、现代农业与食品、化工新材料六大领域，旗下拥有十余家成员企业。

依托于实业起家的独特背景，在熟知企业发展和管理规律的基础上，联想控股积极为所投企业提供有针对性的管理提升、品牌背书、金融支持和其他增值服务，使旗下成员企业快速发展，实现从优秀到卓越的跨越。

核心资产运营是联想控股的支柱业务，通过战略投资的方式，在具备长期发展潜力的行业，投资或建立有远大目标的企业，搭建更有利的资源平台，不断培育和提升企业竞争力，实现其更长远的发展，使之成为行业领先企业。

目前，联想控股的核心资产运营涉及 IT、房地产、消费与现代服务、化工新材料、现代农业五大领域。成员企业包括：联想集团（Lenovo）、融科智地、丰联集团、苏州星恒、增益供应链、安信颐和、神州租车、弘基企业、联保投资集团有限公司、拉卡拉、正奇金融、联泓集团、佳沃集团、拜博口腔医疗集团等企业。

联想集团（HKSE：992，ADR：LNVGY）是联想控股旗下专事个人科技产品的成员企业，2013/2014 财年的营业额达 2723 亿人民币，是全球最大的个人电脑厂商，其客户遍布全球 160 多个国家。凭借创新的产品、高效的供应链和强大的战略执行，联想专注于为全球用户提供卓越的个人电脑和移动互联网产品。

融科智地是联想控股旗下专事房地产业务的成员企业，专注于住宅开发和为企业客户服务（办公楼宇量身定制、产业园区等）两大业务领域，立志成为中国房地产行业中最具实力和品牌吸引力、基业长青的公司，为人们创造美好的生活和工作环境。

联想控股看好消费与现代服务领域的长期增长，主要关注金融服务、消费性服务、生产性服务、消费品以及医疗服务领域。目前已投资/创建了丰联集团、苏州星恒、增益供应链、安信颐和、神州租车、弘基企业、联保投资集团、拉卡拉、正奇金融、拜博口腔医疗集团等企业。

联泓集团有限公司是联想控股旗下专事精细化工和化工新材料产业运营的成员企业，关注具有发展前景的新型化工产业，致力于打造有规模、有影响力、具有综合竞争力的化工产业集群。目前拥有神达化工、昊达化学、中银电化、郭庄矿业、联泓化工销售、联泓（江苏）新材料研究院6家子公司。

佳沃集团是联想控股旗下专事现代农业领域投资和相关业务运营的成员企业。公司致力于整合全球优质资源，引领和推动中国现代农业的发展，为消费者提供安全高品质的农产品和食品，并最终成为值得信赖的领先品牌、受人尊敬的国际化企业。

通过以天使投资、风险投资、私募股权投资为核心的财务投资平台，联想控股打造出完整的投资产业链，发现企业各个发展阶段的投资机遇，帮助所投企业实现价值增长，并为战略投资平台不断储备和提供项目资源。其中，“联想之星”通过“创业培训、天使投资、开放平台”三位一体模式，解决创业公司所面临的资金、人才、资源等问题，积极推动科技成果产业化；君联资本和弘毅投资是中国最早进入风险投资和私募股权投资领域的企业之一，基于联想控股多年积累的对企业管理规律的深刻认识，以及品牌、资金、资源等方面的强有力支持，通过不断实践与创新，均已成为业内领先的投资公司。

君联资本作为联想控股成员企业，是一家专注于创新与成长的投资公司，核心业务定位于初创期风险投资和扩展期成长投资，成立于2001年4月，创建时的名称为“联想投资”，2012年2月，联想投资更名为君联资本。截至2014年12月31日，君联资本共管理六期美元基金、三期人民币基金，资金规模合计逾12.35亿美元、48.07亿元人民币，重点投资于运作主体在中国及市场与中国相关的创新、成长型企业。截至2014年10月，君联资本注资企业200余家，其中31家分别在美国纽交所、纳斯达克、香港联交所、台湾柜买中心、上交所、深交所中小板和创业板上市，另有30家公司通过并购方式实现退出。

弘毅投资成立于2003年，是联想控股成员企业中专事股权投资及管理业务的公司。弘毅投资致力于集聚全球优质资本，以股权投资为纽带，助力中国实体经济发展，截至2014年12月31日共管理七期股权投资基金（五期美元基金、两期人民币基金）和一期人民币夹层基金，管理资金总规模为44.62亿美元、160.31亿元人民币。弘毅投资的出资人包括联想控股、全国社保基金、中国人寿及高盛、淡马锡、斯坦福大学基金、加拿大养老基金投资公司等国内外著名投资机构。弘毅投资专注中国市场，以“增值服务，价值创造”为核心投资理念，围绕城镇化、消费升级两大主题，已先后投资于机械装备、医药健康、消费渠道、文化传媒、金融服务等领域的80多家企业，如石药集团、中联重科、中集集团、苏宁云商、城投控股、PizzaExpress（英国）等，并通过引进市场化治理机制、输出先进管理经验，推动一批企业成为行业乃至世界领先企业。目前，弘毅所投资企业资产总额2万亿元。

“联想之星”孵化器投资通过“创业培训、天使投资、开放平台”三位一体的创新模式，积极推动高科技成果产业化和早期科技企业的孵化，在科技成果转化的问题上寻求实质性突破，解决科技创业所面临的人才、资金、资源等困难。

通过30多年不断的实践、探索和总结，联想控股在四个方面取得了一定突破。

1. 率先走出了一条具有中国特色的科研院所高科技产业化道路，不论是联想集团的发展实践，还是联想控股后来开展的风险投资和创业培训与天使投资，都在积极推动中国科技企业的更大发展。

2. 立足中国本土市场，在与国际 PC 巨头的竞争中一举胜出，带动了一大批中国 IT 企业的发展。此后，联想集团国际化的成功，以及联想控股旗下其他成员企业的海外投资并购，都为中国企业“走出去”积累了宝贵经验。

3. 成功实施了国有高科技企业股份制改造，使员工成为企业的主人，为公司的长远发展奠定了坚实的基础，也为中国科研院所高科技企业的机制改革探索了一条道路。

4. 总结出了以“管理三要素”为核心的企业管理规律，以及“事为先、人为重”的投资理念，培养出一大批优秀的领军人物，形成了联想控股的核心竞争力，并在多个行业取得了领先地位。

30 多年来，联想控股始终为成为一家“值得信赖并受人尊重”的企业不懈努力。遵纪守法、照章纳税，提供高质量的就业机会，注重人才的培养和激励，打造优秀的企业文化，并一直倡导良好的商业道德，在企业运营的多个层面持之以恒地践行社会责任，利用多年积累的资源与经验，扶住创业，助力更多中小企业成长壮大，同时，也在支持教育、弘扬社会正气等诸多方面进行了长期持续的关注与投入。

联想控股以产业报国为己任，致力于成为一家值得信赖并受人尊重，在多个行业拥有领先企业，在世界范围内具有影响力的国际化投资控股公司。

（撰稿：刘志强　审稿：居劲松）

中科实业集团（控股）有限公司

董 事 长：周小宁
总　　裁：张国宏
地　　址：北京市海淀区苏州街 3 号大恒科技大厦南座 15 层
邮　　编：100080
电　　话：010-82569888
传　　真：010-82569875
电子信箱：jianghz@csh. com. cn
网　　址：http://www. csh. com. cn

一、基本情况介绍

中科实业集团（控股）有限公司（以下简称“中科集团”）是中国科学院所属的大型综合性产业投资集团，成立于 1993 年，原名中科实业集团公司。1997 年底，中科实业集团公司更名为中科实业集团（控股）公司。2008 年 6 月 6 日，中科实业集团（控股）公司完成整体改制，名称变更为中科实业集团（控股）有限公司，成立了首届股东会、董事会、监事会。

中科集团秉承“安全、发展、富裕”的经营理念，突出主导产业，大力发展环保产业，积极开辟新领域，投资新项目。目前中科集团在新材料、环保产业、房地产开发与管理、光机电一体化及 IT 等领域拥有十余家具有相当规模的大型高技术企业。截至 2014 年底，中科集团的总资产规模约 100 亿元人民币，员工总数 5877 人（注：持股企业人员口径）。2014 年，中科集团锐意创新，稳步发展，取得了良好的经营业绩，全年实现营业收入 46. 35 亿元。

二、企业发展情况

2014 年中科集团持续推进“产、投、融三位一体”的战略布局，秉承“安全、发展、富裕”经营理念，沿着稳中求进的总思路，坚持“突出主导产业，大力发展环保产业”的经营方针，克服各种困难，积极应对挑战、扎实工作，整体经营有序、发展稳定、业绩良好。2014 年中科集团产、投、融三方面发展情况及重点工作完成情况如下。

（一）加强战略管控和财务管控，投资企业经营情况良好

1. 新材料板块稳健发展

北京中科三环高技术股份有限公司进一步加大自主研发和技术创新力度，承担、实施大量国家、地方及企业内部的科技项目；继续加强自主知识产权创新工作，全年共申请专利 30 余项，并有 20 余项专利获得授权，为开拓高端钕铁硼产品市场奠定了坚实的基础。

北京中科用通减振技术有限公司 2014 年逐

步从低落中恢复，进入常态，企业运营在各个方面都表现出较好的势头，能力提升成果逐渐显现。

2. 房地产板块按计划推进

北京中关村科学城建设股份有限公司2014年紧紧围绕地产项目的开发建设开展工作，全年按计划推进中科创新园项目、紫金新干线项目和回迁楼工程的销售和建设工作。

3. 光通讯板块业绩平稳，超额完成年度经营指标

上海中科股份有限公司努力推动光通讯主营产业发展，有计划、有步骤地把较分散的光通讯企业逐步整合，保持主营产品销售情况基本平稳。

4. 其他成员企业按计划推进经营工作

北京中科工程管理总公司完成培中公司清算注销工作，收回投资收益259万元。

中科基业（北京）投资股份有限公司在保持商业地产租赁项目的同时，开拓海外房地产项目。

上海尼赛拉传感器有限公司积极开发新产品、拓展自主销售，超额完成利润指标，实现扭亏为盈。

大恒公司、成都地奥、深圳工业园等公司经营情况良好。

（二）环保板块加强战略管理，提升系统能力，夯实产业基础

2014年是环保板块的战略转型年，确定了战略目标，规划了发展路径。通过不断加强自身能力建设，合理配置人力资源，建立有效的激励机制，提高运营管理水平，加强管控能力建设、企业文化建设，重视技术创新等，实现了板块的稳步发展。

市场拓展方面，签订了广西防城港市500吨/日的垃圾焚烧发电厂特许经营协议；成功收购慈溪中科40%的股权。

技术研发领域，完成了污泥干化装置研发、烟气净化技术开发及污水脱氮技术研发和示范工程，通过技术的不断创新与研发，逐渐培育环保板块的核心竞争力。

运营管理方面，深度挖掘运营电厂潜能、提高经济效益。通过优化锅炉配风、精心调整，强化流化状态、改善燃烧工况，保证并提升环保指标；通过落实运营电厂“小指标”竞赛、技术改进和措施优化降低了运行成本，并实现全年无重大安全事故发生，实现稳定生产。宁波中科与慈溪中科完成ISO14000、ISO18000贯标工作，建立健全运行厂认证体系，不同程度地提高了运营管理水平。

工程建设方面，整合工程建设资源，加强润宇公司工程建设与监管能力，通过润宇公司的分级管理，细化工程管控。不仅培养出中科集团专属的建设队伍，更是提高了建设管控能力、降低了建设费用。

全年的工程建设项目安全、质量、进度、费用指标均按照计划完成。宁波中科#3炉扩建项目取得实质性进展。绵阳中科的环评工作也获得了四川省环境保护厅的批复，取得了项目核准前全部支持文件。防城港中科获得了可研报告批复，环境影响评价公众参与工作取得了良好效果。

（三）建立多层次融资保障体系，提高资金运作水平。

中科集团通过积极组织发行并维系信托融资规模；启动债券发行工作，完成中票发行；推动银行贷款等渠道，建立了多层次的融资保障体系，确保了集团资金平衡。同时，通过保证基金平台稳定运行，组织探索适合的资金管理平台建设，不断实践类金融业务，提升资金的整体运作水平。

（四）重点工作完成情况

完成战略规划管理工作。2014年，中科集团完成战略规划报告，明确了集团的定位为综合性产业投资集团，近期战略阶段要不断发展新材料板块，着重打造环保产业板块。环保产业战略定位为在固体废弃物处理行业内领先的以先进技术引领的覆盖投资、建设、运营全价值链的环境服务商。通过战略管理工作，进一步明确了集团及环保板块的战略目标和战略实施路径，增强了凝聚力和向心力。

技术创新成效显著。中科集团基于已建成的生活垃圾焚烧发电厂和所拥有的生活垃圾焚烧发电成套技术，积极探索新技术的开发、引进、应用。积极开展生活垃圾炉排焚烧炉和生活垃圾生物稳定化技术引进的可行性探讨工作，稳步推进

技术引进工作；对现有运行电厂和基建项目中的技术不足及设备缺陷不断改进，实现技术措施和装备水平上的技术进步；开展国科控股创新引导基金-污泥热干化成套技术装备开发与工程示范。在科研课题及知识产权申报上，参加了国家高技术研究发展（863计划）计划——生活垃圾焚烧二恶英污染物阻断技术研究，获得了一项实用新型专利授权。

加强信息化建设，规范流程管理，提升办公效率。完成OA办公自动化系统、电子信息档案、运营电厂数据实时监控系统的搭建和实施，完成视频会议系统建设，提升了办公软件和硬件的水平，提高了办公效率。

围绕企业中心工作，积极开展新闻宣传。根据国家领导人的指示精神，中科集团环保产业被列为全国第二批“创新驱动发展典范”，中科三环被列为全国第三批“创新驱动发展典范”。各大主流媒体集中报道了公司依靠科技成果与创新发展，实现环保产业和新材料产业飞速发展的典型经验。中科集团组织召开首届环境保护论坛，20余家报纸及网络媒体对中科集团环保论坛进行报道，取得良好社会反响，进一步树立了品牌形象。新闻宣传工作日益发挥出为企业发展服务的特殊作用。

持续强化专业人才队伍建设。全年引进优秀人才27名，其中，引进并培养环保领域高端专业化人才25人，具有中高级工程师职称的共有17人，且多数具有多年固体废弃物处置行业专业经验，为打造一支专业化的技术人才队伍奠定基础。

在人才培养上，进一步加大培训力度，成立了“中科集团培训学院”，开发了《高效团队建设》、《25项反事故措施》、《垃圾电厂事故处理》、《垃圾电厂经济运行》等8项品牌课程，全年共组织培训201项，总时长为2674小时，平均为36小时/人，实现了培训项目数量、培训课程次数、接受培训人次的全方位增长。

抓好党建及反腐倡廉工作。中科集团党委以加强领导班子建设为主线，以支持、服务、保障企业经营工作为目标，深入贯彻落实十八大、十八届三中全会、四中全会精神，努力打造“学习型、服务型、创新型”基层党组织，为公司持续健康发展提供有力的思想和组织保障。

承担社会责任，开展公益活动。继2013年成立“环保发展基金”，中科集团2014年继续开展环保奖学金评选活动，评选出15名获奖学生；中科集团协同各成员企业还积极开展爱心捐赠活动，先后向侗乡灾民和西藏、青海、湖南等贫困地区人民，河北省阜平县城厢小学等捐赠了物资，并组织开展“科苑帮学”捐款活动，助力中国科技大学贫困学生。在公益活动方面，中科集团及成员企业身体力行开展了一系列环保公益活动及社会公益活动。

2015年，中科集团将继续推进“产、投、融三位一体”的战略布局，沿着稳中求进的总思路，谋划、推进发展。我们将牢固树立市场意识、成本意识、竞争意识、风险意识，战略上积极进取，战术上稳扎稳打，扎实推进各项工作。

（撰稿：史云峰　蒋慧竹　审稿：张国宏）

东方科学仪器进出口集团有限公司

董 事 长：王　戈
总　　裁：魏　伟
地　　址：北京市海淀区阜成路67号银都大厦十四层
邮　　编：100142
电　　话：010-68725599（总机）
传　　真：010-68726610
电子信箱：osic@osic.com.cn
网　　址：http://www.osic.com.cn

东方科学仪器进出口集团有限公司（以下简称“东方科仪”）成立于1980年，是由中国科学院控股的大型专业综合性集团企业。经过34年的经营发展，公司由单纯的代理进出口贸易发展成为集进出口代理和招标业务、高科技产品出口和项目承包业务、科技租赁业务、国内代理分销和运营业务、投资理财和资本运营业务五大板块为一体的大型综合性技工贸集团公司。截至2014年底，公司所属控股、参股企业24家，共有员工754人，其中大专以上学历者约占98%。

东方科仪的定位是："以人为本，科学管理。以客户需求为导向，立足中国科学院，面向全国以"政、产、学、研"为核心的广泛客户，提供以进出口服务为核心，辅以招标、代理销售、成套出口、科技租赁、物流配送、实业运营、咨询等综合多元化服务，将实业经营和资本运营手段相结合，把公司建设成为"一业为主，相关多元"发展的企业集团，并成为中国科技进出口及综合服务领域的领导者。"

2014年，全体员工围绕"精细管理、稳中求进、协同创新、持续发展"的工作思路和年初制定的各项指标，团结协作、开拓进取，通过大家的努力，基本完成了董事会下达的各项工作计划和业绩指标。集团公司各业务板块运营整体有序，业务创新及结构调整初显成效，也取得了较好的开局，其中多项业绩指标达到了集团公司历史上的最好水平。2014年，集团完成进出口总额超过6亿美元，销售总额超过57亿元人民币。

在进出口代理及招标业务板块，作为集团在西南地区核心业务扩张的重要举措，集团下属的成都国科博润公司在2014年围绕高校采购项目进行重点突破的方针，积极开拓云、贵市场，并做好相关业务的跟进与落实工作。同时，发挥业务资源共享，业务协调机制的作用，协助招标公司完成了招标业务入川落地工作；在报关、物流领域作为嘉盛行公司正式开始运营的第一年，本着"专业、责任、共赢"的方针，在转变观念，提升服务，持续发展等方面取得了一定的成绩。2014年，完成了"报关"经营范围的增项、完成了岗位职责和奖惩制度的确定、启用了嘉盛行报关软件系统；集团所属的国际招标公司按照"区域扩张、专业经营、稳步增长、重点突破"的三年战略规划的要求，着力推进业务发展、加强内部管理。面对国家相关招标政策、法规的调整、招标资质的取消、财政预算项目压缩等不利的影响，积极调整组织结构，开拓新的业务客户，全年招标总体规模上基本与上年持平，2014年，招标业务在北京市、高校领域和其他中央单位及国家招标方面成功新开拓了26个用户。在地域扩张方面，成都分公司的招标工作也取得进展，落实了广州办公地点。

在高科技产品出口及项目承包板块，顺利完成了泰国UBBE项目一期的收尾工作，质保函现已顺利收回，标志着UBBE项目圆满收官。完成了泰国Siam酒精项目的驻厂技改服务项目；完成了泰国延长石油酒精项目的预研项目。2014年，东方科仪获得了商务部援外资质，为集团公司开展援外出口项目打下了良好的基础。

在科技租赁板块，围绕"顾本抓实、提高效益、稳中求进、推动转型"的年度工作主题及九项重点工作展开各项工作，继续保持了行业领先地位和市场占有率，进一步扩大了市场占有份额，同时资本运营取得了初步进展，在通讯、环保、电子商务等领域形成了新的战略布局。

在国内代理分销和实业运营板块，相关科学仪器设备全国代理分销、技术服务、系统集成等业务继续居于国内领先水平，市场占有率名列前茅。在电子测试仪器、科学仪器、实验室设备、试剂和系统集成增值服务等领域建立了全国性的销售网络，并通过与分销伙伴的紧密合作，为客户提供专业、方便、快捷的本地化服务。

业务创新方面，启动了信息平台的建设，通过半年多的努力，东方科仪招标及进出口业务综合服务平台（O-SCIENCE）工作已收尾，有望在2015年上半年正式上线；相关的小额高频物资采购管理平台已在武汉院所试运行；目前，正与院软件中心合作，实现与ARP中心的初步对接；通过互联网+模式提升公司的服务和竞争优势。国科恒泰医疗科技公司在2014年经营业绩取得了较快的增长。

人才培养方面，通过加强人才的梯队建设和合理储备充实了一线业务团队，为公司的发展注入了新鲜血液，并全面提升企业内部管理水平和员工的专业技能。

党群工作方面，2014年，公司党委按照"照镜子、正衣冠、洗洗澡、治治病"的总要求，把贯彻落实中央八项规定和院党组"12项要求"作为切入点，聚焦"四风"认真查摆自身存在的问题，着力解决群众反映强烈的突出问题，制定了《东方科仪党的群众路线教育实践活动整改方案》，并逐一明确"时间表"、"牵头领导"和"责任部门"，以"钉钉子"精神推进整改落实工作。通过一年来的努力，教育实践整改工作取得了实效，促进了公司党风廉政建设和经营管理工作的提高，取得了实实在在的成效。

（撰稿：金长琳　马　洁　审稿：闫海燕）

中国科技出版传媒集团有限公司

董 事 长：柳建尧
总　　裁：柳建尧
地　　址：北京市东城区东黄城根北街16号
邮政编码：100717
电　　话：010-64002238
传　　真：010-64002238
电子信箱：cspmg@mail.sciencep.com
网　　址：http://www.cspmg.cn

中国科技出版传媒集团有限公司（以下简称"出版集团"）是我国最大的综合性科技出版机构，经国务院批准于2011年7月19日正式成立，是国家三大出版传媒集团之一。出版集团依托原中国科学出版集团组建而成，旗下拥有科学出版社、龙门书局、中国科学杂志社等著名出版品牌。出版集团的主要业务包括组织所属单位出版物的出版、发行、印刷、复制、进出口相关业务；经营、管理所属单位的经营性国有资产（含国有股权）。出版集团成员单位包括中国科技出版传媒股份有限公司（以下简称"股份公司"）、北京中科印刷有限公司（以下简称"中科印刷"）、北京中科希望软件股份有限公司、嘉田文化发展有限公司（以下简称"嘉田文化"）。截至2014年底，出版集团共有在职职工2200人。

2014年，出版集团及主要持股企业继续保持良好运营态势，综合实力再上新台阶，截至年底，出版集团合并总资产为28.66亿元，营业总收入15.34亿元，净利润2.28亿，归属于母公司的所有者权益17.34亿元，均超额完成年初预算目标，较好地实现了国有资产的保值增值。

出版集团出版业务保持稳健增长，共出版图书15 422种，其中初版3480种，重印书11 942种，出版期刊272种；书刊发货码洋17.8亿元，书刊总销售7.29亿元，进出口业务实现销售收入6.02亿元。出版集团印刷业务也实现稳步发展，全年累计完成生产产值1.06亿元，实际完成销售收入1.22亿元。因为改革发展成效显著，出版集团2014年成功入选首届"首都文化企业30强、文化企业30佳"。

股份公司上市工作进展顺利。2014年6月，股份公司上报了2013年年报更新材料，中国证监会对股份公司招股说明书进行了预披露。中国科技出版传媒股份有限公司成为中央出版企业中首家实现预披露的公司。

出版集团再获多项重要出版奖项，出版品牌影响力进一步提升。《空间数据挖掘理论与应用（第二版）》获第五届中华优秀出版物奖图书奖，*Plants of China* 获第五届中华优秀出版物奖提名奖。此外，在各类科普类图书的评选中，股份公司有多部作品入选，如《继续生存10万年》、《数学奇趣》等分获"吴大猷科学普及著作奖"、"全国优秀科普作品"、"向全国青少年推荐的50种优秀音像电子出版物"、"2014年度中国科学院优秀科普图书"。

2014年，出版集团大力推动精品力作的出版，重大项目建设再取佳绩。其中，"十二五"国家重点出版规划项目新增21种，总数增至92种，76个项目获得国家科学技术学术著作出版基金资助，总数均稳居全国科技出版单位之首；206种教材被列入高等职业"十二五"国家级规划教材，入选数量在全国出版社中名列前茅；另有多个项目获得社科基金后期资助。此外，还有《本草纲目》研究集成、《全媒体"新三农"科技与知识传播服务系统》数字出版项目等两个项目入选国家新闻出版广电总局改革发展项目库；《全媒体"新三农"科技与知识传播服务系统》数字出版项目还获国家文化产业发展专项资金1400万元支持。

"走出去"工作成效显著。出版集团是推动中国科技出版"走出去"的"国家队"，先后多次受到中宣部、商务部、国家新闻出版广电总局、国新办等上级部门的表彰。2014年，股份公司实现版权输出140项，实现版税收入335万元，并有5个项目获“经典中国国际出版工程”的资助，荣获“2013–2014年度国家文化出口重点企业”称号。此外，出版集团“中国科技出版走出去海外基地项目”建设稳步推进，东京公司发展成效显著，经过成立五年来的努力，已逐步完成落地、本地化，建立了稳定的本土编辑队伍，建立了本地专家型译者队伍，年出版学术图书达40余种。

期刊业务加快创新。首先，瞄准国际一流期刊，加大自主创刊力度。经过一年多的精心筹备，《国家科学评论》创刊号2014年3月正式出版。该刊由中科院院长白春礼担任主编、美国国家科学院院士蒲慕明担任常务副主编、各学科副主编均由国际知名学者担任。这是出版集团自主创办的第一份英文大刊，也是中国第一份战略性、导向性英文版综述类学术期刊，有望成为国内从创刊到被SCI收录时间最短的英文期刊之一。同年，《中国科学·材料辑》也实现发刊。其次，积极创新运营模式，加大合作办刊力度。股份公司积极探索与科研院所合作办刊的新模式，加快推进与高校、科研院所合作创办期刊出版公司的探索工作。再次，期刊出版稳步发展，期刊获奖实现突破。在中国科协、国家新闻出版广电总局、中科院和中国工程院等共同实施的“中国科技期刊国际影响力提升计划”中，出版集团2013年有23种期刊入选，占入选总数1/4强；2014年又有4种期刊入选递补项目，2种期刊入选新增项目，是入选品种最多的出版单位。

出版集团推动中科印刷股权社会化工作取得重大进展。根据院党组、院企业党组推动企业股权社会化的指示精神，出版集团在前期工作的基础上，经过半年多的反复调研，邀请有关咨询机构多次论证，在厘清民营企业资产权属的前提下，完善了资产重组方案。2014年底，出版集团董事会审议通过资产重组实施方案。目前，出版集团作为中科印刷的大股东，正按照董事会通过的议案积极推进资产重组后续工作。以此为契机，发挥混合所有制的优势，通过国资、民资两个优势的叠加，增强企业发展活力。

加快数字化转型与产业升级步伐。“数字科学”工程是出版集团推进出版转型升级，实现从传统出版机构到信息服务机构乃至知识传播型企业转变的关键一着。2014年，出版集团加快推进“数字科学工程”实施，不断创新内容资源集聚方式，加快转型升级步伐。在“数字科学工程”三大平台建设已经取得的成就基础上，启动了“中国科技知识服务平台”建设工程，进一步强化顶层设计，以商业运营与公益服务相结合的运营模式，服务于广大科研人员，推动出版集团从传统出版向知识传播型企业的转型升级和融合发展。

2014年，出版集团加强自身建设，继续深化集团内部机制改革。出版集团不断完善持股企业公司治理结构，努力发挥公司治理体系的作用；在集团本部建立企业年金，指导和推进持股企业的企业年金制度建设；在动态监管和内控体系建设的基础上，集团进一步健全公司基本管理制度，通过了《公务接待管理办法》、《公务用车管理办法》、《因公临时出国管理办法》等6项制度，编印了集团制度汇编，健全了集团本部的管理制度体系。

出版集团不断加强党的组织建设工作。首先，认真组织学习党的十八大、十八届三中全会和习近平总书记系列重要讲话精神，以及习总书记对中科院“率先行动”计划的批示精神，坚持把党建工作与业务发展的中心任务有机结合，紧密融合，互相促进。其次，贯彻中央八项规定精神和院党组12项要求，出版集团及持股企业按院和国科控股文件要求逐一核查，查摆问题，并制订整改措施，对查出的问题按要求在12月底前完成了整改落实工作。

（撰稿：王贻社　孙红磊　审稿：柳建尧）

中国科技产业投资管理有限公司

董 事 长：王　津
总 经 理：孙　华
地　　址：北京市海淀区北四环西路58号理想国际大厦1606室
邮政编码：100080
电　　话：010-82607629
传　　真：010-62137930转802

电子信箱：casim@casim. cn
网　　址：http://www. casim. cn

中国科技产业投资管理有限公司（以下简称“国科投资”）的前身是1987年设立的国家经济贸易委员会、中国科学院科技促进经济发展基金会，1993年名称变更为中国科技促进经济投资公司，2006年1月改制为有限责任公司，并更名为中国科技产业投资管理有限公司。中国科学院国有资产经营有限责任公司是国科投资第一大股东，国务院国有资产监督管理委员会、星星集团有限公司和北京国科才俊咨询有限公司为参股股东。公司设置投资分析部、证券投资部、投资银行部、投后管理部、投资者关系管理部5个业务部门及财务部、综合部2个支持部门。

截至2014年底，国科投资在册员工28人，其中具有博士学位2人、硕士学位16人；高级专业技术职称13人，中级专业技术职称8人；员工平均年龄37岁。

国科投资主要从事私募股权基金管理业务。公司目前管理了国科瑞华和国科瑞祺两支私募股权投资基金，并受托管理了中科院研究生教育基金会部分资产。

2014年，在董事会和经营班子的领导下，国科投资按照“担重任，再出发”的工作方针开展工作，全体员工团结一心，较好地完成了由国科投资担任基金管理人的国科瑞华基金的收官工作。在国科瑞华二期基金筹备工作上取得重大进展，截至2014年底，已获得8家出资人的明确出资承诺近20亿元人民币。2014年，由国科投资担任基金管理人的国科瑞祺基金完成了第三次资金缴付；国科投资完成了业务组织模式的转型，向专业化道路又迈出了坚实的一步；对外合作取得实质性进展，与贵州银行合作，成立了贵银中科产业投资基金管理（贵州）有限公司，并设立了认缴规模为10亿元的中科贵银基金；由国科投资出资设立的首届国科杯“我要创业”大赛取得圆满成功，在国科大和相关研究所引起较大反响；国科投资的对外宣传工作取得了一定的成绩，获得了中国领先的股权投资市场专业服务机构投中集团评选的“投中2014年度中国PE创新机构”、“投中2014年度中国先进制造行业创新投资案例”、“先进制造产业2014年度中国最佳产业投资机构TOP5”、“先进制造产业2014年度中国最佳产业投资案例TOP5”等奖项。

2014年，国科投资进一步加强了团队建设，通过修订相关制度、完成内部系列培训，特别是对10个已完成投资项目的复盘，深入反思了6年来投资工作的经验和教训，提高了业务技能、升华了投资理念，形成了一支足够专业且充满活力的团队。

（撰稿：王红姝　审稿：孙　华）

北京中科科仪股份有限公司

董 事 长：张永明
总 经 理：陈　静
地　　址：北京市海淀区中关村北二条13号
邮政编码：100190
电　　话：010-82548182
传　　真：010-62564613
电子信箱：zcb@kyky. com. cn
网　　址：http://www. kyky. com. cn

北京中科科仪股份有限公司（以下简称“中科科仪”）始建于1958年，其前身是主要服务于中国科学院和国家重大工程的中国科学院北京科学仪器研制中心（原中国科学院科学仪器厂），曾在“两弹一星”、“正负电子对撞机”的研制和核工业的发展中做出了卓著贡献，并成功研制出我国第一台扫描电子显微镜、第一台商品化氦质谱检漏仪、第一台涡轮分子泵和第一台通过国家级鉴定的射频心脏消融仪。2000年12月28日，原北京科学仪器研制中心实现整体转改制，成立北京中科科仪技术发展有限责任公司，成为一家集科学仪器研制、开发、生产和经营为一体的综合性高新技术企业。2011年12月16日，完成股份制改造，整体变更为北京中科科仪股份有限公司，以公司治理结构完善、主营业务突出的现代高科技企业形象，进入了全新的历史发展时期。截至2014年12月31日，中科科仪员工总数538人。

2014年，在“深化改革、激发活力、创新驱动、健康发展”的总体战略方针指引下，全体科仪人爱岗敬业、团结协作、改革创新、奋发努力，各项工作取得了突破性进展。2014年，公司实现营业收入3.44亿，净利润4652万元。

2014年，公司深入推进改革、激发业务活力。根据业务发展需要，推动组织机构改革，创新发展机制。年初按照“简平、高效、放权管理”的思路，实施了营销组织结构调整和公司整体组织优化调整改革方案。在新的运营管理下，销售公司和工厂有了更多的自主权，真空工程、电镜等业务相对独立经营，进一步释放业务活力。新成立的北京、上海、深圳三个销售公司，在2014年深入实施本地化和“滴灌”策略，业务活力得到进一步释放，均完成了年度目标任务，新的运营机制初显成效：北京销售公司根据区域特点，把握市场脉搏，因地制宜，深耕细作；上海销售公司与上海维修中心的成立，极大地扩大了公司在华东地区的影响力；深圳销售公司战线前移，在重点行业和重点区域均取得突破。2014年，是整合成都唯实子公司后的第一年，在新的战略规划指引和双方团队共同努力下，成都唯实本部三块业务都进一步夯实了发展的基础，经营业绩取得突破。2014年，公司完成了真空工程部和科美公司业务整合。新科美的成立，为真空工程业务的快速发展创造了高效的运营和组织管理机制，同时，进一步明确了战略目标和发展路径。

2014年，公司着力推进技术创新，筑牢健康发展基础。持续加大研发投入力度，共计3228万元。在加强自主创新能力建设方面，2015年1月6日，国家发改委、科技部、财政部、海关总署、国家税务总局五大部委联合发布公告，北京中科科仪股份有限公司技术中心被认定为国家级企业技术中心，也是国科控股持股企业中的首家获得此项认证的企业。通过国家级企业技术中心，整合科仪及其控股子公司的技术开发创新能力，提升公司整体的创新水平，为进一步加快科仪创新发展的步伐，提供了更高起点平台。在推动国家科技重大专项成果方面，国家02科技重大专项——“磁浮分子泵系列产品开发与产业化”项目完成200台量产工作，实现批量销售，通过技术攻关显著提高稳定性和一致性，为产业化奠定基础，基本达到02项目验收的条件；国家重大科学仪器设备开发专项“深紫外激光光发射电子显微镜工程化”项目取得重要进展，完成首台PEEM工程化样机的研制；国家重大科学仪器设备专项——“场发射枪扫描电子显微镜开发和应用”项目多项关键技术实现突破，完成国内首台自主研发场发射枪扫描电镜的研制，分辨率优于1.5nm，并成功落户中国科学院大学，实现销售，铸就了电镜发展史上一个新的里程碑。公司不断加强自主知识产权工作力度，2014年共申请国内专利1项，授权专利25项，申请国际专利9项，修订6项企业标准。在提高自身研发资源利用效率的同时，公司积极争取科技专项及政府资助、奖励资金等外部科技经费资源的支持。

2014年，公司坚持统筹协调发展，内部管理显著增强。以深入推进公司中长期战略发展规划为重点，扎实抓好各项战略措施的细化落实；全面预算管理深入推进，在指导公司经营发展、战略决策、全面有效配置资源发挥了重要作用，公司本部主要预算指标完成基本控制在正负5%以内，达到了管控的目的；公司精益管理深入推进，各生产单元继续将成本控制作为首要工作，通过精益生产管理，改善制造系统，降低生产成本，提高生产效率；面向业务的财务管理不断深入，保障公司资产安全，规避经营风险；信息化建设稳步提升，持续优化完善OA系统，加强信息安全网络管理、VPN专线系统正式上线；质量体系持续优化，根据新的组织结构与职能分配，对质量体系文件进行整体换版；高新技术企业认定复核顺利通过，成为2015年北京市第一批顺利通过认定的公司之一。

公司始终将人才视作科仪发展的决定性因素，2014年，公司员工平均年龄从36.9岁减少到36.4岁，中青年员工已成为公司员工队伍的中坚力量。研究生和本科以上学历员工占员工总数的55.9%，人员结构不断优化，人均效益持续提升。2014年，公司共有两人获得国科控股第六批、第七批人才引进基金，至此，公司共有9人获得国科控股企业人才引进基金资助。

2014年，公司党委围绕中心、服务大局，党建工作取得实效。继续大力开展“精益改善、挖潜增效”活动，以QC活动为抓手，推动公司精益化管理的深入实施，为促进公司健康发展提供有力保证。全年共有38个QC课题发布，其中15个QC课题成功晋级本年度成果发布大会。坚持以党建带动和促进工青妇组织建设，充分发挥工青妇组织优势和作用。建立健全惩防体系，形成长效机制。积极发挥内部审计作用，督促业务部门完善管理，规范运营。继续深入开展党的群众路线教育实践活动，深化整改落实和建章立制，形成长效机制，将教育实践活动成果用于促进公司各项业务的发展，为促进公司健康发展提供有力的作风保障。

（撰稿：郭晓玲　许　晶　审稿：陈　静）

北京中科院软件中心有限公司

董 事 长：索继栓（2014年4月21日前）；奉旭辉（2014年4月21日及之后）
地　　址：北京市海淀区中关村南四街四号4号楼南楼
邮政编码：100190
电　　话：010-62587492
传　　真：010-62649248
电子信箱：office@sec.ac.cn
网　　址：http://www.sec.ac.cn

北京中科院软件中心有限公司（以下简称“软件中心”），成立于1986年，前身中国科学院北京软件工程研制中心，是国内最早引入软件工程的机构之一。2001年9月在中国科学院知识创新工程中作为应用型研究机构成为首批转制单位。

软件中心主要业务涉及行业信息化、系统集成、IT运维服务、嵌入式软件、互联网和移动互联网的应用服务等领域，科技成果和软件产品已广泛运用于轨道交通、数字出版、数字科技馆、医疗健康、信息安全、智能家居、互联网基础服务等众多行业及领域。公司下设市场发展部、系统集成部、政府行业事业部、IT服务部等业务部门，另设有综合部、财务部、物业经营服务部等管理和支撑部门，旗下拥有中科三方网络技术有限公司、北京凯思昊鹏软件工程技术有限公司、北京思元软件有限公司等控股参股公司。

软件中心始终致力于自主产品研发和技术创新，长期承担国家“核高基”重大专项、国家高技术研究发展计划（863计划）、国家科技支撑计划等多项国家级科研课题，拥有一大批自主知识产权和专利，获得了十余项国家和省部级科技进步奖，在市场及业务拓展、人才储备、产品及项目资源等多个层面拥有深厚的积淀。

软件中心共有员工400多人，其中研发人员占72%，研究生学历占40%，平均年龄30岁。2014年，公司进一步强化人才强企战略，加大外部引进和内部培养的力度，并通过外送培养、项目锻炼、交流培训等实现人才能力提升，2人获国科人才基金支持，多人入选国家、省市级专家库和科技新星计划，“人才结构多元化，人才梯队合理化”的目标正在逐步实现。

2014年5月，软件中心顺利完成董事会和经营班子的换届工作。在新一届董事会和经营班子的领导下，按照“做战略、拓市场、重实施、强管理”工作方针，软件中心全体员工团结协作、奋发努力，各项工作取得良好进展。

2014年，公司经营状况良好，整体发展呈上升趋势。通过有针对性地拓展市场，相继在轨道交通、军工涉密和数字出版等领域取得突破，通过市场牵引、业务跟进和项目实施，使公司主营业务得到聚焦，为谋划战略发展提供了业务基础。

面对严峻的市场环境，公司坚持需求牵引、技术推动，积极深入行业市场，不断拓展业务领域。2014年，软件中心通过行业分析、专题论证、业务拓展和加强宣传交流，全面提升市场开发能力和协同作战能力。公司积极建立战略合作共享机制，与重点客户相继形成长期合作伙伴关系，着力推进“联合体”的业务方式，逐渐对重点行业进行渗透。公司继续加强与中科院系统内单位的合作，利用技术优势和良好的合作基础，承接了多家院内单位的项目，为公司多领域可持续发展奠定了基础。公司先后加入中科院“先进计算技术创新与产业化联盟”和“中国科学院智慧城市发展战略联盟”，为今后发挥中科院整体优势、不断增强公司综合竞争能力打下了基础。

2014年是公司重大项目实施年。通过对重大项目的有效管理，提高项目运作水平，切实提高管控运筹和成本控制能力，保证了项目的圆满完成。公司先后完成城市轨道交通多个项目；承接的数字科技馆项目历时两年完成，现已对公众开放；数字出版业务助力传统出版社实现数字化转型发展；老年居家养老产品——中科普利康落户社区，为创新老年人公寓和社区老年人的服务模式提供了示例。在承担的国家重大科技课题中，公司承担的多个项目正常实施或完成项目验收，如“十二五”国家科技支撑计划“老年人健康服务支撑平台研制与应用示范”项目，历经两年圆满完成，项目共获得6项软件著作权，在全国三个省市的11个基地进行了试点落地工作，受惠人数达数万人。

2014年，公司内部管理持续提升，确保企业高效运营。实行全面预算管理，强化内部控制，推动部门业务结构、运营管理方式的自发调整；加强过程监控，动态掌控经营全局，使各项工作处于整体计划的可控之中；加强财务管控体系、流程和制度建设，强化财务运营服务，逐步建立面向业务的财务管理体系，实现财务精细化管理；根据发展需要，继续实施组织结构优化调整，持续加强内控体系建设，促进公司业务健康发展。

2014年，作为董事会的重点工作，公司启动企业发展战略规划，通过对公司所处内外部竞争环境、标杆企业进行分析，结合公司运营管理现状分析的结果，初步确定了公司的愿景、发展定位、发展思路、业务板块，并拟定出公司未来五年的中长期战略发展规划和行动纲要，为公司今后持续稳定发展指明了方向。

2014年，在党的群众路线教育实践活动中，公司党委认真开展整改落实和建章立制工作，持续加强作风建设，认真执行中央“八项规定”精神和院党组“十二项要求”，着力构建作风建设的长效机制。党委加强对工会、共青团的工作指导和监督，公司开展了各种文体活动，增进交流与沟通，不仅丰富了员工业余生活，更增强了凝聚力和集体荣誉感。

软件中心现为中国软件行业协会副理事长单位，拥有国家高新技术企业资质、ISO质量管理体系和信息安全管理体系认证、“双软”企业认证，计算机信息系统集成资质；已登记169项软件著作权、20项注册商标，拥有2项授权发明专利。

展望未来，软件中心全体员工将继续秉承“创新、融合、发展、共赢”的理念，积极进取，团结务实，为不断提升软件中心的核心竞争力而努力工作。

（撰稿：李 静 张文卉 审稿：奉旭辉）

中科院建筑设计研究院有限公司

董 事 长：王全新
地 址：北京市海淀区中关村北一街4号
邮政编码：100190
电 话：010-62565107
传 真：010-62550658
电子信箱：liuchg@adcas.cn
网 址：http://www.adcas.cn

中科院建筑设计研究院有限公司（以下简称“中科设计”）前身为成立于1951年的中国科学院北京建筑设计研究院，是直属于中国科学院的唯一一家建筑设计及研究机构，拥有建筑行业建筑工程甲级、市政公用行业（热力）甲级、城乡规划编制乙级资质及对外承包工程资格证书。2001年整体转制为公司，更名为“中科建筑设计研究院有限责任公司”，2008年2月启用现名：“中科院建筑设计研究院有限公司”。

中科设计是北京市高新技术企业，同时也是北京市科委授牌的北京市设计创新中心。除北京总部外，中科设计在广东、浙江、辽宁、四川、河南、上海、陕西、江苏、安徽、重庆、福建、天津共12个省市设有分院。截至2014年底，共有员工近800人，高级以上职称126人，各专业国家一级注册人员87人。

中科设计致力于提供建筑行业全专业设计总承包业务，能够实现全过程、全专业的设计服务，包括小区规划、建筑设计、市政设计、园林景观设计、光环境设计、公共艺术（雕塑及VI标识等）设计、室内装饰装修设计（含配饰及家具选型）、智能化系统设计、节能减排咨询等。

作为国家级的建筑设计研究院，中科设计擅长大型科研、教育、文化、居住、办公、医疗、体育类建筑设计，完成了多项国家级大型项目的建筑设计，创作设计了一批具有社会影响力的建筑精品，如中科院文献情报中心（中国国家科学图书馆）、北京正负电子对撞机工程、国家天文台、LAMOST天文望远镜项目、中国科学院大学怀柔校区、中国农业大学烟台校区、泰国中国文化中心、中国驻埃塞俄比亚大使馆、中国驻贝宁大使馆、中国驻巴西圣保罗总领事馆、北京基督教丰台教堂和朝阳教堂、中国人民银行重点库、天津于家堡金融区、鄂尔多斯市委党校、苏家坨经济适用房、郑州隆福国际项目、郑州金印现代城项目、北京京东商城总部基地项目、北京及上海万科城市花园等十余项万科住宅项目、北京阜内大街历史文化保护区的保护规划等。

中科设计建筑创作水平在国内名列前茅，曾获得国家级奖励10余项，省部级奖励70余项。近年来，设计方案多次在国际、国内竞赛和投标中得奖、中选。1998—2013年，在第5届到第19届首都建筑设计汇报展中，有14个项目获得17个奖项；在第11届到17届北京市优秀工程评选中有13个项目获奖，其中3项为一等奖；同期还获得部级优秀勘察设计奖5项，其中1项为一等奖。另外，中国科学院文献情报中心荣获全国优秀工程设计最高奖金奖、部级优秀勘察设计奖一等奖；国家动物博物馆及中科院动物研究所科研实验楼、标本楼荣获全国优秀工程勘察设计银奖、全国优秀勘察设计行业建筑工程二等奖；中国科学院文献情报中心、九寨沟国际大酒店分别荣获中国建筑学会建国60周年建筑创作大奖；LAMOST天文望远镜项目获2010年第十七届首都规划汇报展优秀奖，2011年北京市第十五届优秀建筑设计公共建筑二等奖；天津万科假日风景花园住宅、北京万科紫台家园、万科四季花城获得2006、2008、2009年詹天佑大奖优秀住宅小区金奖及“双节双优杯”住宅方案竞赛金奖；郑州隆福国际项荣获2009年全国人居经典建筑规划设计方案竞赛建筑金奖；中科院遥感卫星地面站科研楼荣获2013年全国优秀工程勘察设计行业奖公共建筑三等奖；郑州金印现代城荣获2013全国人居经典建筑规划设计方案竞赛建筑、环境双金奖。

在技术方面，中科设计是国内最权威的科研及实验室建筑设计研究机构，是国家规范《科研建筑设计规范》、《科学实验室建筑设计规范》、《科研建筑工程规划面积指标》的主编单位，并主编国家建筑标准设计图集《实验室建筑设备》及《建筑设计资料集》的科研建筑部分。

中科设计被国家评为首批“全国建筑设计行业诚信单位”，被中国建筑学会评为“当代中国建筑设计百家名院”，被地产界评为“北京地产十佳建筑设计机构”，被住建部中国建筑文化中心评为“中国最具影响力建筑设计机构”，获得万科集团最佳设计合作伙伴奖。

60年来，中科设计始终坚持履行社会责任，重视社会效益。例如，在革命老区江西兴国县捐资建设“中科兴国希望小学”。汶川地震后，公司派专家到灾区做建筑安全鉴定，为灾后重建提供科学依据，并设计了北川抗震纪念园、央企办公区、十几所学校及医院等项目。在2008及2009年，参与奥运会残奥会环境建设工作及北京市对口援建新疆和田地区设计工作，受到北京市的表彰。2011年，中科设计在成立60周年之际，捐资设立了“中科院设计院志愿者基金”，面向全国高校，倡导“奉献、友爱、互助、进步”的青年志愿者精神，培养志愿者队伍。志愿者基金至今已经陆续资助了中国科学院大学、清华大学、天津大学、哈尔滨工业大学、西安建筑科技大学等8所高校。资助的项目包括“爱心行动”科院学子创新型支教、“关爱农民工子女圆梦逐梦行动”、“心心幼儿园关爱活动”等18项活动。

中科设计特别注重国际学术交流及合作设计，依托中国科学院的专业科研院所，与美国

Perkins Eastman 建筑设计事务所、英国 BDP 建筑设计事务所、法国安东尼·贝叙建筑设计公司、西班牙 BIY 建筑师事务所签订了长期合作协议，具有丰富的国际合作经验，赢得了良好声誉。中科设计专业化的团队密切关注着擅长专业领域的发展趋势，保持在创新中的领先地位。

中科设计设计专家团队相信物理环境对生活、工作及学习质量有重大的影响，而设计是关键。秉承“尽责、规范、协作、发展”的院训，精心设计，诚信守约，追求精品，锐意创新，充分利用实力和优势为客户提供无边界的服务，实现“客户满意、员工满意、股东满意、社会满意”的企业使命。

（撰稿：谢　琨　刘晨光　审稿：辛力军）

北京中科资源有限公司

董 事 长：张　平
总　　裁：薛　岸
地　　址：北京市海淀区中关村南三街 6 号
邮政编码：100190
电　　话：010-82648225
传　　真：010-62545879
电子信箱：deptzh@zkzy. com. cn
网　　址：http://www. zkzy. com. cn

北京中科资源有限公司是中国科学院控股的国有企业，注册资本 9200 万元，成立于 2001 年 12 月 7 日，是由原中国科学院科技物资中心整体转制设立的有限责任公司。2014 年底，公司总资产 8. 6 亿元，净资产 3. 7 亿元；2014 年实现营业收入 11. 49 亿元，利润总额 7716 万元。

公司的前身曾为中国科技事业的发展做出贡献，一直承担着中国科学院所属机构的科研、生产、开发、基建所需的各类物资材料器材和进口物资设备的采购、仓储和供应业务，最早可追溯到 1949 年 11 月中国科学院成立之初的办公厅器材处，20 世纪 50 年代为保障和实施国家十二年科技规划任务的需求，升格为中国科学院器材局；70—90 年代先后更名为中国科学院技术条件与进出口局、中国科学院物资局、中国科学院技术条件局、中国科学院科技物资中心；2001 年整体转制为公司。

公司主营业务涉及技术开发、技术服务；货物进出口、技术进出口、代理进出口；批发预包装食品；销售保健食品；销售家用电器、金属材料、日用品、机械设备、五金交电、电子产品；普通货运；出租商业用房。公司拥有中科资源（天津）贸易有限公司1 家全资子公司，北京恒源小额贷款有限公司、云南中科本草科技有限公司、南京中科电机有限公司、新疆中科传感有限责任公司、北京中科新视界科技有限公司 5 家参股企业和北京中科喀斯玛孵化器科技有限公司 1 家高技术控股企业。公司设有综合管理部、战略发展部、人力资源部、资产财务部 4 个职能部门；电购电商事业部、科技服务事业部、室内环境事业部三个业务单元；物业建设管理中心、平台运营维护中心两个支撑服务单元；并在上海、长沙等地设立办事处。截至 2014 年底，公司拥有在职职工 200 余人。

公司的核心业务部门电购电商事业部是以国际高端品牌家居、厨房产品在电视购物及电子商务无店铺渠道销售为核心业务，以节目制作、品牌运营和强大销售能力为核心竞争力，围绕战略渠道建立专业化、品牌化销售平台，致力于成为专业的无店铺销售渠道的平台运营商。现拥有专业的商品开发、厂商代表和节目策划制作、电子商务运营团队，同时还与拥有广电背景和牌照的电视购物公司及国内主流电子商务平台建立战略合作伙伴关系。目前主要运营品牌有韩国惠人、美国康宁、德国双立人、德国 WMF、德国米技、韩国云雅、韩国奥库、韩国 HAPPYCALL 等。2014 年，电购电商事业部作为公司的核心业务部门，经过三年高速发展，营业收入、毛利和利润均实现了 10 倍以上的增长。

科技服务事业部成立于 2012 年，是公司新的发展战略规划重点布局的业务部门之一。部门经营业务主要包括“喀斯玛·科苑商城”电子商务平台（www. casmart. com. cn）、礼品部、科技成果转移转化平台，该事业部以服务科技创新为根本，充分利用社会资源和市场化机制，为中科院乃至国家科技创新服务。2014 年，科技服务事业部通过加强供应商开发力度，实施 PI 计划、供应商联盟计划和示范单位等措施，平台交易量节节攀升。截至 2014 年 12 月 31 日，平台实现交易额 7240.22 万元（2013 年全年 330 万元），超额 20% 完成 2014 年的目标，较 2013 年总交易量增长了 21 倍。“喀斯玛・科苑商城”平台于 2014 年 5 月通过院条财局评审鉴定，6 月纳入国家审计署审计参照标准，12 月通过 ISO9001 国际质量体系认证。此外，2014 年，科技服务事业部科技成果转移转化平台与喀斯玛孵化器公司一起承接院产业化信息网（TT 网）运维工作，完成改版，并积极推进平台的建设及信息网的运维工作，为公司探索搭建一流的“中国科学院科技成果服务平台”打下了良好的基础。

室内环境业务是公司核心业务板块之一，主要致力于室内温度、湿度、洁净度、检测及相关智能互联产品研发、生产、销售，致力于室内环境控制系统集成和解决方案。2014 年，室内环境事业部通过积极探索，明确了以空调、新风、检测、净化、智能控制等产品的开发销售作为部门的发展方向，完成了室内空气环境治理相关产品的规划布局，并进入实际操作阶段。旗下拥有自主品牌“惠爱家”家用、车载系列空气净化器，充分利用中科院的技术背景，并将相应技术导入了惠爱家空气净化器。室内环境业务围绕新布局，积极开拓了天猫、苏宁、亚马逊等电商平台和自建官方销售服务网站等新渠道，目前惠爱家空气净化器在以上电商网站的排名节节攀升。

为了助力公司战略业务的发展，中科资源公司通过认证机构的评审，于 2014 年底获得 ISO9001 认证以及 IQNET 认证，为公司规避产品服务质量、品牌和市场风险奠定了基础，同时也为公司进军国际市场取得准入资质，提升了公司的市场竞争力。

公司在高速发展的同时，积极投身社会公益事业，履行社会责任。2014 年底公司通过云南省红十字会，向云南省普洱市糯扎渡镇落水洞村完小捐赠 100 万元人民币支持该校教学楼建设工作。公司综合党支部组织支部党员采取对口方式积极向西部地区贫困小学进行实物捐助开展助学活动，向甘肃省秦安县吕山小学捐赠价值万余元学习用品及文体用具。

为打造中科资源核心竞争力，保持公司持续健康稳定发展，公司 2014 年在战略复盘基础上，动态调整战略规划，以“坚持四条原则，围绕科技，依托市场，形成特色，建设一套体系，完成两项建设，实现三大目标，打造中科资源持续发展核心竞争力”为指导思想，围绕“战略引导，强化主业，创新突破，全面提升”的工作方针，全面提升公司的经营管理水平，构筑公司的核心竞争力，不断打造持续发展能力，矢志不渝地践行“让科技成就你我”的伟大使命。

（撰稿：王　艺　杨　抑　审稿：张　平）

中国科学院沈阳计算技术研究所有限公司

董 事 长：郭锐锋
地　　址：沈阳市浑南新区南屏东路 16 号
邮政编码：110168
电　　话：024-24696180
传　　真：024-24696179
电子信箱：pengxt@sict.ac.cn
网　　址：http://www.sict.ac.cn

中国科学院沈阳计算技术研究所有限公司（以下简称“沈阳计算”）创建于 1958 年 8 月 30 日，前身是辽宁电子技术研究所，1960 年 7 月成立中国科学院辽宁分院计算技术研究所，1962 年 12 月与辽宁物理研究所、吉林大学计算数学研究所的主要部分合并为中国科学院东北计算中心，1967 年 10 月划归国防科委第 15 研究院领导，1970 年 7 月重归中国科学院，1972 年 8 月更名为中国科学院沈阳计算技术研究所，2001 年 6 月整体转制为高新技术企业。

沈阳计算是以计算机科学及相关技术为主要研究方向、以高技术创新和产业化为目标的综合性科研实体。主营业务涉及数控与智能制造、电力行业信息化系统及技术服务、IP 通信技术、安全生产监控及应急救援指挥、环境空气质量预测预报、智慧城市和智慧物流等领域，技术和产品已广泛应用于电力、数控机床与机械、工业自动化、安监环保、城市公共事业、企业融合通信等众多行业。

沈阳计算拥有高档数控国家工程研究中心、数控控制总线技术国家地方联合工程实验室、开放式数控系统支撑技术创新平台等三个国家级创新平台；辽宁省IP通信工程技术研究中心、辽宁省环境污染监控工程技术研究中心、辽宁省远程医疗信息工程技术研究中心三个省级研究中心；并与中国科技大学共建联合网络与通信实验室。沈阳计算是全国机械电气系统标准化技术委员会安全控制系统分技术委员会、中科院数控技术创新联盟、《小型微型计算机系统》核心期刊、辽宁省计算机学会等机构依托单位，中国科学院大学的博士、硕士培养单位，设有国家级博士后工作站。沈阳计算设有系统与软件事业部、工业自动化部、系统集成部、研发中心、总线实验室等业务部门。截至2014年12月31日，在职员工406人，其中研发及工程技术人员307人，具有博士学位15人，硕士学位103人。

2014年，沈阳计算根据董事会关于战略规划和资源整合的指导意见，加快了组织机构、资源配置及其职能的调整。加强了市场能力建设和调整归口相关职能的管理；进一步深化了岗位、绩效、培训、人力资源规划等考核评价机制。基于业务调整和布局的需求，通过撤并等方式组建了系统集成部，筹建了信息技术实验室。持续开展内控体系建设，梳理制度，规范和加强业务操作流程，加强预算管理、运营资金管理、纳税筹划、成本核算等方面的管理力度，提升了整体管理水平。通过加快应收账款的回收，有效规避了经营风险。

2014年，沈阳计算主营业务逆市维稳，驶入回升通道。数控与智能制造业务坚持练内功，拓展和布局新产品系列，调整战略，积极开拓重点用户市场。电力业务方向积极调整市场策略，拓宽产品范围和市场区域，坚持项目开发和产品研发两条腿走路，强化技术创新和新产品研制工作，相继研制了电力调度机房资源管理平台、无线测温系统等新产品。创新业务方向渐趋明朗，产品化和市场化工作开展顺利。

沈阳计算目前在研的国家科技重大专项21项、973计划项目1项、科技支撑计划项目2项、国家重大科学仪器设备项目1项、省市项目30余项。申请国家专利49件（发明专利47件）、获授权21件（发明专利17件）、获得软件著作权6项、申请软件产品登记3项。“辽河流域水环境风险评估与预警监控平台构建技术示范研究”获辽宁省科技进步奖二等奖、“NCSF数控控制总线”获辽宁省科技进步奖三等奖、“HTM系列车铣复合加工中心关键技术研究与开发”获辽宁省技术发明奖二等奖、“基于传递时差的数控系统现场总线时间同步方法及装置”获沈阳市专利奖二等奖。

2014年，沈阳计算党委深入贯彻党的十八大和十八届三中、四中全会及习近平系列讲话精神，落实中央八项规定精神和院党组十二项要求，在上级党组的指导下，以加强党的思想建设、组织建设、作风建设、制度建设和反腐倡廉建设为首要，为全面提升公司党建工作水平，圆满完成各项工作任务，提供了坚强的政治和组织保障。工会发挥其群众组织作用，认真倾听职工群众意见和建议，为职工群众主张权利和利益。2014年工会荣获省直机关工会“模范职工之家”称号。

（撰稿：彭晓彤　审稿：郭锐锋）

中国科学院沈阳科学仪器股份有限公司

董 事 长：雷震霖
总 经 理：李昌龙
地　　址：沈阳市浑南新区新源街1号
邮政编码：110179
电　　话：024-23826801
传　　真：024-23826800
电子信箱：sales@sky.ac.cn
网　　址：http://www.sky.ac.cn

中国科学院沈阳科学仪器股份有限公司（以下简称“沈阳科仪”）创建于1958年，前身为中国科学院沈阳科学仪器研制中心，2001年4月整体转制为“沈阳中科仪技术发展有限责任公司”，2002年12月更名为“中国科学院沈阳科学仪器研制中心有限公司"，2011 年 12 月整体变更设立为股份有限公司，公司名称为"中国科学院沈阳科学仪器股份有限公司"。2014 年 7 月，公司在全国中小企业股份转让系统正式挂牌。

沈阳科仪以"引领真空技术、支撑科技创新、促进产业发展"为使命，以"成为客户首选的真空设备解决方案提供商"为战略愿景，面向工业与科研领域，以薄膜制备设备、生产晶体生长炉、太阳能光伏 PECVD 设备、真空部件等产品为主，是我国集成电路装备和高档科学仪器的研制、生产基地。截至 2014 年底，沈阳科仪员工总数 348 人，其中高级职称人员 95 人，本科以上学历 180 人，逐步建设一支综合素质高，创新能力强的科技人才队伍。

2014 年，由于公司受国内外经济环境恶劣的影响，特别是 LED、光伏产业持续低迷，公司的 LED、光伏产品订单减少，导致年末两业务板块未能完成预期收入指标；传统真空板块受竞争影响，产品毛利快速下降，导致净利率无法达到预计指标。2014 年 7 月，公司召开年度战略复盘会，重点推进战略规划的执行，对公司存在的问题和面临的困难进行了充分的分析和评估后，在进一步凝练产品的基础上制定和调整了《2014—2018 年战略规划报告》。

成立研发中心，短期内重点面向真空应用产品事业部研发关键、核心真空部件及研发经过充分调研和凝练后的高端整机科研设备，形成具有核心竞争力和盈利模式的差异化竞争；成立信息化办公室，负责公司信息化建设和管理工作，进一步提升公司信息管理水平。

根据公司战略规划需要，制定公司未来 3—5 年人才发展规划。通过引进高端人才，优化现有人才队伍，建立骨干人才梯队，由董事长亲自组织实施，开展企业文化的学习和研讨工作，为构建具有共同的价值观、思维方式和行事准则，以及和谐、统一的公司文化作了必要的准备工作。

沈阳科仪重视技术创新工作，全年研发费用 6977.63 万元，占营业收入的 45.54%，在人、财、物方面为新产品研发全力提供保障，全年纵向课题立项 8 项，立项金额 3294 万元，全年累计到款 2721 万元。

2014 年 5 月，为积极参与并落实中科院"两链"嫁接工作，公司成立项目专项组，由董事长牵头，副总经理任项目负责人，并整合中科院上海硅酸盐所和北京物理所等及院外合作单位，组建中科院先进光电晶体材料高端装备创新联盟；与苏州纳米所、大连化物所、上海应用物理所等院内单位和哈工大等高校开展合作，在真空互联、光束线等领域开展广泛合作，积极参与并承担国家重大科技基础设施项目。

内部管理方面：开展质量月报工作，建立公司全面质量管理模型，有计划地开展各项质量活动，有针对性地提升产品质；根据《沈阳科仪公司降低成本奖励实施办法（试行）》，公司各部门总计完成成本节约 222.74 万元。

党工团工作方面：以《沈阳科仪》内刊为宣传阵地，抓好企业文化和党建宣传工作；认真贯彻落实中央"八项规定"和中科院"十二项要求"精神，切实改进工作作风、密切联系群众。坚持以人为本，扎实推进"四风"建设方面的整改方案落实工作，坚持不懈地做好党风廉政和风险防控建设工作；工会切实落实职代会制度，保障职工权益，连续四次荣获省直工委颁发的"优秀职工之家"称号；团委通过组织拓展训练等活动，提升员工团队意识和责任感。

离退休管理方面：公司始终关心离退休人员的生活待遇，解决离退休人员的实际生活困难，始终做到在政治上尊重老同志，思想上关心老同志，生活上照顾老同志。公司党委、工会定期看望离退休老员工，并多次组织离退休员工体检、旅游。

（撰稿：谭国威　白　璐　审稿：李昌龙）

中科院南京天文仪器有限公司

董 事 长：王　永
总 经 理：王　永
地　　址：南京市玄武区花园路 6—10 号
邮政编码：210042
电　　话：025-85482007

传　　真：025-85411830
电子信箱：office@nairc.ac.cn
网　　址：http://www.nairc.com

中科院南京天文仪器有限公司（NAIRC）（以下简称“南京天仪”）是中科院直属的科技型企业。其前身为1958年12月成立的中国科学院南京天文仪器厂，1991年10月更名为中国科学院南京天文仪器研制中心。2001年11月28日根据国家和中科院科技体制改革政策整体转制为科学院控股企业，成立南京中科天文仪器有限公司，2013年1月8日更名为“中科院南京天文仪器有限公司”。

公司注册资本3856万元，法人资产2.46亿元，占地面积167亩，总建筑面积8.9万平方米。下设中科院南京耐尔思光电仪器有限公司（全资）、南京天富实业有限公司（控股）和南京天文物业管理有限公司（参股）。

南京天仪改制以来，将天文仪器技术（光机电算天文）向其他领域拓展，以光机电一体化仪器设备为产业方向不断开发新产品。目前已完成三大类主要产品：大精专仪器设备：大型天文专业仪器、空间观测仪器、大气环境监测仪器、大中型系列平行光管、军用光电仪器、光学制品、轻量化主镜、高精度大口径光学冷加工、离轴非球面光学加工、大中型转台等；天文科普仪器设备：天文科普望远镜、天文圆顶、光学天象仪系列产品、数字天象仪、天幕、大型异型金属幕、球幕影院、古典天文仪器模型及产品等；专用电子产品：系列圆光栅编码器、系列燃气灶具电子脉冲点火控制装置等。

在公司三大业务板块中，大精专仪器板块依然是公司营业收入的绝对主力，凭借几十年的技术积累和市场开拓，目前发展势头良好。

截至2014年底，南京天仪共有在职职工234人，其中科技人员80人，包括中国工程院士1人，副高级以上专业技术人员26人。是天体物理（天文仪器技术与方法）专业学科研究生培养单位。

2014年，南京天仪围绕发展战略规划，本着开拓进取的精神，求真务实的作风，规范管理的理念，以“谋划未来，加快发展，注重效益，扩大规模”为指导思想，紧抓生产经营这一主线，开拓市场，强化生产，完善内控、规范管理、配置资源，全面超额完成了全年经营目标，各项工作都取得了长足进展，经营业绩大幅增长，创历史新高。

2014年，南京天仪继续加大产品研发力度，研制的“口径1.5—2.0米标准平面镜”被认定为“江苏省高新技术产品”，“超长焦距超大口径平行光管”被评为2013年度江苏省科学技术奖二等奖。全年，南京天仪共承担各类政府科技计划项目12项，获1504万元经费支持，其中“1米以上口径超大型平行光管”的研发与产业化获省重大科技成果转化专项资金。

在专注产品开发的同时，南京天仪继续加强产权保护。全年共申请专利10项（其中6项发明专利，4项实用新型），授权专利共7项（其中1项发明专利，6项实用新型），新专利集中在大精专仪器设备领域。

2014年，南京天仪继续实施内控体系制度建设，建设以“项目管理”为中心，“预算管理”和“合同管理”为手段，“资金管理”和“成本费用管理”为内容，强化“外协管理”和“资产管理”，辅以其他模块的内控体系。在已形成的13个内控模块、18项制度、17项细则和37个表单的基础上，南京天仪制定出一套完整高效的内控体系制度，目前已在公司内部全面展开执行。

2014年，公司顺利通过国标、国军标质量体系监督检查；顺利通过武器装备科研生产单位二级保密资格认证现场复查；顺利重新认定为国家高新技术企业；“耐尔思”商标被认定为江苏省著名商标等，为公司科学发展奠定坚实的基础。

南京天仪始终坚持构建和谐企业环境，围绕经营生产目标，对有突出表现的员工进行表彰，树立典型；扎实开展党的专题民主生活会及各种全民活动；响应市慈善总会号召，积极参加各类爱心捐助活动；加强企业文化建设，营造稳定的良好氛围，促进公司健康持续发展。

（撰稿：朱　慧　郑　曾　审稿：王　永）

中科院广州化学有限公司

董 事 长：廖　兵

总 经 理：胡美龙

地　　址：广东省广州市天河区兴科路 368 号

邮政编码：510650

电　　话：020-85231230

传　　真：020-85231119

电子信箱：bgs@gic.ac.cn

网　　址：http://www.gic.ac.cn

中科院广州化学有限公司（以下简称“广州化学”），前身为中国科学院广州化学研究所，成立于 1958 年 10 月，于 2001 年 12 月整体转制为由中国科学院直接控股的有限责任公司。

经过转制 10 余年的发展，广州化学已经成为集科研、研究生教育、绿色化工和新材料产品生产与销售、检验检测及认证（权威的第三方检测服务）及化工行业高新技术服务于一体的国家高新技术企业，为国家知识产权试点单位，目前已经形成了四大业务板块：化工产品板块、化灌工程板块、检验检测及认证板块、技术服务板块；拥有 5 家子公司：中科院广州化灌工程有限公司（国家高新技术企业）、广州中科检测技术服务有限公司、嘉兴中科检测技术服务有限公司、海南中科翔新材料科技有限公司、湛江中科技术服务有限公司。广州化学的主要业务领域涉及：建材化学品、胶粘剂、电子化学品、有机新材料以及化学灌浆和防水材料等产品的研发、生产和销售；建筑、水利、交通、矿山、电力、地质灾害治理、文物保护等领域的化灌工程施工；化学化工产品成分分析、二噁英检测、环境监测、材料性能测试、环境可靠性测试、危废鉴定、再生资源鉴定等测试技术服务及咨询服务等。

广州化学本部位于广州市天河区，毗邻华南植物园，园区面积为 27 万平方米（400 亩），在广东省韶关南雄精细化工园投资建设的材料生产基地面积为 6.67 万平方米（100 亩）。公司设有财务部、南雄材料生产基地、营销中心、销售事业部、采购部、科技发展部、技术服务部、研发技术部、综合办公室、人力资源部、物业管理部、网络信息中心等经营管理机构。现有中国科学院纤维素化学重点实验室、中国科学院佛山功能高分子材料与精细化学品研发中心、广东省电子有机聚合物材料重点实验室、广东省化学灌浆工程技术研究开发中心、广东省建材功能精细化学品工程技术研究中心、中科院韶关精细化工与有机新材料研究院、广州市电子信息聚合物行业工程技术研究中心、广州市绿色建材化学品重点实验室、广州市中科广化绿色建筑材料研究院、中科院广州化学所韶关技术创新与育成中心、广东省中科化灌工程与材料院士工作站、浙江中科院应用技术研究院应用化学研究中心、与茂名市共建茂名石化技术转移服务平台、与湛江市共建湛江公共安全及化学化工检测平台等省部级和地方研发机构。

截至 2014 年底，广州化学共有员工 156 人，其中研究员 14 人、副研究员及高级工程师 8 人。作为国家化学学科重要的高级人才培养基地，广州化学有博士生导师 9 人，硕士生导师 15 人，现有 2 个博士生招生专业（有机化学、高分子化学与物理）和 5 个硕士生招生专业（有机化学、高分子化学与物理、应用化学、化学工程、材料工程），共有在读研究生 83 人，其中博士研究 26 人、硕士研究生 57 人；2014 年毕业博士研究生 10 人、硕士研究生 10 人，就业率 100%。2014 年广州化学研究生获国家奖学金 2 人，中国科学院大学三好标兵等校级奖励 13 人。广州化学负责主编的专业学术期刊《广州化学》和《纤维素科学与技术》在国内外公开发行。

2014 年，广州化学各项经营指标稳步增长，实现营业收入 2.23 亿元，同比增长 0.22%；利润总额 1537.97 万元，归属于母公司所有者的净利润 1098.14 万元，同比增长 6.61%。

2014 年，广州化学承担在研纵向项目 68 项，其中新增 25 项，新增纵向项目经费约 677 万元；申请并获得国家自然科学基金 2 项，发表科技论文 75 篇，其中 SCI 收录 44 篇；申请国家发明专利 119 项，获得授权发明专利 48 项；签订各类横向技术合作合同8个，合同额112万元，到款83万元。2014年，广州化学继续深化院地合作，积极推进与广东省、海南省和浙江省、重庆市、山东省、湖北省等地方的科技合作。

2014年，广州化学面对外部严峻经济环境，坚决贯彻公司中长期发展战略，坚定推进公司各项改革，提升创新和盈利能力，成功克服了市场萎缩、客户流失等一系列不利因素，通过在化工产品板块、化灌工程板块、检验检测及认证板块、技术创新及技术服务板块四大板块合理分配经营资源，不断调整优化，实现四大板块的协同发展。通过广州化学全体员工的努力，2014年广州化学各项经济指标较上年均有增长，公司经营总体稳健。2014年，广州化学南雄材料生产基地顺利完成各项资质认证工作，圆满完成全年生产任务，公司正式迈入现代化化工规模生产的道路。检验检测及认证板块实现跨越发展，该板块运营及发展模式不断丰富，品牌影响不断扩大。广州化学继续深化营销体系改革，强化营销策划工作，电子商务实现突破；继续深化研发体系改革，进一步完善新产品研发布局，加快新产品研发节奏，新产品研发的速度得到进一步提升，成功开发水退油墨、高性能陶瓷模具材料等新产品，为产品板块的快速发展奠定了基础。2014年，广州化学加大了对生活园区改造和景观整治的投入，园区各项设施不断优化升级，天然气管道改造工程完工并顺利通气，引入专业餐饮服务机构，建设广化美食苑，为广大职工和园区居民提供优质的餐饮服务。2014年，广州化学大力推进企业文化建设，不断完善园区内的体育设施建设，完成标准五人制足球场改造，开展形式多样的职工文体娱乐活动，丰富职工文体生活。

2015年，广州化学将继续坚持“以人为本，和谐共赢”的核心理念，以建设“幸福广化”为目标，发扬“协同、创新、进取、求精”的企业精神，秉承“为客户创造价值”的经营理念，为实现中华民族伟大复兴的“中国梦”而努力奋斗。

（撰稿：申智慧　臧　丹　审稿：廖　兵）

中科院广州电子技术有限公司

董 事 长：李耀棠
总 经 理：黄　劲
地　　址：广州市先烈中路100号大院23栋
邮政编码：510070
电　　话：020-87682806
传　　真：020-87683247
网　　址：http://www.giet.ac.cn

中科院广州电子技术有限公司（以下简称“广州电子公司”）创建于1970年，前身为广东省701研究所，1978年划归中国科学院，更名为中国科学院广州电子技术研究所，2001年12月整体改制为有限责任公司，更名为中科院广州电子技术有限公司。

广州电子公司是国有控股有限责任公司，设有5个事业部、1个销售部和4个职能部门，即先进制造事业部、特种电源事业部、嵌入式电子产品事业部、系统集成与工程事业部、多媒体事业部、销售部、综合办公室、企业发展部、资产财务部和后勤服务中心，主要产品和业务有3D打印机及服务、多媒体核心版、分子泵电源、光纤感温传感系统、系统集成等。

截至2014年12月31日，广州电子公司有在职职工279人（含子公司），其中科技人员161人，包括研究员3人、副研究员1人，高级工程师22人。

广州电子公司是华南地区知名3D打印机制造企业，拥有两个省级科研平台，即广东省3D打印技术及装备工程研究中心和广东省增材制造工程实验室，先后承担了多项省、市3D打印科研项目。2014年，在广州电子公司的倡议下，广东省3D打印产业创新联盟成立，广州电子公司董事长李耀棠任理事长。

2014年11月10日，广州市市长陈建华在中国科学院广州分院和广东省科学院调研期间，考察了中科院广州电子技术有限公司3D打印技术实验室，了解3D打印技术、设备研发和应用情况。

广州电子公司通过了ISO9001质量体系认证，并获得高新技术企业认定，现具有计算机信息系统集成三级资质证书、广东省安全技术防范设计施工维修资格证、软件企业认定证书、信用等级“AAA”证书、“重合同守信用”证书。

2014年，广州电子公司完成营业业务收入8007万元，同比下降4%，利润总额405万元，同比下降11%。全年获得发明专利授权1件，外观专利授权1件。

广州电子公司现有投资企业2个，其中持股企业1个、控股企业1个。

广州晶体科技有限公司（简称“广晶科技”）成立于2001年7月，广州电子公司持股比例为49%，主要从事人造金刚石工具开发及生产，产品有锯片、磨轮、钻头、树脂砂轮4个系列，广泛用于石材、陶瓷、玻璃、宝玉石、硬质合金加工。2014年，广晶科技实现收入1962万元，同比增长13%，利润2万元，实现扭亏。

广州智诚科技有限公司（简称“智诚科技”）成立于1998年，是广州电子公司全资控股子公司，主要从事计算机网络信息系统工程监理、技术设计咨询、技术服务业务。2014年完成营业收入431万元，同比增长43%，利润12万元，同比增长169%。

（撰稿：陈　晖　审稿：李耀棠）

中国科学院成都有机化学有限公司

董 事 长：熊成东
总 经 理：倪宏志
地　　址：四川省成都市人民南路四段9号
邮政编码：610041
电　　话：028-85222143
传　　真：028-85223978
电子信箱：bgs@cioc.ac.cn
网　　址：http://www.cioc.ac.cn

中国科学院成都有机化学有限公司是由成立于1958年的中国科学院成都有机化学研究所，于2001年整体转制为中国科学院控股的企业。公司致力于精细化工和新材料行业的成果转化及规模产业化，并提供有特色的产品和技术服务，目前已发展成为集研究开发、工程化验证、产品生产经营等为一体的综合性高新技术企业。

公司依托多年的技术积累，通过技术创新与成果转化，在催化技术与绿色过程、手性技术与工程、高分子功能材料、新能源材料等领域具有较高的技术创新水平。公司的主要产品有手性药物中间体、有机中间体、工业催化剂、碳纳米管及石墨烯、造纸助剂、生物医用高分子材料、绿色水性涂料、油田化学品、工业气体净化设备、能源环保设备与工程等，产品销往国内大多数省（市、自治区）并出口美国、德国、丹麦、意大利、印度等多个国家和地区。

公司拥有国家高技术研究发展计划（863计划）成果产业化基地、手性药物国家工程研究中心、四川省节能及清洁生产催化工程技术研究中心、不对称合成与手性技术四川省重点实验室、四川省企业技术中心、中国科学院成都分院分析测试中心等国家和省部级技术研发和服务平台，具有较强的技术创新和成果产业化能力。公司承担多项国家科技支撑、863计划和973计划和国家产业化示范工程等重大科技项目，通过与地方政府和企业开展院地合作，推动技术成果转化，促进地方经济发展。

公司通过技术创新与技术合作，取得了多项国内领先或达到国际先进水平的技术成果，累计获得国家及省部级科技成果奖百余项，申请发明专利460余件，获授权发明专利180余件（其中美国专利5件）。

公司拥有一支高素质的员工队伍，其中具有高级职称研发人员100余人，具有硕士以上学位研发人员100余人，获国务院政府特殊津贴40余人，四川省学术技术带头人8人，四川省突出贡献优秀专家4人，四川省“千人计划”2人，四川省技术创新团队2个。

公司现设有综合管理部、企业发展部、研发中心、财务部、市场营销部、催化剂产品事业部、纳米碳材料产品事业部、有机中间体产品事业部、新产品事业部9个部门。公司还在东部沿海地区建立了3个分中心（常州分中心、嘉兴分中心和台州分中心)。公司拥有4家全资或控股高新技术企业(成都丽凯手性技术有限公司、成都中科普瑞净化设备有限公司、成都中科能源环保有限公司、成都中科高分子材料股份有限公司)。

公司是我国化学学科重要的高级人才培养基地，现设有有机化学、应用化学、高分子化学与物理3个博士点；有机化学、物理化学、高分子化学与物理、应用化学、化学工程专业学位5个硕士点；1个化学博士后科研流动站。2014年招收研究生56名，其中博士29名，硕士27名，毕业研究生41名，其中博士28名，硕士13名。目前公司在读研究生163名，其中博士生94名，硕士生69名。在站博士后4名。

公司编辑出版《合成化学》学术刊物，向国内外公开发行。《合成化学》进入中文核心期刊及中国科技核心期刊。

2014年是公司实现2014—2016年三年发展规划目标的开局之年，成都有机公司公司围绕"致力于成果转化与规模产业化"的总体发展战略，结合公司的实际情况，在2014年初，制定完成了公司未来3年(2014—2016年)业务发展战略，提出了公司3年(2014—2016)业务发展的"321"目标，即"3"——未来三年公司经营收入年均增长率达到30%，"2"——2016年公司经营收入达到2亿元，"1"——2016年公司净利润达到1000万。围绕公司经营工作主线，以打造公司核心主导产业为目标，以做大公司主导产品规模、积极培育高附加值新产品为切入点，努力提升公司经营业绩为中心，以市场能力提升和技术创新驱动公司产业快速发展，在公司重点产品的做大做强、新产品的产业化、大邑产业园区平台和能力建设、预算和绩效管理等方面取得了显著成效。

2014年，公司结合经营业务发展的需要，围绕公司未来三年业务发展的"321"战略目标，以"推动更多有产品基础的课题组转型为事业部运行模式、简化管理流程和提高管理效率"为核心，推动和实施了公司组织结构调整和业务流程再造，精简撤并了2个管理职能及支撑服务部门，新建了2个产品事业部，对近50项制度进行了修订完善，并对相应的业务流程进行了新建或完善。公司围绕"夯实现有产品，开发新兴产品，打造拳头产品"公司产品战略工作主线，通过产品战略的推进实施，依托公司的研发资源和技术积累，充分发挥公司技术创新驱动产业发展的潜力和优势，2014年公司实现营业收入13 953万元，同比增长33%，净利润同比增长177%。

2014年，公司获得国家自然科学基金项目3项，四川省科技厅、四川省经信委等各类地方项目6项，申请专利21件，获得授权专利5件。

2014年，公司的研究项目"三段法回收净化氯乙烯精馏尾气的技术开发"和"软质三聚氰胺泡沫的研制"获得科技成果鉴定，其中"三段法回收净化氯乙烯精馏尾气的技术开发"项目获得四川省科技进步奖二等奖。

公司继续开展以"创业创新"为主题的企业文化建设，以执行力建设、制度建设和团队精神为核心，以企业文化活动为抓手，打造企业和谐发展的良好氛围。

(撰稿：陈 勇 刘澧莹 审稿：熊成东)

中科院成都信息技术股份有限公司

董 事 长：王晓宇
总 经 理：付忠良
地 址：四川省成都高新区天晖路360号晶科1号大厦18栋1803室
邮政编码：610041
联系电话：028-85135151
传 真：028-85229357
邮 箱：bgs@casit.com.cn
网 址：http://www.casit.com.cn

中科院成都信息技术股份有限公司(以下简称"中科信息公司")是由创立于1958年的中国科学院成都计算机应用研究所于2001年6月整体转制而来，是由中国科学院控股的高科技企业。1958年成立时，命名为中科院四川分院数学所；1960年更名为中科院四川分院计算所；1962年更名为西南电子所计算站；1968年更名为总字821部队西南计算站；1971年更名为四川省计算站；1978年更名为中科院成都计算站；1981年更名为中科院成都计算机应用研究所；2001年6月，整体转制为四川中科院信息技术有限公司；2005年1月更名为中科院成都信息技术有限公司；2013年4月更名为中科院成都信息技术股份有限公司。

中科信息公司是中国软件行业协会理事单位、四川省计算机学会理事长单位。公司以高速机器视觉、智能分析技术为核心，为政府、烟草、油气、特种印刷等行业提供信息化整体解决方案、智能化工程和相关产品与技术服务。在计算机软件工程、办公自动化、工业计算机应用等领域具有较高的创新水平和突出的应用特色。公司以“服务客户、成就员工、回报股东、贡献社会”为使命，以科技创新为动力，聚焦行业信息化建设，努力成为我国软件产业内有突出贡献、受人尊敬的高科技股份企业（集团）。

中科信息公司现有员工399人，其中博士占3.01%，硕士占22.1%，本科占59.40%，平均年龄33.5岁。公司下设工业计算机应用事业部、图像视觉事业部、办公自动化事业部、软件与通信事业部、油气信息化事业部、智能工程事业部等业务部门，另设有公司办公室、董事会办公室、人力资源部、市场部、企业管理部、财务管理部、审计部、研发中心、自动推理实验室、物业管理中心等管理和支撑部门，控股成都中科石油工程技术股份有限公司。公司还拥有计算机软件与理论、软件工程博士学位授予点，计算机软件与理论、计算机应用技术、计算机技术、软件工程、应用数学硕士学位授予点和计算机科学与技术博士后科研流动站。

中科信息公司面向政府、烟草、特种印刷、石油行业提供信息化整体解决方案，产品线不断丰富，业务规模逐步扩大，盈利能力不断提升，内部管理日益完善，经营实力得到增强。2014年，公司的数字会议业务取得长足发展，以自主表决系统为核心的数字会议整体解决方案在四川省人大成功实施，“智慧人大”信息系统成功应用，新开发的面向基层组织选举计票服务的“社区计票通”产品，在成都、南昌等地成功应用，获得社会广泛好评，向行业产业化发展迈出了重要一步。在烟草农、工、商传统行业市场，多个重大项目顺利实施并得到用户好评；运维服务水平和质量持续提升，新产品成功应用，行业新业务市场拓展成绩突出。基于机器视觉技术的印钞检测产品市场业务稳定，新行业市场拓展顺利推进。油气信息化系统及设备在行业内推广顺利 。

中科信息公司新技术和新产品研发成果丰硕。自主研发的卷烟辅料管控、产品数据管理系统、运维平台、烟叶管理等行业核心业务系统成功应用；GIS数字网管监控、智能医疗及医学虚拟仿真等新技术产品开发取得实质性突破；“多源融合精准定位”技术、嵌入式智能表决系统、新技术和产品的开发均取得预期效果。公司全年获授权专利6项，其中发明专利4项，外观设计专利2项；获授权软件著作权9件，软件产品认证登记3件。

中科信息公司顺利通过了“质量-环境-职业健康安全”三标体系年审，颁布实施了一系列新规章制度，有效引导各部门开展经营管理工作。不断加强内控建设，杜绝铺张浪费，弘扬节俭，保障了公司持续健康发展。内部综合信息管理平台在建设中对业务流程进行了进一步梳理和优化，资源配置更加合理。正式运行后，信息沟通更加及时准确，进一步提升了公司经营管理效率，支撑了公司管理决策。

中科信息公司在2014年获得国科控股人才基金引进人才1名，2人进入四川省学术技术带头人后备人选，2人进入省评标专家组，1人获国家中青年科技创新领军人才称号，4人进入中科院西部之光人才培养计划。继续加大培训投入，创新培训模式，开展了管理、技能、安全、资格认证、专业技术等多方面的培训，大大提升了人才队伍综合素质和技能。2014年，公司争取到自然科学基金项目、中科院西部之光项目、国科控股技术创新基金项目、四川省科技厅科技支撑计划项目、省经信委重点技术创新项目等共计13项，发表学术论文41篇，其中SCI收录5篇，EI收录22篇。

（撰稿：吴琳琳　尹邦明　审稿：付忠良）

中科院科技服务有限公司

董 事 长：伊　兵
总 经 理：赵红岩
单位地址：北京市西城区三里河路 52 号
邮政编码：100864
联系电话：010-62578611
传　　真：010-62578665
网　　址：http://www.zkfw.com.cn

中科院科技服务有限公司（以下简称“中科服务”）是 2002 年 12 月 25 日由中国科学院机关服务中心（局）整体转制而成的现代服务企业，主要以为中国科学院机关后勤服务、餐饮经营、物业服务、宾馆接待等为主营业务。截至 2014 年底，公司共有职工 425 人。

2014 年，公司领导班子在公司董事会的正确指导下，按照年初制定的工作计划和重点工作目标，努力支持并指导各单位围绕公司发展战略开展工作，依靠公司广大干部职工的积极努力，使公司各项工作始终围绕“目标凝练、提升能力，积极指导、稳定队伍”的思路有序开展。领导班子进一步转变工作作风，深入推进法人治理结构建设，加强企务公开工作，认真履行公司各项议事决策制度，有效降低公司经营风险，维护公司稳定发展的环境；继续重视并做好安全生产工作，严格落实安全生产与综合治理责任制，公司 2014 年度未发生重大安全责任事故，保证了公司经营服务工作的安全稳定运行；努力推进公司经营难题的解决，想方设法推进公司年度经营目标的实现；继续高度重视质量管理的落实、执行工作，通过细化流程和具体环节，促进工作落实，促进了服务保障和经营管理工作质量的提高；采取“内部培养加外部引进”的方式加强干部队伍和骨干员工队伍建设，进一步加强绩效管理工作，建立了符合公司特点的三级培训体系；启动了公司内控体系建设工作，认真合理编制年度预算，严格预算执行，加强采购成本控制，合理控制经营管理成本费用。通过以上措施，进一步提高公司的经营服务质量。

继续发挥好党委的政治核心作用、支部的战斗堡垒作用和党员的先锋模范作用，进一步加强工会组织的桥梁和纽带作用，加强企务公开和信息宣传工作，努力营造和谐稳定的企业环境。公司党委荣获京区党委 2014 年度党建工作创新奖三等奖。

继续加强公司及各单位层级的廉洁从业宣传教育，进一步提高了干部员工廉洁从业的意识和自觉性；根据公司教育实践活动制度废改立方案，新建和修订了相关管理制度，从制度和流程上堵塞管理漏洞；结合公司内控体系建设工作，全面梳理了现有制度和流程，开展了相关培训，使公司和各单位的风险防控能力得到了持续提高。2014 年度，公司大幅压缩了业务招待费用支出，年度内未发生违法违纪事件。

2014 年度，公司持续重视对三个业务板块的分类指导工作，通过难点工作指导、加强队伍建设和质量管理工作的落实，促进了三个业务板块日常经营管理水平的提高，较好地完成了年度经营目标和管理服务工作，取得了一定的成绩。机关服务事业部高度关注安全工作，不断优化质量体系工作流程，加强员工培训工作，主动适应和努力贴近机关服务保障工作新需求，建立了机关重大院务活动服务保障联动机制，不断增强“管家意识”，对服务对象提出的意见进行“封闭性”整改。餐饮分公司积极开拓市场，加强队伍建设和统一采购工作，重视菜品和服务质量的提高，并超额完成了全年的经营指标。物业分公司将贯标落实工作与日常经营管理工作紧密结合，持续提高服务质量，重视开源节流、合理控制成本，也取得了较好的经营业绩。

公司控股的北京博思园客座公寓有限公司 2014 年度也取得了较好的经营业绩。经营班子按照“安全是首要、经营是核心、沟通是枢纽”的管理理念及 2014 年度预算方案，稳定优势、调整不利因素、规避经营风险，完善服务效果，努力使公司成为“值得客人信赖和尊敬”的企业。并继续细化规范流程的运行、加强沟通、推进各单元预算管理执行力与考核激励，较好地完成了 2014 年度的各项经营管理工作目标。

（撰稿：邓　月　审稿：岳爱国）

上海碧科清洁能源技术有限公司

董 事 长：孙予罕（2014 年 4 月 24 日前）；索继栓（2014 年 4 月 24 日及之后）
总 经 理：张小莽
地　　址：上海市浦东新区浦建路 76 号由由国际广场 2301–2303
邮政编码：200127
电　　话：021–61060100
传　　真：021–61060086
电子信箱：contact@cecc-tech. com

上海碧科清洁能源技术有限公司（以下简称“上海碧科”）是一家成立于 2009 年 1 月的合资公司，注册资本 1.62 亿元，控股股东中科院国有资产经营有限责任公司（国科控股）持有公司 51% 的股份。上海碧科是一家专注于清洁能源产业链开发、具有自主知识产权创新技术和工程化能力的技术商业化公司。

上海碧科设有技术、工程、业务拓展与项目开发等部门和知识产权与法务、投融资战略、内控与财务、人事行政管理等支持部门，实施项目驱动的矩阵式管理机制。截至 2014 年底，共有从业人员 47 名，硕士及以上高学历人才比重较大，其中，博士学历 6 人，硕士学历 22 人，大学本科学历 16 人。

在公司董事会的领导和管理层的努力下，上海碧科致力于打造和发展的以甲醇为纽带的连接北美西海岸天然气资源和中国沿海石化产品市场的“新气体产业链”在 2014 年获得长足进步，产业链的上游天然气制甲醇和下游甲醇制烯烃项目以及相关的创新技术研发和投融资运作，成为国科控股“三链联动、九项举措、发展七大产业”战略中的有机组成部分。

项目开发方面，上海碧科搭建的跨太平洋天然气–烯烃产业链架构多种优势逐渐突显。通过在北美设立的泛太平洋能源公司和在中国合资成立的大连西中岛甲醇仓储公司进行产业链上下游资源有效衔接。北美天然气制甲醇项目开发在工业用地获取、政府和社会支持、天然气供应与管道搭建、产品承购等方面取得实质稳健进展。通过长期租约锁定三块稀有的港口工业用地用于天然气制甲醇工厂的建设和运营，与国际领先的甲醇技术供应商联手开展项目预前端工程设计，并支持和确保各项许可审批工作按计划有序推进；与北美西北部多家主要供气公司和管道公司初步达成一致，保证了工厂运营过程中所需的原料供应；在下游中国市场收到多家以甲醇制烯烃产业链为基础的大型甲醇买家的承购意向。创新技术研发方面，上海碧科历经了一年的技术高速发展期，公司自主开发的产业链核心技术 C–MTX 经百吨级中试验证取得预期效果，万吨级中试装置设计改建已完工，且具备自主完成催化剂放大的能力，开车在即；同时，不断强化技术工程和商业化能力，以商业化的成功带动工程化和核心技术的开发推广。投融资运作方面，上海碧科在集团公司引入战略投资人和北美子公司引入项目投资人的相关工作均有快速进展，确立了融资渠道，基本锁定全球引领石化公司和能源基金公司为主的投资人并逐步展开深入商谈。

2015 年，上海碧科在董事会的指导下，紧紧围绕控股单位“整合资源、建设平台、三链联动”的行动主题，发挥自身优势，实现跨越式盈利年的经营目标。产业链开发顺利获得全部或绝大多数许可审批，选定项目技术，确定天然气供应商、管道运营商、甲醇承购商、项目投资人；集中优势研发实力完成 CMTX 万吨级中试并实现技术商业化；优化公司股权结构，完成集团公司战略投资者引入，整合双方/多方资源优势，提高企业商业化能力和工程技术创新能力；充分调动管理层和员工的工作热情和积极性，群策群力，在更宽阔的道路上更大步的前进！

（撰稿：张　梅　审稿：张小莽）

深圳中科院知识产权投资有限公司

董 事 长：陈晓峰
总 经 理：李　K

地　　址：广东省深圳市南山区粤兴三道四号虚拟大学园产业化基地A701 室
邮政编码：518057
电　　话：0755-86180100
传　　真：0755-86180400
电子信箱：info@caship.ac.cn
网　　址：http://www.caship.ac.cn

深圳中科院知识产权投资有限公司（以下简称“深圳 IP”）成立于 2009 年 2 月，由国科控股投资在深圳注册成立。公司依托中国科学院研究院所和重大研发项目的知识产权全流程服务，成为中国科学院知识产权创造、应用、保护和运营管理的服务平台；通过建立与社会有机结合的知识产权运营模式，促进科技创新成果的知识产权化和高效的转移转化，成为知识产权运营价值链的专业化、市场化的系统服务商和系统集成商。

深圳 IP 下设运营部、信息部、代理部、财务部与综合部 5 个部门；北京、西安新设立 2 个办事处。截至 2014 年底，深圳 IP 有在职职工 27 名，其中硕士及以上学历 11 名，本科 14 名，大专 1 名，具备知识产权、理工、法律、管理等行业背景。

深圳 IP 的主营业务为知识产权全流程服务、专利许可与转让、专利投资运营、待上市企业知识产权尽职调查与无形资产包装等。通过承接院所、院控股/持股企业和社会企业委托的知识产权服务，从前端的专利调研入手，通过深入的专利分析与规划，优化专利质量，实现后续专利许可、转让、拍卖等专利交易。截至 2014 年底，深圳 IP 服务中国科学院研究院所近 50 家；服务中国科学院参股、持股企业 20 余家；并与数百家社会企业对接，实现知识产权服务与运营；共许可/转让院属专利近 150 项，完成重大项目知识产权全流程服务项目 3 个。

2014 年，深圳 IP 在深圳先进院全民低成本健康项目、苏州医工所 PET-CT、激光工聚焦项目、理化所大型低温制冷系统项目、微电子所 02 专项、长春光机所新型角度传感器项目、成都信息技术有限公司上市前知识产权风险梳理项目等重大项目中取得了突破性进展。

深圳 IP 进一步建设并完善了中科院知识产权全流程服务与运营云平台——专利智能检索平台、专题数据库平台、智能分析和预警平台、知识产权管理体系标准及管理平台、交易平台、投资平台、培训平台以及中科院知识产权专员与企业交流平台，并已在广州健康院、天津工生所等院所投入试点使用。

继续在物理所、长春应化所、微电子所、软件所等项目中开展专利运营工作，储备专利包 4 个，包括激光器专利包、激光显示专利包、物联网专利包、液态金属专利包，共计专利 108 件。对中科院拟终止专利的运营提出建设性方案，并积极筹建第二代照明光源专利池，开展 LED/OLED 专利运营。

2014 年共主办知识产权各类培训 9 场，对研究院所及企业的知识产权工作人员就知识产权基础知识、专利的价值、专利侵权分析与回避设计、商标基础、科技创新与知识产权管理、知识产权运营等内容进行了培训与交流。

深圳 IP 相继获得国家技术转移示范机构、国家首批知识产权分析评议服务示范创建机构、国家向国外申请专利资助第三方检索机构、国家科技部火炬计划深圳市科技服务体系建设成员单位、国家专利运营试点企业、南山区高层次创新型人才实训基地等荣誉称号。

深圳 IP 坚持党支部与工会活动相结合，多方联合，共建公司“敬、静、净、竞”的企业文化，依托内部报刊《CASIP 风采》，通过文化宣传、交流培训、文体活动、公益活动、节日庆典等一系列方式推进企业文化落地，将通过企业文化建设增强团队凝聚力，发挥创新精神，实现员工价值升华与企业蓬勃发展的有机统一。

（撰稿：李棱梅　审稿：李　K）

国科嘉和（北京）投资管理有限公司

董 事 长：王　琪
总 经 理：王　琪
地　　址：北京市东城区东直门南大街 11

号中汇广场 B 座 18 层 1803 室
邮　　编：100007
电　　话：010-57636588
传　　真：010-57636599

国科嘉和（北京）投资管理有限公司成立于 2011 年 8 月，是由中国科学院国有资产管理经营有限责任公司（以下简称“国科控股”）作为发起人设立的投资管理公司，主要通过管理私募股权投资基金的方式促进中小高技术企业的产业化发展，以及科研成果的转移转化工作。

过去十多年，中国多层次资本市场体系正逐步完善，创业投资相关的政策法规也在逐步健全，为创业投资机构的发展创造了良好的条件。正是在这种大的历史背景下，国科控股作为主要发起人联合国内知名大型企业集团、政府基金等有限合伙人，发起设立国科鼎鑫基金，国科嘉和（北京）投资管理有限公司为国科鼎鑫基金的执行事务合伙人，管理人。

国科嘉和（北京）投资管理有限公司通过发展创业投资，立足中科院有效开展资源整合和资本营运，实现资本和技术的高效结合，推动产业升级换代，促进院内外高技术企业的社会化、规模化发展，对国家创新体系的建设和落实中科院的战略定位具有重要的意义。

截至年底，公司员工总数 15 人。

国科嘉和（北京）投资管理有限公司受国科鼎鑫基金委托负责管理基金日常运作和投资管理，重点聚焦 4 个行业：电子信息；新能源；节能减排；生命科学。偏重于早期的企业项目。投资规模每一笔投资的规模为 500-5000 万人民币；一个项目的累计投资总额不超过 10 000 万人民币；不追求控股，持股通常在 10% 到 35%。投资的地理区域面向全国。

（撰稿：蒋占娟　审稿：王　戈）

2014年底院设非法人单元列表

序号	院设非法人单元名称	依托单位	主管部门
1	中国科学院档案馆	文献情报中心	办公厅
2	中国科学院量子信息与量子科技前沿卓越创新中心	中国科学技术大学	前沿科学与教育局
3	中国科学院青藏高原地球科学卓越创新中心	青藏高原研究所	前沿科学与教育局
4	中国科学院脑科学卓越创新中心	上海生命科学研究院（委托神经科学研究所管理）	前沿科学与教育局
5	中国科学院粒子物理前沿卓越创新中心	高能物理研究所	前沿科学与教育局
6	中国科学院大科学装置理论物理研究中心	高能物理研究所	前沿科学与教育局
7	中国科学院上海临床研究中心	上海生命科学研究院	前沿科学与教育局
8	中国科学院上海超导中心	上海微系统与信息技术研究所	前沿科学与教育局
9	中国科学院上海植物逆境生物学研究中心	上海生命科学研究院	前沿科学与教育局
10	中国科学院广州天然气水合物研究中心	广州能源研究所	前沿科学与教育局
11	中国科学院第二军医大学转化医学研究院	上海生命科学研究院	前沿科学与教育局
12	中国科学院气候变化研究中心	大气物理研究所	前沿科学与教育局
13	中国科学院分子科学中心	化学研究所	前沿科学与教育局
14	中国科学院卡弗里理论物理研究所	理论物理研究所	前沿科学与教育局
15	中国科学院北京生命科学研究院	遗传与发育生物学研究所	前沿科学与教育局
16	中国科学院北京转化医学研究院	生物物理研究所	前沿科学与教育局
17	中国科学院四川转化医学研究医院	成都生物研究所	前沿科学与教育局
18	中国科学院生物与化学交叉研究中心	上海有机化学研究所、上海药物研究所	前沿科学与教育局
19	中国科学院先进轨道交通力学研究中心	力学研究所	前沿科学与教育局
20	中国科学院国家数学与交叉科学中心	数学与系统科学研究院	前沿科学与教育局
21	中国科学院政府行政管理系统分析研究中心	数学与系统科学研究院	前沿科学与教育局

续表

序号	院设非法人单元名称	依托单位	主管部门
22	中国科学院珠江三角洲环境污染与控制研究中心	广州地球化学研究所	前沿科学与教育局
23	中国科学院资源环境科学数据中心	地理科学与资源研究所	前沿科学与教育局
24	中国科学院预测科学研究中心	数学与系统科学研究院	前沿科学与教育局
25	中国科学院虚拟经济与数据科学研究中心	中国科学院大学	前沿科学与教育局
26	中国科学院晨兴数学中心	数学与系统科学研究院	前沿科学与教育局
27	中国科学院减灾中心	大气物理研究所	前沿科学与教育局
28	中国科学院蛋白质科学中心	北京中心依托生物物理研究所；上海中心依托上海生命科学研究院	前沿科学与教育局
29	中国科学院量子技术与应用研究中心	中国科学技术大学	前沿科学与教育局
30	中国科学院湿地研究中心	东北地理与农业生态研究所	前沿科学与教育局
31	中国科学院强磁场科学中心	合肥物质科学研究院	前沿科学与教育局
32	中国科学院新疆矿产资源研究中心	新疆生态与地理研究所	前沿科学与教育局
33	中国科学院磁约束等离子体物理理论研究中心	合肥物质科学研究院	前沿科学与教育局
34	中国科学院北京纳米能源与系统研究所	国家纳米科学中心	前沿科学与教育局
35	中国科学院流感研究与预警中心	微生物研究所	前沿科学与教育局
36	中国科学院钍基熔盐堆核能系统卓越创新中心	上海应用物理研究所	重大科技任务局
37	中国科学院 02 专项光刻机关键部件研发任务管理办公室	光电研究院	重大科技任务局
38	中国科学院月球与深空探测总体部	国家天文台	重大科技任务局
39	中国科学院北方粳稻分子育种联合研究中心	遗传与发育生物学研究所	重大科技任务局
40	中国科学院加速器驱动次临界嬗变系统研究中心	近代物理研究所	重大科技任务局
41	中国科学院低阶煤利用先导专项管理中心	山西煤炭化学研究所	重大科技任务局
42	中国科学院国家空间科学中心	空间科学与应用研究中心	重大科技任务局

续表

序号	院设非法人单元名称	依托单位	主管部门
43	中国科学院钍基熔盐核能系统研究中心	上海应用物理研究所	重大科技任务局
44	中国科学院空间目标与碎片观测研究中心	紫金山天文台	重大科技任务局
45	中国科学院空间环境研究预报中心	空间科学与应用研究中心	重大科技任务局
46	中国科学院空间科学与应用总体部	空间应用工程与技术中心	重大科技任务局
47	中国科学院核能安全技术研究所	合肥物质科学研究院	重大科技任务局
48	中国科学院浮空器系统研究发展中心	光电研究院	重大科技任务局
49	中国科学院微小卫星工程中心	上海高等研究院	重大科技任务局
50	中国科学院新一代信息技术先导研究中心	信息工程研究所	重大科技任务局
51	中国科学院通用芯片与基础软件研究中心	上海高等研究院	重大科技任务局
52	中国科学院大庆油田有限责任公司油气勘探联合研究中心	地质与地球物理研究所	科技促进发展局
53	中国科学院大连科技创新园	沈阳分院	科技促进发展局
54	中国科学院上海生物医学工程研究中心	上海生命科学研究院	科技促进发展局
55	中国科学院上海产业技术创新与育成中心	上海高等研究院	科技促进发展局
56	中国科学院上海技术转移中心	上海分院	科技促进发展局
57	中国科学院上海辰山植物科学研究中心	上海生命科学研究院	科技促进发展局
58	中国科学院上海浦东科技园	上海分院	科技促进发展局
59	中国科学院山东综合技术转化中心	沈阳分院	科技促进发展局
60	中国科学院广州生物医药产业技术创新与育成中心	广州生物医药与健康研究院	科技促进发展局
61	中国科学院广州产业技术创新与育成中心	广州分院	科技促进发展局
62	中国科学院广州技术转移中心	广州分院	科技促进发展局
63	中国科学院天津产业技术创新与育成中心	天津工业生物技术研究所	科技促进发展局
64	中国科学院云计算产业技术创新与育成中心	广州分院	科技促进发展局
65	中国科学院内蒙古草业研究中心	植物研究所	科技促进发展局
66	中国科学院水资源研究中心	地理科学与资源研究所	科技促进发展局
67	中国科学院长春技术转移中心	长春分院	科技促进发展局
68	中国科学院可持续发展研究中心	地理科学与资源研究所	科技促进发展局

续表

序号	院设非法人单元名称	依托单位	主管部门
69	中国科学院东南资源环境综合研究中心	南京分院	科技促进发展局
70	中国科学院北京技术转移中心	北京分院（筹）	科技促进发展局
71	中国科学院电子设计自动化软件中心	微电子研究所	科技促进发展局
72	中国科学院电动汽车研发中心	深圳先进技术研究院	科技促进发展局
73	中国科学院兰州技术转移中心	兰州分院	科技促进发展局
74	中国科学院半导体照明研发中心	半导体研究所	科技促进发展局
75	中国科学院宁波产业技术创新与育成中心	宁波材料技术与工程研究所	科技促进发展局
76	中国科学院台州应用技术研发与产业化中心	上海分院	科技促进发展局
77	中国科学院地理信息产业发展中心	地理科学与资源研究所	科技促进发展局
78	中国科学院扬州应用技术研发与产业化中心	南京分院	科技促进发展局
79	中国科学院成都技术转移中心	成都分院	科技促进发展局
80	中国科学院合肥技术转移中心	合肥物质科学研究院	科技促进发展局
81	中国科学院安徽产业技术创新与育成中心	合肥物质科学研究院	科技促进发展局
82	中国科学院农业政策研究中心	地理科学与资源研究所	科技促进发展局
83	中国科学院苏州生物医学工程与生物医药产业化基地	苏州生物医学工程技术研究所	科技促进发展局
84	中国科学院苏州产业技术创新与育成中心	苏州纳米技术与纳米仿生研究所	科技促进发展局
85	中国科学院吴中生物医药研发中心	上海药物研究所	科技促进发展局
86	中国科学院佛山产业技术创新与育成中心	广州分院	科技促进发展局
87	中国科学院沈阳技术转移中心	沈阳分院	科技促进发展局
88	中国科学院沈阳科技创新园	沈阳分院	科技促进发展局
89	中国科学院青岛产业技术创新与育成中心	青岛生物能源与过程研究所	科技促进发展局
90	中国科学院杭州科技园	上海分院	科技促进发展局
91	中国科学院昆明灵长类研究中心	昆明动物研究所	科技促进发展局
92	中国科学院知识产权研究与培训中心	科技政策与管理科学研究所	科技促进发展局
93	中国科学院知识产权信息服务中心	文献情报中心	科技促进发展局
94	中国科学院物联网研究发展中心	微电子研究所	科技促进发展局

续表

序号	院设非法人单元名称	依托单位	主管部门
95	中国科学院金华科技园	上海分院	科技促进发展局
96	中国科学院河南产业技术创新与育成中心	合肥物质科学研究院	科技促进发展局
97	中国科学院南京高新技术研发及产业化中心	南京分院	科技促进发展局
98	中国科学院贵州现代资源技术研究与成果转化中心	昆明分院	科技促进发展局
99	中国科学院哈尔滨产业技术创新与育成中心	长春分院	科技促进发展局
100	中国科学院重庆产业技术创新与育成中心	重庆绿色智能技术研究院	科技促进发展局
101	中国科学院泰州应用技术研发及产业化中心	南京分院	科技促进发展局
102	中国科学院唐山高新技术研究与转化中心	北京分院（筹）	科技促进发展局
103	中国科学院烟台海岸带生物产业技术创新与育成中心	烟台海岸带研究所	科技促进发展局
104	中国科学院海西育成中心	福建物质结构研究所	科技促进发展局
105	中国科学院能源动力研究中心	工程热物理研究所	科技促进发展局
106	中国科学院黄金技术应用研究中心	地质与地球物理研究所	科技促进发展局
107	中国科学院常州先进制造技术研发与产业化中心	南京分院	科技促进发展局
108	中国科学院银川科技创新与产业育成中心	西安分院	科技促进发展局
109	中国科学院清洁能源技术发展中心	上海高等研究院	科技促进发展局
110	中国科学院深圳现代产业技术创新和育成中心	深圳先进技术研究院	科技促进发展局
111	中国科学院绿色农业技术集成与发展中心	动物研究所	科技促进发展局
112	中国科学院厦门产业技术创新与育成中心	城市环境研究所	科技促进发展局
113	中国科学院湖北产业技术创新与育成中心	武汉分院	科技促进发展局
114	中国科学院湖州应用技术研究与产业化中心	上海分院	科技促进发展局
115	中国科学院湖南技术转移中心	武汉分院	科技促进发展局
116	中国科学院微系统技术研究发展中心	上海高等研究院	科技促进发展局
117	中国科学院新农村信息化研究中心	合肥物质科学研究院	科技促进发展局
118	中国科学院嘉兴应用技术研究与转化中心	上海分院	科技促进发展局
119	中国科学院西北生物农业中心	西安分院	科技促进发展局
120	中国科学院合肥大科学中心	合肥物质科学研究院	条件保障与财务局

续表

序号	院设非法人单元名称	依托单位	主管部门
121	中国科学院上海大科学中心	上海应用物理研究所	条件保障与财务局
122	中国科学院计算科学应用研究中心	计算机网络信息中心	条件保障与财务局
123	中国科学院上海交叉学科研究中心	上海分院	发展规划局
124	中国科学院中国现代化研究中心	文献情报中心	发展规划局
125	中国科学院文化遗产科技认知研究中心	自然科学史研究所	发展规划局
126	中国科学院自然与社会交叉科学研究中心	科技政策与管理科学研究所	发展规划局
127	中国科学院创新发展研究中心	科技政策与管理科学研究所	发展规划局
128	中国科学院战略研究中心	科技政策与管理科学研究所	发展规划局
129	中国科学院管理创新与评估研究中心	科技政策与管理科学研究所	发展规划局
130	中国科学院科学传播研究中心	文献情报中心	科学传播局
131	中国科学院科学新闻中心	计算机网络信息中心	科学传播局

(G-2987.01)